教育部高等学校航空航天类专业教学指导委员会推荐

U1005881

捷联惯性/卫星组合导航理论与方法

王新龙　卢克文　杨　洁　编著

西北工業大學出版社

西　安

【内容简介】 惯性导航与卫星导航各有所长，在性能上具有很强的互补性，在众多组合导航系统中堪称“黄金组合”，被认为是目前导航领域最为理想的组合方式，具有巨大的发展潜力和应用前景。

本书主要根据作者与课题组成员多年来的研究成果以及近年来国内外惯性/卫星组合导航技术的最新进展撰写而成。全书内容分为五部分，共15章，重点围绕GNSS基础理论与数字信号模拟方法、GNSS信号处理方法、GNSS软件接收机的设计方法、捷联惯性/卫星组合（包括松组合、紧组合、超紧组合、深组合）导航系统设计方法、高轨航天器GNSS信号处理及应用方法等进行深入系统的阐述；同时，紧跟国际学术前沿和时代发展步伐，吸取一些国内外最新研究成果，以反映当前惯性/卫星组合导航技术的新成就及今后的发展趋向。

本书可作为高等工科院校导航制导与控制、精密仪器及机械、电子信息等专业的研究生教材，也可供相关专业领域的研究者和工程技术人员阅读参考。

图书在版编目（CIP）数据

捷联惯性/卫星组合导航理论与方法/王新龙，卢克文，杨洁编著. -- 西安 ：西北工业大学出版社，2024. 11. -- ISBN 978-7-5612-9631-8

Ⅰ. TN96

中国国家版本馆 CIP 数据核字第 2024U5V772 号

JIELIAN GUANXING / WEIXING ZUHE DAOHANG LILUN YU FANGFA

捷联惯性/卫星组合导航理论与方法

王新龙　卢克文　杨洁　编著

责任编辑：孙　倩　　策划编辑：卢颖慧

责任校对：朱辰浩　　装帧设计：高永斌　董晓伟

出版发行：西北工业大学出版社

通信地址：西安市友谊西路127号　　邮编：710072

电　　话：(029)88491757，88493844

网　　址：www.nwpup.com

印 刷 者：兴平市博闻印务有限公司

开　　本：787 mm×1 092 mm　1/16

印　　张：20.625　　彩插：2

字　　数：515千字

版　　次：2024年11月第1版　　2024年11月第1次印刷

书　　号：ISBN 978-7-5612-9631-8

定　　价：108.00元

前　　言

惯性导航系统(Inertial Navigation System,INS)是一种自主性强、隐蔽性好、抗干扰能力强、短时精度高的导航系统,能够独立提供载体所需的全部导航参数,但其最大的缺点是导航误差随时间积累;卫星导航具有全球性、全天候、高精度、实时定位等优点,但其存在着易受干扰、在动态环境中可靠性差以及数据输出频率较低等不足之处。可见,惯性导航与卫星导航各有所长,在性能上具有很强的互补性。因此,惯性/卫星组合导航一直是组合导航技术领域研究的重点和热点,在众多组合导航系统中堪称"黄金组合",而且随着组合程度的加深,惯性/卫星组合系统的总体性能要远优于各独立系统。目前,惯性/卫星组合导航系统不仅应用于航空航天、国防和科学研究等领域,如航天器、飞机、导弹、飞艇、无人机、舰船、各类车辆等,而且已扩展应用到民用领域,如石油钻井、大地测量、航空测量与摄影、物流以及移动机器人等。因此,惯性/卫星组合导航在国防工业以及国民经济的各个领域都已得到广泛应用。

近年来,随着新型惯性器件、导航卫星现代化、新型卫星信号体制、数字化与信息化技术的飞速发展,惯性导航、卫星导航以及惯性/卫星组合导航技术的发展也出现了一些新特点、新趋势,如:捷联式惯性导航系统(Strapdown Inertial Navigation System,SINS)以其体积小、质量轻、成本低、结构简单、可靠性高等优势,有全面取代平台式惯导系统之势;随着我国北斗卫星导航系统(BDS)的建成与开通、GPS导航卫星的现代化、Galileo和GLONASS性能的不断完善,全球导航卫星系统(Global Navigation Satellite System,GNSS)信号体制不断推陈出新,新型信号处理方法也不断涌现;卫星导航接收机趋向于采用软件的方式来实现,与传统的硬件接收机相比,新型软件接收机在信号处理算法实现方面,具有不可比拟的灵活性和适应性;为满足高动态、强干扰环境下的应用需求,以紧组合为基础发展起来的新一代组合模式——超紧组合和深组合模式,已成为惯性/卫星组合导航技术的重要发展方向,尤其是在航空、航天飞行器导航与制导等重要领域具有巨大的发展潜力和应用前景。这些新技术、新模式的不断涌现,为惯性/卫星组合导航的发展也注入了新的活力。本书正是为适应惯性/卫星组合导航领域这些新技术的发展和应用需求而撰写的。

此前,国内外出版了一些涉及惯性导航系统原理、卫星导航系统原理或组合导航技术方面的著作和教材，绝大多数只用有限篇幅简要介绍了传统的惯性/卫星松组合或紧组合导航模式的基本原理与方法，对惯性/卫星组合导航的基本理论、组合模式与设计方法的讲述不够系统、深入和全面。近年来，在国家自然科学基金(61673040、61233005、61074157、60304006、61111130198)、航空科学基金(20170151002、2015ZC51038)、卫星应用研究院创新基金(2014_CXJJ-DH_01)、天地一体化信息技术国家重点实验开放基金(2015-SGIIT-KFJJ-DH-01)、试验技术项目(1700050405)、重点基础研究项目(2020-JCJQ-ZD-136-12)、航天创新基金、航天支撑基金以及与航空航天科研院所等项目的支持下，笔者会同课题组成员对捷联惯性/卫星组合导航技术进行了系统、深入的研究。本书是对这些研究成果的系统总结，同时紧跟国际学术前沿和时代发展步伐，吸取了一些国内外最新研究成果，围绕捷联惯性/卫星组合导航技术的新概念、新原理与新方法进行了系统阐述。本书注重从读者易于理解及工程应用的角度，反映当前捷联惯性/卫星组合导航技术发展的新成就及今后的发展趋向。另外，本书结合工程实际，列举了一些典型实例，便于读者应用时参考。

全书内容分为五部分，共 15 章，分别为绪论，卫星导航基础理论，GNSS 信号数字模拟方法，GNSS 接收机信号处理方法，GNSS 定位、测速与定姿方法，GNSS 软件接收机设计方法，捷联惯导系统工作原理及其误差方程，捷联惯导系统数字实现方法，SINS/GNSS 松、紧组合系统设计理论与方法，SINS/GNSS 超紧组合系统设计理论与方法，SINS/GNSS 超紧组合误差解耦与完好性监测方法，SINS/GNSS 深组合系统设计理论与方法，SINS/GNSS 自适应深组合系统与完好性监测方法，高轨航天器 GNSS 信号可用性分析，高轨航天器 GNSS 基带信号处理与定轨、定姿方法。

尽管笔者力求使本书能更好地满足读者的要求，但因内容涉及面广，限于水平，书中不足之处在所难免，诚望读者批评指正。

编著者

2024 年 2 月

目　　录

第1章 绪　论

1.1 概　述

导航制导与控制系统是飞行器的关键系统之一，而制导与控制的前提就是导航参数的获取，可见导航系统的优劣直接关系到飞行器的性能。所谓导航，就是获取载体运动参数（载体的即时姿态、速度和位置）的技术或方法。目前，常用的导航技术或方法很多，如惯性导航、卫星导航、天文导航及地形辅助导航等。这些导航系统都有其各自的优点和特色，但也存在固有的缺陷和不足。为了克服其缺点，通常采用以惯性导航系统为主，将其他导航系统与惯性导航系统组合在一起，组成组合导航系统，以达到取长补短、综合发挥各种导航系统特点的目的，并提高导航精度，更好地满足载体对导航系统的要求。组合后的系统具有冗余功能，增加了导航系统的可靠性。另外，计算机技术的迅速发展，也为组合系统的发展创造了一个有利的技术条件。而现代控制理论的成就，特别是基于最优估计理论的数据处理方法，又为组合系统的信息融合提供了理论基础。

惯性导航系统是利用惯性敏感器（陀螺仪和加速度计）、基准方位以及初始位置信息来确定载体的方位、位置和速度的自主式航位推算导航系统，通常简称为惯导系统。它主要由惯性测量装置、专用计算机和控制显示器三部分组成。惯性测量装置又由陀螺仪、加速度计、惯导平台以及电子线路组成。惯性导航系统可以分为平台式惯性导航系统（Platform Inertial Navigation System，PINS）和捷联式惯性导航系统两大类。前者是将陀螺仪和加速度计安装在一个实体的稳定平台上，以平台坐标系为基准测量载体运动参数的惯导系统；后者是将陀螺仪和加速度计直接安装在载体上，不需要实体平台，其"平台基准"的寻找和跟踪保持是由计算机来完成的。随着陀螺仪和计算机性能的不断提高，捷联式惯性导航系统已成为惯导系统发展的主流。平台式惯性导航系统体积大、质量大，机械结构复杂，可靠性和维护性较差，系统性能受极限精度制约，系统成本昂贵；捷联式惯导系统反应时间短、可靠性高、体积小、质量轻，结构简单，还可以通过适当的冗余度配置，提高系统的精度和可靠性。根据有关资料报道，美国军用惯性导航系统1984年全部为平台式，到1989年有一半改为捷联式，1994年捷联式已占有90%。目前，捷联式惯导系统已广泛应用于各种需要导航定位的工程领域。

由于惯导系统是一种不依赖于任何外部信息、也不向外部辐射能量的自主式导航系统，这就决定了惯导系统具有其他导航系统无法比拟的优异特性。首先，它的工作不受外界电磁干扰的影响,也不受电磁波传播条件所带来的工作环境限制(可全球工作运行)。这就使它不但具有很好的隐蔽性,而且其工作环境不仅包括航天、航空、地面,还包括水面、水下,这对军事应用来说具有非常重要的意义。其次,它除了能够提供载体的位置和速度数据外,还能给出载体的姿态信息,因此它所提供的导航和制导信息十分完备。此外,惯导系统又具有数据更新率高、短期精度和稳定性好的优点。这些优点使得惯导系统在军用以及民用领域中发挥着越来越大的作用。概括来讲,与其他导航技术相比,惯性导航系统的特点主要体现在以下几个方面:

(1) 自主性:无需任何导航台站,导航功能完全可由惯性导航系统自身来完成;

(2) 隐蔽性:不向载体以外发出任何信号,敌方无法搜索或发现它的工作信息;

(3) 抗干扰:不受外部电磁环境影响,敌方也无法实施电磁干扰和控制;

(4) 全球性:不受地域限制,具有全球导航能力;

(5) 连续性:能够提供连续、实时的导航信息;

(6) 完备性:既能提供载体的位置信息,又能提供载体的姿态和速度信息。

卫星导航系统(Satellite Navigation System)是继惯导系统之后导航技术的又一重大发展。可以说卫星导航是天文导航与无线电导航的有机结合,只不过卫星导航是把无线电导航台放在人造地球卫星上罢了。1957 年 10 月 4 日,苏联成功发射世界上第 1 颗人造地球卫星,远在美国霍普金斯大学应用物理实验室的两个年轻学者接收该卫星信号时,发现卫星与接收机之间形成了运动多普勒频移效应,并预言可以用其进行导航定位。20 世纪 60 年代初,旨在服务于美国海军舰船的第一代卫星导航系统——TRANSIT 子午仪卫星导航系统出现了,它的全称为“海军导航卫星系统”。该系统用 5～6 颗卫星组成的星网工作,每颗卫星以 150 MHz 和 400 MHz 两个频率发射 1～5 W 的连续电磁波信号。导航接收机利用测量卫星信号多普勒频移的方法,可以使舰船或陆上设备的定位精度达到 500 m(单频)和 25 m(双频)。由于卫星在 600 n mile 左右的低高度且飞越南北极的轨道上运行,因此,该系统的导航数据不连续,平均每隔 110 min(赤道)或 30 min(纬度 80°)才能定位一次;另外,定位精度对用户的运动十分敏感,因此子午仪系统主要用于低动态的海军舰船、潜艇、商业船只和路上用户。然而,子午仪系统显示了卫星定位在导航方面的巨大优越性,使得研发部门对卫星定位取得了初步的实践经验。

以全球定位系统(Global Positioning System,GPS)为代表的全球卫星导航系统(Global Navigation Satellite System, GNSS)是 20 世纪 70 年代由美国陆、海、空三军联合研制的新一代空间卫星导航定位系统。其主要目的是为陆、海、空三大领域提供实时、全天候和全球性的导航服务,并用于情报收集、核爆监测和应急通信等一些军事目的,是美国独霸全球战略的重要组成部分。经过 20 余年的研究实验,耗资 300 亿美元,到 1994 年 3 月,全球覆盖率高达 98%的由 24 颗 GPS 卫星组成的卫星星座已布设完成。由于 GPS 技术所具有的全天候、高精度和自动测量的特点,其作为先进的测量手段和新的生产力,已经融入到国民经济、国防建设和社会发展的各个应用领域。

目前,全世界有四套全球卫星导航系统:美国的 GPS、俄罗斯的“格洛纳斯”、欧洲的“伽利略”、中国的北斗卫星导航系统(Beidou Navigation Satellite System, BDS,简称北斗系统)。卫星导航系统是信息时代国家的重要基础设施,在航空航天、大地测绘、军事战略、交通运输、日常生活等各个领域将发挥越来越重要的作用。因此，欧美西方大国自 20 世纪 70 年代起就开始竞相发展独立自主的卫星导航系统。

为打破欧美大国对卫星导航系统的垄断，我国自 20 世纪 80 年代也开始探索和发展自己的北斗卫星导航系统，并按照“三步走”的发展战略，实现北斗由有源定位到无源定位、由区域组网到全球覆盖的系统建设。北斗一号系统于 2000 年底建成，并始向中国区域提供服务；2012 年年底，北斗二号系统建成，并向亚太地区提供服务；我国自 2017 年开始建设北斗三号全球卫星导航系统，已于 2020 年 7 月 31 日正式开通，从而使我国成为世界上第四个拥有全球卫星导航系统的国家。

与其他卫星导航系统相比，北斗系统具有三方面显著特点：一是北斗系统空间段采用三种轨道卫星组成的混合星座，与其他卫星导航系统相比高轨卫星更多，抗遮挡能力强，尤其低纬度地区性能优势更为明显；二是北斗系统提供多个频点的导航信号，能够通过多频信号组合使用等方式提高服务精度；三是北斗系统创新融合了导航与通信能力，具备定位导航授时、星基增强、地基增强、精密单点定位、短报文通信和国际搜救等多种服务能力。

中国北斗，服务全球，造福人类。2035 年前，我国还将建设完善更加泛在、更加融合、更加智能的北斗综合时空体系，进一步提升时空信息服务能力，为人类走得更深、更远做出中国贡献。

全球卫星导航系统的全面建成并投入使用，极大地促进了导航控制技术领域和大地测量应用领域的发展，目前已遍及各行各业，并开始逐步深入人们的日常生活。全球卫星导航系统具有全球性、全天候的特点，因而具有在全球范围内三维精确定位、测时、测速以及测定姿态的能力。高精度和低成本是全球卫星导航系统的显著优点，但是它也存在着一些不足之处。主要是 GNSS 接收机的工作性能受载体动态的影响较大；GNSS 接收机数据更新频率低，因而难以满足实时测量的要求；另外，还容易受到人为干扰和控制，在遮挡的情况下（如室内、水下、地下、两边为高楼的狭窄街道）不能使用等。

由此可见，SINS 和 GNSS 具有优势互补的特点。以适当的方法将两者组合可以克服各自缺点，达到取长补短的目的。SINS/GNSS 组合导航系统的优点还表现为：对于 SINS 来说，可以实现惯性传感器的校准、SINS 的空中对准、SINS 高度通道的稳定等，从而可以有效地提高 SINS 的性能和精度；而对于 GNSS，SINS 的辅助可以提高其跟踪卫星信号的能力，提高接收机的动态特性和抗干扰性。另外，GNSS 与 SINS 组合还可以实现 GNSS 完好性的监测，从而提高可靠性，便于实现 SINS 和 GNSS 的同步，减小非同步误差。

总之，SINS 与 GNSS 组合可以构成一种比较理想的导航系统，是目前组合导航技术的主要形式之一。随着组合程度的加深，SINS/GNSS 组合系统的总体性能要远远优于各独立系统。因此，SINS/GNSS 组合导航定位系统具有广泛的应用前景，特别是在航空、航天导航和武器制导等方面，具有非常重要的作用。

1.2 SINS/GNSS 组合的优越性

SINS/GNSS 组合系统的优点主要表现为：高精度 GNSS 作为外部量测值输入，在运动中不断修正 SINS，以抑制其误差随时间的积累；而短时间内高精度的 SINS 定位结果，可以很好地解决GNSS动态环境中的信号失锁和周跳问题。不仅如此，SINS还可以辅助GNSS接收机增强其抗干扰能力，提高捕获和跟踪卫星信号的能力。简而言之，无论是在精度、可靠性和抗干扰等各个方面，SINS/GNSS组合系统都优于单独的子系统。SINS/GNSS组合导航系统的优越性主要体现在以下几个方面。

1.SINS/GNSS组合对改善系统精度有利

高精度GNSS信息可用来修正SINS、抑制其误差随时间的积累。利用GNSS信息可以估计出SINS的误差参数以及GNSS接收机钟差等；另外，利用SINS短时间内定位精度较高和数据采样率高的特点，为GNSS提供辅助信息。利用这些辅助信息，GNSS接收机可保持较窄的跟踪带宽。也就是说，跟踪回路可更好地抑制噪声的影响，从而获得更精确的GNSS位置和速度信息，并通过与SINS的组合来提高后者的精度。反过来，在卫星覆盖不好的时段内，SINS可帮助GNSS提高精度。SINS/GNSS导航误差实际上要比单独的GNSS接收机或者单独的SINS可能达到的误差都小。

2.SINS/GNSS组合能够增强系统的抗干扰能力

当信噪比低于GNSS接收机的跟踪门限，或接收机出现故障时，SINS可以独立进行导航定位。当GNSS信号条件显著改善到允许跟踪时，SINS向GNSS接收机提供有关的初始位置、速度等信息，以供其在迅速重新获取GNSS伪码和载波的参数信息时使用。SINS的信息也可被用来辅助GNSS接收机天线的方向瞄准GNSS卫星，从而可减小干扰对GNSS接收机工作的影响。

3.SINS辅助GNSS对信号的捕获有利

当GNSS接收机失去信号，或它不工作时，导航可以在SINS的基础上继续独立进行。当GNSS信号再次出现时，SINS的导航解可作为辅助信息，对GNSS伪码和载波参数信息的直接再捕获起辅助作用。用这种方法，在GNSS停机时，SINS不仅提供了导航功能，而且在GNSS可以再次使用后，使重新获取GNSS信号所要求的时间大大缩短。

4.SINS提高了GNSS接收机的跟踪能力

只有当载波或码跟踪回路锁定并跟踪卫星信号时，才能得到所需要的GNSS数据。当跟踪误差太大时，相关鉴相器会呈现非线性、增益降低，从而可能导致信号失锁。降低回路带宽，虽然可以减弱噪声引起的跟踪误差，但同时也降低了系统对载体动态行为的响应能力，即降低了跟踪能力。SINS高频输出的导航信息可以很好地反映载体的动态行为，利用此信息辅助GNSS跟踪回路，可以使由载体动态所引起的跟踪误差显著减小。这样就可以减小回路带宽，进一步减弱噪声引起的跟踪误差，提高伪距、伪距率等观测量的精度。

5.解决了周跳问题

对于GNSS载波相位测量，SINS可以很好地解决GNSS周跳和信号失锁后整周模糊度参数的重新解算，也可以降低对至少4颗可见卫星的要求。

6.解决了GNSS动态应用采样频率低的问题

在某些动态应用领域中，利用高频SINS数据可以通过在GNSS定位结果之间进行高精度内插，从而求得事件发生的具体位置。

7.SINS/GNSS 组合系统降低了对 SINS 的要求

在组合系统中，可以采用低性能的 SINS。这里主要利用 SINS 的速度信号解决 GNSS 的动态跟踪问题，而高精度定位则由 GNSS 来实现。同时，高精度 GNSS 信号可以显著提高组合系统的性能。

8.SINS/GNSS 组合系统的用途更广

SINS/GNSS 组合系统是 SINS 与 GNSS 互补、互相提高的集成，而不是二者的简单结合。SINS/GNSS 组合在众多组合系统中堪称“黄金组合”，具有巨大的发展潜力，一直是组合导航技术研究领域中的重点和热点。随着组合程度的加深，SINS/GNSS 组合系统的总体性能要远优于各独立系统，被认为是目前导航领域最为理想的组合方式之一。

1.3　SINS/GNSS 不同组合模式及其特点

根据组合结构、信息交换及组合程度的不同，SINS 和 GNSS 的组合可分为松组合、紧组合、超紧组合和深组合四种组合模式。

1.3.1　SINS/GNSS 松组合模式

松组合(loosely coupled)是一种低水平的 SINS/GNSS 组合模式，其原理如图 1.1 所示。该组合系统中，GNSS 和 SINS 各自独立工作。当 GNSS 正常工作时，通过专用接口将两者的量测数据输入组合导航滤波器，其组合的作用表现在利用 GNSS 信息通过组合导航滤波器估计并校正 SINS 误差，使 SINS 能够保持较高的导航精度；当 GNSS 不可用时，SINS 单独工作。这种组合模式因其结构简单、便于工程实现且有一定的余度等优点而得到了广泛应用。

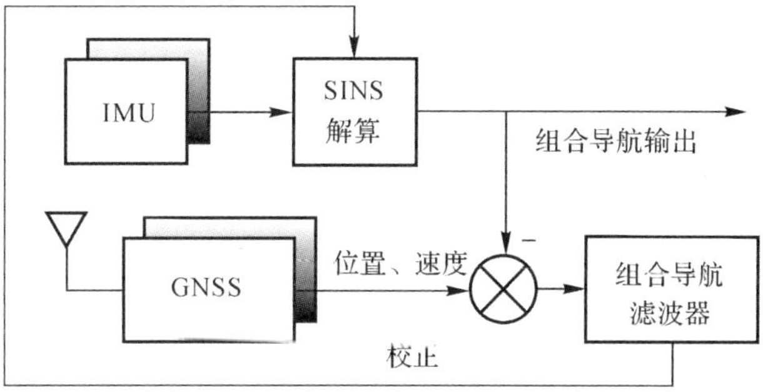

图 1.1　SINS/GNSS 松组合模式原理图

在松组合系统中，由于 GNSS 仍作为一个单独的系统使用，当载体进行高动态机动或 GNSS 信号受到干扰的影响而长时间无法工作时，该组合模式的精度将随着时间的增加而急剧下降，因而其可靠性和抗干扰能力较差。

1.3.2 SINS/GNSS 紧组合模式

紧组合(tightly coupled)模式就是通常所说的伪距、伪距率组合模式,其原理如图 1.2 所示。根据 SINS 信息和卫星星历计算接收机相对于卫星视线方向(Line of Sight,LOS)的距离、距离率,并与 GNSS 码环和载波环得到的伪距和伪距率相减,作为组合导航滤波器的量测信息;然后,利用组合导航滤波器估计 SINS 的误差量以及接收机钟差等;最后,利用估计的误差量对 SINS 进行输出校正或反馈校正。

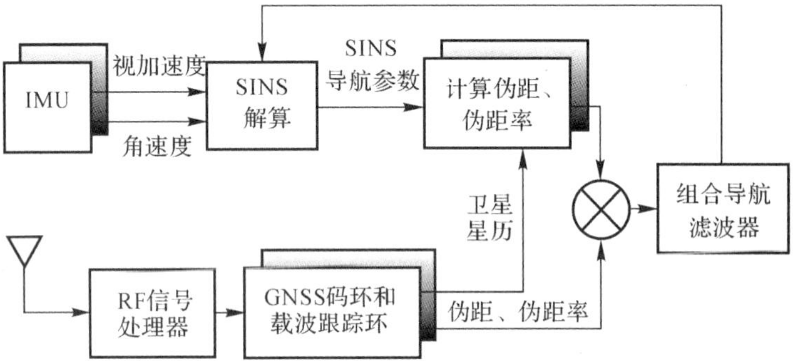

图 1.2 SINS/GNSS 紧组合模式原理图

紧组合模式中,GNSS 接收机仍然独立于 SINS,结构简单,可使用估值信息来重置 SINS 的参数。相对于松组合模式,该模式将原始的伪距和伪距率测量值直接送入组合导航滤波器,理论和工程应用都表明其组合效果比采用位置、速度组合的松组合要好。但由于 GNSS 仍然没有利用 SINS 的辅助信息,因此在高动态或 GNSS 信号受到干扰的影响下存在与松组合模式同样的问题。

1.3.3 SINS/GNSS 超紧组合模式

超紧组合(ultra-tightly coupled)与紧组合模式相比,除了采用伪距、伪距率组合外,它还利用 SINS 输出的速率信息来辅助 GNSS 的跟踪环路,其工作原理如图 1.3 所示。

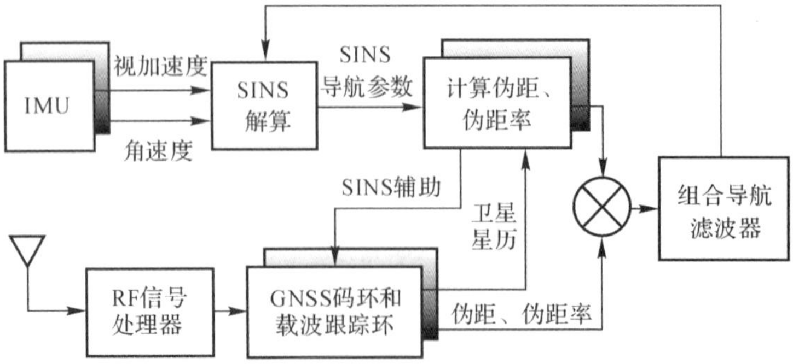

图 1.3 SINS/GNSS 超紧组合模式原理图

利用SINS提供的速率信息辅助载波环和码环，可以增强对信号的动态跟踪性能与抗干扰能力，从而提高系统的精确性和可靠性。常用的惯导辅助方法是将SINS计算得到的伪距率与跟踪环的环路滤波器输出相加，送入载波数控振荡器(Numerically Controlled Oscillator，NCO)或码NCO。在有SINS速率辅助并假定接收机具有较高精度时钟信号的情况下，载波环带宽可降至1～2 Hz，使抗干扰能力相对于无速率辅助情况提高约15 dB，甚至更高。

在干扰很小的环境中，由于采用单纯的GNSS接收机就可实现对所有可视卫星的载波跟踪，载波跟踪环还可为码环提供高质量的载波辅助以保证码环的正常跟踪；采用超紧组合模式还存在需要改变传统GNSS接收机的硬件问题。因此，在这种情况下，该组合模式与紧组合模式相比并无大的优势。

在中等干扰情况下，利用超紧组合模式能够明显提高载波相位测距接收机的性能；在较长时间干扰情况下，也可明显提高伪码测距接收机的性能。这时，为了减小外界干扰噪声对系统性能的影响，则要求跟踪环路中滤波器的低通滤波性能要好，即滤波器的噪声带宽越窄越好，但滤波器的带宽又直接影响整个跟踪回路的等效环路带宽。若滤波器的带宽很窄，则很可能使环路带宽小到无法满足载体动态性的要求，即不能实现对所有可视卫星的载波跟踪。在干扰时间较短的情况下，GNSS接收机的码跟踪环路不会出现失锁，利用伪码测距的GNSS接收机仍能保持定位。但是在较长时间干扰情况下，载波跟踪环路的失锁将导致码环失锁，这时无论采用载波相位测距还是伪码测距的接收机，其性能都会急剧恶化。而采用超紧组合模式可以利用SINS辅助的速度信息，既可满足动态情况下要求输入信号带宽增大的要求，又可以减小GNSS接收机环路滤波器的带宽，以满足噪声滤除的要求，提高接收机的抗干扰能力。

在高动态强干扰应用场合，利用超紧组合模式将明显提高GNSS接收机的性能。这时，GNSS载波会产生较大的多普勒频移和频移变化率，伪随机码也会产生动态时延和频移。若使用传统的载波锁相环和伪码锁相环，则载波多普勒频移常常会超出锁相环的捕获带。因此，这时就不能保证对载波的可靠捕获和跟踪，为此就必须增加环路的带宽，这样又会引入宽带噪声。当噪声电平超过环路工作门限时，将使载波跟踪环路失锁。随着干扰或动态的增强，最终将引起码环的失锁，从而无法得到伪距测量值，而且重新捕获时间加长，使得导航解发散。若采用超紧组合模式，利用SINS提供的速率信息辅助载波环和码环，可以提高信号动态跟踪与抗干扰性能，从而提高组合导航系统的精度和可靠性。

1.3.4 SINS/GNSS深组合模式

深组合(deeply coupled)是以矢量跟踪为基础，采用SINS与GNSS接收机信号相关器的输出进行数据融合，接收机内部不需要进行信号跟踪，信号跟踪是在数据融合时统一进行的。因此在理论上，深组合性能将明显优于紧组合与超紧组合模式，实现了“全局最优”。

在深组合模式的实现过程中，采用的方法包括使用一个大的滤波器或者成倍的小滤波器，用GNSS接收机通道中同相(In-phase，I)支路和正交(Quara-phase，Q)支路的相关采样值作为滤波器的量测量来更新滤波状态。本地载波的数控振荡器和码环数控振荡器的控制量(输入量)来自于组合导航滤波器的输出。而组合导航滤波器利用GNSS接收机输出的伪距、伪距率以及SINS计算得到的伪距、伪距率之间的差值作为观测量,并根据SINS误差传播方程建立的误差模型对SINS进行反馈校正。因此,可以获得更高的载波相位跟踪带宽和抗干扰能力。这种深组合模式原理如图1.4所示。

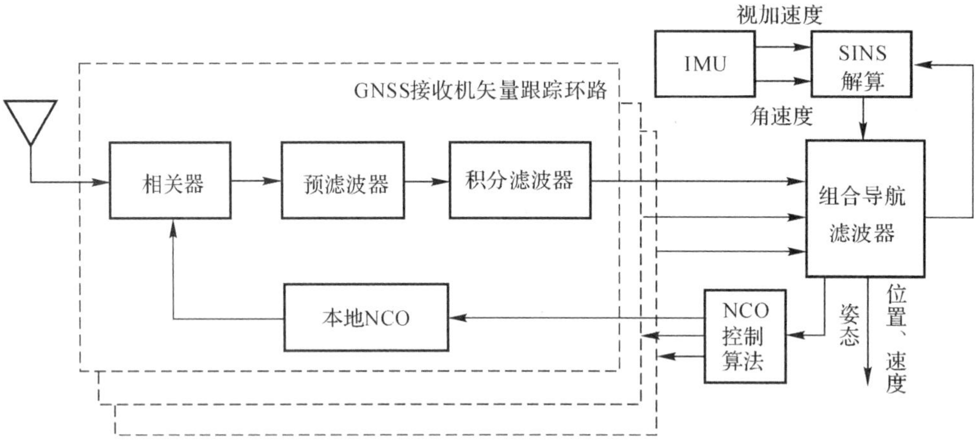

图1.4　SINS/GNSS深组合模式原理图

通过对GNSS接收信号进行相关处理后获得正交采样信号实际残差的测量值,即可得到预滤波器的精确量测量。在深组合模式的实现过程中,本地NCO的控制算法利用校正后的SINS导航数据、卫星位置、接收机钟差以及组合导航滤波器输出的GNSS位置和速度估计值综合计算控制指令,用于调节本地信号使其与接收的GNSS信号相一致。因此,可以获得更高的载波与码跟踪精度和抗干扰能力。但这种深组合工作模式,需要对现有的SINS系统和GNSS接收机的硬件部分进行深层次改造,以满足一体化要求,其工程实现比较复杂。

1.3.5　SINS/GNSS不同组合模式特点

下面从抗干扰能力、动态性以及精确性方面对SINS/GNSS各组合模式的性能进行对比。

(1)松组合模式的精度优于GNSS单独工作时的精度。如果GNSS长时间工作在容易出现信号中断的环境中,那么要求SINS具有较高的精度,使之在信号中断的情况下仍能满足导航精度的要求;如果GNSS工作在信号可能出现短时中断的情况下,那么由于在信号连续时可以利用GNSS对SINS进行误差估计与校正,因此使用低精度的SINS与GNSS组合,即可获得较高的导航精度。

(2)紧组合模式除了具有松组合模式的优点外,由于采用了GNSS输出的基本观测量信息(伪距、多普勒频移和伪距率等),克服了松组合模式中量测信息的相关性问题,因此它能够提供比松组合更高的导航精度。但由于紧组合模式仍然没有利用SINS信息对GNSS进行辅助,因此其动态性、抗干扰性与松组合模式相当。

(3)对于超紧组合模式,一方面,利用GNSS定位信息对SINS进行校正,抑制其误差随时间积累,提高了 SINS 的导航精度;另一方面,利用 SINS 信息来辅助 GNSS 信号跟踪环路,可基本消除由载体机动所引起的动态跟踪误差。因此,超紧组合系统中 GNSS 接收机可以采用很窄的环路带宽,提高对噪声或干扰的容限,使得 GNSS 接收机能够在恶劣信号环境中快速重新捕获 GNSS 信号。

相对于松组合和紧组合模式,超紧组合模式具有以下优点:① 提高了系统的抗干扰能力。当 GNSS 信号的信噪比低于跟踪门限或 GNSS 接收机出现故障时,SINS 可以独立进行导航定位;当 GNSS 信号条件改善时,SINS 可以向 GNSS 接收机提供初始位置、速度等信息,能够重新迅速获取 GNSS 信号的伪码和载波相位。而 SINS 信息也可用来辅助 GNSS 接收机天线的方向瞄准 GNSS 卫星,从而减小了干扰对系统性能的影响。② SINS 辅助提高了 GNSS 接收机的捕获和跟踪性能。在 GNSS 接收机失去信号后,导航系统工作在 SINS 的基础上继续进行。当 GNSS 信号再次恢复时,SINS 的导航输出结果可作为辅助信息对 GNSS 码环和载波跟踪环的直接再捕获起辅助作用,从而使 GNSS 重新捕获信号的时间大大减小。另外,利用 SINS 提供的载体动态信息辅助 GNSS 跟踪环路,可以减小环路跟踪载体高动态所需的大的带宽,保证以较小的带宽捕获并锁定 GNSS 卫星信号,从而减小由载体动态所引起的跟踪误差,带宽的缩小还可以进一步减弱噪声引起的跟踪误差,提高 GNSS 接收机的跟踪精度。

(4)深组合模式是一种新型 SINS/GNSS 组合模式,其优势在于在弱信号环境下或者面对有意/无意干扰时,系统具有更高的鲁棒性、跟踪能力和导航精度。传统的跟踪环各自独立工作、易于失锁;而深组合基于矢量跟踪方式,可以充分利用 GNSS 信号跟踪与导航状态解算之间的内在耦合关系,实现强信号通道对弱信号通道的辅助。同时,矢量跟踪能够降低信号噪声,使之不容易进入非线性区,从而提高 GNSS 接收机对弱信号的跟踪性能。当某颗卫星的信号由于干扰而无法检测时,其他卫星的信号仍然与相应的本地信号进行相关运算,因此,导航信息的更新并不会中断。当某颗卫星的信号完全被阻塞干扰时,得到的量测值将产生一个很大的变化,但可通过相应的预滤波量测互协方差矩阵,采用去权重的方法减小其影响。此外,深组合模式的跟踪环路滤波器带宽可以适应滤波器所建模的任何对象,提高跟踪环路的抗干扰能力。

深组合模式的另一特点是对预滤波器没有严格的要求,而传统的跟踪环对实时性要求较高。预滤波器可以在一个主循环内接收所有的正交采样数据,并在下一个主循环时间内进行处理。因此,可以采用更高级的信号处理算法。但是,在深组合模式中,传统的跟踪环路被最优滤波算法替代,使接收机内部变化大,工程实现复杂。

1.4　组合导航系统的实现方法

从导航技术的发展来看,以惯性导航为主的早期导航技术有两种工作方式:一种是重调方式,即在惯性导航工作过程中,利用其他装置得到的位置量测信息对惯性导航位置进行校正;另一种是阻尼方式,即利用其他导航系统输出的位置(或速度信息)组成位置(或速度)差,并通过反馈去修正惯导系统的误差,从而使惯导系统的误差减小。前者是一种利用回路之外的导航信息来校正惯导系统的工作方式，回路的响应特性没有任何变化；后者是一种阻尼方式的组合导航系统，在载体机动情况下，阻尼效果并不理想。

自20世纪60年代现代控制理论出现以后，出现了与一般重调方式和阻尼方式不同的组合导航方式，即利用最优滤波来实现的组合导航系统。该系统是将各类传感器提供的多种导航信息提供给最优滤波器，并获得惯性导航系统的误差最优估计值。然后，再对惯导系统进行校正，使系统误差最小。目前，应用最广泛的滤波器是卡尔曼滤波器，该滤波器也是最早应用到导航系统中的最优滤波器。随着导航技术的应用和计算机技术的飞速发展，也出现了一系列改进的卡尔曼滤波算法以及其他最优滤波算法。

1.4.1 状态估计方法

根据所要估计状态的不同，卡尔曼滤波在惯导系统中应用时有两种方法，即直接法和间接法。直接法估计导航参数本身，间接法估计惯导系统输出的导航参数的误差量。以组合导航为例，直接法的卡尔曼滤波器接收惯性测量单元(Inertial Measurement Unit，IMU)输出的比力、角速度和其他导航系统测量得到的导航参数，经过滤波计算，得到导航参数的最优估值，如图1.5所示。可以看出，这种方法将惯性导航力学编排方程计算和滤波组合计算结合在了一起。

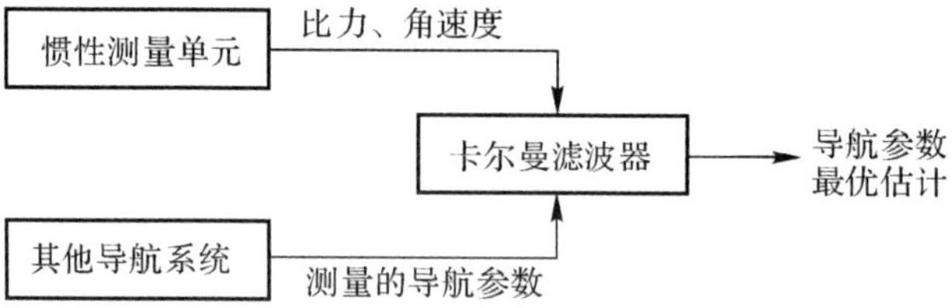

图1.5 直接法滤波的示意图

间接法是将惯性导航系统和其他系统各自输出的某些导航参数进行比较，计算得到两者的差值。滤波器将这些差值作为量测量，经过滤波计算，得出惯性导航系统导航参数误差矢量的最优估值，如图1.6所示。

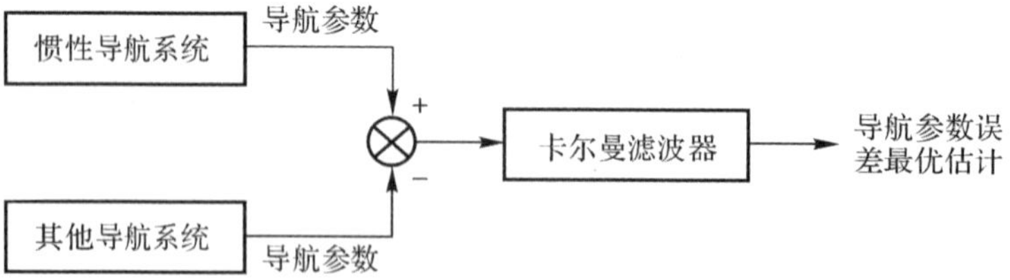

图1.6 间接法滤波的示意图

综合来看，卡尔曼滤波的直接法和间接法各有优缺点：

(1)直接法的系统状态方程直接描述导航参数的动态过程，它能较准确地反映系统的真实演变情况；间接法的系统状态方程主要是惯性导航系统的误差方程，它是按一阶近似推导出来的，有一定的近似性。

(2)一般而言，不管是直接法还是间接法，卡尔曼滤波器都包含位置(或位置误差)、速度

（或速度误差）和平台姿态角（或误差角）等状态量。由于位置和速度导航参数直接体现系统的动态特性，可能变化剧烈，这时就必须采用很短的滤波周期，计算量较大。但由于误差常为小量，变化也比较平缓，因此间接法的滤波周期可以较长。通常，间接法的滤波周期在几秒到 1 min 范围内，基本不影响滤波器性能。

（3）直接法的滤波方程多为非线性的，如果采用一阶近似线性化的方法，则其实质与间接法类似。但存在线性化误差，使滤波精度会受到一定的影响。间接法的状态方程本身就是线性方程，不存在线性化问题，而且估计参数在数值上也相差不大，便于计算。

综上比较，虽然直接法能直接反映系统的真实动态过程，但是实际应用中还存在不少问题，因而在目前的应用中，一般都是采用间接法。

1.4.2　误差校正方法

从卡尔曼滤波器得到估值后，有两种利用估值进行校正的方法，即开环法和闭环法。估值不对系统进行校正，或仅对系统的输出量进行校正的方法，称为开环法；将系统估值反馈到系统中，用于校正系统状态的方法称为闭环法。从直接法和间接法得到的估值都可以采用开环法和闭环法。间接法估计的状态都是误差状态，这些误差状态的估值都是作为校正量来利用的。因此，间接法中的开环法也称为输出校正，闭环法也称为反馈校正。

采用输出校正的间接法，滤波是用惯性导航的导航参数误差的估值，去校正惯性导航输出的导航参数，得到组合导航系统的导航参数的最优估计值，其滤波结构如图 1.7 所示。

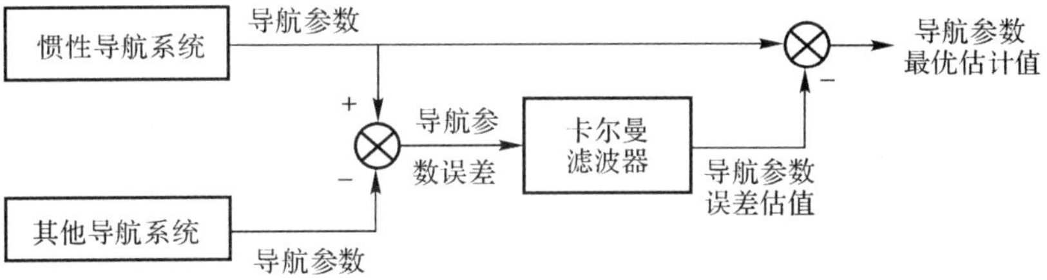

图 1.7　输出校正的滤波结构

采用反馈校正的间接法，滤波是将惯性导航的导航参数误差的估值，反馈到惯性导航系统内，在力学编排计算方程中校正计算的速度值和经、纬度值，并给平台施矩以校正平台误差角。因此，经过反馈校正后，惯性导航系统输出的导航参数就是组合导航系统的输出。反馈校正的滤波结构如图 1.8 所示。

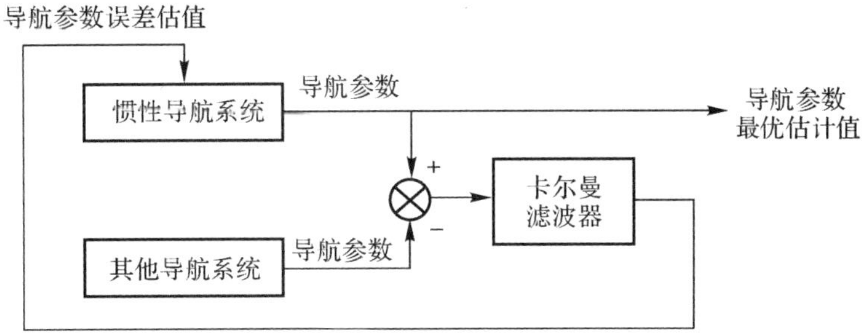

图 1.8　反馈校正的滤波结构

虽然从形式上看，输出校正仅校正惯性导航系统的输出量，而反馈校正则校正系统内部的状态，但可以证明，利用输出校正的组合导航系统输出量和利用反馈校正的组合导航系统输出量具有同样的精度。从这一点上来讲，两种校正方法是一样的。但是，输出校正的滤波器所估计的状态是未经校正的导航参数误差，而反馈校正的滤波器所估计的状态是经过校正的导航参数误差。前者数值大，后者数值小，而状态方程都是经过一阶近似的线性方程，状态的数值越小，则近似的准确性越高。因此，利用反馈校正的系统状态方程，更能接近真实地反映系统误差状态的动态过程。可见，对实际系统来讲，只要状态能够具体实施反馈校正，组合导航系统就应尽量采用反馈校正的滤波方法。

1.5 SINS/GNSS 组合导航技术的应用前景和发展方向

作为 SINS/GNSS 组合的两种最新发展模式，超紧组合和深组合由于其在高动态、强干扰、微弱信号以及遮挡环境中的优越性能，必将成为今后 SINS/GNSS 组合导航技术的主要发展方向。目前，这两种组合模式被国外从事导航研究的大学、研究机构或公司所重视，研究工作也受到各国航天部门或军方的支持。

超紧组合和深组合系统几乎可以应用于所有涉及 GNSS 而又要求其性能较高的军用、民用领域。在民用领域，超紧组合可应用于测绘、地图绘制、地理信息系统、差分应用和服务、姿态确定系统、精密进近飞机着陆、船舶导航、机器人技术、自动驾驶、水下定位、机械自动化等方面。其中，比较典型的是在民用车辆导航方面的应用。车辆行驶在所谓的“城市峡谷(urban canyon)”中，高楼引起的信号遮挡和反射，使单独 GNSS 定位的跳跃中断可达500 m，而这正是超紧组合和深组合的理想应用环境。

在国外军用领域，美国的霍尼韦尔公司、洛克韦尔-柯林公司已将超紧组合和深组合技术列为 SINS/GPS 组合导航系统的下一代设计方案，而且随着基于 MEMS 的 IMU 性能的不断提高，以及超紧组合和深组合方式对 IMU 品质要求的降低，MEMS - IMU 在组合方案中也越来越多地被采用。美国国防部的 Darpa 以及其他政府部门在 MEMS 的军事和商业应用方面进行战略性投入，并且逐年增加。从 20 世纪 90 年代开始，Draper 实验室将 MEMS 惯性技术与 GPS 进行组合应用于军用领域，但其组合方式也逐渐转向超紧组合和深组合方式。斯坦福大学承担的联合精密进近着陆系统(JPALS)项目，是保证美国海空军实现全球范围内“快速反应”和机动的关键，它就是以 SINS/GPS 超紧组合作为其技术实现的重要部分。CRS 公司(Center for Remote Sensing, Inc.)开发了一种基于 SINS/GPS 超紧组合模式的 TSPI(时间和空间位置信息)接收机。该接收机使用 MEMS - IMU，仍可达到厘米级精度，可在高动态和强干扰环境中使用。AIS 公司设计的一系列 MEMS - IMU/GPS 超紧组合系统已成功应用于导弹、炸弹、火炮等高精度军事导航应用之中。霍尼韦尔公司和洛克韦尔-柯林公司合作开发了一种基于 MEMS 的 SINS/GPS 超紧组合导航、制导与控制飞行管理的系统，该系统采用嵌入式硬件抗干扰电子器件和新一代超紧组合算法，内置选择可用性反欺骗模块，具有极高的反欺骗和抗干扰能力，特别是该系统能承受超高加速度，更能适应现在复杂的战场环境，可用于制导炸弹、导弹、单兵导航等军事应用领域，以及定姿、定向和参考系统（AHRS）等商业用途。由于GPS与其他GNSS原理类似，因此可以预见，SINS/GNSS组合导航系统必将具有广阔的应用前景。

另外，随着软件无线电概念的出现，卫星导航领域的软件接收机（Software-Defined Receiver，SDR）成为研究重点。软件接收机是首先将接收到的卫星射频信号下变频至中频，并全部采用软件手段进行后续的捕获、跟踪等处理，而不是像传统接收机那样采用硬件来实现。因此，软件接收机在信号处理算法实现方面，相对于传统接收机具有无可比拟的灵活性，实现简单，适应性强。超紧组合、深组合导航与SDR的发展也具有相互促进的作用。

软件接收机的发展与逐渐成熟也将促进SINS/GNSS组合导航研究的进一步深入，微型化、嵌入式一体化、高性价比的SINS/GNSS组合导航系统是未来导航技术的发展趋势，而基于软件接收机的组合导航方法是实现这一发展目标的捷径。特别是近年来，随着大规模集成电路与软件无线电的发展，软件接收机的出现为超紧组合和深组合导航系统提供了更好的研究基础。可以预见，基于软件接收机的SINS/GNSS超紧组合和深组合导航技术将成为导航领域的研究重点和发展方向。

第 2 章　卫星导航基础理论

卫星导航系统是指利用空间分布的多颗卫星组成的星座，在统一时间和空间基准中，通过地面站对卫星的精确测量，将卫星作为标准位置与时间的导航台站，播发无线电导航信号的系统。卫星导航系统由空间段（卫星星座）、地面运行控制段（包括主控站、监测站、上行注入站等）和用户段（用户接收机等各类终端）等三部分组成，通过对至少 4 颗卫星同时进行测量，可以直接为地球表面以及近地空间的广大用户提供全天时、全天候、高精度的定位、导航和授时服务。而卫星导航系统所提供的定位、导航、授时服务，可以实现地面、海面、航空、低轨航天器用户时间基准和空间基准的建立与维持，为在统一时空基准下获取用户或目标的时间信息和位置信息起到了非常重要的作用。与惯性导航、天文导航等导航技术相比，卫星导航具有导航信号覆盖面广泛、受外界条件（如昼夜、季节、气象等）限制较小、定位与授时精度高、定位速度快等显著优点。

本章介绍有关卫星导航的基础理论，主要包括 GNSS 信号的结构、GNSS 信号的功率、GNSS 时间系统与空间坐标系统，以及 GNSS 导航卫星轨道计算方法等。

2.1　GNSS 信号的结构

GNSS 信号是用户利用 GNSS 卫星进行定位、测速和授时的基础与前提。GNSS 接收机通过处理至少 4 颗 GNSS 卫星的信号，为用户提供高精度的位置、速度以及时间信息。为了对 GNSS 信号的产生、结构和特点有一个基本的了解，本节从 GNSS 信号的构成、伪码和导航电文三个方面对 GNSS 信号进行介绍。

2.1.1　GNSS 信号的构成

北斗卫星导航系统是我国定位、导航和授时的重要基础设施。下面以北斗导航信号为例介绍 GNSS 信号的构成。图 2.1 为北斗导航信号生成示意图。可以看出，北斗卫星所发射的信号从结构上可以分为载波、测距码（伪码）和导航电文三个层次。在这 3 个层次中，首先使用测距码对导航电文进行扩频调制，然后再经过调制而依附在正弦形式的载波上，最后北斗卫星将调制后的载波信号播发出去。

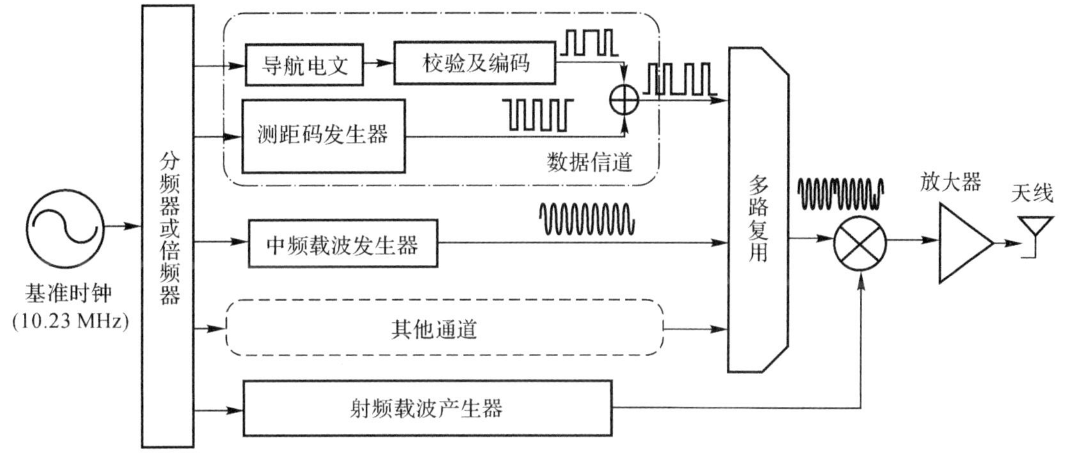

图 2.1　北斗导航信号生成示意图

载波是指携带调制信号的高频振荡波。北斗卫星所用的载波共有五个，分别为 B1I 载波、B2I 载波、B3I 载波、B1C 载波以及 B2a 载波，北斗卫星导航系统导航信号对应的载波频率见表 2.1。其中：B1I 载波、B2I 载波、B3I 载波在北斗二号和北斗三号的中圆地球轨道（Medium Earth Orbit, MEO）卫星、倾斜地球同步轨道（Inclined Geosynchronous Orbit, IGSO）卫星和地球静止轨道（Geostationary Orbit, GEO）卫星上播发；而 B1C 载波和 B2a 载波只在北斗三号的 MEO 卫星和 IGSO 卫星上播发，在 GEO 卫星上不播发。采用多个频率载波的目的是便于应用双频或多频观测技术计算电离层延迟改正，以提高定位的精度；而采用高频率载波是为了更精确地测定多普勒频移，从而提高测速的精度；同时，也是为了减小信号的电离层延迟，因为电离层延迟与信号频率 f 的二次方成反比。

表 2.1　北斗卫星导航系统导航信号对应的载波频率

北斗导航信号	B1I 载波	B2I 载波	B3I 载波	B1C 载波	B2a 载波
载波频率/MHz	1 561.098	1 207.140	1 268.520	1 575.420	1 176.450

测距码是用于测定从卫星到接收机之间距离的二进制码。北斗卫星中所用的测距码从性质上讲属于伪随机噪声（Pseudo Random Noise, PRN）码，即伪码。伪码可以增强信号传输过程中的抗干扰能力，降低导航电文解码的误码率。另外，伪码相移可以反映信号的传输时间，从而计算出伪距、伪距率等参数。图 2.2 为一种伪随机码的表述形式。图中的 τ_0 为一个码元对应的时间，以 s 为单位，称为码元宽度；L_p 为一个周期内的码元数，称为码长，常用 bit 作为码长的单位，如 $L_p = 7\,\text{bit}$；T_p 为以 s 为单位的时间周期，即 $T_p = L_p \tau_0$。

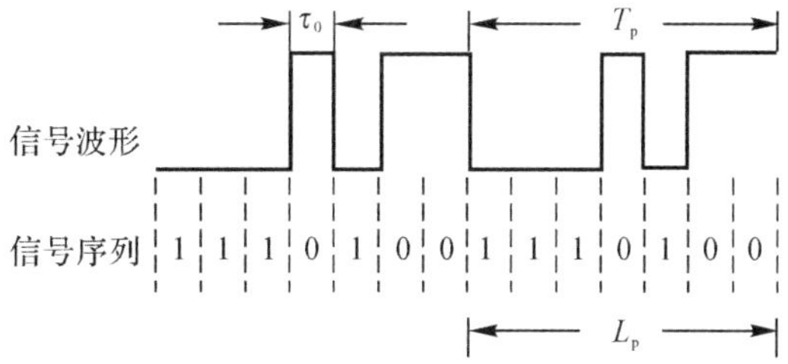

图 2.2　伪随机码的表述形式

导航电文也称数据码(D码),是北斗卫星以二进制码的形式发送给用户的导航定位数据,主要包括卫星星历、卫星星钟改正、电离层延迟改正、卫星工作状态信息、全部卫星的概略星历、差分及完好性信息和格网点电离层信息等。导航电文是北斗定位的数据基础。

当前,北斗卫星导航系统中常用的观测值有码相位观测值(伪距观测值)和载波相位观测值两种。伪距观测值指的是北斗卫星到接收机之间含有误差的距离,是通过测定北斗导航信号从北斗卫星传播到接收机所需的时间而得到的;载波相位观测值实际上是北斗导航信号与接收机的本地信号之间的相位差。理论和实践均表明,各种观测值的精度是对应波长或者码元长度的1%。由于北斗导航信号中载波的波长远小于伪码的码元长度,因此载波相位观测值远比伪距观测值的精度高。载波相位观测值由于具有精度高的优点,因此常用于精密定位和多天线定姿系统中。

2.1.2 GNSS信号的伪码

北斗卫星导航系统本质上是一个基于码分多址的扩频通信系统,而其中的码就是指伪码,它是北斗信号结构中位于载波之上的第二个层次。伪码是北斗卫星导航系统实现码分多址的基础与前提,是北斗信号的重要组成部分。

1.伪码的产生

在北斗卫星导航系统中,B1I信号和B2I信号伪码(以下简称C_{B1I}码和C_{B2I}码)的码速率为2.046 Mc/s(码片每秒,chips per second),码长为2 046 chip。图2.3为C_{B1I}码和C_{B2I}码发生器的结构。C_{B1I}码和C_{B2I}码是由线性序列G_1与G_2模2和(模2加)后截短最后1码片生成的截短码。

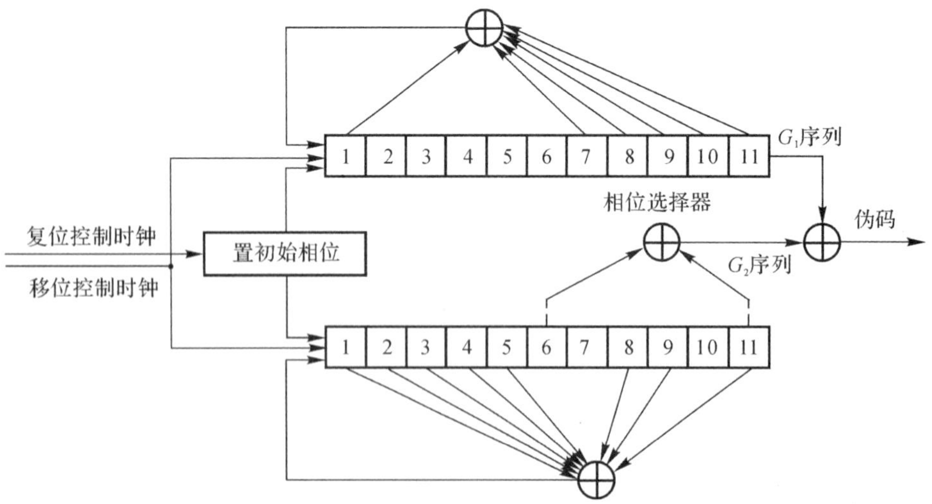

图2.3 C_{B1I}码和C_{B2I}码发生器结构

G_1序列和G_2序列均由11位的线性移位寄存器生成,其生成多项式为

$$G_1(X)=1+X+X^7+X^8+X^9+X^{10}+X^{11} \tag{2.1}$$

$$G_2(X)=1+X+X^2+X^3+X^4+X^5+X^8+X^9+X^{11} \tag{2.2}$$

G_1 序列的初始相位为 01010101010，G_2 序列的初始相位为 01010101010。通过对产生 G_2 序列的移位寄存器不同抽头的模 2 和，可以实现 G_2 序列相位的不同偏移，再与 G_1 序列模 2 和后可以生成不同卫星的伪码。

B3I 信号伪码（以下简称 C_{B3I}码）的码速率为 10.23 Mc/s，码长为 10 230 chip。图 2.4 为 C_{B3I}码发生器的结构。C_{B3I}码由两个线性序列 G_1 与 G_2 截短、模 2 和后再截短产生。G_1 序列与 G_2 序列均由 13 位的线性移位寄存器生成，周期为 8 191 码片，其生成多项式为

$$G_1(X)=1+X+X^3+X^4+X^{13} \tag{2.3}$$

$$G_2(X)=1+X+X^5+X^6+X^7+X^9+X^{10}+X^{12}+X^{13} \tag{2.4}$$

将 G_1 序列产生的码序列截短 1 码片，使其变成周期为 8 190 码片的 CA 序列；G_2 序列产生周期为 8 191 码片的 CB 序列。CA 序列与 CB 序列模 2 和，产生周期为 10 230 码片的 C_{B3I}码。G_1 序列在每个伪码周期（1 ms）起始时刻或 G_1 序列寄存器相位为 1111111111100 时设置为初始相位，G_2 序列在每个伪码周期（1 ms）起始时刻设置为初始相位。G_1 序列的初始相位为 1111111111111，G_2 序列的初始相位由 1111111111111 经过不同的移位次数形成，不同的初始相位对应着不同卫星。表 2.2 为北斗卫星导航系统三个频点信号的伪码特征。

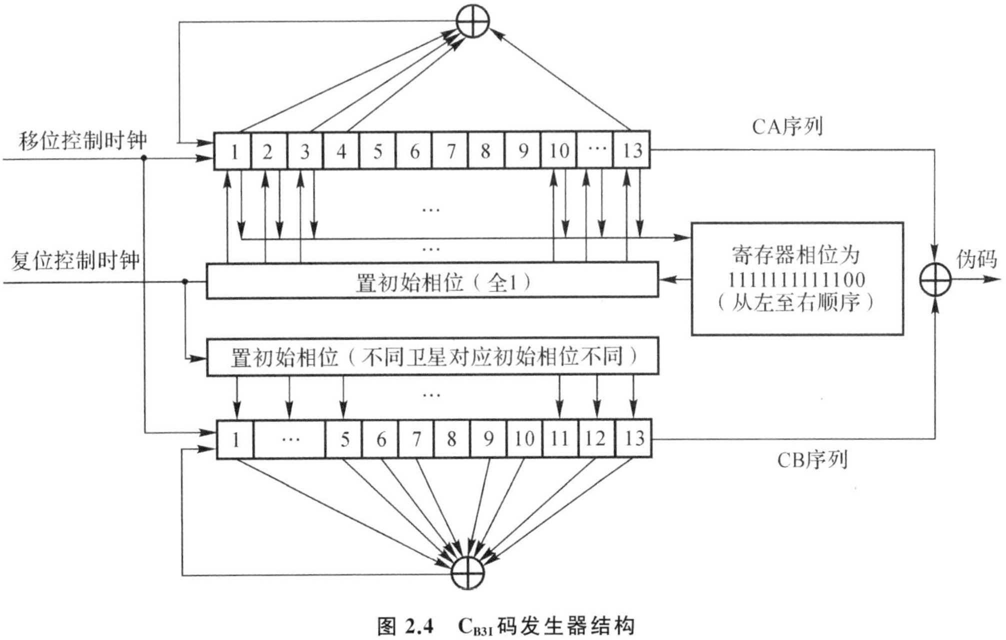

图 2.4　C_{B3I}码发生器结构

表 2.2　北斗卫星导航系统三个频点信号的伪码特征

信号	码长/chip	周期/ms	码速率/(Mc·s^{-1})
B1I 信号	2 046	1	2.046
B2I 信号	2 046	1	2.046
B3I 信号	10 230	1	10.23

2.伪码的特性

由于北斗卫星信号采用码分多址技术，因此采用不同的伪码对不同卫星的导航数据进行扩频调制。北斗接收机为了跟踪其视野内的北斗卫星，其内部必须在复现载波信号(包括多普勒效应)的同时，也复现所跟踪卫星的伪码信号。将复现的伪码与输入伪码在不同相位误差上进行相关运算，使二者同步，从而完成对输入信号的解扩。伪码的同步通过捕获和跟踪完成。伪码最主要的特性是它的相关性，高的自相关值和低的互相关值为伪码的捕获和跟踪提供了大的动态域。

伪码的相关特性主要包括互相关特性和自相关特性。

(1) 互相关特性。每颗卫星使用的伪码与其他卫星的伪码有最小的互相关值。也就是说，以 B1I 信号为例，假定第 i 颗卫星和第 k 颗卫星的伪码分别为 C^i 和 C^k ，则它们的互相关函数可以写为

$$R_{ik}(\tau)=\sum_{l=0}^{2045}C^i(l)\cdot C^k(l+\tau)\approx 0 \tag{2.5}$$

(2) 自相关特性。所有的伪码在相位对齐的情况下有最大的自相关值，当相位差超过一个码元时，自相关输出几乎为零，即

$$R_{kk}(\tau)=\sum_{l=0}^{2045}C^k(l)\cdot C^k(l+\tau)\approx 0,\quad |\tau|\geqslant 1 \tag{2.6}$$

图 2.5 为伪码的自相关特性曲线，图中的 T_c 为一个码元的宽度，当复现伪码与输入伪码的相位误差为零时，达到完全相关，出现相关峰；当二者之间的相位误差在一个码元内时，出现部分相关；当二者的相位误差大于一个码元时，出现完全不相关。

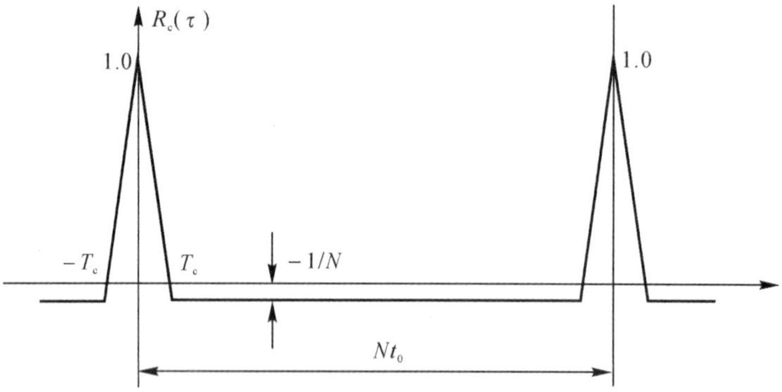

图 2.5 伪码的自相关特性曲线

2.1.3 GNSS 信号的导航电文

导航电文主要包括卫星星历、卫星星钟改正、电离层延迟改正、卫星工作状态信息、全部卫星的概略星历、差分及完好性信息和格网点电离层信息等。下面以典型的北斗二号导航电文为例进行介绍。

根据速率和结构的不同，北斗二号导航电文可以分为 D1 导航电文和 D2 导航电文。

1.D1 导航电文

D1 导航电文由 MEO/IGSO 卫星的 B1I 信号和 B2I 信号播发，速率为 50 bit/s，并调制有速率为 1 bit/s 的二次编码。图 2.6 为 D1 导航电文帧结构。D1 导航电文由超帧、主帧和子帧组成。每个超帧为 36 000 bit，历时 12 min，由 24 个主帧组成；每个主帧为 1 500 bit，历时 30 s，由 5 个子帧组成；每个子帧为 300 bit，历时 6 s，由 10 个字组成；每个字为 30 bit，历时 0.6 s，由导航电文数据及校验码两部分组成。每个子帧的第 1 个字有 26 bit 的信息位和 4 bit 的校验码，其他 9 个字均有 22 bit 的信息位和 8 bit 的校验码。

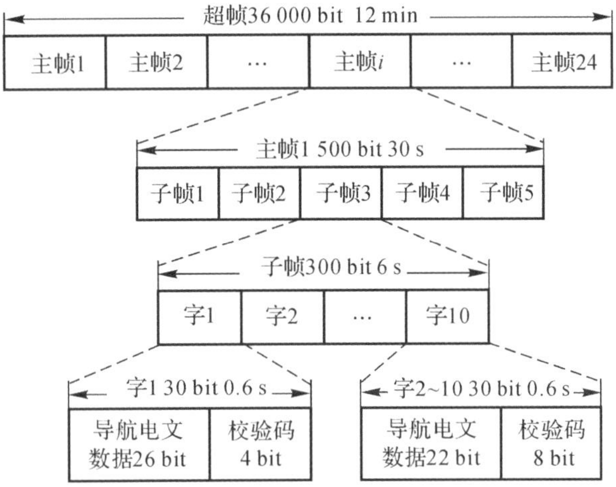

图 2.6　D1 导航电文帧结构

D1 导航电文包含基本导航信息，包括本卫星基本导航信息（包括周内秒计数、整周计数、用户距离精度、卫星自主健康标识、电离层延迟改正参数、卫星星历参数及数据龄期、卫星钟差参数及数据龄期、星上设备时延差）、全部卫星历书以及与其他系统时间同步信息（UTC 或其他卫星导航系统的导航时）。

D1 导航电文的主帧结构及信息内容如图 2.7 所示。子帧 1～子帧 3 播发本卫星基本导航信息；子帧 4 和子帧 5 的信息内容由 24 个页面分时发送，其中子帧 4 的页面 1～24 和子帧 5 的页面 1～10 播发全部卫星的历书信息以及与其他系统的时间同步信息；子帧 5 的页面 11～24 为预留页面。

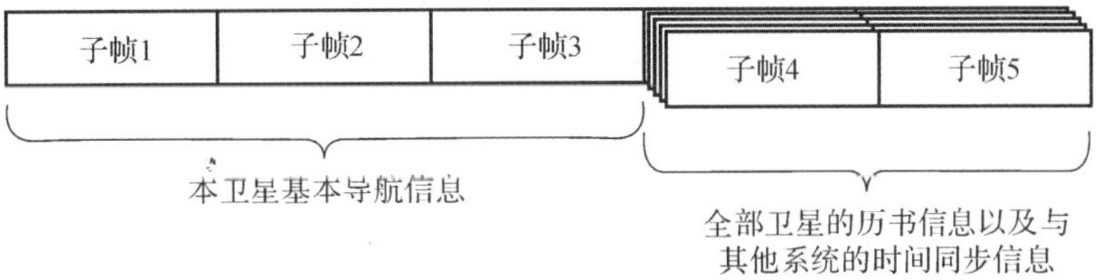

图 2.7　D1 导航电文的主帧结构及信息内容

2.D2 导航电文

D2 导航电文由 GEO 卫星的 B1I 信号和 B2I 信号播发，速率为 500 bit/s。图 2.8 为 D2

导航电文帧结构。D2 导航电文由超帧、主帧和子帧组成。每个超帧为 180 000 bit，历时 6 min，由 120 个主帧组成；每个主帧为 1 500 bit，历时 3 s，由 5 个子帧组成；每个子帧为 300 bit，历时 0.6 s，由 10 个字组成；每个字为 30 bit，历时 0.06 s，由导航电文数据以及校验码两部分组成。每个子帧的第 1 个字有 26 bit 的信息位和 4 bit 的校验码，其他 9 个字均有 22 bit 的信息位和 8 bit 的校验码。

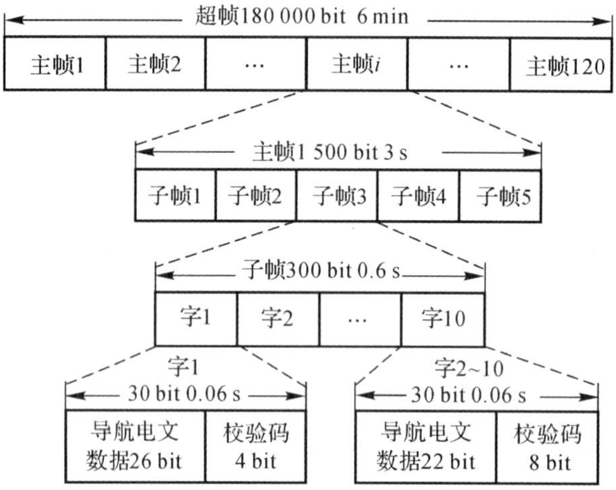

图 2.8　D2 导航电文帧结构

D2 导航电文包含本卫星基本导航信息、全部卫星历书、与其他系统时间同步信息、北斗系统完好性及差分信息、格网点电离层信息。

D2 导航电文的主帧结构及信息内容如图 2.9 所示。子帧 1 播发本卫星基本导航信息，由 10 个页面分时发送；子帧 2～4 播发北斗系统完好性及差分信息，由 6 个页面分时发送；子帧 5 播发全部卫星历书、格网点电离层信息以及与其他系统的时间同步信息，由 120 个页面分时发送。

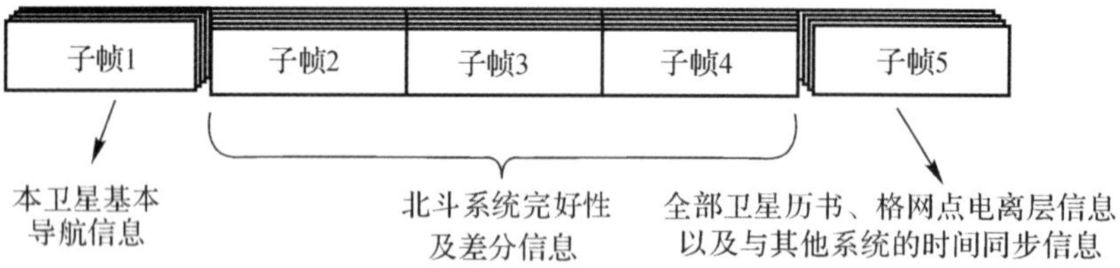

图 2.9　D2 导航电文的主帧结构及信息内容

2.2　GNSS 信号的接收功率

确定 GNSS 信号到达接收机处的功率，对于接收机射频前端设计至关重要。通过计算 GNSS 信号的接收功率可以为接收机射频前端设计提供依据。

2.2.1　GNSS 信号接收功率模型

GNSS 卫星利用发射天线向外发射信号，而信号的发射和卫星上各种电子器件的运行等所需的电能，全部来自卫星上的太阳能电池板对太阳能的吸收与转化。目前，北斗 MEO 卫星对 B1I 信号的发射功率约为 27.2 W。需要注意的是，这里所说的信号及其功率，实际上是指载波信号及其功率，而调制在载波上的伪码和数据码体现的是信息而非能量。

为了提高信号发射效率，卫星天线在设计上通常使其信号发射具有一定的指向性，即原本散发到天线四周各方向上的信号功率被集中起来朝向地球发射，而天线的这种指向性称为方向增益，即在不同方向上天线具有不同大小的增益值。根据北斗系统接口数据文件，北斗卫星发射天线在不同发射角下的增益如图 2.10 所示。其中，发射角是指信号发射方向与北斗卫星和地心之间的连线所形成的角度。可以看出，发射天线的增益大小与发射角有关。主瓣信号（发射角绝对值小于 22°）的发射天线增益均在 6 dB 以上；而旁瓣信号（发射角绝对值大于 22°）的发射天线增益随发射角绝对值的增加迅速衰减，大部分在 0 dB 以下。

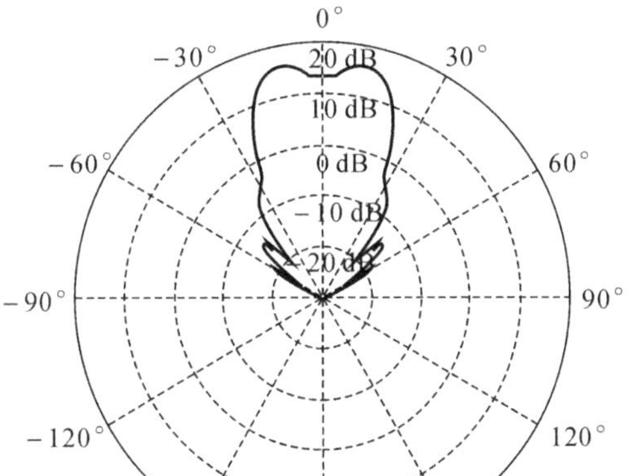

图 2.10　北斗卫星发射天线在不同发射角下的增益

GNSS 卫星发射的信号，经过自由空间传播后，被地球表面的接收机所接收。图 2.11 为 GNSS 信号自由空间传播示意图。设卫星信号的发射功率为 P_T，卫星发射天线在信号传播方向上的增益为 G_T，则在此方向上与该卫星相距为 d 的接收机处，接收天线单位面积所拦截的卫星信号功率为

$$\psi = \frac{P_T G_T}{4\pi d^2} \tag{2.7}$$

式中，单位面积所拦截的信号功率 ψ 通常又称为功率流密度。

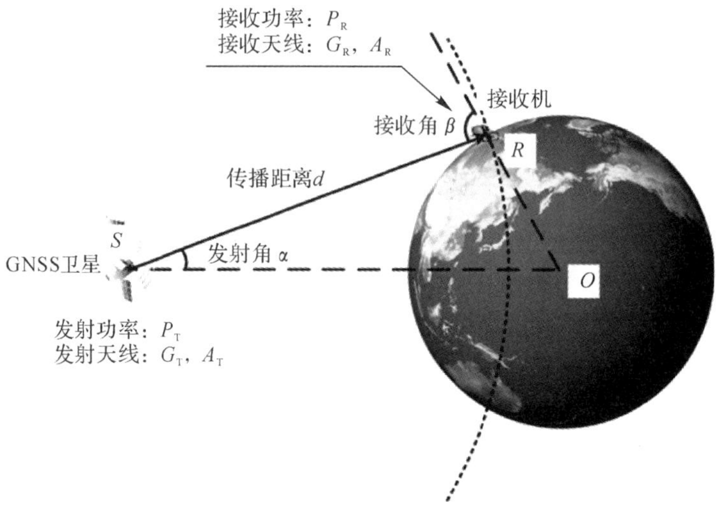

图 2.11　GNSS 信号自由空间传播示意图

同样地，用来接收信号的接收天线通常也具有一定的指向性。若接收天线在信号传播方向上的有效接收面积为 A_R，则该接收天线的相应增益 G_R 为

$$G_R = \frac{4\pi A_R}{\lambda^2} \tag{2.8}$$

式中，λ 为信号的波长。

事实上，在信号发射端，卫星发射天线的有效发射面积 A_T 与其增益 G_T 之间也遵从类似的关系，即

$$G_T = \frac{4\pi A_T}{\lambda^2} \tag{2.9}$$

接收天线与发射天线的工作原理是相同的，而它们之间所不同的只是能量传递方向相反。天线的有效接收(或发射)面积与其物理尺寸的大小和形状有关，而式(2.8)和式(2.9)揭示了天线设计中的基本规则：天线越大，增益越高。这两个式子还表明对于同一天线，载波信号的波长越短，天线增益就越高。

由于接收机处的卫星信号功率流密度为 ψ，有效接收面积为 A_R，因此，在接收机处的接收天线所接收到的卫星信号功率 P_R 为

$$P_R = \psi A_R = \frac{P_T G_T A_R}{4\pi d^2} \tag{2.10}$$

进一步，根据接收天线增益 G_R 与其有效接收面积 A_R 之间的关系式(2.8)，可将式(2.10)改写为

$$P_R = \frac{P_T G_T}{4\pi d^2} \frac{G_R \lambda^2}{4\pi} = \frac{P_T G_T G_R \lambda^2}{(4\pi d)^2} \tag{2.11}$$

式(2.11)称为 GNSS 信号自由空间传播公式，又称富莱斯(Friis)传播公式或者链接方程，它表明了信号发射功率 P_T 与接收功率 P_R 之间的关系。

在工程计算中，式(2.11)通常等价表示为如下链路功率模型：

$$P_R = P_T + G_T + 20\lg\left(\frac{\lambda}{4\pi d}\right) - L_A + G_R \tag{2.12}$$

式中：各项均表示成 dB 的形式，其中 $20\lg\left(\frac{\lambda}{4\pi d}\right)$ 为自由空间传播损耗，其取值大小与信号波长 λ 和传输距离 d 有关；L_A 表示大气损耗，其大小约为 2 dB。

由式(2.12)可以看出，GNSS 信号传播链路分为信号发射端、空间传输过程、信号接收端三个阶段。图 2.12 为 GNSS 信号空间传播链路示意图。

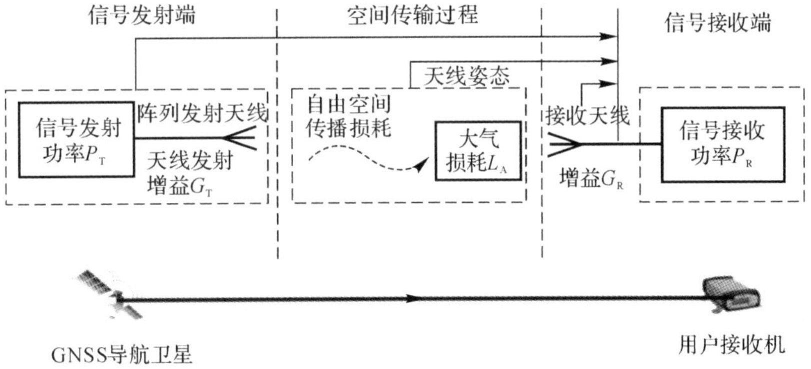

图 2.12　GNSS 信号空间传播链路示意图

2.2.2　信噪比与载噪比

信号接收功率的强弱并不能完全描述信号的清晰程度或者质量好坏。实际上，信号的质量好坏主要与信号相对于噪声的强弱有关。信号的质量通常用信噪比(Signal-Noise Ratio, SNR)来衡量，它定义为信号功率 P_R 与噪声功率 N 之间的比率，即

$$\mathrm{SNR} = \frac{P_R}{N} \tag{2.13}$$

SNR 没有单位，其值通常表示成 dB 的形式。显然，SNR 越高，信号质量就越好。SNR 的大小直接影响接收机的捕获、跟踪性能。

噪声功率 N 与噪声温度 T 之间的对应关系为

$$N = kTB_n \tag{2.14}$$

式中：N 的单位为 W(瓦特)；T 的单位为 K(开尔文)；B_n 是以 Hz 为单位的噪声带宽；玻尔兹曼常数 k 等于 1.38×10^{-23} J/K。

由于噪声功率 N 以及相应的 SNR 与噪声带宽 B_n 的取值大小有关，因此给定一个 SNR，一般应当指出其所采用的噪声带宽，而这会给 SNR 的应用带来不便。为此，在衡量信号相对噪声的强弱时，需要定义一个与噪声带宽无关的参数。载波噪声比 C/N_0 简称载噪比，其大小与接收机所采用的噪声带宽 B_n 无关，这有利于不同接收机之间的性能对比。载噪比 C/N_0 的定义如下：

$$C/N_0 = \frac{P_R}{N_0} \tag{2.15}$$

式中:载噪比 C/N_0 的单位为 dB-Hz; N_0 为噪声功率谱密度,单位为 dBW/Hz,其与噪声功率 N 之间的关系为

$$N = N_0 \cdot B_n \tag{2.16}$$

进一步,根据式(2.13)、式(2.15)和式(2.16),可以得到 SNR 与载噪比 C/N_0 之间的关系为

$$C/N_0 = \text{SNR} \cdot B_n \tag{2.17}$$

对于一般的接收机来说, N_0 的典型值为 −205 dBW/Hz,那么接收功率为 −160 dBW 的载波信号对应的载噪比为 45 dB-Hz。室外 GNSS 接收信号的载噪比大致在 35～55 dB-Hz 这一范围内变动,其中载噪比大于 40 dB-Hz 的信号一般可以视为强信号,而载噪比小于 28 dB-Hz的信号则被视为弱信号。

2.3 GNSS 时间系统与空间坐标系统

2.3.1 时间系统

卫星导航系统的核心服务是为用户提供时空信息,具体表现为用户在某一时刻所处的位置和速度。其中,"某一时刻"是相对于参考时间系统而言的。可见,时间系统是卫星导航系统的核心。理解 GNSS 导航定位中常用的时间系统及其相互之间的转换关系,是掌握卫星导航定位原理的前提和基础。下面以北斗时间系统为例进行介绍。

1.时间系统及其转换关系

(1)常用的时间系统。

1) 协调世界时。世界时(UT1)是以地球自转为基础的时间系统。由于受极移、不恒定的地球自转角速度和其他季节性变化等因素的影响,UT1 并不是一个严格均匀的时间系统。例如,由于地球自转角速度存在着长期变慢的趋势,因此,经极移校正后的 UT1 仍按每年大约 1 s 的速度变慢。

卫星导航系统普遍采用原子时作为高精度时间基准。原子时是以物质内部原子运动特征为基础的时间系统。当物质内部原子在两个能级之间跃迁时,原子会辐射或吸收一定频率的电磁波,且该频率具有高度稳定性。为了建立统一的原子时,国际上对位于 50 多个国家的共计约 200 座原子钟产生的原子时,采取加权平均处理,形成了国际原子时(TAI)。TAI 是一个高度精确、均匀的时间系统。然而,由于 TAI 与地球自转无关,所以其与 UT1 的差距逐年增大,从而导致 TAI 并不适用于天文测量、天文导航等应用场合。

因此,为了兼顾对 UT1 时刻和原子时秒长的需求,1972 年起,国际上采用了一种以原子时秒长为基础,在时刻上尽量接近于 UT1 的时间系统,这种时间系统称为协调世界时(UTC),简称为协调时。它实际上是 UT1 与 TAI 两者之间的一种折中方案:一方面,UTC 严格地以精确的 TAI 秒长为基础;另一方面,当 UTC 与 UT1 的差距超过 0.9 s 时,UTC 采用闰秒(或称为跳秒)的方法加插 1 s,使 UTC 在时刻上尽量接近 UT1,这也保证了 UTC 与

UT1 的差异始终保持在 0.9 s 之内。

目前，UTC 是几乎所有国家实行的标准时间。这样，对处于不同时区的国家和地区而言，它们的当地时间与 UTC 之间只存在一个整数小时的差异。

2）北斗时间。北斗卫星导航系统建立了其专用的时间系统，即北斗时（BDT）。BDT 属于原子时系统，它的秒长与国际原子时 TAI 相同，但与 TAI 具有不同的起始历元。BDT 的起始历元为 2006 年 1 月 1 日 0 时 0 分 0 秒 UTC。BDT 通过 TAI 与 UTC 建立联系，它与 UTC 之间的闰秒信息在其导航电文中播报。

（2）时间系统之间的转换。BDT 属于原子时系统，其起始历元为 2006 年 1 月 1 日 0 时 0 分 0 秒 UTC，其秒长与 TAI 相同，但与 TAI 具有不同的起始历元。由于从 TAI 的起始历元（1958 年 1 月 1 日）至 BDT 的起始历元共有 33 s 的正闰秒，因此，BDT 与 TAI 之间相差 33 s，则有

$$\mathrm{BDT}=\mathrm{TAI}-33\ \mathrm{s} \tag{2.18}$$

TAI 与 UTC 之间的关系为

$$\mathrm{TAI}=\mathrm{UTC}+\mathrm{LeapSec} \tag{2.19}$$

因此，将式（2.19）代入式（2.18），可得 BDT 与 UTC 之间的转换公式为

$$\mathrm{BDT}=\mathrm{UTC}+\mathrm{LeapSec}-33\ \mathrm{s} \tag{2.20}$$

式中，LeapSec 为跳秒，可以由国际地球自转服务机构 IERS 提供。

2.时间标示法及其转换关系

时间标示法指的是表示时间的方法，它有别于定义时间尺度的时间系统，是建立在时间系统之上的时间表达方式。在北斗卫星导航系统的应用与数据处理中，常采用的时间标示法主要包括历法、儒略日和周＋周内时间等。

（1）常用的时间标示法。

1）历法：历法规定了年的起始时间、长度和分划，制定了日及更长时间划分单位的编排规则，用年、月、日来标示时间。这种时间标示方法符合日常生活习惯，能够很容易地反映季节信息，但由于其不是采用连续数据来标示时间的，因此不适合直接用于科学计算。目前，世界上广泛采用的历法是格里高利历，其在标示时间时采用年、月、日、时、分、秒的方法，如 2023 年 8 月 14 日 20 时 30 分 16 秒。

2）儒略日：儒略日是一种用连续数值标示时间的方法，适合用于科学计算。儒略日是从公元前 4713 年 1 月 1 日 12 时起开始计算的天数，例如，2006 年 1 月 1 日零时的儒略日为 2 453 736.5。不同时间标示法所标示的时间可以通过儒略日进行转换。但由于儒略日无法直接反映季节信息，因此其通常不在日常生活中使用。

3）周＋周内时间：北斗卫星导航系统的时间标示法采用周（Week Number，WN）＋周内时间（Time of Week，TOW）的形式。例如，2006 年 1 月 1 日零时 UTC 用北斗时间标示法为第 0 周第 0 秒。

（2）不同时间标示法的转换。

1）格里高利历至儒略日的转换。根据格里高利历计算儒略日的公式如下：

$$T_{\mathrm{JD}}=\mathrm{INT}(365.25y)+\mathrm{INT}[30.600\,1(m+1)]+D+$$
$$1\,720\,981.5+\frac{h}{24}+\frac{m}{1\,440}+\frac{s}{86\,400} \tag{2.21}$$

且若 $M\leqslant 2$,则 $y=Y-1, m=M+12$;若 $M>2$,则 $y=Y, m=M$ 。式中:T_{JD} 为儒略日;Y、M、D、h、m、s 分别对应格里高利历的年、月、日、时、分、秒;INT(·)为取整函数。

2)儒略日至格里高利历的转换。根据儒略日计算格里高利历的公式如下:

$$\left.\begin{aligned}
&J=\mathrm{INT}(T_{\mathrm{JD}}+0.5)\\
&N=\mathrm{INT}\left[\frac{4(J+68\,569)}{146\,097}\right]\\
&L_1=J+68\,569-\mathrm{INT}\left(\frac{146\,097N+3}{4}\right)\\
&Y_1=\mathrm{INT}\left[\frac{4\,000(L_1+1)}{1\,461\,001}\right]\\
&L_2=L_1-\mathrm{INT}\left(\frac{1\,461Y_1}{4}\right)+31\\
&M_1=\mathrm{INT}\left(\frac{80L_2}{2\,447}\right)\\
&L_3=\mathrm{INT}\left(\frac{M_1}{11}\right)\\
&Y=\mathrm{INT}[100(N-49)+Y_1+L_3]\\
&M=M_1+2-12L_3\\
&D=L_2-\mathrm{INT}\left(\frac{2\,447M_1}{80}\right)\\
&T=24(T_{\mathrm{JD}}+0.5-J)\\
&h=\mathrm{INT}(T)\\
&T_1=60(T-h)\\
&m=\mathrm{INT}(T_1)\\
&s=60(T_1-m)
\end{aligned}\right\} \tag{2.22}$$

3)儒略日至BD周+周内秒(Seconds of Week, SOW)的转换。BD周数为

$$T_{\mathrm{WN}}=\mathrm{INT}\left(\frac{T_{\mathrm{JD}}-2\,453\,736.5}{7}\right) \tag{2.23}$$

BD周内秒为

$$T_{\mathrm{SOW}}=604\,800\left(\frac{T_{\mathrm{JD}}-2\,453\,736.5}{7}-T_{\mathrm{WN}}\right) \tag{2.24}$$

注意,由式(2.23)和式(2.24)计算出的BD周+周内秒,满足如下约束条件:

$$\left.\begin{aligned}
&T_{\mathrm{WN}}\geqslant 0\\
&0\leqslant T_{\mathrm{SOW}}<604\,800
\end{aligned}\right\} \tag{2.25}$$

4）BD 周+周内秒至儒略日的转换。根据 BD 周+周内秒计算儒略日的公式为

$$T_{\mathrm{JD}}=2\ 453\ 736.5+7T_{\mathrm{WN}}+\frac{T_{\mathrm{SOW}}}{86\ 400} \tag{2.26}$$

注意，根据 BD 周+周内秒得到的儒略日应大于 2006 年 1 月 1 日零时对应的儒略日，即

$$T_{\mathrm{JD}}\geqslant 2\ 453\ 736.5 \tag{2.27}$$

2.3.2　空间坐标系统

在卫星导航系统中，空间坐标系统是描述卫星运动、处理观测数据和表示站点或用户位置的基础与前提。理解 GNSS 导航定位中常用的空间坐标系统，对 GNSS 的数据处理至关重要。下面以北斗空间坐标系统为例进行介绍。

物体在空间中的位置通常可以用其在某个空间坐标系中的坐标来描述。北斗卫星导航领域经常涉及的空间坐标系统，主要包括地球坐标系和站心坐标系。

1.地球坐标系

在研究地面点之间几何关系的问题中，一般使用地球坐标系。地球坐标系固定在地球上且随地球一起在空间做公转和自转运动，它与地球是固联的。因此，地球坐标系也称为地固坐标系。所有与地球保持固定关系的点（如地面点），它们在地球坐标系中的坐标值是不变的，因此，在地球坐标系中研究它们之间的几何关系是比较方便的。

地球坐标系可分为地心大地坐标系和地心地固直角坐标系，本节将分别对它们的定义以及表示方式进行简要的介绍。

（1）地心大地坐标系。在研究导航问题时，通常把地球近似为一个旋转椭球体。地心大地坐标系采用的旋转椭球体的定义为：旋转椭球体的中心与地球质心重合，短轴与地球自转轴重合，起始子午面与格林尼治零度子午面重合，如图 2.13 所示。

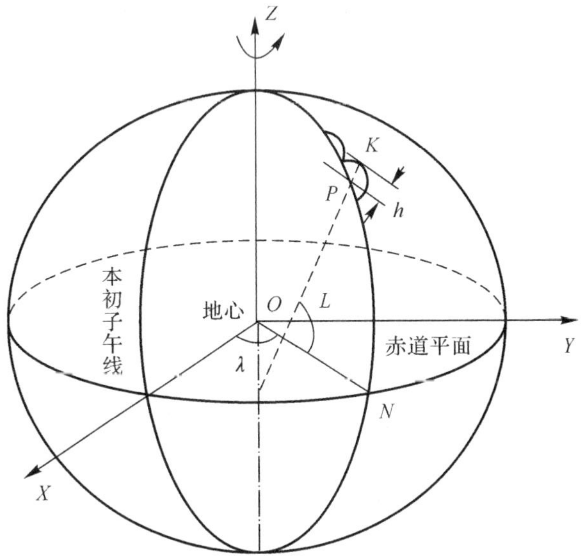

图 2.13　地心大地坐标系

在图 2.13 中，O 是参考椭球的中心，Z 轴为椭球旋转轴，XOZ 平面为起始子午面，XOY 平面为赤道面。过空间中任意一点 K 作椭球的法线与椭球面相交于点 P，该法线在赤道平面上的投影为 ON。过点 K 的法线与赤道面的交角称为该点的大地纬度，用 L 表示，由赤道面起算，向北为正，称为北纬，向南为负，称为南纬。过点 P 的子午面与起始子午面的夹角称为该点的大地经度，用 λ 表示，由起始子午面起算，向东为正，称为东经，向西为负，称为西经。点 K 到点 P 的距离称为大地高，用 h 表示。点 K 在地心大地坐标系中的坐标为 $K(L,\lambda,h)$。北斗定位结果所表示的经度、纬度即定义在地心大地坐标系下。因此，地心大地坐标系是北斗卫星导航定位中应用最为广泛的坐标系。

(2)地心地固直角坐标系。图 2.14 为地心地固直角坐标系，简称为地心地固坐标系，其定义为：原点 O 与地球质心重合，Z 轴与地球自转轴重合并指向北极，X 轴指向格林尼治零度子午线与赤道面的交点，Y 轴垂直于 XOZ 平面，并与 X、Z 轴构成右手坐标系。任意一点的位置可以用坐标 (x,y,z) 表示。

虽然用 (x,y,z) 表示地球上点的坐标不如经度、纬度和高度那么直观，但是对于求两点之间的距离、两点之间的角度关系等数学运算却很方便，因此，在导航定位方程中，用户和卫星的坐标都采用该坐标系进行描述。

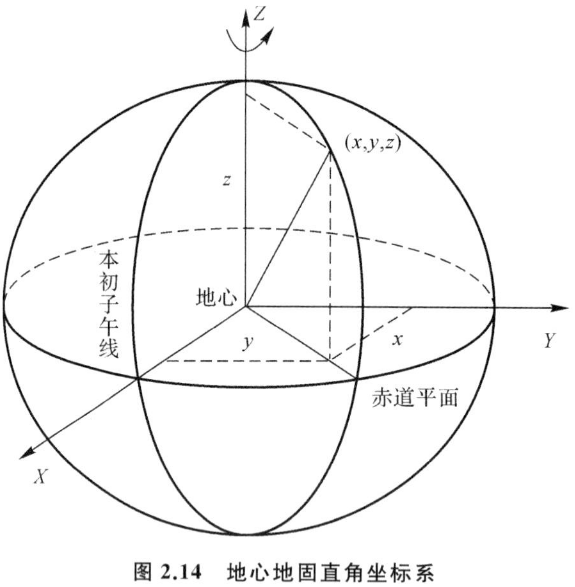

图 2.14　地心地固直角坐标系

(3)协议地球坐标系。协议地球坐标系是根据协议地极定义的坐标系，其原点为地球质心，Z 轴指向协议地极，X 轴指向格林尼治零度子午线与协议赤道面的交点，Y 轴与 X、Z 轴构成右手坐标系。北斗卫星导航系统的参考坐标系便采用协议地球坐标系，其参考坐标系称为 CGCS2000 坐标系，即 2000 国家大地坐标系。

CGCS2000 坐标系的原点为包括海洋和大气的整个地球的质量中心，Z 轴由原点指向历元 2000.0 的地球参考极，X 轴由原点指向格林尼治零度子午线与地球赤道面(历元 2000.0)的交点，Y 轴与 X、Z 轴构成右手坐标系，如图 2.15 所示，其参考椭球的基本常数见表 2.3。

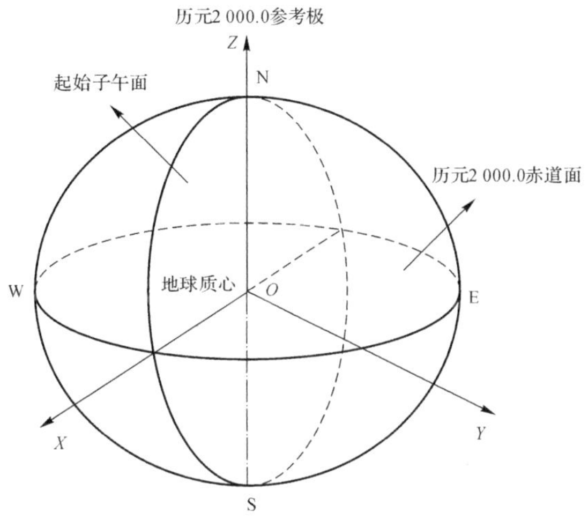

图 2.15　CGCS2000 坐标系

表 2.3　CGCS2000 坐标系参考椭球的基本常数

序号	参数	定义
1	长半轴	$a=6\ 378\ 137.0$ m
2	扁率	$f=1/298.257\ 222\ 101$
3	地球引力常数	$\mu=3.986\ 004\ 418\times10^{14}\ \mathrm{m^3/s^2}$
4	地球自转角速率	$\omega=7.292\ 115\ 0\times10^{-5}$ rad/s

2.站心坐标系

站心坐标系通常以站心(用户所在位置)所在点 P 为坐标原点，X 轴为站心点的正东向，Y 轴为站心点的正北向，Z 轴与站心点的椭球法线重合，且向上为正(或称为天顶方向)，即三个轴分别指向东向、北向和天向，因而站心坐标系又可称为东北天(ENU)坐标系。站心坐标系的天向与大地坐标系在此点的高程方向一致。站心坐标系固定在地球上，本质上是一种地固坐标系。站心坐标系如图 2.16 所示。

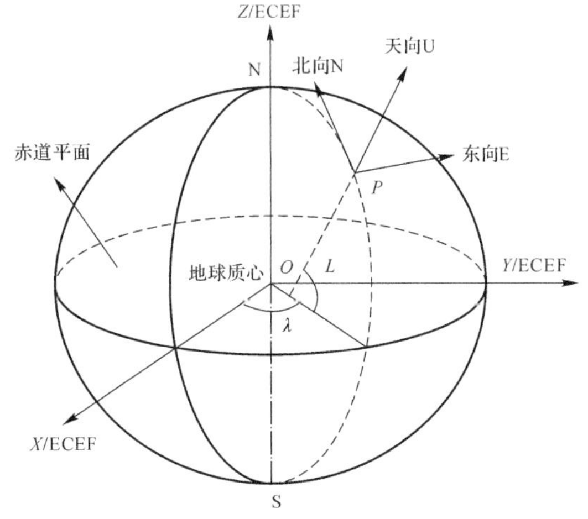

图 2.16　站心坐标系

2.4 GNSS 导航卫星轨道计算

GNSS 卫星导航系统利用由卫星星历计算得到的卫星即时位置，与接收机测得的用户与卫星之间的距离，然后根据三球交汇定位原理进行实时定位解算，进而得到用户的位置。可见，利用卫星星历计算得到卫星的即时位置，是 GNSS 实现导航定位的重要一步。因此，本节介绍利用卫星星历进行卫星即时位置计算的方法。

2.4.1 GNSS 卫星的无摄运行轨道

GNSS 卫星的无摄椭圆轨道运动可以用开普勒轨道参数来描述，开普勒轨道参数共包含 6 个，分别为轨道升交点赤经 Ω 、轨道倾角 i 、近地点角距 ω 、长半轴 a 、偏心率 e 和真近点角 v 。图 2.17 为 GNSS 卫星轨道参数的示意图。

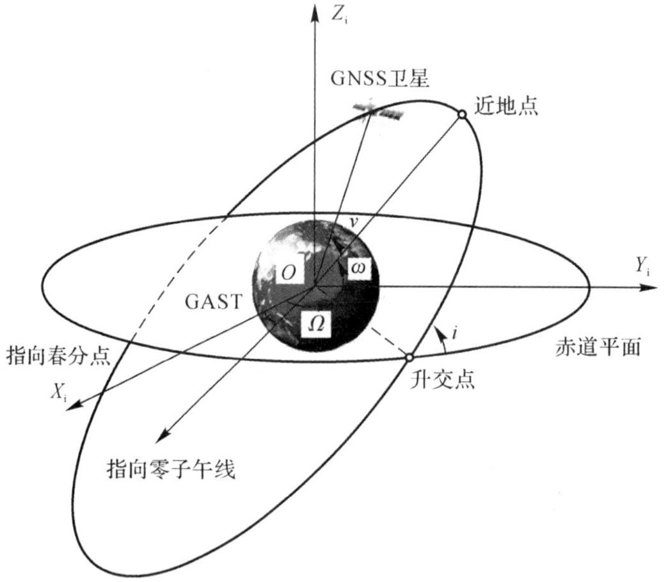

图 2.17　GNSS 卫星轨道参数示意图

下面具体介绍 GNSS 卫星的六个轨道参数。

1.卫星轨道大小和形状参数： a **和** e

如图 2.18 所示，地球位于椭圆轨道的焦点 F 处，P 为近地点，A 为远地点，r_P 和 r_A 分别为近地点和远地点的地心距，则 GNSS 卫星椭圆轨道的长半轴为

$$a=\frac{r_P+r_A}{2} \tag{2.28}$$

卫星椭圆轨道的偏心率为

$$e=\frac{r_A-a}{a}=\frac{a-r_P}{a}=\frac{r_A-r_P}{r_A+r_P} \tag{2.29}$$

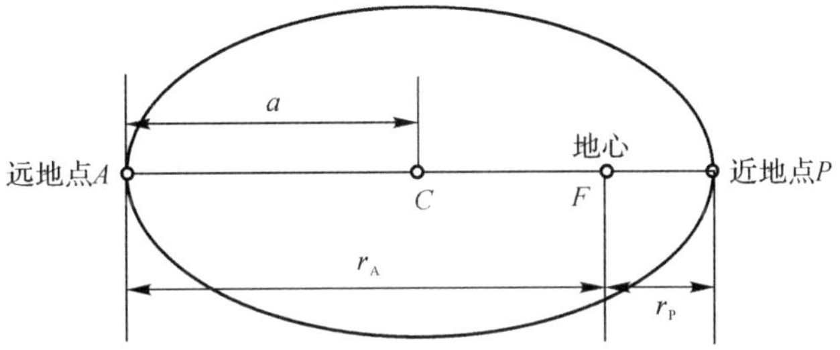

图 2.18　椭圆轨道形状参数

由于椭圆轨道的长半轴 a 和偏心率 e 决定了椭圆轨道的形状和大小，因此将其称为形状参数。

2.卫星轨道平面的定向参数：Ω、i 和 ω

图 2.19 为轨道倾角、升交点赤经及近地点角距的示意图。可以看出，卫星轨道的升交点赤经 Ω 是地球赤道平面上春分点和升交点对地心 O 的夹角，其中升交点是指当卫星由南向北运行时，其轨道与地球赤道面的一个交点。升交点赤经 Ω 确定了卫星轨道升交点在地球赤道平面内的方位。

地心与升交点位于卫星轨道平面上，但是同时通过地心和升交点的平面有无数个，而卫星运行的轨道平面只是其中一个。卫星轨道平面与赤道面之间的夹角称为轨道倾角 i，它与升交点赤经 Ω 一起决定了卫星轨道平面相对于赤道面的方位。

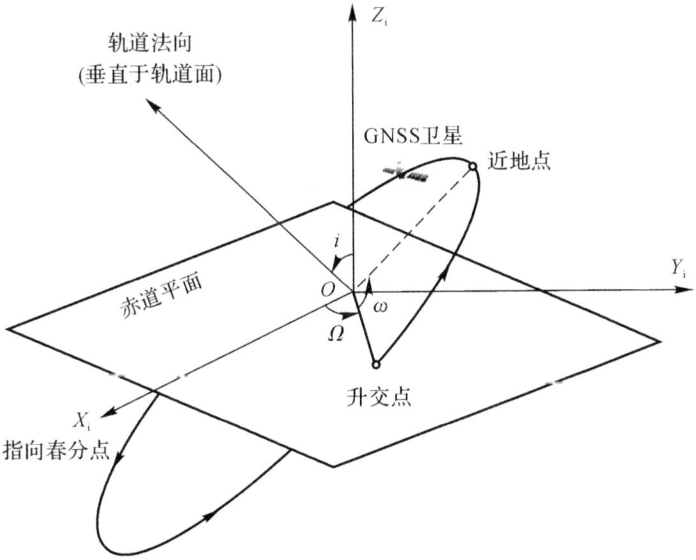

图 2.19　轨道倾角、升交点赤经及近地点角距示意图

尽管 Ω 和 i 两个参数完全决定了卫星运行的轨道平面，但是在这一平面内，以地心为焦点的椭圆又存在无数个。近地点角距(或称近地点幅角) ω (取值范围为 0°～360°)是卫星轨道平面上的升交点与近地点之间的地心夹角，它进一步确定了卫星椭圆轨道在轨道平面中的方位，即椭圆长轴和短轴的位置。

3.卫星的位置参数： v

以上 5 个轨道参数已经完全确定了卫星的椭圆运行轨道，卫星在某一时刻必定位于此轨道上的某一点处。真近点角 v (取值范围为 0°～360°)是卫星在运行轨道上的当前位置与近地点之间的地心夹角。至此，根据以上 6 个轨道参数便可完全确定某一时刻的卫星相对于地心 O 的空间位置。

对于一颗在无摄状态下运行的卫星，在它的 6 个轨道参数中只有真近点角 v 是关于时间的函数，其余 5 个轨道参数均为常数。

若已知任意时刻 t 卫星的 6 个轨道参数 $(\Omega, i, \omega, a, e, v)$，则可以计算出卫星的地心距，即

$$r=\frac{a(1-e^2)}{1-e\cos v} \tag{2.30}$$

则在轨道平面坐标系(X 轴指向近地点，Z 轴指向轨道动量矩方向，Y 轴与 X、Z 轴构成右手坐标系)中的卫星位置为

$$\begin{bmatrix} x' \\ y' \\ z' \end{bmatrix}=\begin{bmatrix} r\cos v \\ r\sin v \\ 0 \end{bmatrix} \tag{2.31}$$

2.4.2 GNSS 卫星星历

GNSS 卫星的实际运动并不是简单的二体运动，而是受各种摄动力的作用。在摄动力作用下，开普勒轨道参数会随时间发生长期、长周期或短周期等变化。因此，为了准确描述卫星的实际运行轨道，GNSS 采用一套扩展的开普勒轨道参数，主要包括相对某一参考历元的开普勒轨道参数以及轨道摄动改正项参数，这套开普勒轨道参数即称为卫星星历。

下面以北斗卫星星历为例进行介绍。北斗卫星导航系统在发展过程中，采用了两种相似但又有区别的卫星星历。根据其使用的阶段，北斗卫星星历可分为北斗二号卫星星历和北斗三号卫星星历。在从北斗二号到北斗三号的平稳过渡期中，北斗卫星均播发这两种星历。

1.北斗二号广播星历

北斗二号卫星星历由 6 个开普勒轨道参数、3 个摄动线性改正项和 6 个周期改正项系数等 15 个描述轨道特性的参数和 1 个星历参考时间组成，其广播星历参数的更新时间为 1 h。北斗二号卫星星历参数定义见表 2.4。

表 2.4　北斗二号卫星星历参数定义

序号	参数	定义
1	t_{oe}	星历参考时间
2	$\sqrt{A}$	卫星轨道长半轴的二次方根
3	e	轨道偏心率
4	i_0	t_{oe} 时刻的轨道倾角
5	Ω_0	周历元零时刻计算的升交点赤经
6	ω	轨道近地点角距
7	M_0	t_{oe} 时刻的平近点角
8	Δn	平均运动角速率改正值
9	$\dot{\Omega}$	升交点赤经变化率
10	$\dot{i}$	轨道倾角变化率
11	C_{uc}	升交点角距(纬度幅角)余弦调和改正项振幅
12	C_{us}	升交点角距(纬度幅角)正弦调和改正项振幅
13	C_{rc}	卫星地心距余弦调和改正项振幅
14	C_{rs}	卫星地心距正弦调和改正项振幅
15	C_{ic}	轨道倾角余弦调和改正项振幅
16	C_{is}	轨道倾角正弦调和改正项振幅

在北斗二号卫星星历的 16 个参数中，t_{oe} 表示星历参考时间，从每星期六/星期日子夜零点起算，即星期六的 24:00:00 或者星期日的 00:00:00 起算。其余 15 个参数表示卫星轨道的运动情况，如图 2.20 所示。

在北斗二号卫星星历参数中，除了 6 个开普勒轨道参数以外，其余的 9 个参数可以分为以下两组：

(1) 3 个摄动线性改正项。

1)平均运动角速率改正值 Δn ，或称为卫星平均运动角速度与计算值之差。它是在 J_2 项摄动、日月引力摄动和太阳光压摄动作用下，近地点角距变化率 $\dot{\omega}$ 长期漂移的结果。

2)升交点赤经变化率 $\dot{\Omega}$ 是升交点赤经摄动量中的长期漂移项，主要是由 J_2 项摄动和极移运动造成的。

3)轨道倾角变化率 $\dot{i}$ ，是摄动力对轨道面沿法线正反两个方向综合作用的结果。

(2) 6 个周期改正项系数。其分别由升交点角距、卫星地心距和轨道倾角组成三对余弦和正弦调和改正项振幅。这些周期改正项主要是由 J_2 项摄动和地球引力场高阶带谐系数的周期项影响，以及月球引力摄动等其他摄动力影响造成的。

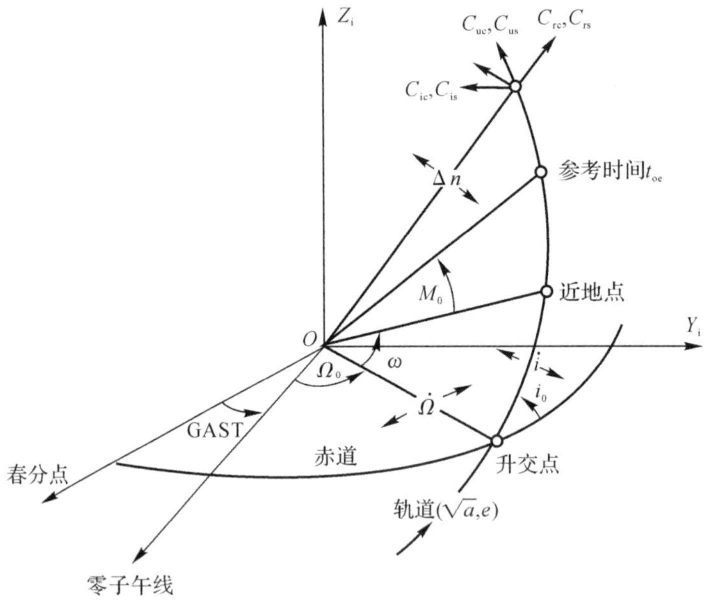

图 2.20 北斗二号卫星星历参数示意图

2.北斗三号广播星历

为了提高卫星星历的精度，北斗三号采用了由 18 个轨道参数组成的卫星星历。北斗三号的卫星星历包括轨道六参数（$\Delta A,e,i_0,\omega_0,M_0,\Omega_0$）、长期项（$\dot{A},\Delta n,\Delta\dot{n},\Delta\dot{\Omega},\dot{i}$）以及短周期项（$C_{rs},C_{rc},C_{is},C_{ic},C_{uc},C_{us}$），其参数定义见表 2.5。与 16 个参数的北斗二号卫星星历相比，主要变化如下：

(1) 6 个轨道参数中的长半轴 $\sqrt{A}$ 改成了长半轴的改变量 ΔA ；

(2) 长期项增加了长半轴的变化率 $\dot{A}$ 和平均运动角速率改正量的变化率 $\Delta\dot{n}$ 。

表 2.5 北斗三号卫星星历参数定义

序号	参数	定义
1	t_{oe}	星历参考时间
2	ΔA	参考时刻长半轴相对于参考值的偏差
3	e	轨道偏心率
4	i_0	t_{oe} 时刻的轨道倾角
5	Ω_0	周历元零时刻计算的升交点赤经
6	ω	近地点角距
7	M_0	t_{oe} 时刻的平近点角
8	$\dot{A}$	长半轴的变化率
9	Δn	参考时刻卫星平均运动角速率与计算值之差

续表

序号	参数	定义
10	$\Delta\dot{n}$	参考时刻卫星平均运动角速率与计算值之差的变化率
11	$\dot{\Omega}$	升交点赤经变化率
12	$\dot{i}$	轨道倾角变化率
13	C_{uc}	升交点角距(纬度幅角)余弦调和改正项振幅
14	C_{us}	升交点角距(纬度幅角)正弦调和改正项振幅
15	C_{rc}	卫星地心距余弦调和改正项振幅
16	C_{rs}	卫星地心距正弦调和改正项振幅
17	C_{ic}	轨道倾角余弦调和改正项振幅
18	C_{is}	轨道倾角正弦调和改正项振幅

2.4.3　GNSS 卫星空间位置的计算

用户接收机根据接收到的北斗卫星星历参数，可以计算北斗卫星在 CGCS2000 地心地固直角坐标系中的坐标。根据北斗三号卫星星历计算卫星位置的具体过程如下。

1.计算归化时间 t_k

卫星星历给出的轨道参数是以星历参考时间 t_{oe} 为基准的，为了得到各个轨道参数在 t 时刻的值，必须求出 t 时刻与星历参考时刻 t_{oe} 之间的差异，计算公式为

$$t_k = t - t_{oe} \tag{2.32}$$

2.计算长半轴 A_k

卫星星历的 18 个参数中没有直接提供长半轴的值，而是提供了参考时刻 t_{oe} 长半轴相对于参考值的偏差和长半轴的变化率，据此，计算长半轴的过程如下：

首先，计算参考时刻 t_{oe} 的长半轴 A_0，即

$$A_0 = A_{ref} + \Delta A \tag{2.33}$$

式中：A_{ref} 为长半轴的参考值，MEO 卫星为 27 906 100 m，IGSO/GEO 卫星为 42 162 200 m。

然后，计算 t_k 时刻的长半轴 A_k ，即

$$A_k = A_0 + \dot{A} t_k \tag{2.34}$$

3.计算卫星的平均运动角速率 n

根据参考时刻 t_{oe} 的长半轴 A_0，可以计算卫星平均运动角速率，即

$$n_0 = \sqrt{\frac{\mu}{A_0^3}} \tag{2.35}$$

而卫星平均运动角速率的偏差为

$$\Delta n_A = \Delta n_0 + \frac{1}{2}\Delta\dot{n}_0 t_k \tag{2.36}$$

则校正后的卫星平均运动角速率为

$$n_{\mathrm{A}}=n_{0}+\Delta n_{\mathrm{A}} \tag{2.37}$$

4.计算信号发射时刻的平近点角 M_k

根据星历中给出的 M_0,计算平近点角 M_k ,计算公式为

$$M_{k}=M_{0}+n_{\mathrm{A}}t_{k} \tag{2.38}$$

5.计算信号发射时刻的偏近点角 E_k

根据 M_k 和星历中的 e ,采用迭代法计算偏近点角。E_k 的迭代初始值 E_0 可置为 M_k ,计算公式为

$$\left.\begin{aligned} E_{0}&=M_{k}\\ E_{k+1}&=M_{k}+e\sin E_{k}\end{aligned}\right\} \tag{2.39}$$

当 E_k 前后两次的计算值之差小于设定的阈值(如 10^{-13})时结束迭代,一般经过 2～3 次迭代后,即可获得相当精确的解。

6.计算信号发射时刻的真近点角 v_k

根据 E_k 和星历中的 e ,计算真近点角,计算公式为

$$\left.\begin{aligned} \sin v_{k}&=\frac{\sqrt{1-e^{2}}\sin E_{k}}{1-e\cos E_{k}}\\ \cos v_{k}&=\frac{\cos E_{k}-e}{1-e\cos E_{k}}\\ v_{k}&=\arctan\left(\frac{\sqrt{1-e^{2}}\sin E_{k}}{\cos E_{k}-e}\right)\end{aligned}\right\} \tag{2.40}$$

7.计算信号发射时刻的纬度幅角 φ_k

根据 v_k 和星历中的 ω ,计算纬度幅角,计算公式为

$$\varphi_{k}=v_{k}+\omega \tag{2.41}$$

8.计算信号发射时刻的摄动校正项

根据第 7 步计算得到的 φ_k 和星历参数中的 C_{rs},C_{rc},C_{is},C_{ic},C_{uc},C_{us} ,计算纬度幅角改正项 δu_k 、地心距改正项 δr_k 、轨道倾角改正项 δi_k ,计算公式为

$$\left.\begin{aligned} \delta u_{k}&=C_{\mathrm{us}}\sin(2\varphi_{k})+C_{\mathrm{uc}}\cos(2\varphi_{k})\\ \delta r_{k}&=C_{\mathrm{rs}}\sin(2\varphi_{k})+C_{\mathrm{rc}}\cos(2\varphi_{k})\\ \delta i_{k}&=C_{\mathrm{is}}\sin(2\varphi_{k})+C_{\mathrm{ic}}\cos(2\varphi_{k})\end{aligned}\right\} \tag{2.42}$$

9.计算摄动校正后的纬度幅角 u_k 、卫星地心距 r_k 、轨道倾角 i_k

其计算公式为

$$\left.\begin{aligned} u_{k}&=\varphi_{k}+\delta u_{k}\\ r_{k}&=A_{k}(1-e\cos E_{k})+\delta r_{k}\\ i_{k}&=i_{0}+\dot{i}t_{k}+\delta i_{k}\end{aligned}\right\} \tag{2.43}$$

10.计算卫星在轨道平面直角坐标系中的坐标

将极坐标（r_k，u_k）转换成在轨道平面直角坐标系（X'，Y'）中的坐标（x'_k，y'_k），即

$$\left.\begin{aligned} x'_k &= r_k \cos u_k \\ y'_k &= r_k \sin u_k \end{aligned}\right\} \tag{2.44}$$

11.计算信号发射时刻的升交点赤经 Ω_k

利用升交点赤经的线性模型，计算改正后的升交点赤经，即

$$\Omega_k = \Omega_0 + (\dot{\Omega} - \dot{\Omega}_{\mathrm{ie}}) t_k - \dot{\Omega}_{\mathrm{ie}} t_{\mathrm{oe}} \tag{2.45}$$

式中，$\dot{\Omega}_{\mathrm{ie}}$ 表示 CGCS2000 坐标系下的地球自转速率，其大小为 7.292 115×10^{-5} rad/s。

12.计算卫星在 CGCS2000 地心地固直角坐标系中的坐标

由第 10 步计算得到了卫星在轨道平面直角坐标系中的坐标，而轨道平面直角坐标系先绕 X' 轴转 $-i_k$，再绕旋转后的 Z' 轴旋转 $-\Omega_k$，即可与 CGCS2000 地心地固直角坐标系重合。因此，卫星在 CGCS2000 地心地固直角坐标系中的坐标为

$$\left.\begin{aligned} x_k &= x'_k \cos\Omega_k - y'_k \cos i_k \sin\Omega_k \\ y_k &= x'_k \sin\Omega_k + y'_k \cos i_k \cos\Omega_k \\ z_k &= y'_k \sin i_k \end{aligned}\right\} \tag{2.46}$$

以上步骤即为利用接收到的北斗三号卫星星历计算北斗卫星在 CGCS2000 地心地固直角坐标系中位置的方法。

第3章　GNSS信号数字模拟方法

卫星导航系统是当今世界科学技术发展水平的集中体现，显示了一个国家在科技和经济领域的实力，是衡量国家综合国力的重要标志之一。随着我国北斗卫星导航系统的蓬勃发展，卫星导航系统已经在交通运输、测绘、资源勘探、科学研究、武器装备等领域得到广泛应用，并显示出广阔的应用前景。由于卫星导航信号的传播不仅受载体动态的影响，还不可避免地受到各种误差源和应用环境的影响，因此，不同应用环境下 GNSS 接收机所接收到的卫星导航信号通常具有不同的特性。考虑到卫星导航信号的复杂性，在不完全具备实验条件的情况下，为了开展 GNSS 相关技术的研究工作，就需要对卫星导航信号进行模拟，从而实现对系统性能的测试与验证。卫星导航信号模拟可以在实验室环境中为 GNSS 接收机及其系统的研制、应用、检验等环节提供关键性的测试与验证。相较于使用实际信号，使用卫星导航模拟信号的优点在于不需要额外的硬件设备，经济性好，并且能够针对不同类型的测试需求严格地控制卫星星座布局、多普勒频移、载噪比等级等仿真参数，从而便于按设定的应用场景对特定环境下系统的性能进行研究与验证。

射频前端作为射频接收的主要设备，其在 GNSS 接收机中的作用是对卫星导航信号进行接收、滤波、放大、下变频及采样量化处理，从而得到符合基带处理要求的数字中频信号。真实的数字中频信号一般来自 GNSS 接收机的射频前端，而为了缩短研究周期、灵活控制信号参数，研究过程中通常采用软件模拟生成的数字中频信号来代替真实的信号。

鉴于此，本章介绍 GNSS 信号模拟器的设计方案及其软件实现方法。

3.1　GNSS信号模拟器的主要功能

GNSS 信号模拟器主要用来模拟射频前端的功能，仿真产生各种实际环境下的 GNSS 信号。信号模拟器需要根据载体的动态特性，精确产生载体上 GNSS 接收机接收到的 GNSS 信号，充分模拟载体运动过程中 GNSS 接收机遇到的各种复杂环境，为 GNSS 接收机提供逼真的仿真信号，该仿真信号可以用于 GNSS 接收机的功能测试和测量精度鉴定等。GNSS 信号模拟器作为一种高精度的测试设备，在民用和国防科学实验等领域具有重要的实用价值，其主要功能有如下几方面。

1.产生高动态卫星信号，以检验接收机的捕获和跟踪性能

星载、箭载、机载等接收机安装在高速运动的载体上，载体的速度和加速度都很大，接收机必须在这种高动态环境下完成信号的捕获和跟踪。为了保证有足够的卫星参与导航定位，接收机需在尽可能短的时间内捕获新出现的可见卫星信号。在地面若不借助信号模拟器很难模拟这种复杂高动态环境下所接收到的卫星信号，也就不能检验接收机对高动态卫星信号的捕获和跟踪能力。GNSS 信号模拟器可以根据载体的运动特性，调整模拟器输出信号的参数，以产生高动态的卫星信号。接收机接收模拟器输出的信号，完成信号的捕获和跟踪，以此检验接收机的捕获和跟踪性能。在高动态接收机的研制阶段，可以通过反复设置不同的测试环境，利用 GNSS 信号模拟器进行实验，不断优化接收机参数，使接收机的捕获和跟踪能力达到最佳。

2.作为精度比较标准检验接收机的动态测量精度

鉴定一种设备的测量精度，理论上应选用精度高一个数量级以上的另一种设备作为比较标准。GNSS 信号模拟器可以根据载体的运动轨迹产生相应动态的信号，任何时刻载体的位置和速度、载体与卫星之间的距离、距离变化率都是精确已知的。将接收机测量得到的载体运动轨迹与设定的载体运动轨迹进行比较，可以检验接收机的动态测量精度。

3.产生特定的信号验证测量方案的可行性

在测量高速运动的载体轨迹时，由于其姿态变化较大，若采用一般的单天线测量方案，可能导致信号中断、引起接收机跟踪环路失锁。为保证测量的连续性，往往需要使用两个或多个天线同时接收卫星信号，但由于天线间的干涉等因素的影响可能会导致信号质量的下降。利用 GNSS 信号模拟器，可以根据载体运动轨迹和天线间的相对位置，产生天线合成输出的信号。这样，通过不断改变天线间的相对位置参数，观察接收机的工作情况，可以为确定最佳天线安装位置提供重要参考。

3.2　GNSS 信号模拟器的结构

GNSS 卫星发射的信号经过大气传播，由接收机天线接收，并经过射频前端(放大、下变频、滤波、采样量化)处理之后，转换成数字中频信号，如图 3.1 所示。GNSS 信号模拟器的目的就是要仿真基带信号处理之前的数字中频信号，因此仿真模型需要考虑信号发射、信号传播以及射频前端引入的误差。

图 3.2 为 GNSS 信号模拟器的结构。可以看出，GNSS 信号模拟器主要是由轨迹发生器、GNSS 星座模拟器和中频信号模拟器三部分组成的。

轨迹发生器和 GNSS 星座模拟器是产生数字中频信号的基础。首先，按照仿真场景产生具有所需动力学特性的载体理想运动轨迹；然后，基于轨迹发生器所输出的载体理想位置信息，并结合 GNSS 星座模拟器产生的卫星星座，即可推算出 GNSS 信号在卫星端的发射时刻以及在空间中的传播时间，进而在加入电离层延迟、对流层延迟、星钟误差和噪声后，中频信号模拟器便可产生具有所需动态和噪声特性的 GNSS 数字中频信号。

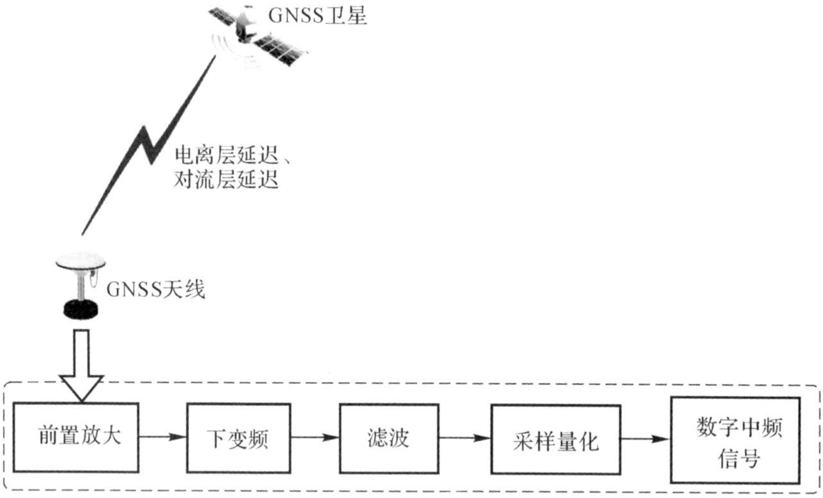

图 3.1 数字中频信号生成原理

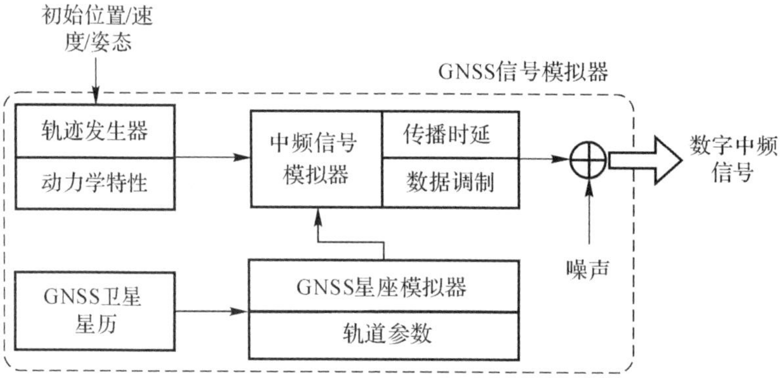

图 3.2 GNSS 信号模拟器结构

3.3 GNSS 星座模拟器

本节以北斗星座模拟器的构建为例进行介绍。北斗星座模拟器的构建采用国际 GNSS 服务(International GNSS Service,IGS)提供的北斗实际星历数据。IGS 目前所提供的服务有:①高精度的卫星星历;②地球自转参数;③IGS 跟踪站的坐标;④跟踪站的时钟信息;⑤电离层数据;⑥对流层数据;⑦所有卫星的高质量轨道(精度优于 5 cm)和预测轨道(精度约为 25 cm);⑧以 RINEX 格式提供每个 IGS 跟踪站的日和/或小时相位和伪距观测。

IGS 所提供的北斗星历可以分为事后精密星历(IGS)、快速精密星历(IGR)和预报精密星历(IGU)三种,其指标见表 3.1。在北斗星座模拟过程中,可以按照实际的精度需求选择相应类型的星历数据。

表 3.1　三种北斗星历相关指标

名称	时延	更新率	采样率/min	精度/cm
事后精密星历	约 11 天	每周	15	<5
快速精密星历	17 h	每天	15	<5
预报精密星历	实时	12 h	15	约 25

根据北斗星历数据可以计算得到卫星位置。另外，在北斗星座模拟过程中，还需要计算相关的时间参数和时钟改正参数。

1.时间参数生成

星历文件中的时间参数主要包括 BDT 周计数 weekno、星历参数参考时刻 t_0、星历数据年龄 IODE、星钟数据年龄 IODC 等。其中 weekno 和 t_0 均需要根据协调世界时(UTC)来生成。

令 UTC 时间为 T_{UTC}，它与 BDT 起始时刻所对应的 T_{refer}(为 2006-01-01 00:00:00)之间相隔的星期数为 W_{UTC}，星期中的秒数为 t_{UTC}。考虑接收机所在位置的时区为 T_{zone}，则 weekno 和 W_{UTC}，以及 t_0 和 t_{UTC} 的关系为

$$\left.\begin{aligned} \text{weekno} &= W_{UTC} \\ t_0 &= t_{UTC} - T_{zone} - n \end{aligned}\right\} \tag{3.1}$$

式中：n 为 UTC 与 BDT 之间的跳秒数。

2.时钟改正参数生成

星历文件中的三个时钟改正参数为钟偏 a_0、钟漂 a_1 和钟频差 a_2，这三个参数的计算方法如下。

设参考时刻相应的三个参数为 a_0^{ref}、a_1^{ref}、a_2^{ref}，则有

$$\left.\begin{aligned} a_0 &= a_0^{ref} + a_1^{ref}\Delta t + a_2^{ref}\Delta t^2 \\ a_1 &= a_1^{ref} + a_2^{ref}\Delta t \\ a_2 &= a_2^{ref} \end{aligned}\right\} \tag{3.2}$$

式中：Δt 为相对参考时刻的时间间隔。

利用 IGS 所提供的预报精密星历，可以得到模拟的北斗星座(见图 3.3)。可以看出，所有北斗卫星分别排布在地球静止轨道(Geostationary Orbit, GEO)、倾斜地球同步轨道(Inclined Geosynchronous Orbit, IGSO)和中圆地球轨道(Medium Earth Orbit, MEO)三种卫星轨道上。其中：GEO 卫星的轨道高度为 35 786 km，分别定点于东经 80°、110.5°和 140°；IGSO 卫星的轨道高度为 35 786 km，轨道倾角为 55°，其星下点轨迹如图 3.4 所示；MEO 卫星的轨道高度为 21 528 km，轨道倾角为 55°。

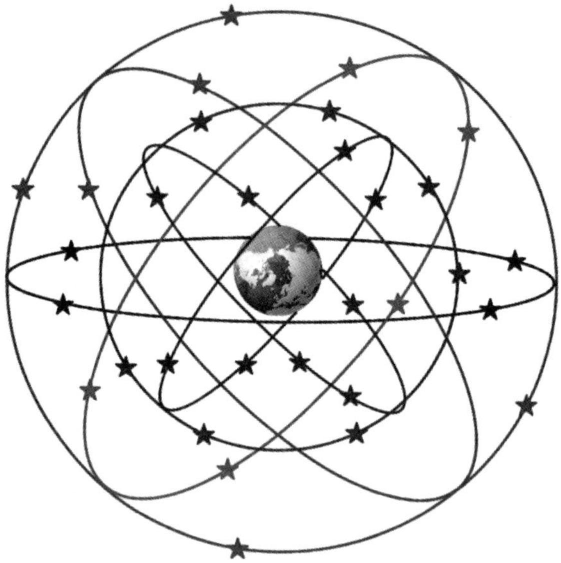

图 3.3 模拟的北斗星座

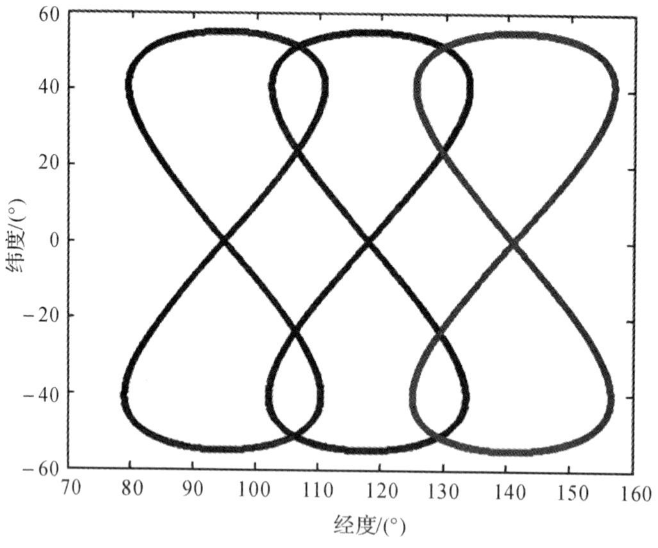

图 3.4 IGSO 卫星星下点轨迹

北斗卫星的几何分布会以几何精度因子(Geometric Dilution of Precision, GDOP)的影响方式,将伪距和伪距率的均方误差扩散到接收机位置和速度的解算中。尽管目前北斗的可见卫星一般在 4 颗以上,但接收机处理的卫星数目越多,计算负荷就越大,所以仍然有必要对所需数目的卫星进行选择;另外,由于生成北斗中频信号的计算量极大,因此,为了缩短仿真时间,要避免仿真不必要的卫星信号。通常最佳星座的选择遵循两条原则,首先是卫星的高度角一般不能低于 10°(至少不低于 5°),这是因为高度角过低时,该卫星到用户的大气传播误差增大,从而使伪距观测精度明显下降;其次是所选卫星的空间构型应使 GDOP

值最小，以保证获得最佳的定位精度。

采用最佳星座的选择原则，选择 4 颗北斗可见卫星进行导航解算，图 3.5 为最佳星座的选择结果，图 3.6 为不同星座选择所对应的 GDOP 值。

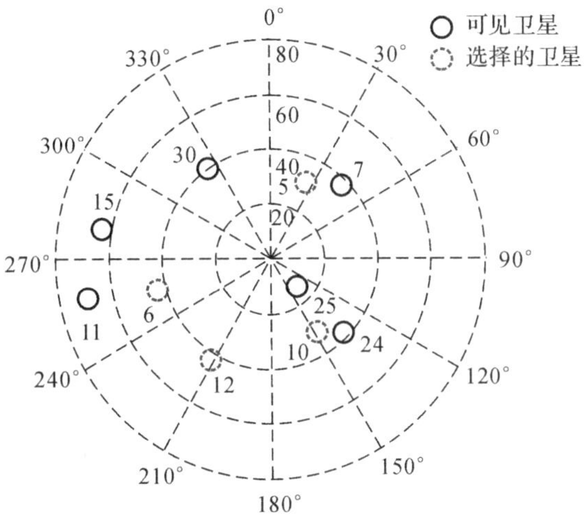

图 3.5　最佳星座的选择结果

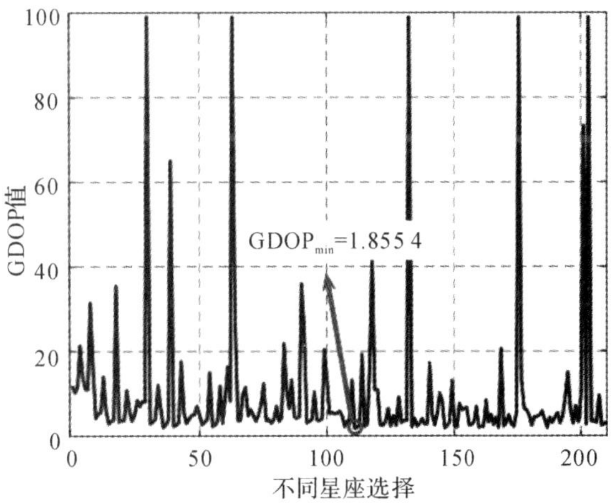

图 3.6　不同星座选择所对应的 GDOP 值

可以看出，为了从 10 颗北斗可见卫星中选择 4 颗可见卫星进行导航解算，一共需要计算 $C_{10}^{4}=210$ 种不同星座选择所对应的 GDOP 值，而在这 210 种不同的星座选择中，选择 5 号、6 号、10 号和 12 号北斗卫星时所对应的 GDOP 值最小，其取值大小为 1.855 4，此时可以取得最佳的定位精度。

3.4　GNSS 中频信号数学模型

3.4.1　接收机天线端信号模型

GNSS 卫星发射的信号穿过大气层，到达接收机天线端，由于卫星和用户的运动、传输延迟、电离层、对流层、多路径、天线以及其他噪声和干扰的影响，所以信号的功率、频率、相位、时延等参数都会发生变化。接收机天线端接收到的信号模型可以表示为

$$S(t_r)=A_iC_i(t_r-t_d-\delta t_{Ion})D_i(t_r-t_d-\delta t_{Ion})\cos[\omega_{carr}(t_r-t_d+\delta t_{Ion})+\varphi_{0i}] \tag{3.3}$$

$$t_d=t_{Tran}+\delta t_{Tro}-\delta t_s \tag{3.4}$$

式中：A_i 为第 i 颗卫星的信号幅值；$D_i(t)$ 为第 i 颗卫星发射的数据码；$C_i(t)$ 为第 i 颗卫星发射的伪码；ω_{carr} 为载波的角频率；φ_{0i} 为第 i 颗卫星载波的初始相位；t_r 为接收机接收时刻；t_d 为信号传播过程中除电离层延迟外的时间延迟；t_{Tran} 为信号到达接收机天线的传输延迟；δt_{Tro} 为对流层延迟；δt_s 为星钟误差；δt_{Ion} 为电离层延迟，由于电离层的色散效应，它对码相位和载波相位的影响大小相等、符号相反，因此将电离层延迟单独考虑。

由于在解算用户位置时，将接收机钟差作为未知参数进行解算，因此模型中不考虑接收机时钟与 GNSS 时不同步的影响。另外，考虑到多路径误差以及其他噪声影响，天线端的信号模型可以完整地表示为

$$S(t_r)=A_iC_i(t_r-t_{Tran}-\delta t_{Ion}-\delta t_{Tro}+\delta t_s)D_i(t_r-t_{Tran}-\delta t_{Ion}-\delta t_{Tro}+\delta t_s)\cdot \cos[\omega_{carr}(t_r-t_{Tran}+\delta t_{Ion}-\delta t_{Tro}+\delta t_s)+\varphi_{0i}]+MP+noise \tag{3.5}$$

式中：MP 为多路径误差；noise 为噪声。

3.4.2 射频信号下变频处理

从接收机天线获得的信号，经射频前端处理，最后得到可用的数字中频信号。射频前端对卫星信号下变频的过程就是将卫星信号与本地信号进行混频的过程，其原理是基于三角函数的积化和差公式。

假设接收机振荡器产生的本地信号为

$$S_{LO}=2\cos(\omega_{LO}t) \tag{3.6}$$

则射频前端接收的信号与本地信号混频后，得到的中频信号表达式为

$$S_{IF}=SS_{LO}=A_iC_i(t_r-t_d-\delta t_{Ion})D_i(t_r-t_d-\delta t_{Ion})\cdot \{\cos[\omega_{carr}(t_r-t_d+\delta t_{Ion})-\omega_{LO}t_r+\varphi_{0i}]+\cos[\omega_{carr}(t_r-t_d+\delta t_{Ion})+\omega_{LO}t_r+\varphi_{0i}]\} \tag{3.7}$$

由带通（或低通）滤波器滤去混频产生的高频分量，只保留低频分量，最终得到的中频信号为

$$S_{IF}=SS_{LO}=A_iC_i(t_r-t_d-\delta t_{Ion})D_i(t_r-t_d-\delta t_{Ion})\cdot \cos[\omega_{IF}t_r-\omega_{carr}(t_d-\delta t_{Ion})+\varphi_{0i}] \tag{3.8}$$

式中：ω_{LO} 为本地振荡器频率；$\omega_{IF}=\omega_{carr}-\omega_{LO}$ 为期望的中频频率。

将视野内所有卫星（或者选星后锁定的最佳导航星座）的信号合成，即可得到软件接收机基带处理的中频信号：

$$S_{IF}=\sum_{i=1}^{N}\{A_iC_i(t_r-t_d-\delta t_{Ion})D_i(t_r-t_d-\delta t_{Ion})\cdot \cos[\omega_{IF}t_r-\omega_{carr}(t_d-\delta t_{Ion})+\varphi_{0i}]\}+noise \tag{3.9}$$

式(3.9)为 GNSS 仿真中频信号的数学模型。可见，GNSS 中频信号模拟的关键是计算信号传输时间 t_d，在获得 t_d 后，即可得到在信号接收时刻 t_r 的信号相位。

3.4.3 多普勒频移的计算

信号传输时间 t_d 确定后，便可计算得到发射时刻 t_t，即

$$t_t=t_r-t_d \tag{3.10}$$

这样，根据卫星星历可以解算出发射时刻的卫星位置和运行速度。假设卫星和接收机的速度分别为 $[V_x,V_y,V_z]^T$ 和 $[v_x,v_y,v_z]^T$，从而可以计算得到卫星与接收机之间的相对速

度为

$$v_d = [(X_r - x)(V_x - v_x) + (Y_r - y)(V_y - v_y) + (Z_r - z)(V_z - v_z)]/R(t_t, t_r) \tag{3.11}$$

那么，由卫星与用户之间的相对运动而产生的多普勒频移为

$$f_d = -\frac{f_{carr}}{c} \cdot v_d \tag{3.12}$$

式中：f_{carr} 为载波频率；c 为光速。

多普勒频移的定义式可以表示为

$$f_d = -\frac{(\boldsymbol{v}_s - \boldsymbol{v}_u) \cdot \boldsymbol{l}}{c} \cdot f_{carr} \tag{3.13}$$

式中：$\boldsymbol{v}_s$ 为卫星速度；$\boldsymbol{v}_u$ 为用户接收机速度；$\boldsymbol{l}$ 为接收机到卫星视线方向的单位矢量。

从式(3.13)可以看出：$(\boldsymbol{v}_s - \boldsymbol{v}_u) \cdot \boldsymbol{l}$ 是 v_d 的另一种表达形式，即卫星与接收机在视线方向上的相对速度；$(\boldsymbol{v}_s - \boldsymbol{v}_u) \cdot \boldsymbol{l} \cdot \Delta t$ 则表示在 $(0 \sim t)$ 时间段内卫星和接收机之间相对距离的改变量。

在信号从卫星到接收机的传输过程中，总的延迟时间可以用 $T_d = (t_d - \delta t_{Ion})$ 表示，而信号在空间中以光速传播，$c(t_d - \delta t_{Ion})$ 表示信号在空间的传播路径长度，若以 ΔT_d 作为 Δt 时间段内对应的传输时间变化量，则 $c\Delta T_d$ 表示卫星与接收机二者之间相对距离的改变量。

根据以上分析，可以得到

$$c \cdot \Delta T_d = (\boldsymbol{v}_s - \boldsymbol{v}_u) \cdot \boldsymbol{l} \cdot \Delta t \tag{3.14}$$

那么，式(3.13)可以变形为

$$f_d \cdot \Delta t = -\frac{(\boldsymbol{v}_s - \boldsymbol{v}_u) \cdot \boldsymbol{l} \cdot \Delta t}{c \cdot \Delta T_d} f_{carr} \cdot \Delta T_d \tag{3.15}$$

即

$$f_d \cdot \Delta t = -f_{carr} \cdot \Delta T_d \tag{3.16}$$

进一步，在式(3.16)等号两边同时乘 2π，可得

$$\omega_d \Delta t = -\omega_{carr} \Delta T_d \tag{3.17}$$

式中：ω_d 和 ω_{carr} 分别是 f_d 和 f_{carr} 对应的角频率。

将式(3.17)在 $(0 \sim t_r)$ 时间段内积分，则有

$$\omega_d \cdot t_r = -\int_0^{t_r} \omega_{carr} \Delta T_d(t)\,dt = -\omega_{carr}(t_d - \delta t_{Ion}) + \omega_{carr} T_{d0} \tag{3.18}$$

令 $\varphi_{d0} = \omega_{carr} T_{d0}$，表示由初始时刻传输延迟导致的载波相位值，则

$$\omega_d t_r = \varphi_d = -\omega_{carr}(t_d - \delta t_{Ion}) + \varphi_{d0} \tag{3.19}$$

因此，将式(3.19)代入中频信号表达式(3.8)，可得

$$\begin{aligned} S_{IF} = & A_i C_i(t_r - t_d - \delta t_{Ion}) D_i(t_r - t_d - \delta t_{Ion}) \cos[(\omega_{IF} + \omega_d) t_r - \varphi_{d0} + \varphi_{0i}] = \\ & A_i C_i(t_r - t_d - \delta t_{Ion}) D_i(t_r - t_d - \delta t_{Ion}) \cos(\omega_{IF} t_r + \varphi_d - \varphi_{d0} + \varphi_{0i}) \end{aligned} \tag{3.20}$$

式中：φ_d 表示由多普勒频移导致的载波相位变化。

在数字仿真过程中，由于连续的时间段被离散为单个采样点，上述积分运算可以等效为累加求和过程。通常，认为在第一个采样点处 ΔT_{d} 为零，即由多普勒频移导致的载波相位值为零，从第二个采样点开始，累加求取相应时刻多普勒频移对应的载波相位值。

3.5 GNSS 中频信号模拟器设计

同一时刻 GNSS 接收机可以观测多颗卫星，接收机通过接收卫星信号，获取卫星星历，并计算这些卫星与接收机之间的距离（即伪距），进而求解出接收机的位置坐标。因此，接收机接收到信号的相应状态应该与接收机的伪距测量结果相关联。由接收机伪距测量的过程可知，在相同时刻接收机的伪距测量结果主要由卫星导航信号的到达时刻决定，对于不同的地理位置、不同的运动状态、不同的观测卫星，接收机接收到的卫星信号的到达时刻也不同。因此，GNSS 信号模拟器的核心工作就是根据不同的地理位置和不同的状态，推算出接收机接收到的卫星信号的时延和衰减，并控制信号发生器适时调整以产生信号。

以数字中频信号模型为基础，设计 GNSS 中频信号模拟器，其主要模块包括伪码生成、星历产生、导航电文编码、传输时间计算、电离层和对流层延迟模拟、数字射频前端等。图 3.7为 GNSS 中频信号模拟器的结构。

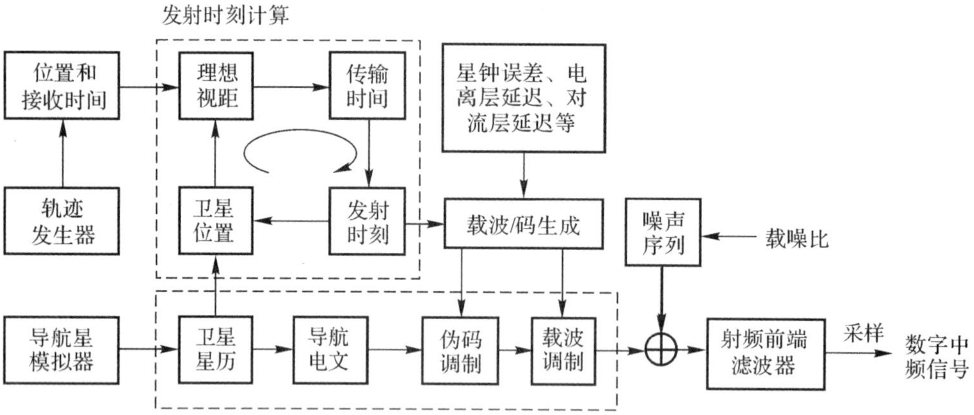

图 3.7　中频信号模拟器结构

根据初始时刻设置的卫星轨道参数，外推出参考时刻的星历参数；将星历数据编制为导航电文，同时根据纠错编码算法生成纠错码，从而得到完整的导航电文；按照卫星码相位分配表生成所有卫星的伪码；将伪码和导航电文按码值“1”和“0”分别对应变为波形幅值“1”和“−1”，得到对应的伪码和导航电文编码脉冲信号；按照采样时间间隔对伪码和导航电文离散化后进行一级调制，得到一级调制波。

根据接收机的位置、速度以及当前的接收时刻，迭代求解卫星信号的传播时间，从而可以得到信号发射时刻，以及信号发射时刻卫星的位置、速度。将卫星的位置、速度坐标转换到接收时刻地球坐标系中，由此可以得到卫星与接收机之间相对运动引起的多普勒频移；由于卫星运行速度不同，所以每颗卫星的多普勒频移值也不相同。根据设定的中心频率生成载波，同时需要考虑多普勒频移对载波相位的影响，对应 4 颗 GNSS 卫星生成 4 路载波；将包含伪码和导航电文的一级调制波与载波进行二级调制，生成 4 路理想的中频信号。对理想的中频信号添加噪声并进行离散化，即可得到 GNSS 数字中频信号。

3.6　GNSS 中频信号模拟器参数计算

3.6.1　信号传播时间的计算

下面以北斗中频信号模拟参数的计算为例进行介绍。北斗卫星导航系统的参考坐标系为 CGCS2000 坐标系。由于地球的自转，信号在传播过程中，参考坐标系已经发生了变化，即在发射时刻的地心地固坐标系（$ECEF_t$ 系）和接收时刻的地心地固坐标系（$ECEF_r$ 系）之间发生了角度的变化，因此信号传输时间的计算是一个循环迭代的过程。信号传输时间由发射时刻坐标系 $ECEF_t$ 中的卫星位置和接收时刻坐标系 $ECEF_r$ 中的接收机位置确定。

假设发射时刻卫星在 $ECEF_t$ 坐标系中的位置为 $[X_t, Y_t, Z_t]^T$，发射时刻卫星位置转换到 $ECEF_r$ 坐标系中为 $[X_r, Y_r, Z_r]^T$，接收时刻接收机位置已知，设为 $[x, y, z]^T$，信号传输时间为 t_p，则有下述关系式成立：

$$t_p = R(t_t, t_r)/c = t_r - t_t \tag{3.21}$$

$$R(t_t, t_r) = \sqrt{(X_r - x)^2 + (Y_r - y)^2 + (Z_r - z)^2} \tag{3.22}$$

$$\begin{bmatrix} X_r \\ Y_r \\ Z_r \end{bmatrix} = \begin{bmatrix} \cos(\omega_{ie} t_p) & \sin(\omega_{ie} t_p) & 0 \\ -\sin(\omega_{ie} t_p) & \cos(\omega_{ie} t_p) & 0 \\ 0 & 0 & 1 \end{bmatrix} \begin{bmatrix} X_t \\ Y_t \\ Z_t \end{bmatrix} \tag{3.23}$$

式中：ω_{ie} 为地球自转角速率；c 为光速；$\omega_{ie} t_p$ 为信号传输时间段内地球转过的角度，也即发射时刻坐标系与接收时刻坐标系之间的旋转角度；$R(t_t, t_r)$ 为接收机和卫星之间的视线距离。

发射时刻卫星位置的初始值用接收时刻卫星位置代替，接收时刻卫星位置可以通过卫星星历计算得到。通过迭代求取信号传输时间，并更新发射时刻卫星位置及其在 $ECEF_r$ 坐标系中的坐标值，直至相邻两次的信号传输时间差落入规定的门限范围内。

3.6.2　载噪比配置

在实际环境中，接收机所接收的不同通道卫星信号的强弱是不同的，通常利用信号的载噪比 C/N_0 作为评价 GNSS 信号强弱的指标。在中频信号模拟中，C/N_0 需要作为可调节的输入参数，以适应不同环境下中频信号模拟的需要。

采样信号生成环节主要包括两大部分：一是对采样点上包含时钟误差的 GNSS 中频信

号的合成;二是在理想数字中频信号的基础上叠加符合载噪比需求的噪声。理想的 GNSS 中频信号是由选定的最佳导航星座的信号合成的,并且按照采样时间间隔进行离散化。仿真过程中,直接对射频前端中带通滤波器输出的离散噪声序列进行模拟。在噪声信号生成环节,多颗卫星噪声的叠加可以当作整体噪声,通常将整体噪声定义为均值为零、方差为 σ^2 的高斯白噪声。

假设第 i 颗卫星载波信号的理想幅值为 A_i ,那么载噪比配置即要求确定信号幅值 A_i 、噪声方差 σ^2 和载噪比 C/N_0 之间的函数关系,其具体推导过程如下:

接收噪声通常认为是具有固定功率谱密度的白噪声,则在离散域,噪声方差 σ^2 所对应的带宽为采样频率 f_s 的一半,则噪声功率谱密度 N_0 为

$$N_0=\frac{\sigma^2}{f_s/2}=\frac{2\sigma^2}{f_s} \tag{3.24}$$

信号功率为

$$C_i=\frac{A_i^2}{2} \tag{3.25}$$

综合式(3.24)和式(3.25),可得到载噪比 $(C/N_0)_i$ 为

$$(C/N_0)_i=\frac{f_s A_i^2}{4\sigma^2} \tag{3.26}$$

进一步,可得到信号幅值 A_i 、噪声方差 σ^2 和载噪比 C/N_0 的函数关系为

$$A_i=\sqrt{\frac{4\sigma^2\ (C/N_0)_i}{f_s}} \tag{3.27}$$

若输入载噪比用 dB 形式 $(C/N_0)_{i\mathrm{dB}}$ 表示,则式(3.27)可改写为

$$A_i=\sqrt{\frac{4\sigma^2}{f_s}\cdot 10^{\frac{(C/N0)i\mathrm{dB}}{10}}} \tag{3.28}$$

则由式(3.28)可知,在 σ^2 取某一固定值后,即可按照第 i 颗卫星对应的 $(C/N_0)_{i\mathrm{dB}}$ 得到相应的信号幅值 A_i 。若所模拟的所有卫星具有相同的载噪比,也可将 A_i 固定,并反推得到 σ^2,即在信号中加入均值为 0、方差为 σ^2 的高斯白噪声对载噪比进行配置。

如果将信噪比 $\mathrm{SNR_{dB}}$作为模拟信号的强度指标,则根据信噪比与载噪比之间的关系式

$$\mathrm{SNR_{dB}}=10\lg\left(\frac{C}{N_0 B_n}\right)=(C/N_0)_{i\mathrm{dB}}-10\lg B_n \tag{3.29}$$

可以得到

$$A_i=\sqrt{\frac{4\sigma^2}{f_s}\cdot 10^{\frac{\mathrm{SNR_{dB}}+10\lg(B_n)}{10}}} \tag{3.30}$$

式中:B_n 为射频前端带宽。

那么,依据式(3.30)同样可以按照 $\mathrm{SNR_{dB}}$对模拟信号进行配置。

因此,根据式(3.28)和式(3.30),可以按照所设定的载噪比或信噪比,生成所需要的高斯白噪声,进而将其叠加在理想数字中频信号上,得到相应载噪比或信噪比的 GNSS 数字中频信号。图 3.8 为不同信噪比条件下的载波信号。

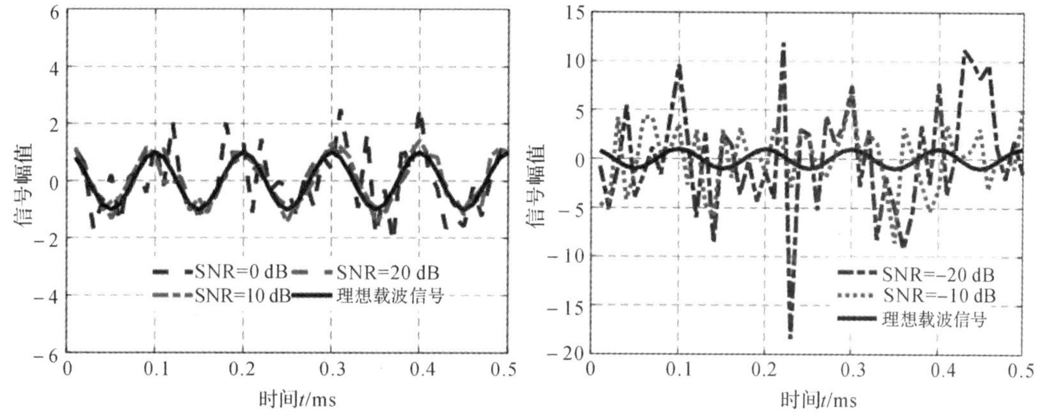

(a)　　　　(b)

图 3.8　不同信噪比条件下的载波信号

(a)信噪比分别为 0 dB、10 dB、20 dB；（b)信噪比分别为－10 dB 和－20 dB

可见，当信噪比为 0～20 dB 时，添加噪声后的载波信号与不含噪声的理想载波信号相差不大，信号幅值的改变较小；而当信噪比小于 0 dB 时，噪声对载波信号的影响逐渐明显；当信噪比达到－10～－20 dB 时，载波信号已经淹没在噪声中，此时噪声占据主导。

3.7　前端滤波器模拟

实际接收机所采用的射频前端是模拟器件，其中包含的带通滤波器主要实现对接收信号的滤波，以去除带宽外的噪声，提高基带信号处理环节的信噪比。而采用软件方式产生中频信号时，射频前端的滤波功能是通过数字滤波器实现的。

为了获得较好的功率谱密度幅值和相位特性，以使仿真所得中频信号最大限度地接近实际采集的中频数据，设计了有限脉冲响应(Finite Impulse Response, FIR)滤波器对产生的数字中频信号进行带通滤波，所设计的数字射频前端滤波器的幅频特性和相频特性分别如图 3.9 和图 3.10 所示。

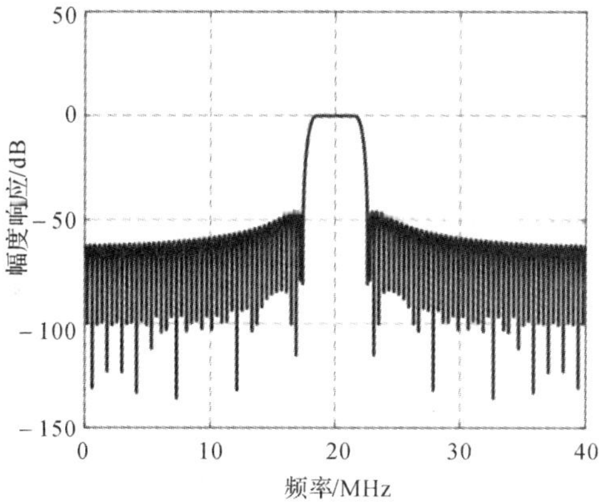

图 3.9　数字射频前端滤波器幅度响应

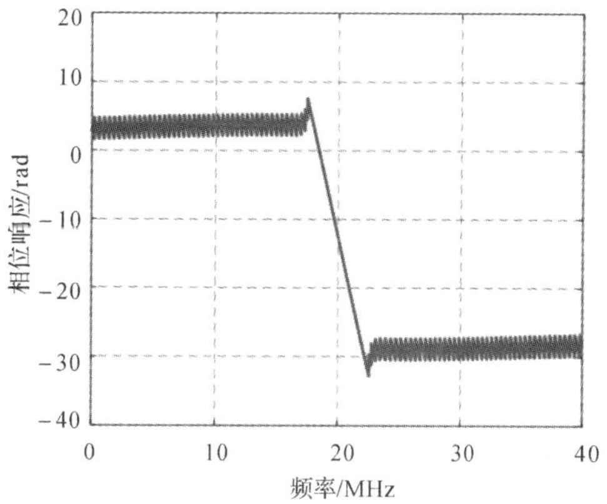

图 3.10　数字射频前端滤波器相位响应

可以看出，该数字射频前端滤波器具有良好的幅频特性，通带边缘非常陡峭，而相频特性则近乎线性。这样，在将含有噪声的 GNSS 数字中频信号经前端滤波器处理后，即可得到最终的 GNSS 模拟数字中频信号。

3.8 GNSS 中频信号仿真实现

下面以北斗 B1I 信号的仿真为例。为了便于对比分析，北斗 B1I 中频信号的仿真中选择与实际射频前端相同的性能参数：通带带宽为 4.092 MHz，中频频率为 20 MHz，采样频率为 38.192 MHz。

图 3.11 为对单颗卫星伪码信号的仿真结果，伪码的幅值为±1，整个伪码序列排列没有明显的规律可循，表明其具有良好的伪随机特性。图 3.12 为加入噪声前 4 颗卫星信号的叠加结果，而图 3.13 给出了加入噪声后（信噪比为−10 dB，未进行带通滤波）的仿真信号。通过对比图 3.12 与图 3.13 可知，噪声加入后的仿真信号已经完全没有明显的结构特征，说明这时噪声占据主导地位。

图 3.14 和图 3.15 分别是对图 3.13 所示的信号进行射频前端带通滤波前、后得到的功率谱密度曲线，图 3.16 为带通滤波后功率谱尖峰处的局部放大图。对比图 3.14 和图 3.15 可以看出，尽管滤波前、后的功率谱密度曲线都具有与伪码带宽相一致的主瓣尖峰，但滤波后的噪声幅度明显降低，相比滤波前，噪声衰减约 120 dB · MHz^{-1}。从滤波后的信号时域图 3.17 也可以看出，通过前端数字滤波明显降低了噪声幅值。由局部放大图 3.16 可知，仿真信号的频域参数与设定值相符；对比图 3.18 中实际中频信号（由射频前端采集的实际中频数据）的功率谱密度和图 3.15 中仿真信号的功率谱密度可以看出，仿真信号的功率谱密度与实际信号非常相似，从而验证了仿真得到的北斗 B1I 中频信号的正确性和可信性。

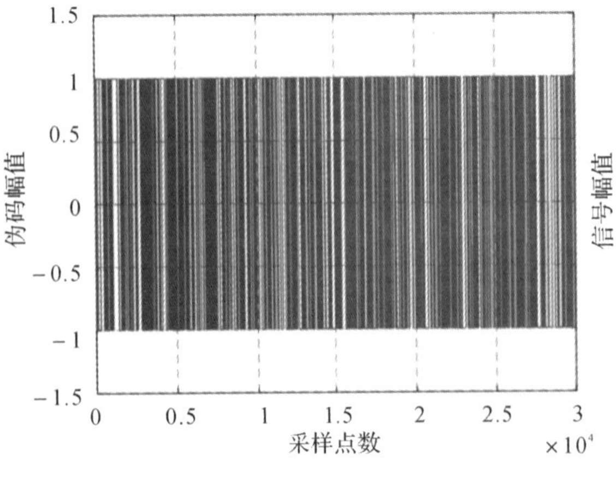

图 3.11　单颗卫星伪码信号的仿真结果

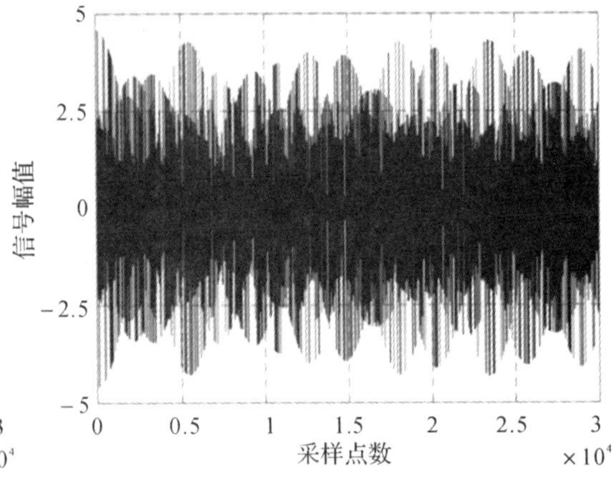

图 3.12　加入噪声前 4 颗卫星信号的叠加结果

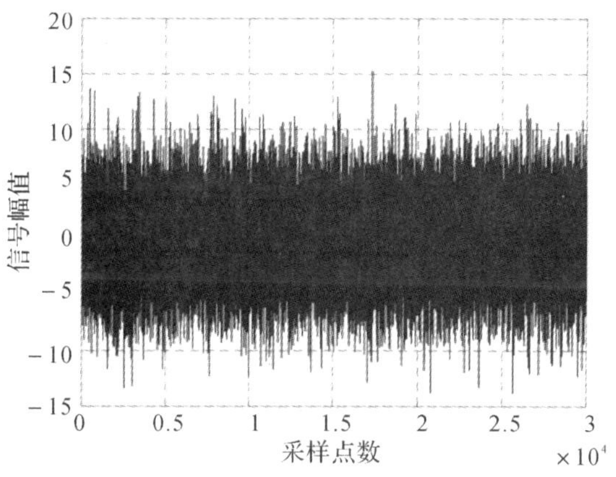

图 3.13　加入噪声后 4 颗卫星信号的叠加结果

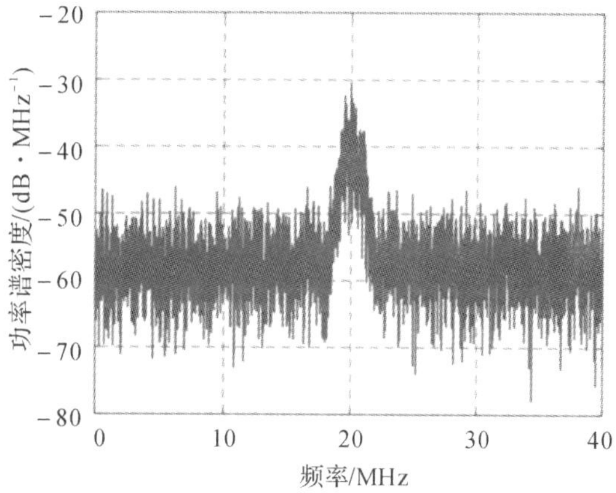

图 3.14　带通滤波前仿真信号功率谱密度

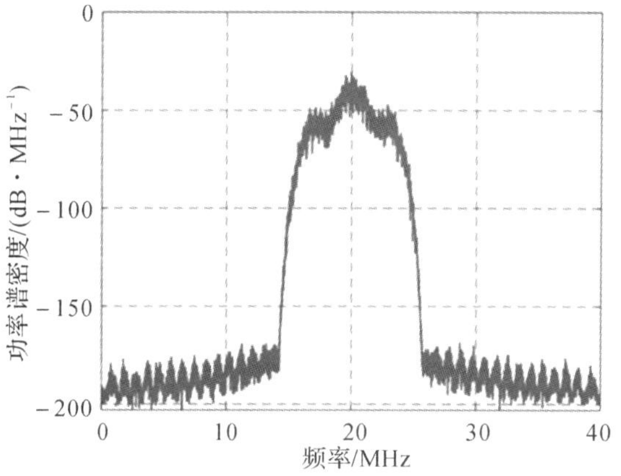

图 3.15　带通滤波后仿真信号功率谱密度

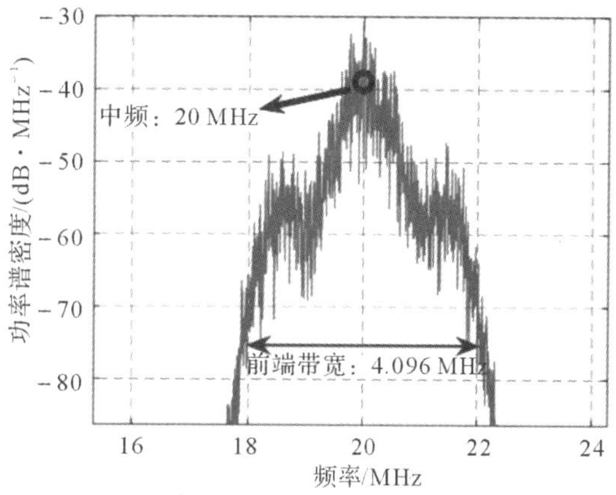

图 3.16　带通滤波后仿真信号功率谱密度放大图

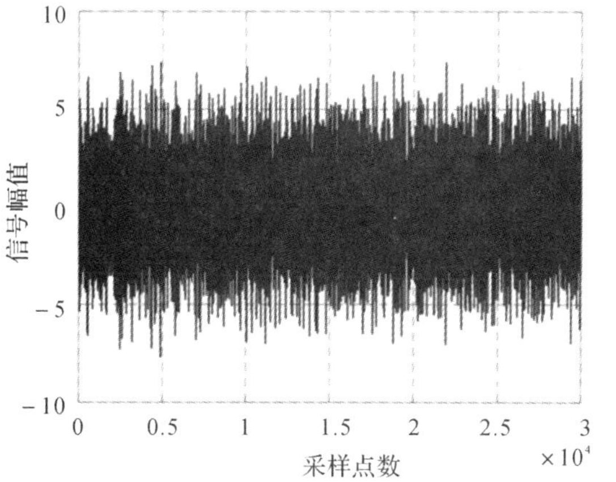

图 3.17　带通滤波后中频信号时域表示

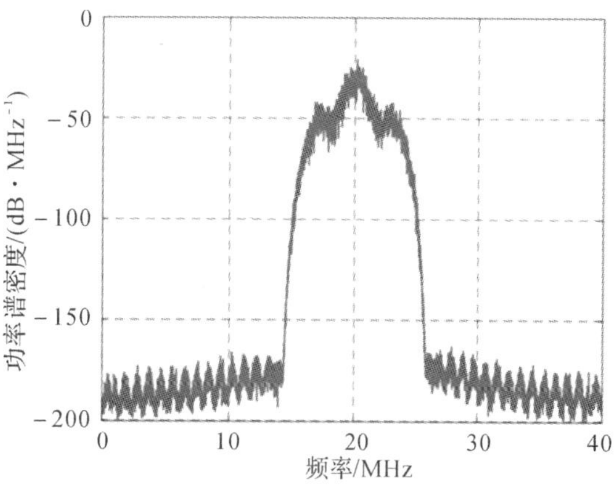

图 3.18　实际中频信号的功率谱密度

从图 3.17 可进一步看出，通过模拟数字射频前端的带通滤波功能，一方面对信号进行了纯化，提高了进入基带处理环节的信号质量，另一方面也使仿真信号更接近实际信号的特征，提高了数字中频信号的仿真置信度。

第 4 章　GNSS 接收机信号处理方法

GNSS 接收机是一种能够接收、跟踪、变换和测量卫星导航信号的无线电接收设备，其主要功能是接收 GNSS 卫星发射的导航信号并通过信号处理，以获取导航电文和必要的观测信息，从而实现导航定位、测速、定姿和授时功能。

图 4.1 为 GNSS 接收机信号处理流程。可以看出，GNSS 卫星发射的信号传播到接收机天线后，首先需要经过射频前端下变频为中频信号，然后接收机捕获中频信号，以确定可见卫星，并初始化信号参数；进而，对捕获到的导航信号进行跟踪，以保证连续进行测距，同时从导航信号中解调出导航电文；然后，对导航电文进行解析，以获得信号发射时间、卫星时钟钟差校正参数、卫星星历等导航电文参数，再利用这些导航电文参数实现连续地定位、测速和定姿。可见，GNSS 接收机需要具备射频前端、捕获、跟踪、导航电文解析等信号处理功能。

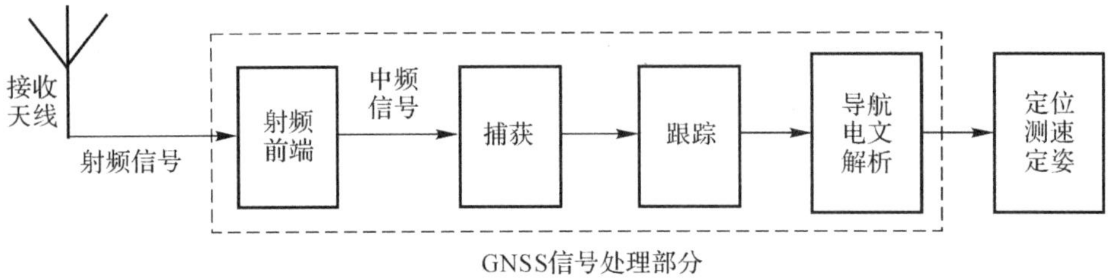

图 4.1　GNSS 接收机信号处理流程

本章主要对 GNSS 接收机的信号处理部分进行介绍，首先介绍 GNSS 接收机射频前端的组成和功能，然后系统地介绍 GNSS 接收机的基带信号处理方法，主要包括信号捕获、跟踪和导航电文解析等。

4.1　GNSS 接收机射频前端

GNSS 接收机的射频前端通常是指从接收机天线端，经由预滤波器、低噪声放大器、混频器等直至数模转换器之间的模块。GNSS 信号以模拟信号的形式进入射频前端，最终以数字信号的形式进入基带处理环节，因此射频前端主要是对模拟信号进行处理，以实现对射频信号的放大和下变频，从而得到适合基带部分处理的低频或基带数字信号。

射频前端在 GNSS 接收机内部具有重要作用，其性能直接影响着基带数字信号的噪声特性，从而影响后续基带处理部分捕获和跟踪环路的性能以及导航定位结果的精度。如射频前端的频率设置方式决定了基带数字信号中频频率的理论值，该值是在没有多普勒频移和本地钟漂的情况下，接收到的卫星信号载波频率理论值，它直接决定了信号捕获算法的频率搜索范围。随着北斗卫星导航系统的日益成熟，B1、B2、B3 信号将同时提供导航定位服务，通过射频前端的精细设计能够实现利用一个射频方案同时接收多个频段北斗卫星信号的功能。而对于软件接收机而言，射频前端也是整个系统中唯一的硬件部分。可见，射频前端对 GNSS 接收机性能具有举足轻重的作用。

图 4.2 为 GNSS 接收机射频前端的结构。可以看出，射频前端主要由射频低噪声放大器(Low Noise Amplifier，LNA)、射频带通滤波器(Band-Pass Filter，BPF)、混频器、本地振荡器、中频带通滤波器(BPF)、中频放大器、模数转换器(A/D)等器件组成。

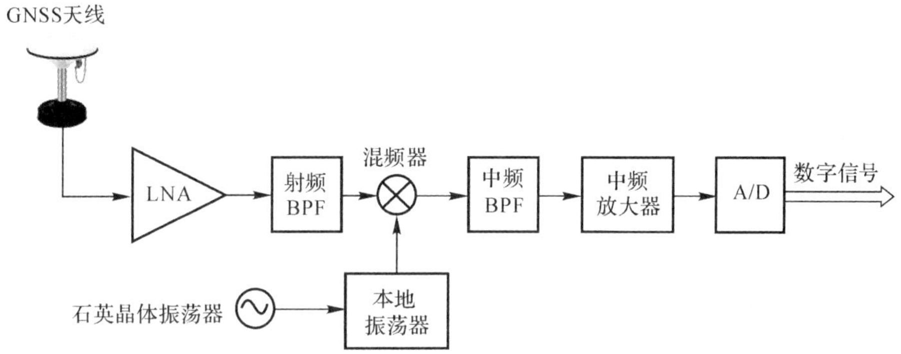

图 4.2　GNSS 接收机射频前端结构

对于 GNSS 接收机，其射频前端的工作流程如下：

(1)经 GNSS 天线进入接收机的微弱信号，首先经过射频低噪声放大器(LNA)进行放大，然后进入射频带通滤波器(BPF)，以抑制进入接收机的干扰噪声；

(2)混频器将射频信号与本地振荡器所提供的本地信号进行混频，以得到频率较低的中频信号；

(3)混频后的中频信号经过中频放大器进行放大，并且在中频放大器前还要插入中频带通滤波器(BPF)，以进一步抑制噪声的影响；

(4)中频信号放大后，通过模数转换器(A/D)将模拟信号转换为数字信号，再将数字信号送入后续基带处理模块进一步处理。

GNSS 射频前端可由离散器件连接实现，也可用 GNSS 射频前端专用集成芯片和相关的外围电路来实现。由离散器件搭建的射频前端，其性能参数和各部件可按实际需要而灵活改变，非常适合实验室使用，但价格昂贵。目前，市场上的 GNSS 前端芯片价格低廉，且性能越来越好，所以采用专用集成芯片来实现 GNSS 射频前端是很好的选择。

这里以北斗接收机的射频前端为例进行介绍。图 4.3 为北斗接收机射频前端的组成结构。射频信号在经过中心频率为 1 561.098 MHz 的带通滤波器后，进入射频前端进行下变频和模数转换；第一级和第二级下变频器的中频滤波器在片外，分别由一个分立 BPF 和一个声表面波 BPF 组成；信号下变频到中频后，由射频前端芯片内的 ADC 完成模数转换过程;芯片上本地频率合成器的频率基准来自片外 10 MHz 的温补晶振(TCXO)。射频前端芯片的输出包括一路常用于测试的模拟中频信号,以及一路包括符号位和幅值位在内的数字中频信号。

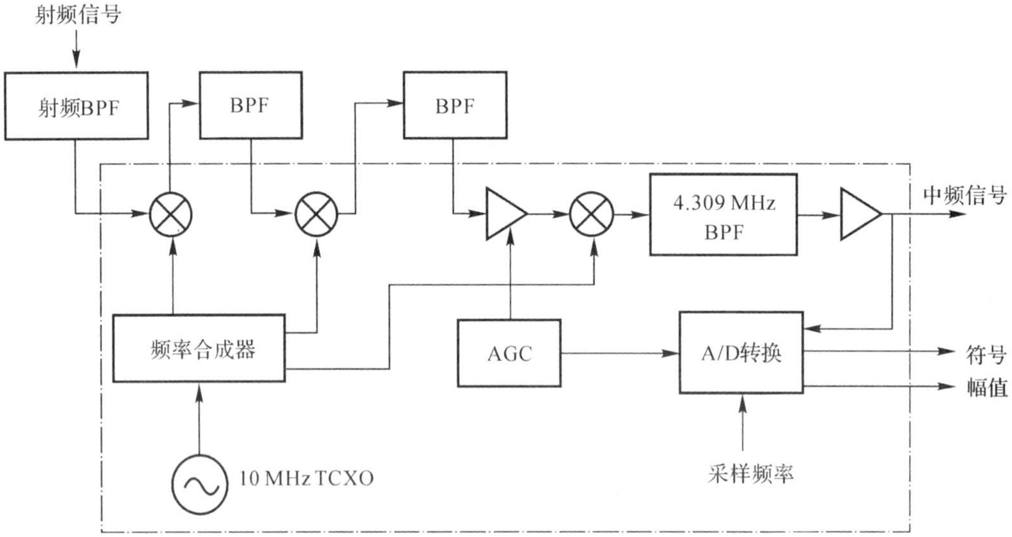

图 4.3 北斗接收机射频前端的组成结构

由于位于射频前端首端的射频 BPF 对整个接收机噪声特性有很大的影响,因此射频 BPF 必须具有低噪声的特点。随着信号处理过程的深入,图 4.3 中各级滤波器的有效信号通带会变得越来越窄,其中射频前端最后一级滤波器的有效通带带宽称为射频前端带宽。虽然越窄的射频前端带宽能滤除越多的干扰和噪声,但是伪码信号中更多的高频成分也会被滤除,这使得伪码信号相应地受到更大的损失,以至于影响到接收信号与复制伪码相关结果的正确性。在不考虑多普勒频移的情况下,北斗 B1I 信号的功率谱以 1 561.098 MHz 为中心频率。因此,为了防止伪码信号发生畸变,北斗信号中心频谱附近的伪码信号频谱,必须完全位于射频前端各个滤波器的通带之内,并且滤波通带必须平稳。由于声表面波 BPF 的通带响应平稳,并且通带边缘陡峭,所以对于处理微弱的北斗信号来说,滤波性能良好的声表面波 BPF,常被用来滤除位于北斗信号波段之外的各种干扰和噪声。

射频前端作为 GNSS 接收机的主要硬件部分,通过对所接收到的 GNSS 模拟信号进行滤波、放大、下变频及采样量化处理,可得到符合基带处理要求的数字中频信号。之后,接收机便可以对所得到的数字中频信号进行捕获、跟踪、导航电文解析等信号处理过程,最终实现连续的导航定位。

4.2 GNSS 信号捕获原理

GNSS 信号捕获是接收机基带信号处理的第一步。接收机在进行信号捕获时,首先快速搜索可见卫星,然后粗略地确定出这些可见卫星信号的码相位及多普勒频移参数,并利用这些参数初始化信号跟踪环路。此外,如果跟踪环路失锁,捕获环节需要及时地进行信号重捕获。可见,GNSS 信号捕获性能直接影响接收机的首次定位时间和灵敏度等关键指标。因此,本节主要介绍 GNSS 信号捕获的基本原理及其实现方法。

4.2.1 GNSS 信号捕获模型

信号捕获的目的是确定可见卫星及卫星信号码相位、载波频率的粗略值。由于 GNSS 接收机接收到的卫星信号是若干颗可见卫星信号的叠加,因此,卫星信号的捕获实际上是对可见卫星、码相位和载波频率的三维搜索过程,信号捕获的三维搜索过程如图 4.4 所示。

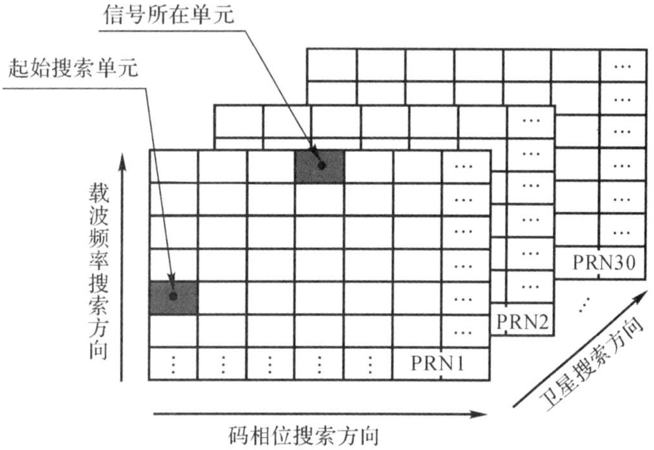

图 4.4 信号捕获的三维搜索过程

由于不同卫星的伪随机码是近似正交的,因此接收机可以对不同卫星信号进行并行独立处理。这样,在对某颗卫星信号进行捕获时,三维搜索过程便降为对载波频率和码相位的二维搜索过程。因此,在接收机接收到某颗 GNSS 卫星的信号后,经射频前端下变频和采样处理得到数字中频信号,其模型为

$$r(n)=Ac(n-\tau)d(n-\tau)\cos[2\pi(f_{\mathrm{IF}}+f_{\mathrm{d}})n+\varphi_0]+\eta(n) \tag{4.1}$$

式中:n 为信号的采样点序号;A 为信号的幅值;$c(\cdot)$ 为伪随机码;$d(\cdot)$ 为数据码;τ 为码相位延迟;f_{IF} 为信号的标称中频频率;f_{d} 为信号的多普勒频移;φ_0 为初始载波相位;$\eta(n)$ 为高斯白噪声。

在对数字中频信号 $r(n)$ 进行捕获时,接收机先根据码相位和多普勒频移的估计值生成对应的本地信号 $\hat{r}(n)$,其模型为

$$\hat{r}(n)=\hat{c}(n-\hat{\tau})\cdot\exp[-\mathrm{j}2\pi(f_{\mathrm{IF}}+\hat{f}_{\mathrm{d}})n] \tag{4.2}$$

式中:$\hat{\tau}$ 为信号码相位的估计值;$\hat{f}_{\mathrm{d}}$ 为信号多普勒频移的估计值。

之后,将数字中频信号 $r(n)$ 与本地信号 $\hat{r}(n)$ 进行相关运算,并滤除其中的高频分量;进而,可得到第 n 个采样点的相关结果为

$$r(n)\cdot\hat{r}(n)=\frac{Ac(n-\tau)\hat{c}(n-\hat{\tau})d(n-\tau)}{2}\exp[\mathrm{j}2\pi\delta f_{\mathrm{d}}n+\mathrm{j}\varphi_0] \tag{4.3}$$

式中:$\delta f_{\mathrm{d}}=f_{\mathrm{d}}-\hat{f}_{\mathrm{d}}$ 为信号多普勒频移的估计误差。

对式(4.3)所得的相关结果进行累积运算，当累积时间段内的导航数据位不发生翻转时，则可得到累积结果 Z 为

$$Z=\sum_{n=0}^{N-1}\frac{Ac(n-\tau)\hat{c}(n-\hat{\tau})d(n-\tau)}{2}\exp[\mathrm{j}2\pi\delta f_{\mathrm{d}}n+\mathrm{j}\varphi_0]=$$

$$\frac{AR(\delta\tau)d}{2}N\cdot\mathrm{sinc}(\pi\delta f_{\mathrm{d}}N)\cdot\exp[\mathrm{j}\pi\delta f_{\mathrm{d}}(N-1)+\mathrm{j}\varphi_0] \tag{4.4}$$

式中：N 为信号的总采样点数；$R(\delta\tau)$ 为伪随机码的自相关函数，$\delta\tau=\tau-\hat{\tau}$ 为本地估计码相位与实际码相位的偏差。

式(4.4)为GNSS信号的基本捕获模型。可以看出，相关累积结果 Z 与多普勒频移估计误差 δf_{d} 和码相位估计误差 $\delta\tau$ 有关。当 δf_{d} 和 $\delta\tau$ 均不为零时，Z 的幅值会产生衰减；而当 δf_{d} 和 $\delta\tau$ 均为零时，Z 取得峰值。可见，GNSS信号捕获是通过对本地信号和接收信号进行相关累积运算，进而根据累积结果中的峰值位置获得码相位和多普勒频移的估计值。信号捕获基本原理如图4.5所示。

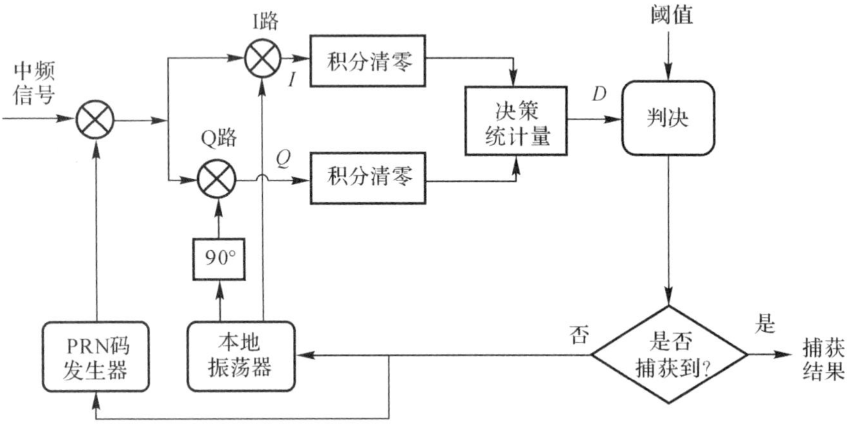

图4.5　信号捕获基本原理

首先，将GNSS中频信号与本地信号进行相关处理，然后，将同相(In-Phase，I)和正交(Quara-Phase，Q)两路的相关结果分别进行累积运算，并利用两路的相关累积结果构造决策统计量 D；进而，将决策统计量 D 与设定的阈值进行比较，判断其是否超过阈值。若超过阈值，则完成信号捕获，决策统计量中峰值对应的码相位和多普勒频移即为捕获结果；若没有超过阈值，则说明未捕获到信号，需要改变本地信号的码相位和多普勒频移，再次进行相关累积运算，直至搜索完整个码相位和多普勒频移范围。

4.2.2　GNSS信号捕获方法

GNSS信号捕获方法可以分为硬件捕获法和软件捕获法。传统的接收机一般使用硬件捕获法，但随着芯片技术的发展和微处理器速度的提高，软件捕获法日益成熟，已经成为GNSS信号捕获的发展趋势。按照GNSS信号捕获的实现方式，软件捕获法又可以分为时域串行搜索捕获方法、频域并行载波频率搜索捕获方法、频域并行码相位搜索捕获方法。下

面对这三种主要的捕获方法进行简要介绍。

1.时域串行搜索捕获方法

时域串行搜索捕获方法是一种最常用的 GNSS 信号捕获方法，其原理如图 4.6 所示。可以看出，在时域串行搜索捕获过程中，输入的中频信号先后与伪随机噪声(Pseudo Random Noise,PRN)码发生器产生的本地码信号，以及本地振荡器产生的同相和正交两路本地载波信号进行相关运算，以实现码剥离和载波剥离；进而分别对同相和正交两路的相关结果进行累积运算，并将累积结果构成一个复信号，即

$$Z = I + \mathrm{j}Q = \sum_{n=0}^{N-1} r(n) \cdot \hat{c}(n-\hat{\tau}) \cdot \exp[-\mathrm{j}2\pi(f_{\mathrm{IF}} + \hat{f}_{\mathrm{d}})n] \tag{4.5}$$

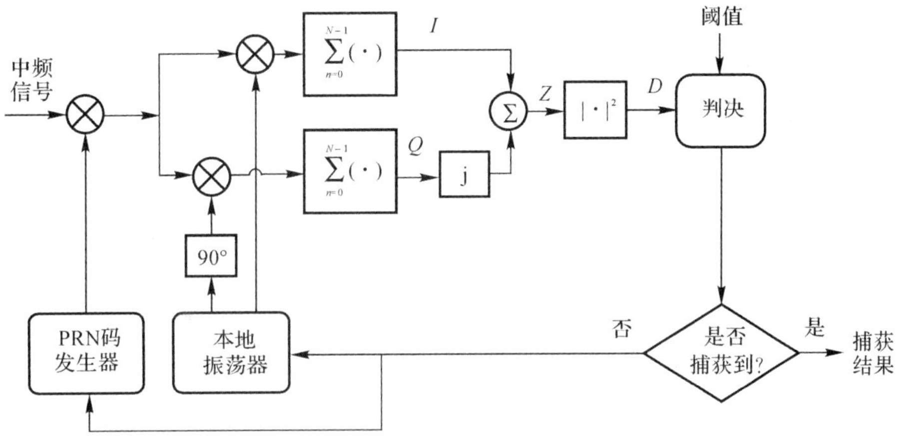

图 4.6　时域串行搜索捕获方法原理

进一步，利用所得复信号模的二次方构造决策统计量，即

$$D(\hat{\tau}, \hat{f}_{\mathrm{d}}) = |Z|^2 = I^2 + Q^2 \tag{4.6}$$

将决策统计量 $D(\hat{\tau}, \hat{f}_{\mathrm{d}})$ 与设定的阈值进行比较，判断其是否超过阈值。若超过阈值，则说明已捕获到信号，输出码相位估计值 $\hat{\tau}$ 和多普勒频移估计值 $\hat{f}_{\mathrm{d}}$；若没有超过阈值，则说明未捕获到信号，需要改变本地信号的码相位和多普勒频移，再次进行相关累积运算，直至遍历搜索完整个码相位和多普勒频移范围。

时域串行搜索捕获方法实现过程简单，便于工程应用。但由于该方法需要采用串行的方式对整个码相位和多普勒频移范围进行二维遍历搜索，因此计算量比较大，会对接收机的实时性产生一定的影响。

2.频域并行载波频率搜索捕获方法

频域并行载波频率搜索捕获方法是利用傅里叶变换将信号从时域转换到频域，进而根据频域中峰值所在位置得到载波频率估计值，从而实现对载波频率的并行搜索。该方法使得卫星信号的总搜索过程降为对码相位的一维搜索过程，从而大大减少了计算量。频域并行载波频率搜索捕获方法的原理如图 4.7 所示。

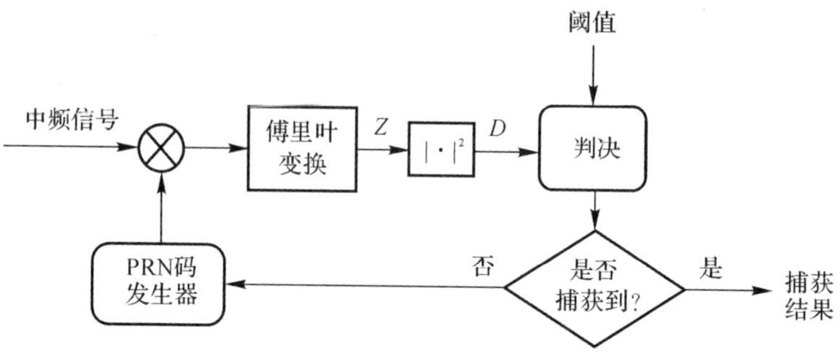

图 4.7　频域并行载波频率搜索捕获方法原理

可以看出，在频域并行载波频率搜索捕获过程中，通过将 PRN 码发生器产生的本地码信号与中频信号进行相关处理，并对相关结果进行傅里叶变换，便可得到频域相关结果，即

$$Z = \mathrm{FFT}[r(n)\hat{c}(n-\hat{\tau})] \tag{4.7}$$

式中，FFT(·)表示快速傅里叶变换。

进一步，利用频域相关结果模的二次方构造决策统计量，即

$$D(\hat{\tau}) = |Z|^2 \tag{4.8}$$

当本地码信号与输入中频信号中的码信号完全对齐时，本地码信号与中频信号的相关结果为一个连续的载波信号，其频率即为待估计的载波频率，这一过程也就是码剥离过程，如图 4.8 所示。因此，对决策统计量 $D(\hat{\tau})$ 进行峰值检验，并判断是否存在明显的峰值输出。若存在，则说明已捕获到信号，输出码相位估计值 $\hat{\tau}$ 和信号的载波频率 $\hat{f}_{\mathrm{d}}$（峰值处对应的频率）；若不存在，则说明未捕获到信号，这时需要改变本地信号的码相位，再次进行相关累积运算，直至遍历搜索完整个码相位范围。

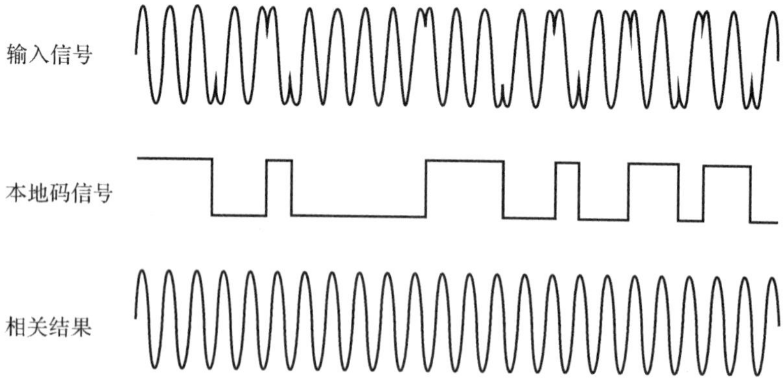

图 4.8　码剥离过程

相较于时域串行搜索捕获方法，频域并行载波频率搜索捕获方法将总搜索过程降为对码相位的一维搜索过程，有效地减少了搜索次数，显著提高了信号捕获的快速性。

3.频域并行码相位搜索捕获方法

频域并行码相位搜索捕获方法是基于时域码相位循环相关等价于频域码相位共轭相乘的基本思想，一次性完成对码相位这一维的搜索，从而使得总搜索过程降为对载波频率的一

维搜索过程。频域并行码相位搜索捕获方法的原理如图 4.9 所示。

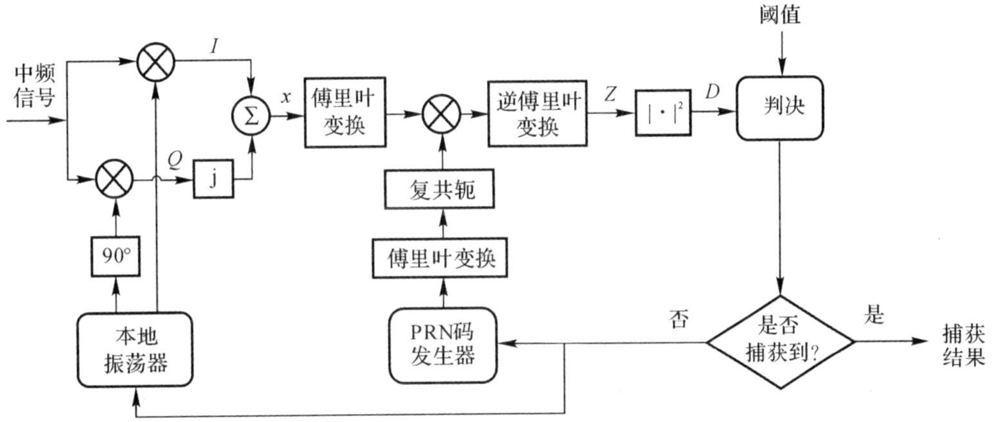

图 4.9　频域并行码相位搜索捕获方法原理

可以看出,在频域并行码相位搜索捕获过程中,先将本地振荡器产生的同相和正交两路本地载波信号与中频信号进行相关处理,进而将同相和正交两路的相关结果构成一个复信号,即

$$x(n)=I(n)+\mathrm{j}Q(n)=r(n)\exp[-\mathrm{j}2\pi(f_{\mathrm{IF}}+\hat{f}_{\mathrm{d}})n] \tag{4.9}$$

进一步,将 PRN 码发生器产生的本地码信号经过傅里叶变换和复共轭处理后,与复信号 $x(n)$ 的傅里叶变换结果相乘,并将所得结果经过逆傅里叶变换后,获得时域相关结果,即

$$Z=I_Z+\mathrm{j}Q_Z=\mathrm{IFFT}\{\overline{\mathrm{FFT}[\hat{c}(n-\hat{\tau})]}\cdot\mathrm{FFT}[x(n)]\} \tag{4.10}$$

式中:IFFT(·)表示快速傅里叶逆变换;$\overline{(\cdot)}$表示取复共轭值;$\hat{c}(n-\hat{\tau})$ 表示 PRN 码发生器产生的本地码信号。

利用时域相关结果模的二次方构造决策统计量,即

$$D(\hat{f}_{\mathrm{d}})=|Z|^2=I_Z^2+Q_Z^2 \tag{4.11}$$

将决策统计量 $D(\hat{f}_{\mathrm{d}})$ 与设定的阈值进行比较,判断其是否超过阈值。若超过阈值,则说明已捕获到信号,进而根据决策统计量的峰值位置便可确定待估计的码相位,而本地载波信号的频率即为待估计的载波频率;若没有超过阈值,则说明未捕获到信号,只需改变本地载波信号的多普勒频移,再次进行相关累积运算,直至遍历搜索完整个多普勒频移范围。

与前述两种捕获方法相比,频域并行码相位搜索捕获方法是利用频域上码相位的一次共轭相乘,便可实现时域上码相位的遍历循环相关,将总搜索过程降为对载波频率的一维搜索过程,所需搜索次数更少,捕获快速性更好;另外,由于该方法是通过对所有采样点进行遍历循环相关的,因此码相位的搜索步长即为码长除以采样点数。这样,便将前两种方法一个码片的搜索步长进行了大幅缩减,从而实现了对码相位更加精细的搜索,因此对于码相位参数的估计精度更高。换言之,对于码长为 2 046 码片(chip)的北斗伪码,若采样频率为 10 MHz,则一个码周期(即 1 ms)的本地码序列包含 10 000 个采样点,频域并行码相位搜索捕获方法的码相位搜索步长即为 2 046/10 000 chip,远小于 1 chip,因此该方法最终会得到更加精确

的码相位参数估计值。

4.2.3 GNSS信号捕获性能指标

GNSS信号捕获的性能主要由捕获时间、灵敏度、检测概率、虚警概率等指标来衡量。捕获时间决定了信号捕获的快速性，捕获时间越短，捕获快速性越好；灵敏度决定了能够捕获到信号的最低载噪比，接收机的灵敏度越高，能够捕获到信号的载噪比越低；检测概率和虚警概率决定了信号捕获的可靠性，检测概率越大，虚警概率越小，则捕获的可靠性越好。实际上，一旦接收机的灵敏度和检测概率确定了，虚警概率也就确定了。工程应用中需要设计捕获时间短、灵敏度高、可靠性好的接收机。但实际上，这些性能指标之间存在一定的相互制约关系，如捕获时间和灵敏度二者是一对矛盾体，必须折中考虑进行设计，以得到相对高性能的捕获方案。

1.检测概率和虚警概率

在图4.4的搜索方格中，每个方格均存在以下两种情况：一种情况是包含信号和噪声，另一种情况是只包含噪声而没有信号。信号捕获就是对所有待搜索方格进行检测，判断出存在信号的方格，该方格对应的码相位和载波频率即为待估计参数。可见，信号捕获实际上是一个假设检验问题。因此，可以定义如下两个假设：

零假设 H_0：假设只有噪声存在；

非零假设 H_1：假设既有信号，又有噪声存在。

检测概率 P_d 定义为当信号和噪声均存在时，决策统计量 D 超过阈值 V_t 的概率；而虚警概率 P_{fa} 定义为当仅存在噪声时，决策统计量 D 超过阈值 V_t 的概率。因此，捕获过程中单次检测的检测概率和虚警概率为

$$P_d = \int_{V_t}^{+\infty} p(D \mid H_1)\mathrm{d}D \tag{4.12}$$

$$P_{fa} = \int_{V_t}^{+\infty} p(D \mid H_0)\mathrm{d}D \tag{4.13}$$

式中：$p(D \mid H_1)$ 表示当非零假设 H_1 成立时，决策统计量 D 的概率密度函数；$p(D \mid H_0)$ 表示当零假设 H_0 成立时，决策统计量 D 的概率密度函数。

2.捕获灵敏度及捕获时间

捕获灵敏度是指能够满足信号捕获虚警概率和检测概率要求的载噪比最小值。因此，捕获灵敏度通常用信噪比(SNR)或载噪比(C/N_0)的最小值来表示。

在信号捕获过程中，捕获驻留时间定义为给出一次判决结果的捕获处理时间，而捕获时间 T_a 是指搜索并捕获到卫星信号所需要的时间。由于 T_a 为随机变量，所以一般用捕获时间的期望 $\overline{T}_a$(即平均捕获时间)来表示捕获特性。在满足捕获可靠性的前提下，平均捕获时间决定了捕获性能的好坏，它是评价接收机性能的一项重要指标。

在一定的载噪比环境中，对捕获性能的评定通常基于两个准则：

(1)给定(P_d，P_{fa})后，要求捕获驻留时间尽量短；

(2)在一定的捕获驻留时间和虚警概率条件下，要求检测概率尽量大。

其中,第二个准则通常称为 Neyman-Pearson 准则。

4.3　GNSS 信号跟踪原理

捕获仅能提供对卫星信号载波频率和码相位参数的粗略估计,但参数的估计精度较差,不足以完成对导航电文的解调;另外,由于受卫星与接收机之间的相对运动,以及卫星时钟与接收机晶体振荡器的频率漂移等因素的影响,接收到的卫星信号的载波频率和码相位会随着时间的推移而变化,并且这些变化通常是不可预测的,所以,信号跟踪环路的主要作用是逐步精细对载波频率和码相位参数的估计,并以闭环反馈的形式实现对卫星信号的持续锁定;然后,从跟踪到的卫星信号中解调出导航电文,同时输出伪距、伪距率和载波相位等测量值。可见,信号跟踪的精度和稳定性从根本上决定了接收机的导航性能。因此,本节主要介绍 GNSS 信号跟踪的基本原理及其实现方法。

4.3.1　导航电文的解调

跟踪的目的是使捕获所得的码相位和载波频率参数估计值精确化,以获得伪距、伪距率和载波相位等原始测量信息,并保持对卫星信号的锁定,然后从跟踪到的卫星信号中解调出导航电文。图 4.10 为导航电文解调过程。

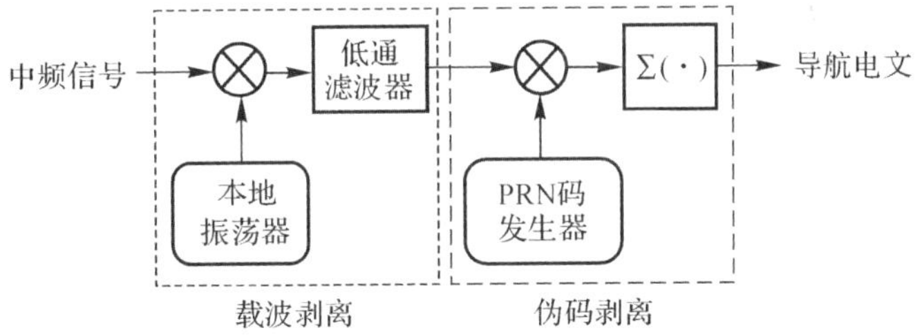

图 4.10　导航电文解调过程

可以看出,利用本地振荡器和 PRN 码发生器产生的本地载波及本地码信号分别对中频信号进行载波和伪码剥离,即可解调出导航电文。在考虑单个卫星信号的情况下,经接收机射频前端下变频和采样处理后,得到的中频信号可表示为

$$r(n)=Ac(n-\tau)d(n-\tau)\cos[2\pi(f_{\mathrm{IF}}+f_{\mathrm{d}})n]+\eta(n) \tag{4.14}$$

式中:A 为信号的幅值;$c(\cdot)$ 为伪随机码;$d(\cdot)$ 为数据码;τ 为码相位延迟;f_{IF} 为信号的标称中频频率;f_{d} 为信号的多普勒频移;$\eta(n)$ 为高斯白噪声。

为了从中频信号 $r(n)$ 中解调出导航电文,必须先通过载波剥离将中频信号变为基带信号。如图 4.10 所示,载波的剥离是通过中频信号与本地载波信号的相关来实现的。假定本地载波信号的频率及相位与中频信号完全一致,则它们的相关结果为

$$x(n) = r(n) \cdot \cos[2\pi(f_{\mathrm{IF}} + f_{\mathrm{d}})n] =$$
$$\frac{1}{2}Ac(n-\tau)d(n-\tau) + \frac{1}{2}Ac(n-\tau)d(n-\tau)\cos[4\pi(f_{\mathrm{IF}} + f_{\mathrm{d}})n] \tag{4.15}$$

式中，相关结果的高频分量可以通过低通滤波器去除，经低通滤波器处理后的信号为

$$x'(n) = \frac{1}{2}Ac(n-\tau)d(n-\tau) \tag{4.16}$$

进一步，需要从信号 $x'(n)$ 中剥离伪码，这一步是通过将信号 $x'(n)$ 与本地码信号进行相关来实现的。

假定本地码信号与信号 $x'(n)$ 中的码相位完全一致，则它们的相关结果为

$$y(n) = \sum_{n=0}^{N-1} x'(n)c(n-\tau) = \frac{1}{2}ANd(n-\tau) \tag{4.17}$$

式中：N 为信号的总采样点数。

由以上分析可知，导航电文解调过程中需要产生两个本地信号，即本地载波信号和本地码信号。因此，为了产生精确的本地信号，需要采用某种类型的反馈回路。其中：用于产生本地码信号的反馈回路称为码跟踪环，主要采用超前-滞后形式的延迟锁定环(Delay Lock Loop，DLL)；用于产生本地载波信号的反馈回路称为载波跟踪环，其实现方式通常有两类，一类是锁相环(Phase Lock Loop，PLL)，另一类是锁频环(Frequency Lock Loop，FLL)。

4.3.2 GNSS 接收机跟踪环路

1.锁相环

由于载波跟踪环和码跟踪环共同遵循锁相环的基本原理，因此，可以利用锁相环路结构模型对跟踪环的特性进行分析。

(1)锁相环结构。锁相环是一个基于相位误差负反馈的闭环控制系统，由鉴相器、环路滤波器和压控振荡器三部分组成，其结构如图 4.11 所示。锁相环通过鉴相器比较输出相位和输入相位得到误差信号；环路滤波器具有低通特性，可以滤除误差信号中的高频分量和宽带噪声，得到的控制信号用于控制压控振荡器，使输出相位能够跟踪输入相位的变化。

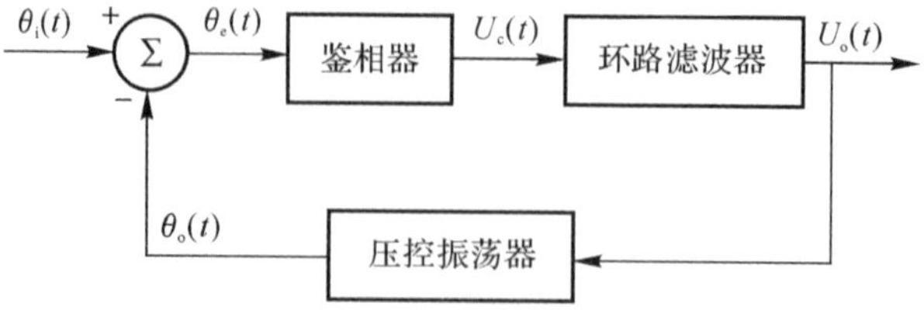

图 4.11 锁相环结构

鉴相器是一个相位比较装置，用来检测输入信号相位 $\theta_{\mathrm{i}}(t)$ 与反馈信号相位 $\theta_{\mathrm{o}}(t)$ 之间的相位差 $\theta_{\mathrm{e}}(t)$，其检测输出为 $U_{\mathrm{c}}(t)$。鉴相器是锁相环中最灵活的部分，不同的鉴相器具有不同的鉴相特性。由于鉴相器的非线性特性，锁相环为一个非线性系统。但是，当环路处

于锁定跟踪状态时，由于相位误差较小，鉴相特性近似于线性，环路也近似为线性系统，因此可采用线性系统分析方法来分析环路的各种性能。

环路滤波器具有低通特性，滤除误差信号中的高频分量和宽带噪声，其输出信号用于控制压控振荡器。环路滤波器的形式和参数的选取是锁相环设计的关键，其阶数决定了锁相环的阶数，并在很大程度上决定了环路的噪声特性和跟踪性能。

压控振荡器是一个电压-频率变换装置，在其有效工作范围内，输出频率随输入电压呈线性变化。通过对输出频率进行积分，可得到压控振荡器的输出相位。这样，将其与输入相位在鉴相器中进行比较，便可获得相位误差。

(2)锁相环数学模型。若将输入信号的相位 θ_i 作为输入，压控振荡器输出信号的相位 θ_o 作为输出，则锁相环的复频域结构如图 4.12 所示。

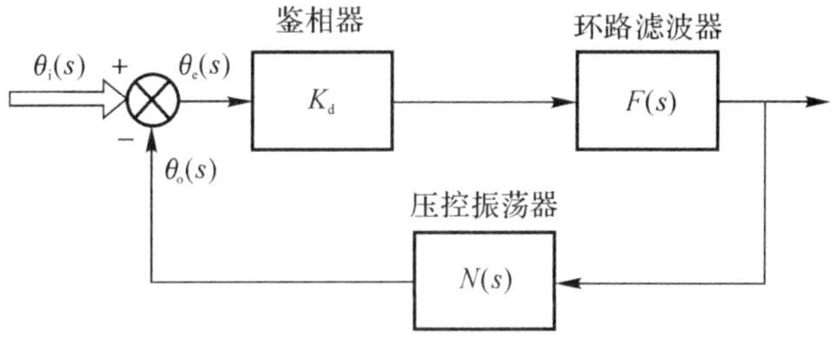

图 4.12　锁相环的复频域结构

可以看出，锁相环的闭环传递函数为

$$H(s)=\frac{\theta_o(s)}{\theta_i(s)}=\frac{K_d F(s) N(s)}{1+K_d F(s) N(s)} \tag{4.18}$$

式中：$F(s)$ 和 $N(s)$ 分别为环路滤波器与压控振荡器的传递函数；K_d 为鉴相器增益。

压控振荡器可视为一个载波频率积分器，其传递函数为

$$N(s)=\frac{K_o}{s} \tag{4.19}$$

式中：K_o 为压控振荡器增益。

下面对常用的二阶锁相环模型进行分析。在二阶锁相环中，环路滤波器的传递函数为

$$F(s)=\frac{1+\tau_2 s}{\tau_1 s} \tag{4.20}$$

式中：τ_1、τ_2 为环路滤波器的参数。

因此，将式(4.19)与式(4.20)代入式(4.18)，可以得到二阶锁相环在复频域中的闭环传递函数为

$$H(s)=\frac{\dfrac{K_o K_d}{\tau_1}(\tau_2 s+1)}{s^2+s\left(\dfrac{K_o K_d \tau_2}{\tau_1}\right)+\dfrac{K_o K_d}{\tau_1}} \tag{4.21}$$

若将二阶锁相环路的固有频率和阻尼系数分别记为 ω_n 和 ξ，则环路的闭环传递函数可表示为

$$H(s)=\frac{2\xi\omega_{n}s+\omega_{n}^{2}}{s^{2}+2\xi\omega_{n}s+\omega_{n}^{2}} \tag{4.22}$$

式中：$\omega_{n}=\sqrt{\dfrac{K_{o}K_{d}}{\tau_{1}}}$；$\xi=\dfrac{\tau_{2}}{2}\sqrt{\dfrac{K_{o}K_{d}}{\tau_{1}}}$。

环路带宽又称噪声带宽，是影响跟踪环路性能的重要指标，它控制着进入环路的噪声数量。环路带宽的定义为

$$B_{L}=\int_{0}^{+\infty}|H(j2\pi f)|^{2}df \tag{4.23}$$

因此，根据式(4.22)和式(4.23)可以求得二阶锁相环的环路带宽为

$$\begin{aligned}B_{L}&=\int_{0}^{+\infty}|H(j2\pi f)|^{2}df=\frac{\omega_{n}}{2\pi}\int_{0}^{+\infty}\frac{1+\left(2\xi\dfrac{\omega}{\omega_{n}}\right)^{2}}{\left[1-\left(\dfrac{\omega}{\omega_{n}}\right)^{2}\right]^{2}+\left(2\xi\dfrac{\omega}{\omega_{n}}\right)^{2}}d\omega=\\&\frac{\omega_{n}}{2\pi}\int_{0}^{\infty}\frac{1+\left(2\xi\dfrac{\omega}{\omega_{n}}\right)^{2}}{\left(\dfrac{\omega}{\omega_{n}}\right)^{4}+2(2\xi^{2}-1)\left(\dfrac{\omega}{\omega_{n}}\right)^{2}+1}d\omega=\\&\frac{\omega_{n}}{8\xi}(1+4\xi^{2})\end{aligned} \tag{4.24}$$

采用双线性变换法将二阶锁相环的传递函数从复频域变换到数字域。根据双线性变换公式 $s=\dfrac{2}{T}\dfrac{1-z^{-1}}{1+z^{-1}}$，对式(4.22)进行双线性变换后，可得

$$H(z)=\frac{[4\xi\omega_{n}T+(\omega_{n}T)^{2}]+2(\omega_{n}T)^{2}z^{-1}+[(\omega_{n}T)^{2}-4\xi\omega_{n}T]z^{-2}}{[4+4\xi\omega_{n}T+(\omega_{n}T)^{2}]+[2(\omega_{n}T)^{2}-8]z^{-1}+[4+4\xi\omega_{n}T+(\omega_{n}T)^{2}]z^{-2}} \tag{4.25}$$

式中：T 为采样时间间隔。

二阶环路滤波器的数字域结构如图 4.13 所示。

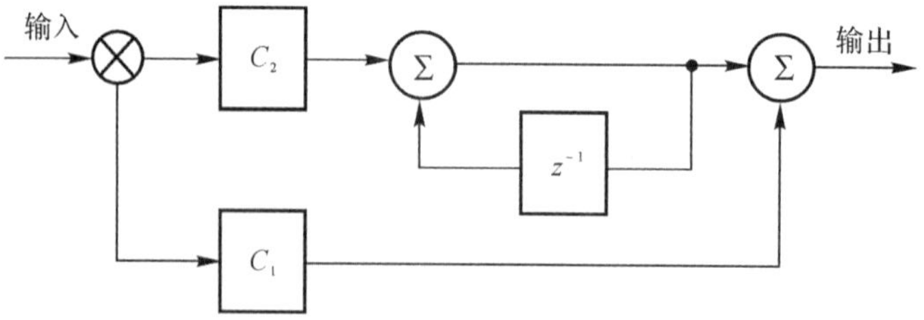

图 4.13　二阶环路滤波器的数字域结构

由图 4.13 可得二阶环路滤波器的数字域传递函数为

$$F(z)=C_{1}+\frac{C_{2}}{1-z^{-1}} \tag{4.26}$$

式中：C_1、C_2 分别为二阶环路滤波器的数字域模型参数。

压控振荡器的数字域形式为数控振荡器，其传递函数 $N(z)$ 为

$$N(z)=\frac{K_o z^{-1}}{1-z^{-1}} \tag{4.27}$$

因此，根据式(4.26)与式(4.27)，可得离散化的二阶锁相环闭环传递函数为

$$H'(z)=\frac{K_d F(z)N(z)}{1+K_d F(z)N(z)}=\frac{K_o K_d (C_1+C_2)z^{-1}-K_o K_d C_1 z^{-2}}{1+[K_o K_d (C_1+C_2)-2]z^{-1}+(1-K_o K_d C_1)z^{-2}} \tag{4.28}$$

令式(4.25)和式(4.28)的分子和分母均相等，则可求得二阶锁相环的数字域模型参数 C_1 和 C_2 分别为

$$\left.\begin{aligned} C_1&=\frac{1}{K_o K_d}\frac{8\xi\omega_n T}{4+4\xi\omega_n T+(\omega_n T)^2}\\ C_2&=\frac{1}{K_o K_d}\frac{4(\omega_n T)^2}{4+4\xi\omega_n T+(\omega_n T)^2}\end{aligned}\right\} \tag{4.29}$$

式(4.29)将二阶锁相环的复频域与数字域联系起来，由二阶锁相环复频域模型的参数，进而可以计算出数字域模型的参数。

2.锁频环

与锁相环相比，锁频环通过复现输入中频信号的准确频率，以完成对载波的剥离。它在多普勒频移较大的情况下仍能较好地对载波频率进行跟踪，对动态信号具有较强的跟踪能力，从而可以弥补锁相环在跟踪动态信号方面的不足。

锁频环实际上是对载波相位的差分跟踪，它通过测量一定时间内本地载波与输入载波相位差的变化量，计算得到二者的频率差，进而对本地载波的频率进行调节，以实现对载波频率的跟踪，锁频环的结构如图 4.14 所示。

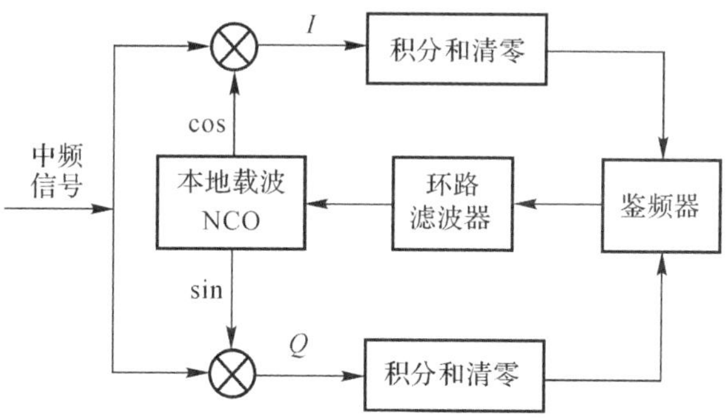

图 4.14　锁频环结构

输入信号与本地载波 NCO 产生的同相(I)和正交(Q)两路本地载波进行相关后，经过积分清零处理，得到 I 支路和 Q 支路的相关能量；鉴频器根据相应的鉴频算法对 I 支路和 Q 支路在相邻时刻的相关能量进行计算，得到输入载波与本地载波的频率差，然后送到环路滤波器后输出控制信号，控制本地载波发生器，使其产生与输入信号频率同步的本地复现信号。

锁频环相对锁相环的主要特点在于，它采用了检测频率差的鉴频器。鉴频器是锁频环最灵活的部分，不同类型的鉴频器使得锁频环具有不同的跟踪性能。鉴频器的频率牵引范

围与预检测积分时间成反比，缩短预检测积分时间可以有效地改善鉴频器的频率牵引范围。在锁频环的初始工作阶段，由于载波多普勒频移较大，可选取较小的预检测积分时间，以增大鉴频器的频率牵引范围，从而增强锁频环的动态跟踪能力。

3.载波跟踪环路

载波跟踪环路简称载波环，其主要目的是使其所复制的载波信号与接收到的卫星载波信号尽量保持一致，从而通过混频机制彻底地剥离卫星信号中的载波。图 4.15 为一种典型载波跟踪环——Costas 锁相环的结构。

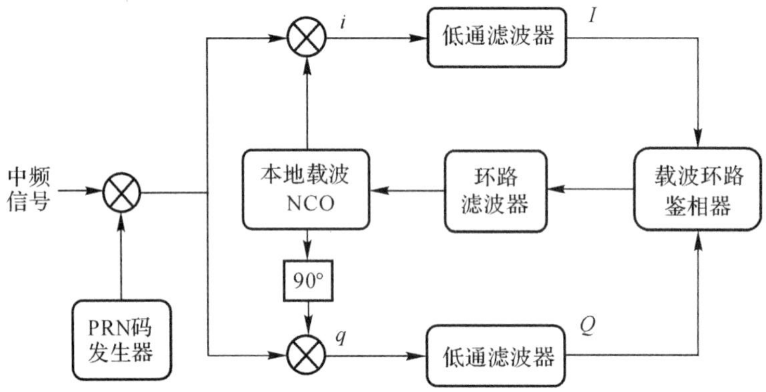

图 4.15　Costas 锁相环结构

经过接收机射频前端下变频以及采样处理后，数字中频信号可表示为

$$r(n)=Ac(n-\tau)d(n-\tau)\cdot\cos[2\pi(f_{\mathrm{IF}}+f_{\mathrm{d}})n]+\eta(n) \tag{4.30}$$

由图 4.15 可知，将中频信号 $r(n)$ 与 PRN 码发生器产生的本地码信号相关，以剥离中频信号中的伪码，则相关结果为

$$x(n)=r(n)\hat{c}(n-\hat{\tau})=AR(\delta\tau)d(n-\tau)\cos[2\pi(f_{\mathrm{IF}}+f_{\mathrm{d}})n]+\eta(n)\hat{c}(n-\hat{\tau}) \tag{4.31}$$

式中：$R(\delta\tau)$ 为伪码的自相关函数，$\delta\tau=\tau-\hat{\tau}$ 为本地码相位与实际码相位的偏差。

进而，将相关结果 $x(n)$ 分别与本地载波 NCO 产生的同相和正交载波信号混频，并利用低通滤波器滤除高频成分和噪声，得到同相相关分量 I 和正交相关分量 Q，即

$$I=x(n)\cos[2\pi(f_{\mathrm{IF}}+\hat{f}_{\mathrm{d}})n]=\frac{1}{2}AR(\delta\tau)d(n-\tau)\cos\varphi \tag{4.32}$$

$$Q=x(n)\sin[2\pi(f_{\mathrm{IF}}+\hat{f}_{\mathrm{d}})n]=\frac{1}{2}AR(\delta\tau)d(n-\tau)\sin\varphi \tag{4.33}$$

式中：$\varphi=2\pi(f_{\mathrm{d}}-\hat{f}_{\mathrm{d}})n$ 为本地载波信号与实际信号的相位误差。

进一步，载波环路鉴相器根据同相相关分量 I 和正交相关分量 Q 计算相位误差，即

$$\varphi=\arctan\left(\frac{Q}{I}\right) \tag{4.34}$$

之后，将载波环路鉴相器所输出的相位误差 φ 经环路滤波器滤除其中的高频噪声后，再反馈给本地载波 NCO，以完成对接收信号载波的跟踪。

4.码跟踪环路

码跟踪环路简称码环，其主要目的是使本地复制伪码信号与接收伪码信号之间的相位保持一致，从而得到接收信号的码相位及其伪距测量值。码环主要采用超前-滞后形式的延迟锁定环，其结构如图 4.16 所示。

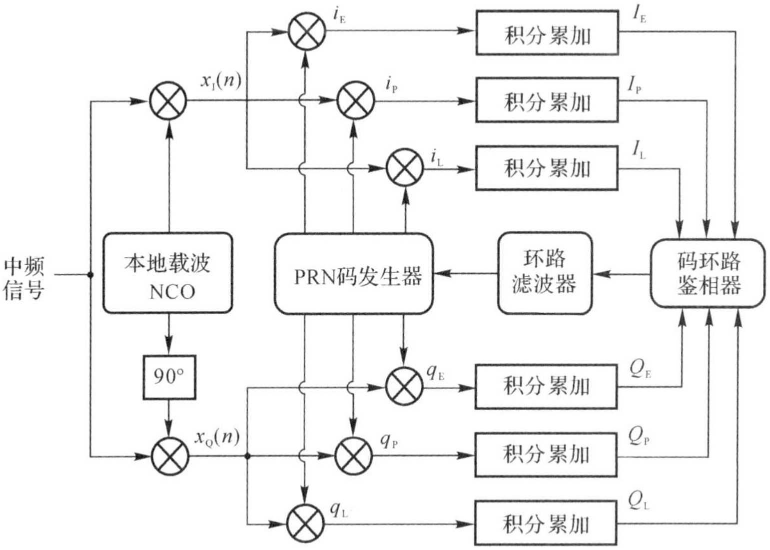

图 4.16　超前-滞后延迟锁定环结构

可以看出，将中频信号 $r(n)$ 分别与本地载波 NCO 产生的同相和正交载波信号混频，并利用低通滤波器滤除高频成分和噪声，可得

$$x_I(n)=r(n)\cos[2\pi(f_{IF}+\hat{f}_d)n]=\frac{1}{2}Ac(n-\tau)d(n-\tau)\cos(2\pi\delta f_d n) \tag{4.35}$$

$$x_Q(n)=r(n)\sin[2\pi(f_{IF}+\hat{f}_d)n]=\frac{1}{2}Ac(n-\tau)d(n-\tau)\sin(2\pi\delta f_d n) \tag{4.36}$$

式中：$\delta f_d=f_d-\hat{f}_d$ 为中频信号与本地载波信号的多普勒频移偏差。

进而，将混频后的同相支路信号 $x_I(n)$ 和正交支路信号 $x_Q(n)$ 分别与 PRN 码发生器产生的本地超前(Early，E)、即时(Prompt，P)、滞后(Late，L)码信号(三路本地码信号的间距为 1/2 个码片)相关，并进行积分累加，则相关积分累加结果为

$$I_m(n)=\frac{1}{N}\sum_{n=0}^{N-1}x_I(n)\hat{c}(n-\hat{\tau}_m)=\frac{1}{2}AR(\delta\tau_m)d(n-\tau)\mathrm{sinc}(\pi\delta f_d N)\cos\varphi_e \tag{4.37}$$

$$Q_m(n)=\frac{1}{N}\sum_{n=0}^{N-1}x_Q(n)\hat{c}(n-\hat{\tau}_m)=\frac{1}{2}AR(\delta\tau_m)d(n-\tau)\mathrm{sinc}(\pi\delta f_d N)\sin\varphi_e \tag{4.38}$$

式中：下标 m 取 E、P、L，分别代表超前、即时、滞后；$\delta\tau_m=\tau_m-\hat{\tau}_m$ 为本地码相位与实际码相位的偏差；$\varphi_e=\pi\delta f_d(N-1)$ 为载波环相位跟踪误差。

由式(4.37)和式(4.38)可知，相关积分累加结果 $I_m(n)$ 和 $Q_m(n)$ 的大小与载波环相位跟踪误差 φ_e 的余弦值和正弦值成正比。若载波环未达到稳态，则 φ_e 不等于零，因此相关累

积能量会分散在I支路和Q支路上，从而影响码相位的鉴别结果。因此，为了消除 φ_e 的影响，可以将I和Q两支路上的相关积分累加结果进行二次方后再相加，则有

$$Z_m=\sqrt{I_m^2+Q_m^2}=\frac{1}{2}AR(\delta\tau_m)d(n-\tau)\text{sinc}(\pi\delta f_d N) \tag{4.39}$$

进一步，码环鉴相器根据 Z_m 即可检测出本地即时码与接收码之间的相位差 δ_{cp}。图4.17为码环鉴相原理。

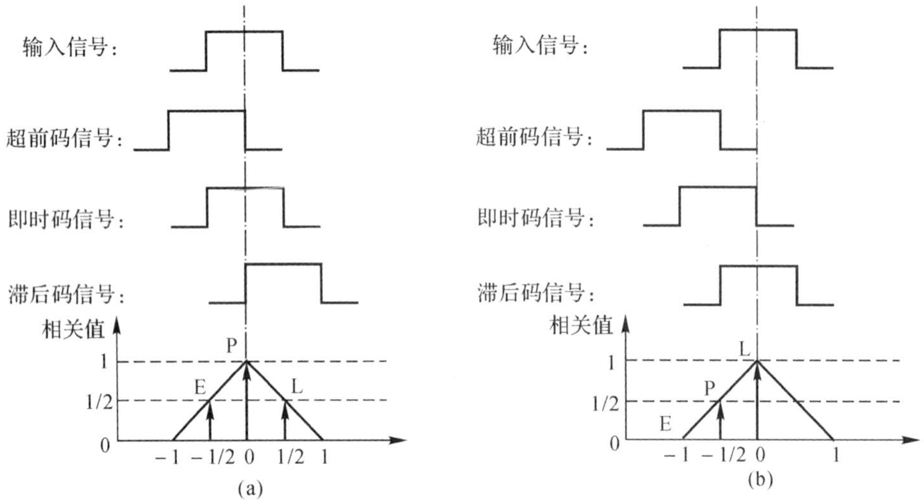

图 4.17 码环鉴相原理

(a)超前与滞后的自相关结果相等；(b)超前与滞后的自相关结果不等

可以看出，鉴相器通过将不同码相位延时支路的自相关结果与主峰呈三角形的伪码自相关曲线进行对照，便可检测出码相位误差 δ_{cp}。若超前与滞后码的自相关结果相等，则即时码相位必然与接收码相位一致；若超前与滞后码的自相关结果不等，则可以根据超前与滞后码自相关结果的差异，鉴别出即时码与接收码之间的相位差 δ_{cp}。

因此，可以得到即时码与接收码之间的相位差 δ_{cp} 为

$$\delta_{cp}=\frac{1}{2}\frac{Z_E-Z_L}{Z_E+Z_L}=\frac{1}{2}\frac{R(\delta\tau_E)-R(\delta\tau_L)}{R(\delta\tau_E)+R(\delta\tau_L)} \tag{4.40}$$

之后，将码环鉴相器所输出的码相位误差 δ_{cp} 经环路滤波器滤除其中的高频噪声后，再反馈给PRN码发生器，以完成对接收信号伪码的跟踪。

5.GNSS 接收机跟踪环路

在GNSS接收机中，载波跟踪环路与码跟踪环路相互耦合在一起，共同构成一个完整的卫星信号跟踪环路，以完成对卫星信号的跟踪与测量。卫星信号跟踪环路的结构如图4.18所示。

可以看出，载波跟踪环路中用来剥离伪码的本地码信号来自于码跟踪环路，而码跟踪环路中用来剥离载波的两路本地载波信号均来自于载波跟踪环路。可见，卫星信号跟踪环路是载波跟踪环路和码跟踪环路的有机组合。

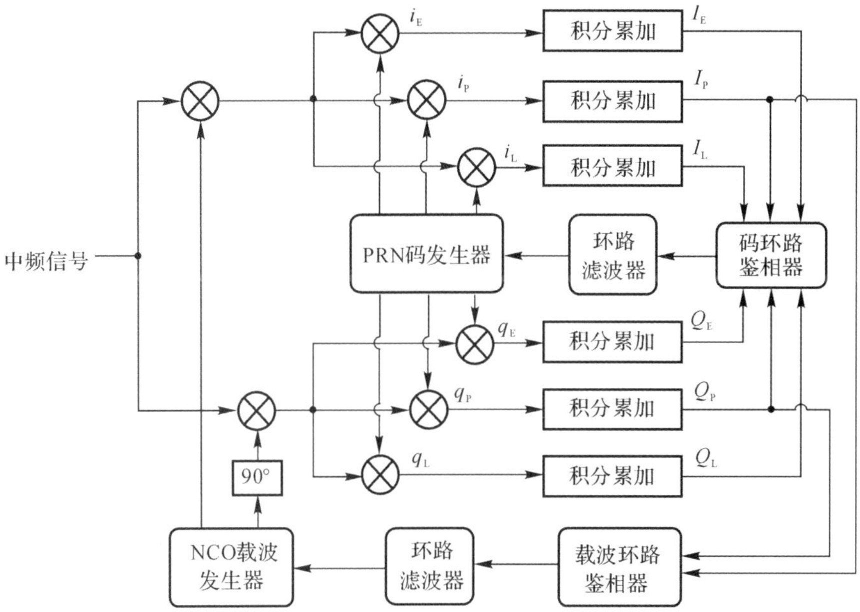

图 4.18　卫星信号跟踪环路结构

4.3.3　跟踪环路性能门限

1.锁相环跟踪门限

GNSS 接收机常采用 Costas 环作为其锁相环路的实现方式，Costas 环的主要测量误差为相位颤动和载体动态引入的动态应力误差。相位颤动是每个不相关的相位误差源二次方和的二次方根，包括热噪声和振荡器噪声(振动和 Allan 方差引起的相位颤动)等；而动态应力误差则是由环路所处的动态环境引起的，作为 3σ 效应叠加到相位颤动上。

Costas 环保持跟踪状态的经验判别方法为：测量误差的 3σ 相位颤动不能超过 Costas 环鉴相器相位牵引范围的 1/4。对于二象限反正切鉴相器，其相位牵引范围是 180°，因而 Costas 环的 3σ 经验门限值可以表示为

$$3\sigma_{PLL} = 3\sigma_{jPLL} + \theta_e \leqslant 180°/4 = 45° \tag{4.41}$$

式中：σ_{PLL} 为相位误差的标准差；$3\sigma_{jPLL}$ 为除动态应力误差外所有误差源造成的 3σ 相位颤动，包括热噪声、振荡器相位噪声和 Allan 方差；θ_e 为载波跟踪环的动态应力误差。

将式(4.41)展开，可得 Costas 环的 1σ 经验门限值为

$$\sigma_{PLL} = \sigma_{jPLL} + \theta_e/3 = \sqrt{\sigma_{tPLL}^2 + \sigma_V^2 + \theta_A^2} + \theta_e/3 \leqslant 15° \tag{4.42}$$

式中：σ_{tPLL} 为 1σCostas 环热噪声；σ_V 为由振动引起的振荡器颤动；θ_A 为由 Allan 方差引起的振荡器颤动。

由于 σ_V 和 θ_A 与热噪声 σ_{tPLL} 相比很小，可忽略不计，因此实际上热噪声 σ_{tPLL} 和动态应力误差 θ_e 对相位颤动起决定作用。其中，热噪声的计算公式为

$$\sigma_{\mathrm{tPLL}}=\frac{360}{2\pi}\sqrt{\frac{B_{\mathrm{L}}}{C/N_0}\left(1+\frac{1}{2TC/N_0}\right)} \tag{4.43}$$

式中：B_{L} 是载波跟踪环的等效噪声带宽；C/N_0 是载波功率与噪声功率谱密度之比；T 为预检测积分时间。

而动态应力误差则是根据跟踪环路的稳态误差得到的，它取决于环路带宽和阶数，二阶 Costas 环的动态应力误差为

$$\theta_{\mathrm{e2}}=\frac{\mathrm{d}^2R/\mathrm{d}t^2}{\omega_{\mathrm{n}}^2}=\frac{\mathrm{d}^2R/\mathrm{d}t^2}{\left(\frac{8\xi B_{\mathrm{L}}}{4\xi^2+1}\right)^2}=\frac{a\times 360\times f_{\mathrm{carr}}}{c\left(\frac{8\xi B_{\mathrm{L}}}{4\xi^2+1}\right)^2} \tag{4.44}$$

式中：$\mathrm{d}^2R/\mathrm{d}t^2$ 为最大视距的二阶导数；ω_{n} 为环路固有频率；ξ 为阻尼系数；a 为最大视距方向加速度；f_{carr} 为载波频率；c 为光速。

三阶 Costas 环的动态应力误差为

$$\theta_{\mathrm{e3}}=\frac{\mathrm{d}^3R/\mathrm{d}t^3}{\omega_{\mathrm{n}}^3}=\frac{\mathrm{d}^3R/\mathrm{d}t^3}{\left(\frac{B_{\mathrm{L}}}{0.784\ 5}\right)^3}=\frac{b\times 360\times f_{\mathrm{carr}}}{c\left(\frac{B_{\mathrm{L}}}{0.784\ 5}\right)^3} \tag{4.45}$$

式中：$\mathrm{d}^3R/\mathrm{d}t^3$ 为最大视距的三阶导数；b 为最大视距方向加加速度。

1σ 相位颤动曲线与 15°跟踪门限交点处的载噪比值称为载噪比门限值，它随着环路参数的不同而不同。载噪比门限值决定了接收机跟踪环路能够正常跟踪信号的最低载噪比。载噪比门限值越低，则跟踪环路能够在更低的载噪比条件下工作，环路相应的抗干扰性能就越好。

2.码跟踪环跟踪门限

码跟踪环的主要误差源是热噪声相位颤动和动态应力误差，其跟踪门限值满足：所有误差源造成的 3σ 相位颤动，不能超过相关器的间隔。因此，码跟踪环的 3σ 跟踪门限值可表示为

$$3\sigma_{\mathrm{DLL}}=3\sigma_{\mathrm{tDLL}}+R_{\mathrm{e}}\leqslant d \tag{4.46}$$

式中：σ_{DLL} 为码跟踪环相位颤动的标准差；σ_{tDLL} 为 1σ 的热噪声相位颤动(码片数)；R_{e} 为码跟踪环的动态应力误差(码片数)；d 为相关器的间隔(码片数)。

作为码跟踪环主要的误差源，热噪声相位颤动 σ_{tDLL} 的计算公式为

$$\sigma_{\mathrm{tDLL}}=\sqrt{\frac{4F_1d^2B_{\mathrm{C}}}{C/N_0}\left[2(1-d)+\frac{4F_2d}{TC/N_0}\right]} \tag{4.47}$$

式中：F_1 为鉴相器相关因子(对于专用超前滞后相关器取值为 1/2)；B_{C} 为码跟踪环的等效噪声带宽；C/N_0 为载波噪声功率谱密度比；F_2 为码跟踪环鉴相器类型因子(对于超前滞后型鉴相器取值为 1，对于点积型鉴相器取值为 1/2)；T 为预检测积分时间。

当采用载波环辅助码环时，可消除码环中的动态应力误差，但是这却增加了系统设计实现的复杂性。而对于未受辅助的码跟踪环，不能忽略载体动态引起的动态应力误差，二阶码跟踪环的动态应力误差为

$$R_{e2}=\frac{d^2R/dt^2}{\omega_n^2}=\frac{d^2R/dt^2}{\left(\frac{8\xi B_C}{4\xi^2+1}\right)^2}=\frac{af_P}{c\left(\frac{8\xi B_C}{4\xi^2+1}\right)^2} \tag{4.48}$$

式中：d^2R/dt^2 为最大视距的二阶导数；ξ 为阻尼系数；a 为最大视距方向加速度；f_P 为伪码的码速率；c 为光速。

三阶码跟踪环的动态应力误差为

$$R_{e3}=\frac{d^3R/dt^3}{\omega_n^3}=\frac{d^3R/dt^3}{\left(\frac{B_C}{0.784\ 5}\right)^3}=\frac{bf_P}{c\left(\frac{B_C}{0.784\ 5}\right)^3} \tag{4.49}$$

式中：d^3R/dt^3 为最大视距的三阶导数；ω_n 为环路固有频率；b 为最大视距方向加加速度。

3.锁频环跟踪门限

锁频环的主要误差源是热噪声频率颤动和动态应力误差。FLL 的跟踪门限是其误差源所造成的 3σ 频率颤动，在一个预检测积分时间内不能超过 FLL 鉴频器牵引范围的 1/4。对于四象限反正切鉴频器，FLL 的频率牵引范围为 $1/T$。因此，FLL 的 3σ 跟踪门限值可表示为

$$3\sigma_{FLL}=3\sigma_{tFLL}+f_e\leqslant 1/(4T) \tag{4.50}$$

式中：σ_{FLL} 为锁频环频率颤动的标准差；σ_{tFLL} 为 1σ 的热噪声频率颤动；f_e 为锁频环的动态应力误差；T 为预检测积分时间。

锁频环热噪声频率颤动 σ_{tFLL} 的计算公式为

$$\sigma_{tFLL}=\frac{1}{2\pi T}\sqrt{\frac{4FB_F}{C/N_0}\left(1+\frac{1}{TC/N_0}\right)} \tag{4.51}$$

式中：当载噪比较高时，$F=1$；当载噪比接近门限值时，$F=2$；B_F 为锁频环的等效噪声带宽；C/N_0 为载噪比。

由于 FLL 比同阶的 PLL 多包含一个积分器，所以 FLL 的动态应力误差为

$$f_e=\frac{d}{dt}\left(\frac{d^nR/dt^n}{360\omega_n^n}\right)=\frac{1}{360\omega_n^n}\ \frac{d^{n+1}R}{dt^{n+1}} \tag{4.52}$$

式中：n 为 FLL 的阶数；d^nR/dt^n 为载体与卫星之间最大视距的 n 阶导数；ω_n 为 FLL 环路的固有频率。

4.4　GNSS 信号导航电文解析原理

在 GNSS 接收机捕获、跟踪到卫星信号后，需要进一步对信号进行位同步和帧同步处理，从而从接收信号中获得导航电文，并通过对导航电文的解析来获得信号发射时间、卫星时钟钟差校正参数、卫星星历等导航电文参数，最终利用这些导航电文参数实现 GNSS 定位。可见，导航电文解析是实现 GNSS 定位的关键一步。因此，本节主要介绍位同步、帧同

步、导航电文译码的基本原理和实现方法。

4.4.1 位同步

位同步又称比特同步，其主要作用是确定接收信号中数据比特的起始边缘位置。正确的位同步是实现 GNSS 信号导航电文解析的前提与基础。

下面以北斗导航电文的位同步为例进行介绍。假定北斗信号跟踪环路的相关累积时间为 1 ms，那么它在跟踪接收信号的同时，还会解调出宽为 1 ms 的数据比特电平。随着信号跟踪环路的运行，它将输出一串码率为 1 000 Hz 的二进制数。考虑到北斗导航电文的每一个数据比特持续 20 ms(以北斗 D1 导航电文为例)，因此接收机需要将 1 000 Hz 的数据流转换为 50 Hz(即 50 bit/s)，即将每 20 个 1 ms 宽的数据合并起来组成一个 20 ms 宽的数据比特。

然而在位同步之前，接收机无法确定每个数据比特的起始边缘时刻，也就无法判断哪 20 个连续的数据属于同一数据比特。位同步的首要任务是确定每个数据比特的起始边缘位置。由于信号跟踪环路输出的相邻两个 1 ms 宽的数据电平，只可能在数据比特边沿处发生跳变，所以可通过检测数据电平过零点，即数据电平由 1 变为 −1 或由 −1 变为 1 的位置，来确定每个数据比特的起始边缘时刻。另外，所有数据比特的起始边缘时刻应相互间隔 20 ms。图 4.19 为确定数据比特起始边缘时刻的示意图。

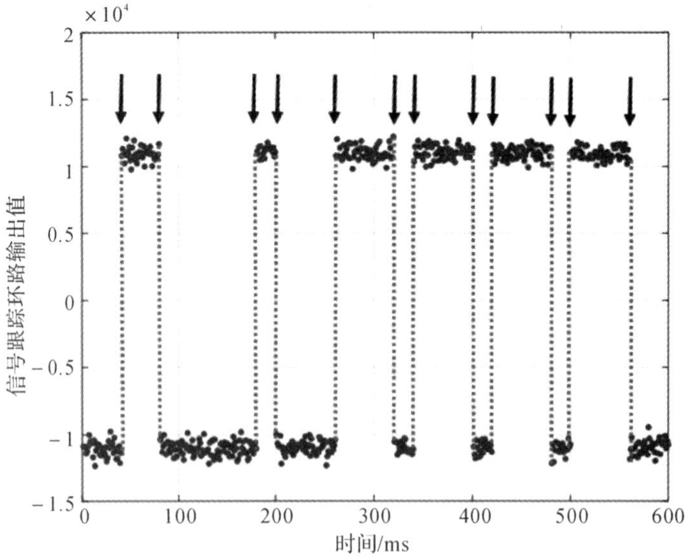

图 4.19 确定数据比特起始边缘时刻示意图

4.4.2 帧同步

在实现了位同步之后，还需要进一步对接收信号进行帧同步。帧同步的主要作用是确定接收信号中子帧的起始边缘位置,从而将数据比特流正确地划分为一个接一个的字,最终实现对导航电文的解析。

由北斗卫星信号的导航电文格式(以 B-CHAV2 导航电文为例)可知,导航电文中每一子帧的首 24 个比特均是固定在 111000100100110111101000 的同步码。由于无法确定北斗信号的载波初相位,信号跟踪环路输出的数据比特流可能存在 180°的相位翻转,即子帧同步码会以 000111011011001000010111 的形式出现。因此,通过逐个搜索数据比特流,从中找到与同步码完全相匹配或全部反相的 24 个连续比特,即可确定子帧的起始边缘位置。

同步码的搜索是利用相关操作实现的。将 24 bit 的同步码(用 1 和 −1 表示)与接收到的数据比特流(用 1 和 −1 表示)进行相关,则同步码出现时的相关输出为 24,同步码反码出现时的相关输出为 −24。因此,通过寻找 24 或 −24 的相关输出,即可确定同步码或同步码反码的位置,进而确定子帧的起始边缘位置。另外,所有子帧的起始边缘位置应相互间隔 3 s。图 4.20 为接收数据比特流与同步码相关结果。

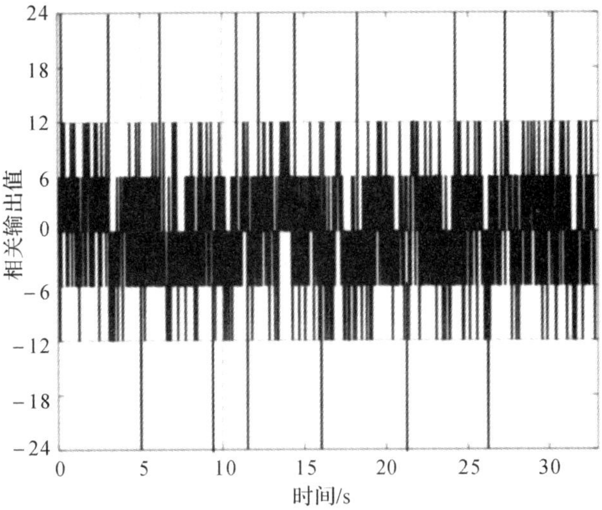

图 4.20　接收数据比特流与同步码的相关结果

4.4.3　导航电文译码

在实现位同步和帧同步之后,接收机便可以对解调出的数据比特进行导航电文译码,以获得信号发射时间、卫星时钟校正参数、卫星星历等导航电文参数。下面以北斗卫星信号的导航电文译码为例进行介绍。由于北斗卫星导航系统采用循环码 BCH(15,11,1)作为导航电文的前向纠错码,以增加导航电文的准确性,因此,为了获得北斗导航电文参数,需要对解调出的数据比特进行纠错译码。

北斗导航电文采取 BCH(15,11,1)编码加交织的方式进行纠错编码,其编码结构如图 4.21 所示。BCH 码长为 15 bit,信息位为 11 bit,纠错能力为 1 bit,其生成多项式为

$$g(X)=X^4+X+1 \tag{4.53}$$

在接收机接收到解调出的数据比特后，先按每 1 bit 的顺序进行串/并变换，进而进行 BCH(15，11，1)纠错译码，最终对交织部分按 11 bit 的顺序进行并/串变换，以组成 22 bit 的信息码。图 4.22 为导航电文纠错译码过程。

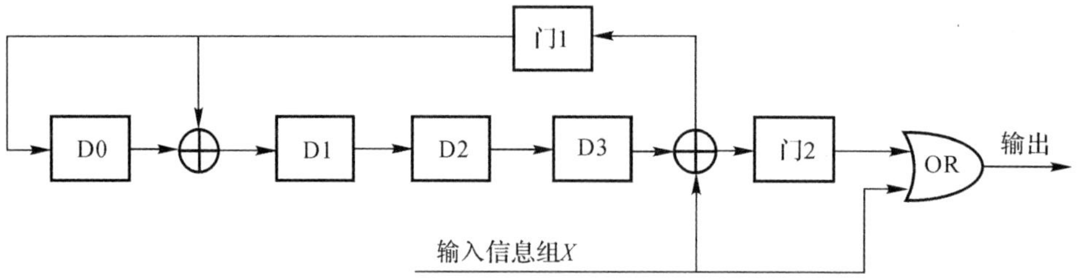

图 4.21　BCH(15，11，1)编码结构

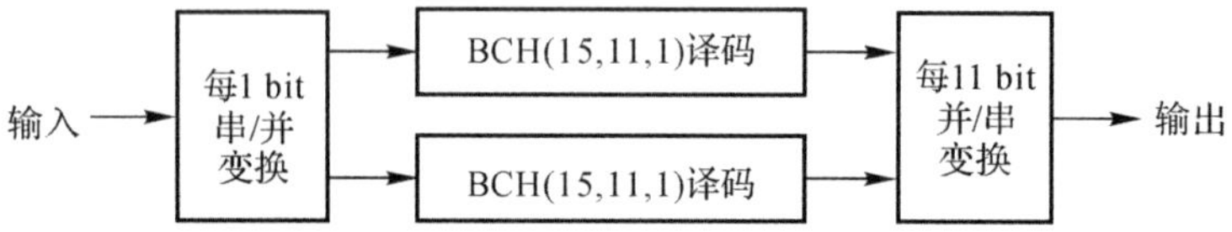

图 4.22　导航电文纠错译码过程

BCH(15，11，1)译码结构如图 4.23 所示。其中，初始时移位寄存器清零，BCH 码组逐位输入到除法电路和 15 级纠错缓存器中。在 BCH 码的 15 bit 全部输入后，根据除法电路的 4 级移位寄存器的状态(即 D3、D2、D1、D0)，查找纠错信号 ROM 表，从而得到 15 bit 的纠错信号，再与 15 级纠错缓存器里的值进行模 2 和，最后输出纠错后的导航数据码。纠错信号的 ROM 表见表 4.1。

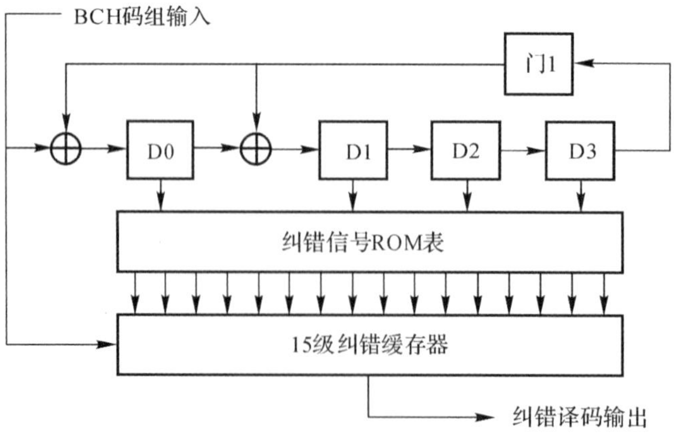

图 4.23　BCH(15，11，1)译码结构

表 4.1　纠错信号 ROM 表

D3D2D1D0	15 bit 纠错信号	D3D2D1D0	15 bit 纠错信号
0000	000000000000000	1000	000000000001000
0001	000000000000001	1001	100000000000000
0010	000000000000010	1010	000001000000000
0011	000000000010000	1011	000000010000000
0100	000000000000100	1100	000000001000000
0101	000000100000000	1101	010000000000000
0110	000000000100000	1110	000100000000000
0111	000010000000000	1111	001000000000000

每两组 BCH(15,11,1)码按比特交错的方式组成 30 bit 码长的交织码，30 bit 码长的交织码编码结构为

X_1^1	X_2^1	X_1^2	X_2^2	…	X_1^{11}	X_2^{11}	P_1^1	P_2^1	P_1^2	P_2^2	P_1^3	P_2^3	P_1^4	P_2^4

其中：X_i^j 为信息位，i 表示第 i 组 BCH 码，其值为 1 或 2；j 表示第 i 组 BCH 码中的第 j 个信息位，其值为 1～11；P_i^m 为校验位，i 表示第 i 组 BCH 码，其值为 1 或 2；m 表示第 i 组 BCH 码中的第 m 个校验位，其值为 1～4。

这样，在一个字完成纠错译码后，译码后的导航数据码就被储存起来。在一个子帧的 10 个字被全部储存完毕后，接收机便可按照《北斗卫星导航系统空间信号接口控制文件》给出的数据比特格式，翻译出信号发射时间、卫星时钟校正参数、卫星星历等导航电文参数。

GNSS 信号在接收机内经射频前端从射频下变频到中频后，依次经过捕获、跟踪、导航电文解析等信号处理流程，便可获得导航定位所需的伪距、多普勒频移、载波相位等测量信息以及卫星星历。可见，GNSS 接收机信号处理是实现 GNSS 导航定位的基础和前提。

第5章　GNSS定位、测速与定姿方法

GNSS卫星导航系统是在已知卫星位置和速度的基础上，以卫星为空间基准点，通过用户接收设备，测定用户与卫星之间的距离、多普勒频移或者载波相位等观测量，从而确定用户的位置、速度和姿态信息。GNSS定位可以分为单点定位和差分定位。单点定位就是根据一台接收机的观测数据来确定接收机位置的方式；而差分定位则是根据两台或两台以上接收机的观测数据来确定观测点之间相对位置的方式，它既可采用伪距观测量，也可采用载波相位观测量。在GNSS观测量中不仅包含了卫星和接收机的钟差、大气传播延迟、多路径效应等误差，在定位解算时还会受到卫星广播星历误差的影响，而通过差分定位可以抵消或削弱大部分公共误差，使得定位精度得到大幅提高。

GNSS除了可以向用户提供位置和时间信息外，还可以向用户提供速度信息。由于多普勒频移观测量可以直接转换为伪距变化率，所以在已知卫星即时速度的情况下，利用接收机提供的伪距变化率进行实时解算，便可进一步得到用户的速度信息。

另外，GNSS利用接收机所接收到的载波相位信息也可实现载体姿态的测量与确定。它是基于载波相位干涉测量原理，利用载波相位差分观测信息解算基线矢量，并结合各天线之间的安装关系，进而确定载体的姿态信息。GNSS定姿具有精度高、成本低、体积小、功耗低、无误差积累等显著优点，是GNSS应用发展的一个新领域，也是当前GNSS卫星导航技术研究的热点和难点之一。

因此，本章介绍伪距定位、伪距测速、载波相位定位和载波相位定姿等GNSS导航解算方面的理论与方法。

5.1　伪距定位方法

5.1.1　伪距单点定位

GNSS伪距单点定位是以GNSS卫星的空间位置坐标为基准，通过伪码信号测量载体到卫星之间的伪距，并构建伪距观测方程；进而，通过对伪距观测方程的解算，从而获得载体的三维位置信息。图5.1为伪距单点定位原理示意图。在定位解算过程中，除了3个位置坐标外，将接收机钟差也作为1个待解参数。因此，至少需要同时观测4颗卫星，便可以解算出载体的位置坐标。

假设载体 k 时刻在协议地球坐标系中的三维位置坐标为 $[X_k, Y_k, Z_k]^T$，k 时刻所观测的第 j 颗卫星的三维位置坐标为 $[X_k^j, Y_k^j, Z_k^j]^T (j \geqslant 4)$，测得的载体到卫星之间的伪距为 ρ_k^j，接收机钟差造成的测距误差为 $b_k = c\delta t_k$，c 为光速，δt_k 为 k 时刻的接收机钟差，卫星钟差为 δt^j。则可得到以下 j 个方程，即

$$\rho_k^j = [(X_k^j - X_k)^2 + (Y_k^j - Y_k)^2 + (Z_k^j - Z_k)^2]^{1/2} + b_k - c\delta t^j, \quad j \geqslant 4 \tag{5.1}$$

将上述 j 个方程组成一个方程组，对该方程组进行求解便可得到4个未知数 X_k, Y_k, Z_k, b_k，解算方程组的具体步骤如下。

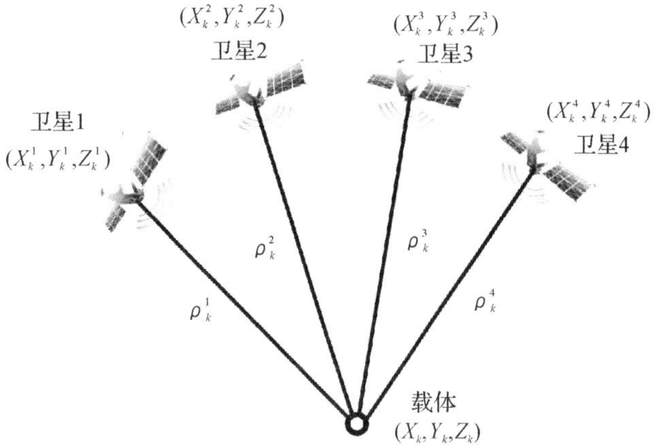

图5.1 伪距单点定位原理示意图

1.组成观测误差方程

根据伪距基本方程式(5.1)，进一步考虑电离层延迟 $\delta\rho_{k,\text{Ion}}^j$、对流层延迟 $\delta\rho_{k,\text{Tro}}^j$ 和观测随机误差 v_k^j，组成观测误差方程：

$$\rho_k^j = [(X_k^j - X_k)^2 + (Y_k^j - Y_k)^2 + (Z_k^j - Z_k)^2]^{1/2} + b_k - c\delta t^j + \delta\rho_{k,\text{Ion}}^j + \delta\rho_{k,\text{Tro}}^j + v_k^j \tag{5.2}$$

在实际定位中，根据待求点的概略坐标 $[X_k^0, Y_k^0, Z_k^0]$，将 $X_k = X_k^0 + \delta X_k$，$Y_k = Y_k^0 + \delta Y_k$，$Z_k = Z_k^0 + \delta Z_k$ 代入式(5.2)中，用泰勒级数将其展开，并将观测误差方程线性化，得到

$$v_k^j = l_k^j \delta X_k + m_k^j \delta Y_k + n_k^j \delta Z_k - b_k + \rho_k^j - \tilde{R}_k^j + c\delta t^j - \delta\rho_{k,\text{Ion}}^j - \delta\rho_{k,\text{Tro}}^j \tag{5.3}$$

式中：$[l_k^j, m_k^j, n_k^j]$ 表示待求点至卫星 S_j 的视线矢量的方向余弦，即

$$l_k^j = \frac{X^j - X_k^0}{\tilde{R}_k^j}, \quad m_k^j = \frac{Y^j - Y_k^0}{\tilde{R}_k^j}, \quad n_k^j = \frac{Z^j - Z_k^0}{\tilde{R}_k^j}$$

$\tilde{R}_k^j$ 表示待求点至卫星 S_j 的距离的近似值，即

$$\tilde{R}_k^j = [(X^j - X_k^0)^2 + (Y^j - Y_k^0)^2 + (Z^j - Z_k^0)^2]^{1/2}$$

2.计算卫星 S_j 在 t^{S_j} 时刻的坐标和钟差

首先，根据观测时刻 t_k 和观测时刻的伪距 ρ_k^j，计算卫星 S_j 发射信号的时刻：

$$t^{S_j}=t_k-\frac{\rho_k^j}{c} \tag{5.4}$$

然后，根据卫星星历计算卫星 S_j 在 t^{S_j} 时刻的坐标和钟差。

3.电离层与对流层延迟改正

电离层延迟改正采用 Klobuchar 模型：

$$\delta\rho_{k,\mathrm{Tro}}^j=\begin{cases}5\times 10^{-9}+A\cos\left(2\pi\dfrac{t-50\ 400}{T}\right), & |t-50\ 400|<\dfrac{T}{4}\\[2ex] 5\times 10^{-9}, & |t-50\ 400|\geqslant\dfrac{T}{4}\end{cases} \tag{5.5}$$

式中：$\delta\rho_{k,\mathrm{Tro}}^j$ 的单位是 s；A、T 分别为余弦函数的幅值和周期，接收机可根据导航电文提供的电离层改正参数 α_1、α_2、α_3 和 α_4 来确定 A，再根据参数 β_1、β_2、β_3 和 β_4 来确定 T。

对流层延迟改正模型为

$$\delta\rho_{k,\mathrm{Ion}}^j=\frac{2.47}{\sin\theta+0.012\ 1} \tag{5.6}$$

式中：θ 为卫星高度角；对流层延迟 $\delta\rho_{k,\mathrm{Ion}}^j$ 的单位为 m。

4.定位解算

首先，根据卫星坐标和待求点的概略坐标，计算 $[l_k^j, m_k^j, n_k^j]$ 和 $\tilde{R}_k^j$，并将观测误差方程式(5.3)中的已知项用 L_k^j 表示，可得

$$v_k^j=l_k^j\delta X_k+m_k^j\delta Y_k+n_k^j\delta Z_k-b_k-L_k^j \tag{5.7}$$

式中：L_k^j 表示观测误差方程中的已知项，或称自由项，即

$$L_k^j=\tilde{R}_k^j-\rho_k^j-c\delta t^j+\delta\rho_{k,\mathrm{Ion}}^j+\delta\rho_{k,\mathrm{Tro}}^j \tag{5.8}$$

将式(5.7)写成矩阵形式，为

$$\boldsymbol{V}=\boldsymbol{AX}-\boldsymbol{L} \tag{5.9}$$

式中：$\boldsymbol{X}$ 表示待定参数矢量，即

$$\boldsymbol{X}=[\delta X_k, \delta Y_k, \delta Z_k, b_k]^{\mathrm{T}} \tag{5.10}$$

$\boldsymbol{A}$ 表示系数矩阵，即

$$\boldsymbol{A}=\begin{bmatrix} l_k^1 & m_k^1 & k_k^1 & -1\\ l_k^2 & m_k^2 & k_k^2 & -1\\ \vdots & \vdots & \vdots & \vdots\\ l_k^n & m_k^n & k_k^n & -1\end{bmatrix} \tag{5.11}$$

$\boldsymbol{L}$ 表示已知项矢量，即

$$\boldsymbol{L}=[L_k^1, L_k^2, \cdots, L_k^n]^{\mathrm{T}} \tag{5.12}$$

$\boldsymbol{V}$ 表示观测随机误差矢量，即

$$\boldsymbol{V}=[v_k^1, v_k^2, \cdots, v_k^n]^{\mathrm{T}} \tag{5.13}$$

根据观测卫星个数，定位解算有两种情况。

(1) 观测 4 颗($n=4$)卫星时。此时只能忽略观测随机误差，求得代数解，即式(5.9)写成

$$\boldsymbol{A}\boldsymbol{X}-\boldsymbol{L}=\boldsymbol{0} \tag{5.14}$$

式(5.14)的代数解为

$$\boldsymbol{X}=\boldsymbol{A}^{-1}\boldsymbol{L} \tag{5.15}$$

(2)观测 4 颗以上($n>4$)卫星时。此时,需根据观测误差方程,用最小二乘法求解,即组成法方程

$$\boldsymbol{A}^{\mathrm{T}}\boldsymbol{A}\boldsymbol{X}=\boldsymbol{A}^{\mathrm{T}}\boldsymbol{L} \tag{5.16}$$

进而解法方程,求得未知参数矢量 $\boldsymbol{X}$:

$$\boldsymbol{X}=(\boldsymbol{A}^{\mathrm{T}}\boldsymbol{A})^{-1}\boldsymbol{A}^{\mathrm{T}}\boldsymbol{L} \tag{5.17}$$

求解出 $\boldsymbol{X}=[\delta X_k,\delta Y_k,\delta Z_k,b_k]^{\mathrm{T}}$ 后,即可按

$$\begin{bmatrix} X_k \\ Y_k \\ Z_k \end{bmatrix}=\begin{bmatrix} X_k^0+\delta X_k \\ Y_k^0+\delta Y_k \\ Z_k^0+\delta Z_k \end{bmatrix} \tag{5.18}$$

求得待求点坐标。

GNSS 单点定位又可以分为静态定位和动态定位。在静态定位中,接收机的天线是处于待求点上固定不动的;而动态定位中,接收机天线始终处于运动状态。静态定位与动态定位都是在连续锁定信号的情况下进行测量的,其定位解算原理是相同的。因此,理论上讲这两种定位方式可以获得相同的定位精度。但实际上,由于静态定位在一次定位中可以进行多次测量,然后经事后数据处理,可将绝大部分随机误差吸收到平差后的残差中,从而保证了定位的精度;而动态定位时,由于每一时刻只能利用每个历元的观测值,使得大部分随机误差被吸收到定位结果中,因此,通常动态定位精度较静态定位精度要低。而为了保证动态定位精度,可以通过选用多通道接收机,以便在每个观测历元,观测尽可能多的 GNSS 卫星,从而增加冗余观测,提高定位精度。

5.1.2　单点定位精度分析与精度因子

1.单点定位精度分析

考虑由伪距观测随机误差引起的定位误差 ε_x,ε_y,ε_z 和定时误差 ε_{b},将 GNSS 单点定位方程式(5.9)改写为

$$\boldsymbol{A}\begin{bmatrix} \delta X_k+\varepsilon_x \\ \delta Y_k+\varepsilon_y \\ \delta Z_k+\varepsilon_z \\ b_k+\varepsilon_{\mathrm{b}} \end{bmatrix}=\boldsymbol{L}+\boldsymbol{V} \tag{5.19}$$

则式(5.19)的最小二乘解为

$$\begin{bmatrix} \delta X_k+\varepsilon_x \\ \delta Y_k+\varepsilon_y \\ \delta Z_k+\varepsilon_z \\ b_k+\varepsilon_{\mathrm{b}} \end{bmatrix}=(\boldsymbol{A}^{\mathrm{T}}\boldsymbol{A})^{-1}\boldsymbol{A}^{\mathrm{T}}\boldsymbol{L}+(\boldsymbol{A}^{\mathrm{T}}\boldsymbol{A})^{-1}\boldsymbol{A}^{\mathrm{T}}\boldsymbol{V} \tag{5.20}$$

将式(5.17)与式(5.20)联立,可得

$$\begin{bmatrix} \varepsilon_x \\ \varepsilon_y \\ \varepsilon_z \\ \varepsilon_b \end{bmatrix} = (\boldsymbol{A}^{\mathrm{T}}\boldsymbol{A})^{-1}\boldsymbol{A}^{\mathrm{T}}\boldsymbol{V} \tag{5.21}$$

为了简化单点定位精度的分析过程,假设各个卫星的测量随机误差 v_k^j 均呈均值为 0、方差为 σ^2 的正态分布,并且不同卫星之间的测量随机误差互不相关。因此,观测随机误差矢量 $\boldsymbol{V}$ 的协方差矩阵 $\boldsymbol{\sigma}^2$ 为对角阵,即

$$\begin{gathered} \boldsymbol{\sigma}^2 = E([\boldsymbol{V}-\mathrm{E}(\boldsymbol{V})][\boldsymbol{V}-\mathrm{E}(\boldsymbol{V})]^{\mathrm{T}}) = E(\boldsymbol{V}\boldsymbol{V}^{\mathrm{T}}) = \\ \begin{bmatrix} \sigma^2 & 0 & \cdots & 0 \\ 0 & \sigma^2 & \cdots & 0 \\ \vdots & \vdots & & \vdots \\ 0 & 0 & \cdots & \sigma^2 \end{bmatrix} = \sigma^2 \boldsymbol{I} \end{gathered} \tag{5.22}$$

则根据式(5.21)和式(5.22)可以求出定位、定时误差的协方差矩阵,即

$$\begin{gathered} \mathrm{cov}\left(\begin{bmatrix} \varepsilon_x \\ \varepsilon_y \\ \varepsilon_z \\ \varepsilon_b \end{bmatrix}\right) = E\left(\begin{bmatrix} \varepsilon_x \\ \varepsilon_y \\ \varepsilon_z \\ \varepsilon_b \end{bmatrix} \begin{bmatrix} \varepsilon_x & \varepsilon_y & \varepsilon_z & \varepsilon_b \end{bmatrix}\right) = \\ E\{(\boldsymbol{A}^{\mathrm{T}}\boldsymbol{A})^{-1}\boldsymbol{A}^{\mathrm{T}}\boldsymbol{V}\cdot[(\boldsymbol{A}^{\mathrm{T}}\boldsymbol{A})^{-1}\boldsymbol{A}^{\mathrm{T}}\boldsymbol{V}]^{\mathrm{T}}\} = \\ (\boldsymbol{A}^{\mathrm{T}}\boldsymbol{A})^{-1}\boldsymbol{A}^{\mathrm{T}}\mathrm{E}(\boldsymbol{V}\boldsymbol{V}^{\mathrm{T}})\boldsymbol{A}(\boldsymbol{A}^{\mathrm{T}}\boldsymbol{A})^{-1} = \\ (\boldsymbol{A}^{\mathrm{T}}\boldsymbol{A})^{-1}\sigma^2 \end{gathered} \tag{5.23}$$

定义权逆矩阵

$$\boldsymbol{H} = (\boldsymbol{A}^{\mathrm{T}}\boldsymbol{A})^{-1} = \begin{bmatrix} H_{11} & H_{12} & H_{13} & H_{14} \\ H_{21} & H_{22} & H_{23} & H_{24} \\ H_{31} & H_{32} & H_{33} & H_{34} \\ H_{41} & H_{42} & H_{43} & H_{44} \end{bmatrix}$$

则可将式(5.23)展开为

$$\begin{bmatrix} \sigma_x^2 & \sigma_{xy} & \sigma_{xz} & \sigma_{xb} \\ \sigma_{yx} & \sigma_y^2 & \sigma_{yz} & \sigma_{yb} \\ \sigma_{zx} & \sigma_{zy} & \sigma_z^2 & \sigma_{zb} \\ \sigma_{bx} & \sigma_{by} & \sigma_{bz} & \sigma_b^2 \end{bmatrix} = \begin{bmatrix} H_{11} & H_{12} & H_{13} & H_{14} \\ H_{21} & H_{22} & H_{23} & H_{24} \\ H_{31} & H_{32} & H_{33} & H_{34} \\ H_{41} & H_{42} & H_{43} & H_{44} \end{bmatrix} \sigma^2 \tag{5.24}$$

式中:$\sigma_x^2,\sigma_y^2,\sigma_z^2,\sigma_b^2$ 表示定位、定时误差的方差;$\sigma_{xy},\sigma_{xz},\sigma_{xb},\sigma_{yx},\sigma_{yz},\sigma_{yb},\sigma_{zx},\sigma_{zy},\sigma_{zb},\sigma_{bx},\sigma_{by},\sigma_{bz}$ 表示定位、定时误差之间的协方差。

因此,根据式(5.24),可得到单点定位、定时的精度(均方差)为

$$\left.\begin{aligned} &\boldsymbol{H} = (\boldsymbol{A}^{\mathrm{T}}\boldsymbol{A})^{-1} \\ &\sigma_x = \sigma\sqrt{H_{11}},\ \sigma_y = \sigma\sqrt{H_{22}} \\ &\sigma_z = \sigma\sqrt{H_{33}},\ \sigma_b = \sigma\sqrt{H_{44}} \end{aligned}\right\} \tag{5.25}$$

由式(5.25)可知，由于权逆矩阵 $\boldsymbol{H}$ 与系数矩阵 $\boldsymbol{A}$ 有关，而 $\boldsymbol{A}$ 是由接收机至观测卫星的视线矢量的方向余弦 $[l_k^j, m_k^j, n_k^j]$ 所构成的，它取决于观测卫星的几何构型，因此，权逆矩阵 $\boldsymbol{H}$ 的各元素 $H_{11}, H_{22}, H_{33}, H_{44}$ 是由观测卫星的几何构型所决定的。可见，定位、定时精度取决于两个因素：伪距观测值的精度 σ 和观测卫星的几何构型。

2.精度因子

为了表征观测卫星的几何构型对单点定位、定时精度的影响，引入精度因子。

(1) 空间位置精度因子。用户接收机三维位置的定位精度(均方差 σ_{P})可表示为

$$\sigma_{\mathrm{P}} = \sqrt{\sigma_x^2 + \sigma_y^2 + \sigma_z^2} \tag{5.26}$$

则将式(5.25)代入式(5.26)，可得

$$\sigma_{\mathrm{P}} = \sigma \sqrt{H_{11} + H_{22} + H_{33}} \tag{5.27}$$

将式(5.27)中与观测卫星几何构型有关的量 $\sqrt{H_{11} + H_{22} + H_{33}}$ ，定义为空间位置精度因子，用符号 PDOP 表示，即

$$\mathrm{PDOP} = \sqrt{H_{11} + H_{22} + H_{33}}$$

则式(5.27)可改写为

$$\sigma_{\mathrm{P}} = \mathrm{PDOP}\sigma \tag{5.28}$$

由式(5.28)可以看出，三维位置的定位精度 σ_{P} 取决于空间位置精度因子 PDOP 和伪距观测值的精度 σ 。

(2) 钟差精度因子。将定时精度表达式

$$\sigma_{\mathrm{b}} = \sigma \sqrt{H_{44}} \tag{5.29}$$

中的 $\sqrt{H_{44}}$ 定义为钟差精度因子，用符号 TDOP 表示，即

$$\mathrm{TDOP} = \sqrt{H_{44}}$$

则式(5.29)可改写为

$$\sigma_{\mathrm{b}} = \mathrm{TDOP}\sigma \tag{5.30}$$

式(5.30)表明，定时精度 σ_{b} 取决于钟差精度因子 TDOP 和伪距观测值的精度 σ 。

(3) 几何精度因子。将描述观测卫星几何构型对单点定位、定时精度的综合影响定义为几何精度因子，用符号 GDOP 表示，即

$$\left.\begin{aligned} \mathrm{GDOP} &= \sqrt{H_{11} + H_{22} + H_{33} + H_{44}} \\ \mathrm{GDOP} &= \sqrt{\mathrm{PDOP}^2 + \mathrm{TDOP}^2} \end{aligned}\right\} \tag{5.31}$$

综合来看，精度因子表示了观测卫星几何构型对单点定位、定时精度的影响程度。在相同伪距观测精度的情况下，精度因子越小，定位、定时精度越高；反之则越低。在实际应用中，可通过改善卫星的几何构型来减小精度因子，从而提高接收机的定位、定时精度。

5.1.3　最佳星座的选择

由于 GNSS 定位至少需要同时观测 4 颗卫星，才能解算出载体的位置坐标。另外，接收机受跟踪能力的限制，通常无法跟踪所有的可见卫星信号，而只能跟踪有限颗(如 4 颗或更

多)卫星的信号，所以接收机可能不得不考虑如何在所有可见卫星中挑选出 4 颗(或更多颗)作为信号跟踪对象。因此，通常从所有可见星中选择能取得最佳定位精度的 4 颗卫星进行观测，这个过程便称为最佳星座的选择。

最佳星座的选择有两条基本原则：一是观测卫星的仰角不得小于 5°～10°，以减小大气折射误差的影响；二是 4 颗卫星的几何精度因子 GDOP 值最小，以保证获得最高的定位和授时精度。

选择几何精度因子 GDOP 值最小的方法有两种：

(1)根据用户接收机的概略坐标和卫星的概略星历，对所有可能观测到的 4 颗卫星进行计算，以选择 GDOP 值最小的卫星作为定位观测卫星。这种方法需要较大的计算量，而且由于卫星位置是随时间变化的，所以通常每 15 min 就要进行一次选星计算。

(2)按卫星的几何构型选星。根据大量统计计算结果可知，GDOP 值与接收机至卫星单位视线矢量端点所形成的四面体体积 V 成反比，即 $\mathrm{GDOP}\propto 1/V$。因此，可依据这条原则进行选星。具体方法是，先选一颗沿天顶(垂线)方向的卫星，其余 3 颗卫星相距约 120°时其所构成的四面体体积接近最大，如图 5.2 所示。

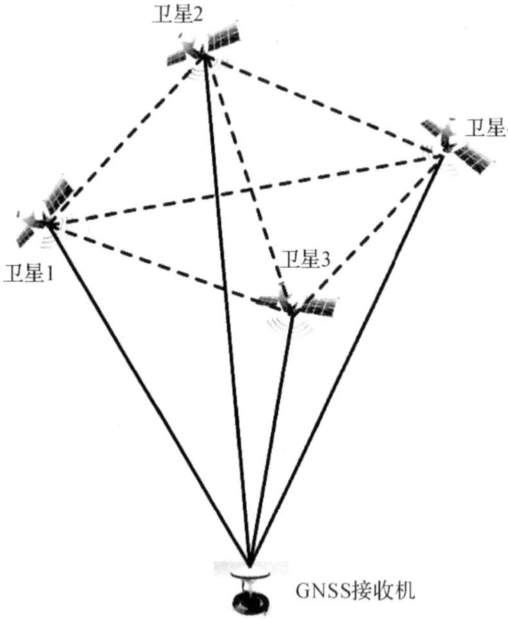

图 5.2　GNSS 最佳星座示意图

当接收机跟踪的卫星多于 4 颗时，通过最佳星座的选择，便可选择其中能使 GDOP 值最小的 4 颗卫星进行观测，从而能够在保证接收机定位精度的同时，减少接收机的负担。

5.1.4　伪距差分定位

GNSS 伪距单点定位精度通常在 100 m(2 drms，95%)左右，对于许多需要实时定位的应用场合，如海上和空中导航测量，这种定位精度是远远不够的。为了提高 GNSS 实时定位精度并改善其性能，在 GNSS 系统试验阶段人们就开始对差分定位技术进行研究。尽管现在很多国家都在研究高精度的单点定位技术，但是单点定位的精度仍不能满足高精度实时定位的需求，目前高精度定位广泛采用的仍是差分定位技术。

在高动态差分定位中，动态接收机不仅接收 GNSS 卫星信号，同时还接收基准站发送来的差分改正信息或原始观测值。动态接收机利用差分改正信息对自身的观测值进行改正，或者利用基准站的原始观测值与自身观测值构成差分观测值，然后实时解算出动态接收机的位置信息。由于某些误差存在空间和时间上的相关性，所以观测值之间作差可以消除或削弱这些误差，从而提高动态用户的定位精度。利用差分技术，可以完全消除 GNSS 误差中的公共误差，同时消除大部分传播误差，并且其消除程度主要取决于基准站和用户接收机之间的距离，而接收机的固有误差则无法消除。

伪距差分定位是目前应用最广的一种差分定位技术，因此，下面主要介绍伪距差分定位的原理。地面基准站接收机对所有可见卫星进行观测，并测量得到其与这些可见卫星之间的伪距，然后根据星历数据和基准站已知位置计算基准站到卫星的距离，两者相减得到伪距误差；将伪距误差作为改正信息发送给用户接收机，用户接收机用来改正自身测量的伪距，进而进行定位解算。图 5.3 为 GNSS 差分定位原理示意图。

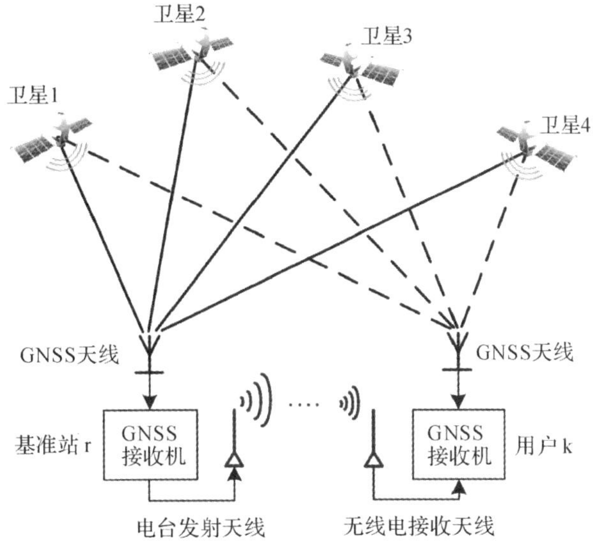

图 5.3　GNSS 差分定位原理示意图

在基准站 r 上，基准站接收机测得基准站至第 j 颗 GNSS 卫星的伪距为

$$\rho_{\mathrm{r}}^{j}=\rho_{\mathrm{rt}}^{j}+c(\mathrm{d}t^{j}-\mathrm{d}T_{\mathrm{rr}})+\mathrm{d}\rho_{\mathrm{r}}^{j}+d_{\mathrm{r,Ion}}^{j}+d_{\mathrm{r,Tro}}^{j} \tag{5.32}$$

式中：ρ_{r}^{j} 为基准站接收机在历元 t 测得的基准站至第 j 颗 GNSS 卫星的伪距；ρ_{rt}^{j} 为基准站在历元 t 到第 j 颗 GNSS 卫星的真实距离；$\mathrm{d}t^{j}$ 为第 j 颗 GNSS 卫星时钟相对于 GNSS 标准时的偏差；$\mathrm{d}T_{\mathrm{rr}}$ 为基准站接收机时钟相对于 GNSS 标准时的偏差；$\mathrm{d}\rho_{\mathrm{r}}^{j}$ 为 GNSS 卫星星历误差引起的距离偏差；$d_{\mathrm{r,Ion}}^{j}$ 为电离层延迟引起的距离偏差；$d_{\mathrm{r,Tro}}^{j}$ 为对流层延迟引起的距离偏差；c 为光在真空中的传播速度。

依据已知的基准站三维坐标和 GNSS 卫星星历，可以精确地计算出真实距离 ρ_{rt}^{j}，则根

据式(5.32)可得伪距改正值为

$$\Delta\rho_{r}^{j}=\rho_{rt}^{j}-\rho_{r}^{j}=-c(\mathrm{d}t^{j}-\mathrm{d}T_{rr})-\mathrm{d}\rho_{r}^{j}-d_{r,\mathrm{Ion}}^{j}-d_{r,\mathrm{Tro}}^{j} \tag{5.33}$$

对于动态用户而言,动态接收机也对第 j 颗 GNSS 卫星进行伪距测量,其观测值为

$$\rho_{k}^{j}=\rho_{kt}^{j}+c(\mathrm{d}t^{j}-\mathrm{d}T_{kr})+\mathrm{d}\rho_{k}^{j}+d_{k,\mathrm{Ion}}^{j}+d_{k,\mathrm{Tro}}^{j} \tag{5.34}$$

式(5.34)中各个符号的含义与式(5.32)类似,只是式(5.34)中的下标 k 表示动态用户。

动态接收机在测量伪距的同时,接收来自基准站接收机的伪距改正值,用来改正其自身测得的伪距:

$$\begin{aligned}\rho_{k}^{j}+\Delta\rho_{r}^{j}=\rho_{kt}^{j}+c(\mathrm{d}T_{rr}-\mathrm{d}T_{kr})+(\mathrm{d}\rho_{k}^{j}-\mathrm{d}\rho_{r}^{j})+\\(d_{k,\mathrm{Ion}}^{j}-d_{r,\mathrm{Ion}}^{j})+(d_{k,\mathrm{Tro}}^{j}-d_{r,\mathrm{Tro}}^{j})\end{aligned} \tag{5.35}$$

比较式(5.34)和式(5.35)可知,通过对伪距进行改正,消除了 GNSS 卫星时钟偏差引起的距离误差。当站间距离在 100 km 以内时,可以认为

$$\mathrm{d}\rho_{k}^{j}=\mathrm{d}\rho_{r}^{j},\quad d_{k,\mathrm{Ion}}^{j}=d_{r,\mathrm{Ion}}^{j},\quad d_{k,\mathrm{Tro}}^{j}=d_{r,\mathrm{Tro}}^{j}$$

则有

$$\begin{aligned}\rho_{k}^{j}+\Delta\rho_{r}^{j}=\rho_{kt}^{j}+c(\mathrm{d}T_{rr}-\mathrm{d}T_{kr})=\\\sqrt{(X^{j}-X_{k})^{2}+(Y^{j}-Y_{k})^{2}+(Z^{j}-Z_{k})^{2}}+d\end{aligned} \tag{5.36}$$

式中:$d=c(\mathrm{d}T_{rr}-\mathrm{d}T_{kr})$;$[X^{j},Y^{j},Z^{j}]$ 为第 j 颗 GNSS 卫星在历元 t 的在轨位置;$[X_{k},Y_{k},Z_{k}]$ 为动态用户 k 在历元 t 的三维位置。

在观测到 4 颗 GNSS 卫星后,可列出 4 个类似式(5.36)的方程。对其线性化,则动态用户在历元 t 的三维位置解为

$$[\Delta X_{k}(t)\quad \Delta Y_{k}(t)\quad \Delta Z_{k}(t)\quad d(t)]^{\mathrm{T}}=\boldsymbol{A}^{-1}(t)\cdot\boldsymbol{B}(t) \tag{5.37}$$

式中,$[\Delta X_{k}(t),\Delta Y_{k}(t),\Delta Z_{k}(t)]$ 为动态用户在历元 t 三维位置的改正数,而动态用户在历元 t 的三维位置为

$$\left.\begin{aligned}X_{k}(t)=X_{k0}+\Delta X_{k}(t)\\Y_{k}(t)=Y_{k0}+\Delta Y_{k}(t)\\Z_{k}(t)=Z_{k0}+\Delta Z_{k}(t)\end{aligned}\right\} \tag{5.38}$$

式中,$[X_{k0},Y_{k0},Z_{k0}]$ 为动态用户的初始三维位置。

$$\boldsymbol{B}(t)=\begin{bmatrix}D_{10}-\rho_{k}^{1}-\Delta\rho_{r}^{1}\\D_{20}-\rho_{k}^{2}-\Delta\rho_{r}^{2}\\D_{30}-\rho_{k}^{3}-\Delta\rho_{r}^{3}\\D_{40}-\rho_{k}^{4}-\Delta\rho_{r}^{4}\end{bmatrix} \tag{5.39}$$

$$\boldsymbol{A}(t)=\begin{bmatrix}\dfrac{X^{1}(t)-X_{k0}}{D_{10}(t)} & \dfrac{Y^{1}(t)-Y_{k0}}{D_{10}(t)} & \dfrac{Z^{1}(t)-Z_{k0}}{D_{10}(t)} & -1\\\dfrac{X^{2}(t)-X_{k0}}{D_{20}(t)} & \dfrac{Y^{2}(t)-Y_{k0}}{D_{20}(t)} & \dfrac{Z^{2}(t)-Z_{k0}}{D_{20}(t)} & -1\\\dfrac{X^{3}(t)-X_{k0}}{D_{30}(t)} & \dfrac{Y^{3}(t)-Y_{k0}}{D_{30}(t)} & \dfrac{Z^{3}(t)-Z_{k0}}{D_{30}(t)} & -1\\\dfrac{X^{4}(t)-X_{k0}}{D_{40}(t)} & \dfrac{Y^{4}(t)-Y_{k0}}{D_{40}(t)} & \dfrac{Z^{4}(t)-Z_{k0}}{D_{40}(t)} & -1\end{bmatrix} \tag{5.40}$$

$$D_{j0}=\sqrt{[X^j(t)-X_{k0}]^2+[Y^j(t)-Y_{k0}]^2+[Z^j(t)-Z_{k0}]^2} \tag{5.41}$$

当站间距离为 100 km 时，伪距的单点定位和差分定位的误差见表 5.1。

表 5.1　伪距的单点定位和差分定位的误差

类型	误差名称	单点定位	差分定位
空间段	卫星时钟误差/m	3.0	0.0
	卫星摄动误差/m	1.0	0.0
	其他误差/m	0.5	0.0
控制段	星历预报误差/m	4.2	0.0
	其他误差/m	0.9	0.0
	电离层延迟误差/m	5.0	0.0
	对流层延迟误差/m	1.5	0.0
用户段	接收机噪声误差/m	1.5	2.1
	多路径误差/m	2.5	2.5
	其他误差/m	0.5	0.5
用户测距误差	总误差(RMS)/m	8.1	3.3
用户二维位置误差(2 drms，HDOP=1.5)/m		24.3	9.9

可以看出，当水平位置精度因子(HDOP)等于 1.5 时，动态用户使用差分定位方法的二维位置精度，比使用单点定位方法的二维位置精度提高了一个数量级，这是由于：

(1)差分定位的用户位置消除了 GNSS 卫星时钟偏差造成的精度损失；

(2)差分定位的用户位置能够显著地减小甚至消除电离层/对流层延迟和星历误差造成的精度损失。

综合来看，由于伪距差分定位通过在基准站和用户之间求伪距观测值的一次差分，消除了两者伪距观测值中所含有的公共系统误差，因此可以取得比伪距单点定位更高的定位精度。

5.2　伪距测速方法

GNSS 伪距测速原理与 GNSS 信号的多普勒效应有关，如图 5.4 所示。多普勒效应是指当 GNSS 卫星与接收机之间沿两者连线方向存在着相对运动时，GNSS 信号的接收频率与发射频率并不相同，这一频率差即为多普勒频移。因此，GNSS 接收机可以根据卫星和接收机相对运动引起的多普勒频移实现速度的测量。

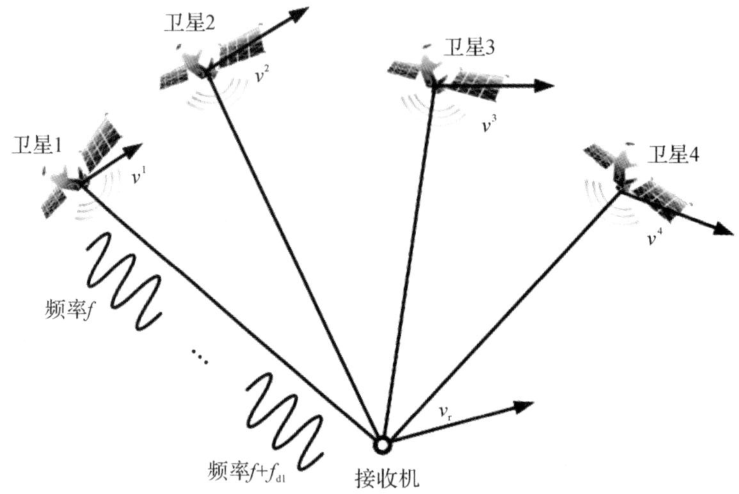

图 5.4　GNSS 测速原理示意图

设接收机在协议地球坐标系中的三维空间位置为 $[X,Y,Z]^{\mathrm{T}}$，观测到的第 j 颗 GNSS 卫星的三维空间位置为 $[X^j,Y^j,Z^j]^{\mathrm{T}}$，则伪距观测量为

$$\rho_{\mathrm{r}}^j=\rho_{\mathrm{rt}}^j+c(\mathrm{d}t^j-\mathrm{d}T_{\mathrm{rr}})+d_{\mathrm{r,Ion}}^j+d_{\mathrm{r,Tro}}^j+v_{\mathrm{r}}^j \tag{5.42}$$

式中：ρ_{r}^j 为接收机至第 j 颗卫星的伪距；$\rho_{\mathrm{rt}}^j=\sqrt{(X-X^j)^2+(Y-Y^j)^2+(Z-Z^j)^2}$ 为接收机到第 j 颗卫星的真实距离；$\mathrm{d}t^j$ 为卫星时钟钟差；$\mathrm{d}T_{\mathrm{rr}}$ 为接收机时钟钟差；$d_{\mathrm{r,Ion}}^j$ 为电离层延迟引起的距离偏差；$d_{\mathrm{r,Tro}}^j$ 为对流层延迟引起的距离偏差；v_{r}^j 为观测随机误差。

将式(5.42)对时间求导，可得

$$\dot{\rho}_{\mathrm{r}}^j=\dot{\rho}_{\mathrm{rt}}^j+c(\mathrm{d}f^j-\mathrm{d}f_{\mathrm{rr}})+\dot{v}_{\mathrm{r}}^j \tag{5.43}$$

式中：$\mathrm{d}f^j$ 为第 j 颗卫星的时钟频漂；$\mathrm{d}f_{\mathrm{rr}}$ 为接收机的时钟频漂。考虑到电离层延迟变化率 $\dot{d}_{\mathrm{r,Ion}}^j$ 和对流层延迟变化率 $\dot{d}_{\mathrm{r,Tro}}^j$ 一般很小，因此可忽略不计。对于接收机与卫星之间的几何距离变化率 $\dot{\rho}_{\mathrm{rt}}^j$，其与接收机速度之间的关系为

$$\dot{\rho}_{\mathrm{rt}}^j=(\boldsymbol{v}^j-\boldsymbol{v}_{\mathrm{r}})\cdot\boldsymbol{l}_{\mathrm{r}}^j \tag{5.44}$$

式中：$\boldsymbol{v}^j=[V_x^j,V_y^j,V_z^j]^{\mathrm{T}}$ 为卫星的运行速度；$\boldsymbol{v}_{\mathrm{r}}=[V_x,V_y,V_z]^{\mathrm{T}}$ 为待求解的接收机速度；$\boldsymbol{l}_{\mathrm{r}}^j$ 为接收机至卫星的单位视线矢量，即

$$\boldsymbol{l}_{\mathrm{r}}^j=\frac{1}{\rho_{\mathrm{rt}}^j}[(X^j-X)\quad(Y^j-Y)\quad(Z^j-Z)]^{\mathrm{T}} \tag{5.45}$$

式(5.44)表明，伪距变化率 $\dot{\rho}_{\mathrm{rt}}^j$ 可以反映卫星与接收机之间的相对运动速度。因此，在获得多个卫星伪距变化率测量值的条件下，接收机可从中解算出其自身的速度 $\boldsymbol{v}_{\mathrm{r}}$。由于伪距测量值比较粗糙，所以伪距变化率通常并不是通过对相邻时刻的伪距进行差分得到的。而 GNSS 接收机的多普勒频移测量值 f_{d}^j 能更精确地反映伪距变化率 $\dot{\rho}_{\mathrm{rt}}^j$ 的大小，两者的关系为

$$\dot{\rho}_{\mathrm{rt}}^j=-\lambda f_{\mathrm{d}}^j \tag{5.46}$$

式中：λ 为 GNSS 信号的波长。

将式(5.44)代入式(5.43)，再经过整理后可得

$$\dot{\rho}_{\mathrm{r}}^{j}-\boldsymbol{v}^{j}\cdot\boldsymbol{l}_{\mathrm{r}}^{j}-c\cdot \mathrm{d}f^{j}=-\boldsymbol{v}_{\mathrm{r}}\cdot\boldsymbol{l}_{\mathrm{r}}^{j}-c\cdot \mathrm{d}f_{\mathrm{rr}}+\dot{v}_{\mathrm{r}}^{j} \tag{5.47}$$

式中：等号右边为未知量 $\boldsymbol{v}_{\mathrm{r}}$、$\mathrm{d}f_{\mathrm{rr}}$ 和随机误差 $\dot{v}_{\mathrm{r}}^{j}$，等号左边均可视为已知量。因此，如果接收机观测到 N 个 GNSS 卫星，便可得到以下方程组：

$$\left.\begin{array}{c}\dot{\rho}_{\mathrm{r}}^{1}-\boldsymbol{v}^{1}\cdot\boldsymbol{l}_{\mathrm{r}}^{1}-c\cdot \mathrm{d}f^{1}=-\boldsymbol{l}_{\mathrm{r}}^{1}\cdot\boldsymbol{v}_{\mathrm{r}}-c\cdot \mathrm{d}f_{\mathrm{rr}}+\dot{v}_{\mathrm{r}}^{1}\\ \dot{\rho}_{\mathrm{r}}^{2}-\boldsymbol{v}^{2}\cdot\boldsymbol{l}_{\mathrm{r}}^{2}-c\cdot \mathrm{d}f^{2}=-\boldsymbol{l}_{\mathrm{r}}^{2}\cdot\boldsymbol{v}_{\mathrm{r}}-c\cdot \mathrm{d}f_{\mathrm{rr}}+\dot{v}_{\mathrm{r}}^{2}\\ \vdots\\ \dot{\rho}_{\mathrm{r}}^{N}-\boldsymbol{v}^{N}\cdot\boldsymbol{l}_{\mathrm{r}}^{N}-c\cdot \mathrm{d}f^{N}=-\boldsymbol{l}_{\mathrm{r}}^{N}\cdot\boldsymbol{v}_{\mathrm{r}}-c\cdot \mathrm{d}f_{\mathrm{rr}}+\dot{v}_{\mathrm{r}}^{N}\end{array}\right\} \tag{5.48}$$

将上述方程组进行联立，可得

$$\begin{bmatrix}\dot{\rho}_{\mathrm{r}}^{1}-\boldsymbol{v}^{1}\cdot\boldsymbol{l}_{\mathrm{r}}^{1}-c\cdot \mathrm{d}f^{1}\\ \dot{\rho}_{\mathrm{r}}^{2}-\boldsymbol{v}^{2}\cdot\boldsymbol{l}_{\mathrm{r}}^{2}-c\cdot \mathrm{d}f^{2}\\ \vdots\\ \dot{\rho}_{\mathrm{r}}^{N}-\boldsymbol{v}^{N}\cdot\boldsymbol{l}_{\mathrm{r}}^{N}-c\cdot \mathrm{d}f^{N}\end{bmatrix}=\begin{bmatrix}-l_{\mathrm{r}x}^{1} & -l_{\mathrm{r}y}^{1} & -l_{\mathrm{r}z}^{1} & -c\\ -l_{\mathrm{r}x}^{2} & -l_{\mathrm{r}y}^{2} & -l_{\mathrm{r}z}^{2} & -c\\ \vdots & \vdots & \vdots & \vdots\\ -l_{\mathrm{r}x}^{N} & -l_{\mathrm{r}y}^{N} & -l_{\mathrm{r}z}^{N} & -c\end{bmatrix}\begin{bmatrix}V_x\\ V_y\\ V_z\\ \mathrm{d}f_{\mathrm{rr}}\end{bmatrix}+\begin{bmatrix}\dot{v}_{\mathrm{r}}^{1}\\ \dot{v}_{\mathrm{r}}^{2}\\ \vdots\\ \dot{v}_{\mathrm{r}}^{N}\end{bmatrix} \tag{5.49}$$

令

$$\boldsymbol{X}=[V_x\quad V_y\quad V_z\quad \mathrm{d}f_{\mathrm{rr}}]^{\mathrm{T}}$$

$$\boldsymbol{Y}=[\dot{\rho}_{\mathrm{r}}^{1}-\boldsymbol{v}^{1}\cdot\boldsymbol{l}_{\mathrm{r}}^{1}-c\cdot \mathrm{d}f^{1}\quad \dot{\rho}_{\mathrm{r}}^{2}-\boldsymbol{v}^{2}\cdot\boldsymbol{l}_{\mathrm{r}}^{2}-c\cdot \mathrm{d}f^{2}\quad\cdots\quad \dot{\rho}_{\mathrm{r}}^{N}-\boldsymbol{v}^{N}\cdot\boldsymbol{l}_{\mathrm{r}}^{N}-c\cdot \mathrm{d}f^{N}]^{\mathrm{T}}$$

$$\boldsymbol{\varepsilon}=[\dot{v}_{\mathrm{r}}^{1}\quad \dot{v}_{\mathrm{r}}^{2}\quad\cdots\quad \dot{v}_{\mathrm{r}}^{N}]^{\mathrm{T}}$$

$$\boldsymbol{H}=\begin{bmatrix}-l_{\mathrm{r}x}^{1} & -l_{\mathrm{r}y}^{1} & -l_{\mathrm{r}z}^{1} & -c\\ -l_{\mathrm{r}x}^{2} & -l_{\mathrm{r}y}^{2} & -l_{\mathrm{r}z}^{2} & -c\\ \vdots & \vdots & \vdots & \vdots\\ -l_{\mathrm{r}x}^{N} & -l_{\mathrm{r}y}^{N} & -l_{\mathrm{r}z}^{N} & -c\end{bmatrix}$$

则式(5.49)可化简为

$$\boldsymbol{Y}=\boldsymbol{H}\boldsymbol{X}+\boldsymbol{\varepsilon} \tag{5.50}$$

因此，式(5.50)的最小二乘估计结果为

$$\hat{\boldsymbol{X}}=(\boldsymbol{H}^{\mathrm{T}}\boldsymbol{H})^{-1}\boldsymbol{H}^{\mathrm{T}}\boldsymbol{Y} \tag{5.51}$$

综上所述，在接收机对 GNSS 信号进行跟踪锁定后，便可利用跟踪环路输出的信号多普勒频移，计算出反映卫星与接收机之间相对运动速度的伪距变化率。进而，根据伪距变化率测量值，采用最小二乘法可解算出接收机的三维速度信息。在解算接收机速度的过程中，除了三维速度信息，将造成伪距变化率测量误差的接收机时钟频漂也作为一个待解参数。所以至少需要同时观测 4 颗卫星，便可解算出接收机的速度。

5.3 载波相位定位方法

5.3.1 载波相位差分

伪码相位的测量精度在 1 m 左右，而载波相位测量值的精度可达毫米级。因此，对于定位精度要求为厘米级或毫米级的精密定位系统来说，伪码测量值显然不能满足要求，而载波相位测量值就成了必需品。精密定位实际上是指基于载波相位测量值的精密相对定位，它是差分定位的另一种形式。在精密相对定位系统中，基准站并不是播发 GNSS 测量值的差分改正量，而是直接播发基准站的 GNSS 测量值，然后让用户接收机将这些测量值与其自身对卫星的测量值经差分运算组合起来，最后利用组合后的测量值求解出基线矢量，从而完成相对定位。基于载波相位测量值的精密相对定位是 GNSS 定位中精度最高的一种定位方式，它在大地测量和海空导航等方面有着十分重要的应用前景。

作为差分系统的一种形式，相对定位系统通过对用户接收机和基准站接收机的载波相位测量值进行线性组合(包括差分组合)，来消除测量值中的公共误差部分，而单差、双差、三差这三种组合方式能依次消除更多的测量误差成分。

1.单差

图 5.5 为单差示意图。图中，$\boldsymbol{l}_{\mathrm{r}}^{j}$ 表示基准站 r 到第 j 颗卫星的单位视线矢量，$\boldsymbol{b}_{\mathrm{ir}}$ 表示由基准站 r 指向用户 i 的基线矢量，r_{ir}^{j} 为基线矢量 $\boldsymbol{b}_{\mathrm{ir}}$ 在单位视线矢量方向上的投影，φ_{i}^{j} 和 φ_{r}^{j} 分别为用户 i 和基准站 r 对第 j 颗卫星的载波相位测量值。可以看出，每个单差测量值只涉及两个接收机在单个时刻对同一颗卫星的测量值，它是站间(即接收机之间)对同一颗卫星测量值的一次差分。单差不但可以用来根除测量值中的卫星钟差，而且在短基线情形下，也可以基本消除大气延迟误差。

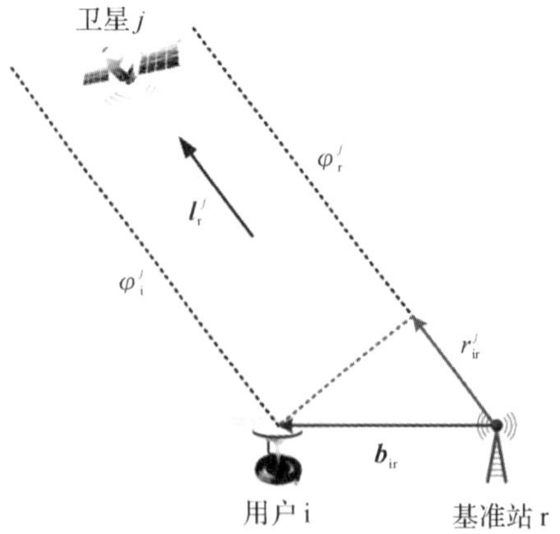

图 5.5 单差示意图

假设两个相距不远的用户接收机 i 和基准站接收机 r 同时观测一颗编号为 j 的卫星。以波长为单位的接收机 i 和 r 对第 j 颗卫星的载波相位测量值 φ_i^j 和 φ_r^j 分别可表示为

$$\varphi_i^j = \lambda^{-1}(r_i^j + I_i^j + T_i^j) + fc(\delta t_i - \delta t^j) - N_i^j + \varepsilon_i^j \tag{5.52}$$

$$\varphi_r^j = \lambda^{-1}(r_r^j + I_r^j + T_r^j) + fc(\delta t_r - \delta t^j) - N_r^j + \varepsilon_r^j \tag{5.53}$$

式中：λ 为 GNSS 信号的波长；r_i^j，r_r^j 分别为接收机 i 和 r 到第 j 颗卫星的真实距离；I_i^j，I_r^j 为电离层延迟引起的距离偏差；T_i^j，T_r^j 为对流层延迟引起的距离偏差；f 为 GNSS 信号的频率；δt_i，δt_r 分别为接收机 i 和 r 的时钟钟差；δt^j 为第 j 颗卫星的时钟钟差；N_i^j，N_r^j 为整周模糊度；ε_i^j，ε_r^j 为测量随机误差。

式(5.52)和式(5.53)中，等号右边除了 r_i^j，r_r^j 中包含着所希望求解的信息(即接收机的位置)之外，其余各项误差参量实际上不是真正关心的。若这些误差参量能通过某种手段而消除，则它们的值就不用被求解出来，而差分技术就是基于这一思路。

将用户接收机 i 与基准站接收机 r 之间对第 j 颗卫星的单差载波相位测量值 φ_{ir}^j，定义为两者的载波相位测量值之差，即

$$\varphi_{ir}^j = \varphi_i^j - \varphi_r^j \tag{5.54}$$

则将式(5.52)和式(5.53)代入式(5.54)，可得

$$\varphi_{ir}^j = \lambda^{-1}(r_{ir}^j + I_{ir}^j + T_{ir}^j) + fc\delta t_{ir} - N_{ir}^j + \varepsilon_{ir}^j \tag{5.55}$$

式中：r_{ir}^j，I_{ir}^j，T_{ir}^j，δt_{ir}，N_{ir}^j，ε_{ir}^j 定义为

$$r_{ir}^j = r_i^j - r_r^j,\quad I_{ir}^j = I_i^j - I_r^j,\quad T_{ir}^j = T_i^j - T_r^j$$

$$\delta t_{ir} = \delta t_i - \delta t_r,\quad N_{ir}^j = N_i^j - N_r^j,\quad \varepsilon_{ir}^j = \varepsilon_i^j - \varepsilon_r^j$$

显然，由两个整周模糊度(整数)相减得到的单差整周模糊度 N_{ir}^j 仍是个整数，而一旦 N_{ir}^j 的值被正确地求解出来，那么单差载波相位 φ_{ir}^j 就成为没有模糊度的高精度单差距离测量值。

式(5.55)表明，卫星钟差 δt^j 在单差后被彻底消除，然而单差测量噪声 ε_{ir}^j 的标准差却增大到原载波相位测量噪声 ε_i^j（或 ε_r^j）标准差的 $\sqrt{2}$ 倍。接收机钟差 δt_i 对不同卫星来说是相同的，它将通过下面介绍的双差而被消除。

若用户与基准站相距不远，则单差电离层延迟 I_{ir}^j 约等于零；而当两者又位于同一高度时，单差对流层延迟 T_{ir}^j 也会接近于零。这样，对于短基线系统来说，式(5.55)可进一步简化为

$$\varphi_{ir}^j = \lambda^{-1} r_{ir}^j + fc\delta t_{ir} - N_{ir}^j + \varepsilon_{ir}^j \tag{5.56}$$

虽然卫星星历误差没有出现在以上对单差载波相位观测方程式的推导过程中，但是这一误差成分经单差后，实际上也基本被消除。由此可见，单差可以消除卫星星历误差、卫星钟差、电离层延迟和对流层延迟。

2.双差

图 5.6 为双差示意图。图中，$\boldsymbol{l}_r^k$ 表示基准站 r 到第 k 颗卫星的单位视线矢量，φ_i^k 和 φ_r^k 分别为用户 i 和基准站 r 对第 k 颗卫星的载波相位测量值。可以看出，每个双差测量值涉及两个接收机在同一时刻对两颗卫星的测量值，它对两颗不同卫星的单差进行差分，即在站

间和星间各求一次差分。双差能进一步消除测量值中的接收机钟差。

假设用户接收机 i 和基准站接收机 r 同时观测第 j 颗卫星和第 k 颗卫星，则式(5.56)已经给出了这两个接收机对第 j 颗卫星的单差载波相位测量值 φ_{ir}^{j}，而它们对第 k 颗卫星的单差载波相位测量值 φ_{ir}^{k} 为

$$\varphi_{ir}^{k}=\lambda^{-1}r_{ir}^{k}+fc\cdot\delta t_{ir}-N_{ir}^{k}+\varepsilon_{ir}^{k} \tag{5.57}$$

给定在同一测量时刻的单差载波相位测量值 φ_{ir}^{j} 和 φ_{ir}^{k}，则由它们所组成的双差载波相位测量值 φ_{ir}^{jk} 定义为

$$\varphi_{ir}^{jk}=\varphi_{ir}^{j}-\varphi_{ir}^{k} \tag{5.58}$$

则将式(5.56)和式(5.57)代入式(5.58)，可得双差载波相位测量值 φ_{ir}^{jk} 的观测方程为

$$\varphi_{ir}^{jk}=\lambda^{-1}r_{ir}^{jk}-N_{ir}^{jk}+\varepsilon_{ir}^{jk} \tag{5.59}$$

式中

$$r_{ir}^{jk}=r_{ir}^{j}-r_{ir}^{k},\quad N_{ir}^{jk}=N_{ir}^{j}-N_{ir}^{k},\quad \varepsilon_{ir}^{jk}=\varepsilon_{ir}^{j}-\varepsilon_{ir}^{k}$$

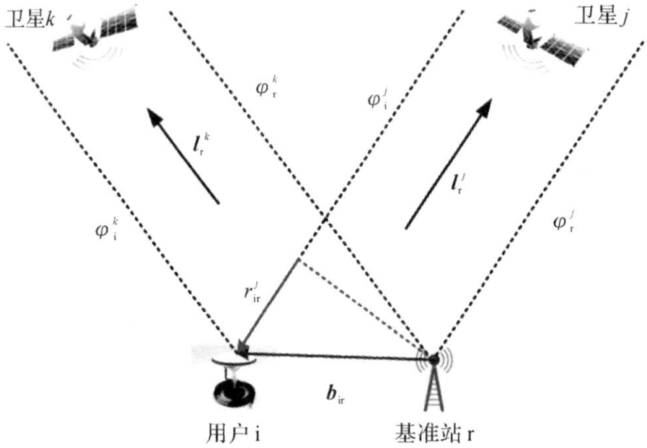

图 5.6 双差示意图

虽然由式(5.59)所定义的双差是通过先求站间差分、再求星间差分得到的，但是这与通过先求星间差分、再求站间差分所得到的双差在数值上相等。式(5.59)表明，双差能彻底消除接收机钟差和卫星钟差，然而它的代价是使双差测量噪声 ε_{ir}^{jk} 的标准差增加到原单差测量噪声 ε_{ir}^{j}（或 ε_{ir}^{k}）标准差的$\sqrt{2}$倍，一般在 1 cm 左右。

3.三差

双差消除了单差中的接收机钟差，然而双差载波相位测量值 φ_{ir}^{jk} 中仍存在一个并不是相对定位所关心的双差整周模糊度 N_{ir}^{jk}。当用户与基准站两端的接收机均持续锁定卫星信号时，这些未知的双差整周模糊度值会保持不变，所以不同时刻的双差载波相位测量值之差可抵消掉双差整周模糊度。图 5.7 为三差示意图。可以看出，每个三差测量值涉及两个接收机在两个时刻对两颗卫星的载波相位测量值，它对两个测量时刻的双差再进行差分，从而消除整周模糊度这一未知参量。

假设将 t_2 测量时刻的双差载波相位测量值 φ_{ir}^{jk} 记为 $\varphi_{ir}^{jk}(t_2)$，则该时刻的三差 $\delta\varphi_{ir}^{jk}(t_2)$

定义为 t_2 与 t_1 时刻的双差的差分，即

$$\delta\varphi_{ir}^{jk}(t_2)=\varphi_{ir}^{jk}(t_2)-\varphi_{ir}^{jk}(t_1) \tag{5.60}$$

则根据双差载波相位观测方程式(5.59)，可得

$$\delta\varphi_{ir}^{jk}(t_2)=\lambda^{-1}\delta r_{ir}^{jk}(t_2)+\delta\varepsilon_{ir}^{jk}(t_2) \tag{5.61}$$

式中：$\delta r_{ir}^{jk}(t_2)$ 和 $\delta\varepsilon_{ir}^{jk}(t_2)$ 定义为

$$\delta r_{ir}^{jk}(t_2)=r_{ir}^{jk}(t_2)-r_{ir}^{jk}(t_1)\ ,\ \delta\varepsilon_{ir}^{jk}(t_2)=\varepsilon_{ir}^{jk}(t_2)-\varepsilon_{ir}^{jk}(t_1)$$

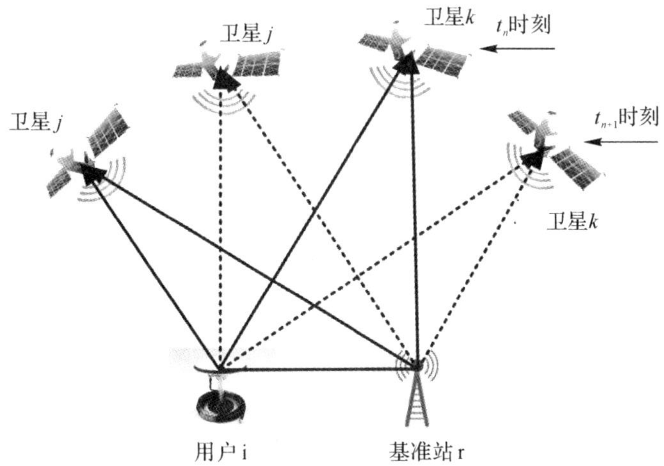

图 5.7　三差示意图

由式(5.61)可知，载波相位测量值中的所有误差和整周模糊度经过三次差分后被全部消除，然而这也导致差分测量噪声变强的问题。若综合考虑测量误差和测量噪声等方面的因素，则由高阶差分定位方程得到的定位精度，未必一定高于由低阶差分定位方程得到的定位精度。因此，在实际应用中，通常采用双差载波相位测量值来实现相对定位。

5.3.2　实时动态差分定位方法

实时动态差分定位(Real Time Kinematic，RTK)系统，是 GNSS 测量技术与数据传输技术相结合而构成的组合系统，它是 GNSS 测量技术发展中的一个新的突破。

RTK 技术是一项以载波相位观测量为基础的实时差分精密相对定位技术，它能获得厘米级的定位精度，在高精度导航定位领域得到了广泛的应用。众所周知，GNSS 测量工作的模式有多种，如静态、快速静态、准动态和动态相对定位等。但是，如果不与数据传输系统相结合，这些测量模式的定位结果均需通过对观测数据的测后处理而获得。由于观测数据需要在测后处理，所以上述各种测量模式无法实时地给出用户接收机的定位结果。

RTK 系统主要由基准站、用户接收机和无线电传输设备 3 部分组成，如图 5.8 所示。RTK 的基本原理是，在基准站安装一台 GNSS 接收机，对所有可见卫星进行连续观测，并将其观测数据通过无线电传输设备，实时地发送给用户接收机；而用户接收机在接收卫星信号的同时，还通过无线电接收设备接收基准站传输的观测数据，进而根据相对定位的原理，实

时地计算并显示用户接收机的三维坐标及其精度，其定位精度可达 1～2 cm。

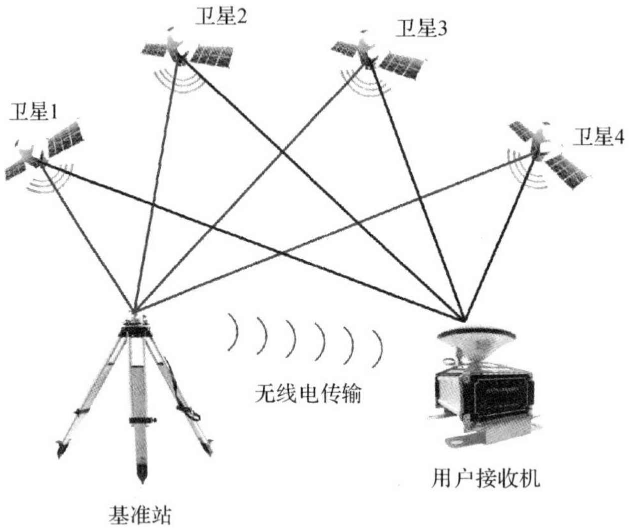

图 5.8　RTK 系统的组成

下面对 RTK 用户接收机的相对定位方法进行介绍。

已知基准站 r 的坐标为 $[X_r, Y_r, Z_r]$，设用户接收机 u 的坐标为 $[X_u, Y_u, Z_u]$，第 j 颗卫星和第 k 颗卫星的坐标分别为 $[X^j, Y^j, Z^j]$ 和 $[X^k, Y^k, Z^k]$，则用户接收机 u 与基准站 r 之间对第 j 颗卫星和第 k 颗卫星的双差载波相位观测方程为

$$\varphi_{ur}^{jk} = \lambda^{-1}[(r_u^j - r_r^j) - (r_u^k - r_r^k)] - N_{ur}^{jk} + \varepsilon_{ur}^{jk} \tag{5.62}$$

式(5.62)为非线性方程，在用户接收机近似坐标 $[X_{u0}, Y_{u0}, Z_{u0}]$ 处进行泰勒展开，并忽略二阶及以上误差项，相应的坐标改正数为 $[\delta X_u, \delta Y_u, \delta Z_u]$，则 r_u^j 和 r_u^k 可线性化为

$$r_u^j = r_{u0}^j - (l_u^j \delta X_u + m_u^j \delta Y_u + n_u^j \delta Z_u) \tag{5.63}$$

$$r_u^k = r_{u0}^k - (l_u^k \delta X_u + m_u^k \delta Y_u + n_u^k \delta Z_u) \tag{5.64}$$

式中

$$\begin{cases} r_r^j = \sqrt{(X^j - X_r)^2 + (Y^j - Y_r)^2 + (Z^j - Z_r)^2} \\ r_r^k = \sqrt{(X^k - X_r)^2 + (Y^k - Y_r)^2 + (Z^k - Z_r)^2} \\ r_{u0}^j = \sqrt{(X^j - X_{u0})^2 + (Y^j - Y_{u0})^2 + (Z^j - Z_{u0})^2} \\ r_{u0}^k = \sqrt{(X^k - X_{u0})^2 + (Y^k - Y_{u0})^2 + (Z^k - Z_{u0})^2} \end{cases}$$

将式(5.63)、式(5.64)代入式(5.62)，可得到双差载波相位观测方程的线性化形式为

$$\varphi_{ur}^{jk} = \lambda^{-1}[(r_{u0}^j - r_r^j) - (r_{u0}^k - r_r^k)] - \lambda^{-1}\begin{bmatrix} l_u^j - l_u^k \\ m_u^j - m_u^k \\ n_u^j - n_u^k \end{bmatrix}[\delta X_u \quad \delta Y_u \quad \delta Z_u] - N_{ur}^{jk} + \varepsilon_{ur}^{jk} \tag{5.65}$$

令

$$\begin{bmatrix} l_{u}^{jk} \\ m_{u}^{jk} \\ n_{u}^{jk} \end{bmatrix} = \begin{bmatrix} l_{u}^{j} - l_{u}^{k} \\ m_{u}^{j} - m_{u}^{k} \\ n_{u}^{j} - n_{u}^{k} \end{bmatrix} = \begin{bmatrix} \dfrac{X^{j} - X_{u0}}{r_{u0}^{j}} - \dfrac{X^{k} - X_{u0}}{r_{u0}^{k}} \\ \dfrac{Y^{j} - Y_{u0}}{r_{u0}^{j}} - \dfrac{Y^{k} - Y_{u0}}{r_{u0}^{k}} \\ \dfrac{Z^{j} - Z_{u0}}{r_{u0}^{j}} - \dfrac{Z^{k} - Z_{u0}}{r_{u0}^{k}} \end{bmatrix} \tag{5.66}$$

$$L_{ur}^{jk} = \varphi_{ur}^{jk} - \lambda^{-1}[(r_{u0}^{j} - r_{r}^{j}) - (r_{u0}^{k} - r_{r}^{k})] \tag{5.67}$$

则双差载波相位观测方程式(5.65)可改写为

$$L_{ur}^{jk} = -\lambda^{-1}[l_{u}^{jk} \quad m_{u}^{jk} \quad n_{u}^{jk}] \begin{bmatrix} \delta X_{u} \\ \delta Y_{u} \\ \delta Z_{u} \end{bmatrix} - N_{ur}^{jk} + \varepsilon_{ur}^{jk} \tag{5.68}$$

若观测到 $n+1$ 个编号为 0,1,2,…,n 的 GNSS 卫星,并选取 0 号卫星作为基准卫星,则可组成一个单历元的双差载波相位观测方程组为

$$\begin{bmatrix} L_{ur}^{01} \\ L_{ur}^{02} \\ \vdots \\ L_{ur}^{0n} \end{bmatrix} = -\frac{1}{\lambda} \begin{bmatrix} l_{u}^{01} & m_{u}^{01} & n_{u}^{01} \\ l_{u}^{02} & m_{u}^{02} & n_{u}^{02} \\ \vdots & \vdots & \vdots \\ l_{u}^{0n} & m_{u}^{0n} & n_{u}^{0n} \end{bmatrix} \begin{bmatrix} \delta X_{u} \\ \delta Y_{u} \\ \delta Z_{u} \end{bmatrix} - \begin{bmatrix} 1 & 0 & \cdots & 0 \\ 0 & 1 & \cdots & 0 \\ \vdots & \vdots & & \vdots \\ 0 & 0 & \cdots & 1 \end{bmatrix} \begin{bmatrix} N_{ur}^{01} \\ N_{ur}^{02} \\ \vdots \\ N_{ur}^{0n} \end{bmatrix} + \begin{bmatrix} \varepsilon_{ur}^{01} \\ \varepsilon_{ur}^{02} \\ \vdots \\ \varepsilon_{ur}^{0n} \end{bmatrix} \tag{5.69}$$

从单历元的双差载波相位观测方程组式(5.69)可以看出,其中包含的方程个数为 n,未知量个数为 $3+n$,未知量包括 3 个坐标改正数和 n 个双差整周模糊度。由于未知量个数多于方程个数,因此仅利用单个历元的双差载波相位观测方程组,无法求解出未知量;而由于在不发生周跳和失锁的情况下,双差整周模糊度保持不变,因此当采用多个历元(如 m 个历元)的观测数据组成观测方程组时,这时方程个数为 mn,未知量个数为 $3m+n$,未知量包括 $3m$ 个坐标改正数和 n 个双差整周模糊度,此时只需满足条件 $mn \geqslant 3m+n$,即可对坐标改正数和双差整周模糊度等未知量进行求解。

设历元时刻为 t,则式(5.69)可写为

$$\boldsymbol{L}(t) = \boldsymbol{H}(t)\,\delta\boldsymbol{P}_{u}(t) + \boldsymbol{A}(t)\boldsymbol{N} + \boldsymbol{V}(t) \tag{5.70}$$

式中

$$\boldsymbol{L}(t) = [L_{ur}^{01}(t) \quad L_{ur}^{02}(t) \quad \cdots \quad L_{ur}^{0n}(t)]^{T}$$

$$\boldsymbol{H}(t) = -\lambda^{-1} \begin{bmatrix} l_{u}^{01}(t) & m_{u}^{01}(t) & n_{u}^{01}(t) \\ l_{u}^{02}(t) & m_{u}^{02}(t) & n_{u}^{02}(t) \\ \vdots & \vdots & \vdots \\ l_{u}^{0n}(t) & m_{u}^{0n}(t) & n_{u}^{0n}(t) \end{bmatrix}$$

$$\delta\boldsymbol{P}_{u}(t) = [\delta X_{u}(t) \quad \delta Y_{u}(t) \quad \delta Z_{u}(t)]^{T}$$

$$\boldsymbol{A}(t) = -\begin{bmatrix} 1 & 0 & \cdots & 0 \\ 0 & 1 & \cdots & 0 \\ \vdots & \vdots & & \vdots \\ 0 & 0 & \cdots & 1 \end{bmatrix}$$

$$\boldsymbol{N}=\begin{bmatrix}N_{\mathrm{ur}}^{01} & N_{\mathrm{ur}}^{02} & \cdots & N_{\mathrm{ur}}^{0n}\end{bmatrix}^{\mathrm{T}}$$

$$\boldsymbol{V}(t)=\begin{bmatrix}\varepsilon_{\mathrm{ur}}^{01} & \varepsilon_{\mathrm{ur}}^{02} & \cdots & \varepsilon_{\mathrm{ur}}^{0n}\end{bmatrix}^{\mathrm{T}}$$

若同步观测的历元个数为 m，则相应的观测方程组为

$$\boldsymbol{L}_1=\begin{bmatrix}\boldsymbol{H}_1 & \boldsymbol{A}_1\end{bmatrix}\begin{bmatrix}\delta\boldsymbol{P}_{\mathrm{u},1}\\ \boldsymbol{N}\end{bmatrix}+\boldsymbol{V}_1 \tag{5.71}$$

式中

$$\boldsymbol{L}_1=\begin{bmatrix}\boldsymbol{L}(t_1) & \boldsymbol{L}(t_2) & \cdots & \boldsymbol{L}(t_m)\end{bmatrix}^{\mathrm{T}}$$

$$\boldsymbol{H}_1=\begin{bmatrix}\boldsymbol{H}(t_1) & \boldsymbol{H}(t_2) & \cdots & \boldsymbol{H}(t_m)\end{bmatrix}^{\mathrm{T}}$$

$$\boldsymbol{A}_1=\begin{bmatrix}\boldsymbol{A}(t_1) & \boldsymbol{A}(t_2) & \cdots & \boldsymbol{A}(t_m)\end{bmatrix}^{\mathrm{T}}$$

$$\delta\boldsymbol{P}_{\mathrm{u},1}=\begin{bmatrix}\delta\boldsymbol{P}_{\mathrm{u}}(t_1) & \delta\boldsymbol{P}_{\mathrm{u}}(t_2) & \cdots & \delta\boldsymbol{P}_{\mathrm{u}}(t_m)\end{bmatrix}^{\mathrm{T}}$$

$$\boldsymbol{V}_1=\begin{bmatrix}\boldsymbol{V}(t_1) & \boldsymbol{V}(t_2) & \cdots & \boldsymbol{V}(t_m)\end{bmatrix}^{\mathrm{T}}$$

设

$$\boldsymbol{G}=\begin{bmatrix}\boldsymbol{H}_1 & \boldsymbol{A}_1\end{bmatrix}$$

$$\delta\boldsymbol{X}=\begin{bmatrix}\delta\boldsymbol{P}_{\mathrm{u},1}\\ \boldsymbol{N}\end{bmatrix}$$

则式(5.71)的最小二乘估计结果为

$$\delta\boldsymbol{X}=(\boldsymbol{G}^{\mathrm{T}}\boldsymbol{G})^{-1}\boldsymbol{G}^{\mathrm{T}}\boldsymbol{L}_1 \tag{5.72}$$

这样，便可得到历元时刻 k 用户接收机的精确坐标为

$$\begin{bmatrix}X_{\mathrm{u}}(k)\\ Y_{\mathrm{u}}(k)\\ Z_{\mathrm{u}}(k)\end{bmatrix}=\begin{bmatrix}X_{\mathrm{u0}}(k)\\ Y_{\mathrm{u0}}(k)\\ Z_{\mathrm{u0}}(k)\end{bmatrix}+\begin{bmatrix}\delta X_{\mathrm{u}}(k)\\ \delta Y_{\mathrm{u}}(k)\\ \delta Z_{\mathrm{u}}(k)\end{bmatrix} \tag{5.73}$$

式中：$\delta X_{\mathrm{u}}(k)$，$\delta Y_{\mathrm{u}}(k)$，$\delta Z_{\mathrm{u}}(k)$ 可通过式(5.72)估计得到。

综上所述，在 GNSS 接收机的 RTK 模式下，基准站通过无线电传输设备将其观测值和基准站坐标信息一起传送给用户接收机。而用户接收机通过无线电接收设备接收来自基准站的观测值，同时接收卫星信号，这样，便可利用基准站的观测值与用户接收机的观测值组成差分观测值进行实时处理，最终可实现厘米级甚至毫米级的高精度定位。

5.3.3 精密单点定位方法

精密单点定位(Precise Point Positioning, PPP)技术集成了标准单点定位和差分定位的优点，它的出现改变了以往只能使用双差载波相位定位模式才能达到较高定位精度的现状，是继 RTK 技术后的又一次技术革命。精密单点定位技术的出现，为进行长距离、高精度的事后动态定位提供了新的解决方案。

1.精密单点定位原理

精密单点定位技术，是指利用全球分布的若干地面跟踪站的观测数据计算出精密卫星轨道参数和卫星钟差，再利用所求得的卫星轨道参数和卫星钟差，处理单台接收机采集的非差载波相位数据，从而得到厘米级精度的用户接收机坐标。它与一般的单点定位类似，但后

者采用广播星历提供的卫星轨道参数和钟差，而不使用精密卫星星历和卫星钟差，并且没有利用载波相位观测值。精密单点定位的解算过程如下：从 IGS 等官方网站下载精密卫星星历和卫星钟差，根据精密星历和卫星钟差，利用非差载波相位观测值解算用户接收机的位置参数，同时解算出非差整周模糊度、接收机钟差以及对流层延迟等参数。

在精密单点定位中，所用到的观测量包括伪距和载波相位两种。对于接收机 r 观测到的第 s 颗卫星，其伪距和载波相位观测方程分别为

$$\rho^s_{r,j} = r^s_r + c(\delta t_r - \delta t^s) + T^s_r + I^s_{r,j} + b_{r,j} - b^s_j + e^s_{r,j} \tag{5.74}$$

$$L^s_{r,j} = \lambda_j \varphi^s_{r,j} = r^s_r + c(\delta t_r - \delta t^s) + T^s_r - I^s_{r,j} + \lambda_j (N^s_{r,j} + B_{r,j} - B^s_j) + \varepsilon^s_{r,j} \tag{5.75}$$

式中：f_j 表示第 j 个 GNSS 信号的频率；r^s_r 表示卫星与接收机之间的真实距离；c 表示真空中的光速；δt_r 和 δt^s 分别表示接收机和卫星钟差；T^s_r 表示倾斜路径上的对流层延迟；$I^s_{r,j}$ 表示信号频率为 f_j 时对应的倾斜路径上的电离层延迟；$N^s_{r,j}$ 表示整周模糊度；$B_{r,j}$ 表示信号频率为 f_j 时对应的接收机内部的载波相位硬件延迟；B^s_j 表示信号频率为 f_j 时对应的卫星内部的载波相位硬件延迟；λ_j 表示信号的载波波长；$b_{r,j}$ 表示信号频率为 f_j 时对应的接收机内部的伪距硬件延迟；b^s_j 表示信号频率为 f_j 时对应的卫星内部的伪距硬件延迟；$e^s_{r,j}$ 表示伪距测量随机误差；$\varepsilon^s_{r,j}$ 表示载波相位测量随机误差。

无电离层组合模型是精密单点定位中最为常用的模型，该模型通过构造无电离层组合观测值，消除了伪距和载波相位观测量中的电离层延迟。无电离层组合观测值的观测方程为

$$\rho^s_{r,IF} = r^s_r + c(\delta t_r - \delta t^s) + T^s_r + b_{r,IF} - b^s_{IF} + e^s_{r,IF} \tag{5.76}$$

$$L^s_{r,IF} = r^s_r + c(\delta t_r - \delta t^s) + T^s_r + \lambda_{IF}(N^s_{r,IF} + B_{r,IF} - B^s_{IF}) + \varepsilon^s_{r,IF} \tag{5.77}$$

式中

$$b_{r,IF} = (f^2_j b_{r,j} - f^2_k b_{r,k})/(f^2_j - f^2_k)$$

$$b^s_{IF} = (f^2_j b^s_j - f^2_k b^s_k)/(f^2_j - f^2_k)$$

$$N^s_{r,IF} = c(f_k f^2_j N^s_{r,j} - f_j f^2_k N^s_{r,k})/f_j f_k (f^2_j - f^2_k)/\lambda_{IF}$$

$$B_{r,IF} = c(f_k f^2_j B_{r,j} - f_j f^2_k B_{r,k})/f_j f_k (f^2_j - f^2_k)/\lambda_{IF}$$

$$B^s_{IF} = c(f_k f^2_j B^s_j - f_j f^2_k B^s_k)/f_j f_k (f^2_j - f^2_k)/\lambda_{IF}$$

根据 IGS 处理规范可知，IGS 提供的精密卫星钟差改正数 $c\delta t^s$ 是利用无电离层组合观测值估计出来的，其中已经包含了卫星内部的无电离层组合伪距硬件延迟 b^s_{IF} 。而在用户接收机端，接收机内部的无电离层组合伪距硬件延迟 $b_{r,IF}$ 可与接收机钟差 $c\delta t_r$ 进行合并。另外，由于载波相位延迟通常具有极高的时间稳定性，因此在 PPP 数据处理中，载波相位延迟 $B_{r,IF}$ 和 B^s_{IF} 可与整周模糊度 $N^s_{r,IF}$ 合并。

这样，在改正精密卫星钟差及对流层干延迟分量后，式(5.76)和式(5.77)可改写为

$$\rho^s_{r,IF} = r^s_r + c\bar{\delta} t_r + m \cdot T_z + e^s_{r,IF} \tag{5.78}$$

$$L^s_{r,IF} = r^s_r + c\bar{\delta} t_r + m \cdot T_z + \lambda_{IF} \overline{N}^s_{r,IF} + \varepsilon^s_{r,IF} \tag{5.79}$$

式中：m 为对流层延迟映射函数；T_z 为对流层天顶延迟，单位为 m；$\bar{\delta} t_r$ 和 $\overline{N}^s_{r,IF}$ 分别为重参数化后的接收机钟差和整周模糊度，具体为

$$c\bar{\delta} t_r = c\delta t_r + b_{r,IF} \tag{5.80}$$

$$\overline{N}^{s}_{r,IF} = N^{s}_{r,IF} + B_{r,IF} - B^{s}_{IF} \tag{5.81}$$

由于 PPP 采用精密卫星星历与卫星钟差，因此改正精密卫星钟差后的无电离层组合观测模型式(5.78)和式(5.79)，已经消除了卫星轨道误差和卫星钟差。对流层延迟可以分为干延迟分量和湿延迟分量两部分。其中，天顶对流层干延迟分量可以用 Saastamoinen 模型进行改正，而天顶对流层湿延迟分量则是需要作为待估参数进行估计，同时需要使用投影函数将其投影至斜路径方向上。另外，由于重参数化后的整周模糊度 $\overline{N}^{s}_{r,IF}$ 通常具有较高的时间稳定性，因此在 PPP 中，$\overline{N}^{s}_{r,IF}$ 也被作为待估参数进行估计。

当 GNSS 接收机观测到一颗可见卫星时，式(5.78)和式(5.79)中的未知参数共有 6 个，即 $\boldsymbol{X} = [x_r, y_r, z_r, \bar{\delta}t_r, T_z, \overline{N}^{s}_{r,IF}]^{T}$，分别对应于接收机坐标、重参数化后的接收机钟差、对流层天顶延迟和重参数化后的整周模糊度。将式(5.78)和式(5.79)在 $\boldsymbol{X}_0 = [x_{r0}, y_{r0}, z_{r0}, \bar{\delta}t_{r0}, T_{z0}, \overline{N}^{s}_{r,IF0}]^{T}$ 处泰勒展开，并忽略二阶及以上的误差项，可得

$$\rho^{s}_{r,IF} = \rho^{s}_{r,IF}\big|_{\boldsymbol{X}=\boldsymbol{X}_0} + e^{s}_{r,IF} \tag{5.82}$$

$$L^{s}_{r,IF} = L^{s}_{r,IF}\big|_{\boldsymbol{X}=\boldsymbol{X}_0} + \varepsilon^{s}_{r,IF} \tag{5.83}$$

式中

$$\rho^{s}_{r,IF}\big|_{\boldsymbol{X}=\boldsymbol{X}_0} = r^{s}_{r0} + c\bar{\delta}t_{r0} + m \cdot T_{z0} + \frac{x_{r0} - X^{s}}{r^{s}_{r0}}\mathrm{d}x + \frac{y_{r0} - Y^{s}}{r^{s}_{r0}}\mathrm{d}y + \frac{z_{r0} - X^{s}}{r^{s}_{r0}}\mathrm{d}z + \mathrm{d}\bar{\delta}t_r + m \cdot \mathrm{d}T_z$$

$$L^{s}_{r,IF}\big|_{\boldsymbol{X}=\boldsymbol{X}_0} = r^{s}_{r0} + c\bar{\delta}t_{r0} + m \cdot T_{z0} + \lambda_{IF}\overline{N}^{s}_{r,IF0} + \frac{x_{r0} - X^{s}}{r^{s}_{r0}}\mathrm{d}x + \frac{y_{r0} - Y^{s}}{r^{s}_{r0}}\mathrm{d}y + \frac{z_{r0} - X^{s}}{r^{s}_{r0}}\mathrm{d}z + \mathrm{d}\bar{\delta}t_r + m \cdot \mathrm{d}T_z + \lambda_{IF} \cdot \mathrm{d}\overline{N}^{s}_{r,IF}$$

$$r^{s}_{r0} = \sqrt{(x_{r0} - X^{s})^2 + (y_{r0} - Y^{s})^2 + (z_{r0} - Z^{s})^2}$$

将式(5.82)和式(5.83)写成矩阵形式，则有

$$\boldsymbol{L} = \boldsymbol{H} \cdot \delta\boldsymbol{X} + \boldsymbol{V} \tag{5.84}$$

式中

$$\boldsymbol{L} = [\rho^{s}_{r,IF} - \rho^{s}_{r,IF}\big|_{\boldsymbol{X}=\boldsymbol{X}_0} \quad L^{s}_{r,IF} - L^{s}_{r,IF}\big|_{\boldsymbol{X}=\boldsymbol{X}_0}]^{T}$$

$$\boldsymbol{H} = \begin{bmatrix} \dfrac{x_{r0} - X^{s}}{r^{s}_{r0}} & \dfrac{y_{r0} - Y^{s}}{r^{s}_{r0}} & \dfrac{z_{r0} - Z^{s}}{r^{s}_{r0}} & 1 & m & 0 \\ \dfrac{x_{r0} - X^{s}}{r^{s}_{r0}} & \dfrac{y_{r0} - Y^{s}}{r^{s}_{r0}} & \dfrac{z_{r0} - Z^{s}}{r^{s}_{r0}} & 1 & m & \lambda_{IF} \end{bmatrix}$$

$$\delta\boldsymbol{X} = [\mathrm{d}x_r \quad \mathrm{d}y_r \quad \mathrm{d}z_r \quad \mathrm{d}\bar{\delta}t_r \quad \mathrm{d}T_z \quad \mathrm{d}\overline{N}^{s}_{r,IF}]^{T}$$

$$\boldsymbol{V} = [e^{s}_{r,IF} \quad \varepsilon^{s}_{r,IF}]^{T}$$

如果某一历元同时观测到 n 颗 GNSS 卫星，则相应的观测方程组为

$$\boldsymbol{L}_1 = \boldsymbol{H}_1 \cdot \delta\boldsymbol{X}_1 + \boldsymbol{V}_1 \tag{5.85}$$

式中

$$\boldsymbol{L} = [\rho^{1}_{r,IF} - \rho^{1}_{r,IF}\big|_{\boldsymbol{X}=\boldsymbol{X}_0} \quad L^{1}_{r,IF} - L^{1}_{r,IF}\big|_{\boldsymbol{X}=\boldsymbol{X}_0} \quad \cdots \quad \rho^{n}_{r,IF} - \rho^{n}_{r,IF}\big|_{\boldsymbol{X}=\boldsymbol{X}_0} \quad L^{n}_{r,IF} - L^{n}_{r,IF}\big|_{\boldsymbol{X}=\boldsymbol{X}_0}]^{T}$$

$$\boldsymbol{H}=\begin{bmatrix}\dfrac{x_{r0}-X^1}{r_{r0}^1} & \dfrac{y_{r0}-Y^1}{r_{r0}^1} & \dfrac{z_{r0}-Z^1}{r_{r0}^1} & 1 & m & 0\\ \dfrac{x_{r0}-X^1}{r_{r0}^1} & \dfrac{y_{r0}-Y^1}{r_{r0}^1} & \dfrac{z_{r0}-Z^1}{r_{r0}^1} & 1 & m & \lambda_{IF}\\ \vdots & \vdots & \vdots & \vdots & \vdots & \vdots\\ \dfrac{x_{r0}-X^n}{r_{r0}^n} & \dfrac{y_{r0}-Y^n}{r_{r0}^n} & \dfrac{z_{r0}-Z^n}{r_{r0}^n} & 1 & m & 0\\ \dfrac{x_{r0}-X^n}{r_{r0}^n} & \dfrac{y_{r0}-Y^n}{r_{r0}^n} & \dfrac{z_{r0}-Z^n}{r_{r0}^n} & 1 & m & \lambda_{IF}\end{bmatrix}$$

$$\delta\boldsymbol{X}_1=\begin{bmatrix}\mathrm{d}x_r & \mathrm{d}y_r & \mathrm{d}z_r & \mathrm{d}\bar{\delta}t_r & \mathrm{d}T_z & \mathrm{d}\bar{N}_{r,IF}^1 & \mathrm{d}\bar{N}_{r,IF}^2 & \cdots & \mathrm{d}\bar{N}_{r,IF}^n\end{bmatrix}^{\mathrm{T}}$$

$$\mathbf{V}=\begin{bmatrix}e_{r,IF}^1 & \varepsilon_{r,IF}^1 & \cdots & e_{r,IF}^n & \varepsilon_{r,IF}^n\end{bmatrix}^{\mathrm{T}}$$

因此，式(5.85)的最小二乘估计结果为

$$\delta\boldsymbol{X}_1=(\boldsymbol{H}_1^{\mathrm{T}}\boldsymbol{H}_1)^{-1}\boldsymbol{H}_1^{\mathrm{T}}\boldsymbol{L}_1 \tag{5.86}$$

这样，便可得到用户接收机 r 的精确坐标为

$$\begin{bmatrix}x_r\\ y_r\\ z_r\end{bmatrix}=\begin{bmatrix}x_{r0}\\ y_{r0}\\ z_{r0}\end{bmatrix}+\begin{bmatrix}\mathrm{d}x_r\\ \mathrm{d}y_r\\ \mathrm{d}z_r\end{bmatrix} \tag{5.87}$$

式中：$\mathrm{d}x_r$，$\mathrm{d}y_r$，$\mathrm{d}z_r$ 可通过式(5.86)估计得到。

综上所述，精密单点定位技术采用单台双频 GNSS 接收机，利用 IGS 提供的精密卫星星历和卫星钟差，基于伪距和载波相位观测值实现了厘米级的高精度定位。

2.精密单点定位的误差改正模型

影响 GNSS 定位精度的主要误差源可分为三类：① 与卫星相关的误差，主要包括卫星轨道误差、卫星钟差、卫星天线相位中心偏差、相对论效应和相位缠绕；② 与信号传播相关的误差，主要包括对流层延迟误差、电离层延迟误差和多路径效应；③ 与接收机相关的误差，主要包括接收机钟差、接收机天线相位中心偏差、地球潮汐等。

为了实现厘米级的定位精度，精密单点定位必须对影响定位精度的各种误差进行消除或降低。目前，对于影响定位精度的各种误差，精密单点定位主要通过两种途径来解决：

(1)对于不能精确模型化的误差，作为待估参数进行估计或通过构造组合观测值进行消除。如对流层天顶湿延迟，目前还难以用模型精确描述，则将其作为待估参数进行估计；而电离层延迟误差，可通过构造双频组合观测值进行消除。

(2)对于能精确模型化的误差，采用模型进行改正，如卫星天线相位中心偏差、接收机天线相位中心偏差、相位缠绕和各种潮汐的影响等都可以采用现有的模型精确改正。

下面对几种能精确模型化的误差及其改正模型进行介绍。

1)卫星天线相位中心偏差改正模型。卫星天线相位中心偏差是指卫星质心和卫星发射信号的天线相位中心之间的偏差。卫星定轨中的轨道模型是以卫星质心为参考的，换言之，IGS 等组织提供的精密星历所计算的卫星位置是卫星质心的位置，而 GNSS 信号是从卫星的天线相位中心发射的，利用 GNSS 接收机所测量的卫星到接收机的观测距离(载波相位

或伪距)是卫星天线相位中心到地面 GNSS 接收天线之间的距离。因此,卫星质心与卫星天线相位中心的不一致,会引起卫星天线相位中心偏差,该偏差通常分为两部分:① 天线参考点与天线平均相位中心的偏差,称为天线相位中心偏移(Phase Center Offset, PCO);② 天线瞬时相位中心与平均相位中心的偏差,称为天线相位中心变化(Phase Center Variation, PCV),如图 5.9 所示。GNSS 卫星天线 PCO 和 PCV 改正信息由 IGS 等组织提供。

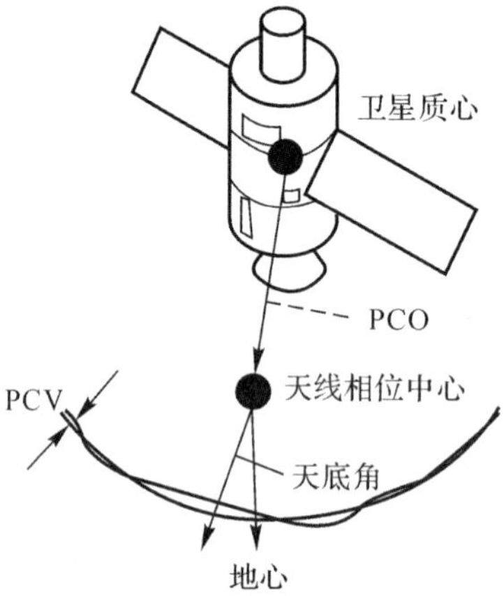

图 5.9 卫星天线相位中心偏差

IGS 等组织给出的 GNSS 卫星天线 PCO 改正信息通常表示在以卫星质心为原点的星固坐标系中,因此,需要将在星固坐标系中表示的卫星天线 PCO 改正信息 $[\Delta X, \Delta Y, \Delta Z]^{\mathrm{T}}$ 转换到地心地固坐标系中,具体的转换公式如下:

$$\Delta \boldsymbol{r}_{\mathrm{s,sant}} = \begin{bmatrix} \Delta x \\ \Delta y \\ \Delta z \end{bmatrix} = \boldsymbol{E}_{\mathrm{s}} \begin{bmatrix} \Delta X \\ \Delta Y \\ \Delta Z \end{bmatrix} \tag{5.88}$$

式中,$\boldsymbol{E}_{\mathrm{s}}$ 为星固坐标系至地心地固坐标系的转换矩阵,具体为

$$\boldsymbol{e}_{\mathrm{s},z} = -\frac{\boldsymbol{r}_{\mathrm{s}}}{|\boldsymbol{r}_{\mathrm{s}}|}, \quad \boldsymbol{e}_{\mathrm{s}} = \frac{\boldsymbol{r}_{\mathrm{sun}} - \boldsymbol{r}_{\mathrm{s}}}{|\boldsymbol{r}_{\mathrm{sun}} - \boldsymbol{r}_{\mathrm{s}}|}, \quad \boldsymbol{e}_{\mathrm{s},y} = \frac{\boldsymbol{e}_{\mathrm{s},z} \times \boldsymbol{e}_{\mathrm{s}}}{|\boldsymbol{e}_{\mathrm{s},z} \times \boldsymbol{e}_{\mathrm{s}}|}$$

$$\boldsymbol{e}_{\mathrm{s},x} = \boldsymbol{e}_{\mathrm{s},y} \times \boldsymbol{e}_{\mathrm{s},z}, \boldsymbol{E}_{\mathrm{s}} = (\boldsymbol{e}_{\mathrm{s},x}, \boldsymbol{e}_{\mathrm{s},y}, \boldsymbol{e}_{\mathrm{s},z})$$

式中:$\boldsymbol{r}_{\mathrm{s}}$ 为卫星在地心地固坐标系中的位置矢量;$\boldsymbol{r}_{\mathrm{sun}}$ 为太阳在地心地固坐标系中的位置矢量。

进而,在地心地固坐标系中将天线相位中心偏差投影到接收机与卫星之间的视线矢量上,则可得到卫星天线相位中心偏差引起的伪距误差为

$$\Delta\rho_{\mathrm{s}} = \frac{(\boldsymbol{r}_{\mathrm{s}} - \boldsymbol{r}_{\mathrm{E}}) \cdot \Delta \boldsymbol{r}_{\mathrm{s,sant}}}{|\boldsymbol{r}_{\mathrm{s}} - \boldsymbol{r}_{\mathrm{R}}|} \tag{5.89}$$

式中:$\boldsymbol{r}_{\mathrm{R}}$ 为接收机天线相位中心在地心地固坐标系中的位置矢量。

2)接收机天线相位中心偏差改正模型。在 GNSS 测量中,载波相位观测值是以接收机天线的实际相位中心为参考的。理论上讲,接收机天线理论设计相位中心与载波相位观测值的实际相位中心应该保持一致。而实际上,接收机天线观测载波相位时的实际相位中心,

会随着卫星信号输入的强度、方向及高度角的变化而变化，即在进行载波相位观测时，天线的实际相位中心与理论设计的相位中心不重合，两者的偏差值可达数毫米，甚至数厘米，这项误差称为接收机天线相位中心偏差。在精密单点定位中，如果要实现厘米级甚至更高的定位精度，就需要对这项偏差进行改正。接收机天线相位中心偏差也可分为 PCO 和 PCV 两部分，如图 5.10 所示。接收机天线 PCO 和 PCV 改正信息由 IGS 等组织提供。

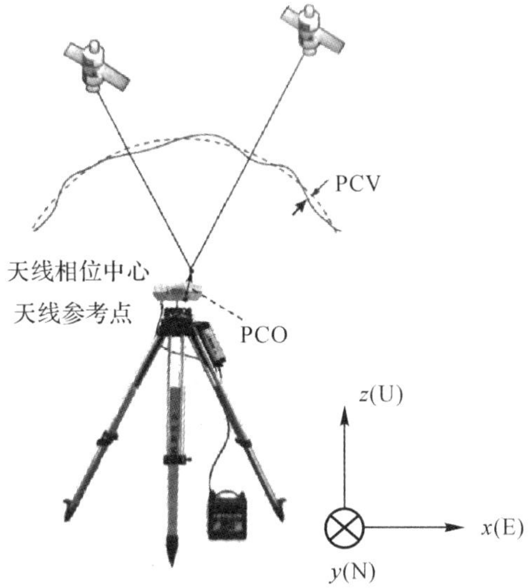

图 5.10　接收机天线相位中心偏差

IGS 等组织给出的 GNSS 接收机天线 PCO 改正信息通常表示在当地水平坐标系中，因此需要将在当地水平坐标系中表示的接收机天线 PCO 改正信息 $[\Delta E, \Delta N, \Delta U]^{\mathrm{T}}$ 转换到地心地固坐标系中，具体的转换公式如下：

$$\Delta \boldsymbol{r}_{\mathrm{r,sant}} = \begin{bmatrix} \Delta x \\ \Delta y \\ \Delta z \end{bmatrix} = \boldsymbol{R}_z(270° - \lambda)\boldsymbol{R}_x(L - 90°)\begin{bmatrix} \Delta E \\ \Delta N \\ \Delta H \end{bmatrix} \tag{5.90}$$

式中：$\boldsymbol{R}_i, i = x, z$ 表示基元旋转矩阵；λ 和 L 分别为接收机所在位置的大地经度和纬度。

进而，在地心地固坐标系中将天线相位中心偏差投影到接收机与卫星之间的视线矢量上，则可得到接收机天线相位中心偏差引起的伪距误差为

$$\Delta\rho_{\mathrm{r}} = \frac{(\boldsymbol{r}_{\mathrm{s}} - \boldsymbol{r}_{\mathrm{R}}) \cdot \Delta \boldsymbol{r}_{\mathrm{r,sant}}}{|\boldsymbol{r}_{\mathrm{s}} - \boldsymbol{r}_{\mathrm{R}}|} \tag{5.91}$$

式中：$\boldsymbol{r}_{\mathrm{s}}$ 为卫星质心在地心地固坐标系中的位置矢量；$\boldsymbol{r}_{\mathrm{R}}$ 为接收机天线相位中心在地心地固坐标系中的位置矢量。

3）相位缠绕。由于 GNSS 卫星发射的是右旋极化（Right Circular Polarization，RCP）的电磁波信号，所以接收机观测到的载波相位值依赖于卫星天线与接收机天线之间的相互方位关系。接收机天线或卫星天线绕极化轴向的旋转会改变载波相位观测值，最大可达一周（天线旋转一周），这种效应就称为“相位缠绕”。对于接收机天线来讲，如果是静态观测，则天线不会发生旋转。但是对于卫星天线，卫星为了保持其太阳能翼板面向太阳，卫星天线

相应地会发生缓慢的旋转。此外,在卫星进出地影区域时,为了使其太阳能翼板面向太阳而快速旋转,卫星在 0.5 h 内就可旋转一周,在这段时间,载波相位观测数据需要进行相位改正。

对于短基线(几百千米以内)的高精度相对定位,通过双差可以消除相位缠绕对定位精度的影响,但在采用非差载波相位观测值的精密单点定位中,相位缠绕不能被消除,其影响量级可达半周,必须加以改正。相位缠绕的改正模型为

$$\Delta\varphi = \mathrm{sign}(\xi)\arccos(\boldsymbol{D}'\cdot\boldsymbol{D}/|\boldsymbol{D}'|\cdot|\boldsymbol{D}|) \tag{5.92}$$

式中:$\xi=\hat{\boldsymbol{k}}\cdot(\boldsymbol{D}'\times\boldsymbol{D})$,$\hat{\boldsymbol{k}}$ 是卫星到接收机的单位视线矢量;$\boldsymbol{D}'$、$\boldsymbol{D}$ 分别是卫星和接收机天线的有效偶极矢量,其计算公式为

$$\boldsymbol{D}'=\hat{\boldsymbol{x}}'-\hat{\boldsymbol{k}}(\hat{\boldsymbol{k}}\cdot\hat{\boldsymbol{x}})-\hat{\boldsymbol{k}}\times\hat{\boldsymbol{y}}' \tag{5.93}$$

$$\boldsymbol{D}=\hat{\boldsymbol{x}}-\hat{\boldsymbol{k}}(\hat{\boldsymbol{k}}\cdot\hat{\boldsymbol{x}})+\hat{\boldsymbol{k}}\times\hat{\boldsymbol{y}} \tag{5.94}$$

式中:$\hat{\boldsymbol{x}}'$、$\hat{\boldsymbol{y}}'$ 分别表示星固坐标系 x、y 轴方向的单位矢量;$\hat{\boldsymbol{x}}$、$\hat{\boldsymbol{y}}$ 分别表示接收机站心坐标系 x、y 轴方向的单位矢量。

4)地球固体潮改正。摄动天体(月球、太阳)对地球的引力作用使地球表面产生周期性的涨落,称为固体潮现象。固体潮改正在径向可达 30 cm,水平方向可达 5 cm。固体潮包括与纬度有关的长期偏移项和主要由日周期和半日周期组成的周期项。通过 24 h 的静态观测,可平均掉大部分的周期项影响。但是对于长期偏移项部分,即使利用长时间(如 24 h)的观测,该偏移项仍包含在用户接收机坐标中。在短基线 GNSS 相对定位中,两个用户接收机的固体潮影响几乎是相同的,在差分过程中可以被抵消,因此可不考虑此项改正。但是,对于采用非差载波相位观测值的精密单点定位来讲,固体潮的影响不能通过差分被消除,必须利用模型进行改正。固体潮对用户接收机位置影响的近似公式为

$$\begin{aligned}\Delta\boldsymbol{r}=&\sum_{j=2}^{3}\frac{GM_j}{GM}\cdot\frac{r^4}{R_j^3}\left\{[3l_2(\hat{\boldsymbol{R}}_j\cdot\hat{\boldsymbol{r}})]\hat{\boldsymbol{R}}_j+\left[3\cdot\left(\frac{h_2}{2}-l_2\right)\cdot(\hat{\boldsymbol{R}}_j\cdot\hat{\boldsymbol{r}})^2-\frac{h_2}{2}\right]\hat{\boldsymbol{r}}\right\}+\\&[-0.025\cdot\sin L\cos L\sin(\theta_g+\lambda)]\cdot\hat{\boldsymbol{r}}\end{aligned} \tag{5.95}$$

式中:GM_j 为摄动天体($j=2$ 为月球,$j=3$ 为太阳)的引力常数;GM 为地球引力常数;r 为用户接收机到地心的距离;$\hat{\boldsymbol{r}}$ 为用户接收机到地心的单位矢量;R_j 为摄动天体到地心的距离;$\hat{\boldsymbol{R}}_j$ 为摄动天体到地心的单位矢量;l_2、h_2 为二阶 Love 数和 Shida 数($l_2=0.609\ 0$,$h_2=0.085\ 2$);L、λ 为用户接收机所在位置的纬度和经度;θ_g 为格林尼治平恒星时。

综上所述,只要获得精密卫星星历和卫星钟差,并根据上述模型进行误差改正,便可获得实时分米级、事后厘米级的单点精密定位结果。

5.4 载波相位定姿方法

GNSS 目前已经广泛应用于定位、导航、授时、测地等各种领域,而利用 GNSS 信号对载体姿态进行测量是 GNSS 应用的一个新领域。GNSS 定姿技术利用接收机所接收到的载波

相位信息来实现载体姿态的测量与确定，它是基于载波相位干涉测量原理，通过配置至少三个非共线接收天线，构成至少两条非共线基线矢量，进而利用载波相位差分观测信息确定各基线矢量在导航坐标系下的指向，并结合各天线在载体坐标系下的安装关系，从而确定出载体相对于导航坐标系的姿态。本节依次介绍基于基线矢量的 GNSS 定姿原理和基线矢量确定原理，在此基础上，系统阐述常用的 GNSS 定姿方法及其特点。

5.4.1　载波相位定姿基本原理

载体的姿态可以用载体坐标系（b 系）相对导航坐标系（n 系）的三个姿态角确定，即用航向角 ψ 、俯仰角 θ 和滚转角 γ 确定。此外，载体的姿态还可以用 b 系到 n 系的坐标转换矩阵 $\boldsymbol{C}_b^n$ 来确定。矩阵 $\boldsymbol{C}_b^n$ 又称姿态矩阵，它与三个姿态角 ψ、θ 和 γ 之间满足如下关系：

$$
\begin{aligned}
\boldsymbol{C}_b^n &= (\boldsymbol{C}_n^b)^{\mathrm{T}} = [\boldsymbol{R}_y(\gamma)\,\boldsymbol{R}_x(\theta)\,\boldsymbol{R}_z(\psi)]^{\mathrm{T}} = \\
&\left\{\begin{bmatrix} \cos\gamma & 0 & -\sin\gamma \\ 0 & 1 & 0 \\ \sin\gamma & 0 & \cos\gamma \end{bmatrix}\begin{bmatrix} 1 & 0 & 0 \\ 0 & \cos\theta & \sin\theta \\ 0 & -\sin\theta & \cos\theta \end{bmatrix}\begin{bmatrix} \cos\psi & \sin\psi & 0 \\ -\sin\psi & \cos\psi & 0 \\ 0 & 0 & 1 \end{bmatrix}\right\}^{\mathrm{T}} = \\
&\begin{bmatrix} \cos\gamma\cos\psi - \sin\gamma\sin\theta\sin\psi & \cos\gamma\sin\psi + \sin\gamma\sin\theta\cos\psi & -\sin\gamma\cos\theta \\ -\cos\theta\sin\psi & \cos\theta\cos\psi & \sin\theta \\ \sin\gamma\cos\psi + \cos\gamma\sin\theta\sin\psi & \sin\gamma\sin\psi - \cos\gamma\sin\theta\cos\psi & \cos\gamma\cos\theta \end{bmatrix}^{\mathrm{T}} = \\
&\begin{bmatrix} \cos\gamma\cos\psi - \sin\gamma\sin\theta\sin\psi & -\cos\theta\sin\psi & \sin\gamma\cos\psi + \cos\gamma\sin\theta\sin\psi \\ \cos\gamma\sin\psi + \sin\gamma\sin\theta\cos\psi & \cos\theta\cos\psi & \sin\gamma\sin\psi - \cos\gamma\sin\theta\cos\psi \\ -\sin\gamma\cos\theta & \sin\theta & \cos\gamma\cos\theta \end{bmatrix}
\end{aligned}
\tag{5.96}
$$

式中：$\boldsymbol{R}_i, i = x, y, z$ 表示基元旋转矩阵。

1.姿态解算方法

在利用 GNSS 接收机确定载体的姿态信息时，GNSS 接收天线的安装位置如图 5.11 所示。其中，天线 A 位于载体质心 O，天线 B 位于 Y_b 轴正向，天线 C 位于 X_b 轴正向。

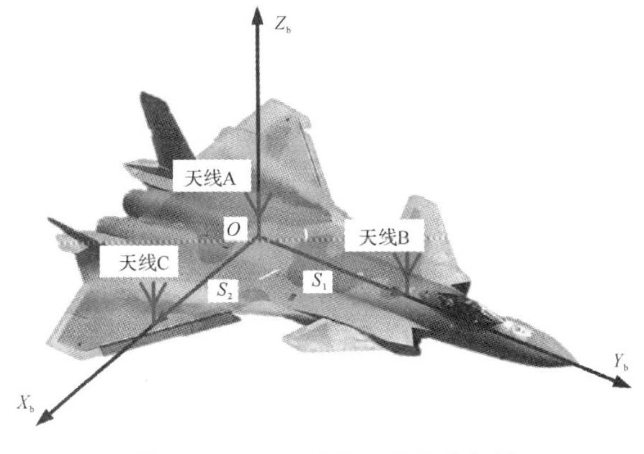

图 5.11　GNSS 接收天线安装位置

首先,利用点 A (天线 A 在坐标系中的位置)和点 B (天线 B 在坐标系中的位置)组成的基线矢量 $\boldsymbol{S}_1$ 确定载体的俯仰角 θ 和航向角 ψ 。如图 5.12 所示,将天线 B 在水平面 OX_nY_n 内的投影点记为点 D ,点 D 在 OY_n 轴上的投影点记为点 E ,则在直角三角形 ABD 和 AED 中,θ 和 ψ 分别为

$$\left.\begin{aligned}\theta &= \arctan\left(\frac{|BD|}{|AD|}\right) = \arctan\left(\frac{z_{1n}}{\sqrt{x_{1n}^2 + y_{1n}^2}}\right) \\ \psi &= \arctan\left(\frac{|DE|}{|AE|}\right) = \arctan\left(\frac{-x_{1n}}{y_{1n}}\right)\end{aligned}\right\} \tag{5.97}$$

式中:$\boldsymbol{S}_1^n = [x_{1n}, y_{1n}, z_{1n}]^T$ 为 $\boldsymbol{S}_1$ 在 n 系中的坐标。

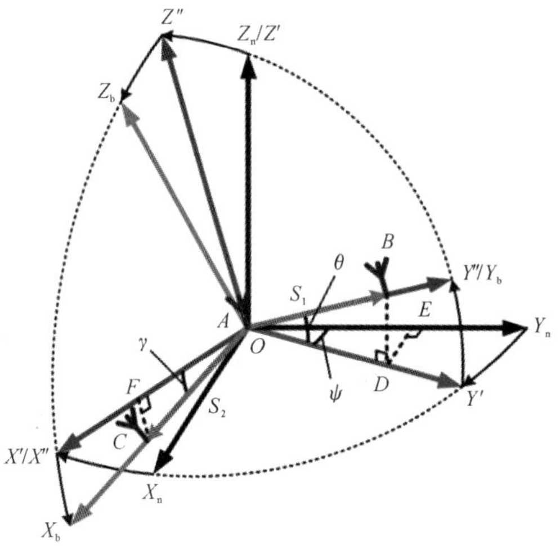

图 5.12 姿态角关系

进而,利用天线 A 和天线 C 组成的基线矢量 $\boldsymbol{S}_2$ 确定载体的滚转角 γ 。如图 5.12 所示,将点 C (天线 C 在坐标系中的位置)在 OX'' 轴上的投影点记为点 F ,则在直角三角形 ACF 中,γ 为

$$\gamma = \arctan\left(\frac{|CF|}{|AF|}\right) = \arctan\left(\frac{-z''_2}{x''_2}\right) \tag{5.98}$$

式中:$\boldsymbol{S}''_2 = [x''_2, y''_2, z''_2]^T$ 为 $\boldsymbol{S}_2$ 在 $OX''Y''Z''$ 系中的坐标,可以利用 $\boldsymbol{S}_2$ 在 n 系中的坐标 $\boldsymbol{S}_2^n$ 经过坐标转换得到,即

$$\begin{aligned}\boldsymbol{S}''_2 &= \boldsymbol{R}_x(\theta)\boldsymbol{R}_z(\psi)\boldsymbol{S}_2^n = \\ &\begin{bmatrix}1 & 0 & 0 \\ 0 & \cos\theta & \sin\theta \\ 0 & -\sin\theta & \cos\theta\end{bmatrix}\begin{bmatrix}\cos\psi & \sin\psi & 0 \\ -\sin\psi & \cos\psi & 0 \\ 0 & 0 & 1\end{bmatrix}\begin{bmatrix}x_{2n} \\ y_{2n} \\ z_{2n}\end{bmatrix} = \\ &\begin{bmatrix}\cos\psi & \sin\psi & 0 \\ -\cos\theta\sin\psi & \cos\theta\cos\psi & \sin\theta \\ \sin\theta\sin\psi & -\sin\theta\cos\psi & \cos\theta\end{bmatrix}\begin{bmatrix}x_{2n} \\ y_{2n} \\ z_{2n}\end{bmatrix}\end{aligned} \tag{5.99}$$

展开后可得

$$\left.\begin{aligned} x''_2 &= x_{2n}\cos\psi + y_{2n}\sin\psi \\ y''_2 &= (y_{2n}\cos\psi - x_{2n}\sin\psi)\cos\theta + z_{2n}\sin\theta \\ z''_2 &= (x_{2n}\sin\psi - y_{2n}\cos\psi)\sin\theta + z_{2n}\cos\theta \end{aligned}\right\} \tag{5.100}$$

式中：x_{2n}、y_{2n}、z_{2n} 为 $\boldsymbol{S}_2$ 在 n 系中的坐标。

将式(5.100)代入式(5.98)，可得

$$\gamma = \arctan\left(\frac{y_{2n}\cos\psi\sin\theta - x_{2n}\sin\psi\sin\theta - z_{2n}\cos\theta}{x_{2n}\cos\psi + y_{2n}\sin\psi}\right) \tag{5.101}$$

式(5.97)和式(5.101)即为利用基线矢量 $\boldsymbol{S}_1$、$\boldsymbol{S}_2$ 在 n 系中的坐标解算载体俯仰角、航向角和滚转角的方法。

2.基线矢量确定方法

由式(5.97)和式(5.101)可知，确定 n 系下的基线矢量 $\boldsymbol{S}_1^n$、$\boldsymbol{S}_2^n$ 是实现 GNSS 定姿的关键。而 GNSS 定姿方法便是根据载波相位干涉测量原理来确定 n 系下的基线矢量的，如图 5.13 所示。

可以看出，天线 A 和天线 B 同时接收第 i 颗 GNSS 卫星发射的信号，则天线 A 和天线 B 对第 i 颗卫星的载波相位测量值 φ_A^i 与 φ_B^i 可分别表示为

$$\varphi_A^i = \lambda^{-1}(r_A^i - d_{A,Ion}^i + d_{A,Tro}^i) + f(dT_{A,rr} - dt^i) + N_A^i + v_A^i \tag{5.102}$$

$$\varphi_B^i = \lambda^{-1}(r_B^i - d_{B,Ion}^i + d_{B,Tro}^i) + f(dT_{B,rr} - dt^i) + N_B^i + v_B^i \tag{5.103}$$

式中：λ 为 GNSS 信号的载波波长；r_A^i 和 r_B^i 分别为天线 A 和天线 B 到第 i 颗卫星的真实距离；$d_{A,Ion}^i$ 和 $d_{B,Ion}^i$ 为电离层延迟引起的距离偏差；$d_{A,Tro}^i$ 和 $d_{B,Tro}^i$ 为对流层延迟引起的距离偏差；f 为 GNSS 信号的载波频率；$dT_{A,rr}$ 和 $dT_{B,rr}$ 分别为接收机 A 和接收机 B 的钟差；dt^i 为第 i 颗卫星的钟差；N_A^i 和 N_B^i 为整周模糊度；v_A^i 和 v_B^i 为测量随机误差。

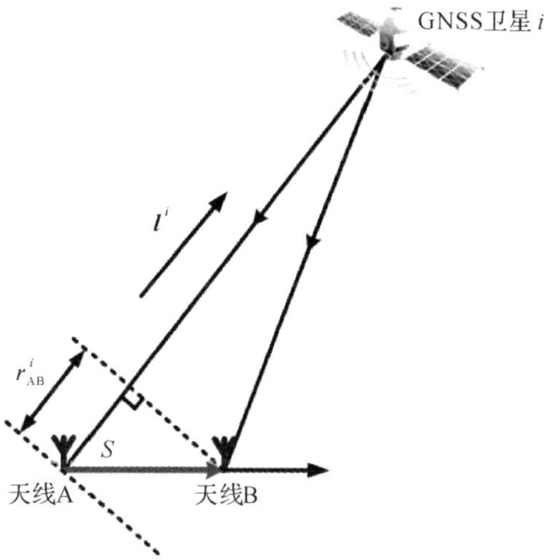

图 5.13　载波相位干涉测量原理

将天线 A 和天线 B 对第 i 颗卫星的载波相位测量值 φ_A^i 和 φ_B^i 作差，则可得到单差载波相位测量值 φ_{AB}^i，即

$$\varphi_{AB}^{i}=\varphi_{A}^{i}-\varphi_{B}^{i} \tag{5.104}$$

将式(5.102)和式(5.103)代入式(5.104),可得

$$\varphi_{AB}^{i}=\lambda^{-1}r_{AB}^{i}+f\mathrm{d}T_{AB,rr}+N_{AB}^{i}+v_{AB}^{i} \tag{5.105}$$

式中:$r_{AB}^{i}=r_{A}^{i}-r_{B}^{i}$ 为天线 A 和天线 B 到第 i 颗卫星真实距离的单差值;$\mathrm{d}T_{AB,rr}=\mathrm{d}T_{A,rr}-\mathrm{d}T_{B,rr}$ 为接收机钟差的单差值;$N_{AB}^{i}=N_{A}^{i}-N_{B}^{i}$ 为整周模糊度的单差值;$v_{AB}^{i}=v_{A}^{i}-v_{B}^{i}$ 为测量随机误差的单差值。考虑到天线 A 和天线 B 相距不远,由电离层延迟和对流层延迟引起的距离偏差单差值 $d_{AB,Ion}^{i}$ 和 $d_{AB,Tro}^{i}$ 一般很小,故它们在式(5.105)中已被略去。

此外,由于天线 A(或天线 B)到第 i 颗卫星的距离远大于天线 A 和天线 B 之间的距离,故天线 A 到第 i 颗卫星的单位视线矢量和天线 B 到第 i 颗卫星的单位视线矢量可视为同一矢量 $\boldsymbol{l}^{i}$。因此,天线 A 和天线 B 到第 i 颗卫星真实距离的单差值 r_{AB}^{i} 可以表示为

$$r_{AB}^{i}=\boldsymbol{S}\cdot\boldsymbol{l}^{i} \tag{5.106}$$

这样,将式(5.106)代入式(5.105),并将其投影在 n 系中,可得

$$\varphi_{AB}^{i}=\lambda^{-1}[\boldsymbol{S}^{n}\cdot(\boldsymbol{l}^{i})_{n}]+f\mathrm{d}T_{AB,rr}+N_{AB}^{i}+v_{AB}^{i} \tag{5.107}$$

式中:$\boldsymbol{S}^{n}$ 为由天线 A 和天线 B 组成的基线矢量 $\boldsymbol{S}$ 在 n 系中的坐标;$(\boldsymbol{l}^{i})_{n}$ 为天线 A(或天线 B)到第 i 颗卫星的单位视线矢量在 n 系中的坐标。

通过将式(5.102)、式(5.103)和式(5.107)进行对比可知,站间单差可基本消除空间相关性较强的卫星钟差、星历误差和大气延迟等公共误差。但从式(5.107)可以看出,单差测量值 φ_{AB}^{i} 中仍然含有接收机钟差的单差值 $\mathrm{d}T_{AB,rr}$。为了进一步消除 $\mathrm{d}T_{AB,rr}$,对第 i 颗卫星和第 j 颗卫星的单差载波相位测量值再次差分,则可得到双差载波相位测量值 φ_{AB}^{ij},即

$$\varphi_{AB}^{ij}=\lambda^{-1}[(\boldsymbol{l}^{i})_{n}-(\boldsymbol{l}^{j})_{n}]\cdot\boldsymbol{S}^{n}+N_{AB}^{ij}+v_{AB}^{ij} \tag{5.108}$$

式中:$(\boldsymbol{l}^{j})_{n}$ 为天线 A(或天线 B)到第 j 颗卫星的单位视线矢量在 n 系中的坐标;N_{AB}^{ij} 为整周模糊度的双差值;v_{AB}^{ij} 为测量随机误差的双差值。

在整周模糊度解算完成后,双差载波相位测量方程式(5.108)中,只有 $\boldsymbol{S}^{n}=[x_{n},y_{n},z_{n}]^{T}$ 为未知量。因此,将同一历元的三个或以上的双差载波相位测量方程进行联立,可以求解出 n 系下的基线矢量 $\boldsymbol{S}^{n}$。之后,便可以利用求解得到的 $\boldsymbol{S}^{n}$ 计算载体的姿态信息,实现 GNSS 定姿。

5.4.2 GNSS 定姿方法

由 GNSS 定姿原理可知,GNSS 定姿技术的关键在于观测方程中未知整周模糊度的求解,根据整周模糊度求解所需历元数的不同,可将 GNSS 定姿方法分为单历元定姿方法和多历元定姿方法两类。

1.GNSS 单历元定姿方法

GNSS 单历元定姿方法就是根据单个历元的多天线测量信息完成整周模糊度的实时解算,进而实现单历元实时姿态确定,其流程如图 5.14 所示。

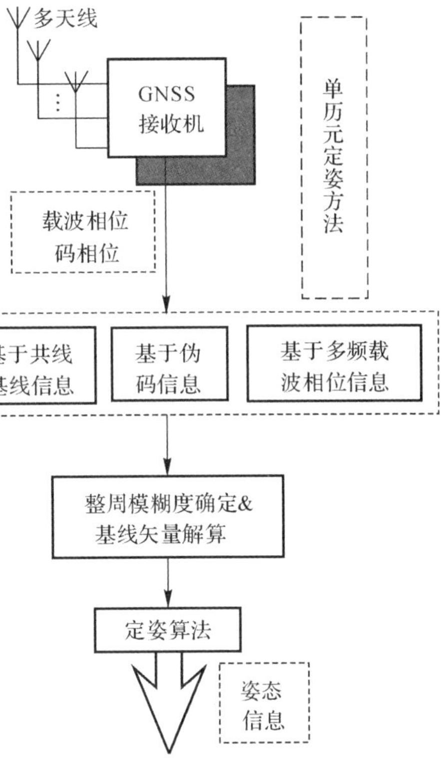

图 5.14　GNSS 单历元定姿流程图

可以看出，GNSS 单历元定姿方法无需进行周跳检测与修复，仅利用单个历元的观测信息即可实现定姿。但是该方法面临的最大困难就是单个历元的可用观测信息不足，当只利用载波相位观测信息时，整周模糊度和基线矢量的同时确定会使观测方程面临亏秩问题，无法给出唯一解。因此该方法需要利用其他辅助信息才能实现真正意义上的单历元定姿，根据所用辅助信息的不同又可将单历元定姿方法分为以下三类：

(1)利用伪码观测信息的单历元定姿方法。利用伪码观测信息的单历元定姿方法是借助测量精度较差的伪码观测量来解决观测方程亏秩问题。伪码观测量中不存在整周模糊度，所以它的加入不会带来未知量的增加。但伪码观测量的低精度会使得整周模糊度解算成功率不高，进而造成定姿精度下降。

(2)利用多频信息的单历元定姿方法。利用多频信息的单历元定姿方法是借助多频载波相位观测量来增加观测信息的冗余度。该方法通过多频载波相位测量值的线性组合，组成波长更长的超宽巷、宽巷组合测量值，并结合伪码测量值进行逐级模糊度的确定，进而完成单历元定姿。这种方法在求解整周模糊度的过程中无需复杂的搜索过程，运算流程简单，但是这种方法对观测信息精度要求较高，否则求解成功率将大大降低，甚至产生错误的姿态信息。另外，多频接收机的使用会使定姿成本增加，这也是一般用户需要考虑的问题。

(3)利用共线基线信息的单历元定姿方法。利用共线基线信息的单历元定姿方法是将三天线共线配置成一条基线，通过这种方式来提供更多的约束信息，用以简化整周模糊度的求解。通过合理配置共线三天线的相对位置，直接或间接构造出长度小于半个载波波长的

"短基线",这样便消除了"短基线"模糊度的影响。通过共线长、短基线间的长度关系可以确定出"长基线"的模糊度,进而实现单历元定姿。"短基线"可以消除模糊度影响,而"长基线"受测量误差的影响更小,定姿精度更高,这种方法融合长、短基线各自优势,通过它们之间的共线定长约束实现快速定姿。但这种方法的缺点除了增加硬件成本、对共线安装要求高之外,"短基线"矢量的确定受测量误差影响较大,这样会导致"长基线"模糊度确定成功率不高,进而影响定姿精度。

单历元定姿方法的最大优势就是不受周跳的影响,尤其适合动态实时定姿场合,但单历元的整周模糊度求解成功率较低,可靠性难以保证,仍是当前的研究热点和难点之一。

2.GNSS 多历元定姿方法

GNSS 多历元定姿方法就是根据多个历元的多天线测量信息完成整周模糊度的解算并实现姿态确定,其流程如图 5.15 所示。

可以看出,GNSS 多历元定姿方法需要设置周跳检测与修复环节,流程更为复杂,并且需要多个历元的载波相位和积分多普勒来完成姿态确定。积分多普勒是将 GNSS 接收机对载波锁定后的多普勒频移进行积分后得到的载波整周计数值。以双差载波相位观测方程为例,含有积分多普勒计数值的观测方程可表示为

$$\varphi_{AB}^{ij}=\lambda^{-1}[(\boldsymbol{l}^{i})_{n}-(\boldsymbol{l}^{j})_{n}]\cdot\boldsymbol{S}^{n}+(N_{AB,0}^{ij}+I_{AB}^{ij})+v_{AB}^{ij}\tag{5.109}$$

式中:$N_{AB,0}^{ij}$ 为载波锁定历元的双差整周模糊度;I_{AB}^{ij} 为从载波锁定历元到当前历元的双差积分多普勒。

积分多普勒建立了载波锁定后各历元整周模糊度之间的联系,通过联立多个历元的观测方程,在增加观测信息的同时并未引起待求解未知量个数的增加,因此,可以解决单历元载波相位观测方程的亏秩问题。另外,与 GNSS 单历元定姿方法相比,GNSS 多历元定姿方法只利用了高精度的载波相位观测量,因此解算得到的初始历元整周模糊度以及定姿结果也更加精确。

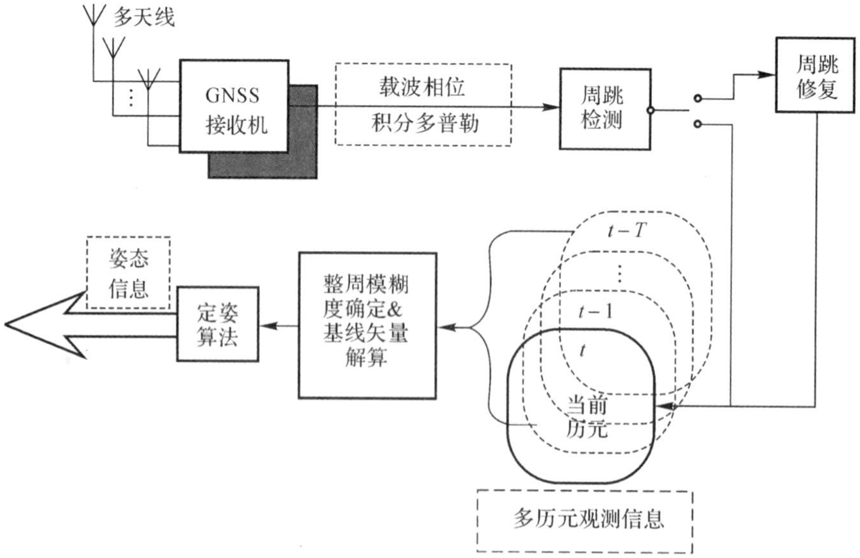

图 5.15 GNSS 多历元定姿流程图

但是，GNSS 多历元定姿方法也有其不足之处。首先，通过多个历元的观测信息才能确定初始历元的整周模糊度，这样显然无法满足实时定姿要求；其次，上述理论是建立在积分多普勒计数值正确，即接收机对载波持续锁定的基础上的，而实际应用中，由于卫星信号被暂时遮挡或外界干扰等因素，经常引起卫星跟踪的暂时中断，这时积分多普勒计数值可能发生错误，产生周跳现象，因此，GNSS 多历元定姿方法需要借助周跳的检测与修复技术，而该技术本身就具有一定的挑战性，这样也就加剧了 GNSS 多历元定姿方法的复杂性。

第6章 GNSS软件接收机设计方法

随着数字信号处理技术的发展,GNSS卫星信号的接收处理越来越趋向于采用软件的方法来实现。基于软件无线电的GNSS软件接收机是将接收到的卫星射频信号下变频后生成的中频信号,全部采用软件手段进行信号捕获、跟踪等处理,而不是像传统接收机一样采用硬件来实现。软件接收机在信号处理算法实现方面,相对于传统接收机具有不可比拟的灵活性,并且实现简单、适应性强、成本低。

和硬件接收机类似,GNSS软件接收机也包括信号捕获、跟踪、导航电文解析、伪距计算以及用户位置计算等处理环节。GNSS卫星发射的信号被天线接收,通过射频(Radio Frequency, RF)前端将输入信号放大到合适的幅度,并将射频频率转换到需要的输出频率上,通常为几兆赫兹到十几兆赫兹的中频信号,再通过模数转换器(Analog to Digital Converter, ADC)将输出信号变成数字信号。在信号数字化之后,就可以用软件进行处理。根据导航数据位的极性变化,得到子帧和导航数据,再通过对导航数据解析便可获得星历数据以及原始伪距观测量。利用星历数据获取卫星的位置,通过卫星的位置和伪距就可以计算出用户的位置信息。

本章首先介绍GNSS软件接收机的结构与功能;进而,系统地介绍软件接收机相关模块的设计方法,包括GNSS信号捕获、码环和载波环跟踪、子帧同步、星历解析、伪距和伪距率计算、接收机的定位与测速等功能模块;最后,给出接收机的工作流程,并基于实测中频信号对GNSS软件接收机进行全功能测试。

6.1 GNSS软件接收机的结构与功能

6.1.1 软件接收机特点

随着GNSS系统的发展,GNSS卫星发射的信号结构将会有较大改变。依照现有硬件GNSS接收机的模式,使用这些新的信号必须更换内部的相关器芯片,用户向下一代GNSS接收机的过渡将面临着很高的升级费用。另外,世界上已有多个GNSS,多个GNSS的融合能够提供更可靠的服务,因此GNSS接收机还面临着与不同GNSS系统相兼容的问题。这些问题都是传统以硬件为主的接收机难以解决的。基于软件无线电的GNSS软件接收机采用相对通用的硬件平台或PC,通过加载不同的应用程序来实现不同的设计思想,可以很好地解决上述问题。另外，软件接收机的相关运算是由软件来完成的，处理新的信号无须增加新的相关器芯片；处理新频率和新伪随机码的信号只须简单地更换不同的程序软件就能实现，具有很好的灵活性。相对于传统的硬件接收机，GNSS 软件接收机具有如下优势：

(1)软件的长效性：软件消除了硬件接收机元器件的非线性、温度限制和寿命限制等缺点。

(2)灵活性：可以随时调整和修改参数，或根据环境使用不同的门限值等，来保证接收机在任何情况下都能快速准确地实现定位的目的；同时，GNSS 软件接收机还可以处理使用各种硬件收集的数据和各种频率的采样信号。

(3)快速开发和实现：由于没有硬件部分，在需要改造或升级时，不需要开发新的硬件电路，而只需要使用新的软件便可实现改造或升级，相比硬件电路而言周期大大缩短了。

(4)强适应性：若新的卫星导航系统出现后，只要对软件稍做调整，便可适应不同的导航系统，因而可以在不开发硬件、不另外购买新接收机的情况下，非常方便地实现对新卫星信号的接收和解算功能。

(5)模块化设计：部分软件模块可以进行复用，从而可以降低开发的成本。

(6)测试的便捷性：在不开发任何硬件的条件下，软件接收机为开发人员提供了便利的评价和测试方法，即可供教育、研究机构来研究、测试新的软件算法、评估接收机的性能等，有利于将最新理论研究结果应用于 GNSS 接收机。

因此，软件接收机是当前卫星导航定位领域的一个发展趋势。

6.1.2　软件接收机结构

典型的 GNSS 接收机主要由天线、射频前端模块、接收通道和接收机处理器组成。接收通道包括信号的捕获和跟踪；接收机处理器主要进行卫星导航电文解析和导航解算处理。传统硬件接收机的接收通道是利用专用集成电路(Application Specific Integrated Circuit, ASIC)来实现的，它不仅完成诸如环路鉴别器、环路滤波器、锁定检测器等基带信号处理功能，还完成与控制每个接收机通道的信号处理有关的决策功能。一旦设计定型，硬件接收机的信号捕获、跟踪环路等方式及其参数就难以改变了。

软件接收机(Software-Defined Receiver, SDR)源于软件无线电的概念。作为软件无线电的一个重要分支，SDR 是指在接收机设计中按照软件无线电的思想，尽量在靠近天线处进行灵活可配置的软件化数字处理。现阶段，SDR 主要是利用射频前端进行下变频得到数字中频信号后，信号的捕获、跟踪与导航解算均由软件实现，而真正的全数字化 SDR 应是省略下变频过程，对射频信号放大采样后的工作全部由软件实现。但是，在当前技术条件下，直接对射频信号进行放大并采样的技术难度较大，而且研发成本很高。随着集成电路(Integrated Circuit, IC)技术的快速发展，全数字化 SDR 将是未来卫星导航接收机发展的方向。图 6.1 给出了三种不同的 GNSS 接收机结构。

图 6.2 为典型的 SDR 结构，输入接收机的数据可以从射频前端采集得到，也可以由 GNSS 中频信号模拟器产生，后续处理过程全部由软件实现。SDR 结构与传统硬件接收机的最大区别在于生成数字中频信号后，信号存储、捕获、跟踪、导航电文解析、导航解算等功

能都是通过软件来实现的，从而代替了传统接收机使用硬件电路完成通道设计的方案，用户可以灵活改变信号捕获和跟踪方法而不改变硬件电路。

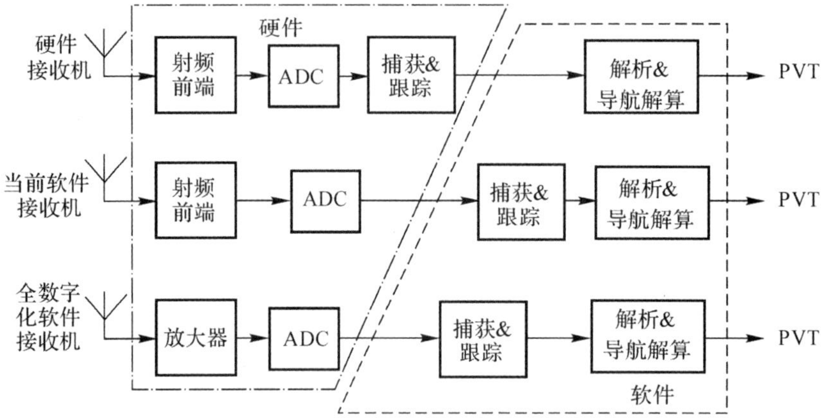

图 6.1 三种不同的 GNSS 接收机结构

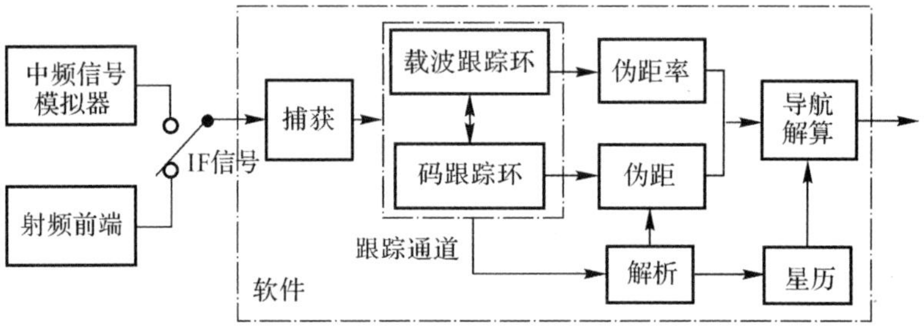

图 6.2 典型的软件接收机结构

6.1.3 软件接收机功能

GNSS 软件接收机最显著的特点是数字信号处理功能全部使用软件的方法来完成，充分发挥了软件方法的灵活性。GNSS 软件接收机关键组成环节及其功能如下：

(1)捕获。信号的捕获是一个码相位、载波频率和卫星伪随机码的三维搜索过程。信号搜索是通过卫星信号和本地信号进行相关运算来完成的。搜索过程中，对所搜索的卫星移动本地码和本地载波频率。当本地码、本地载波频率和输入信号中的伪随机码、载波频率对准时，可以得到最大的相关功率。捕获程序对相关功率进行判断，判定卫星信号是否存在。如果卫星信号存在，捕获程序便输出卫星信号的码相位和载波频率，它们是跟踪环初始化的条件。

(2)跟踪。捕获完毕后进入跟踪模式。使用延迟锁定环跟踪码相位或者码频率，使用相位锁定环或者频率锁定环分别跟踪载波相位或者载波频率。信号在保持跟踪的条件下，跟踪环输出导航数据位以及精确的码相位和载波频率，根据精确的码相位和载波频率可以得到精确的伪距测量值和伪距率测量值，这两个信息用于后面的定位和测速解算。

(3)导航电文解析。当跟踪环处于锁定状态时就可以解析导航电文了。导航电文解析的过程就是将跟踪环输出的数据转化为导航数据，完成子帧匹配并获取各个子帧中导航电文参数的过程。

(4)定位解算。定位解算就是根据导航电文提供的精确星历计算卫星的精确位置和速度，然后利用伪距或伪距率信息计算用户的三维位置、速度和时间。定位解算方法分为测码伪距静态绝对定位、测码伪距静态相对定位、测相伪距静态绝对定位、测相伪距静态相对定位、测码伪距动态绝对定位、测相伪距动态绝对定位、测码伪距动态相对定位和测相伪距动态相对定位等。

6.2　GNSS 信号捕获

捕获的首要目的是确定接收机当前位置的可见卫星，进而搜索可见卫星信号的载波频率和伪码相位起始点。根据 GNSS 软件接收机的数据特性以及快速实时性要求，以循环相关算法作为粗捕获方法，并在粗捕获基础上加入基于相位估计的精细捕获环节，以获得较高的频率捕获精度，从而满足跟踪环路的带宽要求。

6.2.1　循环相关粗捕获方法

传统的硬件接收机通常采用时域滑动相关捕获方法，其捕获过程就是复现不同码相位的本地伪码和不同频率的本地载波，然后与输入信号进行相关运算以寻找最大值的过程。时域滑动相关捕获方法的计算量较大，运行时间长；循环相关是一种频域快速捕获算法，它通过快速傅里叶变换(Fast Fourier Transform, FFT)将时域中大量的相关运算变换为频域中简单的乘法运算，然后再通过快速傅里叶逆变换(Inverse Fast Fourier Transform, IFFT)得到时域的相关运算结果。循环相关法可以极大地减少运算量，提高捕获速度，并且不要求输入数据是连续的，可以采取数据块操作方式，适用于软件接收机。图 6.3 为循环相关捕获方法的原理。

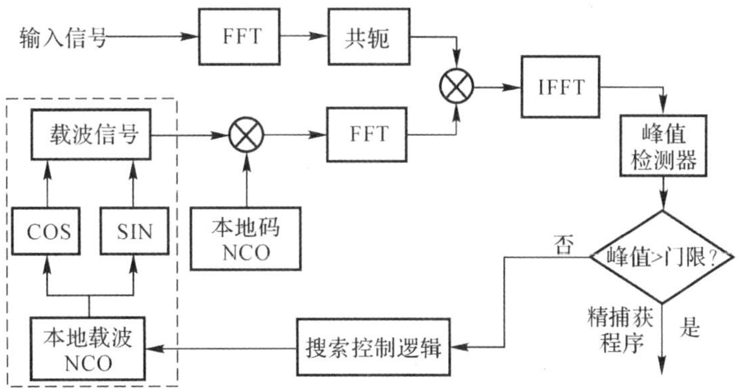

图 6.3　循环相关捕获方法原理

循环相关方法需要使用1 ms的中频信号数据确定伪码的起始位置，频率搜索分辨率为1 kHz。对输入信号进行捕获的步骤如下：

(1)对1 ms的输入数据 $x(k)$ 进行FFT操作得到 $X(k)$，取其复共轭 $X^*(k)$。

(2)产生21个本地信号，其表达式为

$$l_{si}=C_s\exp(\mathrm{j}\cdot 2\pi f_i t) \tag{6.1}$$

式中：下标 s 代表卫星编号，下标 $i=1,2,\cdots,21$；f_i 为中心频率±10 kHz范围内对应的频率值，频率间隔为1 kHz。本地信号是卫星的伪码和复载波信号的乘积，其采样频率与信号模拟器的采样频率相同。

(3)对本地信号进行FFT，变换到频域 $L_{si}(k)$。

(4) $X^*(k)$ 与 $L_{si}(k)$ 逐点相乘，结果为 $R_{si}(k)$。

(5)对 $R_{si}(k)$ 进行IFFT，将其变换到时域 $r_{si}(k)$，并求其绝对值。

(6)比较 $|r_{si}(k)|$ 找到最大值所在的位置 k 和频率点 i，从而得到一个采样周期分辨率的伪码起始位置和1 kHz频率分辨率的载波频率。

按照以上步骤对射频前端输出的中频信号进行捕获，在21个频率分量中寻找超过阈值且幅度值最大的点，由此可以得到1 kHz分辨率的载波频率。但1 kHz的频率分辨率往往无法满足跟踪环路的带宽要求，所以需要引入精细捕获环节，获取更为精确的载波频率值。

6.2.2 基于相位估计的精细捕获方法

载波跟踪环的带宽通常为几赫兹，而循环相关捕获方法得到的频率分辨率为1 kHz，其捕获精度无法满足跟踪环路的带宽要求。采用离散傅里叶变换(Discrete Fourier Transform，DFT)方法计算精细频率非常耗时，对于软件接收机来说是不可取的。因此，可以考虑通过载波的相位关系获取精细频率(精频)。

将输入信号中的伪码剥离，可以得到连续波信号。如果1 ms数据中的最大频率在 m 时刻，对应的DFT变换为 $X_m(k)$，由此可知在这1 ms数据中本地信号与输入信号的相位差为

$$\theta_m(k)=\arctan\left(\frac{\mathrm{Im}[X_m(k)]}{\mathrm{Re}[X_m(k)]}\right) \tag{6.2}$$

输入信号的频率在短时间内变化不大，假设 m 时刻之后间隔不长的 n 时刻，1 ms数据的DFT变换为 $X_n(k)$，可以得到该段数据中对应的相位差为

$$\theta_n(k)=\arctan\left(\frac{\mathrm{Im}[X_n(k)]}{\mathrm{Re}[X_n(k)]}\right) \tag{6.3}$$

利用这两段数据对应的相位差，可以得到载波频率的精细值：

$$f=\frac{\theta_n(k)-\theta_m(k)}{2\pi(n-m)} \tag{6.4}$$

基于相位估计的精细捕获方法的实现步骤为：

(1)利用循环相关的捕获算法对1 ms的数据进行粗捕获，得到伪码的起始相位点以及1 kHz分辨率的载波频率 f_k。

(2)对同一段 1 ms 输入数据剥离伪码后进行 DFT 操作,得到 f_k 、(f_k +500)Hz、(f_k −500)Hz 三个频率对应的 DFT 值 $X(k)$、$X(k-1)$ 和 $X(k+1)$,找出三者中的最大值作为新的 $X(k)$,并以此确定精细频率。

(3)从伪码的起始相位点开始,在输入信号中取 5 ms 数据,将这些数据剥离伪码,得到包含导航数据的载波可近似看作连续波信号。但在任意两段 1 ms 数据之间都可能存在 π 相移。

(4)对每个数据段求取对应的 DFT 值,并根据式(6.3)确定相位角 $\theta_i(i=1,2,\cdots,5)$,进而对相邻的相位值作差,得到四个相位差 $\Delta\theta_i=\theta_{i+1}-\theta_i$ 。

(5)判断相位差的绝对值是否小于阈值。如果不满足条件,对 $\Delta\theta$ 进行周期调整,如果仍没有在阈值范围内,就需要对 $\Delta\theta$ 加或减 π ,进行 π 相移调整。如果需要再进行一次周期调整,便将相位差值调整到阈值范围内,得到最终的相位差。

(6)根据式(6.4)计算精细频率。由 5 组数据可以得到 4 组频率校正量,求取频率校正量的平均值,并对步骤(2)中的精细频率值进行调整,从而可提高频率捕获精度。

6.2.3　SINS 辅助 GNSS 信号捕获方法

在 SINS 辅助 GNSS 信号捕获中,接收机可以利用 SINS 提供的载体位置信息,结合卫星星历数据,确定可视卫星状况,进而将捕获过程从原先对卫星伪随机码、码相位和载波频率的三维搜索降为对码相位和载波频率的二维搜索;另外,还可以利用 SINS 提供的载体位置和速度信息,结合卫星星历数据,计算得到粗略的初始伪码偏移和初始载波频率,以减少信号的二维搜索空间,进一步缩短捕获时间。图 6.4 为 SINS 辅助接收机进行信号捕获方法的原理。

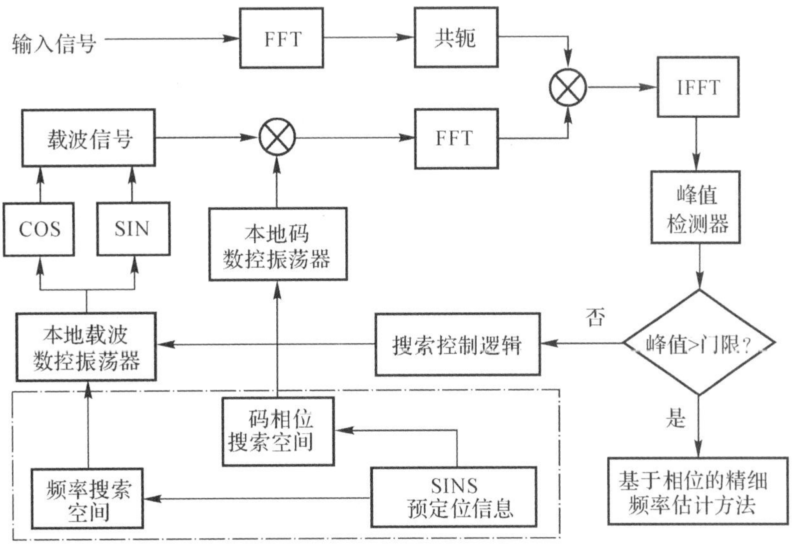

图 6.4　SINS 辅助接收机进行信号捕获方法原理

6.3 GNSS 信号跟踪

信号捕获过程中得到的载波频率和伪码相位是导航电文解调必需的参数。然而，由于接收机与卫星之间的相对运动，在信号接收的过程中，往往存在着频率偏移和码相位偏移的问题，所以需要设计跟踪环路，以跟踪信号多普勒频移和码相位的变化，实现接收机本地产生的载波和伪码与 GNSS 信号中的载波和伪码同步，从而持续地解调出导航电文。

实现 GNSS 信号的跟踪需要两个环路：用于跟踪伪码相位变化的码跟踪环和用于跟踪载波频率变化的载波跟踪环。两个跟踪环耦合在一起构成完整的 GNSS 信号跟踪环路，同时引入 SINS 的频率辅助信息，用来降低载体动态对跟踪环路的影响。完整的 SINS 辅助 GNSS 信号跟踪的环路结构如图 6.5 所示。

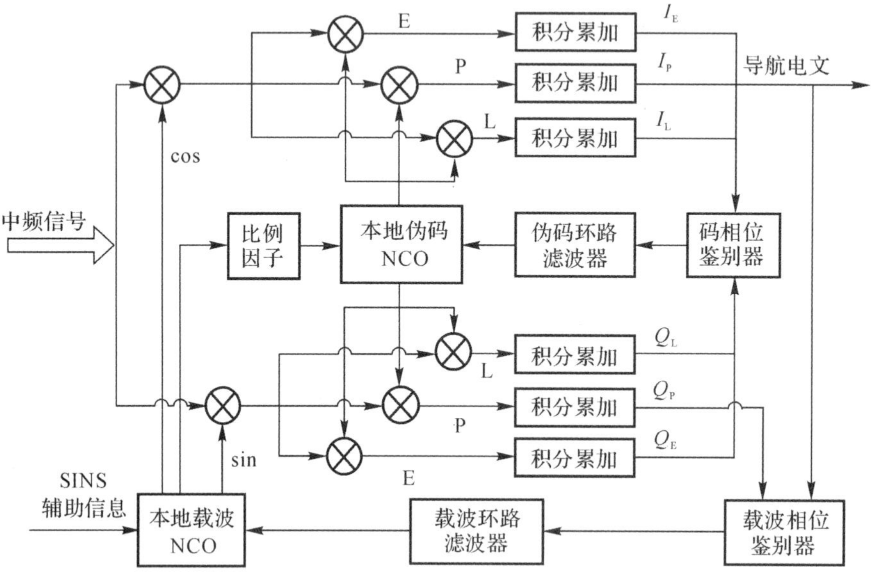

图 6.5 SINS 辅助 GNSS 信号跟踪的环路结构

6.3.1 伪码跟踪环路

在跟踪过程中，有两方面原因引起伪码相位变化，一方面是环路因输入高斯白噪声而引起的伪码相位的颤动，另一方面是因卫星与接收机之间的相对运动（即载体动态）而引起的输入信号自身伪码相位的动态变化。跟踪环路的主要目的在于协调这两方面的影响，从而使得伪码相位跟踪误差最小。码跟踪环通常采用超前-滞后延迟锁定环。

图 6.6 为伪码跟踪环路的结构。码跟踪环由码相关器、码相位鉴别器、环路滤波器和本地码发生器四部分组成。在伪码跟踪环中，用本地复现的三种码——超前（Early，E）码、即时（Prompt，P）码、滞后（Late，L）码分别与输入信号相关，累加后的输出送入码相位鉴别

器，并经环路滤波器滤除噪声后，得到本地信号与输入信号的码相位差值，然后反馈给伪码相位调节器，用来调节本地伪码的相位值。其中的码相位鉴别器选择归一化的超前减去滞后包络鉴别器，去除对幅度的敏感性，以改善在信噪比快速改变条件下延迟锁定环的跟踪性能；而环路滤波器则是用于降低噪声以输出误差信号的精确估计结果。本地伪码发生器根据鉴别结果不断调整伪码相位，最终稳定跟踪输入信号的伪码相位时，输出的 I_P 信号就是 1 000 b/s 的原始导航电文。

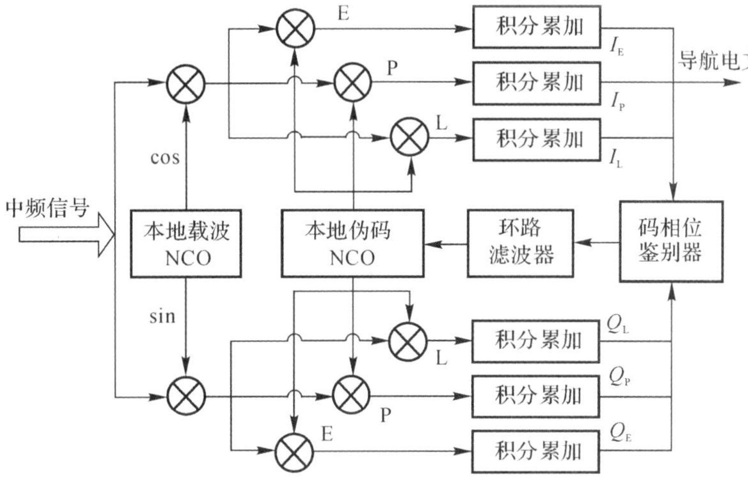

图 6.6　伪码跟踪环路结构

6.3.2　载波跟踪环路

为了成功地实现导航电文的解调，需要本地精确复现载波以完成载波剥离功能。载波跟踪环的功能就是建立频率跟踪环路，使得本地复现信号的频率和真实信号频率的差保持在很小的范围，从而对码跟踪环的输出信号进行解调，得到导航电文数据，同时得到载波多普勒频移观测量，用于接收机的高精度测速。

如图 6.7 所示，GNSS 载波跟踪环路包括三部分：载波环鉴别器、环路滤波器、本地载波 NCO。其中，载波环鉴别器的选择确定了跟踪环的类型：锁相环（PLL）、科斯塔斯锁相环（Costas PLL）、锁频环（FLL）。由于对输入的 GNSS 信号进行载波和伪码剥离之后，50 Hz 的导航电文调制信号还保留在信号中，所以当导航数据位发生跳变时，输入信号的相位也会发生 180°的翻转，这样可能会导致相位跟踪误差超过环路的跟踪门限值，进而致使环路失锁。Costas PLL 采用二象限反正切鉴相器作为鉴别器，由于该鉴相器不受导航数据位跳变的影响，因此，GNSS 接收机的载波跟踪环通常采用 Costas PLL，以解决导航数据位跳变引起的输入信号相位翻转问题。

在 GNSS 信号跟踪过程中，将剥离了伪码的连续信号传送给载波跟踪环路，并将精细频率捕获得到的载波频率作为本地载波数控振荡器的初始频率。鉴相器输出的本地信号与输入信号之间的载波相位差，经过环路滤波器的滤波处理后，作为载波环数控振荡器的控制信号，调整本地载波频率，最终稳定跟踪输入信号中的载波频率及相位。

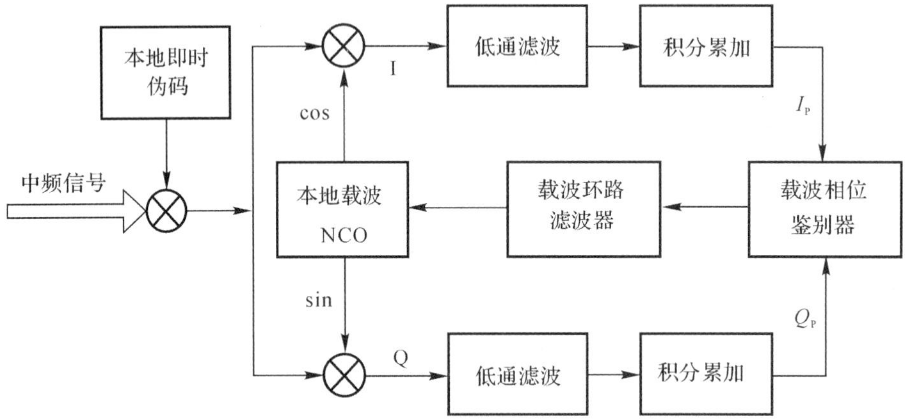

图 6.7　GNSS 载波环结构

6.3.3　载波辅助码跟踪环路

在高动态环境中，载体的动态不仅会导致 GNSS 载波产生较大的多普勒频移，还会使伪码产生动态延时，从而导致码相位跟踪环路失锁；而利用载波跟踪信息辅助码环，不仅可以消除码环上的动态效应，而且能够有效提高码环的跟踪精度。

由于信号的多普勒效应与信号频率成正比，所以载波多普勒频移与伪码多普勒频移之间存在确定的比例关系，而载波环对码环的辅助正是利用这一特性来实现的。通过将 GNSS 伪码速率与载波频率之比乘上载波环跟踪得到的多普勒频移即可得到伪码多普勒频移，从而可以在载波多普勒的辅助下方便地抵消伪码多普勒频移。其具体实现方法是根据载波环的环路滤波器输出，按照比例因子调整后转换为伪码多普勒速率，作为辅助量加到伪码跟踪环的本地伪码 NCO 上，以调整本地伪码的码速率。

为保证接收机能够正常工作，码跟踪环和载波跟踪环必须保持同步跟踪。由于载波跟踪环输出的多普勒频移，能够准确及时地反映接收机在其与卫星连线方向上的相对运动速度，所以利用载波跟踪环输出的多普勒频移来辅助码环，可以消除码环所需承受的大部分动态应力，而码环自身仅需跟踪剩余缓慢变化的码环初始跟踪误差和电离层延迟误差。这样，接收机便可采用一个较窄的码环带宽，从而降低了码环的测量噪声，提高了伪距的测量精度，进而提高了 GNSS 导航定位的精度。

6.4　载噪比估计和锁定检测

GNSS 中频信号的载噪比 C/N_0 定义为接收机所接收载波信号功率 C 与噪声功率谱密度 N_0 的比值。载噪比是影响 GNSS 信号捕获、跟踪以及定位解算的一个重要参数。具有较高 C/N_0 的 GNSS 信号将减少接收机跟踪环路所产生的相位颤动，获得更好的导航定位精度。与信噪比 SNR 不同的是，C/N_0 在描述 GNSS 卫星信号与噪声信号能量的强弱关系时，不涉及具体的接收机带宽。从这个意义上讲，用 C/N_0 来衡量噪声的能量，具有比 SNR 更广泛的意义。

C/N_0 不仅是表征中频信号强弱、估计干扰水平的重要质量参数，还是 GNSS 接收机工作模式的控制参数，有些接收机也利用 C/N_0 对跟踪环路带宽进行自适应调节，因而大多数接收机都在每个跟踪通道内附设载噪比估计模块。而 C/N_0 的估计可以通过比较两个不同带宽的信号能量来实现。在接收机内部对载噪比 C/N_0 估算的具体步骤如下：

(1) 用连续 M 个预检测积分时间段的相关输出计算宽带信号功率 WBP_k 和窄带信号功率 NBP_k，并计算二者的功率比 MP_k，即

$$\mathrm{WBP}_k = \left[\sum_{i=1}^{M}(I_{\mathrm{P},i}^2 + Q_{\mathrm{P},i}^2)\right]_k \tag{6.5}$$

$$\mathrm{NBP}_k = \left(\sum_{i=1}^{M} I_{\mathrm{P},i}\right)_k^2 + \left(\sum_{i=1}^{M} Q_{\mathrm{P},i}\right)_k^2 \tag{6.6}$$

$$\mathrm{MP}_k = \frac{\mathrm{NBP}_k}{\mathrm{WBP}_k} \tag{6.7}$$

式中：$I_{\mathrm{P},i}$ 和 $Q_{\mathrm{P},i}$ 是第 i 次预检测积分 $\mathrm{I_P}$ 支路和 $\mathrm{Q_P}$ 支路的相关输出。

(2) 连续重复步骤(1) K 次，得到 $\mathrm{MP}_k(k=1,2,\cdots,K)$ 的均值后，再计算 KM 个预检测积分时间段的载噪比均值 $(C/N_0)_{\mathrm{eq}}$，即

$$\mu_{\mathrm{NP}} = \frac{1}{K}\sum_{i=1}^{K}\mathrm{MP}_k \tag{6.8}$$

$$(C/N_0)_{\mathrm{eq}} = \frac{1}{T_{\mathrm{coh}}}\frac{\mu_{\mathrm{NP}}-1}{M-\mu_{\mathrm{NP}}} \tag{6.9}$$

式中：T_{coh} 表示预检测积分时间。

在信号跟踪过程中，出于动态、干扰及其他难以预知的原因，可能会发生跟踪失锁。为了保证接收机输出信息的可靠性以及在必要时切换到更可靠的工作模式，接收机跟踪通道必须实时给出跟踪状态指示信息，即需要设计跟踪环的锁定检测器。

PLL 锁定检测值 L_{c} 的计算公式为

$$L_{\mathrm{c}} = \frac{\mathrm{NBD}_k}{\mathrm{NBP}_k} \approx \cos(2\delta\varphi_k) \tag{6.10}$$

式中：$\delta\varphi_k$ 为相位跟踪误差，NBD_k 的具体表达式为

$$\mathrm{NBD}_k = \left(\sum_{i=1}^{M} I_{\mathrm{P},i}\right)_k^2 - \left(\sum_{i=1}^{M} Q_{\mathrm{P},i}\right)_k^2 \tag{6.11}$$

可见，锁定检测值是相位跟踪误差的函数，跟踪误差越小，L_{c} 越接近于 1，跟踪误差越大，L_{c} 则越接近于 −1。设计时可通过锁定检测值来判定 PLL 的锁定状态：若 L_{c} 大于阈值，则表明信号跟踪精度满足预期要求，否则即可认为环路失锁。

按照式(6.10)计算得到的锁定检测值因受信号噪声的影响，实际输出幅度抖动较大。为了提高锁定检测的稳定性，可设计一个简单的平滑滤波器(见图 6.8)，对计算得到的锁定检测值进行即时滤波，从而获得更加平滑的锁定检测值。图中，$L_{\mathrm{c,in}}(n)$ 表示当前时刻的计算值，$L_{\mathrm{c,out}}(n)$ 表示当前时刻的滤波输出值，$L_{\mathrm{c,out}}(n-1)$ 表示上一时刻的滤波输出值，α

表示滤波系数，通常取 0.01。

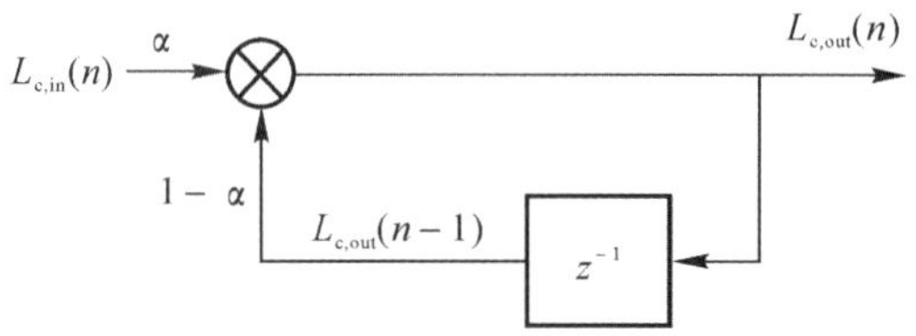

图 6.8　锁定检测值平滑滤波器结构

6.5　导航电文解析及观测信息提取

GNSS 伪码和载波跟踪环路保持锁定后，可以输出 1 000 b/s 的原始导航电文数据，对该数据进行位同步后能够得到 50 b/s 的导航电文（以北斗 D1 导航电文为例）；进而，对导航电文进行帧同步和纠错译码，并从中提取轨道摄动参数、时间参数、开普勒参数等信息，用于计算 GNSS 卫星的位置和速度参数。

除了原始导航电文信息之外，码环和载波环还输出伪码相位和载波频率信息，这些信息经过转换就可以得到伪码延时和多普勒频移，用于计算伪距和伪距率观测信息。卫星与接收机之间的伪距由跟踪环所输出的码相位信息、位同步位信息和帧同步位信息计算得到，而伪距率则是通过载波跟踪环输出的多普勒频移计算得到。图 6.9 为导航电文解析及观测信息提取过程的原理。

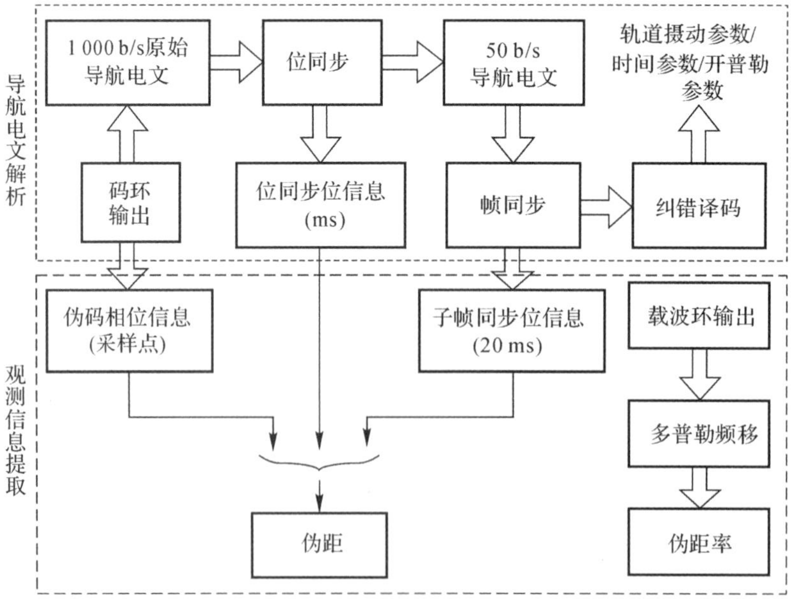

图 6.9　导航电文解析及观测信息提取过程原理

6.6　导航定位解算

为了确定接收机的位置、速度，首先需要根据导航电文解析得到的星历参数，求解卫星的位置和速度参数。在对 4 颗以上的 GNSS 卫星信号成功实现捕获、跟踪后，即可采用最小二乘法对伪距、伪距率观测方程进行解算，从而得到接收机的位置和速度信息。

6.6.1　基于载波相位观测值的伪距平滑方法

伪距和载波相位是 GNSS 接收机的两个基本距离观测值，两者既有明显区别，又呈互补特性。由于码跟踪环路通常只能输出米级精度的码相位信息，因此由码相位信息构造得到的伪距观测值比较粗糙，精度较差，但它没有类似于载波相位观测值中的模糊度问题；而尽管载波相位观测值含有整周模糊度，但是它非常平滑，精度很高。北斗 B1 载波的波长仅为 19 cm 左右，而载波跟踪环路对载波相位的测量精度一般不低于载波波长的 1/4(即 4.75 cm)，甚至高达毫米量级。为了实现伪距观测值和载波相位观测值的优势互补，GNSS 接收机通常会利用平滑、精确的载波相位观测值来对粗糙但无模糊度的伪距观测值进行不同程度的平滑，即通过某种方式将两种距离观测值整合起来，而合成出一种既无模糊度又相对平滑的距离观测值，从而利用平滑后的伪距观测值实现高精度的导航定位解算。

利用载波相位观测值对伪距观测值进行平滑的公式为

$$\left.\begin{aligned}\hat{\rho}_k &= \frac{1}{M}\tilde{\rho}_k + \frac{M-1}{M}[\hat{\rho}_{k-1} + \lambda(\tilde{\varphi}_k + \tilde{\varphi}_{k-1})] \\ \hat{\rho}_1 &= \tilde{\rho}_1\end{aligned}\right\} \tag{6.12}$$

式中：k 表示时间历元；$\hat{\rho}_k$ 为历元 k 的伪距平滑值；$\tilde{\rho}_k$ 为历元 k 的伪距观测值；$\tilde{\varphi}_k$ 为历元 k 的载波相位观测值；λ 为 GNSS 载波信号的波长；M 表示平滑时间常数。

6.6.2　PVT 解算

由于接收机时钟与卫星时钟并不同步，其中卫星时钟是以 GNSS 标准时为参考时间的，其频率稳定度为 10^{-13} 量级，而普通接收机时钟的频率稳定度只有 10^{-5} 左右，因此通常将接收机的时钟偏差也作为一个未知参数，与接收机的三维位置坐标一起求解。由于有 4 个未知量，就需要同时观测 4 颗卫星，建立 4 个独立的方程，通过最小二乘法解算出接收机的实时动态位置。

GNSS 接收机速度的求解通常采用两种方法实现：一种称为平均速度法，主要用于对低动态载体运动速度的求解；另一种称为多普勒频移法，主要用于实时确定高动态载体的运动速度。

6.7 GNSS 软件接收机工作流程与性能测试

6.7.1 工作流程

GNSS 接收机开机时，首先对初始参数进行设置，选择冷启动或热启动模式。

在冷启动模式下，接收机无法确定当前的时间及其所处的位置，并且在它的存储器上也没有保存任何有效的卫星星历与历书。因此，冷启动后的接收机只能处于盲捕状态，即它只能在整个 GNSS 星座中逐个依次地搜索所有卫星，并对每颗卫星信号的载波频率和码相位进行最大范围的二维搜索。在完成卫星信号捕获后，接收机还需要从接收到的卫星信号中实时地解调出星历参数。在获得了至少 4 颗卫星的测量值及其星历参数后，接收机才能完成定位。

而在热启动模式下，接收机上保存着误差小于 5 min 的当前时间、误差小于 100 km 的当地位置以及有效的卫星星历。因此，热启动后的接收机不但可以粗略地计算出各颗卫星的可见性，并获得相对较小的二维搜索范围；而且在完成信号捕获后，接收机不必等到从接收信号中解调出完整的一套卫星星历参数，就可以凭借已有的卫星星历实现定位。热启动模式有两个要求：首先要求接收机当前位置离上次定位位置不能过远，否则根据存储信息计算出的可见卫星与当前位置可见卫星不一致，从而不能达到快速定位的效果；其次卫星星历应处于有效期内，否则不能正确计算卫星星座的分布情况。以上任何一种情况不满足，接收机都要进行冷启动。

根据选择的不同启动模式，GNSS 软件接收机的工作流程如图 6.10 所示。

1.热启动模式

(1) 读入最近时刻接收机的位置、速度以及卫星星历，根据卫星星历计算卫星的位置、速度。通过接收机的粗略位置、速度信息以及卫星的位置、速度信息，估算当前时刻可见星号以及接收机相对于该卫星的多普勒频移范围。将估计的可见星号以及多普勒频移范围送入卫星捕获程序，以辅助卫星信号的捕获。在热启动模式下，卫星信号的捕获时间相对于冷启动会大大减小。

(2) 将捕获得到的初始码相位点以及多普勒频移参数送入跟踪环路，进而对各通道的卫星信号进行跟踪，并根据跟踪结果判断跟踪环路是否失锁，若失锁则返回捕获程序，进行重捕获。

(3) 在热启动模式下，可以根据接收机存储的星历信息判断导航电文的同步头位置。因此可以不进行帧同步，而只需根据环路跟踪结果计算卫星与接收机之间的伪距、伪距率，并利用导航电文计算卫星的位置、速度。

(4) 对计算得到的伪距信息进行电离层延迟、对流层延迟改正。

(5) 对改正后的伪距信息进行预处理(平滑)。

(6) 根据平滑后的伪距、伪距率量测信息以及卫星的位置、速度信息计算接收机的位置和速度。

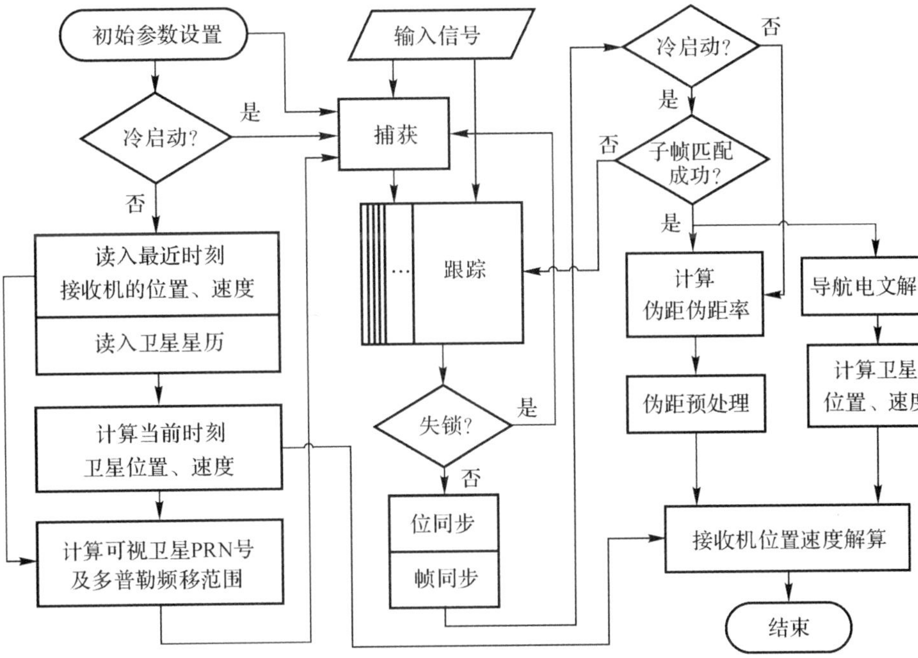

图 6.10　GNSS 软件接收机工作流程图

2.冷启动模式

(1) 将 GNSS 中频信号输入到卫星信号捕获程序中,在所有多普勒频移搜索范围内对所有卫星信号进行搜索。

(2) 将捕获得到的初始码相位点以及多普勒频移参数送入跟踪环路,进而对各通道的卫星信号进行跟踪,并根据跟踪结果判断跟踪环是否失锁,若失锁则进行重捕获。

(3) 在跟踪环路保持锁定后,对环路输出的 1 000 b/s 的原始导航数据进行位同步、帧同步和纠错译码。若未查找到同步头,则继续进行跟踪;若查找到同步头,则可以根据环路跟踪结果(伪码相位起始点和多普勒频移)计算卫星与接收机之间的伪距、伪距率,并根据导航电文计算卫星的位置、速度参数。

(4) 对计算得到的伪距信息进行电离层延迟、对流层延迟改正。

(5) 对改正后的伪距信息进行预处理(平滑)。

(6) 成功跟踪到 4 颗或 4 颗以上卫星信号后,利用平滑后的伪距、伪距率以及卫星的位置、速度参数进行 PVT 导航解算。

6.7.2　性能测试

为了验证所开发的北斗软件接收机的性能,利用 GNSS 信号模拟器产生的北斗中频信号对其进行全功能测试。射频前端通带带宽为 4.092 MHz,信号中频频率为 20 MHz,采样频率为 38.192 MHz。软件接收机的内部接收通道参数设置为:载波跟踪环带宽为 20 Hz,

码跟踪环带宽为 2 Hz，超前滞后码片为 0.5 个码片，预检测积分时间为 1 ms，导航定位解算结果的输出频率为 2 Hz。

图 6.11 和图 6.12 分别为模拟的北斗中频信号及其功率谱密度曲线。可以看出，北斗中频信号受噪声的影响，不再具有正弦波的特征。但从信号的功率谱密度曲线可以看出，标称中频附近具有明显的尖峰，该尖峰对应伪码信号的主瓣，且其宽度与理论值相符。另外，还可以看出中频信号的功率谱密度呈规则的钟形，其边沿较为陡峭，表明所用的射频前端具有良好的带通滤波特性。

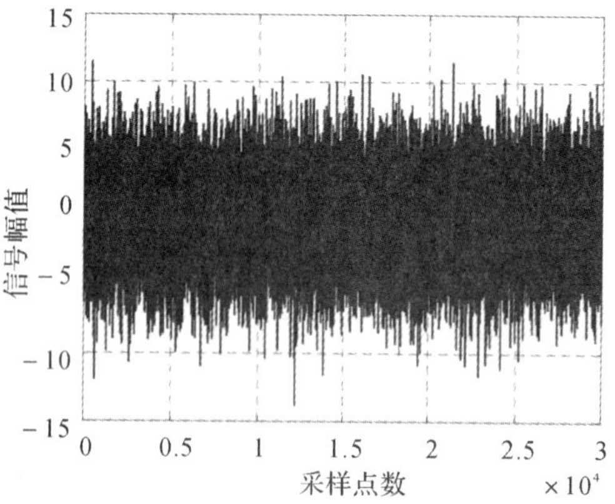

图 6.11　模拟的北斗中频信号

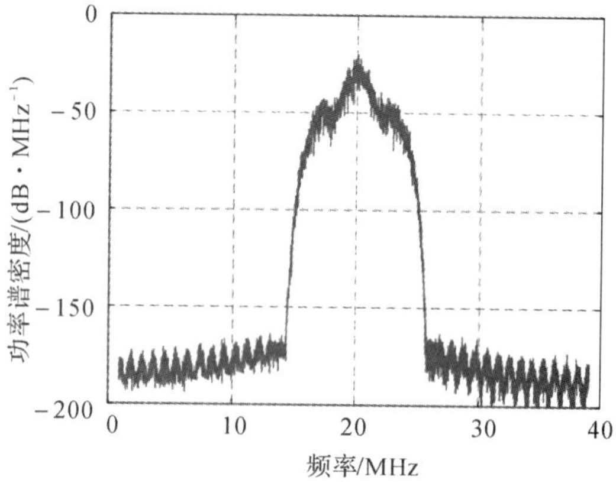

图 6.12　北斗中频信号的功率谱密度

图 6.13 为北斗信号捕获结果。可见，北斗中频信号中共含有 8 颗卫星信号，分别为 3 号、6 号、9 号、15 号、18 号、21 号、22 号和 26 号北斗卫星信号。图 6.14 为对北斗 15 号卫星信号捕获时的相关输出。可以看出，信号捕获相关输出中的相关峰较为明显，这表明信号捕获的可信度较高。

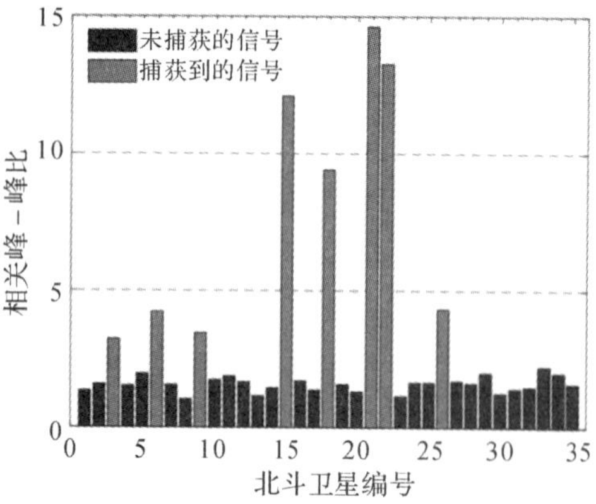

图 6.13　北斗信号捕获结果

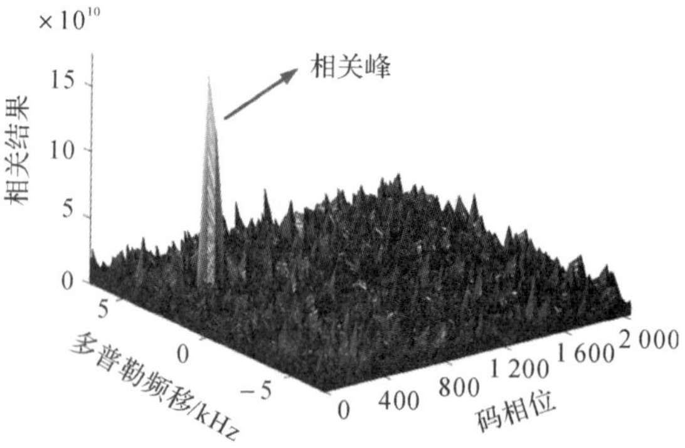

图 6.14　信号捕获的相关输出(北斗 15 号)

图 6.15 为对北斗 15 号卫星信号跟踪时的跟踪环路输出结果。可以看出，在对北斗 15 号卫星信号进行跟踪锁定后，信号能量集中于 I 支路，其输出是正负变化的导航电文；而 Q 支路则只剩下能量接近于 0 的噪声。图 6.16 为 8 个跟踪通道所对应的锁定检测器的输出

结果。可见,当锁定检测阈值设为 0.7 时,接收机所有跟踪通道在最长约 3 s 的时间内均实现了对载波频率的锁定,并在后续跟踪过程中保持了良好的锁定状态。

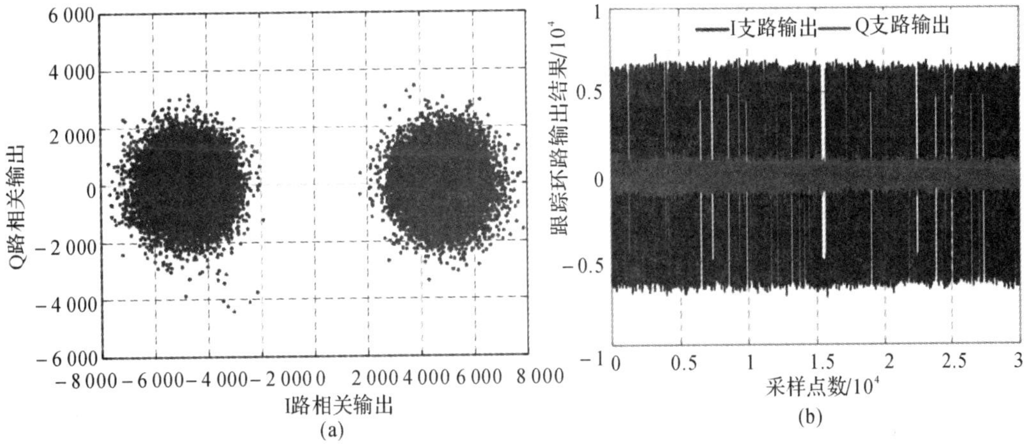

图 6.15　对北斗 15 号卫星信号跟踪时的跟踪环路输出

(a)跟踪环路输出散点图；(b)跟踪环路的输出曲线

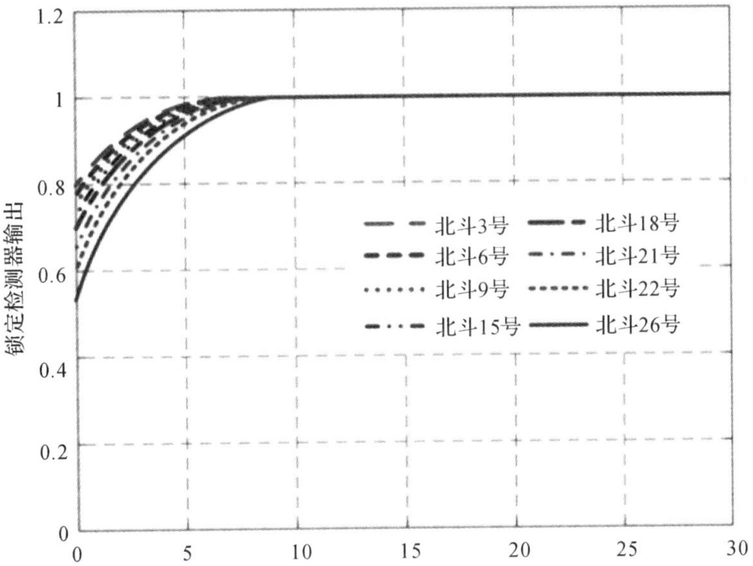

图 6.16　锁定检测器输出结果

图 6.17 和图 6.18 分别为载波跟踪环和码跟踪环鉴别器输出的载波频率残差和码相位残差。可见,载波频率残差和码相位残差始终在零附近波动,这也表明载波跟踪环和码跟踪环始终保持着对载波频率和码相位的跟踪锁定。

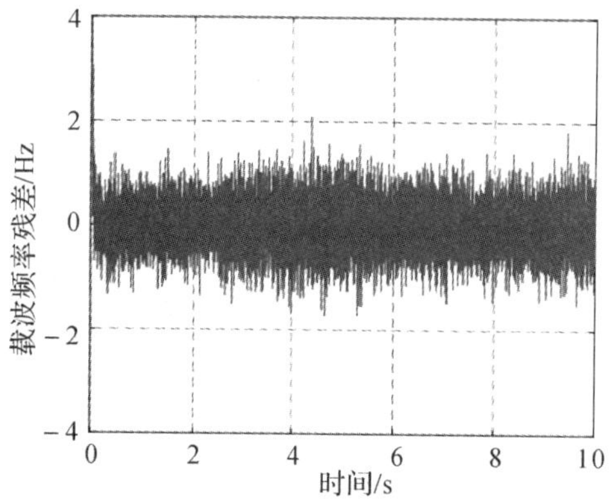

图 6.17 载波频率残差

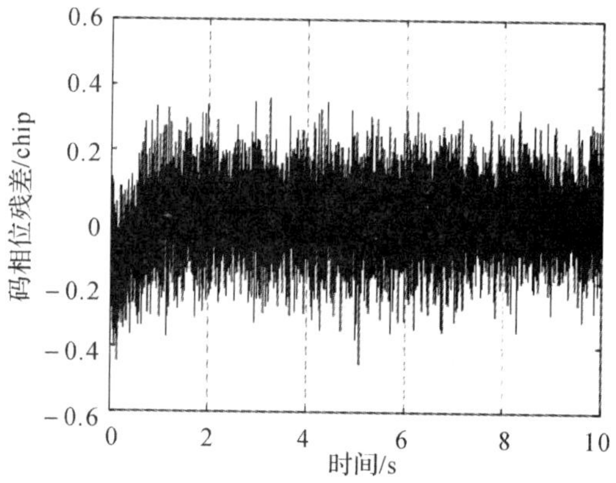

图 6.18 码相位残差

图 6.19 为北斗可见卫星的分布情况。可以看出，北斗可见卫星的数量比较多，且分布也比较分散。利用所有北斗可见卫星进行导航定位解算，所得定位误差如图 6.20 所示。而表 6.1 为导航定位解算误差的均值和标准差。

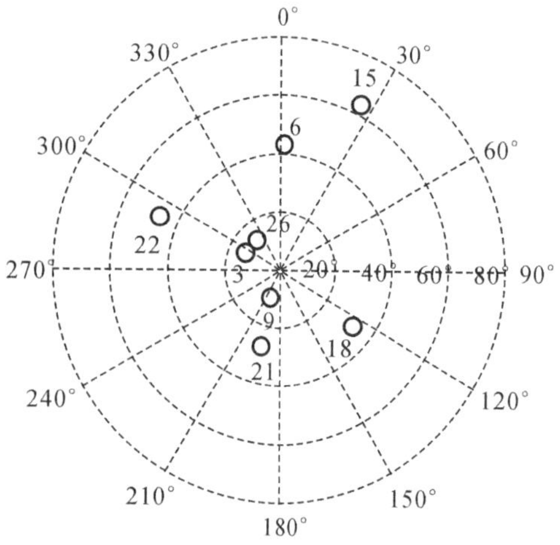

图 6.19 北斗可见卫星分布情况

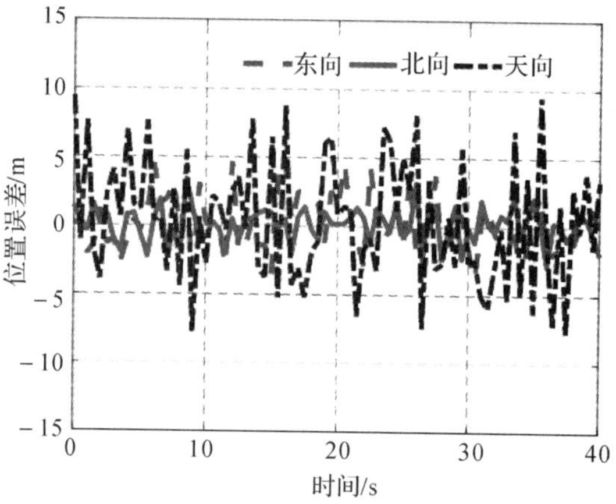

图 6.20 导航定位误差

表 6.1 导航定位解算误差的均值和标准差

位置误差	均值	标准差
东向/m	0.032 9	1.876 2
北向/m	0.315 3	1.551 0
天向/m	−0.444 3	4.806 3

可以看出，北斗接收机北向（对应纬度）和东向（对应经度）的定位误差比天向（对应高度）小，这是由于星座垂直方向的几何精度衰减因子（VDOP）通常大于水平方向的几何精度衰减因子（HDOP）。

第7章 捷联惯导系统工作原理及其误差方程

惯性导航系统利用惯性器件(陀螺仪和加速度计)测量载体相对于惯性空间的角速度和加速度,进而通过积分运算实时获得载体的位置、速度和姿态等导航参数。由于惯性导航系统工作时不依赖任何外部信息、也不向外部辐射能量,具有自主性强、隐蔽性好、导航信息完备、短时精度高、数据输出率高等优点,因此,惯性导航系统被广泛应用于海、陆、空、天、地各种运载体中。惯性导航系统主要包括平台式惯性导航系统与捷联式惯性导航系统两类。

平台式惯性导航系统(Platform Inertial Navigation System, PINS)简称平台惯导系统,它是利用陀螺仪稳定平台(惯性平台)跟踪当地水平面,并在该平台上分别安装东向、北向和天向加速度计,测量载体的运动加速度,进而通过积分运算便可得到载体的速度与位置信息;捷联式惯性导航系统简称捷联惯导系统,它是将惯性器件(陀螺仪和加速度计)直接安装在载体上的系统。从结构上说,SINS去掉了实体的惯性平台,而代之以存储在计算机里的"数学平台"。在平台惯导系统中,实体的惯性平台成为系统结构的主体,其体积和质量约占整个系统的一半,而安装在平台上的陀螺仪和加速度计却只占平台质量的1/7左右。此外,该惯性平台是一个高精度、复杂的机电控制系统,它所需的加工制造成本大约要占整个系统费用的2/5。惯性平台的结构复杂、故障率较高,大大影响了惯导系统工作的可靠性。正是出于这方面的考虑,在平台惯导系统的基础上,人们又发展了另一种惯导系统——捷联惯导系统。近年来,随着激光陀螺仪、光纤陀螺仪、MEMS陀螺仪等新型惯性器件的广泛应用,以及现代控制理论、计算机技术的飞速发展,SINS以其体积小、质量轻及成本低等方面的优势已逐渐成为惯性导航系统发展的主流。

本章首先介绍捷联惯导系统的工作原理及导航解算方程,在此基础上,进一步建立捷联惯导系统的误差方程。

7.1 捷联惯导系统工作原理

捷联惯导系统是指将惯性器件(陀螺仪和加速度计)直接安装在载体上的系统。从结构上说,捷联惯导系统与平台惯导系统的主要区别是,去掉了实体的惯性平台而代之以存储在计算机里的"数学平台"。那么,取消了实体平台以后,将会出现什么问题,而"数学平台"又是怎么一回事?

捷联惯导系统的加速度计组件是直接安装在载体上的，三个加速度计的测量轴分别与载体坐标系的横轴 ox_b、纵轴 oy_b 以及竖轴 oz_b 相重合。但是，载体坐标系 $ox_by_bz_b$ 不能作为导航坐标系。

在捷联惯导系统中，加速度计测得的比力分量为

$$\boldsymbol{f}^b = \begin{bmatrix} f_x^b \\ f_y^b \\ f_z^b \end{bmatrix} \tag{7.1}$$

只有将 $\boldsymbol{f}^b$ 转换为 $\boldsymbol{f}^n$，才能将载体的水平加速度和重力加速度分开，以进行有效的地表导航计算。这个功能本来是由实体的惯性平台承担的，现在则必须借助计算机来完成。由于

$$\boldsymbol{f}^n = \boldsymbol{C}_b^n \boldsymbol{f}^b \tag{7.2}$$

因此，计算机必须能实时地提供方向余弦矩阵 $\boldsymbol{C}_b^n$，才能实时地把 $\boldsymbol{f}^b$ 转换为 $\boldsymbol{f}^n$。而要提供随时间变化着的 $\boldsymbol{C}_b^n$，又必须求解以下微分方程组：

$$\dot{\boldsymbol{C}}_b^n = \boldsymbol{C}_b^n \boldsymbol{\Omega}_{nb}^b \tag{7.3}$$

在捷联惯导系统中，还有三个单自由度陀螺仪也直接安装在载体上，它们的测量轴分别与载体坐标系 b 的三个轴相重合。这样，它们可以测得载体相对于惯性空间的角速度 $\boldsymbol{\omega}_{ib}^b$。然而，只有通过下式才能将陀螺仪测量的角速度 $\boldsymbol{\omega}_{ib}^b$ 转换为 $\boldsymbol{\omega}_{nb}^b$，即

$$\left.\begin{aligned} \boldsymbol{\omega}_{in}^b &= \boldsymbol{C}_n^b(\boldsymbol{\omega}_{ie}^n + \boldsymbol{\omega}_{en}^n) \\ \boldsymbol{\omega}_{nb}^b &= \boldsymbol{\omega}_{ib}^b - \boldsymbol{\omega}_{in}^b \end{aligned}\right\} \tag{7.4}$$

式中：要求提供 $\boldsymbol{C}_n^b$、$\boldsymbol{\omega}_{en}^n$ 及 $\boldsymbol{\omega}_{ie}^n$。而 $\boldsymbol{C}_n^b$ 正是求解式(7.3)所得出结果的转置，$\boldsymbol{\omega}_{en}^n$ 和 $\boldsymbol{\omega}_{ie}^n$ 则分别是后续计算中才能得到的导航系相对地球系以及地球系相对惯性系的转动角速度。这就充分体现了计算的反馈性质。图 7.1 为捷联惯导系统的原理图。

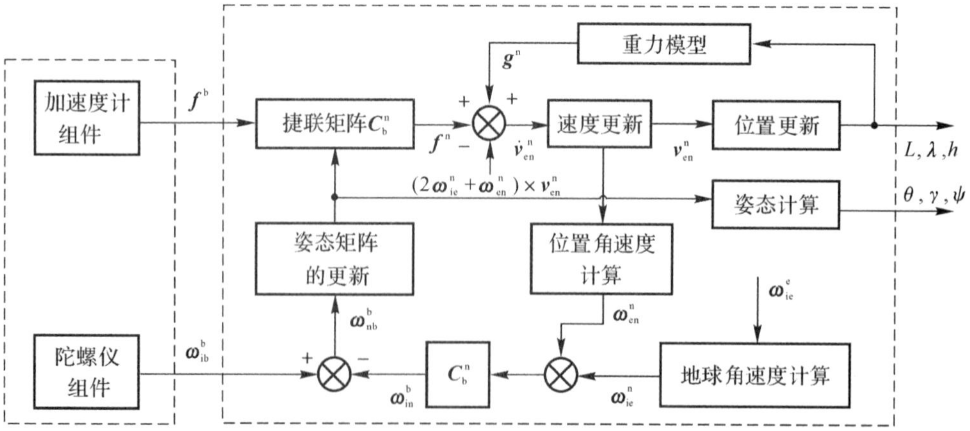

图 7.1 捷联惯导系统原理图

从图 7.1 可以看出,正是依靠计算机对姿态矩阵的计算提供 $\boldsymbol{C}_{\mathrm{b}}^{\mathrm{n}}$ 的即时值,才能顺利地由 $\boldsymbol{f}^{\mathrm{b}}$ 得到 $\boldsymbol{f}^{\mathrm{n}}$,从而进行有效的导航计算。正是在这个意义上说,捷联惯导系统用计算机软件实现了一个"数学平台"并取代了平台惯导系统原有的硬件(实体)平台。当然,在姿态矩阵计算之前,还必须提供初始矩阵 $\boldsymbol{C}_{\mathrm{b}}^{\mathrm{n}}(0)$,这正是在系统的初始对准阶段所要完成的工作。

利用姿态矩阵 $\boldsymbol{C}_{\mathrm{b}}^{\mathrm{n}}$ 将加速度计测量的比力 $\boldsymbol{f}^{\mathrm{b}}$ 转换为 $\boldsymbol{f}^{\mathrm{n}}$ 后,补偿掉其中的有害加速度 $\boldsymbol{g}^{\mathrm{n}}-(2\boldsymbol{\omega}_{\mathrm{ie}}^{\mathrm{n}}+\boldsymbol{\omega}_{\mathrm{en}}^{\mathrm{n}})\times\boldsymbol{v}_{\mathrm{en}}^{\mathrm{n}}$,便可计算得到载体相对于地理系的加速度 $\dot{\boldsymbol{v}}_{\mathrm{en}}^{\mathrm{n}}$;进而先后经过两次积分,便可完成速度更新和位置更新,并获得载体的实时速度 $\boldsymbol{v}_{\mathrm{en}}^{\mathrm{n}}$ 和位置 L,λ,h 。

7.2　捷联惯导系统导航解算方程

下面分别对捷联惯导系统的姿态方程、速度方程和位置方程进行介绍。

7.2.1　姿态方程

对于平台惯导系统,由于惯性测量器件安装在物理平台的台体上,加速度计的敏感轴分别沿平台坐标系三个坐标轴的正向安装,测得载体的加速度信息即为比力 $\boldsymbol{f}$ 在平台坐标系 p 中的分量 $f_x^{\mathrm{p}},f_y^{\mathrm{p}}$ 和 f_z^{p} 。如果使平台坐标系精确模拟某一选定的导航坐标系 n ,便可得到比力 $\boldsymbol{f}$ 在导航坐标系中的分量 $f_x^{\mathrm{n}},f_y^{\mathrm{n}}$ 和 f_z^{n} 。

对于捷联惯导系统,加速度计是沿载体坐标系 b 安装的,它只能测量沿载体坐标系的比力分量 $f_x^{\mathrm{b}},f_y^{\mathrm{b}},f_z^{\mathrm{b}}$,因此需要将 $f_x^{\mathrm{b}},f_y^{\mathrm{b}},f_z^{\mathrm{b}}$ 转换成 $f_x^{\mathrm{n}},f_y^{\mathrm{n}},f_z^{\mathrm{n}}$ 。实现由载体坐标系到导航坐标系坐标转换的方向余弦矩阵 $\boldsymbol{C}_{\mathrm{b}}^{\mathrm{n}}$ 又称为捷联矩阵;由于根据捷联矩阵的元素可以唯一地确定载体的姿态角,因此 $\boldsymbol{C}_{\mathrm{b}}^{\mathrm{n}}$ 又可称为载体的姿态矩阵。由于捷联矩阵起到了类似平台的作用(借助于它可以获得 $f_x^{\mathrm{n}},f_y^{\mathrm{n}},f_z^{\mathrm{n}}$),所以 $\boldsymbol{C}_{\mathrm{b}}^{\mathrm{n}}$ 又称为"数学平台"。显然,捷联惯导系统要解决的关键问题就是如何实时求解捷联矩阵 $\boldsymbol{C}_{\mathrm{b}}^{\mathrm{n}}$,即进行捷联矩阵的即时修正。

1.姿态矩阵的定义

设载体坐标系 b 固连在载体上,其 ox_{b}、oy_{b}、oz_{b} 轴分别沿载体的横轴、纵轴与竖轴,选取东-北-天地理坐标系作为导航坐标系(即 n 系),如图 7.2 所示。

图 7.2 还示出了由导航坐标系至载体坐标系的转换关系,导航坐标系进行三次旋转可以到达载体坐标系,其旋转顺序为

$$x_{\mathrm{n}}y_{\mathrm{n}}z_{\mathrm{n}}\xrightarrow[\psi]{\text{绕 }z_{\mathrm{n}}\text{ 轴}}x'_{\mathrm{n}}y'_{\mathrm{n}}z'_{\mathrm{n}}\xrightarrow[\theta]{\text{绕 }x'_{\mathrm{n}}\text{轴}}x''_{\mathrm{n}}y''_{\mathrm{n}}z''_{\mathrm{n}}\xrightarrow[\gamma]{\text{绕 }y''_{\mathrm{n}}\text{轴}}x_{\mathrm{b}}y_{\mathrm{b}}z_{\mathrm{b}}$$

式中:ψ、θ 和 γ 分别代表载体的航向角、俯仰角和滚转角。

根据上述旋转顺序,可以得到由导航坐标系到载体坐标系的转换关系,即

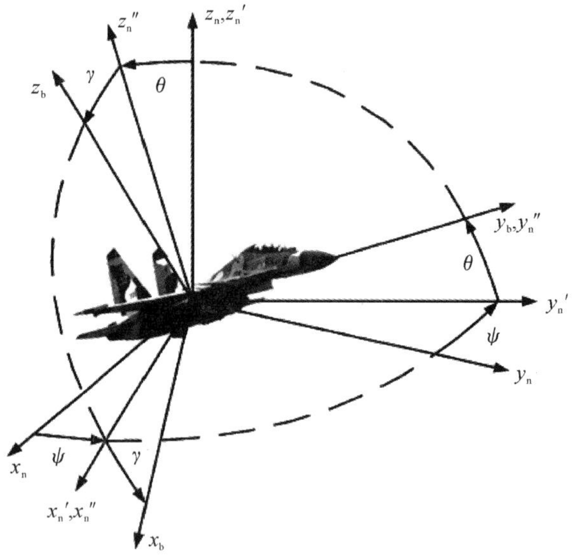

图 7.2　导航坐标系与载体坐标系之间的关系

$$\begin{bmatrix} x_b \\ y_b \\ z_b \end{bmatrix} = \begin{bmatrix} \cos\gamma & 0 & -\sin\gamma \\ 0 & 1 & 0 \\ \sin\gamma & 0 & \cos\gamma \end{bmatrix} \begin{bmatrix} 1 & 0 & 0 \\ 0 & \cos\theta & \sin\theta \\ 0 & -\sin\theta & \cos\theta \end{bmatrix} \begin{bmatrix} \cos\psi & \sin\psi & 0 \\ -\sin\psi & \cos\psi & 0 \\ 0 & 0 & 1 \end{bmatrix} \begin{bmatrix} x_n \\ y_n \\ z_n \end{bmatrix} =$$

$$\begin{bmatrix} \cos\gamma\cos\psi - \sin\gamma\sin\theta\sin\psi & \cos\gamma\sin\psi + \sin\gamma\sin\theta\cos\psi & -\sin\gamma\cos\theta \\ -\cos\theta\sin\psi & \cos\theta\cos\psi & \sin\theta \\ \sin\gamma\cos\psi + \cos\gamma\sin\theta\sin\psi & \sin\gamma\sin\psi - \cos\gamma\sin\theta\cos\psi & \cos\gamma\cos\theta \end{bmatrix} \begin{bmatrix} x_n \\ y_n \\ z_n \end{bmatrix} \tag{7.5}$$

将式(7.5)简记为

$$\boldsymbol{f}^b = \boldsymbol{C}_n^b \boldsymbol{f}^n \tag{7.6}$$

则有

$$\boldsymbol{C}_n^b = \begin{bmatrix} \cos\gamma\cos\psi - \sin\gamma\sin\theta\sin\psi & \cos\gamma\sin\psi + \sin\gamma\sin\theta\cos\psi & -\sin\gamma\cos\theta \\ -\cos\theta\sin\psi & \cos\theta\cos\psi & \sin\theta \\ \sin\gamma\cos\psi + \cos\gamma\sin\theta\sin\psi & \sin\gamma\sin\psi - \cos\gamma\sin\theta\cos\psi & \cos\gamma\cos\theta \end{bmatrix} \tag{7.7}$$

由于姿态矩阵 $\boldsymbol{C}_b^n$ 为正交矩阵，所以 $\boldsymbol{C}_b^n = [\boldsymbol{C}_n^b]^{-1} = [\boldsymbol{C}_n^b]^T$ 。这样，根据式(7.7)，可得

$$\boldsymbol{C}_b^n = \begin{bmatrix} \cos\gamma\cos\psi - \sin\gamma\sin\theta\sin\psi & -\cos\theta\sin\psi & \sin\gamma\cos\psi + \cos\gamma\sin\theta\sin\psi \\ \cos\gamma\sin\psi + \sin\gamma\sin\theta\cos\psi & \cos\theta\cos\psi & \sin\gamma\sin\psi - \cos\gamma\sin\theta\cos\psi \\ -\sin\gamma\cos\theta & \sin\theta & \cos\gamma\cos\theta \end{bmatrix} \tag{7.8}$$

在求得姿态矩阵 $\boldsymbol{C}_b^n$ 后，沿载体坐标系测量的比力 $\boldsymbol{f}^b$ 就可以转换到导航坐标系上，得到 $\boldsymbol{f}^n$：

$$\boldsymbol{f}^n = \boldsymbol{C}_b^n \boldsymbol{f}^b \tag{7.9}$$

进一步，根据导航系下的比力 $\boldsymbol{f}^n$，即可求解载体的速度与位置信息。由式(7.9)可以看出，姿态矩阵 $\boldsymbol{C}_b^n$ 起到了平台惯导系统中惯性平台的作用。

2.由姿态矩阵确定载体的姿态角

由式(7.8)可以看出,姿态矩阵 $\boldsymbol{C}_b^n$ 是 ψ、θ、γ 的函数,故由 $\boldsymbol{C}_b^n$ 的元素可以唯一地确定 ψ、θ、γ,从而求得载体的姿态角。

由式(7.8)可得姿态角 ψ、θ、γ 的主值为

$$\left.\begin{aligned}\psi_{主}&=\arctan\left(\frac{-T_{12}}{T_{22}}\right)\\\theta_{主}&=\arcsin(T_{32})\\\gamma_{主}&=\arctan\left(\frac{-T_{31}}{T_{33}}\right)\end{aligned}\right\}\tag{7.10}$$

式中:T_{ij} 表示姿态矩阵 $\boldsymbol{C}_b^n$ 的第 $i(i=1,2,3)$ 行、第 $j(j=1,2,3)$ 列元素。

为了单值地确定姿态角 ψ、θ、γ 的真值,首先应给出它们的定义域。俯仰角 θ 的定义域为$(-90°,90°)$,滚转角 γ 的定义域为$(-180°,180°)$,航向角 ψ 的定义域为$(0°,360°)$。

对式(7.10)进行分析可以看出:由于俯仰角 θ 的定义域与反正弦函数的主值域是一致的,所以 θ 的主值就是其真值;而滚转角 γ 与航向角 ψ 的定义域与反正切函数的主值域不一致。因此,在求得 γ 及 ψ 的主值后,还要根据 T_{33} 或 T_{22} 的符号来确定其真值。于是,θ、γ、ψ 的真值可表示为

$$\begin{aligned}&\theta=\theta_{主}\\&\gamma=\begin{cases}\gamma_{主} & ,\ T_{33}>0\\ \gamma_{主}+180° & ,\ T_{33}<0\quad \begin{cases}\gamma_{主}<0\\ \gamma_{主}>0\end{cases}\\ \gamma_{主}-180° & \end{cases}\\&\psi=\begin{cases}\psi_{主} & ,\ T_{22}>0\quad \begin{cases}\psi_{主}>0\\ \psi_{主}<0\end{cases}\\ \psi_{主}+360° & \\ \psi_{主}+180° & ,\ T_{22}<0\end{cases}\end{aligned}\tag{7.11}$$

综上所述,姿态矩阵 $\boldsymbol{C}_b^n$ 有两个方面的作用:一方面,是用它来实现坐标转换,将沿载体坐标系安装的加速度计测量的比力转换到导航坐标系上;另一方面,是根据姿态矩阵的元素确定载体的姿态角。

3.姿态矩阵微分方程

姿态矩阵 $\boldsymbol{C}_b^n$ 中的元素是时间的函数。为求 $\boldsymbol{C}_b^n$ 需要求解姿态矩阵微分方程

$$\dot{\boldsymbol{C}}_b^n=\boldsymbol{C}_b^n\boldsymbol{\Omega}_{nb}^b\tag{7.12}$$

式中:$\boldsymbol{\Omega}_{nb}^b$ 为姿态角速度 $\boldsymbol{\omega}_{nb}^b=[\omega_{nbx}^b,\omega_{nby}^b,\omega_{nbz}^b]^T$ 组成的反对称阵。

在求解式(7.12)时,需要首先已知姿态角速度 $\boldsymbol{\omega}_{nb}^b$。捷联惯导系统的 $\boldsymbol{\omega}_{nb}^b$ 可以利用陀螺仪测得的角速度 $\boldsymbol{\omega}_{ib}^b$、地球自转角速度 $\boldsymbol{\omega}_{ie}^n$ 及位置角速度 $\boldsymbol{\omega}_{en}^n$ 求取,即

$$\boldsymbol{\omega}_{nb}^b=\boldsymbol{\omega}_{ib}^b-\boldsymbol{\omega}_{in}^b=\boldsymbol{\omega}_{ib}^b-\boldsymbol{C}_n^b(\boldsymbol{\omega}_{ie}^n+\boldsymbol{\omega}_{en}^n)\tag{7.13}$$

式中:地球自转角速度 $\boldsymbol{\omega}_{ie}^n$ 及位置角速度 $\boldsymbol{\omega}_{en}^n$ 的计算公式分别为

$$\boldsymbol{\omega}_{ie}^n=\begin{bmatrix}0\\\omega_{ie}\cos L\\\omega_{ie}\sin L\end{bmatrix}\tag{7.14}$$

$$\boldsymbol{\omega}_{\mathrm{en}}^{\mathrm{n}}=\begin{bmatrix}-\dfrac{v_{\mathrm{N}}}{R_{\mathrm{M}}+h}\\ \dfrac{v_{\mathrm{E}}}{R_{\mathrm{N}}+h}\\ \dfrac{v_{\mathrm{E}}\tan L}{R_{\mathrm{N}}+h}\end{bmatrix}\tag{7.15}$$

式中：L 和 h 分别为载体所在位置的纬度和高度；v_{E} 和 v_{N} 分别为载体的东向和北向速度，子午圈半径为 $R_{\mathrm{M}}=R_{\mathrm{e}}(1-2e+3e\sin^2 L)$；卯酉圈半径为 $R_{\mathrm{N}}=R_{\mathrm{e}}(1+e\sin^2 L)$；$R_{\mathrm{e}}$ 为地球参考椭球的长半轴；e 为地球的椭圆度。

这样，将式(7.12)展开，则有

$$\begin{bmatrix}\dot{T}_{11} & \dot{T}_{12} & \dot{T}_{13}\\ \dot{T}_{21} & \dot{T}_{22} & \dot{T}_{23}\\ \dot{T}_{31} & \dot{T}_{32} & \dot{T}_{33}\end{bmatrix}=\begin{bmatrix}T_{11} & T_{12} & T_{13}\\ T_{21} & T_{22} & T_{23}\\ T_{31} & T_{32} & T_{33}\end{bmatrix}\begin{bmatrix}0 & -\omega_{\mathrm{nb}z}^{\mathrm{b}} & \omega_{\mathrm{nb}y}^{\mathrm{b}}\\ \omega_{\mathrm{nb}z}^{\mathrm{b}} & 0 & -\omega_{\mathrm{nb}x}^{\mathrm{b}}\\ -\omega_{\mathrm{nb}y}^{\mathrm{b}} & \omega_{\mathrm{nb}x}^{\mathrm{b}} & 0\end{bmatrix}\tag{7.16}$$

可以看出，式(7.16)对应九个一阶微分方程。只要给定初始值 ψ_0、θ_0 和 γ_0，并根据式(7.13)求得姿态角速度 $\boldsymbol{\omega}_{\mathrm{nb}}^{\mathrm{b}}$，即可确定姿态矩阵 $\boldsymbol{C}_{\mathrm{b}}^{\mathrm{n}}$ 中的元素值，进而确定载体的姿态角。

然而，由于飞行器的姿态变化速率很快，可达 400°/s 甚至更高，绕三个轴的角速率分量一般来讲也是比较大的，因此要解九个微分方程，需要采用高阶积分算法才能保证精度。解姿态矩阵微分方程的目的是求出三个姿态角。若采用四元数法，只要解四个微分方程，而采用方向余弦法需要解九个微分方程，所以采用四元数法效率更高些。总的看来，捷联惯导系统的姿态计算采用四元数比方向余弦矩阵更好。因此，目前捷联惯导系统的姿态方程通常都采用四元数法，再利用四元数和方向余弦矩阵之间的关系，求解姿态矩阵 $\boldsymbol{C}_{\mathrm{b}}^{\mathrm{n}}$ 中的元素值。

4.四元数与姿态矩阵之间的关系

四元数理论是数学中的一个古老分支，早在 1843 年，B.P.哈密顿就提出了四元数理论，其主要目的是研究空间几何。但是，在这个理论建立之后，长期没有得到实际应用，直到空间技术出现以后，特别是在捷联惯性技术出现之后，四元数理论才真正得到实际应用。

下面从四元数理论在捷联惯导系统中的应用这一角度出发，给出四元数与姿态矩阵中的元素之间的关系，以确定捷联惯导系统的姿态矩阵。

四元数是由一个实数单位 1 和三个虚数单位 $\boldsymbol{i}$、$\boldsymbol{j}$、$\boldsymbol{k}$ 组成的含有四个元的数，其表达式为

$$\boldsymbol{q}=q_0+q_1\boldsymbol{i}+q_2\boldsymbol{j}+q_3\boldsymbol{k}\tag{7.17}$$

一个坐标系相对另一个坐标系的转动可以用四元数唯一地表示出来。用四元数来描述载体坐标系相对导航坐标系的转动时，可得

$$\begin{bmatrix}x_{\mathrm{n}}\\ y_{\mathrm{n}}\\ z_{\mathrm{n}}\end{bmatrix}=\begin{bmatrix}q_0^2+q_1^2-q_2^2-q_3^2 & 2(q_1q_2-q_0q_3) & 2(q_1q_3+q_0q_2)\\ 2(q_1q_2+q_0q_3) & q_0^2-q_1^2+q_2^2-q_3^2 & 2(q_2q_3-q_0q_1)\\ 2(q_1q_3-q_0q_2) & 2(q_2q_3+q_0q_1) & q_0^2-q_1^2-q_2^2+q_3^2\end{bmatrix}\begin{bmatrix}x_{\mathrm{b}}\\ y_{\mathrm{b}}\\ z_{\mathrm{b}}\end{bmatrix}\tag{7.18}$$

即姿态矩阵可用四元数表示为

$$
\boldsymbol{C}_b^n=\begin{bmatrix} q_0^2+q_1^2-q_2^2-q_3^2 & 2(q_1q_2-q_0q_3) & 2(q_1q_3+q_0q_2) \\ 2(q_1q_2+q_0q_3) & q_0^2-q_1^2+q_2^2-q_3^2 & 2(q_2q_3-q_0q_1) \\ 2(q_1q_3-q_0q_2) & 2(q_2q_3+q_0q_1) & q_0^2-q_1^2-q_2^2+q_3^2 \end{bmatrix} \tag{7.19}
$$

四元数姿态矩阵式(7.19)与方向余弦矩阵式(7.8)是完全等效的，即对应元素相等，但其表达形式不同。显然，如果知道四元数 $\boldsymbol{q}$ 的四个元，就可以求出姿态矩阵中的九个元素，并构成姿态矩阵。反之，知道了姿态矩阵的九个元素，也可以求出四元数中的四个元。

由四元数姿态矩阵与方向余弦矩阵对应元素相等，可得

$$
\left.\begin{aligned} q_0^2+q_1^2-q_2^2-q_3^2&=T_{11} \\ q_0^2-q_1^2+q_2^2-q_3^2&=T_{22} \\ q_0^2-q_1^2-q_2^2+q_3^2&=T_{33} \end{aligned}\right\} \tag{7.20}
$$

对于规范化的四元数，存在

$$
q_0^2+q_1^2+q_2^2+q_3^2=1 \tag{7.21}
$$

由式(7.20)和式(7.21)，可得

$$
\left.\begin{aligned} q_0&=\pm\frac{1}{2}\sqrt{1+T_{11}+T_{22}-T_{33}} \\ q_1&=\pm\frac{1}{2}\sqrt{1+T_{11}-T_{22}-T_{33}} \\ q_2&=\pm\frac{1}{2}\sqrt{1-T_{11}+T_{22}-T_{33}} \\ q_3&=\pm\frac{1}{2}\sqrt{1-T_{11}-T_{22}+T_{33}} \end{aligned}\right\} \tag{7.22}
$$

式(7.22)的符号可用如下方法确定。由式(7.19)非对角元素之差，有如下关系：

$$
\left.\begin{aligned} 4q_0q_1&=T_{23}-T_{32} \\ 4q_0q_2&=T_{31}-T_{13} \\ 4q_0q_3&=T_{12}-T_{21} \end{aligned}\right\} \tag{7.23}
$$

只要先确定 q_0 的符号，则 q_1、q_2 和 q_3 的符号可由式(7.23)确定，而 q_0 的符号实际上是任意的，因为四元数的四个元同时变符号，四元数不变，由此取

$$
\left.\begin{aligned} \operatorname{sign}(q_0)&=+ \\ \operatorname{sign}(q_1)&=\operatorname{sign}(T_{23}-T_{32}) \\ \operatorname{sign}(q_2)&=\operatorname{sign}(T_{31}-T_{13}) \\ \operatorname{sign}(q_3)&=\operatorname{sign}(T_{12}-T_{21}) \end{aligned}\right\} \tag{7.24}
$$

在捷联惯导系统的计算过程中要用到四元数的初值，而在系统初始对准结束后，姿态角的初值 ψ_0、θ_0 和 γ_0 是已知的，因而将其代入式(7.8)，即可计算得到方向余弦矩阵的初值。因此，要确定四元数 q_0、q_1、q_2 和 q_3 的初值，可以将方向余弦矩阵的初值代入式(7.22)和式(7.24)求出。

由四元数可以直接求出方向余弦矩阵的各元素，因而可以根据四元数计算载体的姿态角，并不断更新姿态矩阵。由于姿态角速度 $\boldsymbol{\omega}_{nb}^b$ 的存在，载体姿态在不断变化，因此，四元数是时间的函数。为了确定四元数的时间特性，需要求解四元数运动学微分方程。

5.四元数运动学微分方程

四元数运动学微分方程可以写作：

$$\dot{\boldsymbol{q}}=\frac{1}{2}\boldsymbol{q}\circ\boldsymbol{\omega}_{nb}^{b} \tag{7.25}$$

式中：$\boldsymbol{\omega}_{nb}^{b}$ 表示以 0 为实部、姿态角速度 $\boldsymbol{\omega}_{nb}^{b}$ 为虚部的四元数。

由于任意两个四元数 $\boldsymbol{q}=[q_0\quad q_1\quad q_2\quad q_3]^{\mathrm{T}}$ 和 $\boldsymbol{p}=[p_0\quad p_1\quad p_2\quad p_3]^{\mathrm{T}}$ 的四元数乘法运算 $\boldsymbol{q}\circ\boldsymbol{p}$ 可以表示为

$$\boldsymbol{q}\circ\boldsymbol{p}=\begin{bmatrix}p_0 & -p_1 & -p_2 & -p_3\\ p_1 & p_0 & p_3 & -p_2\\ p_2 & -p_3 & p_0 & p_1\\ p_3 & p_2 & -p_1 & p_0\end{bmatrix}\begin{bmatrix}q_0\\ q_1\\ q_2\\ q_3\end{bmatrix} \tag{7.26}$$

因此，式(7.25)可写成如下矩阵形式：

$$\begin{bmatrix}\dot{q}_0\\ \dot{q}_1\\ \dot{q}_2\\ \dot{q}_3\end{bmatrix}=\frac{1}{2}\begin{bmatrix}0 & -\omega_{nbx}^{b} & -\omega_{nby}^{b} & -\omega_{nbz}^{b}\\ \omega_{nbx}^{b} & 0 & \omega_{nbz}^{b} & -\omega_{nby}^{b}\\ \omega_{nby}^{b} & -\omega_{nbz}^{b} & 0 & \omega_{nbx}^{b}\\ \omega_{nbz}^{b} & \omega_{nby}^{b} & -\omega_{nbx}^{b} & 0\end{bmatrix}\begin{bmatrix}q_0\\ q_1\\ q_2\\ q_3\end{bmatrix} \tag{7.27}$$

这样，捷联惯导系统中姿态参数 ψ、θ、γ 的求解过程可总结为：首先，系统根据式(7.13)求出姿态角速度 $\boldsymbol{\omega}_{nb}^{b}$；在此基础上，利用式(7.27)求出四元数中的四个元 q_0、q_1、q_2 和 q_3；然后，利用四元数姿态矩阵与方向余弦矩阵对应元素相等的原则，得到姿态矩阵中的元素 $T_{11}, T_{22}, \cdots, T_{33}$；最后，根据式(7.10)和式(7.11)求出姿态参数。

7.2.2 速度方程

根据比力方程

$$\boldsymbol{f}^{b}=\boldsymbol{C}_{n}^{b}[\dot{\boldsymbol{v}}_{en}^{n}+(2\boldsymbol{\omega}_{ie}^{n}+\boldsymbol{\omega}_{en}^{n})\times\boldsymbol{v}_{en}^{n}-\boldsymbol{g}^{n}] \tag{7.28}$$

可得载体的运动加速度在地理系下的分量 $\dot{\boldsymbol{v}}_{en}^{n}$ 可表示为

$$\dot{\boldsymbol{v}}_{en}^{n}=\boldsymbol{C}_{b}^{n}\boldsymbol{f}^{b}-(2\boldsymbol{\omega}_{ie}^{n}+\boldsymbol{\omega}_{en}^{n})\times\boldsymbol{v}_{en}^{n}+\boldsymbol{g}^{n} \tag{7.29}$$

式(7.29)表明，必须从测得的比力 $\boldsymbol{f}^{b}$ 中补偿掉有害加速度，才能提取出载体的运动加速度 $\dot{\boldsymbol{v}}_{en}^{n}$。有害加速度中包含两部分，一部分是重力加速度 $\boldsymbol{g}^{n}$，另一部分则包含哥氏加速度 $2\boldsymbol{\omega}_{ie}^{n}\times\boldsymbol{v}_{en}^{n}$ 和向心加速度 $\boldsymbol{\omega}_{en}^{n}\times\boldsymbol{v}_{en}^{n}$。对于哥氏加速度和向心加速度的补偿，根据式(7.14)和式(7.15)分别计算得到地球自转角速度 $\boldsymbol{\omega}_{ie}^{n}$ 和位置角速度 $\boldsymbol{\omega}_{en}^{n}$ 后，再结合上一时刻计算得到的速度 $\boldsymbol{v}_{en}^{n}$，便可获得哥氏加速度和向心加速度。下面重点介绍重力加速度 $\boldsymbol{g}^{n}$ 的计算方法。

地球重力场是由地球引力场与地球自转离心惯性力形成的。如图 7.3 所示，假设地球是一个密度均匀的旋转椭球体，则地球引力加速度 $\boldsymbol{G}_e$ 指向地心；地球自转向心加速度 $\boldsymbol{\omega}_{ie}\times(\boldsymbol{\omega}_{ie}\times\boldsymbol{r})$ 垂直指向极轴，而离心惯性力的方向与此相反，故为 $-\boldsymbol{\omega}_{ie}\times(\boldsymbol{\omega}_{ie}\times\boldsymbol{r})$。根据图中矢量关系，可得重力加速度表达式

$$\boldsymbol{g}=\boldsymbol{G}_e-\boldsymbol{\omega}_{ie}\times(\boldsymbol{\omega}_{ie}\times\boldsymbol{r}) \tag{7.30}$$

即重力加速度 $\boldsymbol{g}$ 是引力加速度 $\boldsymbol{G}_e$ 与向心加速度 $\boldsymbol{\omega}_{ie}\times(\boldsymbol{\omega}_{ie}\times\boldsymbol{r})$ 的矢量差。

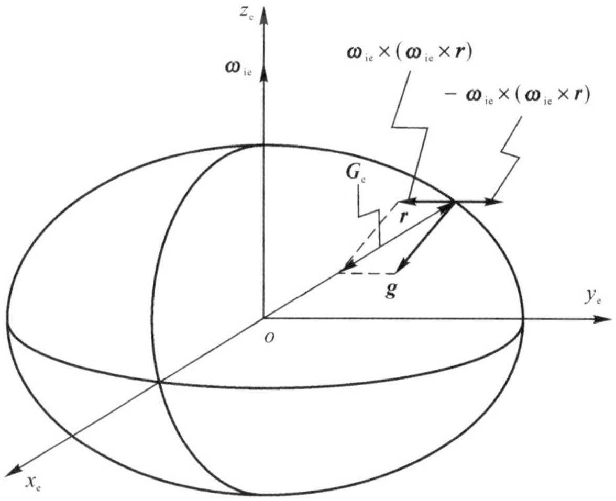

图 7.3　重力加速度示意图

由图 7.3 可以看出，重力加速度 $\boldsymbol{g}$ 的方向一般并不指向地心，而是沿旋转椭球的法线方向。因此，在东-北-天地理坐标系中，重力加速度 $\boldsymbol{g}$ 总是沿天向的反方向，即

$$\boldsymbol{g}^n=[0\quad 0\quad -g]^T \tag{7.31}$$

此外，由图 7.3 还可以看出，向心加速度的大小随着所在点的地理纬度而变化，同时还随着所在点至地心的距离而变化。因此，重力加速度 $\boldsymbol{g}$ 的大小 g 是所在点地理纬度 L 和高度 h 的函数。对于经典的 1980 年国际大地测量参考椭球（Geodetic Reference System 1980，GRS — 1980）模型，重力加速度大小的计算公式如下：

$$g=g_0(1+5.302\,4\times10^{-3}\sin^2L-5.8\times10^{-6}\sin^2 2L)-3.086\times10^{-6}h \tag{7.32}$$

式中：g_0 为赤道海平面上的重力加速度，$g_0=9.780\,327\ \mathrm{m/s^2}$。

这样，联合式(7.31)和式(7.32)，便可计算得到重力加速度 $\boldsymbol{g}^n$；进一步，将重力加速度 $\boldsymbol{g}^n$ 代入式(7.29)，便可对其进行补偿。

那么，补偿掉比力中的有害加速度后，对时间 t 进行一次积分，便可得到导航系（n）下运载体相对地球的速度 $\boldsymbol{v}_{en}^n$，即地速

$$\boldsymbol{v}_{en}^n=\int_0^t[\boldsymbol{C}_b^n\boldsymbol{f}^b-(2\boldsymbol{\omega}_{ie}^n+\boldsymbol{\omega}_{en}^n)\times\boldsymbol{v}_{en}^n+\boldsymbol{g}^n]\,\mathrm{d}t+\boldsymbol{v}_{en}^n(0) \tag{7.33}$$

式中：$\boldsymbol{v}_{en}^n(0)$ 表示速度的初值。

将式(7.33)展开，则有

$$\left.\begin{aligned}
v_{\mathrm{E}} &= \int_0^t \left[f_{\mathrm{E}} + \left(2\omega_{\mathrm{ie}}\sin L + \frac{v_{\mathrm{E}}\tan L}{R_{\mathrm{N}}+h}\right)v_{\mathrm{N}} - \left(2\omega_{\mathrm{ie}}\cos L + \frac{v_{\mathrm{E}}}{R_{\mathrm{N}}+h}\right)v_{\mathrm{U}} \right]\mathrm{d}t + v_{\mathrm{E}}(0) \\
v_{\mathrm{N}} &= \int_0^t \left[f_{\mathrm{N}} - \left(2\omega_{\mathrm{ie}}\sin L + \frac{v_{\mathrm{E}}\tan L}{R_{\mathrm{N}}+h}\right)v_{\mathrm{E}} - \frac{v_{\mathrm{N}}v_{\mathrm{U}}}{R_{\mathrm{M}}+h} \right]\mathrm{d}t + v_{\mathrm{N}}(0) \\
v_{\mathrm{U}} &= \int_0^t \left[f_{\mathrm{U}} + \left(2\omega_{\mathrm{ie}}\cos L + \frac{v_{\mathrm{E}}}{R_{\mathrm{N}}+h}\right)v_{\mathrm{E}} + \frac{v_{\mathrm{N}}^2}{R_{\mathrm{M}}+h} - g \right]\mathrm{d}t + v_{\mathrm{U}}(0)
\end{aligned}\right\} \tag{7.34}$$

式中：$v_{\mathrm{E}}, v_{\mathrm{N}}, v_{\mathrm{U}}$ 为载体速度 $\boldsymbol{v}_{\mathrm{en}}^{\mathrm{n}}$ 的东向、北向和天向分量。

综上分析可知，根据捷联惯导系统的速度微分方程式(7.29)，利用姿态矩阵 $\boldsymbol{C}_{\mathrm{b}}^{\mathrm{n}}$ 将加速度计测量的比力 $\boldsymbol{f}^{\mathrm{b}}$ 转换为 $\boldsymbol{f}^{\mathrm{n}}$ 后，补偿掉其中的有害加速度 $\boldsymbol{g}^{\mathrm{n}}-(2\boldsymbol{\omega}_{\mathrm{ie}}^{\mathrm{n}}+\boldsymbol{\omega}_{\mathrm{en}}^{\mathrm{n}})\times\boldsymbol{v}_{\mathrm{en}}^{\mathrm{n}}$，即可计算得到载体的运动加速度 $\dot{\boldsymbol{v}}_{\mathrm{en}}^{\mathrm{n}}$；进而，对运动加速度 $\dot{\boldsymbol{v}}_{\mathrm{en}}^{\mathrm{n}}$ 进行一次积分，便可获得载体的实时速度 $\boldsymbol{v}_{\mathrm{en}}^{\mathrm{n}}$。

7.2.3 位置方程

载体所在位置的地理纬度 L、经度 λ 和高度 h 的时间导数可表示为

$$\left.\begin{aligned}
\dot{L} &= \frac{v_{\mathrm{N}}}{R_{\mathrm{M}}+h} \\
\dot{\lambda} &= \frac{v_{\mathrm{E}}\sec L}{R_{\mathrm{N}}+h} \\
\dot{h} &= v_{\mathrm{U}}
\end{aligned}\right\} \tag{7.35}$$

将式(7.35)对时间 t 进行一次积分，可得

$$\left.\begin{aligned}
L &= \int_0^t \frac{v_{\mathrm{N}}}{(R_{\mathrm{M}}+h)}\mathrm{d}t + L_0 \\
\lambda &= \int_0^t \frac{v_{\mathrm{E}}}{(R_{\mathrm{N}}+h)\cos L}\mathrm{d}t + \lambda_0 \\
h &= \int_0^t v_{\mathrm{U}}\mathrm{d}t + h_0
\end{aligned}\right\} \tag{7.36}$$

可见，式(7.35)即为捷联惯导系统的位置微分方程。对该位置微分方程进行一次积分，便可获得载体的实时位置 L, λ, h。

7.3 捷联惯导系统误差方程

捷联惯导系统的误差方程常作为惯性基组合导航系统的状态模型，是捷联惯导系统与其他导航系统进行信息融合的基础。因此，本节将推导建立捷联惯导系统的误差方程。

7.3.1　姿态误差方程

在捷联惯导系统中，载体的姿态角是通过姿态矩阵（“数学平台”）计算出来的。理想情况下，导航计算机计算的地理坐标系（用 $\hat{n}$ 表示）应与真地理坐标系（n 系）一致，即计算姿态矩阵 $\boldsymbol{C}_b^{\hat{n}}$ 与理想姿态矩阵 $\boldsymbol{C}_b^n$ 相同。然而，系统存在测量误差、计算误差和干扰误差等误差源，使得计算姿态矩阵 $\boldsymbol{C}_b^{\hat{n}}$ 与理想姿态矩阵 $\boldsymbol{C}_b^n$ 之间会产生偏差，即“数学平台”存在误差。显然，“数学平台”的误差反映了计算地理系 $\hat{n}$ 和真地理系 n 之间的姿态误差（其大小用平台失准角 $\boldsymbol{\varphi}$ 表示）。因此，捷联惯导系统的姿态误差方程也被称为“数学平台”的误差方程。

在捷联惯导系统中，姿态矩阵 $\boldsymbol{C}_b^n$ 是通过姿态微分方程 $\dot{\boldsymbol{C}}_b^n=\boldsymbol{C}_b^n\boldsymbol{\Omega}_{nb}^b$ 计算出来的，而反对称矩阵 $\boldsymbol{\Omega}_{nb}^b$ 是由姿态角速度 $\boldsymbol{\omega}_{nb}^b$ 决定的，$\boldsymbol{\omega}_{nb}^b$ 又是通过姿态角速度方程 $\boldsymbol{\omega}_{nb}^b=\boldsymbol{\omega}_{ib}^b-\boldsymbol{C}_n^b(\boldsymbol{\omega}_{ie}^n+\boldsymbol{\omega}_{en}^n)$ 得到的。这样，当陀螺仪存在测量误差、计算的纬度和高度存在误差时，姿态角速度 $\boldsymbol{\omega}_{nb}^b$ 必然会存在误差，从而使计算姿态矩阵 $\boldsymbol{C}_b^{\hat{n}}$ 与理想姿态矩阵 $\boldsymbol{C}_b^n$ 存在偏差，也就是计算的地理坐标系 $\hat{n}$ 和真地理坐标系 n 之间存在平台失准角 $\boldsymbol{\varphi}$ 。

设真地理坐标系 n 到计算地理坐标系 $\hat{n}$ 的方向余弦矩阵为 $\boldsymbol{C}_n^{\hat{n}}$，由于真地理坐标系与计算地理坐标系之间仅相差一个小角度 $\boldsymbol{\varphi}=[\varphi_E\quad\varphi_N\quad\varphi_U]^T$，所以有

$$\boldsymbol{C}_n^{\hat{n}}=\begin{bmatrix}1 & \varphi_U & -\varphi_N\\ -\varphi_U & 1 & \varphi_E\\ \varphi_N & -\varphi_E & 1\end{bmatrix}=\boldsymbol{I}-\boldsymbol{\Phi}^n \tag{7.37}$$

根据真地理坐标系的姿态矩阵微分方程，可类推出计算地理坐标系的姿态矩阵微分方程为

$$\dot{\boldsymbol{C}}_b^{\hat{n}}=\boldsymbol{C}_b^{\hat{n}}\boldsymbol{\Omega}_{\hat{n}b}^b \tag{7.38}$$

式中：$\boldsymbol{\Omega}_{\hat{n}b}^b$ 是 $\boldsymbol{\omega}_{\hat{n}b}^b$ 的反对称矩阵。

由于

$$\boldsymbol{C}_b^{\hat{n}}=\boldsymbol{C}_n^{\hat{n}}\boldsymbol{C}_b^n \tag{7.39}$$

对式(7.39)求导，可得

$$\dot{\boldsymbol{C}}_b^{\hat{n}}=\dot{\boldsymbol{C}}_n^{\hat{n}}\boldsymbol{C}_b^n+\boldsymbol{C}_n^{\hat{n}}\dot{\boldsymbol{C}}_b^n \tag{7.40}$$

对式(7.37)求导，可得

$$\dot{\boldsymbol{C}}_n^{\hat{n}}=-\dot{\boldsymbol{\Phi}}^n \tag{7.41}$$

将 $\dot{\boldsymbol{C}}_b^{\hat{n}}=\boldsymbol{C}_b^{\hat{n}}\boldsymbol{\Omega}_{\hat{n}b}^b$、$\dot{\boldsymbol{C}}_b^n=\boldsymbol{C}_b^n\boldsymbol{\Omega}_{nb}^b$ 及式(7.37)与式(7.41)代入式(7.40)，整理可得

$$\boldsymbol{C}_b^{\hat{n}}\boldsymbol{\Omega}_{\hat{n}b}^b=-\dot{\boldsymbol{\Phi}}^n\boldsymbol{C}_b^n+(\boldsymbol{I}-\boldsymbol{\Phi}^n)\boldsymbol{C}_b^n\boldsymbol{\Omega}_{nb}^b \tag{7.42}$$

两边同时右乘 $\boldsymbol{C}_n^b$，整理可得

$$\begin{aligned}\dot{\boldsymbol{\Phi}}^n=&\boldsymbol{C}_b^n\boldsymbol{\Omega}_{nb}^b\boldsymbol{C}_n^b-\boldsymbol{\Phi}^n\boldsymbol{C}_b^n\boldsymbol{\Omega}_{nb}^b\boldsymbol{C}_n^b-\boldsymbol{C}_b^{\hat{n}}\boldsymbol{\Omega}_{\hat{n}b}^b\boldsymbol{C}_n^b=\\&\boldsymbol{C}_b^n\boldsymbol{\Omega}_{nb}^b\boldsymbol{C}_n^b-\boldsymbol{\Phi}^n\boldsymbol{C}_b^n\boldsymbol{\Omega}_{nb}^b\boldsymbol{C}_n^b-\boldsymbol{C}_b^n\boldsymbol{\Omega}_{\hat{n}b}^b\boldsymbol{C}_n^b+\boldsymbol{\Phi}^n\boldsymbol{C}_b^n\boldsymbol{\Omega}_{\hat{n}b}^b\boldsymbol{C}_n^b\end{aligned} \tag{7.43}$$

根据相似变换法则

$$\left.\begin{aligned}\boldsymbol{\Omega}_{\rm nb}^{\rm n}=\boldsymbol{C}_{\rm b}^{\rm n}\,\boldsymbol{\Omega}_{\rm nb}^{\rm b}\,\boldsymbol{C}_{\rm n}^{\rm b}\\ \boldsymbol{\Omega}_{\rm \hat{n}b}^{\rm n}=\boldsymbol{C}_{\rm b}^{\rm n}\,\boldsymbol{\Omega}_{\rm \hat{n}b}^{\rm b}\,\boldsymbol{C}_{\rm n}^{\rm b}\end{aligned}\right\}\tag{7.44}$$

可将式(7.43)变换为

$$\dot{\boldsymbol{\Phi}}^{\rm n}=\boldsymbol{\Omega}_{\rm nb}^{\rm n}-\boldsymbol{\Omega}_{\rm \hat{n}b}^{\rm n}-\boldsymbol{\Phi}^{\rm n}\,\boldsymbol{\Omega}_{\rm nb}^{\rm n}+\boldsymbol{\Phi}^{\rm n}\,\boldsymbol{\Omega}_{\rm \hat{n}b}^{\rm n}\tag{7.45}$$

根据式(7.45)可知，推导 $\boldsymbol{\Omega}_{\rm \hat{n}b}^{\rm n}$ 与 $\boldsymbol{\Omega}_{\rm nb}^{\rm n}$ 的差值，即可得到捷联惯导系统的姿态误差方程。$\boldsymbol{\Omega}_{\rm \hat{n}b}^{\rm n}$ 与 $\boldsymbol{\Omega}_{\rm nb}^{\rm n}$ 分别由 $\boldsymbol{\omega}_{\rm \hat{n}b}^{\rm n}$ 与 $\boldsymbol{\omega}_{\rm nb}^{\rm n}$ 确定，可以分别写为

$$\left.\begin{aligned}\boldsymbol{\omega}_{\rm \hat{n}b}^{\rm n}=\boldsymbol{C}_{\rm b}^{\rm n}(\boldsymbol{\omega}_{\rm ib}^{\rm b}+\delta\boldsymbol{\omega}_{\rm ib}^{\rm b})-\boldsymbol{C}_{\rm \hat{n}}^{\rm n}(\boldsymbol{\omega}_{\rm ie}^{\rm \hat{n}}+\boldsymbol{\omega}_{\rm e\hat{n}}^{\rm \hat{n}})\\ \boldsymbol{\omega}_{\rm nb}^{\rm n}=\boldsymbol{C}_{\rm b}^{\rm n}\,\boldsymbol{\omega}_{\rm ib}^{\rm b}-(\boldsymbol{\omega}_{\rm ie}^{\rm n}+\boldsymbol{\omega}_{\rm en}^{\rm n})\end{aligned}\right\}\tag{7.46}$$

式中：$\delta\boldsymbol{\omega}_{\rm ib}^{\rm b}$ 为陀螺仪的测量误差；$\boldsymbol{\omega}_{\rm ie}^{\rm \hat{n}}$ 与 $\boldsymbol{\omega}_{\rm e\hat{n}}^{\rm \hat{n}}$ 均为计算地理系下的计算角速度。

考虑到计算值 $\boldsymbol{\omega}_{\rm ie}^{\rm \hat{n}}$ 和 $\boldsymbol{\omega}_{\rm e\hat{n}}^{\rm \hat{n}}$ 与对应真值间存在误差小量，即有

$$\left.\begin{aligned}\boldsymbol{\omega}_{\rm ie}^{\rm \hat{n}}=\boldsymbol{\omega}_{\rm ie}^{\rm n}+\delta\boldsymbol{\omega}_{\rm ie}^{\rm n}\\ \boldsymbol{\omega}_{\rm e\hat{n}}^{\rm \hat{n}}=\boldsymbol{\omega}_{\rm en}^{\rm n}+\delta\boldsymbol{\omega}_{\rm en}^{\rm n}\end{aligned}\right\}\tag{7.47}$$

将式(7.46)和式(7.47)代入矩阵微分方程式(7.45)，并将式(7.45)中的元素写成列向量形式，忽略二阶小量后，可得捷联惯导系统的姿态误差方程为

$$\dot{\boldsymbol{\varphi}}=\begin{bmatrix}\dot{\varphi}_{\rm E}\\ \dot{\varphi}_{\rm N}\\ \dot{\varphi}_{\rm U}\end{bmatrix}=-\boldsymbol{\omega}_{\rm in}^{\rm n}\times\boldsymbol{\varphi}+\delta\boldsymbol{\omega}_{\rm in}^{\rm n}-\boldsymbol{C}_{\rm b}^{\rm n}\delta\boldsymbol{\omega}_{\rm ib}^{\rm b}\tag{7.48}$$

式中

$$\boldsymbol{\omega}_{\rm in}^{\rm n}=\boldsymbol{\omega}_{\rm ie}^{\rm n}+\boldsymbol{\omega}_{\rm en}^{\rm n}=\begin{bmatrix}0\\ \omega_{\rm ie}\cos L\\ \omega_{\rm ie}\sin L\end{bmatrix}+\begin{bmatrix}-\dfrac{v_{\rm N}}{R_{\rm M}+h}\\ \dfrac{v_{\rm E}}{R_{\rm N}+h}\\ \dfrac{v_{\rm E}\tan L}{R_{\rm N}+h}\end{bmatrix}$$

$$\delta\boldsymbol{\omega}_{\rm in}^{\rm n}=\delta\boldsymbol{\omega}_{\rm ie}^{\rm n}+\delta\boldsymbol{\omega}_{\rm en}^{\rm n}=\begin{bmatrix}0\\ -\omega_{\rm ie}\sin L\,\delta L\\ \omega_{\rm ie}\cos L\,\delta L\end{bmatrix}+\begin{bmatrix}-\dfrac{1}{R_{\rm M}+h}\delta v_{\rm N}+\dfrac{v_{\rm N}}{(R_{\rm M}+h)^2}\delta h\\ \dfrac{1}{R_{\rm N}+h}\delta v_{\rm E}-\dfrac{v_{\rm E}}{(R_{\rm N}+h)^2}\delta h\\ \dfrac{\tan L}{R_{\rm N}+h}\delta v_{\rm E}+\dfrac{v_{\rm E}\sec^2 L}{R_{\rm N}+h}\delta L-\dfrac{v_{\rm E}\tan L}{(R_{\rm N}+h)^2}\delta h\end{bmatrix}$$

7.3.2 速度误差方程

载体相对于地球系的加速度在地理系下的分量 $\dot{\boldsymbol{v}}_{\rm en}^{\rm n}$ 可表示为

$$\dot{\boldsymbol{v}}_{\rm en}^{\rm n}=\boldsymbol{C}_{\rm b}^{\rm n}\,\boldsymbol{f}^{\rm b}-(2\,\boldsymbol{\omega}_{\rm ie}^{\rm n}+\boldsymbol{\omega}_{\rm en}^{\rm n})\times\boldsymbol{v}_{\rm en}^{\rm n}+\boldsymbol{g}^{\rm n}\tag{7.49}$$

而在捷联惯导系统的实际解算过程中，只能利用加速度计输出 $\tilde{\boldsymbol{f}}^{\rm b}$ 近似代替 $\boldsymbol{f}^{\rm b}$，由地球

重力场模型确定的当地重力加速度 $\hat{\boldsymbol{g}}^{\mathrm{n}}$ 近似代替 $\boldsymbol{g}^{\mathrm{n}}$，并利用捷联惯导系统解算得到的 $\boldsymbol{\omega}_{\mathrm{ie}}^{\hat{\mathrm{n}}}$、$\boldsymbol{\omega}_{\mathrm{en}}^{\hat{\mathrm{n}}}$ 和 $\boldsymbol{C}_{\mathrm{b}}^{\hat{\mathrm{n}}}$ 分别近似代替 $\boldsymbol{\omega}_{\mathrm{ie}}^{\mathrm{n}}$、$\boldsymbol{\omega}_{\mathrm{en}}^{\mathrm{n}}$ 和 $\boldsymbol{C}_{\mathrm{b}}^{\mathrm{n}}$ 来确定载体的对地加速度，则有

$$\dot{\boldsymbol{v}}_{\mathrm{en}}^{\hat{\mathrm{n}}} = \boldsymbol{C}_{\mathrm{b}}^{\hat{\mathrm{n}}}\tilde{\boldsymbol{f}}^{\mathrm{b}} - (2\boldsymbol{\omega}_{\mathrm{ie}}^{\hat{\mathrm{n}}} + \boldsymbol{\omega}_{\mathrm{en}}^{\hat{\mathrm{n}}}) \times \boldsymbol{v}_{\mathrm{en}}^{\hat{\mathrm{n}}} + \hat{\boldsymbol{g}}^{\mathrm{n}} \tag{7.50}$$

考虑到各测量值和解算值与对应真值间存在误差小量，即有

$$\begin{aligned}
&\tilde{\boldsymbol{f}}^{\mathrm{b}} = \boldsymbol{f}^{\mathrm{b}} + \delta\boldsymbol{f}^{\mathrm{b}}, \quad \hat{\boldsymbol{g}}^{\mathrm{n}} = \boldsymbol{g}^{\mathrm{n}} + \delta\boldsymbol{g}^{\mathrm{n}} \\
&\boldsymbol{v}_{\mathrm{en}}^{\hat{\mathrm{n}}} = \boldsymbol{v}_{\mathrm{en}}^{\mathrm{n}} + \delta\boldsymbol{v}_{\mathrm{en}}^{\mathrm{n}}, \quad \boldsymbol{\omega}_{\mathrm{ie}}^{\hat{\mathrm{n}}} = \boldsymbol{\omega}_{\mathrm{ie}}^{\mathrm{n}} + \delta\boldsymbol{\omega}_{\mathrm{ie}}^{\mathrm{n}} \\
&\dot{\boldsymbol{v}}_{\mathrm{en}}^{\hat{\mathrm{n}}} = \dot{\boldsymbol{v}}_{\mathrm{en}}^{\mathrm{n}} + \delta\dot{\boldsymbol{v}}_{\mathrm{en}}^{\mathrm{n}}, \quad \boldsymbol{\omega}_{\mathrm{en}}^{\hat{\mathrm{n}}} = \boldsymbol{\omega}_{\mathrm{en}}^{\mathrm{n}} + \delta\boldsymbol{\omega}_{\mathrm{en}}^{\mathrm{n}}
\end{aligned} \tag{7.51}$$

式中：$\delta\boldsymbol{f}^{\mathrm{b}}$ 为加速度计的测量误差；$\delta\boldsymbol{g}^{\mathrm{n}}$ 为重力加速度补偿残余误差项，其影响通常可忽略。

将式(7.51)代入式(7.50)，可得

$$\dot{\boldsymbol{v}}_{\mathrm{en}}^{\hat{\mathrm{n}}} = (\boldsymbol{I} - \boldsymbol{\Phi}^{\mathrm{n}})\boldsymbol{C}_{\mathrm{b}}^{\mathrm{n}}(\boldsymbol{f}^{\mathrm{b}} + \delta\boldsymbol{f}^{\mathrm{b}}) - [2(\boldsymbol{\omega}_{\mathrm{ie}}^{\mathrm{n}} + \delta\boldsymbol{\omega}_{\mathrm{ie}}^{\mathrm{n}}) + (\boldsymbol{\omega}_{\mathrm{en}}^{\mathrm{n}} + \delta\boldsymbol{\omega}_{\mathrm{en}}^{\mathrm{n}})] \times (\boldsymbol{v}_{\mathrm{en}}^{\mathrm{n}} + \delta\boldsymbol{v}_{\mathrm{en}}^{\mathrm{n}}) + \boldsymbol{g}^{\mathrm{n}} \tag{7.52}$$

并将式(7.52)与式(7.49)作差，并略去二阶及以上高阶小量，可得

$$\delta\dot{\boldsymbol{v}}_{\mathrm{en}}^{\mathrm{n}} = \boldsymbol{f}^{\mathrm{n}} \times \boldsymbol{\varphi} - (2\boldsymbol{\omega}_{\mathrm{ie}}^{\mathrm{n}} + \boldsymbol{\omega}_{\mathrm{en}}^{\mathrm{n}}) \times \delta\boldsymbol{v}_{\mathrm{en}}^{\mathrm{n}} + \boldsymbol{v}_{\mathrm{en}}^{\mathrm{n}} \times (2\delta\boldsymbol{\omega}_{\mathrm{ie}}^{\mathrm{n}} + \delta\boldsymbol{\omega}_{\mathrm{en}}^{\mathrm{n}}) + \boldsymbol{C}_{\mathrm{b}}^{\mathrm{n}}\delta\boldsymbol{f}^{\mathrm{b}} \tag{7.53}$$

式(7.53)即为捷联惯导系统的速度误差方程。

7.3.3　位置误差方程

对式(7.35)求微分可得

$$\left.\begin{aligned}
\delta\dot{L} &= \frac{\delta v_{\mathrm{N}}}{R_{\mathrm{M}} + h} - \frac{v_{\mathrm{N}}}{(R_{\mathrm{M}} + h)^2}\delta h \\
\delta\dot{\lambda} &= \frac{\sec L}{R_{\mathrm{N}} + h}\delta v_{\mathrm{E}} + \frac{v_{\mathrm{E}}\sec L\tan L}{R_{\mathrm{N}} + h}\delta L - \frac{v_{\mathrm{E}}\sec L}{(R_{\mathrm{N}} + h)^2}\delta h \\
\delta\dot{h} &= \delta v_{\mathrm{U}}
\end{aligned}\right\} \tag{7.54}$$

式(7.54)即为捷联惯导系统的位置误差方程。

第8章　捷联惯导系统数字实现方法

计算机技术的飞速发展，使得捷联惯导系统的设计、性能验证及评估工作可以首先在计算机上进行。在此基础上，再进行惯导系统的硬件(包括陀螺仪、加速度计与导航计算机等)以及软件(包括各种导航算法及不同迭代周期的选择等)的设计或选择。

通过捷联惯导系统的数字仿真，可以实现如下功能。

1.检验数学模型的正确性

在进行数字仿真时，首先要为系统的数学模型选择机上执行算法，编制好相应的主程序与子程序，并进行数字仿真。当数学模型有错误时，仿真的结果就会出现异常。当所选用的数学模型不够精确时，系统的误差将不能满足要求，从而应采用更精确的数学模型。

2.系统软件算法的仿真

这时可将惯性器件看成无误差的理想器件，单独研究由于计算机执行算法所造成的误差，其中包括对数值积分算法的选取、各种迭代周期的选取、字长的选取以及单精度或双精度的选取等。

3.系统硬件的选择

这时可在计算机中人为地设置惯性器件的误差，通过采用高精度的算法来减小算法误差的影响，从而确定硬件对系统误差的影响。这样，就可以根据系统导航精度的要求，对惯性器件提出相应的要求，进而设计或选用适当的惯性器件。接下来，在系统软件仿真的基础上，确定所选用的器件类型与输出形式，选用适宜的计算机，以满足系统对计算机接口、计算速度及计算机字长等方面的要求。

4.捷联惯导系统的仿真

在上述仿真的基础上，进而可对整个系统进行数字仿真。数字仿真可以采用以下几种方式进行。

(1) 对于给定的飞行任务，进行一次完整飞行过程的全数字仿真，确定总的系统误差。

(2) 对典型的工作状态(包括最不利的工作状态)进行仿真，确定系统在典型工作状态下的误差。典型的工作状态包括爬升、转弯、俯冲和加减速运动等。

(3) 系统的初始对准仿真，根据选用的惯性器件以及计算机的性能对初始对准误差进行仿真，从而判断系统的初始对准是否满足给定的要求。

(4) 与初步的飞行试验配合进行的数字仿真。将捷联惯导系统的惯性器件安装在飞行器上进行飞行试验，并通过飞行器的记录装置将陀螺仪与加速度计的输出记录下来；然后，在地面上再进行离线的数字仿真，为捷联惯导系统的实际飞行试验提供前期准备。

由此可见，数字仿真手段对于捷联惯导系统中惯性器件误差模型、导航解算和初始对准等算法测试和性能验证具有重要意义。基于此，本章介绍捷联惯导数字仿真系统的设计方法，并基于数字仿真系统对捷联惯导的性能进行验证。

8.1 捷联惯导数字仿真系统结构与工作原理

捷联惯导数字仿真系统的工作过程为：首先，根据飞行器的飞行任务特点设计一段轨迹，并生成飞行器的位置、速度和姿态等导航参数的理想值；其次，根据生成的导航参数的理想值，并结合陀螺仪和加速度计的数学模型，生成惯性器件的测量信息；然后，将惯性器件的测量信息输出到 SINS 导航解算算法中，得到导航结果；最后，将解算的导航结果与导航参数的理想值相比较，得到导航误差，进而验证惯性器件误差模型和导航解算算法的性能。可见，捷联惯导数字仿真系统应由以下四部分组成，总体结构如图 8.1 所示。

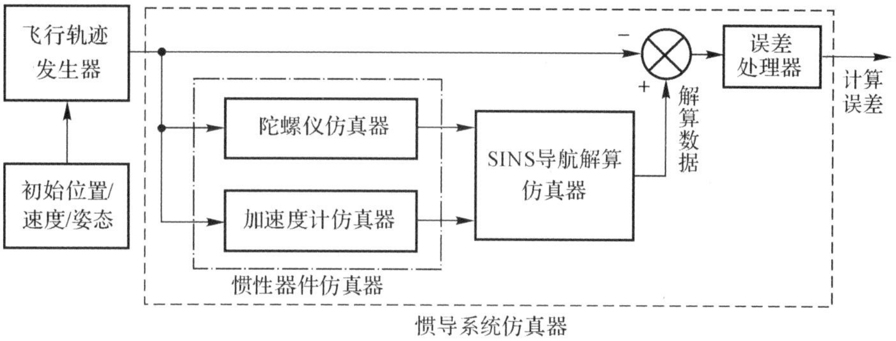

图 8.1 捷联惯导数字仿真系统总体结构

1.飞行轨迹发生器

飞行轨迹发生器对飞行器的轨迹进行模拟，为后续进行惯性器件测量数据生成、SINS 导航解算以及导航误差处理与性能评估提供依据。该模块是根据飞行器的飞行任务特点，生成包含爬升、转弯、俯冲或加减速等飞行状态在内的一条完整轨迹，然后再根据不同飞行状态的数学模型，实时输出飞行器对应时刻的位置、速度和姿态等导航参数的理想值。

2.惯性器件仿真器

惯性器件仿真器模拟生成陀螺仪和加速度计的测量信息，供 SINS 导航解算仿真器使用。该模块以飞行轨迹发生器输出的导航参数的理想值为输入信息，根据陀螺仪和加速度计的数学模型，生成包含惯性器件误差的角速度和比力。

3.SINS 导航解算仿真器

SINS 导航解算仿真器是根据 SINS 的导航解算方程设计而成的，它以惯性器件仿真器输出的测量结果为输入信息，通过位置、速度和姿态更新解算，得到飞行器的位置、速度和姿态等导航结果。

4.误差处理器

误差处理器将 SINS 导航解算仿真器计算得到的包含解算误差的导航结果，与飞行轨迹发生器输出的导航参数的理想值进行比较，从而得到 SINS 解算的位置、速度和姿态等参数的导航误差。在此基础上，对惯性器件误差模型和导航解算算法的性能进行分析和评估。

8.2 飞行轨迹发生器

对于给定的飞行任务，可以先设计出相应的飞行轨迹，然后利用飞行轨迹发生器计算出不同时刻的位置、速度和姿态等导航参数的理想值。下面从不同飞行状态的数学模型、导航参数的求取方法等方面，对飞行轨迹发生器的设计方法进行介绍。

8.2.1 导航用坐标系

以飞机的飞行轨迹设计为例，对本节所涉及的坐标系进行简单介绍：

导航坐标系（$OX_nY_nZ_n$）：原点为机体质心，X_n 指向东，Y_n 指向北，Z_n 指向天；

机体坐标系（$OX_bY_bZ_b$）：X_b 沿机体横轴指向右，Y_b 沿机体纵轴指向前，Z_b 与 X_b、Y_b 构成右手直角坐标系沿机体竖轴指向上；

轨迹坐标系（$OX_tY_tZ_t$）：X_t 保持水平向右，Y_t 与轨迹相切指向轨迹前进方向，Z_t 与 X_t、Y_t 构成右手直角坐标系；

水平轨迹坐标系（$OX_hY_hZ_h$）：该坐标系是 t 系在水平面内的投影。X_h 与 X_t 重合，Y_h 是 Y_t 在水平面内的投影，Z_h 与 X_h、Y_h 构成右手直角坐标系。

设 ψ、θ、γ 分别为飞机的航向角、俯仰角和滚转角，则导航坐标系（n 系）、轨迹水平坐标系（h 系）、轨迹坐标系（t 系）、机体坐标系（b 系）之间的转换关系为：n 系绕 Z_n 轴转 ψ 角得 h 系；h 系绕 X_h 轴转 θ 角得 t 系；t 系绕 Y_t 轴转 γ 角得 b 系。相应的坐标转换矩阵为

$$\boldsymbol{C}_n^h=\boldsymbol{C}_Z(\psi)=\begin{bmatrix}\cos\psi & \sin\psi & 0\\ -\sin\psi & \cos\psi & 0\\ 0 & 0 & 1\end{bmatrix} \tag{8.1}$$

$$\boldsymbol{C}_h^t=\boldsymbol{C}_X(\theta)=\begin{bmatrix}1 & 0 & 0\\ 0 & \cos\theta & \sin\theta\\ 0 & -\sin\theta & \cos\theta\end{bmatrix} \tag{8.2}$$

$$\boldsymbol{C}_t^b=\boldsymbol{C}_Y(\gamma)=\begin{bmatrix}\cos\gamma & 0 & -\sin\gamma\\ 0 & 1 & 0\\ \sin\gamma & 0 & \cos\gamma\end{bmatrix} \tag{8.3}$$

$$\boldsymbol{C}_n^b=\boldsymbol{C}_t^b\,\boldsymbol{C}_h^t\,\boldsymbol{C}_n^h=\begin{bmatrix}\cos\gamma\cos\psi-\sin\gamma\sin\theta\sin\psi & \cos\gamma\sin\psi+\sin\gamma\sin\theta\cos\psi & -\sin\gamma\cos\theta\\ -\cos\theta\sin\psi & \cos\theta\cos\psi & \sin\theta\\ \sin\gamma\cos\psi+\cos\gamma\sin\theta\sin\psi & \sin\gamma\sin\psi-\cos\gamma\sin\theta\cos\psi & \cos\gamma\cos\theta\end{bmatrix} \tag{8.4}$$

8.2.2　典型机动动作的数学模型

为使飞行轨迹发生器生成的飞行轨迹尽可能接近实际情况，需要建立各种典型机动动作的数学模型，并做成相应的模块。在测试时，可以将任意几种机动动作组合成一条飞行轨迹，从而充分反映捷联惯导系统在各种机动情况下的性能。下面分别建立爬升、转弯和俯冲这三种典型机动动作的数学模型。

1.爬升

飞行器的爬升可分为三个阶段：改变俯仰角的拉起阶段、等俯仰角爬升阶段和结束爬升后的改平阶段。

(1) 改变俯仰角的拉起阶段。在该阶段，飞行器的俯仰角以等角速率 $\dot{\theta}_0$ 逐渐增加到等角爬升的角度。设该阶段的初始时刻为 t_{01}，则有

$$\dot{\theta}=\dot{\theta}_0,\quad \theta=\dot{\theta}(t-t_{01}) \tag{8.5}$$

(2) 等俯仰角爬升阶段。在该阶段，飞行器以恒定的俯仰角 θ_c 爬升到需要的高度，则有

$$\dot{\theta}=0,\quad \theta=\theta_c \tag{8.6}$$

(3) 结束爬升后的改平阶段。在该阶段，飞行器以等角速率 $-\dot{\theta}_0$ 逐渐减小俯仰角。设该阶段的初始时刻为 t_{02}，则有

$$\dot{\theta}=-\dot{\theta}_0,\quad \theta=\theta_c+\dot{\theta}(t-t_{02}) \tag{8.7}$$

2.转弯

设飞行器为协调转弯，转弯过程无侧滑，飞行轨迹在水平面内。以右转弯为例分析协调转弯过程中的转弯半径和转弯角速率。

设转弯过程中飞行器的速度为 V_y^b，转弯半径为 R，转弯角速率为 ω_z^h，转弯所需的向心力 A_x^h 由升力因倾斜产生的水平分量来提供，则有

$$\left.\begin{aligned}&A_x^h=R\,(\omega_z^h)^2=(V_y^b)^2/R=g\tan\gamma\\&R=(V_y^b)^2/(g\tan\gamma)\\&\omega_z^h=V_y^b/R=g\tan\gamma/V_y^b\end{aligned}\right\} \tag{8.8}$$

飞行器的转弯分为 3 个阶段：由平飞改变滚转角进入转弯阶段、保持滚转角以等角速率转弯阶段和转弯后的改平阶段。

(1) 进入转弯阶段。在该阶段，飞行器以等角速率 $\dot{\gamma}_0$ 将滚转角调整到所需的值。设该阶段的初始时刻为 t_{03}，则有

$$\left.\begin{aligned}&\dot{\gamma}=\dot{\gamma}_0\\&\gamma=\dot{\gamma}(t-t_{03})\\&\omega_z^h=g\tan\gamma/V_y^b=g\tan[\dot{\gamma}(t-t_{03})]/V_y^b\\&\Delta\psi=\int_{t_{03}}^{t}\omega_z^h\,dt\end{aligned}\right\} \tag{8.9}$$

(2) 等角速率转弯阶段。在该阶段,飞行器保持滚转角 γ_c 并绕 z 轴以等角速率 ω_0 转弯,则有

$$\gamma = \gamma_c, \quad \omega_z^h = \omega_0 \tag{8.10}$$

(3) 改平阶段。在该阶段,飞行器以等角速率 $-\dot{\gamma}_0$ 逐渐减小滚转角。设该阶段的初始时刻为 t_{04},则有

$$\dot{\gamma} = -\dot{\gamma}_0, \quad \gamma = \gamma_c + \dot{\gamma}(t - t_{04}) \tag{8.11}$$

3.俯冲

俯冲过程的飞行轨迹在地垂面内,俯仰角的改变方向与爬升过程相反,分为改变俯仰角进入俯冲、等俯仰角持续俯冲和俯冲后的改平 3 个阶段。

(1) 进入俯冲阶段。在该阶段,飞行器以等角速率 $\dot{\theta}_1$ 逐渐减小到所需的俯冲角。设该阶段的初始时刻为 t_{05},则有

$$\dot{\theta} = -\dot{\theta}_1, \quad \theta = \dot{\theta}(t - t_{05}) \tag{8.12}$$

(2) 等俯仰角俯冲阶段。在该阶段,飞行器以恒定的俯仰角 θ_{c1} 俯冲到需要的高度,则有

$$\dot{\theta} = 0, \quad \theta = \theta_{c1} \tag{8.13}$$

(3) 俯冲后的改平阶段。在该阶段,飞行器以等角速率 $\dot{\theta}_1$ 逐渐增加俯仰角。设该阶段的初始时刻为 t_{06},则有

$$\dot{\theta} = \dot{\theta}_1, \quad \theta = \theta_{c1} + \dot{\theta}(t - t_{06}) \tag{8.14}$$

8.2.3 导航参数的求取

除上述三种典型机动动作外,飞行器的一段完整轨迹中通常还可能包含起飞、加速、减速、平飞和降落等飞行状态。下面进一步介绍不同飞行状态下导航参数精确值的求取。

1.加速度

(1) 飞行器机动飞行时在轨迹坐标系中的加速度如下:

飞行器以加速度 a 作直线加速飞行时:$a_x^t = a_z^t = 0, \quad a_y^t = a$;

飞行器以滚转角 γ 作无侧滑转弯时:$a_y^t = a_z^t = 0, \quad a_x^t = g\tan\gamma$;

飞行器爬升或俯冲时:$a_x^t = a_y^t = 0, \quad a_z^t = \dot{\theta}V_y^t$;

飞行器爬升改平或俯冲改平时:$a_x^t = a_y^t = 0, \quad a_z^t = \dot{\theta}V_y^t$;

飞行器匀速等角爬升或等角俯冲时:$a_x^t = a_y^t = a_z^t = 0$。

(2) 飞行器在导航坐标系中的加速度为

$$\begin{bmatrix} a_x^n \\ a_y^n \\ a_z^n \end{bmatrix} = \boldsymbol{C}_t^n \begin{bmatrix} a_x^t \\ a_y^t \\ a_z^t \end{bmatrix} \tag{8.15}$$

(3) 飞行器在载体坐标系中的加速度为

$$\begin{bmatrix} a_x^{\mathrm{b}} \\ a_y^{\mathrm{b}} \\ a_z^{\mathrm{b}} \end{bmatrix} = \boldsymbol{C}_{\mathrm{t}}^{\mathrm{b}} \begin{bmatrix} a_x^{\mathrm{t}} \\ a_y^{\mathrm{t}} \\ a_z^{\mathrm{t}} \end{bmatrix} \tag{8.16}$$

2.速度

(1) 飞行器在导航坐标系中的速度为

$$\begin{bmatrix} V_x^{\mathrm{n}} \\ V_y^{\mathrm{n}} \\ V_z^{\mathrm{n}} \end{bmatrix} = \begin{bmatrix} V_{x0}^{\mathrm{n}} \\ V_{y0}^{\mathrm{n}} \\ V_{z0}^{\mathrm{n}} \end{bmatrix} + \begin{bmatrix} \int_{t_0}^{t} a_x^{\mathrm{n}} \mathrm{d}t \\ \int_{t_0}^{t} a_y^{\mathrm{n}} \mathrm{d}t \\ \int_{t_0}^{t} a_z^{\mathrm{n}} \mathrm{d}t \end{bmatrix} \tag{8.17}$$

(2) 飞行器在轨迹坐标系中的速度为

$$\begin{bmatrix} V_x^{\mathrm{t}} \\ V_y^{\mathrm{t}} \\ V_z^{\mathrm{t}} \end{bmatrix} = \boldsymbol{C}_{\mathrm{n}}^{\mathrm{t}} \begin{bmatrix} V_x^{\mathrm{n}} \\ V_y^{\mathrm{n}} \\ V_z^{\mathrm{n}} \end{bmatrix} \tag{8.18}$$

(3) 飞行器在载体坐标系中的速度为

$$\begin{bmatrix} V_x^{\mathrm{b}} \\ V_y^{\mathrm{b}} \\ V_z^{\mathrm{b}} \end{bmatrix} = \boldsymbol{C}_{\mathrm{n}}^{\mathrm{b}} \begin{bmatrix} V_x^{\mathrm{n}} \\ V_y^{\mathrm{n}} \\ V_z^{\mathrm{n}} \end{bmatrix} \tag{8.19}$$

3.位置

$$\begin{bmatrix} L \\ \lambda \\ h \end{bmatrix} = \begin{bmatrix} L_0 \\ \lambda_0 \\ h_0 \end{bmatrix} + \begin{bmatrix} \int_{t_0}^{t} \dfrac{V_y^{\mathrm{n}}}{R_{\mathrm{M}} + h} \mathrm{d}t \\ \int_{t_0}^{t} \dfrac{V_x^{\mathrm{n}} \sec L}{R_{\mathrm{N}} + h} \mathrm{d}t \\ \int_{t_0}^{t} V_z^{\mathrm{n}} \mathrm{d}t \end{bmatrix} \tag{8.20}$$

式中：$R_{\mathrm{M}} = R_{\mathrm{e}}(1 - 2e + 3e\sin^2 L)$；$R_{\mathrm{N}} = R_{\mathrm{e}}(1 + e\sin^2 L)$；$e$ 为地球的椭圆度；R_{e} 为地球参考椭球的长半轴；L 为即时纬度；λ 为即时经度；h 为即时高度。

8.3　惯性器件仿真器

惯性器件仿真器由陀螺仪仿真器和加速度计仿真器两部分构成。陀螺仪仿真器和加速度计仿真器输出仿真数据的过程，实质为 SINS 导航解算仿真器的逆过程，是已知姿态角、速度、位置信息，求陀螺仪和加速度计输出的过程。

陀螺仪、加速度计模型的输入量是由飞行轨迹发生器产生的。经过运算和处理之后，陀螺仪和加速度计可输出 SINS 导航解算所需的角速度和比力信息。当只研究导航算法误差时，则不考虑惯性器件的误差；当研究惯性器件的误差时，其误差也可通过惯性器件仿真器给出。

8.3.1 陀螺仪仿真器

陀螺仪是敏感载体角运动的器件，实际输出中包含理想输出量和器件误差两部分。角速度陀螺仪测量的理想输出量是载体坐标系（b系）相对于惯性坐标系（i系）的转动角速度在载体坐标系中的投影 $\boldsymbol{\omega}_{ib}^{b}$。下面介绍陀螺仪理想输出量的计算方法，并在此基础上考虑陀螺仪的误差，进而建立陀螺仪仿真器的数学模型。

1.陀螺仪理想输出量的计算

对于飞行器，通过飞行轨迹数据中的姿态角和姿态角速率，可以得到载体坐标系相对于导航坐标系（n系）的转动角速度在载体坐标系中的投影 $\boldsymbol{\omega}_{nb}^{b}$；通过飞行轨迹数据中的水平速度、纬度、高度，可以计算出导航坐标系相对于惯性坐标系的转动角速度在地理坐标系中的投影 $\boldsymbol{\omega}_{in}^{n}$，通过姿态角可以计算出导航坐标系和载体坐标系之间的转换矩阵 $\boldsymbol{C}_{n}^{b}$，$\boldsymbol{\omega}_{in}^{n}$ 与转换矩阵 $\boldsymbol{C}_{n}^{b}$ 相乘即可得到 $\boldsymbol{\omega}_{in}^{b}$；然后将 $\boldsymbol{\omega}_{nb}^{b}$ 与 $\boldsymbol{\omega}_{in}^{b}$ 相加，即可得到陀螺仪的理想输出量 $\boldsymbol{\omega}_{ib}^{b}$。具体求解过程如下：

(1) 求得载体坐标系相对于导航坐标系的转动角速度在载体坐标系中的投影 $\boldsymbol{\omega}_{nb}^{b}$ 为

$$\begin{bmatrix}\omega_{nbx}^{b}\\ \omega_{nby}^{b}\\ \omega_{nbz}^{b}\end{bmatrix}=\boldsymbol{C}_{y}(\gamma)\boldsymbol{C}_{x}(\theta)\begin{bmatrix}0\\0\\ \dot{\psi}\end{bmatrix}+\boldsymbol{C}_{y}(\gamma)\begin{bmatrix}\dot{\theta}\\0\\0\end{bmatrix}+\begin{bmatrix}0\\ \dot{\gamma}\\0\end{bmatrix}=$$

$$\begin{bmatrix}\cos\gamma & 0 & -\sin\gamma\cos\theta\\ 0 & 1 & \sin\theta\\ \sin\gamma & 0 & \cos\gamma\cos\theta\end{bmatrix}\begin{bmatrix}\dot{\theta}\\ \dot{\gamma}\\ \dot{\psi}\end{bmatrix} \tag{8.21}$$

(2) 求导航坐标系相对于惯性坐标系的转动角速度在载体坐标系中的投影 $\boldsymbol{\omega}_{in}^{b}$。

导航坐标系相对于惯性坐标系的转动角速度在导航坐标系中的投影 $\boldsymbol{\omega}_{in}^{n}$ 可以表示为

$$\boldsymbol{\omega}_{in}^{n}=\boldsymbol{\omega}_{ie}^{n}+\boldsymbol{\omega}_{en}^{n} \tag{8.22}$$

式中：$\boldsymbol{\omega}_{ie}^{n}$、$\boldsymbol{\omega}_{en}^{n}$ 分别为地球自转角速度和导航坐标系相对于地球坐标系的转动角速度在导航坐标系中的投影，其表达式分别为

$$\left.\begin{aligned}\boldsymbol{\omega}_{ie}^{n}&=\begin{bmatrix}0\\ \omega_{ie}\cos L\\ \omega_{ie}\sin L\end{bmatrix}\\ \boldsymbol{\omega}_{en}^{n}&=\begin{bmatrix}-V_{y}^{n}/(R_{M}+h)\\ V_{x}^{n}/(R_{N}+h)\\ V_{x}^{n}\tan L/(R_{N}+h)\end{bmatrix}\end{aligned}\right\} \tag{8.23}$$

式中：ω_{ie} 为地球自转角速率。

根据式(8.22)、式(8.23)以及姿态转换矩阵 $\boldsymbol{C}_{n}^{b}$，可以得到

$$\boldsymbol{\omega}_{in}^{b}=\boldsymbol{C}_{n}^{b}\boldsymbol{\omega}_{in}^{n}=\boldsymbol{C}_{n}^{b}(\boldsymbol{\omega}_{ie}^{n}+\boldsymbol{\omega}_{en}^{n}) \tag{8.24}$$

(3) 求得陀螺仪仿真器的理想输出量为

$$\boldsymbol{\omega}_{ib}^{b}=\boldsymbol{\omega}_{in}^{b}+\boldsymbol{\omega}_{nb}^{b} \tag{8.25}$$

因此,陀螺仪的理想输出量可根据式(8.21)～式(8.25)求出。

2.陀螺仪仿真器的数学模型

陀螺仪是敏感载体角运动的器件,由于陀螺仪本身存在误差,因此陀螺仪的实际输出为

$$\tilde{\boldsymbol{\omega}}_{ib}^{b}=\boldsymbol{\omega}_{ib}^{b}+\boldsymbol{\varepsilon}^{b} \tag{8.26}$$

式中:$\tilde{\boldsymbol{\omega}}_{ib}^{b}$ 为陀螺仪实际测得的角速度;$\boldsymbol{\varepsilon}^{b}$ 为陀螺仪的测量误差。

在陀螺仪仿真器中,仅考虑陀螺仪的常值漂移、时间相关漂移和随机误差的影响,则 $\boldsymbol{\varepsilon}^{b}$ 的计算公式可以表示为

$$\boldsymbol{\varepsilon}^{b}=\boldsymbol{\varepsilon}_{b}+\boldsymbol{\varepsilon}_{r}+\boldsymbol{w}_{g} \tag{8.27}$$

式中:$\boldsymbol{\varepsilon}_{b}$ 为常值漂移;$\boldsymbol{\varepsilon}_{r}$ 为时间相关漂移,可用一阶马尔可夫过程来描述;$\boldsymbol{w}_{g}$ 为白噪声。$\boldsymbol{\varepsilon}_{b}$、$\boldsymbol{\varepsilon}_{r}$ 的数学模型为

$$\left.\begin{aligned}\dot{\boldsymbol{\varepsilon}}_{b}&=\mathbf{0}\\ \dot{\boldsymbol{\varepsilon}}_{r}&=-\frac{1}{T_{r}}\boldsymbol{\varepsilon}_{r}+\boldsymbol{w}_{r}\end{aligned}\right\} \tag{8.28}$$

式中:T_{r} 为相关时间;$\boldsymbol{w}_{r}$ 为驱动白噪声,其方差为 σ_{r}^{2} 。

陀螺仪仿真器的结构如图 8.2 所示。

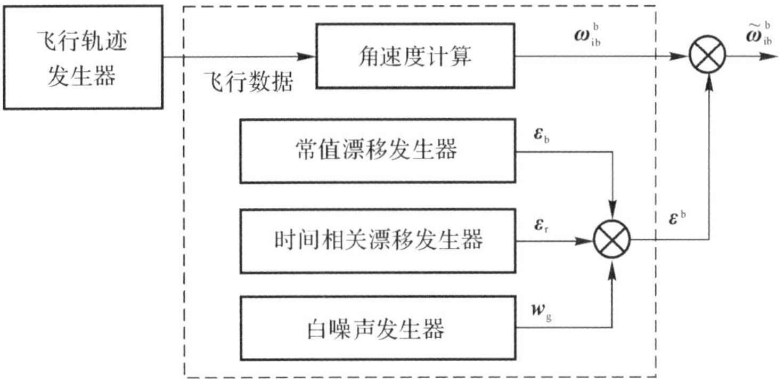

图 8.2　陀螺仪仿真器结构

8.3.2　加速度计仿真器

加速度计是敏感载体线运动的器件,它测量的物理量是比力,实际输出中同样包含理想输出量和器件误差两部分。下面介绍加速度计理想输出量的计算方法,并在此基础上考虑加速度计的误差,进而建立加速度计仿真器的数学模型。

1.加速度计理想输出量的计算

以东-北-天地理坐标系为导航坐标系,比力与飞行器相对地球加速度之间的关系可以表示为

$$\boldsymbol{f}^{\mathrm{n}}=\boldsymbol{a}^{\mathrm{n}}+(2\boldsymbol{\omega}_{\mathrm{ie}}^{\mathrm{n}}+\boldsymbol{\omega}_{\mathrm{en}}^{\mathrm{n}})\times\boldsymbol{V}^{\mathrm{n}}-\boldsymbol{g}^{\mathrm{n}} \tag{8.29}$$

式中：$\boldsymbol{a}^{\mathrm{n}}$ 为飞行器相对于地球的加速度在导航坐标系中的投影；$\boldsymbol{\omega}_{\mathrm{en}}^{\mathrm{n}}\times\boldsymbol{V}^{\mathrm{n}}$ 为飞行器相对于地球转动所引起的向心加速度；$2\boldsymbol{\omega}_{\mathrm{ie}}^{\mathrm{n}}\times\boldsymbol{V}^{\mathrm{n}}$ 为飞行器相对地球速度与地球自转角速度相互影响而形成的哥氏加速度；$\boldsymbol{g}^{\mathrm{n}}$ 为地球的重力加速度在导航坐标系的投影。

$\boldsymbol{a}^{\mathrm{n}}$、$\boldsymbol{V}^{\mathrm{n}}$ 可以从飞行轨迹数据中获得；根据式(8.23)可知，$\boldsymbol{\omega}_{\mathrm{ie}}^{\mathrm{n}}$、$\boldsymbol{\omega}_{\mathrm{en}}^{\mathrm{n}}$ 可以通过飞行轨迹数据中的水平速度、纬度和高度算出。利用式(8.29)算出导航系下的比力 $\boldsymbol{f}^{\mathrm{n}}$，将其乘上转换矩阵 $\boldsymbol{C}_{\mathrm{n}}^{\mathrm{b}}$，就可以得到载体系下的比力为

$$\boldsymbol{f}^{\mathrm{b}}=\boldsymbol{C}_{\mathrm{n}}^{\mathrm{b}}\boldsymbol{f}^{\mathrm{n}} \tag{8.30}$$

式中：$\boldsymbol{C}_{\mathrm{n}}^{\mathrm{b}}$ 可通过飞行轨迹数据中的姿态角计算得到。

$\boldsymbol{f}^{\mathrm{b}}$ 就是捷联惯导系统中加速度计仿真器的理想输出量，它可根据式(8.29)、式(8.30)计算得到。

2.加速度计仿真器的数学模型

加速度计是敏感载体线运动的器件。由于加速度计本身存在误差，因此，加速度计的实际输出为

$$\tilde{\boldsymbol{f}}^{\mathrm{b}}=\boldsymbol{f}^{\mathrm{b}}+\nabla_{\mathrm{a}}^{\mathrm{b}} \tag{8.31}$$

式中：$\tilde{\boldsymbol{f}}^{\mathrm{b}}$ 为加速度计实际测得的比力；$\nabla_{\mathrm{a}}^{\mathrm{b}}$ 为加速度计的误差。

在加速度计仿真器中，仅考虑加速度计的常值零偏、时间相关误差和随机误差的影响，则加速度计误差 $\nabla_{\mathrm{a}}^{\mathrm{b}}$ 的计算公式为

$$\nabla_{\mathrm{a}}^{\mathrm{b}}=\nabla_{\mathrm{a}}+\nabla_{\mathrm{r}}+\boldsymbol{w}_{\mathrm{a}} \tag{8.32}$$

式中：∇_{a} 为加速度计的常值零偏；∇_{r} 为时间相关误差，可用一阶马尔可夫过程来描述；$\boldsymbol{w}_{\mathrm{a}}$ 为白噪声。∇_{a}、∇_{r} 的数学模型为

$$\left.\begin{aligned}\dot{\nabla}_{\mathrm{a}}&=\mathbf{0}\\ \dot{\nabla}_{\mathrm{r}}&=-\frac{1}{T_{\mathrm{a}}}\nabla_{\mathrm{r}}+\boldsymbol{w}_{\mathrm{a}}\end{aligned}\right\} \tag{8.33}$$

式中：T_{a} 为相关时间；$\boldsymbol{w}_{\mathrm{a}}$ 为白噪声，其方差为 σ_{a}^{2}。

加速度计仿真器的结构如图 8.3 所示。

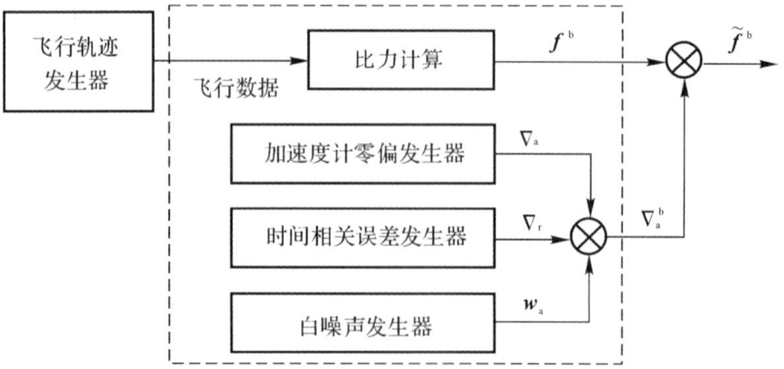

图 8.3　加速度计仿真器结构

8.4　SINS 导航解算仿真器

在捷联惯导系统(SINS)导航解算仿真器内,可以利用陀螺仪和加速度计的输出进行 SINS 解算,进而得到载体相对于导航坐标系的位置、速度和姿态等导航参数。图 8.4 为 SINS 导航解算仿真器的结构图。

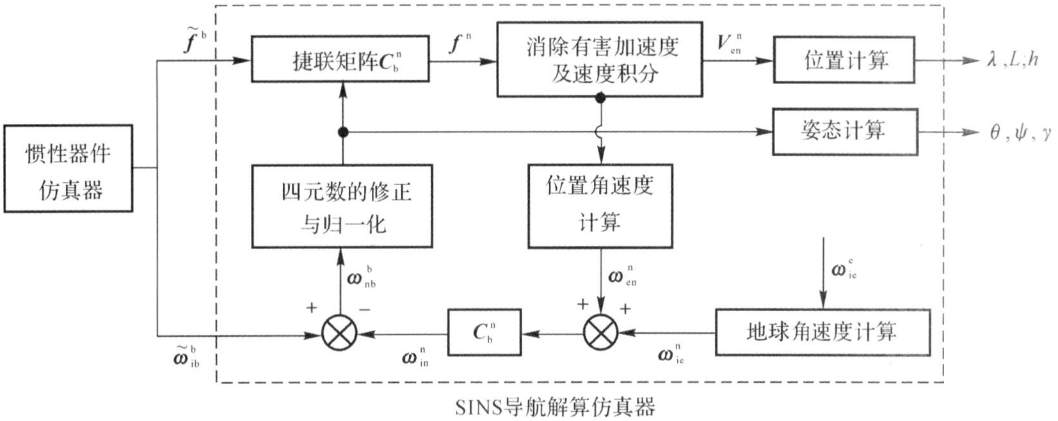

图 8.4　SINS 导航解算仿真器结构

下面分别从姿态更新、速度更新和位置更新等方面对 SINS 导航解算仿真器进行介绍。

1.姿态角速度计算

捷联惯导系统的姿态角速度 $\boldsymbol{\omega}_{nb}^{b}$,可以利用陀螺仪测得的角速度 $\boldsymbol{\omega}_{ib}^{b}$、地球自转角速度 $\boldsymbol{\omega}_{ie}^{n}$、位置角速度 $\boldsymbol{\omega}_{en}^{n}$ 以及姿态矩阵 $\boldsymbol{C}_{b}^{n}$ 来求取。由于整个捷联算法是一个迭代算法,如果用 k 表示当前这一次循环,则 $\boldsymbol{\omega}_{nb,k}^{b}$ 的表达式为

$$\boldsymbol{\omega}_{nb,k}^{b}=\boldsymbol{\omega}_{ib,k}^{b}-(\boldsymbol{C}_{b,k}^{n})^{T}(\boldsymbol{\omega}_{en,k}^{n}+\boldsymbol{\omega}_{ie,k}^{n}) \tag{8.34}$$

式中,$\boldsymbol{\omega}_{ie}^{n}$、$\boldsymbol{\omega}_{en}^{n}$ 的表达式如下:

$$\left.\begin{aligned}\boldsymbol{\omega}_{ie}^{n}&=\begin{bmatrix}0\\ \omega_{ie}\cos L\\ \omega_{ie}\sin L\end{bmatrix}\\ \boldsymbol{\omega}_{en}^{n}&=\begin{bmatrix}-V_{y}^{n}/(R_{M}+h)\\ V_{x}^{n}/(R_{N}+h)\\ V_{x}^{n}\tan L/(R_{N}+h)\end{bmatrix}\end{aligned}\right\} \tag{8.35}$$

2.四元数计算

由四元数对姿态矩阵进行更新计算,首先给出四元数微分方程的表达式为

$$\dot{\boldsymbol{q}}=\frac{1}{2}\boldsymbol{q}\circ\boldsymbol{\omega}_{nb}^{b} \tag{8.36}$$

式中：$\boldsymbol{q}=[q_0\quad q_1\quad q_2\quad q_3]^{\mathrm{T}}$ 表示姿态四元数；$\boldsymbol{\omega}_{\mathrm{nb}}^{\mathrm{b}}$ 表示以 0 为实部、姿态角速度 $\boldsymbol{\omega}_{\mathrm{nb}}^{\mathrm{b}}$ 为虚部的四元数；$\boldsymbol{q}\circ\boldsymbol{\omega}_{\mathrm{nb}}^{\mathrm{b}}$ 表示姿态四元数 $\boldsymbol{q}$ 和四元数 $\boldsymbol{\omega}_{\mathrm{nb}}^{\mathrm{b}}$ 的四元数乘法运算。

式(8.36)可进一步展开为

$$\begin{bmatrix}\dot{q}_0\\ \dot{q}_1\\ \dot{q}_2\\ \dot{q}_3\end{bmatrix}=\frac{1}{2}\begin{bmatrix}0 & -\omega_{\mathrm{nb}x}^{\mathrm{b}} & -\omega_{\mathrm{nb}y}^{\mathrm{b}} & -\omega_{\mathrm{nb}z}^{\mathrm{b}}\\ \omega_{\mathrm{nb}x}^{\mathrm{b}} & 0 & \omega_{\mathrm{nb}z}^{\mathrm{b}} & -\omega_{\mathrm{nb}y}^{\mathrm{b}}\\ \omega_{\mathrm{nb}y}^{\mathrm{b}} & -\omega_{\mathrm{nb}z}^{\mathrm{b}} & 0 & \omega_{\mathrm{nb}x}^{\mathrm{b}}\\ \omega_{\mathrm{nb}z}^{\mathrm{b}} & \omega_{\mathrm{nb}y}^{\mathrm{b}} & -\omega_{\mathrm{nb}x}^{\mathrm{b}} & 0\end{bmatrix}\begin{bmatrix}q_0\\ q_1\\ q_2\\ q_3\end{bmatrix}\tag{8.37}$$

四元数微分方程的解的迭代形式为

$$\boldsymbol{q}(k+1)=\left\{\cos\frac{\Delta\theta_0}{2}\boldsymbol{I}+\frac{\sin\frac{\Delta\theta_0}{2}}{\Delta\theta_0}[\Delta\boldsymbol{\theta}]\right\}\boldsymbol{q}(k)\tag{8.38}$$

式中

$$\Delta\boldsymbol{\theta}=\begin{bmatrix}0 & -\Delta\theta_x & -\Delta\theta_y & -\Delta\theta_z\\ \Delta\theta_x & 0 & \Delta\theta_z & -\Delta\theta_y\\ \Delta\theta_y & -\Delta\theta_z & 0 & \Delta\theta_x\\ \Delta\theta_z & \Delta\theta_y & -\Delta\theta_x & 0\end{bmatrix}\tag{8.39}$$

设采样间隔为 Δt，则 $\Delta\boldsymbol{\theta}_i=\boldsymbol{\omega}_{\mathrm{nb}i}^{\mathrm{b}}\Delta t\ (i=x,y,z)$；$\Delta\theta_0$ 的表达式为

$$\Delta\theta_0=\sqrt{\Delta\theta_x^2+\Delta\theta_y^2+\Delta\theta_z^2}\tag{8.40}$$

根据式(8.38)实时地求出姿态四元数，便可以唯一确定姿态矩阵中的各个元素，将式中的 $\cos(\Delta\theta_0/2)$、$\sin(\Delta\theta_0/2)$ 展成级数并取有限项。据此，得到的四元数更新算法为

一阶算法：

$$\boldsymbol{q}(k+1)=\left\{\boldsymbol{I}+\frac{1}{2}[\Delta\boldsymbol{\theta}]\right\}\boldsymbol{q}(k)\tag{8.41}$$

二阶算法：

$$\boldsymbol{q}(k+1)=\left\{\left(1-\frac{(\Delta\theta_0)^2}{8}\right)\boldsymbol{I}+\frac{1}{2}[\Delta\boldsymbol{\theta}]\right\}\boldsymbol{q}(k)\tag{8.42}$$

三阶算法：

$$\boldsymbol{q}(k+1)=\left\{\left(1-\frac{(\Delta\theta_0)^2}{8}\right)\boldsymbol{I}+\left(\frac{1}{2}-\frac{(\Delta\theta_0)^2}{48}\right)[\Delta\boldsymbol{\theta}]\right\}\boldsymbol{q}(k)\tag{8.43}$$

四阶算法：

$$\boldsymbol{q}(k+1)=\left\{\left(1-\frac{(\Delta\theta_0)^2}{8}+\frac{(\Delta\theta_0)^4}{384}\right)\boldsymbol{I}+\left(\frac{1}{2}-\frac{(\Delta\theta_0)^2}{48}\right)[\Delta\boldsymbol{\theta}]\right\}\boldsymbol{q}(k)\tag{8.44}$$

3.姿态矩阵计算

设 q_0、q_1、q_2 和 q_3 为更新后的姿态四元数，则姿态矩阵 $\boldsymbol{C}_{\mathrm{b}}^{\mathrm{n}}$ 可表示为

$$
\boldsymbol{C}_{\mathrm{b},k+1}^{\mathrm{n}}=\begin{bmatrix} q_0^2+q_1^2-q_2^2-q_3^2 & 2(q_1q_2-q_0q_3) & 2(q_1q_3+q_0q_2) \\ 2(q_1q_2+q_0q_3) & q_0^2-q_1^2+q_2^2-q_3^2 & 2(q_2q_3-q_0q_1) \\ 2(q_1q_3-q_0q_2) & 2(q_2q_3+q_0q_1) & q_0^2-q_1^2-q_2^2+q_3^2 \end{bmatrix}=
\begin{bmatrix} T_{11} & T_{12} & T_{13} \\ T_{21} & T_{22} & T_{23} \\ T_{31} & T_{32} & T_{33} \end{bmatrix} \tag{8.45}
$$

4.姿态角计算

根据式(8.45)求得的姿态矩阵 $\boldsymbol{C}_{\mathrm{b}}^{\mathrm{n}}$，可以进一步求出 $k+1$ 时刻的姿态角主值分别为

$$
\left.\begin{aligned} \psi &= \arctan\left(-\frac{T_{12}}{T_{22}}\right) \\ \theta &= \arcsin(T_{32}) \\ \gamma &= \arctan\left(-\frac{T_{31}}{T_{33}}\right) \end{aligned}\right\} \tag{8.46}
$$

进一步，根据姿态矩阵 $\boldsymbol{C}_{\mathrm{b}}^{\mathrm{n}}$ 中元素的正负号可得到姿态角的真值。

5.速度计算

速度计算在仿真器中分为两步进行。

(1) 导航坐标系中的比力计算，即比力坐标变换。根据加速度计输出的 k 时刻的比力 $\boldsymbol{f}^{\mathrm{b}}$ 和姿态转换矩阵 $\boldsymbol{C}_{\mathrm{b}}^{\mathrm{n}}$，计算出此时比力在导航系中的投影为

$$
\boldsymbol{f}^{\mathrm{n}}=\boldsymbol{C}_{\mathrm{b}}^{\mathrm{n}}\boldsymbol{f}^{\mathrm{b}} \tag{8.47}
$$

(2) 速度微分方程求解。利用 k 时刻地球自转角速度 $\boldsymbol{\omega}_{\mathrm{ie},k}^{\mathrm{n}}$、位置角速度 $\boldsymbol{\omega}_{\mathrm{en},k}^{\mathrm{n}}$ 以及导航系中的比力 $\boldsymbol{f}_k^{\mathrm{n}}$，可以求出速度的微分方程为

$$
\begin{bmatrix} \dot{V}_x^{\mathrm{n}} \\ \dot{V}_y^{\mathrm{n}} \\ \dot{V}_z^{\mathrm{n}} \end{bmatrix}=\begin{bmatrix} f_x^{\mathrm{n}} \\ f_y^{\mathrm{n}} \\ f_z^{\mathrm{n}} \end{bmatrix}-\begin{bmatrix} 0 & -(2\omega_{\mathrm{iez}}^{\mathrm{n}}+\omega_{\mathrm{enz}}^{\mathrm{n}}) & 2\omega_{\mathrm{iey}}^{\mathrm{n}}+\omega_{\mathrm{eny}}^{\mathrm{n}} \\ 2\omega_{\mathrm{iez}}^{\mathrm{n}}+\omega_{\mathrm{enz}}^{\mathrm{n}} & 0 & -(2\omega_{\mathrm{iex}}^{\mathrm{n}}+\omega_{\mathrm{enx}}^{\mathrm{n}}) \\ -(2\omega_{\mathrm{iey}}^{\mathrm{n}}+\omega_{\mathrm{eny}}^{\mathrm{n}}) & 2\omega_{\mathrm{iex}}^{\mathrm{n}}+\omega_{\mathrm{enx}}^{\mathrm{n}} & 0 \end{bmatrix}\begin{bmatrix} V_x^{\mathrm{n}} \\ V_y^{\mathrm{n}} \\ V_z^{\mathrm{n}} \end{bmatrix}+\begin{bmatrix} 0 \\ 0 \\ -g_k \end{bmatrix} \tag{8.48}
$$

式中：g_k 为地球重力加速度，其表达式可近似写成

$$
g_k=g_0\left(1-\frac{2h}{R_{\mathrm{e}}}\right) \tag{8.49}
$$

其中，$g_0=9.780\ 49\ \mathrm{m/s^2}$。

6.位置计算

飞行器所在位置的经度、纬度和高度可以根据下列方程求得：

$$
\dot{L}=\frac{V_y^{\mathrm{n}}}{R_{\mathrm{M}}+h},\quad \dot{\lambda}=\frac{V_x^{\mathrm{n}}\sec L}{R_{\mathrm{N}}+h},\quad \dot{h}=V_z^{\mathrm{n}} \tag{8.50}
$$

由于高度通道是发散的，所以一般不单纯对垂直加速度计输出进行积分来计算高度，而是使用高度计(如气压式高度表、无线电高度表、大气数据系统等)的信息对惯导系统的高度

通道进行阻尼。

7.初始条件的设定

为了进行导航解算,需要事先知道两类数据:一类是开始计算时给定的初始条件,另一类是通过计算而获得的初始数据。

(1)初始条件的给定。在进行惯导解算之前,需要给定的初始条件包括:初始位置 L_0、λ_0、h_0;初始速度 V_{x0}^{n}、V_{y0}^{n}、V_{z0}^{n};初始姿态角 ψ_0、θ_0、γ_0。

(2)初始条件的计算。

1) 初始四元数计算。根据四元数与欧拉角的关系,并利用给定的初始姿态角,可以求出初始四元数为

$$\left.\begin{aligned} q_0 &= \cos\frac{\psi_0}{2}\cos\frac{\theta_0}{2}\cos\frac{\gamma_0}{2} - \sin\frac{\psi_0}{2}\sin\frac{\theta_0}{2}\sin\frac{\gamma_0}{2} \\ q_1 &= \cos\frac{\psi_0}{2}\sin\frac{\theta_0}{2}\cos\frac{\gamma_0}{2} - \sin\frac{\psi_0}{2}\cos\frac{\theta_0}{2}\sin\frac{\gamma_0}{2} \\ q_2 &= \cos\frac{\psi_0}{2}\cos\frac{\theta_0}{2}\sin\frac{\gamma_0}{2} + \sin\frac{\psi_0}{2}\sin\frac{\theta_0}{2}\cos\frac{\gamma_0}{2} \\ q_3 &= \cos\frac{\psi_0}{2}\sin\frac{\theta_0}{2}\sin\frac{\gamma_0}{2} + \sin\frac{\psi_0}{2}\cos\frac{\theta_0}{2}\cos\frac{\gamma_0}{2} \end{aligned}\right\} \tag{8.51}$$

利用初始姿态四元数,还可以根据式(8.45)获得初始姿态矩阵 $\boldsymbol{C}_{b0}^{n}$。

2) 初始地球自转角速度和位置角速度计算。根据式(8.35),并利用给定的初始位置和速度,可以求出初始时刻的地球自转角速度 $\boldsymbol{\omega}_{ie0}^{n}$、位置角速度 $\boldsymbol{\omega}_{en0}^{n}$。

3) 重力加速度的初始值计算。重力加速度 g 的初始值可以根据 h_0 的初始值由式(8.49)计算得到。

4) 子午圈、卯酉圈半径初始值的计算。子午圈半径 R_M、卯酉圈半径 R_N 的表达式分别为

$$\left.\begin{aligned} R_M &= R_e(1 - 2e + 3e\sin^2 L) \\ R_N &= R_e(1 + e\sin^2 L) \end{aligned}\right\} \tag{8.52}$$

利用给定的初始纬度 L_0,即可求出 R_{M0}、R_{N0}。

8.5 误差处理器

根据 SINS 导航解算仿真器计算出的带误差的导航参数,与飞行轨迹发生器产生的理想的导航参数进行比较,从而得到计算的位置、速度和姿态等导航参数误差,误差处理器的结构如图 8.5 所示。

进一步,根据计算的导航误差,便可对惯性器件误差模型和导航解算算法的性能进行验证与评估。

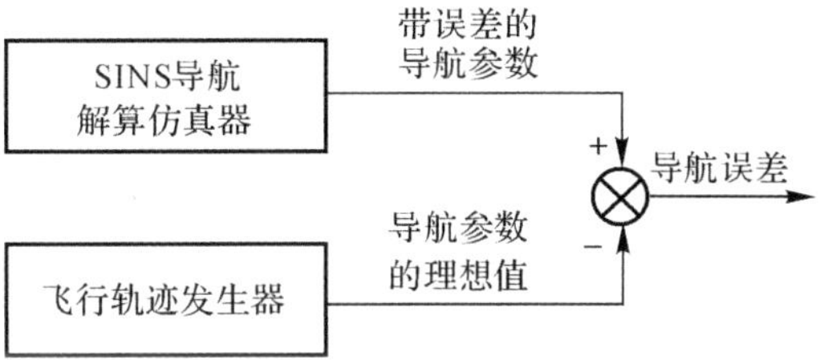

图 8.5　误差处理器结构

8.6　捷联惯导系统数字仿真实例

图 8.6 为捷联惯导数字仿真系统的结构。下面以飞机为例，进行捷联惯导数字仿真系统的设计及其性能的验证。

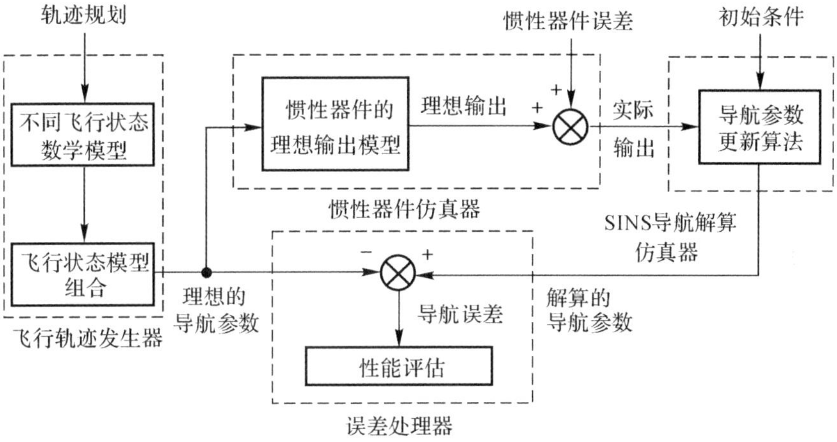

图 8.6　捷联惯导数字仿真系统结构

1.飞行轨迹仿真设计

利用飞行轨迹发生器设计一条飞机的飞行轨迹，该轨迹包含起飞、爬升、转弯、连续转弯、俯冲和加减速等典型机动动作。其中：爬升包含拉起、等角爬升和改平三个阶段；转弯包含进入转弯、等角转弯和转弯改平三个阶段；连续转弯由多次转弯组成，呈现为 S 形轨迹；俯冲包含进入俯冲、等角俯冲和俯冲改平三个阶段。

飞机的初始位置为 40°N、116°E、高度 500 m，初始速度和姿态角均为零。飞机在加减速时的加速度大小均为 4 m/s^2，在爬升和俯冲时的俯仰角速率均为 0.15 (°)/s，在转弯时的滚转角速率均为 0.15 (°)/s，在连续转弯时的滚转角速率均为 0.35 (°)/s。系统的仿真步长设定为 0.01 s，仿真总时间为 120 min，具体的飞行状态见表 8.1。

表 8.1　飞行状态

序号	时间/s	状态	序号	时间/s	状态
1	0～100	匀加速直线行驶	11	1 991～2 700	匀速直线行驶
2	100～700	匀速直线行驶	12	2 700～4 808	连续转弯
3	700～750	进入爬升	13	4 808～5 500	匀速直线行驶
4	750～800	等角爬升	14	5 500～5 600	匀减速直线行驶
5	800～850	爬升改平	15	5 600～6 200	匀速直线行驶
6	850～1 550	匀速直线行驶	16	6 200～6 300	进入转弯
7	1 550～1 650	进入转弯	17	6 300～6 441	等角转弯
8	1 650～1 791	等角转弯	18	6 441～6 541	转弯改平
9	1 791～1 891	转弯改平	19	6 541～7 200	匀速直线行驶
10	1 891～1 991	匀加速直线行驶			

利用飞行轨迹发生器得到的速度和姿态曲线分别如图 8.7 和图 8.8 所示。

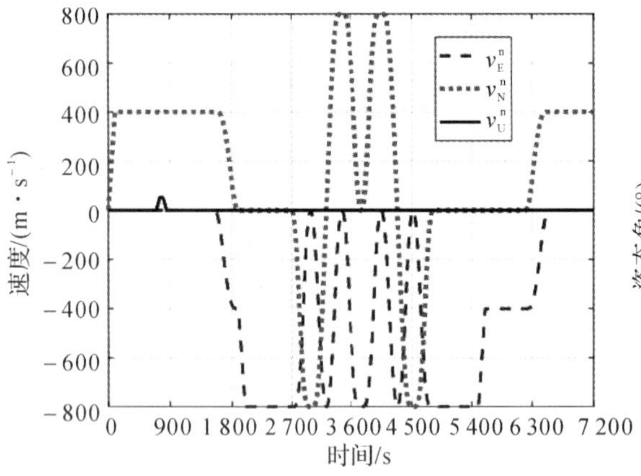

图 8.7　轨迹发生器输出的速度

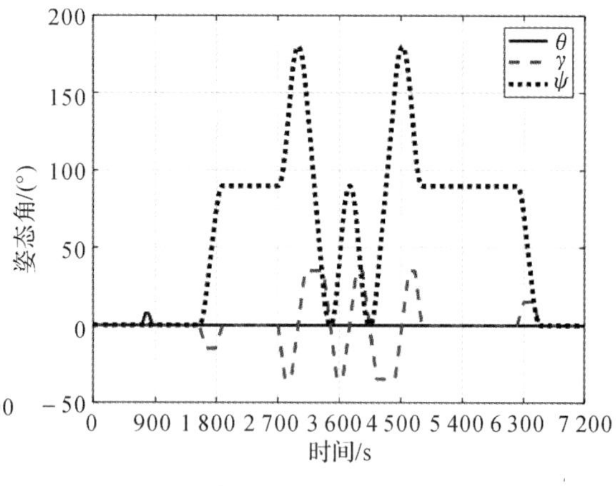

图 8.8　轨迹发生器输出的姿态角

通过将飞行轨迹发生器输出的速度和姿态结果，与预先设计的各个飞行阶段的参数进行对比，可以发现飞行轨迹发生器的输出结果与预先设定的飞行轨迹参数是一致的。

2.惯性器件仿真器的输出

将飞行轨迹发生器产生的理想的导航参数输入到惯性器件仿真器中，同时考虑惯性器件受常值误差和随机噪声的影响，设置陀螺仪常值漂移和高斯白噪声的标准差均为 0.01(°)/h，加速度计零偏和高斯白噪声的标准差均为 10 μg，得到陀螺仪和加速度计仿真器输出的实际测量值(即角速度和比力)分别如图 8.9 和图 8.10 所示。

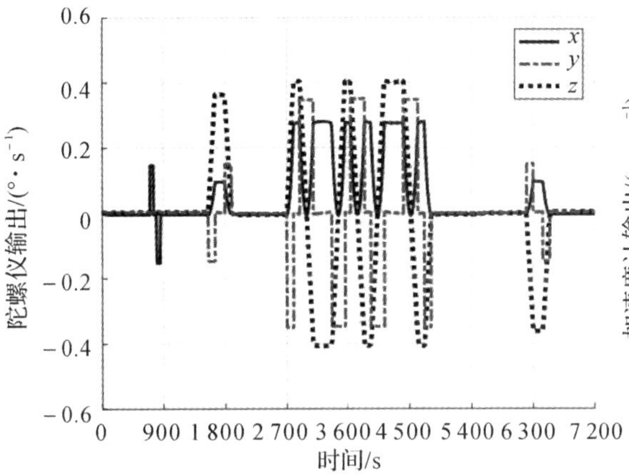

图 8.9　陀螺仪仿真器的输出

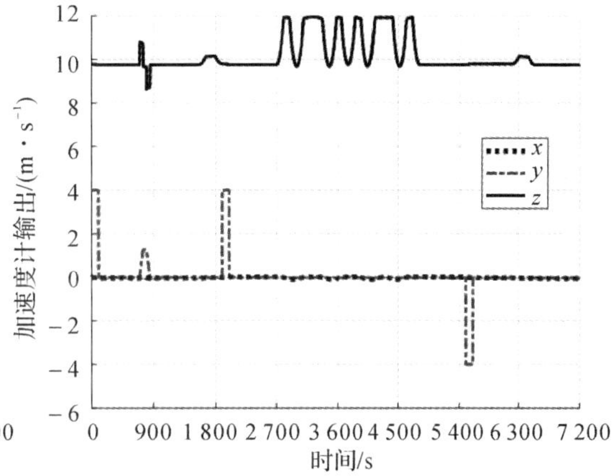

图 8.10　加速度计仿真器的输出

3.捷联惯导系统解算结果

将惯性器件仿真器输出的陀螺仪和加速度计的实际测量值，输入到 SINS 导航解算仿真器中，并设置初始对准误差为零，则 SINS 导航解算仿真器通过位置、速度和姿态的更新解算，便可得到飞机在各个飞行时刻实际的位置、速度和姿态等导航参数。图 8.11 所示为 SINS 导航解算仿真器解算的实际轨迹与飞行轨迹发生器生成的理论轨迹的对比结果。

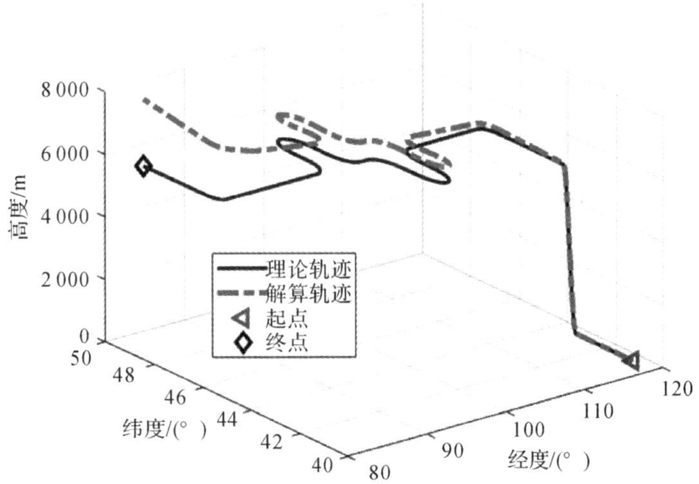

图 8.11　解算轨迹与理论轨迹的对比

从图 8.11 可以看出，SINS 导航解算仿真器解算得到的实际轨迹与飞行轨迹发生器生成的理论轨迹基本吻合，但是受惯性器件误差的影响，两者的差异(即导航解算误差)随着时间的累积而逐渐增大。

进一步，将 SINS 导航解算仿真器解算得到的包含误差的导航结果输入到误差处理器中，则误差处理器便可将 SINS 导航解算仿真器解算得到的导航结果与飞行轨迹发生器输出的导航参数的理想值进行比较，进而得到 SINS 解算的位置、速度和姿态等参数的导航误差，从而实现对捷联惯导系统性能的仿真验证。

第9章 SINS/GNSS松、紧组合系统设计理论与方法

惯性导航与卫星导航各有所长，在性能上具有很强的互补性。以适当的方式将两者进行组合，可以取长补短，组合后导航系统的精度、可靠性较单一系统得到明显提高。

松组合和紧组合是目前最常用的两种 SINS/GNSS 组合导航模式。其中：松组合是直接利用 GNSS 接收机输出的位置和速度与 SINS 进行组合，进而对 SINS 的导航积累误差进行估计与修正；而紧组合则是从接收机中提取原始的伪距和伪距率信息，通过观测卫星的星历数据，将 SINS 积累的位置误差和速度误差映射成载体至卫星的视距误差和视距率误差，建立基于伪距和伪距率残差的 SINS/GNSS 组合导航系统量测方程，进而实现对 SINS 误差的估计与修正。由于 SINS/GNSS 松组合和紧组合原理比较简单，容易实现，所以目前大多数的 SINS/GNSS 组合导航系统都是通过松组合或紧组合模式，将 GNSS 接收机和 SINS 的测量信息融合在一起，以达到提高组合导航系统整体性能的目的。

因此，本章分别介绍 SINS/GNSS 松组合和紧组合导航系统的结构和工作原理，建立 SINS/GNSS 松组合、紧组合导航系统模型，并对松组合、紧组合导航系统的特点和性能进行对比。

9.1 SINS/GNSS松、紧组合原理

9.1.1 松组合

松组合是一种最简单的 SINS/GNSS 组合模式。在松组合导航系统中，SINS 和 GNSS 各自独立工作，组合算法融合两者的数据并给出最优的估计结果，最后反馈给 SINS 进行校正。图 9.1 所示为 SINS/GNSS 松组合导航系统的结构。

SINS/GNSS 松组合导航系统中采用的量测信息是位置和速度，直接利用 GNSS 接收机得到的位置、速度与 SINS 解算出的位置、速度之差作为组合导航滤波器的输入，组合导航滤波器的输出采用反馈校正，陀螺仪/加速度计常值偏差的校正在 SINS 中进行，而估计得到的位置误差和速度误差则直接对 SINS 的解算结果进行校正。这种组合模式的优点是

工作比较简单，便于工程实现，而且两个系统各自仍独立工作，使导航信息具有冗余度。其缺点是 GNSS 提供的量测信息是位置和速度等导航参数，由于 GNSS 的位置误差和速度误差是与时间相关的，所以组合导航滤波器的估计精度将受到影响；另外，当导航卫星少于 4 颗使 GNSS 无法定法解算时，系统的组合将被完全破坏，整个导航系统的性能就会迅速恶化。

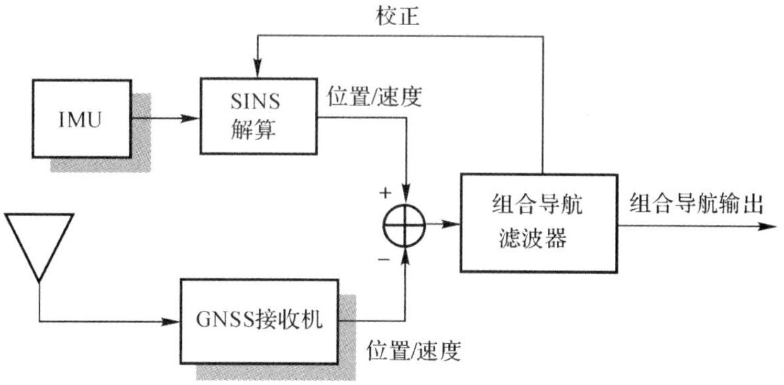

图 9.1　SINS/GNSS 松组合导航系统结构

9.1.2　紧组合

与松组合相比，紧组合是一种相对复杂的 SINS/GNSS 组合模式。在 SINS/GNSS 紧组合导航系统中，GNSS 提供给组合导航滤波器融合算法的是 GNSS 接收机用于定位、测速的原始信息，即伪距和伪距率。由于 GNSS 接收机提供的伪距、伪距率为各跟踪通道独立输出的原始测量信息，因此各个伪距、伪距率信息的误差相互独立、互不相关，这有利于组合导航滤波器的设计与实现；另外，由于将伪距、伪距率作为量测信息，所以当可见星数少于 4 颗时，也能为组合导航滤波器提供量测输入，因此这种紧组合模式比松组合模式的可用性更好。图 9.2 所示为 SINS/GNSS 紧组合导航系统的结构。

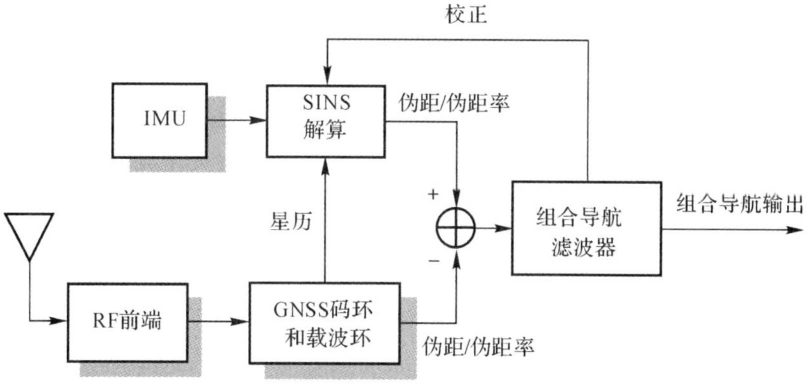

图 9.2　SINS/GNSS 紧组合导航系统结构

SINS/GNSS紧组合导航系统主要由SINS子系统、GNSS子系统和组合导航滤波器三部分组成。其中:在SINS子系统中,SINS解算模块接收IMU输出的比力和角速度信息,产生SINS的导航输出信息,即位置和速度等,并结合GNSS接收机提供的卫星星历,可以计算出SINS的伪距和伪距率;将SINS推算的伪距和伪距率与GNSS接收机测量的伪距和伪距率的差值作为组合导航滤波器的输入,得到SINS误差状态的估计值;再将误差状态估计值中的陀螺仪常值漂移和加速计零偏反馈给SINS对其进行校正,并将误差状态估计值中的位置/速度误差对SINS解算后的位置和速度信息进行校正,校正后的输出即为SINS/GNSS紧组合导航系统的最终结果。

9.2 SINS/GNSS松、紧组合导航系统模型的建立

9.2.1 松组合导航系统模型

1.松组合导航系统的状态方程

SINS/GNSS松组合导航系统的状态方程是由SINS的姿态误差方程、速度误差方程、位置误差方程以及惯性传感器的误差方程组成的。下面对这些误差方程分别进行简要说明。

(1) 姿态误差方程。选择东-北-天地理坐标系作为导航坐标系,则SINS的姿态误差方程可以写成

$$\left.\begin{aligned}
\dot{\varphi}_E &= -\frac{\delta v_N}{R_M+h} + \left(\omega_{ie}\sin L + \frac{v_E}{R_N+h}\tan L\right)\varphi_N - \left(\omega_{ie}\cos L + \frac{v_E}{R_N+h}\right)\varphi_U + \\
&\quad \frac{v_N}{(R_M+h)^2}\delta h - \varepsilon_E \\
\dot{\varphi}_N &= \frac{\delta v_E}{R_N+h} - \left(\omega_{ie}\sin L + \frac{v_E}{R_N+h}\tan L\right)\varphi_E - \frac{v_N}{R_M+h}\varphi_U - \omega_{ie}\sin L\,\delta L - \\
&\quad \frac{v_E}{(R_N+h)^2}\delta h - \varepsilon_N \\
\dot{\varphi}_U &= \frac{\delta v_E}{R_N+h}\tan L + \left(\omega_{ie}\cos L + \frac{v_E}{R_N+h}\right)\varphi_E + \frac{v_N}{R_M+h}\varphi_N - \frac{v_E\tan L}{(R_N+h)^2}\delta h + \\
&\quad \left(\omega_{ie}\cos L + \frac{v_E}{R_N+h}\sec^2 L\right)\delta L - \varepsilon_U
\end{aligned}\right\} \tag{9.1}$$

(2) 速度误差方程。

$$\left.\begin{aligned}
\delta\dot{v}_E &= f_N\varphi_U - f_U\varphi_N + \left(\frac{v_N\tan L}{R_N+h} - \frac{v_U}{R_N+h}\right)\delta v_E + \left(2\omega_{ie}\sin L + \frac{v_E\tan L}{R_N+h}\right)\delta v_N - \\
&\quad \left(2\omega_{ie}\cos L + \frac{v_E}{R_N+h}\right)\delta v_U + \frac{v_E v_U - v_E v_N\tan L}{(R_N+h)^2}\delta h + \\
&\quad \left(2\omega_{ie}\cos L v_N + \frac{v_E v_N}{R_N+h}\sec^2 L + 2\omega_{ie}\sin L v_U\right)\delta L + \nabla_E \\
\delta\dot{v}_N &= f_U\varphi_E - f_E\varphi_U - 2\left(\omega_{ie}\sin L + \frac{v_E}{R_N+h}\tan L\right)\delta v_E - \frac{v_U}{R_M+h}\delta v_N - \frac{v_N}{R_M+h}\delta v_U - \\
&\quad \left(2\omega_{ie}\cos L + \frac{v_E}{R_N+h}\sec^2 L\right)v_E\delta L + \left(\frac{v_N v_U}{(R_M+h)^2} + \frac{v_E^2\tan L}{(R_N+h)^2}\right)\delta h + \nabla_N \\
\delta\dot{v}_U &= f_E\varphi_N - f_N\varphi_E + 2\left(\omega_{ie}\cos L + \frac{v_E}{R_N+h}\right)\delta v_E + \frac{2v_N}{R_M+h}\delta v_N - \\
&\quad 2\omega_{ie}\sin L v_E\delta L - \left(\frac{v_N^2}{(R_M+h)^2} + \frac{v_E^2}{(R_N+h)^2}\right)\delta h + \nabla_U
\end{aligned}\right\} \tag{9.2}$$

(3) 位置误差方程。

$$\left.\begin{aligned}
\delta\dot{L} &= \frac{\delta v_N}{R_M+h} - \frac{v_N}{(R_M+h)^2}\delta h \\
\delta\dot{\lambda} &= \frac{\delta v_E}{R_N+h}\sec L + \frac{v_E}{R_N+h}\sec L\tan L\,\delta L - \frac{v_E}{(R_N+h)^2}\sec L\,\delta h \\
\delta\dot{h} &= \delta v_U
\end{aligned}\right\} \tag{9.3}$$

式中:下标 E,N,U 分别代表东向、北向和天向。

(4) 惯性传感器误差方程。

1)陀螺仪误差模型。式(9.1)中的陀螺仪漂移,是沿东-北-天地理坐标系的陀螺仪漂移。对于平台式惯导系统,该陀螺仪漂移即为实际陀螺仪的漂移;而对于 SINS,该陀螺仪漂移为载体坐标系变换到地理坐标系的等效陀螺仪漂移。

通常取陀螺仪漂移为

$$\boldsymbol{\varepsilon} = \boldsymbol{\varepsilon}_b + \boldsymbol{\varepsilon}_r + \boldsymbol{\omega}_g \tag{9.4}$$

式中:$\boldsymbol{\varepsilon}_b$ 为随机常数;$\boldsymbol{\varepsilon}_r$ 为一阶马尔可夫过程;$\boldsymbol{\omega}_g$ 为白噪声。

假定三个轴向的陀螺仪漂移误差模型相同,均为

$$\left.\begin{aligned}
\dot{\boldsymbol{\varepsilon}}_b &= \boldsymbol{0} \\
\dot{\boldsymbol{\varepsilon}}_r &= -\frac{1}{T_g}\boldsymbol{\varepsilon}_r + \boldsymbol{\omega}_b
\end{aligned}\right\} \tag{9.5}$$

式中:T_g 为相关时间;$\boldsymbol{\omega}_b$ 为白噪声。

2)加速度计误差模型。考虑为一阶马尔可夫过程,且假定三个轴的加速度计误差模型相同,均为

$$\dot{\nabla}_a = -\frac{1}{T_a}\nabla_a + \boldsymbol{\omega}_a \tag{9.6}$$

式中：T_a 为相关时间；$\boldsymbol{\omega}_a$ 为白噪声。

因此，将式(9.1)～式(9.6)综合在一起，可得系统的状态方程为

$$\dot{\boldsymbol{X}}_I = \boldsymbol{F}_I \boldsymbol{X}_I + \boldsymbol{G}_I \boldsymbol{W}_I \tag{9.7}$$

式中

$$\boldsymbol{X}_I = [\delta L \quad \delta\lambda \quad \delta h \quad \delta v_E \quad \delta v_N \quad \delta v_U \quad \varphi_E \quad \varphi_N \quad \varphi_U \quad \varepsilon_{bx} \quad \varepsilon_{by} \quad \varepsilon_{bz} \quad \varepsilon_{rx} \quad \varepsilon_{ry} \quad \varepsilon_{rz} \quad \nabla_{ax} \quad \nabla_{ay} \quad \nabla_{az}]^T \tag{9.8}$$

$$\boldsymbol{W}_I = [w_{gx} \quad w_{gy} \quad w_{gz} \quad w_{bx} \quad w_{by} \quad w_{bz} \quad w_{ax} \quad w_{ay} \quad w_{az}]^T \tag{9.9}$$

$$\boldsymbol{G}_I = \begin{bmatrix} \boldsymbol{0}_{3\times3} & \boldsymbol{0}_{3\times3} & \boldsymbol{0}_{3\times3} \\ \boldsymbol{0}_{3\times3} & \boldsymbol{0}_{3\times3} & \boldsymbol{C}_b^n \\ -\boldsymbol{C}_b^n & -\boldsymbol{C}_b^n & \boldsymbol{0}_{3\times3} \\ \boldsymbol{0}_{3\times3} & \boldsymbol{0}_{3\times3} & \boldsymbol{0}_{3\times3} \\ \boldsymbol{0}_{3\times3} & \boldsymbol{I}_{3\times3} & \boldsymbol{0}_{3\times3} \\ \boldsymbol{0}_{3\times3} & \boldsymbol{0}_{3\times3} & \boldsymbol{I}_{3\times3} \end{bmatrix}_{18\times9} \tag{9.10}$$

$$\boldsymbol{F}_I = \begin{bmatrix} \boldsymbol{F}_N & \boldsymbol{F}_s \\ \boldsymbol{0} & \boldsymbol{F}_M \end{bmatrix}_{18\times18} \tag{9.11}$$

其中，$\boldsymbol{F}_N$ 为对应 9 个基本导航参数的系统矩阵，其非零元素为

$$\boldsymbol{F}_N(1,3) = -\frac{v_N}{(R+h)^2}, \quad \boldsymbol{F}_N(1,5) = \frac{1}{R+h}$$

$$\boldsymbol{F}_N(2,1) = \frac{v_E}{R+h}\sec L \tan L, \quad \boldsymbol{F}_N(2,3) = -\frac{v_E}{(R+h)^2}\sec L$$

$$\boldsymbol{F}_N(2,4) = \frac{\sec L}{R+h}, \quad \boldsymbol{F}_N(3,6) = 1$$

$$\boldsymbol{F}_N(4,1) = 2\omega_{ie} v_N \cos L + \frac{v_E v_N}{R+h}\sec^2 L + 2\omega_{ie} v_U \sin L, \quad \boldsymbol{F}_N(4,3) = \frac{v_E v_U - v_E v_N \tan L}{(R+h)^2}$$

$$\boldsymbol{F}_N(4,4) = \frac{v_N}{R+h}\tan L - \frac{v_U}{R+h}, \quad \boldsymbol{F}_N(4,5) = 2\omega_{ie}\sin L + \frac{v_E}{R+h}\tan L$$

$$\boldsymbol{F}_N(4,6) = -2\omega_{ie}\cos L - \frac{v_E}{R+h}, \quad \boldsymbol{F}_N(4,8) = -f_U$$

$$\boldsymbol{F}_N(4,9) = f_N, \quad \boldsymbol{F}_N(5,1) = -2\omega_{ie} v_E \cos L - \frac{v_E^2}{R+h}\sec^2 L$$

$$\boldsymbol{F}_N(5,3) = \frac{v_N v_U + v_E^2 \tan L}{(R+h)^2}, \quad \boldsymbol{F}_N(5,4) = -2\omega_{ie}\sin L - \frac{2v_E}{R+h}\tan L$$

$$\boldsymbol{F}_N(5,5) = -\frac{v_U}{R+h}, \quad \boldsymbol{F}_N(5,6) = -\frac{v_N}{R+h}$$

$$\boldsymbol{F}_N(5,7) = f_U, \quad \boldsymbol{F}_N(5,9) = -f_E$$

$$\boldsymbol{F}_N(6,1) = -2\omega_{ie} v_E \sin L, \quad \boldsymbol{F}_N(6,3) = -\frac{v_N^2 + v_E^2}{(R+h)^2}$$

$$\boldsymbol{F}_N(6,4) = 2\omega_{ie}\cos L + 2\frac{v_E}{R+h}, \quad \boldsymbol{F}_N(6,5) = \frac{2v_N}{R+h}$$

$$
\begin{aligned}
&\boldsymbol{F}_{\mathrm{N}}(6,7)=-f_{\mathrm{N}}, \quad \boldsymbol{F}_{\mathrm{N}}(6,8)=f_{\mathrm{E}} \\
&\boldsymbol{F}_{\mathrm{N}}(7,3)=\frac{v_{\mathrm{N}}}{(R+h)^2}, \quad \boldsymbol{F}_{\mathrm{N}}(7,5)=-\frac{1}{R+h} \\
&\boldsymbol{F}_{\mathrm{N}}(7,8)=\omega_{\mathrm{ie}}\sin L+\frac{v_{\mathrm{E}}}{R+h}\tan L, \quad \boldsymbol{F}_{\mathrm{N}}(7,9)=-\omega_{\mathrm{ie}}\cos L-\frac{v_{\mathrm{E}}}{R+h} \\
&\boldsymbol{F}_{\mathrm{N}}(8,1)=-\omega_{\mathrm{ie}}\sin L, \quad \boldsymbol{F}_{\mathrm{N}}(8,3)=-\frac{v_{\mathrm{E}}}{(R+h)^2} \\
&\boldsymbol{F}_{\mathrm{N}}(8,4)=\frac{1}{R+h}, \quad \boldsymbol{F}_{\mathrm{N}}(8,7)=-\omega_{\mathrm{ie}}\sin L-\frac{v_{\mathrm{E}}}{R+h}\tan L \\
&\boldsymbol{F}_{\mathrm{N}}(8,9)=-\frac{v_{\mathrm{N}}}{R+h}, \quad \boldsymbol{F}_{\mathrm{N}}(9,1)=\omega_{\mathrm{ie}}\cos L+\frac{v_{\mathrm{E}}}{R+h}\sec^2 L \\
&\boldsymbol{F}_{\mathrm{N}}(9,3)=-\frac{v_{\mathrm{E}}\tan L}{(R+h)^2}, \quad \boldsymbol{F}_{\mathrm{N}}(9,4)=\frac{\tan L}{R+h} \\
&\boldsymbol{F}_{\mathrm{N}}(9,7)=\omega_{\mathrm{ie}}\cos L+\frac{v_{\mathrm{E}}}{R+h}, \quad \boldsymbol{F}_{\mathrm{N}}(9,8)=\frac{v_{\mathrm{N}}}{R+h}
\end{aligned}
\tag{9.12}
$$

式中:忽略了卯酉圈半径 R_{N} 和子午圈半径 R_{M} 的差别,统一用 R 表示。$\boldsymbol{F}_{\mathrm{s}}$ 和 $\boldsymbol{F}_{\mathrm{M}}$ 分别为

$$
\boldsymbol{F}_{\mathrm{s}}=\begin{bmatrix}\boldsymbol{0}_{3\times3} & \boldsymbol{0}_{3\times3} & \boldsymbol{0}_{3\times3} \\ \boldsymbol{0}_{3\times3} & \boldsymbol{0}_{3\times3} & \boldsymbol{C}_{\mathrm{b}}^{\mathrm{n}} \\ -\boldsymbol{C}_{\mathrm{b}}^{\mathrm{n}} & -\boldsymbol{C}_{\mathrm{b}}^{\mathrm{n}} & \boldsymbol{0}_{3\times3}\end{bmatrix}_{9\times9}
\tag{9.13}
$$

$$
\boldsymbol{F}_{\mathrm{M}}=\operatorname{diag}\left(0 \quad 0 \quad 0 \quad -\frac{1}{T_{gx}} \quad -\frac{1}{T_{gy}} \quad -\frac{1}{T_{gz}} \quad -\frac{1}{T_{ax}} \quad -\frac{1}{T_{ay}} \quad -\frac{1}{T_{az}}\right)
\tag{9.14}
$$

2.松组合导航系统的量测方程

在 SINS/GNSS 松组合导航系统中,量测值有两组:一组为位置量测值,即 SINS 给出的经纬度和高度信息与 GNSS 给出的相应信息的差值,而另一组量测值为两个系统给出的速度信息的差值。

SINS 输出的位置信息可表示为

$$
\left.\begin{aligned}
L_{\mathrm{I}}&=L_{\mathrm{t}}+\delta L \\
\lambda_{\mathrm{I}}&=\lambda_{\mathrm{t}}+\delta\lambda \\
h_{\mathrm{I}}&=h_{\mathrm{t}}+\delta h
\end{aligned}\right\}
\tag{9.15}
$$

GNSS 输出的位置信息可表示为

$$
\left.\begin{aligned}
L_{\mathrm{G}}&=L_{\mathrm{t}}-\Delta N/R \\
\lambda_{\mathrm{G}}&=\lambda_{\mathrm{t}}-\Delta E/(R\cos L) \\
h_{\mathrm{G}}&=h_{\mathrm{t}}-\Delta U
\end{aligned}\right\}
\tag{9.16}
$$

式中:L_{t},λ_{t},h_{t} 为载体的真实位置;ΔE,ΔN,ΔU 分别为 GNSS 接收机沿东、北、天方向的位置误差。

位置量测矢量定义如下:

$$\boldsymbol{Z}_{\mathrm{P}}=\begin{bmatrix}(L_{\mathrm{I}}-L_{\mathrm{G}})R\\(\lambda_{\mathrm{I}}-\lambda_{\mathrm{G}})R\cos L\\h_{\mathrm{I}}-h_{\mathrm{G}}\end{bmatrix}=\begin{bmatrix}R\delta L+\Delta N\\R\cos L\delta\lambda+\Delta E\\\delta h+\Delta U\end{bmatrix}=\boldsymbol{H}_{\mathrm{P}}\boldsymbol{X}+\boldsymbol{V}_{\mathrm{P}}\tag{9.17}$$

式中

$$\boldsymbol{H}_{\mathrm{P}}=[\mathrm{diag}(R\quad R\cos L\quad 1)\ \vdots\ \boldsymbol{0}_{3\times15}]\tag{9.18}$$

$$\boldsymbol{V}_{\mathrm{P}}=[\Delta N\quad \Delta E\quad \Delta U]^{\mathrm{T}}\tag{9.19}$$

SINS 输出的速度信息可以表示为地理坐标系下的真值与相应的速度误差之和：

$$\begin{bmatrix}v_{\mathrm{IE}}\\v_{\mathrm{IN}}\\v_{\mathrm{IU}}\end{bmatrix}=\begin{bmatrix}v_{\mathrm{E}}+\delta v_{\mathrm{E}}\\v_{\mathrm{N}}+\delta v_{\mathrm{N}}\\v_{\mathrm{U}}+\delta v_{\mathrm{U}}\end{bmatrix}\tag{9.20}$$

式中：v_{E} ，v_{N} ，v_{U} 是载体的真实速度在地理坐标系各轴上的分量。

GNSS 输出的速度信息可表示为

$$\begin{bmatrix}v_{\mathrm{GE}}\\v_{\mathrm{GN}}\\v_{\mathrm{GU}}\end{bmatrix}=\begin{bmatrix}v_{\mathrm{E}}-\Delta v_{\mathrm{E}}\\v_{\mathrm{N}}-\Delta v_{\mathrm{N}}\\v_{\mathrm{U}}-\Delta v_{\mathrm{U}}\end{bmatrix}\tag{9.21}$$

式中：Δv_{E} ，Δv_{N} ，Δv_{U} 为 GNSS 接收机的测速误差。

定义速度量测矢量为

$$\boldsymbol{Z}_{\mathrm{V}}=\begin{bmatrix}v_{\mathrm{IE}}-v_{\mathrm{GE}}\\v_{\mathrm{IN}}-v_{\mathrm{GN}}\\v_{\mathrm{IU}}-v_{\mathrm{GU}}\end{bmatrix}=\begin{bmatrix}\delta v_{\mathrm{E}}+\Delta v_{\mathrm{E}}\\\delta v_{\mathrm{N}}+\Delta v_{\mathrm{N}}\\\delta v_{\mathrm{U}}+\Delta v_{\mathrm{U}}\end{bmatrix}=\boldsymbol{H}_{\mathrm{V}}\boldsymbol{X}+\boldsymbol{V}_{\mathrm{V}}\tag{9.22}$$

式中

$$\boldsymbol{H}_{\mathrm{V}}=[\boldsymbol{0}_{3\times3}\ \vdots\ \mathrm{diag}(1\quad 1\quad 1)\ \vdots\ \boldsymbol{0}_{3\times12}]\tag{9.23}$$

$$\boldsymbol{V}_{\mathrm{V}}=[\Delta v_{\mathrm{E}}\quad \Delta v_{\mathrm{N}}\quad \Delta v_{\mathrm{U}}]^{\mathrm{T}}\tag{9.24}$$

将位置量测矢量式(9.17)和速度量测矢量式(9.22)合并到一起，得到 SINS/GNSS 松组合导航系统量测方程为

$$\boldsymbol{Z}=\begin{bmatrix}\boldsymbol{H}_{\mathrm{P}}\\\boldsymbol{H}_{\mathrm{V}}\end{bmatrix}\boldsymbol{X}+\begin{bmatrix}\boldsymbol{V}_{\mathrm{P}}\\\boldsymbol{V}_{\mathrm{V}}\end{bmatrix}=\boldsymbol{H}\boldsymbol{X}+\boldsymbol{V}\tag{9.25}$$

以上给出了 SINS/GNSS 松组合导航系统的状态方程和量测方程，根据这两组方程再加上必要的初始条件即可进行卡尔曼滤波。

9.2.2 紧组合导航系统模型

1.紧组合导航系统的状态方程

在 SINS/GNSS 紧组合导航系统中，组合导航滤波器的状态由两部分组成，一部分是 SINS 的误差状态，其状态方程为式(9.7)，即

$$\dot{\boldsymbol{X}}_{\mathrm{I}}=\boldsymbol{F}_{\mathrm{I}}\boldsymbol{X}_{\mathrm{I}}+\boldsymbol{G}_{\mathrm{I}}\boldsymbol{W}_{\mathrm{I}}\tag{9.26}$$

另一部分是 GNSS 的误差状态，通常取两个：一个是与时钟误差等效的距离误差 b_{clk} ，即时

钟误差与光速的乘积；另一个是与时钟频率误差等效的距离率误差 d_{clk}，即时钟频率误差与光速的乘积。

因此，GNSS 的误差状态方程可以表示为

$$\left.\begin{aligned}\dot{b}_{clk} &= d_{clk} + \omega_b \\ \dot{d}_{clk} &= -\frac{1}{T_{clk}} d_{clk} + \omega_d\end{aligned}\right\} \tag{9.27}$$

式中：T_{clk} 为相关时间；ω_b，ω_d 均为白噪声。

式(9.27)表示成矩阵形式为

$$\dot{\boldsymbol{X}}_G = \boldsymbol{F}_G \boldsymbol{X}_G + \boldsymbol{G}_G \boldsymbol{W}_G \tag{9.28}$$

$$\boldsymbol{X}_G = [b_{clk} \quad d_{clk}]^T \tag{9.29}$$

$$\boldsymbol{F}_G = \begin{bmatrix} 1 & 0 \\ 0 & -\dfrac{1}{T_{clk}} \end{bmatrix} \tag{9.30}$$

$$\boldsymbol{G}_G = \boldsymbol{I}_2 \tag{9.31}$$

$$\boldsymbol{W}_G = [\omega_b \quad \omega_d]^T \tag{9.32}$$

合并式(9.26)和式(9.28)，可得 SINS/GNSS 紧组合导航系统的状态方程为

$$\begin{bmatrix} \dot{\boldsymbol{X}}_I \\ \dot{\boldsymbol{X}}_G \end{bmatrix} = \begin{bmatrix} \boldsymbol{F}_I & \boldsymbol{0} \\ \boldsymbol{0} & \boldsymbol{F}_G \end{bmatrix} \begin{bmatrix} \boldsymbol{X}_I \\ \boldsymbol{X}_G \end{bmatrix} + \begin{bmatrix} \boldsymbol{G}_I & \boldsymbol{0} \\ \boldsymbol{0} & \boldsymbol{G}_G \end{bmatrix} \begin{bmatrix} \boldsymbol{W}_I \\ \boldsymbol{W}_G \end{bmatrix} \tag{9.33}$$

即

$$\dot{\boldsymbol{X}} = \boldsymbol{F}\boldsymbol{X} + \boldsymbol{G}\boldsymbol{W} \tag{9.34}$$

式中

$$\begin{aligned}\boldsymbol{X} = [&\delta L \quad \delta\lambda \quad \delta h \quad \delta v_E \quad \delta v_N \quad \delta v_U \quad \varphi_E \quad \varphi_N \quad \varphi_U \quad \varepsilon_{bx} \quad \varepsilon_{by} \quad \varepsilon_{bz} \\ &\varepsilon_{rx} \quad \varepsilon_{ry} \quad \varepsilon_{rz} \quad \nabla_{ax} \quad \nabla_{ay} \quad \nabla_{az} \quad b_{clk} \quad d_{clk}]^T\end{aligned} \tag{9.35}$$

2.紧组合导航系统的量测方程

(1)伪距量测方程。在地心地固坐标系中，设载体的真实位置为 (x, y, z)，而经过 SINS 解算得到的载体位置为 (x_I, y_I, z_I)，由卫星星历给出的卫星位置为 (x_s, y_s, z_s)。因此，由 SINS 推算的载体至卫星 S_i 的伪距 ρ_{Ii} 为

$$\rho_{Ii} = \sqrt{(x_I - x_s^i)^2 + (y_I - y_s^i)^2 + (z_I - z_s^i)^2} \tag{9.36}$$

载体到卫星 S_i 的真实距离 r_i 为

$$r_i = \sqrt{(x - x_s^i)^2 + (y - y_s^i)^2 + (z - z_s^i)^2} \tag{9.37}$$

将式(9.36)在 (x, y, z) 处进行泰勒级数展开，取一次项误差，可得

$$\rho_{Ii} = r_i + \frac{x - x_s^i}{r_i}\delta x + \frac{y - y_s^i}{r_i}\delta y + \frac{z - z_s^i}{r_i}\delta z \tag{9.38}$$

令 $\dfrac{x - x_s^i}{r_i} = l_i$，$\dfrac{y - y_s^i}{r_i} = m_i$，$\dfrac{z - z_s^i}{r_i} = n_i$，为载体至卫星 S_i 之间视线矢量的方向余弦。将其代入式(9.38)，可以得到

$$\rho_{Ii} = r_i + l_i\delta x + m_i\delta y + n_i\delta z \tag{9.39}$$

载体上 GNSS 接收机测量得到的伪距 $\dot{\rho}_{Gi}$ 可以表示为

$$\rho_{Gi} = r_i + b_{clk} + \upsilon_{\rho i} \tag{9.40}$$

将式(9.39)和式(9.40)作差,可得伪距量测方程为

$$\delta\rho_i = \rho_{Ii} - \rho_{Gi} = l_i\delta x + m_i\delta y + n_i\delta z - b_{clk} - \upsilon_{\rho i} \tag{9.41}$$

在实际应用时,可以根据可用卫星的数目,选择卫星数量。在此,以选择四颗卫星为例加以说明,即 $i = 1,2,3,4$,则伪距量测方程具体为

$$\delta\boldsymbol{\rho} = \begin{bmatrix} l_1 & m_1 & n_1 & -1 \\ l_2 & m_2 & n_2 & -1 \\ l_3 & m_3 & n_3 & -1 \\ l_4 & m_4 & n_4 & -1 \end{bmatrix} \begin{bmatrix} \delta x \\ \delta y \\ \delta z \\ b_{clk} \end{bmatrix} - \begin{bmatrix} \upsilon_{\rho 1} \\ \upsilon_{\rho 2} \\ \upsilon_{\rho 3} \\ \upsilon_{\rho 4} \end{bmatrix} \tag{9.42}$$

式(9.42)中的各种测量值均是在地心地固坐标系中得到的,而紧组合导航系统状态变量中的位置误差是在大地坐标系 (λ, L, h) 中得到的,因此需要将式(9.42)中的位置误差转换到大地坐标系中。

两个坐标系之间的转换关系为

$$\left.\begin{aligned} x &= (R+h)\cos\lambda\cos L \\ y &= (R+h)\sin\lambda\cos L \\ z &= [R(1-k^2)+h]\sin L \end{aligned}\right\} \tag{9.43}$$

式中:k 为地球的一阶偏心率。

对式(9.43)中各等式两边取微分,可以得到

$$\left.\begin{aligned} \delta x = &-(R+h)\cos\lambda\sin L\,\delta L - (R+h)\cos L\sin\lambda\,\delta\lambda + \\ &\cos L\cos\lambda\,\delta h \\ \delta y = &-(R+h)\sin\lambda\sin L\,\delta L + (R+h)\cos\lambda\cos L\,\delta\lambda + \\ &\cos L\sin\lambda\,\delta h \\ \delta z = &[R(1-k^2)+h]\cos L\,\delta L + \sin L\,\delta h \end{aligned}\right\} \tag{9.44}$$

将式(9.44)代入式(9.42),整理得到伪距量测方程为

$$\boldsymbol{Z}_\rho = \boldsymbol{H}_\rho \boldsymbol{X} + \boldsymbol{V}_\rho \tag{9.45}$$

$$\boldsymbol{H}_\rho = [\boldsymbol{H}_{\rho 1} \quad \boldsymbol{0}_{4\times 15} \quad \boldsymbol{H}_{\rho 2}] \tag{9.46}$$

式中

$$\boldsymbol{H}_{\rho 1} = \begin{bmatrix} l_1 & m_1 & n_1 \\ l_2 & m_2 & n_2 \\ l_3 & m_3 & n_3 \\ l_4 & m_4 & n_4 \end{bmatrix} \boldsymbol{C}_c^e \tag{9.47}$$

$$\boldsymbol{C}_c^e = \begin{bmatrix} -(R+h)\cos\lambda\sin L & -(R+h)\cos L\sin\lambda & \cos\lambda\cos L \\ -(R+h)\sin\lambda\sin L & (R+h)\cos\lambda\cos L & \cos L\sin\lambda \\ [R(1-k^2)+h]\cos L & 0 & \sin L \end{bmatrix} \tag{9.48}$$

$$\boldsymbol{H}_{\rho 2}=\begin{bmatrix}-1 & 0\\-1 & 0\\-1 & 0\\-1 & 0\end{bmatrix} \tag{9.49}$$

(2)伪距率量测方程。SINS 与 GNSS 卫星 S_i 之间的伪距率在地心地固坐标系中可以表示为

$$\dot{\rho}_{\mathrm{I}i}=l_i(\dot{x}_{\mathrm{I}}-\dot{x}_{\mathrm{s}}^{i})+m_i(\dot{y}_{\mathrm{I}}-\dot{y}_{\mathrm{s}}^{i})+n_i(\dot{z}_{\mathrm{I}}-\dot{z}_{\mathrm{s}}^{i}) \tag{9.50}$$

式中:SINS 给出的速度 $\dot{x}_{\mathrm{I}},\dot{y}_{\mathrm{I}},\dot{z}_{\mathrm{I}}$ 等于真实值与其解算误差之和。因此,式(9.50)也可表示为

$$\dot{\rho}_{\mathrm{I}i}=l_i(\dot{x}-\dot{x}_{\mathrm{s}}^{i})+m_i(\dot{y}-\dot{y}_{\mathrm{s}}^{i})+n_i(\dot{z}-\dot{z}_{\mathrm{s}}^{i})+l_i\delta\dot{x}+m_i\delta\dot{y}+n_i\delta\dot{z} \tag{9.51}$$

GNSS 接收机测量得到的伪距率可以表示为

$$\dot{\rho}_{\mathrm{G}i}=l_i(\dot{x}-\dot{x}_{\mathrm{s}}^{i})+m_i(\dot{y}-\dot{y}_{\mathrm{s}}^{i})+n_i(\dot{z}-\dot{z}_{\mathrm{s}}^{i})+d_{\mathrm{clk}}+\upsilon_{\dot{p}i} \tag{9.52}$$

将式(9.51)和式(9.52)作差,可以得到伪距率量测方程

$$\delta\dot{\rho}_i=\dot{\rho}_{\mathrm{I}i}-\dot{\rho}_{\mathrm{G}i}=l_i\delta\dot{x}+m_i\delta\dot{y}+n_i\delta\dot{z}-d_{\mathrm{clk}}-\upsilon_{\dot{p}i} \tag{9.53}$$

取 $i=1,2,3,4$,则伪距率量测方程具体为

$$\delta\dot{\boldsymbol{\rho}}=\begin{bmatrix}l_1 & m_1 & n_1 & -1\\l_2 & m_2 & n_2 & -1\\l_3 & m_3 & n_3 & -1\\l_4 & m_4 & n_4 & -1\end{bmatrix}\begin{bmatrix}\delta\dot{x}\\\delta\dot{y}\\\delta\dot{z}\\d_{\mathrm{clk}}\end{bmatrix}-\begin{bmatrix}\upsilon_{\dot{p}1}\\\upsilon_{\dot{p}2}\\\upsilon_{\dot{p}3}\\\upsilon_{\dot{p}4}\end{bmatrix} \tag{9.54}$$

与伪距的情况类似,需要把地心地固坐标系中的速度转换到地理坐标系中。因此,伪距率量测方程为

$$\boldsymbol{Z}_{\dot{p}}=\boldsymbol{H}_{\dot{p}}\boldsymbol{X}+\boldsymbol{V}_{\dot{p}} \tag{9.55}$$

式中

$$\boldsymbol{H}_{\dot{p}}=[\boldsymbol{0}_{4\times 3}\quad \boldsymbol{H}_{\dot{p}1}\quad \boldsymbol{0}_{4\times 12}\quad \boldsymbol{H}_{\dot{p}2}] \tag{9.56}$$

$$\boldsymbol{H}_{\dot{p}1}=\begin{bmatrix}l_1 & m_1 & n_1\\l_2 & m_2 & n_2\\l_3 & m_3 & n_3\\l_4 & m_4 & n_4\end{bmatrix}\boldsymbol{C}_{\mathrm{n}}^{\mathrm{e}} \tag{9.57}$$

$$\boldsymbol{C}_{\mathrm{n}}^{\mathrm{e}}-\begin{bmatrix}-\sin\lambda & -\sin L\cos\lambda & \cos L\cos\lambda\\\cos\lambda & -\sin L\sin\lambda & \cos L\sin\lambda\\0 & \cos L & \sin L\end{bmatrix} \tag{9.58}$$

$$\boldsymbol{H}_{\dot{p}2}=\begin{bmatrix}0 & -1\\0 & -1\\0 & -1\\0 & -1\end{bmatrix} \tag{9.59}$$

将伪距量测方程式(9.45)与伪距率量测方程式(9.55)合并,可以得到紧组合导航系统

的量测方程如下：

$$Z=\begin{bmatrix}H_{\rho}\\H_{\dot{\rho}}\end{bmatrix}X+\begin{bmatrix}V_{\rho}\\V_{\dot{\rho}}\end{bmatrix}=HX+V \tag{9.60}$$

式(9.33)和式(9.60)即为建立的SINS/GNSS紧组合导航系统状态方程和量测方程，根据这两组方程再加上必要的初始条件即可进行卡尔曼滤波。

9.3 SINS/GNSS松、紧组合导航系统特点分析

由于SINS/GNSS松组合和紧组合的原理比较简单，并且便于工程实现，因此，目前大多数SINS/GNSS组合导航系统都采用松组合或紧组合模式，将GNSS接收机和SINS的测量信息组合在一起，以达到提高组合导航系统整体性能的目的。但由于这两种组合模式具有不同的组合结构、信息交换方式及组合程度，因此，两者也具有不同的导航性能。本节将对SINS/GNSS松、紧组合导航系统的性能进行对比。

9.3.1 松组合特点

1.松组合的优点

对于SINS/GNSS松组合导航系统，其优点为：

(1) 工作比较简单，便于工程实现；

(2) SINS与GNSS各自独立工作，可以输出GNSS的导航参数，使导航信息具有冗余度。

2.松组合的缺点

对于SINS/GNSS松组合导航系统，其缺点为：

(1) 存在级联滤波问题，降低组合导航精度。

通常，GNSS接收机内部的定位和测速解算均是基于卡尔曼滤波进行的。因此，GNSS定位/测速滤波器与松组合导航滤波器构成级联滤波结构，如图9.3所示。

可以看出，GNSS定位/测速滤波器将载体的位置和速度作为状态量，将GNSS码跟踪环和载波跟踪环输出的伪距/伪距率作为量测信息进行最优估计，则估计结果为

$$\hat{P}_{G}=P+\delta P_{G} \tag{9.61}$$

$$\hat{V}_{G}=V+\delta V_{G} \tag{9.62}$$

式中：$\hat{P}_{G}$ 和 $\hat{V}_{G}$ 为载体位置和速度的估计值；P 和 V 为载体位置和速度的真实值；δP_{G} 和 δV_{G} 为位置和速度的估计误差。

由卡尔曼滤波理论可知，估计误差 δP_{G} 和 δV_{G} 的均方差阵为

$$P_{k}=(I-K_{k}H_{k})P_{k,k-1} \tag{9.63}$$

式中，$P_{k,k-1}$ 为一步预测误差的均方差阵，有

$$\boldsymbol{P}_{k,k-1}=\boldsymbol{\Phi}_{k,k-1}\boldsymbol{P}_{k-1}\boldsymbol{\Phi}_{k,k-1}^{\mathrm{T}}+\boldsymbol{Q}_k \tag{9.64}$$

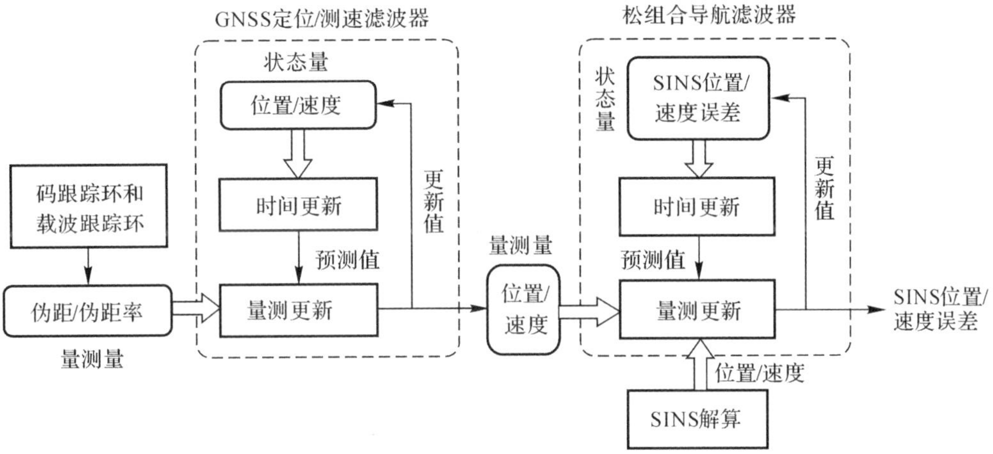

图 9.3　松组合级联滤波结构

因此，将式(9.64)代入式(9.63)中，可得

$$\boldsymbol{P}_k=(\boldsymbol{I}-\boldsymbol{K}_k\boldsymbol{H}_k)\boldsymbol{\Phi}_{k,k-1}\boldsymbol{P}_{k-1}\boldsymbol{\Phi}_{k,k-1}^{\mathrm{T}}+(\boldsymbol{I}-\boldsymbol{K}_k\boldsymbol{H}_k)\boldsymbol{Q}_k \tag{9.65}$$

由式(9.65)可知，k 时刻估计误差的均方差阵 $\boldsymbol{P}_k$ 与 $k-1$ 时刻估计误差的均方差阵 $\boldsymbol{P}_{k-1}$ 相关，表明估计误差的均方差阵 $\boldsymbol{P}_k$ 是与时间相关的，即估计误差 $\delta\boldsymbol{P}_{\mathrm{G}}$ 和 $\delta\boldsymbol{V}_{\mathrm{G}}$ 为与时间相关的噪声。

在 GNSS 定位/测速滤波器实现对载体位置和速度的最优估计以后，松组合导航滤波器将 SINS 的位置误差 $\delta\boldsymbol{P}_{\mathrm{I}}$ 和速度误差 $\delta\boldsymbol{V}_{\mathrm{I}}$ 作为状态量，并将由 GNSS 提供的载体位置和速度的最优估计结果 $\hat{\boldsymbol{P}}_{\mathrm{G}}$ 和 $\hat{\boldsymbol{V}}_{\mathrm{G}}$ 以及 SINS 输出的位置 $\boldsymbol{P}_{\mathrm{I}}$ 和速度 $\boldsymbol{V}_{\mathrm{I}}$ 的差值作为量测量，则量测方程为

$$\boldsymbol{Z}_1=\boldsymbol{P}_{\mathrm{I}}-\hat{\boldsymbol{P}}_{\mathrm{G}}=(\boldsymbol{P}+\delta\boldsymbol{P}_{\mathrm{I}})-(\boldsymbol{P}+\delta\boldsymbol{P}_{\mathrm{G}})=\delta\boldsymbol{P}_{\mathrm{I}}-\delta\boldsymbol{P}_{\mathrm{G}} \tag{9.66}$$

$$\boldsymbol{Z}_2=\boldsymbol{V}_{\mathrm{I}}-\hat{\boldsymbol{V}}_{\mathrm{G}}=(\boldsymbol{V}+\delta\boldsymbol{V}_{\mathrm{I}})-(\boldsymbol{V}+\delta\boldsymbol{V}_{\mathrm{G}})=\delta\boldsymbol{V}_{\mathrm{I}}-\delta\boldsymbol{V}_{\mathrm{G}} \tag{9.67}$$

由式(9.66)和式(9.67)可知，$\delta\boldsymbol{P}_{\mathrm{I}}$ 和 $\delta\boldsymbol{V}_{\mathrm{I}}$ 为松组合导航滤波器的状态量，$\delta\boldsymbol{P}_{\mathrm{G}}$ 和 $\delta\boldsymbol{V}_{\mathrm{G}}$ 为松组合导航滤波器的量测噪声。而由于 $\delta\boldsymbol{P}_{\mathrm{G}}$ 和 $\delta\boldsymbol{V}_{\mathrm{G}}$ 为与时间相关的噪声，则说明松组合导航滤波器的量测噪声是与时间相关的，不满足卡尔曼滤波要求量测噪声为白噪声的条件，这将导致松组合导航滤波器的估计结果并非最优估计结果，进而造成其估计精度显著下降。

(2) 当导航星数少于 4 颗时退化为纯 SINS 解算模式，导航系统性能恶化。

GNSS 接收机分别利用伪距和伪距率测量值进行位置和速度的解算。以 GNSS 定位为例进行说明。GNSS 定位、定时算法的本质是求解以下四元非线性方程组：

$$\left.\begin{array}{l}\sqrt{(x_1-x)^2+(y_1-y)^2+(z_1-z)^2}+\delta t_{\mathrm{u}}=\rho_1\\ \sqrt{(x_2-x)^2+(y_2-y)^2+(z_2-z)^2}+\delta t_{\mathrm{u}}=\rho_2\\ \qquad\vdots\\ \sqrt{(x_n-x)^2+(y_n-y)^2+(z_n-z)^2}+\delta t_{\mathrm{u}}=\rho_n\end{array}\right\} \tag{9.68}$$

式中：ρ_i 为第 i 颗导航卫星的伪距测量值，其中 $i=1,2,\cdots,n$ ；x_i，y_i，z_i 为第 i 颗导航卫星的位置坐标；x，y，z 为待求的接收机位置坐标；δt_u 为待求的接收机钟差。

由式(9.68)可知，待求未知量一共有 4 个，即接收机位置坐标 x，y，z 和接收机钟差 δt_u 。因此，GNSS 至少需要 4 颗导航卫星才可以进行定位；同理可知，GNSS 测速也至少需要 4 颗导航卫星。当导航星数少于 4 颗使 GNSS 无法进行定位、测速解算时，接收机无法为组合导航滤波器提供位置和速度信息，松组合模式便退化为纯 SINS 解算模式，整个导航系统的性能就会发生恶化。

9.3.2 紧组合特点

1.紧组合的优点

(1) 避免了级联滤波问题，组合导航精度显著提高。与松组合模式的结构不同，紧组合模式中不再存在级联滤波结构，图 9.4 所示为紧组合模式中组合导航滤波器的结构。

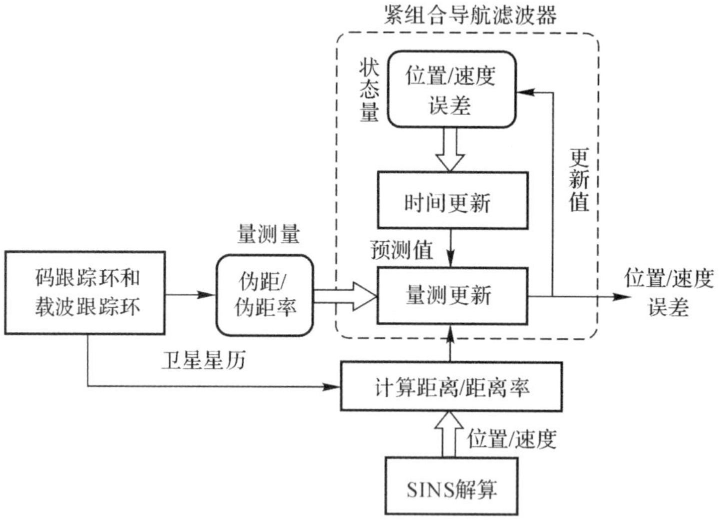

图 9.4 紧组合导航滤波器结构

可以看出，紧组合导航滤波器仍然以 SINS 的位置误差 $\delta\boldsymbol{P}_{\mathrm{I}}$ 和速度误差 $\delta\boldsymbol{V}_{\mathrm{I}}$ 作为状态量。但与松组合模式不同的是，紧组合导航滤波器直接将 GNSS 码跟踪环和载波跟踪环输出的伪距/伪距率作为量测信息，则量测方程为

$$Z_1=\rho_{\mathrm{I}}-\rho_{\mathrm{G}}=\boldsymbol{L}_i\,\delta\boldsymbol{P}_{\mathrm{I}}-\delta t_u+\delta\rho_i \tag{9.69}$$

$$Z_2=\dot{\rho}_{\mathrm{I}}-\dot{\rho}_{\mathrm{G}}=\boldsymbol{L}_i\delta\boldsymbol{V}_{\mathrm{I}}-\delta f_u+\delta\dot{\rho}_i \tag{9.70}$$

式中：ρ_{I} 和 $\dot{\rho}_{\mathrm{I}}$ 为 SINS 推算的接收机至卫星的伪距和伪距率；ρ_{G} 和 $\dot{\rho}_{\mathrm{G}}$ 为 GNSS 测量得到的伪距和伪距率；$\boldsymbol{L}_i$ 为接收机至卫星的单位视线矢量；δt_u 和 δf_u 为接收机的钟差和钟漂；

$\delta\rho_i$ 和 $\delta\dot{\rho}_i$ 为第 i 颗导航卫星的伪距和伪距率的测量随机误差。

由式(9.69)和式(9.70)可知，$\delta \boldsymbol{P}_{\mathrm{I}}$、$\delta \boldsymbol{V}_{\mathrm{I}}$、$\delta t_{\mathrm{u}}$、$\delta f_{\mathrm{u}}$ 为紧组合导航滤波器的状态量，而 $\delta\rho_i$ 和 $\delta\dot{\rho}_i$ 为紧组合导航滤波器的量测噪声。由于 GNSS 接收机各跟踪通道之间是相互独立的，因此 $\delta\rho_i$ 和 $\delta\dot{\rho}_i$ 均可视作相互独立的白噪声。可见，SINS/GNSS 紧组合模式避免了由量测噪声与时间相关而导致的级联滤波问题，从而提高了组合导航的精度。

(2) 当导航星数少于 4 颗而 GNSS 无法进行定位、测速解算时，紧组合模式仍可以将 GNSS 输出的伪距、伪距率测量值输入至组合导航滤波器中，估计并校正 SINS 误差，从而使 SINS 能够保持较高的导航精度。

由此可见，紧组合模式比松组合模式具有更高的组合导航精度和更强的鲁棒性。

2.紧组合的缺点

由于紧组合模式需要利用 GNSS 接收机输出的伪距和伪距率进行组合导航，但在实际中并非所有 GNSS 接收机都可以输出伪距和伪距率测量值，因此紧组合模式对 GNSS 接收机具有一定的要求，其工程实现难度较松组合模式而言更大一些。

9.3.3 性能对比分析

在相同的初始条件下，分别采用 SINS/GNSS 松组合和紧组合模式对 SINS 的导航结果进行校正。飞机初始位置为东经 116°，北纬 40°，海拔高度 1 000 m；导航坐标系为当地地理坐标系，飞行过程为 300 s；陀螺仪的常值漂移为 0.1(°)/h，白噪声标准差为 0.01 (°)/h；加速度计的常值零偏为 1 mg，白噪声标准差为 0.1 mg；伪距、伪距率的白噪声标准差分别为 20 m 和 0.03 m/s。为了对松、紧两种组合模式在可用星数目不足情况下的性能进行对比，假设在 90～140 s 期间，GNSS 的可用星数目减小为 2 颗，随后恢复成 4 颗。

图 9.5 和图 9.6 分别是松组合与紧组合的位置误差曲线。图 9.7 和图 9.8 分别是松组合与紧组合的速度误差曲线。

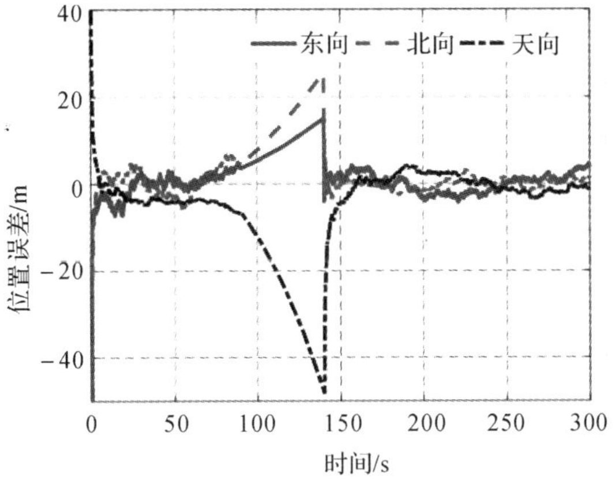

图 9.5 松组合位置误差

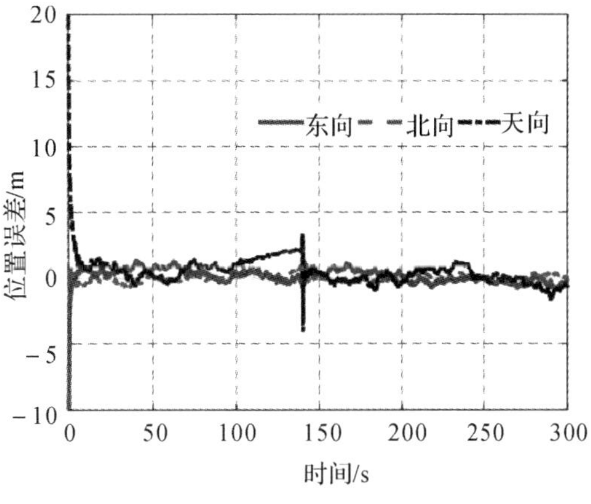

图 9.6 紧组合位置误差

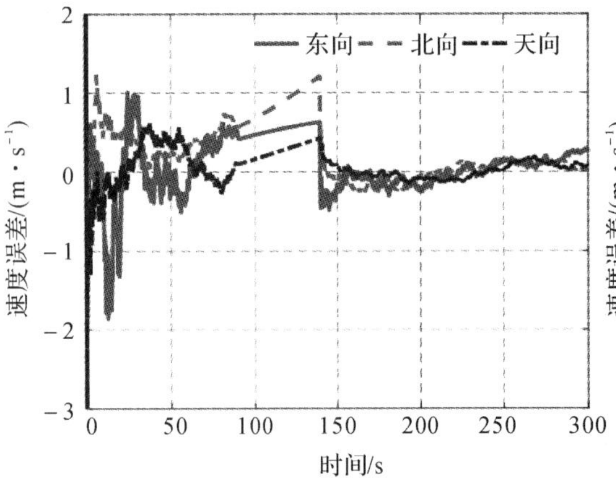

图 9.7 松组合速度误差

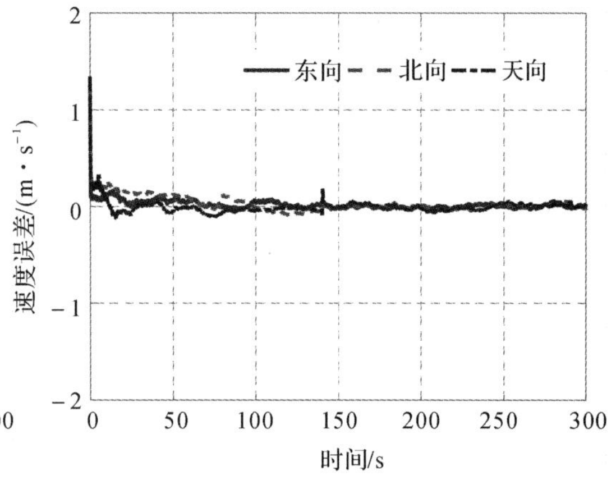

图 9.8 紧组合速度误差

由图 9.5 和图 9.7 可以看出，松组合导航系统在可用星数不足期间，位置误差和速度误差持续发散，直至可用星数目恢复 4 颗后，导航误差才变小；而由图 9.6 和图 9.8 可知，紧组合导航系统在可用星数不足时，也可以维持导航系统的性能，导航误差比松组合小很多。

表 9.1 为可用卫星数目不足情况下，松/紧组合导航误差统计结果。

表 9.1 可用卫星数目不足情况下，松/紧组合导航误差统计结果

误差类型	可用卫星数为 2 颗		可用卫星数为 3 颗	
	松组合	紧组合	松组合	紧组合
位置误差均值/m	5.43	0.68	5.43	0.42
位置误差标准差/m	3.34	0.93	3.34	0.71
速度误差均值/$(m \cdot s^{-1})$	0.37	0.03	0.37	0.02
速度误差标准差/$(m \cdot s^{-1})$	0.36	0.06	0.36	0.04

当可用卫星数不足 4 颗时，由于 GNSS 接收机无法解算出位置和速度信息，因此，这时的松组合导航系统就退化为纯 SINS 模式，使得组合导航误差随时间累积而逐渐发散；而紧组合导航系统的量测信息是伪距和伪距率，理论上讲，只要有一颗可见星的伪距和伪距率，就可以进行滤波估计，这也就避免了紧组合导航系统退化为纯 SINS 模式。另外，由于可见星数目越多，紧组合导航系统状态量的可观测度就越好，因此，当可用卫星数由 2 颗增加至 3 颗时，紧组合导航系统的位置误差和速度误差均会显著减小。

第 10 章　SINS/GNSS 超紧组合系统设计理论与方法

传统的 SINS/GNSS 松组合或紧组合是将 GNSS 和 SINS 各自独立产生的导航信息进行简单的组合(松组合:位置、速度和姿态;紧组合:伪距、伪距率和载波相位),其实质都是利用 GNSS 对 SINS 进行辅助,而缺少 SINS 对 GNSS 接收机的辅助环节。而 SINS/GNSS 超紧组合则是一种较高水平的组合模式,它与松组合或紧组合模式的最大不同之处在于:在结构上,超紧组合深入到捕获和跟踪环节中,利用 SINS 的测量信息辅助 GNSS 接收机的捕获和跟踪环节。借助 SINS 提供的接收机动态辅助信息,不仅可以提高接收机的动态性能,而且可以减小跟踪环路的带宽,以达到抑制噪声和信号干扰的目的。可见,通过利用 SINS 对 GNSS 接收机的捕获和跟踪环节进行辅助,能够增强接收机在高动态、强干扰和信号中断等恶劣环境中的鲁棒性。

因此,本章首先介绍 SINS/GNSS 超紧组合的基本原理与系统结构;进而,对超紧组合系统中 SINS 辅助 GNSS 信号捕获和跟踪方法进行重点介绍,并建立 SINS/GNSS 超紧组合系统的模型。

10.1　SINS/GNSS 超紧组合系统结构

松组合和紧组合模式的实质均为 GNSS 对 SINS 的辅助,而缺少 SINS 对 GNSS 接收机的辅助。当组合系统中 GNSS 接收机的捕获、跟踪性能下降时,会影响 SINS/GNSS 组合导航系统的性能。而 SINS/GNSS 超紧组合模式则是对 SINS 和 GNSS 进行更深层次的信息融合:一方面,为 SINS 提供误差校正信息以提高其导航精度;另一方面,利用校正后的 SINS 为 GNSS 接收机的捕获和跟踪环节提供辅助信息,以提高 GNSS 信号的捕获和跟踪性能。SINS/GNSS 超紧组合系统结构如图 10.1 所示。

SINS/GNSS 超紧组合导航系统中 SINS 和 GNSS 接收机相互辅助的优势如图 10.2 所示。可以看出,SINS/GNSS 超紧组合导航系统实现了 SINS 和 GNSS 接收机之间的相互辅助,既可以实现对 SINS 误差的校正,又增强了 GNSS 信号的捕获和跟踪性能。其优势具体表现如下:

(1)利用 SINS 辅助信息可以实现对码偏移和多普勒频移的补偿,消除绝大部分信号动态变化对捕获的影响,以便进行更长时间的相关累积来提高信号处理增益,从而提高信号捕获的快速性、灵敏度和可靠性,有效地解决高动态和弱信号对传统 GNSS 信号捕获算法的要求相互矛盾的问题。

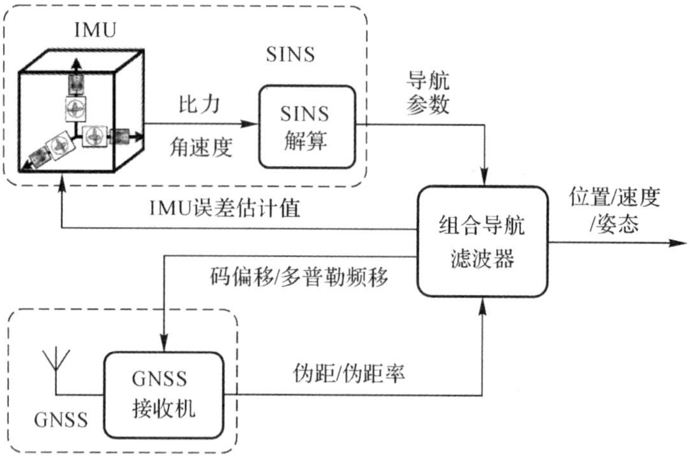

图 10.1　SINS/GNSS 超紧组合系统结构

(2)SINS 的辅助反馈中包含的载体动态信息,不仅可以减小 GNSS 接收机码环和载波环所跟踪载体的动态,从而增大码环和载波环的等效带宽,提高整个系统在高动态环境下的动态跟踪性能,还可以降低环路滤波器的实际带宽,达到抑制热噪声和干扰的目的。这就有效地解决了传统跟踪环设计中存在的动态跟踪性能与抗干扰能力之间的矛盾。

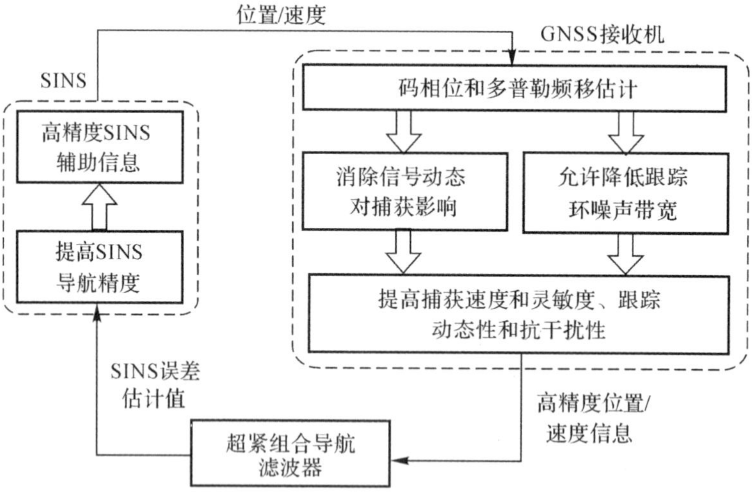

图 10.2　SINS 和 GNSS 接收机相互辅助的优势

(3)SINS/GNSS 超紧组合模式不仅对多路径效应有较好的抑制作用,而且在高动态和强干扰条件下性能优异。

(4)SINS/GNSS 超紧组合模式使得较低精度等级的惯性测量单元与 GNSS 接收机的组合应用成为可能。

(5)在存在人为或无意干扰的情况下,SINS/GNSS 超紧组合系统仍可以输出可靠的导航结果。

10.2　SINS 辅助 GNSS 信号捕获方法

SINS 辅助 GNSS 信号捕获是 SINS/GNSS 超紧组合导航系统的关键技术之一。利用 SINS 提供的速度和位置辅助信息，可以实现对 GNSS 信号多普勒频移和码偏移的补偿，消除绝大部分信号动态变化对捕获的影响，从而提高信号捕获的快速性、灵敏度和可靠性。本节主要介绍在高动态和微弱信号环境中，利用 SINS 位置和速度信息辅助 GNSS 信号码相位和载波频率捕获的方法。

10.2.1　SINS 辅助 GNSS 信号捕获方案

高动态和弱信号对 GNSS 信号捕获的要求相矛盾。在高动态条件下，为了减小大的多普勒频移对相关能量的衰减，要求相关累积时间尽量短；而为了捕获弱信号，则必须进行长时间的相关累积，以获得所需要的处理增益。单独的 GNSS 接收机在捕获信号时，很难兼顾这两方面要求。而利用 SINS 辅助捕获，由于 SINS 测量得到的加速度信息不存在误差累积效应，因此利用 SINS 辅助捕获可以实现对多普勒频移的补偿，消除绝大部分信号动态变化对捕获的影响。这样，捕获模块只需要应对微弱信号所带来的困难，从而提高信号捕获的快速性、灵敏度和可靠性。图 10.3 为 SINS 辅助 GNSS 信号捕获方案结构，该方案由粗捕获和精捕获模块构成。

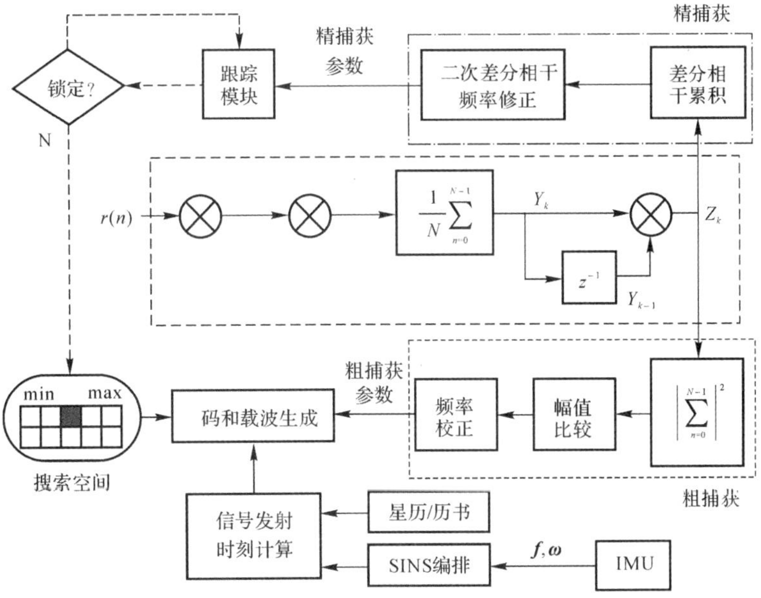

图 10.3　SINS 辅助 GNSS 信号捕获方案结构

GNSS 信号失锁后，由跟踪环锁定检测器启动信号粗捕获模块。粗捕获模块根据 SINS 提供的速度和位置信息，以及 GNSS 接收机提供的星历信息可以解算出载体和卫星之间的载波多普勒频移；利用SINS位置信息结合星历信息，可以计算出伪距，从而得到码相位偏移。将估计的载波多普勒频移和码相位偏移作为搜索范围的中心，并根据SINS信息的不确定性设定搜索边界，以控制本地载波NCO和码NCO在此范围内进行搜索，从而可以大大减小载波频率和码相位这两个维度的搜索范围，避免将大量时间浪费在无信号区域的搜索，以提高信号捕获的速度。另外，为了克服传统非相干累积算法的二次方损耗，增加处理增益，粗捕获模块采用差分相干对信号进行累积。在获得所有频率和码相位搜索点对应的相关结果后，取最大幅值所对应的载波频率和码相位作为初次捕获结果，进而利用差分相干累积值对初次捕获结果进行首次频率修正，完成粗捕获过程，并将结果送给精捕获模块。

为了提高精捕获参数落在捕获带内的置信水平，采用基于二次差分相干频率修正的精捕获策略。由于粗捕获模块输出的码相位估计值通常可以满足跟踪环初始化要求，所以在精捕获模块无需对码相位进行细化。在搜索多普勒频移时，采用比粗捕获更小的频率步进、更长的相干累积时间，在SINS预测的多普勒频点附近进行差分相干累积，继而进行二次差分相干频率修正，得到分辨率较高的多普勒频移结果，并将该结果传送给后续的跟踪模块，至此完成整个快速捕获过程。

整个捕获过程由跟踪环锁定检测器控制，若锁定检测器指示跟踪环失锁，则返回捕获环节，直至跟踪环稳定。

10.2.2　SINS辅助GNSS信号捕获实现方法

1.粗捕获

相干累积时间受导航数据位翻转、频率步进、多普勒频移变化率以及接收机晶振不稳定的限制，而非相干累积又存在严重的二次方损耗，差分相干累积则既没有相干累积所受到的限制，又能够在弱信号条件下获得较非相干累积更高的处理增益。因此，基于差分相干累积设计SINS辅助GNSS信号粗捕获算法。

在SINS辅助GNSS信号捕获中，可以确定视线内所需捕获的卫星号，因而无需对视线外的卫星号进行搜索。这样，SINS辅助GNSS信号捕获与冷启动情况不同，此时捕获下降为对载波多普勒频移和码相位这两个维度的搜索。

在捕获过程中，本地产生的载波信号为

$$S_1(t_n)=\exp\{-\mathrm{j}2\pi[f_{\mathrm{IF}}+\hat{f}_{\mathrm{d},k}(t_n)]t_n\} \tag{10.1}$$

式中：$S_1(t_n)$表示本地产生的载波信号；f_{IF}表示载波信号的标称中频频率；$t_n=t_0+nT_s$表示本地接收时刻，t_0为累积的初始时刻，n为采样点序号，T_s为采样时间间隔；$\hat{f}_{\mathrm{d},k}(t_n)$表示本地接收时刻的多普勒频移。

而在对多普勒频移的搜索过程中，本地接收时刻的多普勒频移$\hat{f}_{\mathrm{d},k}(t_n)$可以表示为

$$\hat{f}_{\mathrm{d},k}(t_n)=\hat{f}_{\mathrm{d},0}(t_n)+k\Delta f_{\mathrm{d}},\quad k=-\frac{L}{2},\cdots,\frac{L}{2} \tag{10.2}$$

式中：$\hat{f}_{\mathrm{d},0}(t_n)$为多普勒频移搜索范围的中心；$\Delta f_{\mathrm{d}}$为多普勒频移搜索的频率步进；$k$为搜索频率点序号；$L=2\lfloor f_{\max}/\Delta f_{\mathrm{d}}\rfloor$为总的搜索频率点数，其中$\lfloor\cdot\rfloor$表示向下取整，$[-f_{\max}$，

f_{max}] 表示多普勒频移的搜索空间。

多普勒频移搜索范围中心 $\hat{f}_{d,0}(t_n)$ 可以由 SINS 预测得到,其计算公式为

$$\hat{f}_{d,0}=\frac{1}{\lambda_L}(\boldsymbol{V}_R-\boldsymbol{V}_s)\cdot\boldsymbol{e} \tag{10.3}$$

式中:λ_L 为 GNSS 信号的载波波长;$\boldsymbol{V}_R$ 为接收机的速度,可以由 SINS 提供;$\boldsymbol{V}_s$ 为卫星速度,可以由卫星星历数据计算得到;$\boldsymbol{e}$ 为接收机到卫星的单位视线矢量,可由 SINS 位置和卫星位置计算得到。

本地码信号可由 SINS 预测的视线距离计算得到。设本地接收时刻为 t_n,信号传播时间为 t_p,则 t_n 时刻对应的信号发射时刻为

$$t_{tr}=t_n-t_p \tag{10.4}$$

式中:t_{tr} 为信号发射时刻。信号传播时间 t_p 可利用本地接收时刻 t_n 的 SINS 位置 $\boldsymbol{P}_I(t_n)$,以及信号发射时刻 t_{tr} 的卫星位置 $\boldsymbol{P}_G(t_{tr})$ 计算得到,其具体计算过程如下。

以北斗信号的传播为例进行介绍。北斗卫星导航系统的参考坐标系为 CGSC2000 坐标系。由于地球的自转,北斗信号在传播过程中,参考坐标系已经发生了变化,即在信号发射时刻 t_{tr} 的地心地固坐标系(ECEF_{tr}系)和本地接收时刻 t_n 的地心地固坐标系(ECEF_n 系)之间发生了角度的变化,因此,信号传播时间 t_p 的计算是一个循环迭代的过程。

设信号发射时刻 t_{tr} 卫星在 ECEF_{tr}系中的位置为 $\boldsymbol{P}_G(t_{tr})=[X_{tr},Y_{tr},Z_{tr}]^T$,其转换到 ECEF_n 系中为 $\boldsymbol{P}'_G(t_{tr})=[X_n,Y_n,Z_n]^T$,本地接收时刻 t_n 的 SINS 位置为 $\boldsymbol{P}_I(t_n)=[x,y,z]^T$,则有以下关系式成立:

$$t_p=\frac{R(t_{tr},t_n)}{c} \tag{10.5}$$

$$R(t_{tr},t_n)=\sqrt{(X_n-x)^2+(Y_n-y)^2+(Z_n-z)^2} \tag{10.6}$$

$$\begin{bmatrix}X_n\\Y_n\\Z_n\end{bmatrix}=\begin{bmatrix}\cos(\omega_{ie}t_p) & \sin(\omega_{ie}t_p) & 0\\-\sin(\omega_{ie}t_p) & \cos(\omega_{ie}t_p) & 0\\0 & 0 & 1\end{bmatrix}\begin{bmatrix}X_{tr}\\Y_{tr}\\Z_{tr}\end{bmatrix} \tag{10.7}$$

式中:ω_{ie} 为地球自转角速率;c 为光速;$\omega_{ie}t_p$ 为信号传输过程中地球转过的角度;$R(t_{tr},t_n)$ 为接收机和卫星之间的视线距离。

式(10.7)中信号发射时刻 t_{tr} 的卫星位置 $\boldsymbol{P}_G(t_{tr})=[X_{tr},Y_{tr},Z_{tr}]^T$ 可通过卫星星历计算得到。根据式(10.5)~式(10.7)可对信号传播时间 t_p 进行迭代求解,直至相邻两次的信号传播时间差落入规定的门限范围内。

因此,根据计算所得的信号发射时刻 t_{tr},得到本地码信号为

$$G_{replica}(t_n)=c(t_{tr}-\Delta\tau_k)=c(t_n-t_p-\Delta\tau_k) \tag{10.8}$$

式中:$G_{replica}(t_n)$ 表示本地码信号;$c(\cdot)$ 表示伪码;$\Delta\tau_k$ 为码相位搜索范围 $[-\tau_{max},\tau_{max}]$ 内的搜索点。

对于弱信号捕获,为避免数据调制效应的影响,采用 1 ms 的相干累积操作。设由本地信号和接收信号计算得到的相干累积值为 Y_m,则由相继的 Y_m 得到差分相干累积值 Z_h 为

$$Z_h=\sum_{m=1}^{M}Y_mY_{m-1}^* \tag{10.9}$$

式中：M 表示差分相干累积次数；Y^{*}_{m-1} 表示第 $m-1$ 次相干累积值的复共轭。

进而，对载波多普勒频移和码相位搜索空间的所有差分相干累积值进行幅值比较，其中最大值所对应的 $\hat{f}_{d,0}(t_n)+k\Delta f_d$ 和 $\Delta\tau_k$ 即为初次捕获结果。为方便起见，将得到的 $k\Delta f_d$ 和 $\Delta\tau_k$ 分别记为 $\overline{f}_{d,c1}$ 和 $\Delta\overline{\tau}_{c1}$ 。

由 SINS 得到的加速度信息不存在误差累积效应，在较短的相干累积时间段内，可认为 SINS 预测的多普勒频移搜索范围中心 $\hat{f}_{d,0}(t_n)$ 不受多普勒频移估计误差的影响。设由粗捕获的频率分辨率不足导致的对多普勒频移估计值 $\overline{f}_{d,c1}$ 的估计误差为 $\delta\overline{f}_{d,c1}$ ，则 $\overline{f}_{d,c1}$ 对应的差分相干累积值可重新表示为

$$Z_{c1}=AR(\delta\tau)\,\mathrm{sinc}^2(\pi\delta\overline{f}_{d,c1}T_{coh})\exp(2\pi\delta\overline{f}_{d,c1}T_{coh}) \tag{10.10}$$

式中：Z_{c1} 表示多普勒频移估计值 $\overline{f}_{d,c1}$ 对应的差分相干累积值；A 表示 GNSS 中频信号的幅值；$R(\cdot)$ 表示伪码的自相关函数；$\delta\tau$ 表示码相位估计误差；T_{coh} 表示相干累积时间。

当相干累积时间 T_{coh} 为 1 ms 时，可能出现的导航数据位翻转对差分相干累积值 Z_{c1} 的影响较小，不会明显改变式(10.10)的表达形式。因此，由式(10.10)可知，差分相干累积值 Z_{c1} 的相角是频率估计残差 $\delta\overline{f}_{d,c1}$ 的函数，则可根据式(10.10)对 $\overline{f}_{d,c1}$ 进行频率修正，得到粗捕获模块的多普勒频移估计值 $\overline{f}_{d,c2}$ 为

$$\overline{f}_{d,c2}=\overline{f}_{d,c1}-\frac{\arg(Z_{c1})}{2\pi T_{coh}} \tag{10.11}$$

式中：arg(·)表示求复数的相角。

最后，将所得到的多普勒频移估计值 $\overline{f}_{d,c2}$ 和码相位估计值 $\Delta\overline{\tau}_{c1}$ 传递给精捕获模块，完成信号的粗捕获。

可以看出，这种 SINS 辅助 GNSS 信号粗捕获方法实质上包含了位置辅助、速度辅助和加速度辅助。位置辅助用于减小码相位搜索的不确定范围；速度辅助用于减小载波多普勒频移搜索的不确定范围以及码多普勒频移对相关能量的衰减；而加速度辅助则用于减小载波多普勒频移变化对相关能量的衰减。

2.精捕获

由于粗捕获的频率分辨率通常为几百赫兹，因此粗捕获过程只能提供对载波频率的粗略估计。可见，在激活载波跟踪模块之前，有必要通过精捕获来改善频率估计精度，以使捕获得到的载波频率落入载波跟踪环的捕获带内。捕获带表征了载波锁相环(PLL)能够进入锁定状态、允许本地载波频率偏离接收信号频率的最大频差，其表达式为

$$\Delta\omega_l\approx 2\zeta\omega_n=\frac{16\zeta^2B_L}{4\zeta^2+1} \tag{10.12}$$

式中：B_L 为载波锁相环带宽；ω_n 为自然振荡频率；ζ 为阻尼系数，通常取 0.707。

可以看出，载波锁相环的带宽 B_L 越窄，捕获带 $\Delta\omega_l$ 就越小，对捕获的精度要求就越高。SINS/GNSS 超紧组合系统中载波锁相环的典型带宽为 3 Hz，对应的捕获带仅有 8 Hz。

考虑到在弱信号条件下跟踪环对捕获的精度要求较高，相应地必须要有足够的信号累积增益来达到所需要的精度，因此应该选择延长相干累积时间以提高差分相干累积的处理增益。可见，精捕获所采用的相干累积时间应该大于粗捕获过程。另外，为了得到更高精度

的多普勒频移估计值，精捕获的频率步进还应该小于粗捕获过程。

设精捕获的频率搜索点 $\Delta f_{d,e}$ 对应的相干累积值 $Y_{e,k}$ 为

$$Y_{e,k}=\sum_{n=0}^{20N_s} r(t_n)\exp[-j2\pi(f_{IF}+\hat{f}_{d,0}(t_n)+\overline{f}_{d,c2}+\Delta f_{d,e})t_n]c(t_{tr}-\Delta\overline{\tau}_{c1}) \tag{10.13}$$

式中：$r(t_n)$ 表示接收机接收到的 GNSS 中频信号；N_s 为 1 个伪码周期的采样点数。

假设精捕获频率搜索点 $\Delta f_{d,e}$ 对应的频率误差为 $\delta f_{d,e}$，则有

$$Y_{e,k}=AR(\delta\tau)\mathrm{sinc}(\pi\delta f_{d,e}T_D)\exp[j(\theta_0+2\pi\delta f_{d,e}kT_D)] \tag{10.14}$$

式中：T_D 为精捕获采用的相干累积时间，其大小应大于粗捕获采用的相干累积时间 T_{coh}；$\delta\tau$ 为码相位估计误差，由于粗捕获的码相位估计精度较高，故 $\delta\tau$ 一般较小；θ_0 为累积开始时刻的载波相位。

进一步，可以得到差分乘积项 $Z_{e,k}$ 为

$$Z_{e,k}=Y_{e,k}Y^*_{e,k-1}=A^2R(\delta\tau)\ \mathrm{sinc}^2(\pi\delta f_{d,e}T_D)\exp[j2\pi\delta f_{d,e}T_D] \tag{10.15}$$

式(10.15)表明，差分相干累积值 $Z_{e,k}$ 的相角是频率误差 $\delta f_{d,e}$ 的函数。因此，可以根据式(10.15)对频率搜索点 $\Delta f_{d,e}$ 进行二次差分相干频率修正，即

$$\Delta\overline{f}_{d,e}=\Delta f_{d,e}-\frac{\arg(Z_{e,k})}{2\pi T_D} \tag{10.16}$$

式中：$\Delta\overline{f}_{d,e}$ 表示频率搜索点 $\Delta f_{d,e}$ 的频率修正值。

则精捕获得到的最终载波多普勒频移为

$$\overline{f}_{dopp}=\hat{f}_{d,0}(t_n)+\overline{f}_{d,c2}+\Delta\overline{f}_{d,e} \tag{10.17}$$

式中：$\hat{f}_{d,0}(t_n)$ 为由 SINS 预测的多普勒频移搜索范围中心；$\overline{f}_{d,c2}$ 为粗捕获模块提供的多普勒频移估计值。

10.3　SINS 辅助 GNSS 信号捕获性能分析

在满足捕获可靠性要求的前提下，减小计算量和平均捕获时间是 GNSS 信号捕获的主要目标。因此，下面对 SINS 辅助 GNSS 信号捕获方案的计算量、平均捕获时间和辅助信息的不确定度进行分析。

10.3.1　计算量

若信号捕获采用时域搜索法，则在 GNSS 信号捕获的过程中，每半个码片为一个相位搜索单元。以北斗 B1I 信号的捕获为例，2 046 个伪随机码需要被分为 4 092 个搜索单元，在最坏的情况下，一个频点上本地码相位最多需要滑动 4 092 次。当载体静止时，多普勒频移的范围大概为[−5 kHz，5 kHz]，若载波频率的搜索步长为 500 Hz，则每个通道需进行 4 092×20 次相关运算。对于炮弹或导弹等具有很高速度的载体来说，多普勒频移范围可达[−15 kHz，15 kHz]，则每个通道至少需要进行 4 092×60 次相关运算，它是载体静止时

计算量的 3 倍。由此可见,对于高速运动的接收机,多普勒频移对捕获计算量的影响是相当严重的。

传统的 SINS 辅助 GNSS 捕获方法大都采用 SINS 速度辅助信息对载波多普勒频移进行估计,从而减小载波多普勒频移搜索方向的不确定度,以提高信号捕获的速度,但并未减小码相位搜索方向的不确定度。这里在 SINS 速度辅助捕获的基础上,引入 SINS 位置信息对码相位进行估计,进一步在码相位搜索方向减小其不确定性范围,以减轻计算量,加快信号的捕获速度。SINS 辅助 GNSS 信号捕获对多普勒频移和码相位的搜索过程如图 10.4 所示。

在组合导航系统设计时,须按照预期的信号中断时间和能够接受的最大速度误差和位置误差对 SINS 的精度要求进行分析。通常而言,导航领域所能接受的最大视线距离误差一般小于 3 km,对应约[-10,10]个码片的码相位不确定度。大多数情况下,导航应用所能接受的最大速度误差小于 100 m/s,对应约[-500,500]Hz 的多普勒频移不确定度。

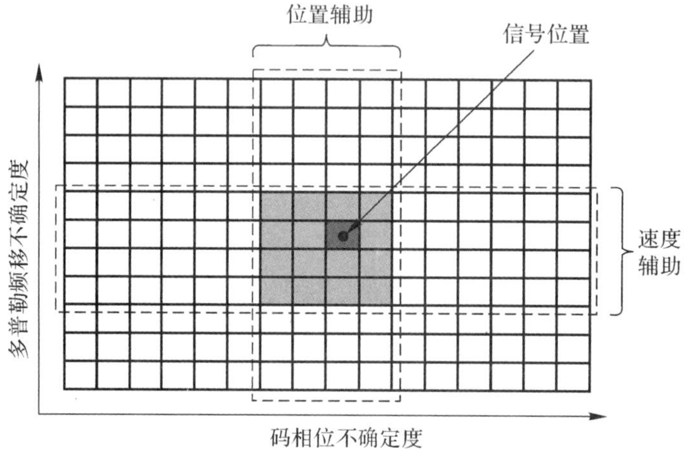

图 10.4　SINS 辅助 GNSS 信号捕获对多普勒频移和码相位的搜索范围

在以上假设条件下,表 10.1 给出了无辅助、SINS 速度辅助、SINS 速度和位置共同辅助三种情况的捕获计算量之比。

表 10.1　三种辅助情况的捕获计算量之比

运动状态	无辅助∶SINS 速度辅助∶SINS 速度 & 位置共同辅助
低动态情况	256∶51∶1
高动态情况	786∶51∶1

可见,与无辅助的单独 GNSS 接收机相比,单就计算量而言,通过 SINS 辅助可以显著减小捕获的计算量;而采用 SINS 速度和位置共同辅助捕获的方法比单独采用 SINS 速度辅助捕获进一步减小了计算量,并且在 SINS 位置误差较小时,这种优势会更加明显。若 GNSS 接收机中处理器的处理能力相同,则捕获时间与捕获计算量成正比,因而采用 SINS 速度和位置共同辅助捕获在捕获时间上具有极大优势。

10.3.2　捕获时间

信号失锁后，捕获模块重新捕获信号的平均时间是捕获性能的重要指标。通常，SINS 辅助 GNSS 信号捕获的控制流程如图 10.5 所示。

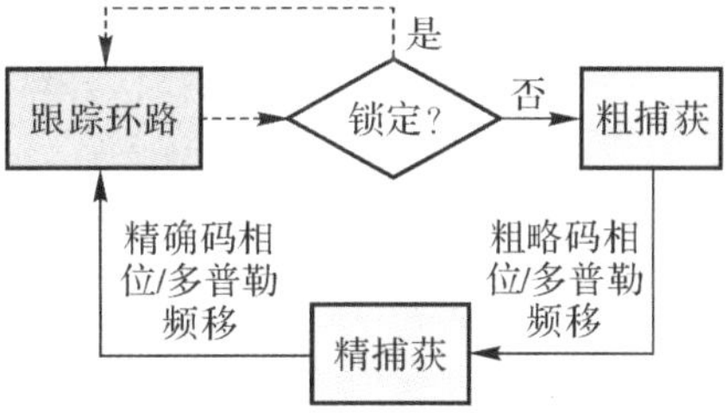

图 10.5　捕获控制流程图

在该控制流程下，假设码相位和载波频率的精捕获误差在码环和载波环捕获带内的概率为 p_d，即信号的捕获概率为 p_d，且完成一次粗捕获和精捕获的单次驻留时间为 T_d。假设精捕获参数误差大于跟踪环的牵引范围，锁定检测器判定捕获失败，进而重新启动捕获模块的损失时间为 T_l，则跟踪环捕获带内信号的平均捕获次数为

$$\bar{\psi}=\sum_{n=1}^{+\infty} n\,(1-p_d)^{n-1} p_d=\frac{1}{p_d} \tag{10.18}$$

进而，可得到信号的平均捕获时间为

$$\bar{T}_a=\bar{\psi} T_d+(\bar{\psi}-1) T_l=\frac{T_d}{p_d}+\left(\frac{1}{p_d}-1\right) T_l \tag{10.19}$$

可见，在所给出的捕获控制流程下，平均捕获时间与捕获概率 p_d、单次驻留时间 T_d 和重捕获损失时间 T_l 有关。

10.3.3　辅助信息不确定度

GNSS 信号从卫星到接收机的传播过程中，产生载波多普勒频移的主要因素有：载体与卫星之间视线方向的相对运动、接收机时钟频率漂移和卫星时钟频率漂移。因此，载波多普勒频移 f_d 可以表示为

$$f_d=f_{rec}-f_s+\Delta f_{rec}+\Delta f_s \tag{10.20}$$

式中：f_{rec} 和 f_s 分别为载体和卫星运动产生的多普勒频移；Δf_{rec} 和 Δf_s 分别为接收机时钟频率漂移和卫星时钟频率漂移产生的多普勒频移。

由于 GNSS 卫星时钟采用稳定性较好的原子钟，而接收机时钟频偏可以进行本地校准，因而可忽略 Δf_s 和 Δf_{rec}。设 GNSS 信号的载波波长为 λ_{carr}，则由载体与卫星之间视线方向相对运动产生的多普勒频移估计值为

$$\hat{f}_d=\frac{\boldsymbol{E}(\boldsymbol{V}_{rec}-\boldsymbol{V}_{sv})}{\lambda_{carr}} \tag{10.21}$$

式中：$\boldsymbol{V}_{\mathrm{rec}}$ 为 SINS 测量的载体速度；$\boldsymbol{V}_{\mathrm{sv}}$ 为由卫星星历计算得到的卫星速度；$\boldsymbol{E}$ 为卫星与载体间的单位视线矢量，可由卫星与载体相对位置计算获得。

相应地，多普勒频移变化率 $\dot{f}_{\mathrm{d}}$ 的估计值可表示为

$$\hat{\dot{f}}_{\mathrm{d}}=\frac{\boldsymbol{E}(\boldsymbol{a}_{\mathrm{rec}}-\boldsymbol{a}_{\mathrm{sv}})}{\lambda_{\mathrm{carr}}} \tag{10.22}$$

式中：$\boldsymbol{a}_{\mathrm{rec}}$ 和 $\boldsymbol{a}_{\mathrm{sv}}$ 分别为载体与卫星的加速度。

粗捕获的频率搜索范围由 SINS 提供的多普勒频移估计精度决定，估计精度越高，搜索范围越小。在短时信号中断的情况下，忽略卫星速度误差的影响，则多普勒频移估计误差的方差为

$$\sigma_{\mathrm{dopp}}^{2}=\frac{\boldsymbol{E}(\delta\boldsymbol{V}_{\mathrm{rec}}\delta\boldsymbol{V}_{\mathrm{rec}}^{\mathrm{T}})\boldsymbol{E}^{\mathrm{T}}}{\lambda_{\mathrm{carr}}^{2}} \tag{10.23}$$

式中：$\delta\boldsymbol{V}_{\mathrm{rec}}$ 为 SINS 的速度误差，转换至地心地固坐标系中可表示为

$$\delta\boldsymbol{V}_{\mathrm{rec}}^{\mathrm{e}}=\delta\boldsymbol{V}_{\mathrm{rec},0}^{\mathrm{e}}-\int_{T_0}\boldsymbol{F}^{\mathrm{e}}\left(\int_{T_0}\boldsymbol{C}_{\mathrm{b}}^{\mathrm{e}}\delta\boldsymbol{\omega}\,\mathrm{d}t\right)\mathrm{d}t+\int_{T_0}\boldsymbol{C}_{\mathrm{b}}^{\mathrm{e}}\delta\boldsymbol{a}\,\mathrm{d}t \tag{10.24}$$

其中：$\delta\boldsymbol{V}_{\mathrm{rec},0}^{\mathrm{e}}$ 为 SINS 的初始速度误差；T_0 为信号中断时间；$\boldsymbol{C}_{\mathrm{b}}^{\mathrm{e}}$ 表示载体坐标系到地心地固坐标系的转换矩阵；$\boldsymbol{F}^{\mathrm{e}}$ 表示地心地固坐标系中的加速度矢量；$\delta\boldsymbol{\omega}$ 和 $\delta\boldsymbol{a}$ 分别表示陀螺仪与加速度计的测量误差。

因此，可得到多普勒频移估计误差的标准差为

$$\sigma_{\mathrm{dopp}}=\frac{1}{\lambda_{\mathrm{carr}}}\mathrm{norm}\left[\delta\boldsymbol{V}_{\mathrm{rec},0}^{\mathrm{e}}-\int_{T_0}\boldsymbol{F}^{\mathrm{e}}\left(\int_{T_0}\boldsymbol{C}_{\mathrm{b}}^{\mathrm{e}}\delta\boldsymbol{\omega}\,\mathrm{d}t\right)\mathrm{d}t+\int_{T_0}\boldsymbol{C}_{\mathrm{b}}^{\mathrm{e}}\delta\boldsymbol{a}\,\mathrm{d}t\right] \tag{10.25}$$

式中：norm(·)表示求向量的范数。

理论上，可根据 SINS 误差状态方程预测速度误差 $\delta\boldsymbol{V}_{\mathrm{rec}}$。但在实际应用中，当载体处于高动态运动时，SINS 误差状态难以精确建模，且 GNSS 信号中断时间 T_0 越长，$\delta\boldsymbol{V}_{\mathrm{rec}}$ 的预测精度越差。因而重捕获过程可将频率搜索范围设置为 SINS 提供的多普勒频移估计误差 σ_{dopp} 的极大值，以增强信号捕获的可靠性。

以北斗 B1I 信号的码相位估计为例，根据北斗 B1I 信号的发射时刻可以推算得到码相位及导航数据位，即

$$\left.\begin{aligned}\tau&=\mathrm{mod}(2\,046\times t_{\mathrm{sv}}\times 1\,000,2\,046)\\ D&=1+\mathrm{mod}(t_{\mathrm{sv}},0.020)\end{aligned}\right\} \tag{10.26}$$

式中：t_{sv} 为信号发射时刻(北斗时)，可由信号接收时刻 t_{r} 与传播延时 D_{t} 计算得到，同时考虑卫星钟差修正 t_{c}，有

$$\hat{t}_{\mathrm{sv}}=t_{\mathrm{r}}-D_{\mathrm{t}}+t_{\mathrm{c}} \tag{10.27}$$

则信号的码相位估计值为

$$\hat{\tau}=\mathrm{mod}(2\,046\times(t_{\mathrm{r}}-D_{\mathrm{t}}+t_{\mathrm{c}})\times 1\,000,2\,046) \tag{10.28}$$

式中：卫星钟差修正 t_{c} 由卫星星历提供；信号传播时间 $D_{\mathrm{t}}=\mathrm{norm}(\boldsymbol{P}_{\mathrm{rec}}-\boldsymbol{P}_{\mathrm{sv}})/c$，其中 $\boldsymbol{P}_{\mathrm{rec}}$ 与 $\boldsymbol{P}_{\mathrm{sv}}$ 分别为载体与卫星的位置，c 为光速。

码相位估计误差的方差可表示为

$$\sigma_{\tau}^{2}=4\sigma_{\mathrm{pos}}^{2}\cos^{2}(\varphi_{\mathrm{el}})+\sigma_{\mathrm{time}}^{2} \tag{10.29}$$

式中：σ_{pos}^2 为 SINS 位置误差的方差；φ_{el} 为卫星视线方向的仰角；σ_{time}^2 表示时间不确定度引起的码相位误差的方差。σ_τ 用于判断粗捕获状态，如果粗捕获的码相位估计值落入 $\hat{\tau}\pm\sigma_\tau$ 范围内，则认为粗捕获成功。

由于北斗 B1I 信号伪码的周期为 1 ms，因此只有当由 SINS 位置和本地时间预测得到的码相位精度小于 1 ms 时，对码相位的搜索不确定度才能保持在一个码周期之内，否则 SINS 辅助码相位捕获就没有意义。通常一个短期稳定度为 10^{-10} 的石英晶体振荡器，在信号中断 30 min 后所引起的码相位预测误差约为 54 m。若考虑到信号中断前组合导航滤波器可以对接收机时钟漂移进行估计和补偿，则由时钟误差引入的码相位预测误差会更小，对码相位捕获的影响可以忽略。可见，码相位的估计误差取决于 SINS 的位置估计误差。

在信号中断后，SINS 输出的导航信息除了可以用于缩短 GNSS 信号的重捕时间外，还可以实现信号短暂中断时的跟踪保持。如果由 SINS 位置信息估计的视线距离误差小于半个码片，此时码相位的跟踪误差将处于码环的牵引范围之内，则可实现码相位的瞬时重捕；同样，如果将 SINS 估计的频率误差限制在载波环的捕获带之内，则可以实现对载波频率的瞬时重捕。如果能够实现跟踪保持，则无需对信号进行重捕获，这种技术在信号中断频繁但持续时间较短的应用场合（如城市车辆导航方面）有极大优势。在军事上采用基于高性能 IMU 的 SINS/GNSS 超紧组合导航系统，通过 SINS 的高精度导航能力，实现跟踪保持的可能性也较大，这对缩短跟踪环的重新锁定时间具有重要意义。

10.4　SINS 辅助 GNSS 信号跟踪方法

SINS 辅助 GNSS 信号跟踪是 SINS/GNSS 超紧组合导航系统的核心环节。利用 SINS 提供的速度信息辅助载波环和码环，不仅可以提高 GNSS 接收机对信号的动态跟踪性能，还能减小信号跟踪环路的带宽，以达到抑制噪声和信号干扰的目的，从而增强接收机在高动态、强干扰等恶劣环境中的鲁棒性。

10.4.1　SINS 辅助载波环跟踪方法

在高动态环境中，载体动态会使 GNSS 信号产生较大的多普勒频移。当多普勒频移足够大时，接收机的载波跟踪环路便无法保持锁定，致使载波跟踪环路失锁。由于载波跟踪环路可以提供精确的伪距率测量信息，因此，在载波跟踪环路失锁后，接收机就无法解算得到与伪距率相对应的速度信息。另外，载波跟踪环路失锁还会使本地载波无法准确跟踪输入信号的载波频率，从而无法为码环的输入信号剥离载波，致使导航电文数据无法恢复，最终导致 GNSS 接收机难以独立获得导航参数。因此，为了保证 SINS/GNSS 组合导航系统的可靠性，SINS/GNSS 超紧组合通过引入 SINS 辅助信息，来提高 GNSS 接收机载波跟踪环路的动态跟踪性能和抗干扰能力。

1.SINS 辅助 PLL 实现方法

载波锁相环（PLL）是 GNSS 接收机的薄弱环节，它受载体动态引起的多普勒频移影响较大。当多普勒频移超出捕获带时，就会导致载波跟踪失锁。而SINS速度信息的辅助能够有效地增大环路等效带宽，消除载体动态对PLL的影响，从而增强环路的动态跟踪能力，降低环路的失锁概率。除动态性能外，测量误差也是影响PLL跟踪性能的重要因素。PLL的主要误差源是热噪声和动态应力误差。当设置环路带宽时，在抑制热噪声和动态应力误差之间存在矛盾，减小环路带宽会降低热噪声，但同时也会导致动态应力误差增大。而加入SINS辅助信息则可有效地解决上述矛盾：一方面，SINS辅助信息的引入能够增加环路等效带宽，从而降低动态应力误差；另一方面，在保证PLL动态跟踪范围的同时，能够降低PLL中环路滤波器的实际带宽，从而达到抑制热噪声的目的。

SINS/GNSS超紧组合导航系统中的SINS辅助PLL结构如图10.6所示，其中包括信息融合及辅助和载波跟踪两个回路。在信息融合及辅助回路中，组合系统利用组合导航滤波器对SINS和GNSS接收机的导航信息进行融合，并根据校正后的SINS导航参数计算载波多普勒频移。将计算得到的载波多普勒频移与组合导航滤波器估计得到的振荡器频率偏差作和，作为PLL辅助信息，以增大环路等效带宽，去除载体动态对PLL的影响；而在载波跟踪回路中，NCO根据环路滤波器的输出和SINS辅助频率，调节本地载波频率，使PLL只须跟踪剩余的频率辅助误差。另外，PLL通过降低环路滤波器带宽以抑制环路噪声，从而提高跟踪精度。

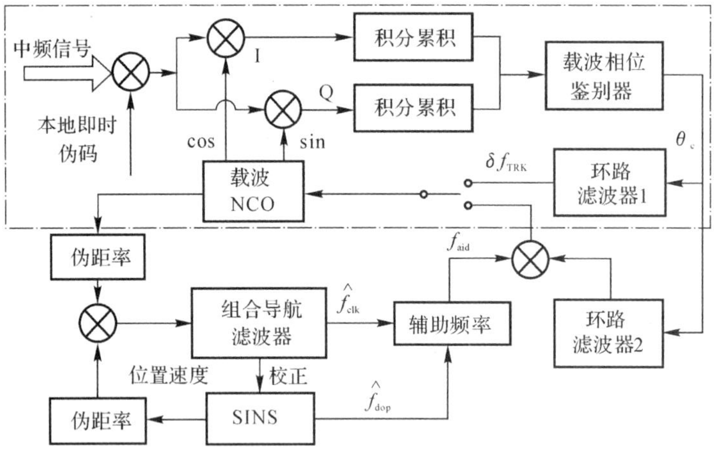

图10.6 SINS辅助PLL结构

在SINS/GNSS超紧组合导航系统开始工作后，由于SINS具有一定的误差，需要先利用GNSS接收机的输出信息来校正SINS误差，而当SINS的导航参数达到一定精度时，才能为GNSS接收机的PLL提供频率辅助。在载波跟踪环路中，常规PLL与超紧组合PLL之间的切换可以通过转换开关来实现。当组合系统能够得到精确可靠的多普勒频移和接收机的钟频误差估计信息时，跟踪环路就可以从常规的环路滤波器支路切换到超紧组合支路。超紧组合支路中包含外部辅助信息以及新的环路滤波器。外部辅助信息包括多普勒频移和接收机的钟频误差估计信息，而新的环路滤波器则根据PLL的跟踪需求设置相应的带宽。

2.PLL误差分析与处理

如图10.7所示，SINS速度辅助信息的引入会导致载波环的相位误差、频率误差等量测信息与 SINS 误差状态相关。如果忽略了量测信息与状态变量之间的这种相关性，将可能导致系统不稳定。因此，为消除这种相关性，需要对 PLL 跟踪误差进行建模，将 PLL 相位和频率误差扩充为状态变量，进而利用组合导航滤波器对其进行估计。

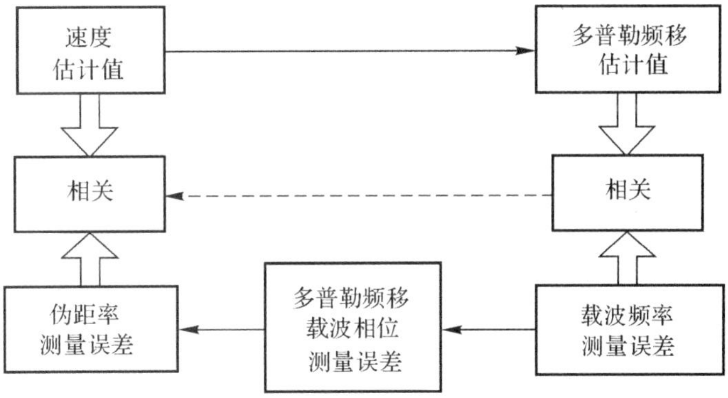

图 10.7 载波环量测信息与 SINS 辅助信息之间的关系

设第 i 颗卫星在地心地固坐标系(e 系)中的位置、速度分别为 $\boldsymbol{X}_s^e$、$\boldsymbol{V}_s^e$，接收机的位置、速度分别为 $\boldsymbol{X}_r^e$、$\boldsymbol{V}_r^e$，$\boldsymbol{L}_i$ 为卫星和接收机视线方向上的单位矢量，则 SINS 辅助速度为

$$\boldsymbol{V}_{\mathrm{aid}}=\frac{(\boldsymbol{X}_s^e-\boldsymbol{X}_r^e)(\boldsymbol{V}_s^e-\boldsymbol{V}_r^e)}{\|\boldsymbol{X}_s^e-\boldsymbol{X}_r^e\|}=(\boldsymbol{V}_s^e-\boldsymbol{V}_r^e)\cdot\boldsymbol{L}_i \tag{10.30}$$

由此，可以得到 SINS 对 PLL 的多普勒辅助频率为

$$f_{\mathrm{aid}}=-\frac{f_{\mathrm{carr}}}{c}\cdot\boldsymbol{V}_{\mathrm{aid}}=-\frac{f_{\mathrm{carr}}}{c}(\boldsymbol{V}_s^e-\boldsymbol{V}_r^e)\cdot\boldsymbol{L}_i \tag{10.31}$$

式中：f_{carr} 为 GNSS 信号的载波频率。

以发射点惯性系(li 系)为导航坐标系，则由 SINS 误差引起的速度辅助误差可表示为

$$\delta\boldsymbol{V}_{\mathrm{aid}}=\delta\boldsymbol{V}^e\cdot\boldsymbol{L}_i=\boldsymbol{L}_i^{\mathrm{T}}(\boldsymbol{C}_{\mathrm{li}}^e\delta\boldsymbol{V}^{\mathrm{li}}-\boldsymbol{C}_i^e\boldsymbol{W}_e\boldsymbol{C}_{\mathrm{li}}^i\delta\boldsymbol{X}^{\mathrm{li}}) \tag{10.32}$$

再将速度辅助误差转化为多普勒辅助频率误差，则

$$\delta f_{\mathrm{aid}}=-\frac{f_{\mathrm{carr}}}{c}\cdot\boldsymbol{L}_i^{\mathrm{T}}(\boldsymbol{C}_{\mathrm{li}}^e\delta\boldsymbol{V}^{\mathrm{li}}-\boldsymbol{C}_i^e\boldsymbol{W}_e\boldsymbol{C}_{\mathrm{li}}^i\delta\boldsymbol{X}^{\mathrm{li}}) \tag{10.33}$$

式中：$\delta\boldsymbol{X}^{\mathrm{li}}$、$\delta\boldsymbol{V}^{\mathrm{li}}$ 分别为 SINS 的位置、速度误差；$\boldsymbol{C}_{\mathrm{li}}^e$、$\boldsymbol{C}_i^e$、$\boldsymbol{C}_{\mathrm{li}}^i$ 分别为发射点惯性坐标系到地球坐标系、地心惯性坐标系(i 系)到地球坐标系、发射点惯性坐标系到地心惯性坐标系的转换矩阵；$\boldsymbol{W}_e$ 为地球自转角速度矢量在地球坐标系中的叉乘矩阵。

在 GNSS 接收机中，信号跟踪环路的基本实现形式是锁相环。对于基本载波环而言，通常选取二阶 Costas 锁相环，其复频域结构如图 10.8 所示。图中，θ 为输入信号的载波相位，$\hat{\theta}$ 为本地载波相位，$\delta\theta$ 为本地载波与输入信号之间的相位差，K_{PLL} 为环路增益(包括鉴相器增益和数控振荡器增益)，环路低通滤波器的复频域表达式为

$$F(s)=\frac{T_2 s+1}{T_1 s} \tag{10.34}$$

式中：T_1、T_2 为环路滤波器参数。

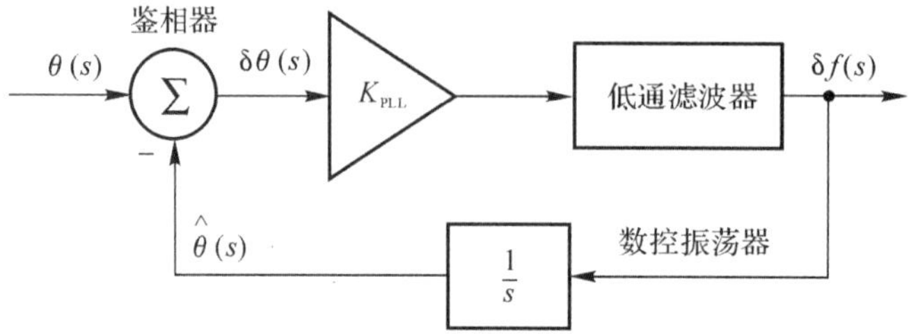

图 10.8 基本载波环的复频域结构

假设载波锁相环处于锁定状态，那么载波相位误差就会落入鉴相器的线性工作区间内，则鉴相器输出的相位误差 $\delta\theta$ 可表示为

$$\delta\theta(s)=\theta(s)-\hat{\theta}(s) \tag{10.35}$$

将鉴相器输出的相位误差输入低通滤波器，其复频域输出为

$$\delta f(s)=K_{\mathrm{PLL}}\frac{2\pi T_2 s+1}{T_1 s}\delta\theta(s) \tag{10.36}$$

将复频域输出表达式(10.36)转化为时域形式，则有

$$\delta\dot{f}=K_{\mathrm{PLL}}\frac{2\pi T_2\delta\dot{\theta}+\delta\theta}{T_1} \tag{10.37}$$

将环路低通滤波器输出的频率跟踪误差 δf 输入到载波 NCO 中，载波 NCO 便会对载波基准频率 f_0 进行相应的调整，并对其进行积分，即可得到本地载波相位 $\hat{\theta}$ 。其实现过程可简化为

$$\hat{\theta}=\int_0^{T_{\mathrm{coh}}}2\pi(f_0+\delta f)\mathrm{d}t=\int_0^{T_{\mathrm{coh}}}2\pi\hat{f}\mathrm{d}t \tag{10.38}$$

式中：T_{coh} 为预检测积分时间。

在载波环中引入 SINS 频率辅助信息后，其结构如图 10.9 所示。

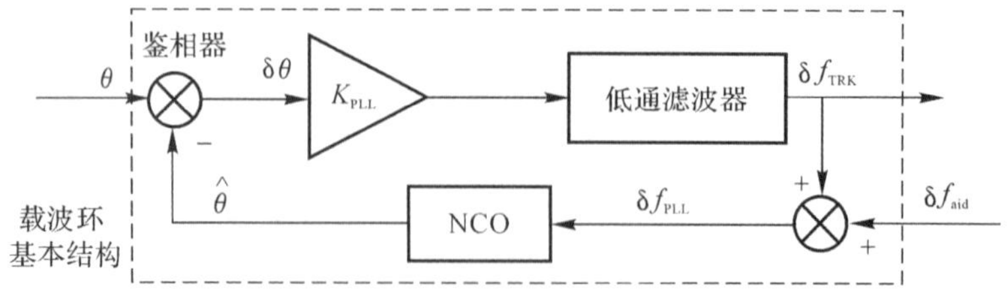

图 10.9 SINS 辅助载波环的结构

在基本的载波跟踪环中，频率跟踪误差就是环路滤波器的输出值；而在引入 SINS 辅助信息的载波环中，PLL 频率误差 δf_{PLL} 则为环路滤波器的输出 δf_{TRK} 与 SINS 辅助频率误差 δf_{aid} 之和，即

$$\delta f_{\mathrm{PLL}} = \delta f_{\mathrm{TRK}} + \delta f_{\mathrm{aid}} \tag{10.39}$$

根据 PLL 相位跟踪误差与频率跟踪误差之间的转换关系，并将基本载波环误差模型表达式(10.37)中的 δf 用 δf_{TRK} 代替，即可得到引入 SINS 辅助信息的载波环跟踪误差方程：

$$\left.\begin{aligned} \delta\dot{\theta} &= 2\pi(\delta f_{\mathrm{TRK}} + \delta f_{\mathrm{aid}}) \\ \delta\dot{f}_{\mathrm{TRK}} &= \left[2\pi\frac{T_2}{T_1}(\delta f_{\mathrm{TRK}} + \delta f_{\mathrm{aid}}) + \frac{\delta\theta}{T_1}\right]K_{\mathrm{PLL}} \end{aligned}\right\} \tag{10.40}$$

这样，将 PLL 跟踪误差 $\delta\theta$、δf_{TRK} 扩充为组合导航滤波器的状态变量，并从伪距率误差中去除 PLL 跟踪误差的影响，以提高量测信息的准确度，从而使组合导航滤波器能够得到更为准确的误差估计信息。可见，PLL 跟踪误差的引入能够提高组合导航滤波器的估计精度。

另外，将组合导航滤波器输出的 PLL 跟踪误差估计值反馈到载波 NCO 中，并对载波频率进行调整，还可以提高 PLL 的跟踪精度。

10.4.2 SINS 辅助码环跟踪方法

在 GNSS 接收机中，伪码延迟锁定环(DLL)的作用是跟踪 GNSS 信号中的伪码。对于 DLL 而言，除了生成即时码对输入信号进行码混频外，还可以根据本地伪码的相位参数确定接收机与卫星之间的伪距，用来解算接收机的位置。为了保证组合导航系统的可靠性和稳定性，防止在恶劣环境下载波环工作性能下降对码环造成污染，在 SINS/GNSS 超紧组合系统中，设计了两条辅助路径为码环提供辅助，这两条路径之间利用转换开关进行切换，判断标准为载波环是否失锁。如果载波环正常工作，那么利用载波环对码环进行辅助；如果载波环出于干扰或其他原因发生异常甚至失锁，则将载波环对码环的辅助通道断开，利用 SINS 提供的辅助信息去除码环的动态应力。

1.基于速率辅助的 DLL

在 SINS/GNSS 超紧组合导航系统中，为了充分利用载波跟踪环路提供的辅助信息，伪码跟踪环路采用了一种 DLL 的扩展结构——基于速率辅助的 DLL。基于速率辅助 DLL 的基本原理是利用噪声量级较低的 PLL 频率估计信息来辅助伪码跟踪环路，其结构如图 10.10 所示。

在伪码跟踪环路中，误差信号是经同相、正交载波信号混频后得到的超前、滞后伪码的归一化功率差，也就是码相位鉴别器输出的码相位误差。DLL 中本地伪码发生器产生的即时码作为 PLL 的输入，用于剥离输入信号中的伪码。PLL 环路滤波器输出的载波辅助频率 f_{PLL} 经过比例因子 K_{CDLL} 的转换后，得到辅助 DLL 的码速率，用于维持 DLL 锁定。与此同时，可以降低 DLL 的环路带宽，从而提高码跟踪环路的抗干扰能力。但是，闭环结构的 DLL 仍需跟踪由载波辅助误差所导致的变化缓慢且不可预测的漂移误差。此外，在 GNSS 信号短暂中断的情况下，只要外部的载波辅助频率没有中断，并且载波跟踪与伪码跟踪没有出现明显的分离,那么基于速率辅助的 DLL 仍能提供有效的即时码。

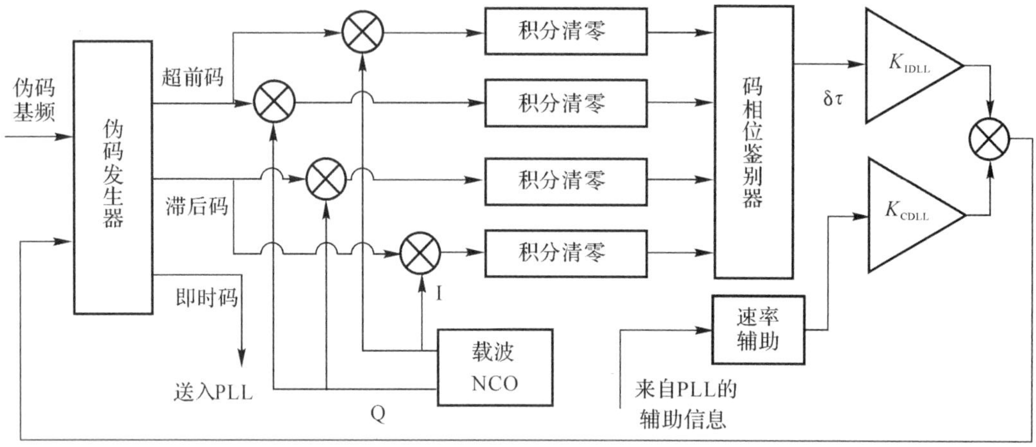

图 10.10　基于速率辅助的 DLL 结构

2.SINS 辅助 DLL 实现方法

在载体机动及噪声干扰环境中,码跟踪误差是衡量环路抗干扰性能的重要指标。当使用标准的超前滞后归一化包络鉴别器作为码跟踪环的鉴相器时,码跟踪误差的容限是正负一个码片。当码跟踪误差超过容限时,鉴相器便无法为环路提供有效的误差鉴别信息,从而导致跟踪环路失锁,因此,减小码跟踪误差将降低环路失锁概率。在高动态、强干扰环境中,SINS/GNSS 超紧组合导航系统利用 GNSS 接收机校正 SINS 的累积误差,同时利用 SINS 辅助 GNSS 接收机码环,以提高码环的动态跟踪性能与抗干扰能力。

SINS 辅助码环的结构如图 10.11 所示,经组合导航滤波器校正后的 SINS 速度信息(转换成伪距率信息)与码环的环路滤波器输出量相加,形成环路 NCO 的驱动信号,使码环只跟踪剩余的 SINS 辅助误差。

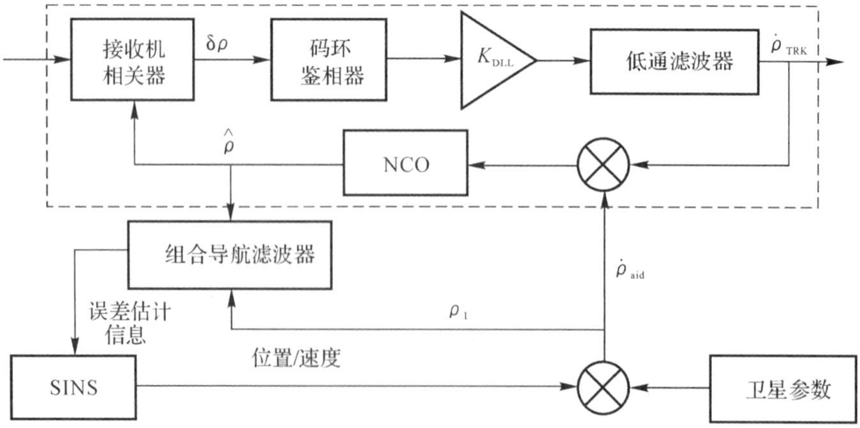

图 10.11　SINS 辅助码环结构

SINS 辅助码环的结构实质上是一个处理接收机信息的低通滤波器与一个处理 SINS 信息的高通滤波器的结合。当码环带宽降低时,受辅助环路的伪距信息主要来自 SINS 辅助速度的积分，同时环路会产生一个伪距估计值 $\hat{\rho}$ 。在环路增益 K_{DLL} 为零的极限情况下，环路的伪距估计值完全取决于 SINS 辅助信息。在包含组合导航滤波器的辅助环路中，伪距估计值用于闭合码环，同时输入组合导航滤波器中作为量测信息。组合导航滤波器对 SINS 和 GNSS 接收机的伪距信息进行融合后，得到 SINS 的导航误差估计值，并对 SINS 导航参数进行校正。利用校正后的 SINS 速度参数与卫星的位置、速度信息，计算得到卫星和接收机之间的径向速度，从而为码环提供辅助信息。在 SINS 辅助码环结构中存在两个环路：第一个环路即码环，通过环路增益及噪声带宽闭合；第二个环路即 SINS 辅助环路，通过组合导航滤波器闭合。

组合导航滤波器适用于处理与状态变量不相关的量测信息。然而，在 SINS 辅助码环跟踪结构中，由于 SINS 辅助速度误差会产生码环跟踪误差，从而导致伪距测量误差和 SINS 速度误差相关，因此组合导航滤波器所处理的是与状态变量相关的量测信息。如果忽略这种相关性，则可能导致系统不稳定。为减小由 SINS 速度辅助误差引起的伪距测量误差，在 SINS/GNSS 超紧组合导航系统中需要考虑伪距测量误差和 SINS 速度误差之间的相关性，将伪距测量误差（即码环跟踪误差）扩充为状态变量，引入组合导航滤波器中。这样，便可消除伪距测量误差与 SINS 速度误差之间的相关性，有助于提高 SINS 速度辅助信号跟踪的精度，并减小码环跟踪误差，从而避免码环失锁，使组合导航系统能稳定地工作，并提高组合导航系统的导航精度。SINS 辅助一阶码环的结构如图 10.12 所示。

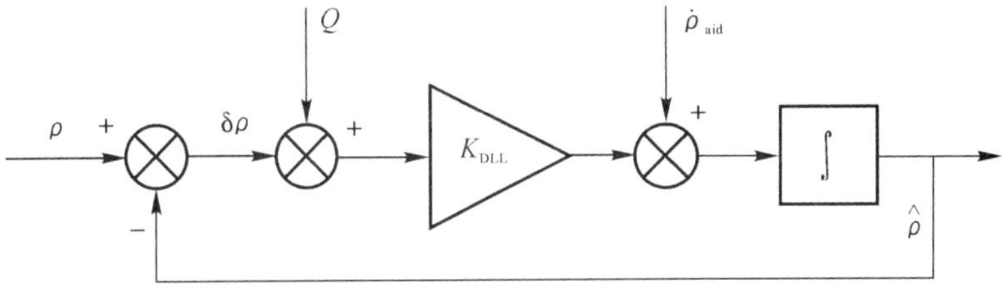

图 10.12　SINS 辅助一阶码环的结构

码环的跟踪误差方程可以表示为

$$\delta\dot{\rho}_{\mathrm{DLL}} = -K_{\mathrm{DLL}}\delta\rho_{\mathrm{DLL}} + \delta V_{\mathrm{aid}} + K_{\mathrm{DLL}}Q \tag{10.41}$$

式中：$\delta\rho_{\mathrm{DLL}}$ 为伪距测量误差；K_{DLL} 为码环增益；Q 为由热噪声及干扰等引起的驱动噪声。

10.5　SINS 辅助 GNSS 信号跟踪性能分析

在 GNSS 接收机中，载体的动态会导致接收机跟踪环路产生动态应力误差，甚至会发生失锁现象。为了减小动态应力误差，提高环路的动态跟踪性能，要求环路具有足够大的带宽，但是带宽的增加又会影响跟踪环路的抗干扰性能。而利用 SINS 的速度信息辅助接收机的跟踪环路，则能够有效解决动态跟踪性能与抗干扰能力之间的矛盾。

经过组合导航滤波器校正后的 SINS 速度输出值，作为辅助信息传递给 GNSS 接收机的跟踪环路，可以提高跟踪环路的性能。GNSS 跟踪环路具有以下功能：通过环路滤波使噪声影响显著降低；跟踪载体运动的动态范围；跟踪接收机振荡器的动态范围。SINS 辅助信息的应用有效地解决了跟踪环路的第二个功能需求，使跟踪环路的动态范围显著减小，从而使信号跟踪能够在更低的信噪比条件下进行。

10.5.1 跟踪环路结构

在 GNSS 接收机中，码跟踪环选用延迟锁相环，而载波跟踪环则选用 Costas 锁相环，两种环路都可以等效为图 10.13 的形式。而为了研究 SINS 辅助情况下环路的跟踪特性，将 SINS 辅助下的跟踪环路等效为图 10.14 的形式。图中的 A 表示 GNSS 接收机在卫星视线方向上的运动加速度，$(1-k)/(\tau s+1)$ 表示由 SINS 速度辅助信息得到的接收机与卫星之间径向速度 $\dot{\rho}_{\mathrm{SINS}}$ 的误差，其中 k 为标度因数误差，τ 为滞后时间常数。

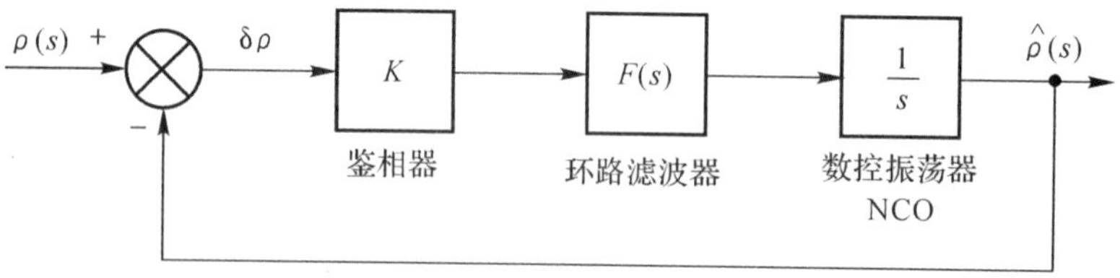

图 10.13 GNSS 接收机跟踪环路的等效结构

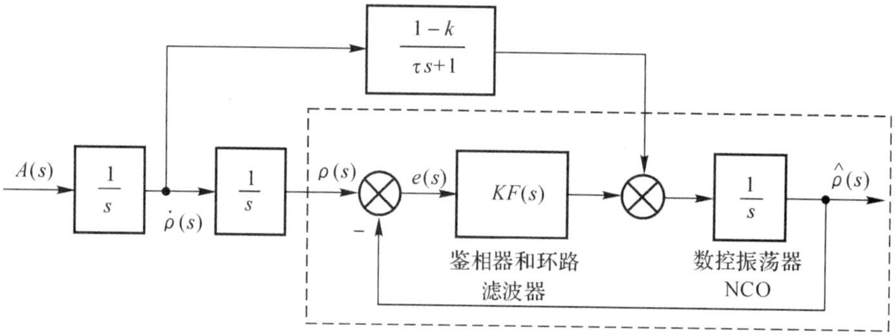

图 10.14 SINS 速度辅助下跟踪环路的等效结构

设接收机跟踪环路中环路滤波器的传递函数 $F(s)$ 为

$$F(s)=\frac{s+a}{s} \tag{10.42}$$

式中：a 为环路滤波器的参数。

NCO 可看作积分环节，则 SINS 辅助下的环路传递函数可表示为

$$H(s)=\frac{\hat{\rho}(s)}{\rho(s)}=\frac{[(1-k)+K\tau]s^2+(K+Ka\tau)s+Ka}{\tau s^3+(1+K\tau)s^2+(K+Ka\tau)s+Ka} \tag{10.43}$$

其误差传递函数为

$$H_e(s)=\frac{e(s)}{\rho(s)}=\frac{(\tau s+k)s^2}{\tau s^3+(1+K\tau)s^2+(K+Ka\tau)s+Ka} \tag{10.44}$$

式中：K 为鉴相器增益。

由式(10.43)和式(10.44)可知，当 SINS 提供的速度辅助信息不存在误差，即 $k=0$，$\tau=0$

时,有 $H(s)=1$, $H_e(s)=0$,这表明跟踪环路可以无误差地跟踪载体的任何动态,但这只是一种理想情况。在实际跟踪环路中,由于数控振荡器的不稳定,即使 SINS 能够提供精确的速度辅助信息,跟踪环路仍然会产生一定的跟踪误差。但在一定的信噪比条件下,SINS 速度辅助信息的误差越小,跟踪环路的跟踪误差也越小。

10.5.2　SINS 辅助跟踪环路的等效带宽

GNSS 接收机跟踪环路带宽的定义式为

$$B_L=\int_0^{+\infty}|H(j\omega)|^2d\omega \tag{10.45}$$

$$H(j\omega)=\frac{c_{n-1}(j\omega)^{n-1}+\cdots+c_1(j\omega)+c_0}{d_n(j\omega)^n+\cdots+d_1(j\omega)+d_0} \tag{10.46}$$

式中:n 为环路阶数。当 $n=1,2,3$ 时,环路带宽分别为

$$\left.\begin{aligned}B_{L1}&=\frac{c_0}{4d_0d_1}\\ B_{L2}&=\frac{c_1^2d_0+c_0^2d_2}{4d_0d_1d_2}\\ B_{L3}&=\frac{c_2^2d_0d_1+(c_1^2-2c_0c_2)d_0d_3+c_0^2d_2d_3}{4d_0d_3(d_1d_2-d_0d_3)}\end{aligned}\right\} \tag{10.47}$$

在无 SINS 辅助的跟踪环路中,二阶环路的传递函数为

$$F(s)=\frac{K(s+a)}{s^2+Ks+Ka} \tag{10.48}$$

由此,可以得到环路带宽为

$$B_L=\frac{K+a}{4} \tag{10.49}$$

式(10.49)表明,当跟踪环路无 SINS 信息辅助时,环路带宽只取决于鉴相器增益 K 和环路滤波器参数 a 。要想提高跟踪环路的动态跟踪性能,需要增大鉴相器增益 K 以提高环路带宽。但环路带宽的增大会导致环路噪声抑制能力变差,从而使接收机的抗干扰性能下降。

在有 SINS 辅助的跟踪环路中,由于引入了 SINS 的误差传递函数,所以系统传递函数变为三阶。根据环路带宽的定义,可以得到 SINS 辅助下跟踪环路的等效带宽为

$$B_L=\frac{c_2^2d_0d_1+(c_1^2-2c_0c_2)d_0d_3+c_0^2d_2d_3}{4d_0d_3(d_1d_2-d_0d_3)} \tag{10.50}$$

式中:$c_0=Ka$,$c_1=K+Ka\tau$,$c_2=1-k+K\tau$,$d_0=Ka$,$d_1=K+Ka\tau$,$d_2=1+K\tau$,$d_3=\tau$ 。

表 10.2 为 SINS 辅助跟踪环路的等效带宽。可以发现,在环路滤波器参数相同的前提下,有 SINS 信息辅助跟踪环路的等效带宽要远远大于无辅助环路的实际带宽。当载体动态情况一定时,跟踪环路所需的带宽范围便可以确定,那么无 SINS 信息辅助的跟踪环路需要增大鉴相器增益 K ,以达到所需的环路带宽,但这同时会引入更多的环路热噪声,从而使

环路的噪声抑制性能下降;而有 SINS 信息辅助的跟踪环路,可以在 SINS 辅助信息的基础上增大环路等效带宽,以满足动态跟踪的需求,同时能够保持较低的环路滤波器带宽,以提高环路的噪声抑制能力。综上所述,有 SINS 信息辅助的跟踪环路既能够满足载体动态性较大时的跟踪带宽要求,又能保证环路滤波器带宽足够小,从而很好地解决了噪声抑制能力和动态跟踪性能之间的矛盾。

表 10.2　SINS 辅助跟踪环路等效带宽

参数设置	$K=10$, $a=0.01$ $k=0.001$, $\tau=0.001$	$K=1\ 018$, $a=0.01$ $k=0.001$, $\tau=0.001$	$K=10$, $a=0.01$ $k=0.001$, $\tau=0.000\ 1$
无 SINS 辅助	2.5 Hz	254 Hz	2.5 Hz
有 SINS 辅助	254 Hz	630 Hz	2 500 Hz

图 10.15 和图 10.16 分别为 SINS 辅助下跟踪环路的等效带宽随标度因数误差 k 和滞后时间常数 τ 的变化曲线。当 $K=20$、$a=0.01$ 时,环路滤波器的实际带宽为 5 Hz,此时若标度因数误差 k 和滞后时间常数 τ 均为 0.001(对应的 SINS 速度误差为 0.5 m/s),那么有 SINS 信息辅助跟踪环路的等效带宽约为 260 Hz,是无 SINS 辅助环路带宽的 52 倍。从图中可以看出,跟踪环路的等效带宽随滞后时间常数 τ 和标度因数误差 k 的增大而减小,其中滞后时间常数 τ 对等效带宽的影响尤为明显。当 $k=0.001$,而 τ 增大到 0.01 时,跟踪环路的等效带宽迅速衰减到 34 Hz。可见,在利用 SINS 速度信息对跟踪环路进行辅助时,需要保证滞后时间常数 τ 小于 0.001 s。

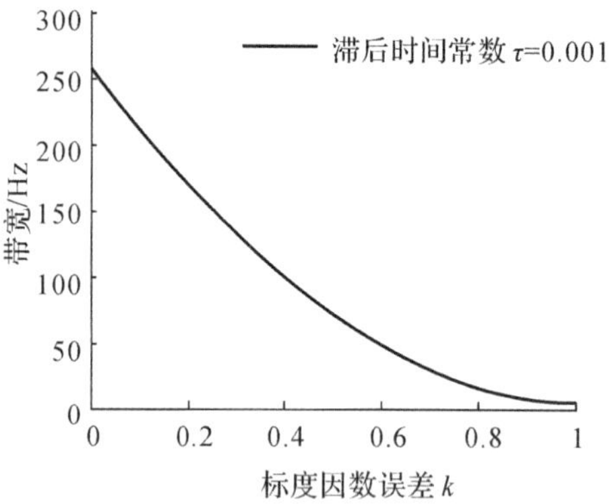

图 10.15　等效带宽与标度因数误差的关系

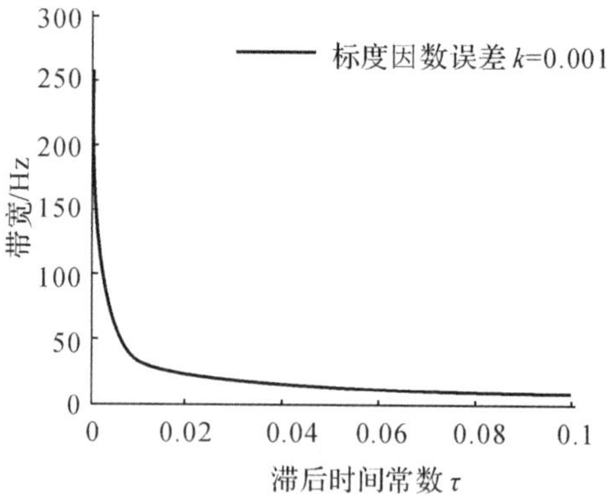

图 10.16　等效带宽与滞后时间常数的关系

10.5.3　SINS 辅助跟踪环路的跟踪误差

当跟踪环路处于跟踪锁定状态时,环路中的鉴相器可近似视为线性元件,因而对跟踪环路性能的分析可采用线性系统的分析方法。对跟踪环路性能的要求主要有两个:一个是稳态误差尽量小,另一个是过渡时间尽量短。

1.稳态误差

在无 SINS 信息辅助的情况下,二阶跟踪环路的误差传递函数为

$$H_e(s)=\frac{e(s)}{\rho(s)}=\frac{s^2}{s^2+Ks+Ka} \tag{10.51}$$

载体与卫星之间的伪距可表示为

$$\left.\begin{aligned}\rho(t)&=\rho_0+\dot{\rho}t+At^2/2\\ \rho(s)&=\rho_0/s+\rho/s^2+A/s^3\end{aligned}\right\} \tag{10.52}$$

稳态误差为

$$e_s=\frac{A}{Ka} \tag{10.53}$$

式中：A 表示载体在卫星视线方向上的加速度。

可见，采用理想积分滤波器的二阶跟踪环路，其稳态误差与载体在卫星视线方向上的加速度 A 成正比，即当载体沿卫星视线方向作加速运动时，二阶跟踪环路会产生稳态跟踪误差。此时，通过增加鉴相器增益 K 可以减小稳态误差。

在二阶跟踪环路采用 SINS 信息辅助后，跟踪环路的误差传递函数为

$$H_e=\frac{e(s)}{\rho(s)}=\frac{(\tau s+k)s^2}{\tau s^3+(1+K\tau)s^2+(K+Ka\tau)s+Ka} \tag{10.54}$$

当 SINS 提供的辅助信息不存在误差，即 $k=0$，$\tau=0$ 时，有 $H_e(s)=0$，$e_s=0$。在这种理想条件下，无论载体作何种加速运动，跟踪环路都不会产生稳态跟踪误差。而在实际情况中，k 和 τ 都不为零，此时跟踪环路的稳态误差为

$$e_s=\frac{kA}{Ka} \tag{10.55}$$

通过比较 SINS 辅助前后跟踪环路的稳态误差表达式(10.53)和式(10.55)可知，跟踪环路在 SINS 信息的辅助下，其稳态误差为无 SINS 辅助跟踪环路的 k 倍。因此，当 $k=0.001$ 时，跟踪环路的稳态误差是无 SINS 辅助情况下的 1/1 000。

2.过渡时间

由无 SINS 辅助的跟踪环路传递函数表达式(10.48)，可得到跟踪环路的动态方程：

$$\left.\begin{aligned}\dot{x}_1&=x_2\\ \dot{x}_2&=-Kax_1-Kx_2+u\\ y&=Kax_1+Kx_2\end{aligned}\right\} \tag{10.56}$$

而 SINS 辅助后跟踪环路的动态方程为

$$\left.\begin{aligned}\dot{x}_1&=x_2\\ \dot{x}_2&=x_3\\ \dot{x}_3&=[-Kax_1-(K\tau a+K)x_2-(1+K\tau)x_3]/\tau+u\\ y&=[Kax_1+(K\tau a+K)x_2+(1-k+K\tau)x_3]/\tau\end{aligned}\right\} \tag{10.57}$$

当 $K=20$，$a=10$ 时，在标度因数误差 k、滞后时间常数 τ 不同取值条件下的阶跃响应分别如图 10.17 和图 10.18 所示。

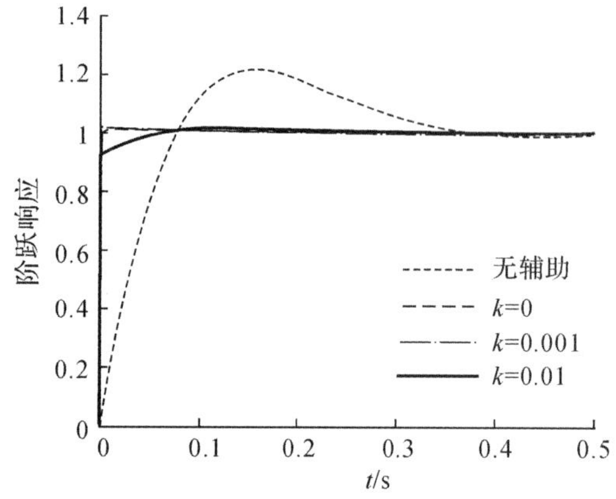

图 10.17 标度因数误差不同取值条件下的阶跃响应

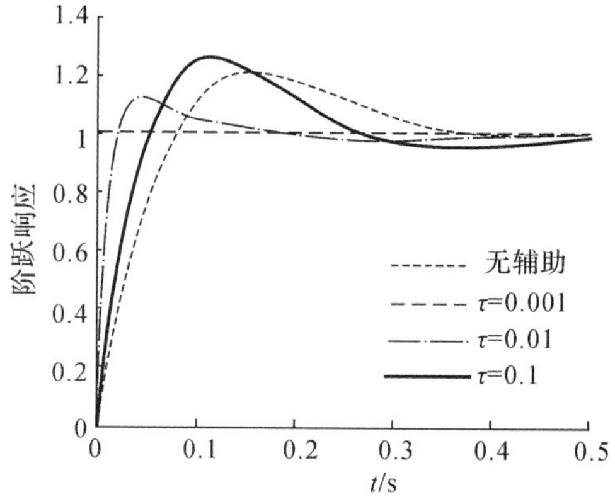

图 10.18 滞后时间常数不同取值条件下的阶跃响应

可以看出，SINS 辅助能够有效地缩短跟踪环路的过渡时间，使系统的快速性和稳定性都得到提高。在不同的 k、τ 取值条件下，系统的阶跃响应情况也不一样，k、τ 的取值越小，系统的过渡时间越短。若选择 $\pm 2\%$ 的误差带，则在无 SINS 辅助的情况下，跟踪环路的过渡时间约为 0.35 s；而在 SINS 提供辅助信息的情况下，当 $k=0.001$、$\tau=0.001$ 时，跟踪环路的过渡时间约为 0.003 3 s，这表明在 SINS 提供辅助信息时跟踪环路的过渡时间仅为无 SINS 辅助情况下跟踪环路的 1/100。

10.5.4 SINS 辅助跟踪环路的抗干扰能力

1.测量误差与跟踪门限

GNSS 测量误差与跟踪门限是紧密联系的，当测量误差超过一定界限时，就可以判断出 GNSS 接收机的跟踪环路失锁。因此，可采用基于跟踪环路测量误差的预报公式，对跟踪环路的主要误差源进行分析。

(1) 载波跟踪环路测量误差。GNSS 接收机载波跟踪环路(PLL)中主要的相位测量误差源为相位颤动和载体动态引入的误差。跟踪门限的经验判断方法是：跟踪误差的 3σ 相位颤动不能超过 PLL 鉴相器相位牵引范围的 1/4。在相干解调时，由于信号中有调制的导航电文数据，因此必须使用 PLL 二象限反正切载波相位鉴别器，该鉴别器的线性牵引范围为 180°，其 3σ 经验门限值为 45°。因此，相干解调时，PLL 经验门限可以表示为

$$3\sigma_{\mathrm{PLL}}=3\sigma_{\mathrm{j}}+\theta_{\mathrm{e}}\leqslant 45^{\circ} \tag{10.58}$$

式中：θ_{e} 为 PLL 的动态应力误差；σ_{j} 为除动态应力误差外的其他误差源造成的 1σ 相位颤动，主要包括热噪声、振荡器噪声(振动和 Allan 方差引起的相位颤动)等。

进一步，可以得到相干解调 PLL 跟踪门限的 1σ 经验值为

$$\sigma_{\mathrm{PLL}}=\sqrt{\sigma_{\mathrm{tPLL}}^{2}+\sigma_{\mathrm{v}}^{2}+\theta_{\mathrm{A}}^{2}}+\frac{\theta_{\mathrm{e}}}{3}\leqslant 15^{\circ} \tag{10.59}$$

式中：σ_{tPLL} 为热噪声引起的 1σ 相位颤动；σ_{v} 为由振动引起的 1σ 振荡器颤动；θ_{A} 表示由 Allan 方差引起的振荡器颤动。

作为载波跟踪环路主要的误差源，热噪声引起的 1σ 相位颤动可以表示为

$$\sigma_{\mathrm{tPLL}}=\frac{360}{2\pi}\sqrt{\frac{B_{\mathrm{n}}}{C/N_0}\left[1+\frac{1}{2T_{\mathrm{coh}}(C/N_0)}\right]} \tag{10.60}$$

式中：σ_{tPLL} 的单位为度(°)；B_{n} 为载波跟踪环路的噪声带宽；C/N_0 为载噪比；T_{coh} 为相干累积时间。

式(10.60)表明，PLL 的热噪声与载噪比 C/N_0、噪声带宽 B_{n} 以及相干累积时间 T_{coh} 均有关。载噪比为信号功率与噪声功率谱密度的比值，是影响接收机性能的重要因素。如果载噪比增加，热噪声就会减小。另外，降低环路噪声带宽或者增加相干累积时间，都会减小热噪声的影响。因此，为了提高载波跟踪环路的抗干扰能力，可以在 SINS 提供辅助的基础上，降低载波跟踪环路的噪声带宽，从而抑制环路热噪声的影响。

图 10.19 描述了当相干累积时间为 20 ms 时，不同的噪声带宽条件下，PLL 热噪声与载噪比之间的函数关系。曲线与 1σ 门限值的交点，就是相应噪声带宽条件下载波跟踪环路所能跟踪的载噪比门限值。当信号载噪比低于该门限值时，由热噪声引起的环路跟踪误差便会超过 15°，进而造成载波跟踪环路失锁。由于载波跟踪环路对动态应力误差较为敏感，所以环路带宽必须足够宽以适应这些高阶动态。通常情况下，环路阶数提高时，动态性能也会有所提升。因此，对于相同的载噪比门限值来说，增加环路阶数和减小环路带宽，可以降低环路热噪声，同时也可以改善其动态性能。

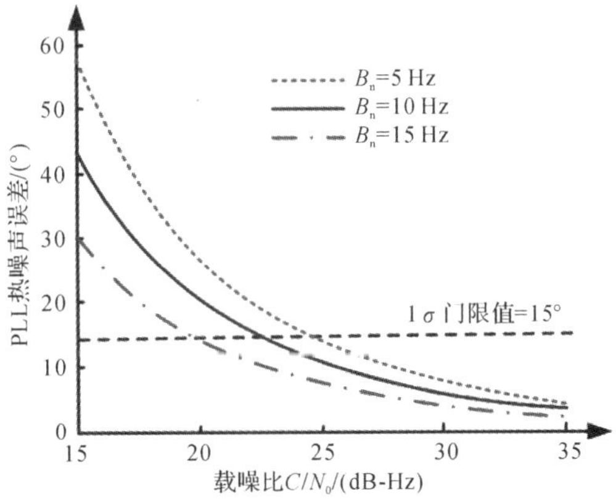

图 10.19　PLL 热噪声与载噪比、噪声带宽的关系

动态应力误差是根据系统的稳态误差得到的，它取决于载波跟踪环路的带宽与阶数。如果环路滤波器对阶跃函数的响应有过冲，那么最大应力误差可能会稍大于稳态误差。

设载波跟踪环路的阶数为 n，则其 3σ 动态应力误差可表示为

$$\theta_{\mathrm{e}}=\frac{\mathrm{d}^n R/\mathrm{d}t^n}{\omega_0^n} \tag{10.61}$$

式中：R 表示载体与卫星之间的距离；ω_0 为载波跟踪环路的固有频率。固有频率 ω_0 与噪声带宽 B_{n} 之间的关系取决于环路阶数：一阶环路 $B_{\mathrm{n}}=0.25\omega_0$，二阶环路 $B_{\mathrm{n}}=0.53\omega_0$，三阶环路 $B_{\mathrm{n}}=0.784\ 5\omega_0$。

假设一个三阶环路的噪声带宽 B_{n} 为 18 Hz，GNSS 接收机到卫星视线方向的最大加速

度为 10 g/s，则其视线加速度动态可表示为

$$\frac{d^3R}{dt^3}=\frac{10g/s\times 360°\times f_{carr}}{c}\approx 1.832\,10\times 10^5(°)/s \tag{10.62}$$

式中：f_{carr} 表示 GNSS 信号的载波频率，这里以北斗 B1I 信号为例，即 $f_{carr}=1\,561.098$ MHz。

进而，可以得到该三阶环路的 3σ 动态应力误差为

$$\theta_e=\frac{d^3R/dt^3}{\omega_0^3}=0.482\,8\frac{d^3R/dt^3}{B_n^3}\approx 15.17° \tag{10.63}$$

在分析载波跟踪环路的跟踪误差与门限值之间的关系时，动态应力误差是作为 3σ 效应叠加到热噪声相位颤动误差上的。因此，忽略其他误差源的影响，只考虑载波跟踪环路的热噪声和动态应力误差，则对于三阶 Costas 载波环来说，环路测量误差与噪声带宽以及载噪比的关系如图 10.20 所示。

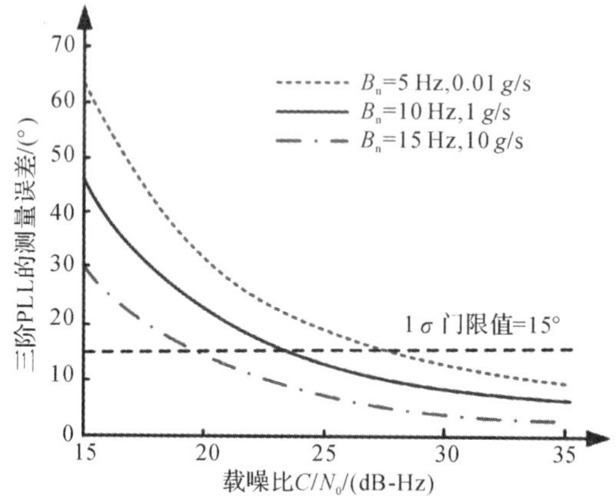

图 10.20　环路测量误差与噪声带宽以及载噪比的关系

表 10.3 给出了不同噪声带宽条件下，三阶载波跟踪环路的载噪比门限。结合图 10.19、图 10.20 和表 10.3 可以看出，载波跟踪环路的噪声带宽越窄，其 PLL 热噪声就越小，从而降低了载噪比门限值，这就限定了 GNSS 接收机载波跟踪环路能够正常跟踪信号的载噪比环境。载噪比门限值越低，则说明载波跟踪环路的噪声性能越好，即能够在较低的载噪比条件下正常工作。因此，假设无 SINS 辅助接收机载波跟踪环路的带宽为 18 Hz，而 SINS 辅助接收机载波跟踪环路的带宽为 5 Hz，则 SINS 辅助后接收机的载噪比门限值能够降低约 8 dB-Hz，即接收机的抗干扰能力得到显著提升。

表 10.3　不同噪声带宽条件下，三阶载波跟踪环路的载噪比门限

带宽/Hz	5	10	18
只考虑 σ_{tPLL} 时的载噪比门限/(dB-Hz)	19.5	22.0	24.5
考虑 σ_{tPLL} 和 θ_e 的载噪比门限/(dB-Hz)	20	24	28

(2) 码跟踪环路测量误差。GNSS 接收机码跟踪环路(DLL)中主要的误差源是热噪声相位颤动误差和动态应力误差。由于通常利用载波跟踪环路的频率信息辅助码环的跟踪，从而去除了码跟踪环路的大部分动态，所以在此不再讨论码跟踪环路的动态应力误差。

DLL 跟踪门限的经验判断方法是：由环路所有误差源造成的 3σ 误差，不能超过码相位鉴别器线性牵引范围的一半，即

$$3\sigma_{\text{DLL}} = 3\sigma_{\text{tDLL}} + D_{\text{e}} \leqslant D/2 \tag{10.64}$$

式中：σ_{tDLL} 为 1σ 热噪声相位颤动误差；D_{e} 为 DLL 的动态应力误差；D 为码相位鉴别器的相关间隔；σ_{tDLL}、D_{e}、D 的单位均为 chip。可见，若码相位鉴别器的相关间隔为 1/2 chip，则 DLL 跟踪门限（1σ）的经验值为 1/12 chip。

作为码跟踪环路主要的误差源，DLL 的热噪声相位颤动误差计算公式可表示为

$$\sigma_{\text{tDLL}} = \sqrt{\frac{B_{\text{n}}}{2C/N_0} \frac{f_{\text{code}}}{B_{\text{fe}}}\left[1 + \frac{1}{T_{\text{coh}}(C/N_0)}\right]} \tag{10.65}$$

式中：B_{n} 为码跟踪环路的噪声带宽；C/N_0 为载噪比；f_{code} 为伪码速率；B_{fe} 为 GNSS 接收机的前端带宽；T_{coh} 为相干累积时间。

载波环辅助的码跟踪环路，其环路滤波器为一阶滤波器，并且工作在窄带情况下，相干累积时间为 20 ms，环路中的超前滞后码相关器的相关间隔为 1/2 chip。对于 3 个不同的噪声带宽（$B_{\text{n}}=0.5$ Hz，$B_{\text{n}}=1$ Hz，$B_{\text{n}}=2$ Hz），码跟踪环路的测量误差随载噪比和噪声带宽的变化情况如图 10.21 所示。可以看出，码跟踪环路的噪声带宽越窄，其测量误差就越小，从而降低了载噪比门限值。而载噪比门限值越低，则说明码跟踪环路的噪声抑制性能越好，即能够在较低的载噪比条件下工作。可见，通过降低码跟踪环路的噪声带宽可以提高其抗干扰能力。

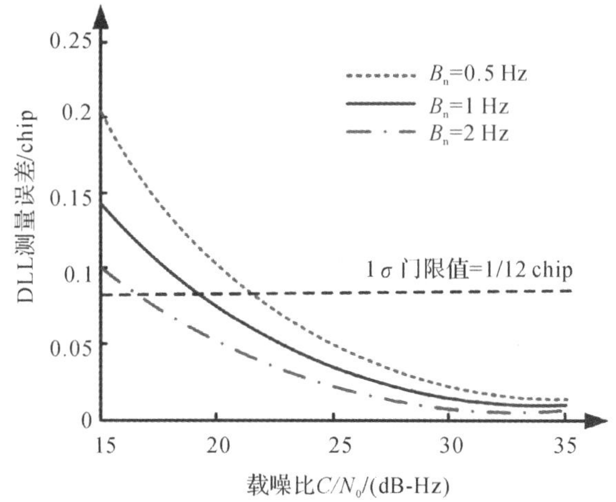

图 10.21 码跟踪环路的测量误差随载噪比和噪声带宽的变化情况

2.抗干扰性能

(1) 抗干扰性能指标。当 GNSS 接收机的跟踪环路受到干扰而失锁时，接收机就失去了定位能力。在实际应用中，可以利用干扰与信号的功率比（干信比）门限作为失锁判定准则，即利用干信比 J/S 的值来分析 GNSS 接收机的抗干扰能力。

1)未受干扰时 C/N_0。当无干扰存在时，基带信号的载噪比 C/N_0 为

$$C/N_0 = S_{\text{r}} + G_{\text{r}} - 10\lg(kT_0) - N_{\text{f}} - L \tag{10.66}$$

式中：S_r 为接收机所在位置的GNSS信号接收功率；G_r 为指向卫星的天线增益；$k=1.38\times 10^{-23}$ J/K 为玻尔兹曼常数；$10\lg(kT_0)$ 为噪声功率谱密度，其典型值为−205 dBW/Hz；N_f 为290 K时的放大器噪声系数；L 为接收机处理器损耗。

2)信噪比SNR。进而，可得到基带信号的信噪比SNR为

$$\mathrm{SNR}=C/N_0+10\lg(T_{coh}) \tag{10.67}$$

式中：T_{coh} 为相干累积时间。

3)跟踪门限等效载噪比 $(C/N_0)_{eq}$。当受干扰时，载噪比 C/N_0 会降低到一个较低的等价载噪比，这个等价载噪比被称为等效载噪比 $(C/N_0)_{eq}$。等效载噪比 $(C/N_0)_{eq}$ 与未受干扰时的载噪比 C/N_0 和干信比 J/S 之间的关系为

$$(C/N_0)_{eq}=-10\lg\left[10^{(C/N_0)/10}+\frac{10^{(J/S)/10}}{Qf_{code}}\right] \tag{10.68}$$

式中：f_{code} 表示GNSS信号的伪码速率，单位为chip/s。对于北斗B1I信号，其伪码速率为 2.046×10^6 chip/s。Q 表示扩频处理因子，对于窄带干扰 $Q=1$，对于宽带干扰 $Q=2$，对于宽带扩频干扰 $Q=1.5$。

4)干信比 J/S。由式(10.68)可计算得到干信比 J/S 为

$$J/S=10\lg\left\{Qf_{code}\left[\frac{1}{10^{(C/N_0)_{eq}/10}}-\frac{1}{10^{(C/N_0)/10}}\right]\right\} \tag{10.69}$$

(2) 抗干扰性能计算。由于GNSS接收机中信号到达天线的功率是一定的，无外界干扰(多径干扰、人为或非人为干扰)时的通道噪声、电路损耗以及扩频增益均是已知的，因此，GNSS信号解扩后的信噪比可预期出现在一定范围内。假设在 $G_r=0$ dB、$N_f=4$ dB、$L=2$ dB的条件下，GNSS接收机输入信号的最小标称功率为−160 dBW，则无干扰时的最小载噪比为38 dB-Hz。通常情况下，载噪比应该在37～46 dB-Hz的范围内。而当受到干扰时，解扩后的信噪比则有可能低于这一范围。干扰的出现使得信号处理器输入的信噪比降低，直接影响码跟踪环路/载波跟踪环路的工作性能。为了确定GNSS接收机的最大抗干扰能力，必须确定等效载噪比，而等效载噪比可以近似认为是接收机码跟踪环路和载波跟踪环路的跟踪阈值。因此，可以根据码跟踪环路和载波跟踪环路的工作特性来确定跟踪阈值，从而反过来推算接收机对干扰的容忍限度。

假设当无SINS辅助时，GNSS接收机的载波跟踪环路带宽为20 Hz，对应的跟踪阈值(等效载噪比)为25 dB-Hz，则由干信比 J/S 的计算公式(10.69)可以计算出载波跟踪环路的抗干扰能力。当干扰源为窄带干扰时，载波跟踪环路的抗干扰能力为 $J/S=34.9$ dB；当干扰源为宽带干扰时，$J/S=37.9$ dB。而在SINS辅助GNSS接收机中，典型的载波跟踪环路带宽为5 Hz，对应的跟踪阈值为17.2 dB-Hz。当干扰源为窄带干扰时，$J/S=42.9$ dB；当干扰源为宽带干扰时，$J/S=45.9$ dB。

表10.4为无SINS辅助GNSS接收机与SINS/GNSS超紧组合导航系统中SINS辅助接收机的抗干扰性能对比。可以发现，在SINS辅助下，接收机的跟踪门限降低了约8 dB，而接收机的干信比容限提高了约8 dB。可见，与无SINS辅助的接收机相比，SINS/GNSS超紧组合导航系统中接收机的抗干扰容限有8 dB的提高。

表 10.4　不同带宽条件下接收机环路的抗干扰容限

接收机类型	噪声带宽 Hz	C/N_0 门限 dB-Hz	窄带干扰容限 J/S dB	宽带干扰容限 J/S dB
无 SINS 辅助的接收机	20	25	34.9	37.9
SINS 辅助接收机	5	17.2	42.9	45.9

10.6　SINS/GNSS 超紧组合系统模型的建立

10.6.1　超紧组合系统状态方程

SINS/GNSS 超紧组合系统的状态方程是由 SINS 误差状态方程、GNSS 误差状态方程、码跟踪环路跟踪误差状态方程以及载波跟踪环路跟踪误差状态方程组成的。下面对这些误差状态方程进行简要说明。

1.SINS 误差状态方程

SINS 误差状态包括位置误差 $\delta x,\delta y,\delta z$、速度误差 $\delta v_x,\delta v_y,\delta v_z$、平台失准角 $\varphi_x,\varphi_y,\varphi_z$、加速度计零偏 $\nabla_x,\nabla_y,\nabla_z$、加速度计的一次项和二次项误差系数 $k_{a1x},k_{a1y},k_{a1z},k_{a2x},k_{a2y},k_{a2z}$、陀螺仪常值漂移 $\varepsilon_x,\varepsilon_y,\varepsilon_z$ 以及陀螺仪的一次项误差系数 k_{g1x},k_{g1y},k_{g1z}。SINS 误差状态方程可表示为

$$\dot{\boldsymbol{X}}_{\mathrm{I}}(t)=\boldsymbol{F}_{\mathrm{I}}(t)\boldsymbol{X}_{\mathrm{I}}(t)+\boldsymbol{G}_{\mathrm{I}}(t)\boldsymbol{W}_{\mathrm{I}}(t) \tag{10.70}$$

式中

$$\boldsymbol{X}_{\mathrm{I}}=[\delta x,\delta y,\delta z,\delta v_x,\delta v_y,\delta v_z,\varphi_x,\varphi_y,\varphi_z,\nabla_x,\nabla_y,\nabla_z,k_{a1x},k_{a1y},k_{a1z},$$
$$k_{a2x},k_{a2y},k_{a2z},\varepsilon_x,\varepsilon_y,\varepsilon_z,k_{g1x},k_{g1y},k_{g1z}]^{\mathrm{T}}$$

$$\boldsymbol{W}_{\mathrm{I}}=[w_{ax},w_{ay},w_{az},w_{gx},w_{gy},w_{gz}]^{\mathrm{T}}$$

$$\boldsymbol{G}_{\mathrm{I}}=\begin{bmatrix}\boldsymbol{0}_{3\times3} & \boldsymbol{0}_{3\times3}\\ \boldsymbol{C}_{\mathrm{b}}^{\mathrm{li}} & \boldsymbol{0}_{3\times3}\\ \boldsymbol{0}_{3\times3} & -\boldsymbol{C}_{\mathrm{b}}^{\mathrm{li}}\\ \boldsymbol{0}_{15\times3} & \boldsymbol{0}_{15\times3}\end{bmatrix}_{24\times6}$$

在发射点惯性坐标系(li 系)下，状态矩阵 $\boldsymbol{F}_{\mathrm{I}}(t)$ 的具体形式如下：

$$\boldsymbol{F}_{\mathrm{I}}=\begin{bmatrix}\boldsymbol{0}_{3\times3} & \boldsymbol{I}_{3\times3} & \boldsymbol{0}_{3\times3} & \boldsymbol{0}_{3\times3} & \boldsymbol{0}_{3\times3} & \boldsymbol{0}_{3\times3} & \boldsymbol{0}_{3\times3} & \boldsymbol{0}_{3\times3}\\ \boldsymbol{F}_{\mathrm{g}} & \boldsymbol{0}_{3\times3} & \boldsymbol{B} & \boldsymbol{C}_{\mathrm{b}}^{\mathrm{li}} & \boldsymbol{C}_1 & \boldsymbol{C}_2 & \boldsymbol{0}_{3\times3} & \boldsymbol{0}_{3\times3}\\ \boldsymbol{0}_{3\times3} & \boldsymbol{0}_{3\times3} & \boldsymbol{0}_{3\times3} & \boldsymbol{0}_{3\times3} & \boldsymbol{0}_{3\times3} & \boldsymbol{0}_{3\times3} & -\boldsymbol{C}_{\mathrm{b}}^{\mathrm{li}} & C_3\\ \multicolumn{8}{c}{\boldsymbol{0}_{15\times24}}\end{bmatrix}_{24\times24},$$

$$\boldsymbol{C}_1=\boldsymbol{C}_{\mathrm{b}}^{\mathrm{li}}\begin{bmatrix}f_x & 0 & 0\\ 0 & f_y & 0\\ 0 & 0 & f_z\end{bmatrix},\ \boldsymbol{C}_2=\boldsymbol{C}_{\mathrm{b}}^{\mathrm{li}}\begin{bmatrix}(f_x)^2 & 0 & 0\\ 0 & (f_y)^2 & 0\\ 0 & 0 & (f_z)^2\end{bmatrix},\ \boldsymbol{C}_3=-\boldsymbol{C}_{\mathrm{b}}^{\mathrm{li}}\begin{bmatrix}\omega_x & 0 & 0\\ 0 & \omega_y & 0\\ 0 & 0 & \omega_z\end{bmatrix}$$

式中：$\boldsymbol{F}_{\mathrm{g}}$ 为引力加速度对位置坐标的雅可比矩阵；$\boldsymbol{C}_{\mathrm{b}}^{\mathrm{li}}$ 为载体坐标系到发射点惯性坐标系的坐标转换阵；$\boldsymbol{B}$ 为 $\boldsymbol{C}_{\mathrm{b}}^{\mathrm{li}}\boldsymbol{f}^{\mathrm{b}}$ 的反对称矩阵；$\boldsymbol{f}^{\mathrm{b}}=[f_x,f_y,f_z]^{\mathrm{T}}$ 和 $\boldsymbol{\omega}_{\mathrm{ib}}^{\mathrm{b}}=[\omega_x,\omega_y,\omega_z]^{\mathrm{T}}$ 分别为加速度计和陀螺仪测量的比力和角速度，$w_{\mathrm{a}x},w_{\mathrm{a}y},w_{\mathrm{a}z}$ 和 $w_{\mathrm{g}x},w_{\mathrm{g}y},w_{\mathrm{g}z}$ 分别为加速度计和陀螺仪的测量噪声。

2.GNSS 误差状态方程

GNSS 的误差状态通常取两个与时间有关的误差：一个是与时钟误差等效的距离误差 δl_{u}，另一个是与时钟频率误差等效的距离率误差 δl_{ru}，其误差模型表达式为

$$\left.\begin{aligned}\delta\dot{l}_{\mathrm{u}}&=\delta l_{\mathrm{ru}}+w_{\mathrm{u}}\\ \delta\dot{l}_{\mathrm{ru}}&=-\frac{\delta l_{\mathrm{ru}}}{T_{\mathrm{ru}}}+w_{\mathrm{ru}}\end{aligned}\right\}\tag{10.71}$$

式中：T_{ru} 为相关时间；w_{u} 和 w_{ru} 为白噪声。

GNSS 误差状态方程可表示为

$$\dot{\boldsymbol{X}}_{\mathrm{G}}(t)=\boldsymbol{F}_{\mathrm{G}}(t)\,\boldsymbol{X}_{\mathrm{G}}(t)+\boldsymbol{G}_{\mathrm{G}}(t)\,\boldsymbol{W}_{\mathrm{G}}(t)\tag{10.72}$$

式中

$$\boldsymbol{X}_{\mathrm{G}}=[\delta l_{\mathrm{u}},\delta l_{\mathrm{ru}}]^{\mathrm{T}},\quad \boldsymbol{W}_{\mathrm{G}}=[w_{\mathrm{u}},w_{\mathrm{ru}}]^{\mathrm{T}},\quad \boldsymbol{F}_{\mathrm{G}}=\begin{bmatrix}0 & 1\\ 0 & -\dfrac{1}{T_{\mathrm{ru}}}\end{bmatrix},\quad \boldsymbol{G}_{\mathrm{G}}=\begin{bmatrix}1 & 0\\ 0 & 1\end{bmatrix}$$

3.码跟踪环路跟踪误差状态方程

以跟踪 4 颗 GNSS 卫星为例，码跟踪环路（DLL）的跟踪误差取 $\boldsymbol{X}_{\mathrm{D}}=[\delta\rho_{\mathrm{DLL1}},\delta\rho_{\mathrm{DLL2}},\delta\rho_{\mathrm{DLL3}},\delta\rho_{\mathrm{DLL4}}]^{\mathrm{T}}$，其中 $\delta\rho_{\mathrm{DLL}i}$（$i=1,2,3,4$）为第 i 颗卫星对应的伪距误差。码跟踪环路的跟踪误差状态方程为

$$\dot{\boldsymbol{X}}_{\mathrm{D}}(t)=\boldsymbol{F}_{\mathrm{D}}(t)\,\boldsymbol{X}_{\mathrm{D}}(t)+\boldsymbol{G}_{\mathrm{D}}(t)\,\boldsymbol{W}_{\mathrm{D}}(t)\tag{10.73}$$

式中：$\boldsymbol{W}_{\mathrm{D}}=[Q_1,Q_2,Q_3,Q_4]^{\mathrm{T}}$ 为码跟踪环路的驱动噪声。状态矩阵 $\boldsymbol{F}_{\mathrm{D}}$ 和系统噪声驱动矩阵 $\boldsymbol{G}_{\mathrm{D}}$ 分别为

$$\boldsymbol{F}_{\mathrm{D}}=-\begin{bmatrix}K_{\mathrm{DLL1}} & 0 & 0 & 0\\ 0 & K_{\mathrm{DLL2}} & 0 & 0\\ 0 & 0 & K_{\mathrm{DLL3}} & 0\\ 0 & 0 & 0 & K_{\mathrm{DLL4}}\end{bmatrix},\quad \boldsymbol{G}_{\mathrm{D}}=\begin{bmatrix}K_{\mathrm{DLL1}} & 0 & 0 & 0\\ 0 & K_{\mathrm{DLL2}} & 0 & 0\\ 0 & 0 & K_{\mathrm{DLL3}} & 0\\ 0 & 0 & 0 & K_{\mathrm{DLL4}}\end{bmatrix}$$

$K_{\mathrm{DLL}i}$ 表示 DLL 的环路增益。

4.载波跟踪环路跟踪误差状态方程

一个通道内载波跟踪环路的跟踪误差状态方程为

$$\begin{bmatrix} \delta\dot{\theta} \\ \delta\dot{f}_{\mathrm{TRK}} \end{bmatrix}_i = \begin{bmatrix} 0 & 2\pi \\ \dfrac{K_{\mathrm{PLL}}}{T_1} & \dfrac{2\pi K_{\mathrm{PLL}} T_2}{T_1} \end{bmatrix} \begin{bmatrix} \delta\theta \\ \delta f_{\mathrm{TRK}} \end{bmatrix}_i + \begin{bmatrix} 2\pi \\ \dfrac{2\pi K_{\mathrm{PLL}} T_2}{T_1} \end{bmatrix} \delta f_{\mathrm{aid}} \tag{10.74}$$

那么，将 4 个通道的跟踪误差状态方程合并，可得到载波跟踪环路的跟踪误差状态方程为

$$\dot{\boldsymbol{X}}_{\mathrm{P}}(t) = \boldsymbol{F}_{\mathrm{P}}(t)\,\boldsymbol{X}_{\mathrm{P}}(t) + \boldsymbol{G}_{\mathrm{P}}(t)\,\boldsymbol{W}_{\mathrm{P}}(t) \tag{10.75}$$

式中：状态变量 $\boldsymbol{X}_{\mathrm{P}} = [\delta\theta_1, \delta\theta_2, \delta\theta_3, \delta\theta_4, \delta f_{\mathrm{TRK1}}, \delta f_{\mathrm{TRK2}}, \delta f_{\mathrm{TRK3}}, \delta f_{\mathrm{TRK4}}]^{\mathrm{T}}$；$\boldsymbol{W}_{\mathrm{P}}$ 为系统噪声；$\boldsymbol{G}_{\mathrm{P}}$ 为系统噪声驱动矩阵；$\boldsymbol{F}_{\mathrm{P}}$ 为状态矩阵，具体为

$$\boldsymbol{F}_{\mathrm{P}} = \begin{bmatrix} \boldsymbol{0}_{4\times4} & 2\pi\,\boldsymbol{I}_{4\times4} \\ K_{\mathrm{PLL}}/T_1\,\boldsymbol{I}_{4\times4} & 2\pi K_{\mathrm{PLL}} T_2/T_1\,\boldsymbol{I}_{4\times4} \end{bmatrix}$$

因此，将式(10.70)、式(10.72)、式(10.73)和式(10.75)合并，即可得到 SINS/GNSS 超紧组合导航系统的误差状态方程为

$$\begin{bmatrix} \dot{\boldsymbol{X}}_{\mathrm{I}}(t) \\ \dot{\boldsymbol{X}}_{\mathrm{G}}(t) \\ \dot{\boldsymbol{X}}_{\mathrm{D}}(t) \\ \dot{\boldsymbol{X}}_{\mathrm{P}}(t) \end{bmatrix} = \begin{bmatrix} \boldsymbol{F}_{\mathrm{I}}(t) & \boldsymbol{0}_{24\times2} & \boldsymbol{0}_{24\times4} & \boldsymbol{0}_{24\times8} \\ \boldsymbol{0}_{2\times24} & \boldsymbol{F}_{\mathrm{G}}(t) & \boldsymbol{0}_{2\times4} & \boldsymbol{0}_{2\times8} \\ \boldsymbol{F}_{\mathrm{ID}}(t) & \boldsymbol{0}_{4\times2} & \boldsymbol{F}_{\mathrm{D}}(t) & \boldsymbol{0}_{4\times8} \\ \boldsymbol{F}_{\mathrm{IP}}(t) & \boldsymbol{0}_{8\times2} & \boldsymbol{0}_{8\times4} & \boldsymbol{F}_{\mathrm{P}}(t) \end{bmatrix} \begin{bmatrix} \boldsymbol{X}_{\mathrm{I}}(t) \\ \boldsymbol{X}_{\mathrm{G}}(t) \\ \boldsymbol{X}_{\mathrm{D}}(t) \\ \boldsymbol{X}_{\mathrm{P}}(t) \end{bmatrix} + \begin{bmatrix} \boldsymbol{G}_{\mathrm{I}}(t) & \boldsymbol{0}_{24\times2} & \boldsymbol{0}_{24\times4} & \boldsymbol{0}_{24\times4} \\ \boldsymbol{0}_{2\times6} & \boldsymbol{G}_{\mathrm{G}}(t) & \boldsymbol{0}_{2\times4} & \boldsymbol{0}_{2\times4} \\ \boldsymbol{0}_{4\times6} & \boldsymbol{0}_{4\times2} & \boldsymbol{G}_{\mathrm{D}}(t) & \boldsymbol{0}_{4\times4} \\ \boldsymbol{0}_{8\times6} & \boldsymbol{0}_{8\times2} & \boldsymbol{0}_{8\times4} & \boldsymbol{G}_{\mathrm{P}}(t) \end{bmatrix} \begin{bmatrix} \boldsymbol{W}_{\mathrm{I}}(t) \\ \boldsymbol{W}_{\mathrm{G}}(t) \\ \boldsymbol{W}_{\mathrm{D}}(t) \\ \boldsymbol{W}_{\mathrm{P}}(t) \end{bmatrix} \tag{10.76}$$

$$\dot{\boldsymbol{X}}(t) = \boldsymbol{F}(t)\boldsymbol{X}(t) + \boldsymbol{G}(t)\boldsymbol{W}(t) \tag{10.77}$$

式中：状态矩阵 $\boldsymbol{F}(t)$ 中的 $\boldsymbol{F}_{\mathrm{ID}}(t)$ 和 $\boldsymbol{F}_{\mathrm{IP}}(t)$ 分别为

$$\boldsymbol{F}_{\mathrm{ID}} = \begin{bmatrix} -\boldsymbol{L}_1^{\mathrm{T}}\,\boldsymbol{C}_{\mathrm{i}}^{\mathrm{e}}\,\boldsymbol{W}_{\mathrm{e}}\,\boldsymbol{C}_{\mathrm{li}}^{\mathrm{i}} & \boldsymbol{L}_1^{\mathrm{T}}\,\boldsymbol{C}_{\mathrm{li}}^{\mathrm{e}} & \boldsymbol{0}_{1\times18} \\ -\boldsymbol{L}_2^{\mathrm{T}}\,\boldsymbol{C}_{\mathrm{i}}^{\mathrm{e}}\,\boldsymbol{W}_{\mathrm{e}}\,\boldsymbol{C}_{\mathrm{li}}^{\mathrm{i}} & \boldsymbol{L}_2^{\mathrm{T}}\,\boldsymbol{C}_{\mathrm{li}}^{\mathrm{e}} & \boldsymbol{0}_{1\times18} \\ -\boldsymbol{L}_3^{\mathrm{T}}\,\boldsymbol{C}_{\mathrm{i}}^{\mathrm{e}}\,\boldsymbol{W}_{\mathrm{e}}\,\boldsymbol{C}_{\mathrm{li}}^{\mathrm{i}} & \boldsymbol{L}_3^{\mathrm{T}}\,\boldsymbol{C}_{\mathrm{li}}^{\mathrm{e}} & \boldsymbol{0}_{1\times18} \\ -\boldsymbol{L}_4^{\mathrm{T}}\,\boldsymbol{C}_{\mathrm{i}}^{\mathrm{e}}\,\boldsymbol{W}_{\mathrm{e}}\,\boldsymbol{C}_{\mathrm{li}}^{\mathrm{i}} & \boldsymbol{L}_4^{\mathrm{T}}\,\boldsymbol{C}_{\mathrm{li}}^{\mathrm{e}} & \boldsymbol{0}_{1\times18} \end{bmatrix}_{4\times24}, \quad \boldsymbol{F}_{\mathrm{IP}} = -2\pi\frac{f_{\mathrm{carr}}}{c}\begin{bmatrix} \boldsymbol{F}_{\mathrm{ID}} \\ \boldsymbol{F}_{\mathrm{ID}}\dfrac{T_2}{T_1}K_{\mathrm{PLL}} \end{bmatrix}_{8\times24}$$

式中：$\boldsymbol{L}_i$ 为 GNSS 卫星和接收机视线方向上的单位矢量；$\boldsymbol{C}_{\mathrm{li}}^{\mathrm{e}}$、$\boldsymbol{C}_{\mathrm{i}}^{\mathrm{e}}$、$\boldsymbol{C}_{\mathrm{li}}^{\mathrm{i}}$ 分别为发射点惯性坐标系到地球坐标系(e 系)、地心惯性坐标系(i 系)到地球坐标系、发射点惯性坐标系到地心惯性坐标系的坐标转换矩阵；$\boldsymbol{W}_{\mathrm{e}}$ 为地球自转角速度矢量在地球坐标系中的叉乘矩阵。

10.6.2　超紧组合系统量测方程

SINS/GNSS 超紧组合导航系统的量测方程由伪距量测方程和伪距率量测方程组成。伪距量测方程和伪距率量测方程可分别表示为

$$\left.\begin{aligned}\delta\rho=\rho_{\mathrm{I}}-\rho_{\mathrm{G}}=\delta\rho_{\mathrm{I}}-(\delta t_{\mathrm{u}}+v_{\rho}+\delta\rho_{\mathrm{DLL}})\\ \delta\dot{\rho}=\dot{\rho}_{\mathrm{I}}-\dot{\rho}_{\mathrm{G}}=\delta\dot{\rho}_{\mathrm{I}}-(\delta t_{\mathrm{ru}}+v_{\dot{\rho}}+\delta\dot{\rho}_{\mathrm{PLL}})\end{aligned}\right\} \tag{10.78}$$

因此,将伪距量测方程和伪距率量测方程合并,即可得到 SINS/GNSS 超紧组合导航系统的量测方程为

$$\boldsymbol{Z}(t)=\boldsymbol{H}(t)\boldsymbol{X}(t)+\boldsymbol{V}(t) \tag{10.79}$$

式中

$$\boldsymbol{Z}(t)=[\delta\rho_1,\delta\rho_2,\delta\rho_3,\delta\rho_4,\delta\dot{\rho}_1,\delta\dot{\rho}_2,\delta\dot{\rho}_3,\delta\dot{\rho}_4]^{\mathrm{T}},\ \boldsymbol{V}(t)=[v_{\rho1},v_{\rho2},v_{\rho3},v_{\rho4},v_{\dot{\rho}1},v_{\dot{\rho}2},v_{\dot{\rho}3},v_{\dot{\rho}4}]^{\mathrm{T}}$$

$$\boldsymbol{H}(t)=\begin{bmatrix}\boldsymbol{L}^{\mathrm{T}}\boldsymbol{C}_{\mathrm{li}}^{\mathrm{e}} & \boldsymbol{0}_{4\times21} & -\boldsymbol{I}_{4\times1} & \boldsymbol{0}_{4\times1} & -\boldsymbol{I}_{4\times4} & \boldsymbol{0}_{4\times4} & \boldsymbol{0}_{4\times4}\\ \boldsymbol{0}_{4\times3} & \boldsymbol{0}_{4\times21} & \boldsymbol{0}_{4\times1} & -\boldsymbol{I}_{4\times1} & \boldsymbol{0}_{4\times4} & \boldsymbol{0}_{4\times4} & c/f_{\mathrm{carr}}\boldsymbol{I}_{4\times4}\end{bmatrix}_{8\times38}$$

式(10.77)和式(10.79)即为 SINS/GNSS 超紧组合导航系统状态方程和量测方程,根据这两组方程再加上必要的初始条件即可进行卡尔曼滤波。

10.6.3 性能仿真验证

选择发射点惯性坐标系为导航坐标系。利用三轴加速度计和陀螺仪为 SINS 导航计算机提供测量信息,惯性器件误差为:陀螺仪常值漂移为 0.3 (°)/h,白噪声标准差为 0.02 (°)/h,一次项误差系数为 5×10^{-6};加速度计零偏为 100 μg,白噪声标准差为 10 μg,一次项误差系数为 1×10^{-4},二次项误差系数为 10 μg。在弹道导弹轨迹的主动段,SINS 单独运行,自 117 s 关机点开始切换到超紧组合模式下工作。

在 GNSS 软件接收机信号处理模块中,相干累积时间为 1 ms,采样频率为 30 MHz,采样后信号中频为 7 MHz。在 300～500 ms 施加信噪比 SNR 为 −30 dB 的噪声干扰,分析系统的抗干扰能力。

将紧组合导航系统和超紧组合导航系统的性能进行对比,这两种组合模式的多普勒频移误差和 GNSS 测速误差分别如图 10.22 和图 10.23 所示。

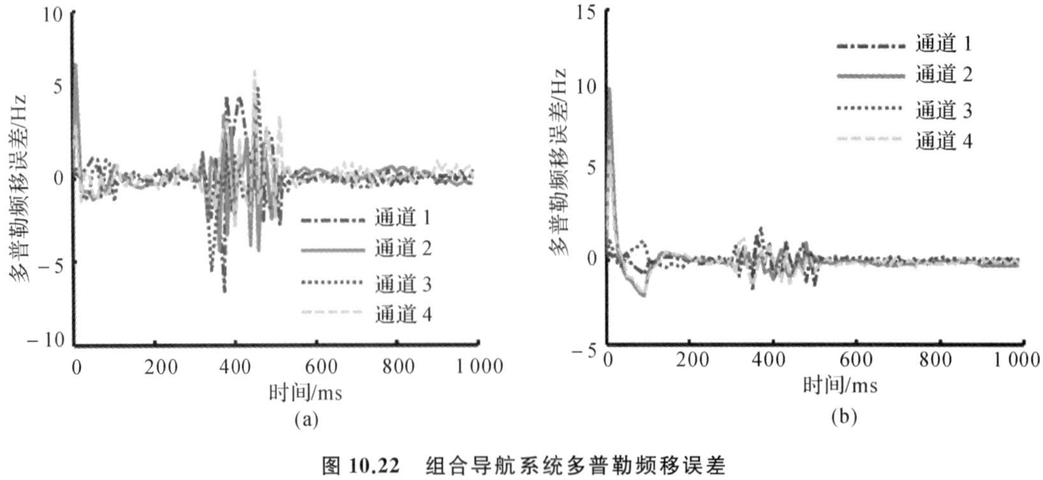

图 10.22　组合导航系统多普勒频移误差

(a)紧组合多普勒频移误差；(b)超紧组合多普勒频移误差

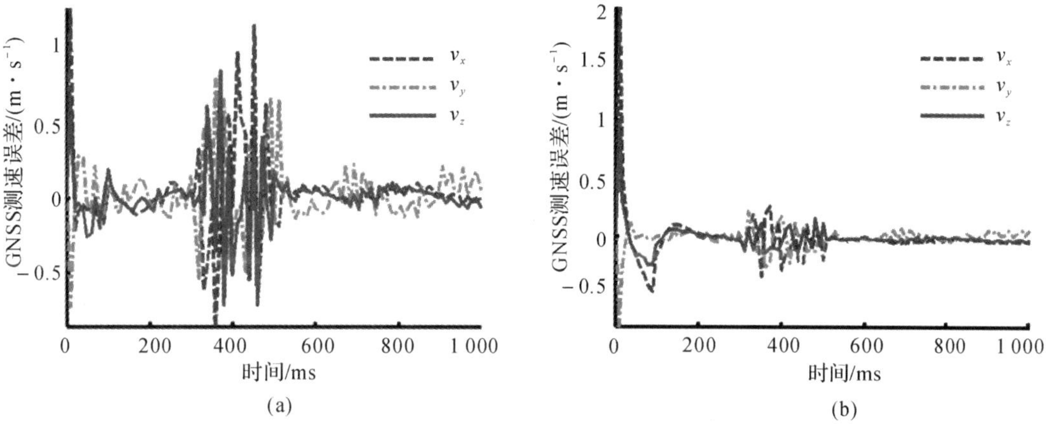

图 10.23　组合导航系统的 GNSS 测速误差

(a)紧组合导航系统 GNSS 测速误差；(b)超紧组合导航系统 GNSS 测速误差

可以看出，SINS/GNSS 超紧组合导航系统的多普勒频移误差和 GNSS 测速误差都明显小于 SINS/GNSS 紧组合导航系统。在 SINS/GNSS 紧组合导航系统中，GNSS 接收机的跟踪环路因缺少 SINS 信息的辅助而独立运行。在强干扰情况下，由于进入跟踪环路的噪声增多，所以其多普勒频移跟踪误差显著增大，进而导致 GNSS 接收机的测速误差也随之增大；而 SINS/GNSS 超紧组合导航系统可以利用校正后的 SINS 导航参数为 GNSS 接收机的跟踪环路提供辅助信息，消除了载体动态变化对跟踪环路的影响，降低了动态跟踪性能对环路带宽的要求，所以超紧组合导航系统能够降低环路带宽，提高了跟踪环路的抗干扰能力，从而有效提升了 GNSS 接收机的导航性能。

第 11 章　SINS/GNSS 超紧组合误差解耦与完好性监测方法

在 SINS/GNSS 超紧组合系统中，GNSS 接收机的跟踪环同时利用环路滤波器输出和 SINS 提供的多普勒辅助信息，为数控振荡器（NCO）提供控制指令。当 SINS 精度较低，同时载体处于信号干扰、高动态等恶劣环境中时，SINS 提供的多普勒辅助信息的误差迅速增大，从而使得跟踪环没有足够的带宽裕度对信号进行跟踪。这不仅会造成 GNSS 测量误差在时间上相关，而且也会导致 GNSS 测量误差与 SINS 速度误差相关。这种相关性将导致组合导航滤波器的估计精度降低，甚至造成跟踪环失锁，严重影响 SINS/GNSS 超紧组合系统的性能。

完好性是指导航系统在不能用于导航服务时及时向用户发出告警的能力。GNSS 的完好性异常，通常是由卫星或控制段引起的，主要包括较大的卫星钟漂、导航电文的不正确上载，以及地面控制网络故障等。这些故障将导致不可预测且超过误差容限的定位误差。GNSS 自身能够通过操作控制系统进行完好性监测，并将系统完好性信息随导航电文播发给用户，但做出告警反应的时间通常为 15 min～6 h，显然不能满足军事、航空航天等应用的需求。既然 GNSS 的操作控制系统无法保证对故障的反应时间，那么 GNSS 完好性的快速监测就需要在用户端进行。因此，在 SINS/GNSS 超紧组合系统中，需要在用户端对 GNSS 的完好性进行监测，从而保证组合导航系统能够正常工作。

为此，本章首先分析 SINS/GNSS 超紧组合系统中误差的相关性，并建立 SINS 辅助跟踪环路的误差模型；另外，介绍一种基于误差解耦的 SINS/GNSS 超紧组合方案，并给出一种 SINS/GNSS 超紧组合系统完好性监测方法。

11.1　超紧组合系统误差相关性分析

SINS/GNSS 超紧组合系统的结构如图 11.1 所示。其中，导航信息处理环节以组合导航滤波器为核心，一方面，根据 SINS 提供的位置、速度信息和 GNSS 卫星星历，计算载体相对于卫星的伪距 ρ_{INS} 和伪距率 $\dot{\rho}_{\mathrm{INS}}$，并与跟踪环输出的伪距 ρ_{GNSS} 和伪距率 $\dot{\rho}_{\mathrm{GNSS}}$ 共同作为组合导航滤波器的量测信息，对 SINS 误差进行估计；另一方面，利用 SINS 误差的估计结果对 SINS 导航参数进行修正，并将修正后的 SINS 速度信息 $\boldsymbol{V}$ 投影到卫星视线方向，从而为跟踪环提供多普勒辅助信息 $\hat{f}_{\mathrm{dopp}}$。在 SINS 辅助下，跟踪环类似于一个半自主的伺服回路，通过将多普勒辅助信息 $\hat{f}_{dopp}$ 与环路滤波器输出的频率 f_{LFP} 相加，形成 NCO 的驱动信号 f_{PLL}，用来预测和控制本地信号的频率、相位变化，从而使环路滤波器只跟踪残余的多普勒辅助误差以及卫星和接收机振荡器的动态。

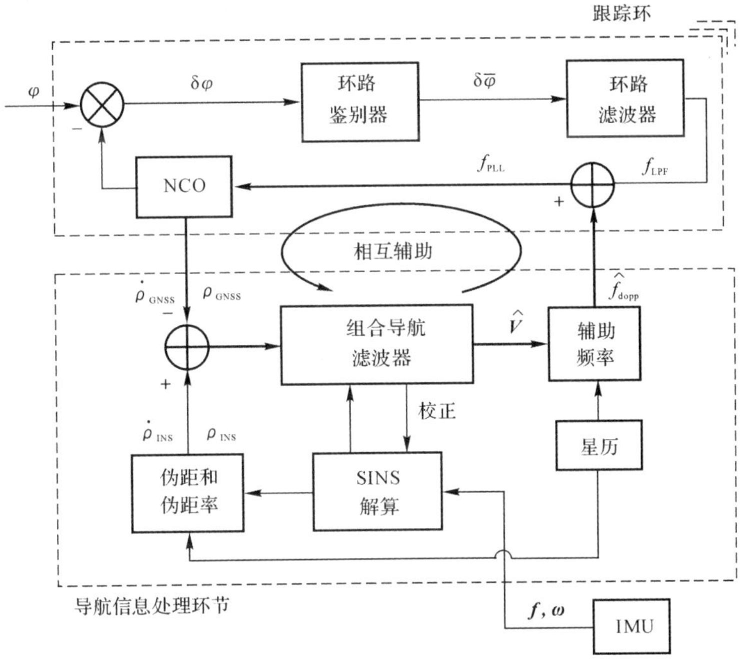

图 11.1　SINS/GNSS 超紧组合结构

SINS/GNSS 超紧组合系统通过 SINS 和 GNSS 之间的相互辅助，实现了两个子系统深层次的信息交换与融合，同时形成了一个误差传播的正反馈信息环，SINS 和 GNSS 不同测量误差的传播链路如图 11.2 所示。

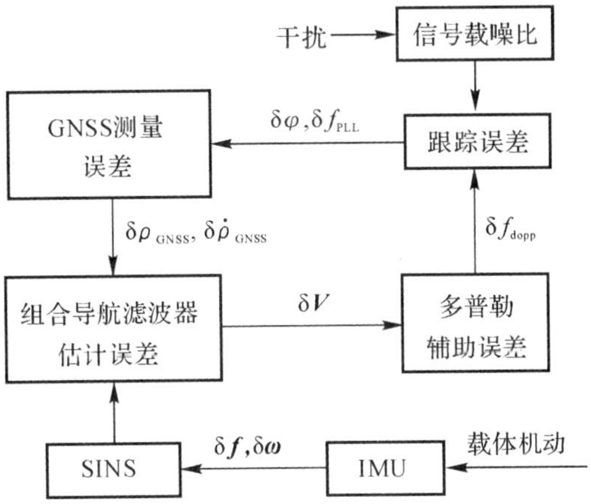

图 11.2　不同测量误差的传播链路

在该误差传播链路中，多普勒辅助误差 δf_{dopp}、环路跟踪误差（$\delta\varphi$ 和 δf_{PLL}）、GNSS 测

量误差($\delta\rho_{\mathrm{GNSS}}$ 和 $\delta\dot{\rho}_{\mathrm{GNSS}}$),以及组合导航滤波器对 SINS 速度的估计误差 $\delta\boldsymbol{V}$ 之间深度耦合。在较好的 PLL 跟踪状态下,跟踪误差仅受到热噪声相位颤动的影响,误差传播链路中不存在相关性误差。然而,当 SINS 精度较差,同时载体处于信号干扰、高动态等恶劣环境时,多普勒辅助误差 δf_{dopp} 会迅速增大。这时,如果跟踪环没有足够的带宽裕度对多普勒辅助误差 δf_{dopp} 进行跟踪,那么环路跟踪误差($\delta\varphi$ 和 δf_{PLL})中就会出现较大的相关性误差,这将导致同一跟踪通道 GNSS 测量误差($\delta\rho_{\mathrm{GNSS}}$ 和 $\delta\dot{\rho}_{\mathrm{GNSS}}$)的自相关和不同通道 GNSS 测量误差的互相关。由于组合导航滤波器仅适用于处理不相关的误差信息,因此,GNSS 测量误差的自相关/互相关性势必会降低组合导航滤波器的估计精度,从而进一步增大了多普勒辅助误差 δf_{dopp}(反过来又使跟踪误差增大)。这种相关性误差的持续增长,最终会使环路跟踪误差超过环路鉴别器的线性牵引范围而导致 PLL 失锁,甚至引起系统不稳定。

为了避免多普勒辅助误差 δf_{dopp} 增大所导致的误差相关性问题,传统的 SINS/GNSS 超紧组合系统必须设置较宽的环路带宽,以使跟踪环路有足够的带宽裕度来跟踪 δf_{dopp} 。然而,增大环路带宽又会削弱环路滤波器对噪声和干扰的抑制效果。由此可见,多普勒辅助误差增大所导致的误差相关性问题,会严重影响超紧组合系统的性能。

11.2 SINS 辅助跟踪环路误差建模

GNSS 信号由卫星发出,经大气空间传播后进入接收机天线,并通过射频前端下变频和数字采样处理,得到用于基带处理的中频信号。GNSS 信号从产生到数字化的过程会受到多种误差源的影响,使最终得到的数字中频信号的实际载波频率与其标称值存在差异,该频率差异所对应的载波相位误差 φ_i 可以表示为

$$\varphi_i=\varphi_{\mathrm{d}}+\varphi_{\mathrm{clk}}+\varphi_{\mathrm{sv}}+\varphi_{\mathrm{vib}}+\varphi_{\mathrm{p}}+\varphi_{\omega} \tag{11.1}$$

式中:φ_{d} 为多普勒频移所产生的相位误差;φ_{clk}、φ_{sv} 分别为接收机振荡器和星载振荡器不稳定所产生的相位误差;φ_{vib} 为载体振动所产生的相位误差;φ_{p} 为电离层相位闪烁所产生的相位误差;φ_{ω} 为热噪声和电离层幅度闪烁所产生的相位误差。这些误差项中,φ_{ω} 为宽带噪声;φ_{clk}、φ_{sv}、φ_{vib}、φ_{p} 为有色噪声(即相关噪声,这里用 $\varphi_{\mathrm{c}}=\varphi_{\mathrm{clk}}+\varphi_{\mathrm{sv}}+\varphi_{\mathrm{vib}}+\varphi_{\mathrm{p}}$ 来表示所有相关噪声项之和);φ_{d} 为确定性误差。

GNSS 信号跟踪是一个二维(码和载波)信号的复制过程,而 PLL 则负责本地载波信号的复制。SINS 辅助二阶 PLL 的结构如图 11.3 所示,其中虚线框内为常规 PLL 结构。可以看出,PLL 实质上是一个用于调节载波相位跟踪误差的自动控制系统,它主要由相位鉴别器(误差传感器)、环路滤波器(控制器)、NCO(受控对象)组成。其中,相位鉴别器负责将测量到的载波相位跟踪误差 $\delta\overline{\varphi}$ 反馈给环路滤波器;环路滤波器则对载波相位跟踪误差 $\delta\overline{\varphi}$ 进行低通滤波,以去除由 φ_{ω} 引入的高频噪声,并给 NCO 发送频率控制指令 f_{LPF} ;而 NCO 则根据频率控制指令 f_{LPF} 产生本地载波信号,以实现对 φ_{d} 和 φ_{c} 的跟踪。将 NCO 产生的本地载波信号的相位记为 φ_{o} ,则 PLL 的相位跟踪误差可以定义为

$$\delta\varphi=\varphi_{\mathrm{d}}+\varphi_{\mathrm{c}}-\varphi_{\mathrm{o}} \tag{11.2}$$

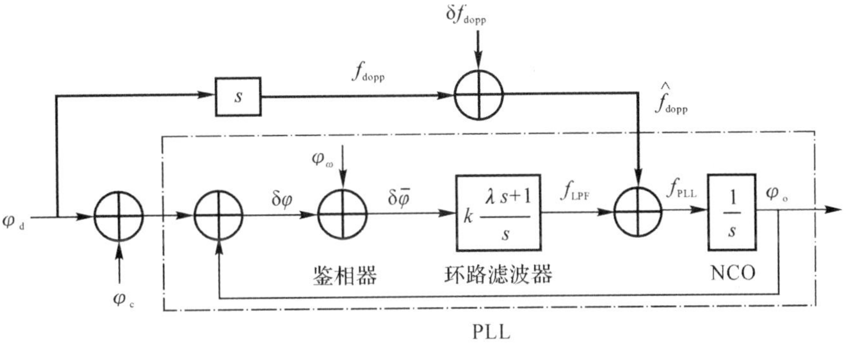

图 11.3　SINS 辅助二阶 PLL 的结构

根据图 11.3，常规 PLL 相位跟踪误差的复频域表达式为

$$\delta\varphi(s)=[1-H(s)][\varphi_c(s)+\varphi_d(s)]-H(s)\varphi_\omega(s) \tag{11.3}$$

式中：$H(s)$ 为 PLL 的传递函数。

对于二阶 PLL，其传递函数为

$$H(s)=\frac{k(\lambda s+1)}{s^2+k\lambda s+k} \tag{11.4}$$

式中：k 为环路增益；$1/\lambda$ 为环路滤波器的零点。当阻尼系数取标准值(即 0.707)时，有如下关系：

$$\lambda=\sqrt{\frac{2}{k}} \tag{11.5}$$

由于二阶 PLL 的环路带宽为 $B_n=\frac{1}{4}\left(\lambda k+\frac{1}{\lambda}\right)$，所以利用式(11.5)，可以得到环路带宽为

$$B_n=0.53\sqrt{k} \tag{11.6}$$

在常规 PLL 中，较小的环路带宽 B_n 有助于增强环路滤波器对宽带噪声 φ_ω 的抑制效果，但同时会限制 PLL 对 φ_c、特别是对 φ_d 中高频分量的跟踪能力。可见，在常规 PLL 中，有效抑制 φ_ω 与精确跟踪 $\varphi_c+\varphi_d$，对环路带宽 B_n 的要求是相互矛盾的，这便是需要利用 SINS 对 PLL 进行辅助的主要原因。

在图 11.3 中，SINS 对 PLL 的辅助构成了自动控制系统的前馈支路，它所提供的多普勒辅助信息 $\hat{f}_{dopp}$ 中包含了对 φ_d 的补偿信息，用以缓解 PLL 对环路带宽要求矛盾的问题。$\hat{f}_{dopp}$ 对 φ_d 的补偿效果取决于 $\hat{f}_{dopp}$ 的精度。根据图 11.3，可以得到 SINS 辅助下的 PLL 相位跟踪误差的复频域表达式为

$$\delta\varphi(s)=[1-H(s)]\left[\varphi_c(s)+\frac{2\pi\delta f_{dopp}(s)}{s}\right]-H(s)\varphi_\omega(s) \tag{11.7}$$

将式(11.7)与式(11.3)进行对比，可以看出：只要多普勒辅助误差 δf_{dopp} 引入的相位误差小于 φ_d，SINS 辅助就可改善 PLL 的跟踪性能；然而，在 SINS 辅助 PLL 中，仍然存在对

环路带宽 B_n 选择时的矛盾，即有效抑制 φ_ω 与精确跟踪 φ_c 和 δf_{dopp} 对环路带宽 B_n 的要求是相互矛盾的。

将 δf_{dopp} 分解为偏差分量 δf_{doppb} 和噪声分量 δf_{dopps}，并将二者引入的相位误差分别记为 φ_{doppb} 和 φ_{dopps}，则式(11.7)可改写为

$$\delta\varphi(s)=[1-H(s)][\varphi_c(s)+\varphi_{dopps}(s)+\varphi_{doppb}(s)]-H(s)\varphi_\omega(s) \tag{11.8}$$

根据随机信号理论，对于式(11.8)中随机噪声 φ_c、φ_ω、φ_{dopps} 所导致的 PLL 相位颤动(1σ)，其计算公式为

$$\sigma_s^2=\int_0^{+\infty}|H(j2\pi f)|^2S_\omega(f)df+\int_0^{+\infty}|1-H(j2\pi f)|^2[S_c(f)+S_{dopps}(f)]df \tag{11.9}$$

式中：$S_c(f)$、$S_\omega(f)$ 和 $S_{dopps}(f)$ 分别为 φ_c、φ_ω 和 φ_{dopps} 的单边功率谱密度。

假设 φ_ω、φ_{dopps} 与 φ_c 中的各项(φ_{clk}、φ_{sv}、φ_{vib}、φ_p)相互独立，则式(11.9)可以进一步表示为

$$\sigma_s=\sqrt{\sigma_\omega^2+\sigma_{sv}^2+\sigma_{clk}^2+\sigma_{vib}^2+\sigma_p^2+\sigma_{dopps}^2} \tag{11.10}$$

式中：σ_ω、σ_{sv}、σ_{clk}、σ_{vib}、σ_p、σ_{dopps} 分别为宽带噪声、卫星振荡器不稳定、接收机振荡器不稳定、载体振动、电离层相位闪烁、多普勒辅助噪声导致的 PLL 相位颤动(1σ)。

而多普勒辅助偏差 δf_{doppb} 造成的 PLL 动态应力误差 θ_e 则是一种 3σ 效应，将其叠加到随机噪声导致的相位颤动 σ_s 上，可得到多普勒辅助下总的 PLL 相位颤动(1σ)为

$$\sigma_{PLL}=\sigma_s+\frac{\theta_e}{3}=\sqrt{\sigma_\omega^2+\sigma_{sv}^2+\sigma_{clk}^2+\sigma_{vib}^2+\sigma_p^2+\sigma_{dopps}^2}+\frac{\theta_e}{3} \tag{11.11}$$

下面对式(11.11)中各误差源所导致的 PLL 相位颤动进行建模与分析。

1.宽带噪声

热噪声和电离层幅度闪烁是影响 PLL 跟踪性能的唯一宽带噪声源，由其导致的 PLL 相位颤动与环路的阶数无关，可以表示为

$$\sigma_\omega=\sqrt{\frac{B_n}{C/N_0(1-S_4^2)}\left[1+\frac{1}{2T_{coh}C/N_0(1-2S_4^2)}\right]}\quad(\text{rad}) \tag{11.12}$$

式中：B_n 表示 PLL 环路带宽，Hz；C/N_0 为载噪比，dB-Hz；T_{coh} 为相关累积时间，s；S_4 用于表征电离层幅度闪烁的影响程度，当 $S_4=0$ 时，表示不存在电离层幅度闪烁。

电离层闪烁在赤道两侧±20°范围内比较频繁且强烈，在这一地区工作的接收机通常需考虑电离层闪烁的影响；但在赤道两侧±20°范围之外，电离层闪烁较弱且具有偶然性，多数情况下可不予考虑。在 PLL 分析和设计中，是否考虑电离层闪烁的影响取决于实际应用环境和对接收机性能的具体要求。

2.接收机和卫星振荡器不稳定

对于二阶 PLL，由接收机和卫星振荡器频率偏差的 Allan 方差所导致的 PLL 相位颤动为

$$\sigma_{clk}^2=\left(\frac{f_{carr}}{f_o}\right)^2\left(X^3k_3\frac{\pi}{2\sqrt{2}}+X^2k_2\frac{\pi}{4}+Xk_1\frac{\pi}{2\sqrt{2}}\right) \tag{11.13}$$

式中：$X=2\pi/(1.8856B_n)$；k_3、k_2、k_1 分别为表征振荡器频率随机游走、频率颤动和频率白噪声等不稳定程度的品质系数；f_{carr} 为载波频率；f_0 为振荡器中心频率。

在常规 PLL 中，振荡器频率偏差引起的相位误差需要由 PLL 进行跟踪；而在 SINS 辅助下，则可以获得较为精确的振荡器频率偏差估计值。因此，在 SINS/GNSS 超紧组合系统中，PLL 只须跟踪振荡器频率偏差中的噪声成分，并且由于噪声的高频分量在积分清零过程中得到抑制，因此，PLL 只需对其中的低频有色噪声分量进行跟踪。在振动等外部误差较小时，有色噪声的最高频往往决定了跟踪环路带宽的下限。

3.载体振动

如果接收机安装在振动载体上，则必须考虑振动对接收机晶振的影响。由载体振动导致的 PLL 相位颤动的计算公式为

$$\sigma_{vib}^2=\int_0^{\infty}\left[\frac{k_g f_{carr}\left|1-H(j2\pi f)\right|}{f}\right]^2 S_{vib}(f)df \quad (rad^2) \tag{11.14}$$

式中：k_g 为振荡器的加速度动态敏感性，$1/g$；$S_{vib}(f)$ 为载体振动的单边功率谱密度，g^2/Hz。

4.电离层相位闪烁

由电离层相位闪烁引起的 PLL 相位颤动可以表示为

$$\sigma_p^2=\frac{\pi T_{sct}}{2\omega_n^{p-1}\sin\left[\frac{(5-p)\pi}{4}\right]},\quad 1<p<4 \tag{11.15}$$

式中：T_{sct} 为电离层相位闪烁的功率谱密度在 1 Hz 频率点处的幅值，其典型值为−20 dB-rad；ω_n 为跟踪环的自然振荡频率，Hz；p 为电离层相位闪烁功率谱密度幅值的斜率（通常在 1～4之间，典型值为 2.5）。

5.多普勒辅助噪声

多普勒辅助误差 δf_{dopp} 是 SINS 辅助 PLL 区别于常规 PLL 的特有误差，它可以分为多普勒辅助噪声 δf_{dopps} 和偏差 δf_{doppb}。多普勒辅助噪声 δf_{dopps} 导致的 PLL 相位颤动为

$$\sigma_{dopps}^2=\int_0^{+\infty}\left|1-H(j2\pi f)\right|^2 S_{dopps}(f)df \tag{11.16}$$

式中：S_{dopps} 为多普勒辅助噪声 δf_{dopps} 引入的 PLL 相位颤动的功率谱密度。

将校正后的 SINS 速度误差的自相关函数建模为一阶马尔可夫过程，则可以得到 δf_{dopps} 引起的相位颤动的功率谱密度 S_{dopps} 为

$$S_{doppo}(f)=\left(\frac{f_{carr}}{fc}\right)^2\left\{\frac{-6\left[\frac{\ln(1-k)}{\Delta t}\right]\frac{k}{2-k}}{(2\pi f)^2+\left[\frac{\ln(1-k)}{\Delta t}\right]^2}\right\}\Delta t_{GNSS}\text{var}(\dot{\rho}) \tag{11.17}$$

式中：c 为光速；Δt 为组合导航滤波器的更新时间；Δt_{GNSS} 为 GNSS 伪距率测量值的更新时间；$\text{var}(\dot{\rho})$ 为 GNSS 伪距率误差的方差；k 表示组合导航滤波器的滤波增益，反映了 GNSS 测量值精度和 SINS 噪声特性对组合导航滤波器输出的影响权重，对于高精度 SINS，可取 $k=0.01$；而对于低精度 SINS，可取 $k=0.25$。

在 PLL 锁定状态下，伪距率误差主要受热噪声影响，其方差为

$$\mathrm{var}(\dot{\rho})=\left(\frac{c}{\sqrt{2}\,\pi f_{\mathrm{carr}}T_{\mathrm{D}}}\right)^{2}\frac{B_{\mathrm{n}}}{C/N_{0}}\left[1+\frac{1}{2T_{\mathrm{coh}}C/N_{0}}\right] \tag{11.18}$$

式中：T_{D} 为多普勒积分时间，满足 $T_{\mathrm{D}}=\Delta t_{\mathrm{GNSS}}$。由式(11.18)可知，在 PLL 设计参数确定后，$\mathrm{var}(\dot{\rho})$ 主要由信号载噪比 C/N_0 决定。

当干扰存在时，信号等效载噪比可表示为

$$(C/N_0)_{\mathrm{eq}}=\left(\frac{1}{C/N_0}+\frac{J/S}{Qf_{\mathrm{code}}}\right)^{-1} \tag{11.19}$$

式中：C/N_0 为无干扰时的信号载噪比，dB-Hz；J/S 为干扰功率与信号功率之比；f_{code} 为伪码速率；Q 为抗干扰品质因数(窄带干扰为 1，宽带干扰为 2)。

6.多普勒辅助偏差

二阶 PLL 对多普勒辅助偏差 $\delta f_{\mathrm{doppb}}$ 较为敏感，通过将组合导航滤波器对 SINS 的加速度估计误差投影到卫星视线方向，可以得到

$$\delta\dot{f}_{\mathrm{doppb}}=\frac{f_{\mathrm{carr}}}{c}\boldsymbol{L}^{\mathrm{T}}\delta\boldsymbol{a} \tag{11.20}$$

式中：$\delta\boldsymbol{a}=[\delta a_x,\delta a_y,\delta a_z]^{\mathrm{T}}$ 表示地心地固坐标系中的 SINS 加速度估计误差；$\boldsymbol{L}=[e_1,e_2,e_3]^{\mathrm{T}}$ 为接收机到卫星视线方向的单位矢量。

当载体高速机动时，加速度计标度因数误差和平台失准角是造成 $\delta\boldsymbol{a}$ 增大的主要因素。若选择东-北-天地理坐标系作为导航坐标系，则由加速度计标度因数误差导致的加速度估计误差为

$$\delta\boldsymbol{a}_{\mathrm{sf}}=\boldsymbol{R}_{\mathrm{n}}^{\mathrm{e}}\boldsymbol{R}_{\mathrm{b}}^{\mathrm{n}}\mathrm{diag}(\delta k_{\mathrm{ax}},\delta k_{\mathrm{ay}},\delta k_{\mathrm{az}})\boldsymbol{f}^{\mathrm{b}} \tag{11.21}$$

式中：$\boldsymbol{f}^{\mathrm{b}}=[f_x^{\mathrm{b}},f_y^{\mathrm{b}},f_z^{\mathrm{b}}]^{\mathrm{T}}$ 为加速度计测量得到的比力；$\delta\boldsymbol{k}_{\mathrm{a}}=[\delta k_{\mathrm{ax}},\delta k_{\mathrm{ay}},\delta k_{\mathrm{az}}]^{\mathrm{T}}$ 为加速度计的标度因数误差；$\boldsymbol{R}_{\mathrm{b}}^{\mathrm{n}}$ 为载体坐标系到导航坐标系的转换矩阵；$\boldsymbol{R}_{\mathrm{n}}^{\mathrm{e}}$ 为导航坐标系到地心地固坐标系的转换矩阵。

而由平台失准角 $[\varphi_{\mathrm{E}},\varphi_{\mathrm{N}},\varphi_{\mathrm{U}}]^{\mathrm{T}}$ 导致的加速度估计误差可表示为

$$\delta\boldsymbol{a}_{\mathrm{mis}}=\boldsymbol{R}_{\mathrm{n}}^{\mathrm{e}}\begin{bmatrix}0 & -\varphi_{\mathrm{U}} & \varphi_{\mathrm{N}}\\ \varphi_{\mathrm{U}} & 0 & -\varphi_{\mathrm{E}}\\ -\varphi_{\mathrm{N}} & \varphi_{\mathrm{E}} & 0\end{bmatrix}\boldsymbol{R}_{\mathrm{b}}^{\mathrm{n}}\boldsymbol{f}^{\mathrm{b}} \tag{11.22}$$

则总的加速度估计误差为

$$\delta\boldsymbol{a}=\delta\boldsymbol{a}_{\mathrm{sf}}+\delta\boldsymbol{a}_{\mathrm{mis}} \tag{11.23}$$

由式(11.20)可以看出，当加速度估计误差 $\delta\boldsymbol{a}$ 的方向与接收机到卫星的视线方向 $\boldsymbol{L}$ 平行时，$\delta\dot{f}_{\mathrm{doppb}}$ 取最大值，其值为

$$|\delta\dot{f}_{\mathrm{doppb}}|_{\max}=\frac{f_{\mathrm{carr}}}{c}|\delta\boldsymbol{a}| \tag{11.24}$$

在复频域应用终值定理，可以得到由 $\delta\dot{f}_{\mathrm{doppb}}$ 引起的二阶 PLL 的最大动态应力误差为

$$\theta_{\mathrm{e}}=360\frac{|\delta\dot{f}_{\mathrm{doppb}}|_{\max}}{(1.885B_{\mathrm{n}})^{2}} \tag{11.25}$$

式中：θ_{e} 的单位为(°)。

11.3　基于误差解耦的 SINS/GNSS 超紧组合方案设计

在高动态、强干扰等恶劣环境中，多普勒辅助误差的显著增加，使得跟踪环路没有足够的带宽裕度对多普勒辅助误差进行跟踪，从而导致 GNSS 测量误差的相关性以及 SINS/GNSS 超紧组合导航系统的性能下降。因此，如何解决 SINS/GNSS 超紧组合导航系统中的误差相关性问题，是提高 SINS/GNSS 组合导航系统性能的关键。

11.3.1　伪距率误差解耦方法

伪距率误差解耦方法的原理如图 11.4 所示，下面进一步建立这种跟踪误差估计器的模型。

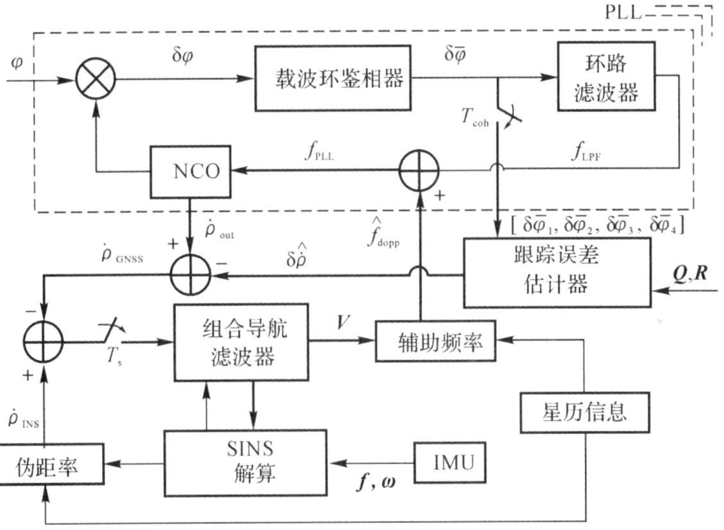

图 11.4　伪距率误差解耦方法原理

1.PLL 跟踪误差

PLL 频率跟踪误差 δf_{PLL} 为环路滤波器的输出误差 δf_{LPF} 与多普勒辅助误差 δf_{dopp} 之和，即

$$\delta f_{PLL} = \delta f_{LPF} + \delta f_{dopp} \tag{11.26}$$

忽略卫星速度计算误差的影响，则多普勒辅助误差与 SINS 速度估计误差之间的关系为

$$\delta f_{dopp} = \frac{f_{carr}}{c}\delta \boldsymbol{V}^{T}\boldsymbol{L} \tag{11.27}$$

式中：$\delta \boldsymbol{V} = [\delta V_x, \delta V_y, \delta V_z]^T$ 为 SINS 速度估计误差。

SINS 速度估计误差可由加速度估计误差积分得到。而加速度估计误差 $\delta\dot{\boldsymbol{V}}$ 由两部分组

成：一部分是由加速度计标度因数误差导致的加速度估计误差；另一部分则是由平台失准角导致的加速度估计误差，则有

$$\delta\dot{\boldsymbol{V}}=\delta\boldsymbol{a}_{\text{sf}}+\delta\boldsymbol{a}_{\text{mis}}=\boldsymbol{R}_{\text{n}}^{\text{e}}\boldsymbol{R}_{\text{b}}^{\text{n}}\text{diag}(\boldsymbol{f}^{\text{b}})\begin{bmatrix}\delta k_{ax}\\ \delta k_{ay}\\ \delta k_{az}\end{bmatrix}-\boldsymbol{R}_{\text{n}}^{\text{e}}\boldsymbol{M}\begin{bmatrix}\varphi_{\text{E}}\\ \varphi_{\text{N}}\\ \varphi_{\text{U}}\end{bmatrix} \tag{11.28}$$

式中：$\boldsymbol{M}$ 为 $\boldsymbol{R}_{\text{b}}^{\text{n}}\cdot\boldsymbol{f}^{\text{b}}$ 对应的反对称矩阵。

这样，综合式(11.26)和式(11.27)，便可得到 δf_{PLL} 所导致的载波相位跟踪误差的变化率为

$$\delta\dot{\varphi}=2\pi\left(\delta f_{\text{LPF}}+\frac{f_{\text{carr}}}{c}\delta\boldsymbol{V}^{\text{T}}\cdot\boldsymbol{L}\right) \tag{11.29}$$

2.跟踪误差估计器模型

假设组合导航滤波器使用4个GNSS跟踪通道提供的量测信息进行组合滤波，并将 $\boldsymbol{X}=[\delta\varphi_1,\delta\varphi_2,\delta\varphi_3,\delta\varphi_4,\delta V_x,\delta V_y,\delta V_z,\delta k_{ax},\delta k_{ay},\delta k_{az},\varphi_{\text{E}},\varphi_{\text{N}},\varphi_{\text{U}},\delta f_{\text{LPF1}},\delta f_{\text{LPF2}},\delta f_{\text{LPF3}},\delta f_{\text{LPF4}}]^{\text{T}}$ 作为跟踪误差估计器的状态矢量，则可得到状态方程为

$$\dot{\boldsymbol{X}}=\boldsymbol{F}\boldsymbol{X}+\boldsymbol{G}\boldsymbol{W} \tag{11.30}$$

式中：系统噪声矢量

$$\boldsymbol{W}=[w_{ax},w_{ay},w_{az},w_{\varphi\text{E}},w_{\varphi\text{N}},w_{\varphi\text{U}},w_{\text{LPF1}},w_{\text{LPF2}},w_{\text{LPF3}},w_{\text{LPF4}}]^{\text{T}} \tag{11.31}$$

其中：(w_{ax},w_{ay},w_{az}) 表示组合导航滤波器对加速度计标度因数误差的驱动噪声；$(w_{\varphi\text{E}},w_{\varphi\text{N}},w_{\varphi\text{U}})$ 表示组合导航滤波器对平台失准角的驱动噪声；$(w_{\text{LPF1}},w_{\text{LPF2}},w_{\text{LPF3}},w_{\text{LPF4}})$ 表示跟踪环路载波频率跟踪误差的驱动噪声。

式(11.30)中的状态矩阵 $\boldsymbol{F}$ 为

$$\boldsymbol{F}=\begin{bmatrix}\boldsymbol{0}_{4\times4} & \boldsymbol{E} & \boldsymbol{0}_{4\times3} & \boldsymbol{0}_{4\times3} & 2\pi\boldsymbol{I}_{4\times4}\\ \boldsymbol{0}_{3\times4} & \boldsymbol{0}_{3\times3} & \boldsymbol{R}_{\text{n}}^{\text{e}}\boldsymbol{R}_{\text{b}}^{\text{n}}\boldsymbol{A} & \boldsymbol{R}_{\text{n}}^{\text{e}}\boldsymbol{M} & \boldsymbol{0}_{3\times4}\\ \boldsymbol{0}_{10\times4} & \boldsymbol{0}_{10\times3} & \boldsymbol{0}_{10\times3} & \boldsymbol{0}_{10\times3} & \boldsymbol{0}_{10\times4}\end{bmatrix}_{17\times17} \tag{11.32}$$

式中：$\boldsymbol{E}=2\pi\dfrac{f_{\text{carr}}}{c}[\boldsymbol{L}_1,\boldsymbol{L}_2,\boldsymbol{L}_3,\boldsymbol{L}_4]^{\text{T}}$；$\boldsymbol{A}=\text{diag}(f_x,f_y,f_z)$；$\boldsymbol{M}=\begin{bmatrix}0 & f_{\text{U}} & -f_{\text{N}}\\ -f_{\text{U}} & 0 & f_{\text{E}}\\ f_{\text{N}} & -f_{\text{E}} & 0\end{bmatrix}$。

式(11.30)中的系统噪声驱动矩阵 $\boldsymbol{G}$ 为

$$\boldsymbol{G}=\begin{bmatrix}\boldsymbol{0}_{7\times3} & \boldsymbol{0}_{7\times3} & \boldsymbol{0}_{7\times4}\\ \boldsymbol{I}_{3\times3} & \boldsymbol{0}_{3\times3} & \boldsymbol{0}_{3\times4}\\ \boldsymbol{0}_{3\times3} & \boldsymbol{I}_{3\times3} & \boldsymbol{0}_{3\times4}\\ \boldsymbol{0}_{4\times3} & \boldsymbol{0}_{4\times3} & \boldsymbol{I}_{4\times4}\end{bmatrix}_{17\times10} \tag{11.33}$$

取鉴相器输出 $\delta\overline{\varphi}$ 作为量测量，则可得到跟踪误差估计器的量测方程为

$$[\delta\overline{\varphi}_1,\delta\overline{\varphi}_2,\delta\overline{\varphi}_3,\delta\overline{\varphi}_4]^{\text{T}}=[\boldsymbol{I}_{4\times4}\quad \boldsymbol{0}_{4\times13}]\boldsymbol{X}+\boldsymbol{v} \tag{11.34}$$

式中：$\boldsymbol{v}=[v_1,v_2,v_3,v_4]^{\text{T}}$ 为4个跟踪通道的鉴相器误差所构成的量测噪声矢量。

式(11.30)和式(11.34)即为跟踪误差估计器的状态方程和量测方程。以PLL相关累积时间 T_{coh} 为采样时间间隔，对所建立的状态方程和量测方程进行离散化，则可在每个PLL

更新时刻对系统状态矢量 $\boldsymbol{X}$ 进行估计。而在获得组合导航滤波器递推时刻 kT_s 对应的状态估计结果 $\hat{\boldsymbol{X}}(kT_s)$ 后，便可将对应通道的 PLL 频率跟踪误差估计值 $\delta\hat{f}_{\mathrm{PLL}}(kT_s)$ 变换为伪距率误差：

$$\delta\hat{\dot{\rho}}(kT_s)=\frac{\delta\hat{f}_{\mathrm{PLL}}(kT_s)c}{f_{\mathrm{carr}}}=\delta\boldsymbol{V}^{\mathrm{T}}(kT_s)\cdot\boldsymbol{L}+\frac{\delta\hat{f}_{\mathrm{LPF}}(kT_s)}{f_{\mathrm{carr}}}c \tag{11.35}$$

则修正后的 GNSS 伪距率为

$$\dot{\rho}_{\mathrm{GNSS}}(kT_s)=\dot{\rho}_{\mathrm{out}}(kT_s)-\delta\hat{\dot{\rho}}(kT_s) \tag{11.36}$$

式中：$\dot{\rho}_{\mathrm{out}}(kT_s)$ 为跟踪环输出的伪距率信息。

上述跟踪误差估计器独立于组合导航滤波器，这种分散式结构有助于减小系统的计算量。与传统的跟踪误差估计器相比，这种跟踪误差估计器由于对 SINS 误差进行了建模，并有效利用了反映 GNSS 信号品质的系统噪声方差阵 $\boldsymbol{Q}$ 及量测噪声方差阵 $\boldsymbol{R}$ 的有关信息，因而在高动态、强干扰等恶劣环境中，可以得到更高精度的伪距率误差估计值，从而能够实现对伪距率量测误差的精确补偿。

11.3.2　伪距误差解耦方法

由于 DLL 和 PLL 具有相同形式的传递函数(仅参数不同)，所以伪距率误差解耦方法同样也适用于 SINS 辅助 DLL 的伪距误差解耦。利用码跟踪误差估计器，得到 kT_s 时刻对应的码相位跟踪误差估计值 $\delta\hat{\tau}(kT_s)$（单位为 chip)后，便可对码环输出的伪距 ρ_{out} 进行修正，则修正后的伪距为

$$\rho_{\mathrm{GNSS}}(kT_s)=\rho_{\mathrm{out}}(kT_s)-K_\tau\delta\hat{\tau}(kT_s) \tag{11.37}$$

式中：K_τ 表示一个伪码码片对应的距离，对于北斗 B1I 信号，$K_\tau=147\ \mathrm{m/chip}$ 。

在伪距/伪距率误差解耦后，GNSS 量测残差即为组合导航滤波器的量测噪声。由于该量测噪声可视为相互独立的白噪声，所以理论上组合导航滤波器可以得到 SINS 误差状态的最优无偏估计。这样，组合导航滤波器估计精度的提高，有助于减小多普勒辅助误差对跟踪环性能的影响，从而进一步提高组合系统在高动态、强干扰环境下的性能。

11.3.3　组合导航滤波器模型

超紧组合系统中组合导航滤波器的系统模型与紧组合导航系统的组合导航滤波器类似，系统误差状态模型包括 SINS 误差状态方程和 GNSS 误差状态方程。

1.SINS 误差状态方程

将 SINS 位置误差 $[\delta L,\delta\lambda,\delta h]^{\mathrm{T}}$、速度误差 $[\delta v_{\mathrm{E}},\delta v_{\mathrm{N}},\delta v_{\mathrm{U}}]^{\mathrm{T}}$、平台失准角 $[\varphi_{\mathrm{E}},\varphi_{\mathrm{N}},\varphi_{\mathrm{U}}]^{\mathrm{T}}$、加速度计零偏 $[\nabla_{ax},\nabla_{ay},\nabla_{az}]^{\mathrm{T}}$ 及其标度因数误差 $[\delta K_{ax},\delta K_{ay},\delta K_{az}]^{\mathrm{T}}$、陀螺仪常值漂移 $[\varepsilon_{bx},\varepsilon_{by},\varepsilon_{bz}]^{\mathrm{T}}$ 及其标度因数误差 $[\delta K_{gx},\delta K_{gy},\delta K_{gz}]^{\mathrm{T}}$ 作为 SINS 的误差状态，并以东-北-天地理坐标系为导航坐标系，则可得到 SINS 误差状态方程为

$$\dot{\boldsymbol{X}}_{\mathrm{I}} = \boldsymbol{F}_{\mathrm{I}} \boldsymbol{X}_{\mathrm{I}} + \boldsymbol{G}_{\mathrm{I}} \boldsymbol{W}_{\mathrm{I}} \tag{11.38}$$

式中：状态矢量 $\boldsymbol{X}_{\mathrm{I}}$ 为

$$\boldsymbol{X}_{\mathrm{I}} = [\delta L, \delta\lambda, \delta h, \delta v_{\mathrm{E}}, \delta v_{\mathrm{N}}, \delta v_{\mathrm{U}}, \varphi_{\mathrm{E}}, \varphi_{\mathrm{N}}, \varphi_{\mathrm{U}}, \nabla_{\mathrm{a}x}, \nabla_{\mathrm{a}y}, \nabla_{\mathrm{a}z}, \delta K_{\mathrm{a}x}, \delta K_{\mathrm{a}y}, \delta K_{\mathrm{a}z}, \varepsilon_{\mathrm{b}x}, \varepsilon_{\mathrm{b}y}, \varepsilon_{\mathrm{b}z}, \delta K_{\mathrm{g}x}, \delta K_{\mathrm{g}y}, \delta K_{\mathrm{g}z}]^{\mathrm{T}}$$

系统噪声矢量 $\boldsymbol{W}_{\mathrm{I}}$ 为

$$\boldsymbol{W}_{\mathrm{I}} = [w_{\mathrm{a}x}, w_{\mathrm{a}y}, w_{\mathrm{a}z}, w_{\mathrm{g}x}, w_{\mathrm{g}y}, w_{\mathrm{g}z}]^{\mathrm{T}} \tag{11.39}$$

式中：$[w_{\mathrm{a}x}, w_{\mathrm{a}y}, w_{\mathrm{a}z}]^{\mathrm{T}}$ 为加速度计测量白噪声；$[w_{\mathrm{g}x}, w_{\mathrm{g}y}, w_{\mathrm{g}z}]^{\mathrm{T}}$ 为陀螺仪测量白噪声。

状态矩阵 $\boldsymbol{F}_{\mathrm{I}}$ 为

$$\boldsymbol{F}_{\mathrm{I}} = \begin{bmatrix} \boldsymbol{D}\boldsymbol{D}_{\mathrm{r}} & \boldsymbol{D} & \boldsymbol{0}_{3\times3} & \boldsymbol{0}_{3\times3} & \boldsymbol{0}_{3\times3} & \boldsymbol{0}_{3\times3} & \boldsymbol{0}_{3\times3} \\ \boldsymbol{V}_{\mathrm{ssm}}\boldsymbol{N}_1 & \boldsymbol{P} & -\boldsymbol{F}^{\mathrm{n}} & \boldsymbol{R}_{\mathrm{b}}^{\mathrm{n}} & \boldsymbol{R}_{\mathrm{b}}^{\mathrm{n}}\boldsymbol{B}_1 & \boldsymbol{0}_{3\times3} & \boldsymbol{0}_{3\times3} \\ \boldsymbol{N}_1 & \boldsymbol{N}_2 & \boldsymbol{\Omega}_{\mathrm{ie}}^{\mathrm{n}} + \boldsymbol{\Omega}_{\mathrm{en}}^{\mathrm{n}} & \boldsymbol{0}_{3\times3} & \boldsymbol{0}_{3\times3} & -\boldsymbol{R}_{\mathrm{b}}^{\mathrm{n}} & -\boldsymbol{R}_{\mathrm{b}}^{\mathrm{n}}\boldsymbol{B}_2 \\ \boldsymbol{0}_{12\times3} & \boldsymbol{0}_{12\times3} & \boldsymbol{0}_{12\times3} & \boldsymbol{0}_{12\times3} & \boldsymbol{0}_{12\times3} & \boldsymbol{0}_{12\times3} & \boldsymbol{0}_{12\times3} \end{bmatrix}_{21\times21} \tag{11.40}$$

式中：$\boldsymbol{P} = -(2\boldsymbol{\Omega}_{\mathrm{ie}}^{\mathrm{n}} + \boldsymbol{\Omega}_{\mathrm{en}}^{\mathrm{n}}) + \boldsymbol{V}_{\mathrm{ssm}}\boldsymbol{N}_2$；$\boldsymbol{B}_1 = \mathrm{diag}(f_x^{\mathrm{b}}, f_y^{\mathrm{b}}, f_z^{\mathrm{b}})$；$\boldsymbol{B}_2 = \mathrm{diag}(\varepsilon_x^{\mathrm{b}}, \varepsilon_y^{\mathrm{b}}, \varepsilon_z^{\mathrm{b}})$；$\boldsymbol{\Omega}_{\mathrm{ie}}^{\mathrm{n}}$ 为 $\boldsymbol{\omega}_{\mathrm{ie}}^{\mathrm{n}} = [0, \omega_{\mathrm{ie}}\cos L, \omega_{\mathrm{ie}}\sin L]^{\mathrm{T}}$ 对应的反对称矩阵；$\boldsymbol{\Omega}_{\mathrm{en}}^{\mathrm{n}}$ 为 $\boldsymbol{\omega}_{\mathrm{en}}^{\mathrm{n}} = [-\dot{L}, \dot{\lambda}\cos L, \dot{\lambda}\sin L]^{\mathrm{T}}$ 对应的反对称矩阵；$\boldsymbol{V}_{\mathrm{ssm}}$ 为 $[v_{\mathrm{E}}, v_{\mathrm{N}}, v_{\mathrm{U}}]^{\mathrm{T}}$ 对应的反对称矩阵；$\boldsymbol{f}^{\mathrm{b}} = [f_x^{\mathrm{b}}, f_y^{\mathrm{b}}, f_z^{\mathrm{b}}]^{\mathrm{T}}$ 为加速度计测量值；$\boldsymbol{\varepsilon}^{\mathrm{b}} = [\varepsilon_x^{\mathrm{b}}, \varepsilon_y^{\mathrm{b}}, \varepsilon_z^{\mathrm{b}}]^{\mathrm{T}}$ 为陀螺仪测量值；$\boldsymbol{F}^{\mathrm{n}}$ 为 $\boldsymbol{R}_{\mathrm{b}}^{\mathrm{n}}\boldsymbol{f}^{\mathrm{b}}$ 对应的反对称矩阵；此外，$\boldsymbol{D}$、$\boldsymbol{D}_{\mathrm{r}}$、$\boldsymbol{N}_1$、$\boldsymbol{N}_2$ 的表达式分别为

$$\boldsymbol{D} = \begin{bmatrix} 0 & 1/[(R_{\mathrm{N}}+h)\cos L] & 0 \\ 1/(R_{\mathrm{M}}+h) & 0 & 0 \\ 0 & 0 & 1 \end{bmatrix}, \quad \boldsymbol{D}_{\mathrm{r}} = \begin{bmatrix} -\dot{\lambda}(R_{\mathrm{N}}+h)\cos L & 0 & \dot{\lambda}\cos L \\ 0 & 0 & \dot{L} \\ 0 & 0 & 0 \end{bmatrix}$$

$$\boldsymbol{N}_1 = \begin{bmatrix} 0 & 0 & 0 \\ -\omega_{\mathrm{ie}}\sin L & 0 & 0 \\ -\omega_{\mathrm{ie}}\cos L & 0 & 0 \end{bmatrix}, \quad \boldsymbol{N}_2 = \begin{bmatrix} 0 & -\dfrac{1}{R_{\mathrm{M}}+h} & 0 \\ \dfrac{1}{R_{\mathrm{N}}+h} & 0 & 0 \\ \dfrac{\tan L}{R_{\mathrm{N}}+h} & 0 & 0 \end{bmatrix}$$

式中：R_{M} 为子午圈曲率半径；R_{N} 为卯酉圈曲率半径；ω_{ie} 为地球自转角速率。

系统噪声驱动矩阵 $\boldsymbol{G}_{\mathrm{I}}$ 为

$$\boldsymbol{G}_{\mathrm{I}} = \begin{bmatrix} \boldsymbol{0}_{3\times3} & \boldsymbol{0}_{3\times3} \\ \boldsymbol{R}_{\mathrm{b}}^{\mathrm{n}} & \boldsymbol{0}_{3\times3} \\ \boldsymbol{0}_{3\times3} & -\boldsymbol{R}_{\mathrm{b}}^{\mathrm{n}} \\ \boldsymbol{0}_{12\times3} & \boldsymbol{0}_{12\times3} \end{bmatrix} \tag{11.41}$$

2.GNSS 误差状态方程

GNSS 的误差状态通常选取两个与时间有关的误差：一个是与时钟误差等效的距离误差 δt_{u}，另一个是与钟漂等效的距离率误差 δt_{ru}。假设钟漂为一阶马尔可夫过程，则可得到 GNSS 误差状态方程为

$$\dot{\boldsymbol{X}}_{\mathrm{G}}=\boldsymbol{F}_{\mathrm{G}}\boldsymbol{X}_{\mathrm{G}}+\boldsymbol{G}_{\mathrm{G}}\boldsymbol{W}_{\mathrm{G}} \tag{11.42}$$

式中：$\boldsymbol{X}_{\mathrm{G}}=[\delta t_{\mathrm{u}},\delta t_{\mathrm{ru}}]^{\mathrm{T}}$；$\boldsymbol{F}_{\mathrm{G}}=\begin{bmatrix}0 & 1\\ 0 & -1/t_{\mathrm{ru}}\end{bmatrix}$；$\boldsymbol{G}_{\mathrm{G}}=\boldsymbol{I}_{2\times2}$；$\boldsymbol{W}_{\mathrm{G}}=[\omega_{\mathrm{u}},\omega_{\mathrm{ru}}]^{\mathrm{T}}$；$t_{\mathrm{ru}}$ 表示等效距离率误差的相关时间；ω_{u} 和 ω_{ru} 为白噪声。

综合式(11.38)和式(11.42)，便可得到组合导航滤波器的状态方程为

$$\dot{\boldsymbol{X}}=\begin{bmatrix}\dot{\boldsymbol{X}}_{\mathrm{I}}\\ \dot{\boldsymbol{X}}_{\mathrm{G}}\end{bmatrix}=\begin{bmatrix}\boldsymbol{F}_{\mathrm{I}} & \boldsymbol{0}_{21\times2}\\ \boldsymbol{0}_{2\times21} & \boldsymbol{F}_{\mathrm{G}}\end{bmatrix}\begin{bmatrix}\boldsymbol{X}_{\mathrm{I}}\\ \boldsymbol{X}_{\mathrm{G}}\end{bmatrix}+\begin{bmatrix}\boldsymbol{G}_{\mathrm{I}} & \boldsymbol{0}_{21\times2}\\ \boldsymbol{0}_{2\times6} & \boldsymbol{G}_{\mathrm{G}}\end{bmatrix}\begin{bmatrix}\boldsymbol{W}_{\mathrm{I}}\\ \boldsymbol{W}_{\mathrm{G}}\end{bmatrix} \tag{11.43}$$

3.组合导航滤波器量测方程

选择 SINS 和 GNSS 两者的伪距差值和伪距率差值作为组合导航滤波器的量测量。通过将 SINS 的伪距和伪距率展开为泰勒级数，取一阶近似并忽略高阶项，则可得到组合导航滤波器的量测方程为

$$\boldsymbol{Z}=\boldsymbol{H}\boldsymbol{X}+\boldsymbol{V}_{\mathrm{GNSS}} \tag{11.44}$$

式中：量测矢量 $\boldsymbol{Z}$ 及量测噪声矢量 $\boldsymbol{V}_{\mathrm{GNSS}}$ 可以表示为

$$\boldsymbol{Z}=[\delta\rho_1,\delta\rho_2,\delta\rho_3,\delta\rho_4,\delta\dot{\rho}_1,\delta\dot{\rho}_2,\delta\dot{\rho}_3,\delta\dot{\rho}_4]^{\mathrm{T}} \tag{11.45}$$

$$\boldsymbol{V}_{\mathrm{GNSS}}=[v_{\rho1},v_{\rho2},v_{\rho3},v_{\rho4},v_{\dot{\rho}1},v_{\dot{\rho}2},v_{\dot{\rho}3},v_{\dot{\rho}4}]^{\mathrm{T}} \tag{11.46}$$

式中：$\delta\rho_i=\rho_{\mathrm{SINS}i}-\rho_{\mathrm{GNSS}i}$，$\delta\dot{\rho}_i=\dot{\rho}_{\mathrm{SINS}i}-\dot{\rho}_{\mathrm{GNSS}i}(i=1,2,3,4)$ 分别表示第 i 个跟踪通道所对应的 SINS 和 GNSS 伪距和伪距率差值；$v_{\rho i}$ 和 $v_{\dot{\rho}i}$ 分别表示第 i 个跟踪通道的 GNSS 伪距和伪距率量测噪声。

量测矩阵 $\boldsymbol{H}$ 可表示为

$$\boldsymbol{H}=\begin{bmatrix}\boldsymbol{E}_2\boldsymbol{E}_3 & \boldsymbol{0}_{4\times3} & -\boldsymbol{I}_{4\times1} & \boldsymbol{0}_{4\times1}\\ \boldsymbol{0}_{4\times3} & \boldsymbol{E}_2\boldsymbol{R}_{\mathrm{n}}^{\mathrm{e}} & \boldsymbol{0}_{4\times1} & -\boldsymbol{I}_{4\times1}\end{bmatrix} \tag{11.47}$$

式中：$\boldsymbol{E}_2=[\boldsymbol{L}_1,\boldsymbol{L}_2,\boldsymbol{L}_3,\boldsymbol{L}_4]^{\mathrm{T}}$；$\boldsymbol{R}_{\mathrm{n}}^{\mathrm{e}}$ 为导航坐标系到地心地固坐标系的转换矩阵，可表示为

$$\boldsymbol{R}_{\mathrm{n}}^{\mathrm{e}}=\begin{bmatrix}-\sin\lambda & -\sin L\cos\lambda & \cos L\cos\lambda\\ \cos\lambda & -\sin L\sin\lambda & \cos L\sin\lambda\\ 0 & \cos L & \sin L\end{bmatrix} \tag{11.48}$$

$\boldsymbol{E}_3$ 可以表示为

$$\boldsymbol{E}_3=\begin{bmatrix}-(R_{\mathrm{N}}+h)\sin L\cos\lambda & (R_{\mathrm{N}}+h)\cos L\sin\lambda & \cos L\cos\lambda\\ -(R_{\mathrm{N}}+h)\sin L\sin\lambda & (R_{\mathrm{N}}+h)\cos L\cos\lambda & \cos L\sin\lambda\\ 0 & [R_{\mathrm{N}}(1-k^2)+h]\cos L & \sin L\end{bmatrix} \tag{11.49}$$

其中：k 为地球的一阶偏心率。

11.3.4　基于误差解耦的新型 SINS/GNSS 超紧组合方案

基于伪距和伪距率误差解耦方法，设计了一种新型 SINS/GNSS 超紧组合导航方案，其结构如图 11.5 所示。在正常信号条件下，采用 PLL 辅助 DLL 模式，将 PLL 输出的本地载波频率通过比例因子转换为精确的码速率，以辅助 DLL 跟踪；而在高动态、强干扰环境下，

为了防止 PLL 工作性能下降对 DLL 造成污染，这时应及时将 PLL 辅助 DLL 模式切换到 SINS 辅助 DLL 模式。

由于载波环对多普勒辅助误差较为敏感，因此，载波环是 SINS/GNSS 超紧组合系统中的薄弱环节。在多普勒辅助 PLL 结构中引入载波跟踪误差估计器，可以去除伪距率误差中的相关分量，提高组合导航滤波器对 SINS 速度误差的估计精度，从而减小多普勒辅助误差，使 NCO 获得更精确的控制指令。因此，伪距率误差解耦有利于提高高动态、强干扰环境下 PLL 的跟踪精度，并降低其失锁概率。

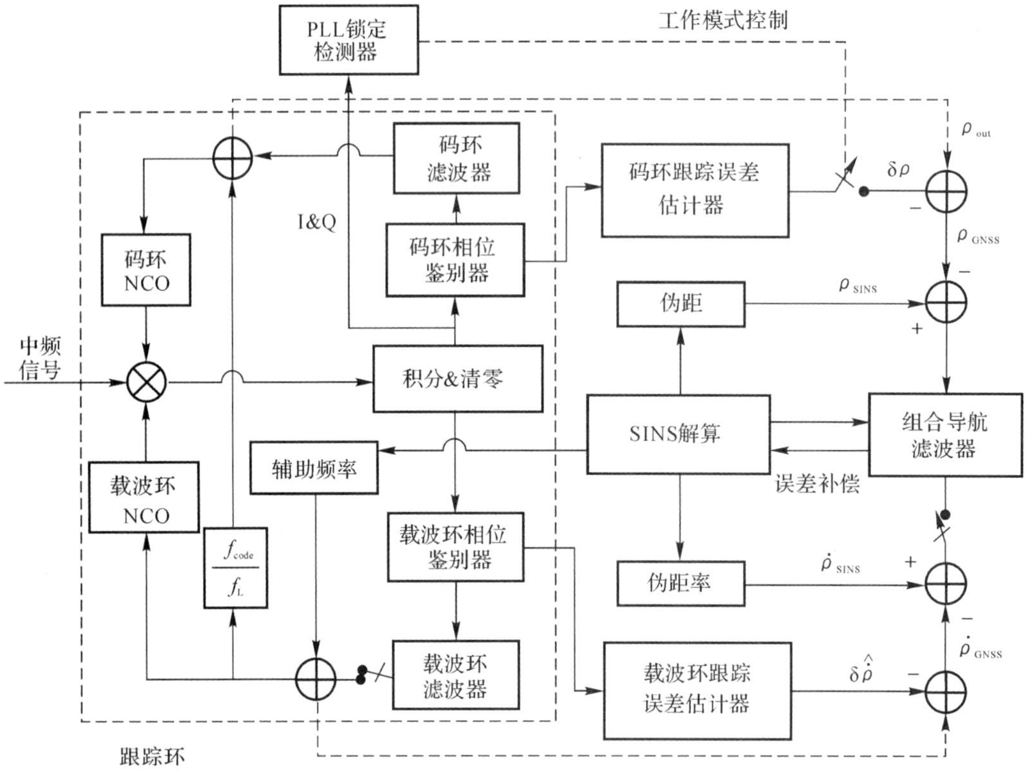

图 11.5 基于误差解耦的新型 SINS/GNSS 超紧组合方案结构

在锁定状态下，PLL 具有较高的频率跟踪精度，因而 PLL 对 DLL 的辅助误差较小，对 DLL 的影响可以忽略，此时无需进行伪距误差解耦；而在 PLL 失锁后，由于系统没有可用的伪距率信息，这样会降低对 SINS 误差的校正效果，进而增大多普勒辅助误差，极易使伪距误差中出现相关分量。因此，在 SINS 辅助 DLL 模式中，需要启动码跟踪误差估计器进行伪距误差解耦。

在组合导航系统的工作过程中，将 PLL 锁定检测器的输出作为系统工作模式的控制参数。不同辅助模式之间的切换可以在提高组合导航系统可用性的同时，增强系统在恶劣工作环境中的鲁棒性。

11.3.5　性能仿真验证

惯性器件的误差设定为：陀螺仪的常值漂移为 8 (°)/h，标度因数误差为 400×10^{-6}，随机游走为0.3 (°)/$\sqrt{\text{h}}$；加速度计的零偏为 10 mg，标度因数误差为 500×10^{-6}，随机噪声为 0.03 m/s^2。PLL 和 DLL 分别选用二阶环和一阶环，它们的环路带宽分别为 2 Hz 和 0.05 Hz，相关累积时间为 1 ms。

利用 PLL 锁定检测器指示载波相位的跟踪状态。该锁定检测器的输出值 L_c 是相位跟踪误差 $\delta\varphi$ 的函数，满足 $L_c=\cos(2\delta\varphi)$。失锁检测阈值设为 0.7，可保证在正常跟踪状态下，I 支路拥有 85%以上的能量。当 L_c 大于 0.7 时，表明 PLL 处于正常跟踪状态；反之，则表明 PLL 失锁。

1.高动态环境

假设载体从 37 s 开始以 20 g 的阶跃加速度持续运动 20 s。图 11.6 分别为传统超紧组合系统和新型超紧组合系统中 PLL 锁定检测器的输出结果。

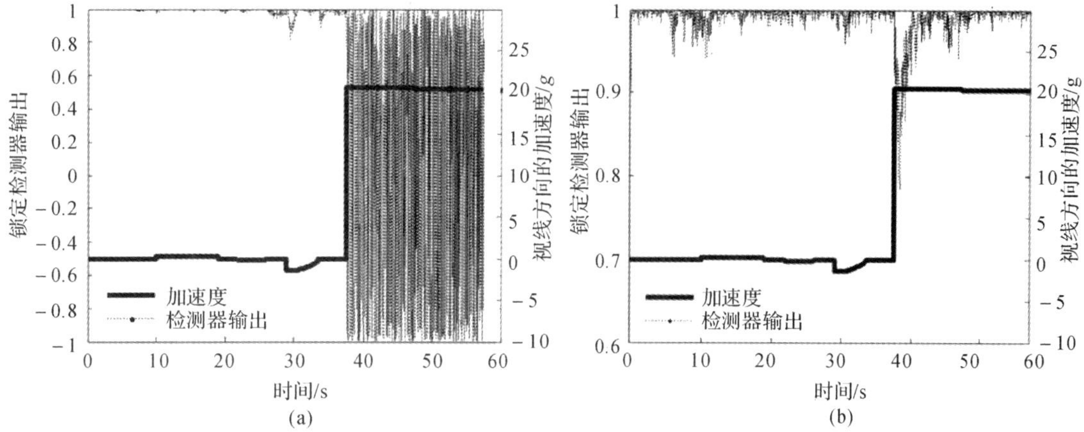

图 11.6　传统超紧组合系统和新型超紧组合系统 PLL 锁定检测器输出

(a)传统超紧组合系统；　(b)新型超紧组合系统

可以看出，传统超紧组合系统的载波环从 37 s 开始发生失锁。这是由于载体高速机动所产生的多普勒辅助误差使得 PLL 跟踪误差显著增大，并导致伪距率测量误差出现相关性，从而降低了组合导航滤波器对 SINS 速度误差的估计与校正效果。因此，在传统超紧组合系统中，由于多普勒辅助误差未能得到及时有效的校正，所以造成载波相位稳态跟踪误差超过跟踪门限而导致 PLL 失锁。然而，所设计的这种新型超紧组合系统通过误差解耦，使得伪距率测量误差不再具有相关性，因此理论上组合导航滤波器可以得到 SINS 速度误差状态的最优估计。而组合导航滤波器估计精度的提高，有利于减小多普勒辅助误差对跟踪环性能的影响，从而提高组合导航系统在高动态环境下的性能。因此，在新型超紧组合系统中，尽管 PLL 在载体加速度阶跃变化时出现了较大的瞬态误差，但跟踪误差迅速减小。与传统超紧组合系统相比，新型超紧组合系统的性能优势较为明显。

2.强干扰环境

从 27 s 开始对中频信号施加干扰，使各通道的载噪比 C/N_0 从 42 dB-Hz 线性减小到 5 dB-Hz，67.5 s 后干扰消失，C/N_0 恢复到正常水平。

图 11.7 和图 11.8 分别为传统超紧组合系统和新型超紧组合系统的速度误差变化情况。可以看出，随着干扰程度的加深，传统超紧组合系统和新型超紧组合系统的速度输出精度都随之降低，但前者的速度误差大于后者，这表明传统超紧组合系统受干扰的影响更大。

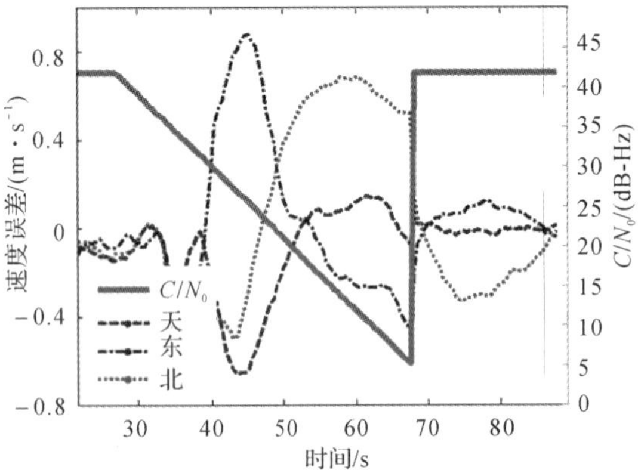

图 11.7　传统超紧组合系统速度误差

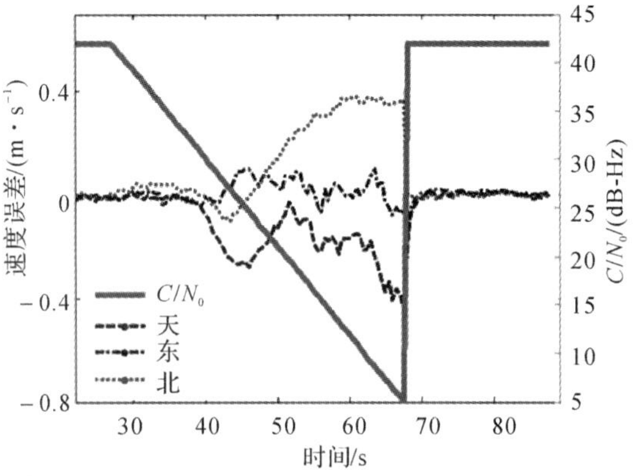

图 11.8　新型超紧组合系统速度误差

在传统超紧组合系统的 PLL 失锁后，环路便切换为 SINS 辅助 DLL 模式，由于此时该系统中的组合导航滤波器没有可用的伪距率信息，所以其对 SINS 速度误差的估计和校正效果较差。而新型超紧组合系统利用跟踪误差估计器提取载波环的跟踪误差，并对伪距率量测量进行修正，从而减小了伪距率测量误差的相关性，使其更加符合组合导航滤波器的建模要求，因此改善了 SINS 速度误差的估计与校正效果。另外，还可以看出，在干扰消失后，新型超紧组合系统输出的速度误差具有更加快速的收敛效果，这表明干扰消失后，新型超紧组合系统恢复到正常导航状态的迟滞更小。

11.4　SINS/GNSS 超紧组合系统完好性监测方法

基于最小二乘残差的自主完好性监测(Receiver Autonomous Integrity Monitoring，RAIM)算法依赖于可见卫星的几何分布。但在实际应用中，并不能保证始终有较好的可见卫星几何分布条件来进行完好性监测。因此，当可见卫星几何分布条件较差时，可以利用 SINS 辅助 GNSS 进行完好性监测。由于 SINS/GNSS 超紧组合系统采用原始的伪距、伪距率信息作为组合导航滤波器的量测信息，所使用的量测信息之间相互独立，而 GNSS 卫星故障表现在伪距、伪距率上，因此各卫星间的故障不会发生相互耦合的情况；另外，当 GNSS 可见星数少于 4 颗时，超紧组合导航系统仍能够正常运行，这便为故障检测与隔离创造了有利的条件。

目前，应用于 SINS/GNSS 组合导航完好性监测的方法主要是基于卡尔曼滤波的卡方检验法，该方法不需要确定造成故障的具体原因，但其缺点是对慢变故障的检测时间较长，且不能完成故障识别与隔离。多解分离（Multiple Solution Separation，MSS）法是将 RAIM 的概念扩展到 SINS/GNSS 超紧组合导航系统的一种有效方法，它以高斯分布的多个卡尔曼滤波估计的解分离为基础进行完好性监测。

下面，以 SINS/GNSS 超紧组合导航系统为基础，利用多解分离（MSS）方法设计了一种层次滤波器的结构，每层滤波器不弃用、弃用一组或两组伪距、伪距率量测值，并利用各层滤波器估计解之间的差异构建检测统计量，从而对 GNSS 故障进行检测和隔离。

11.4.1　层次滤波器结构

基于层次滤波器的 SINS/GNSS 组合导航系统结构如图 11.9 所示，该系统共包含 1 个主滤波器，N 个子滤波器，而次滤波器的数量为 $N(N-1)/2$ 个。主滤波器记为 $F_{0,0}$，子滤波器记为 $F_{0,n}$，次滤波器记为 $F_{m,n}$，其中，m 和 n 都是 1～ N 的整数，表示被弃用的可见卫星标号。利用主滤波器 $F_{0,0}$ 与各个子滤波器 $F_{0,n}$ 状态估计的差值，得到解分离估计，并根据主/子滤波器解分离程度与检测门限的对比结果进行故障检测，而故障隔离则由子滤波器和次滤波器的解分离来实现。

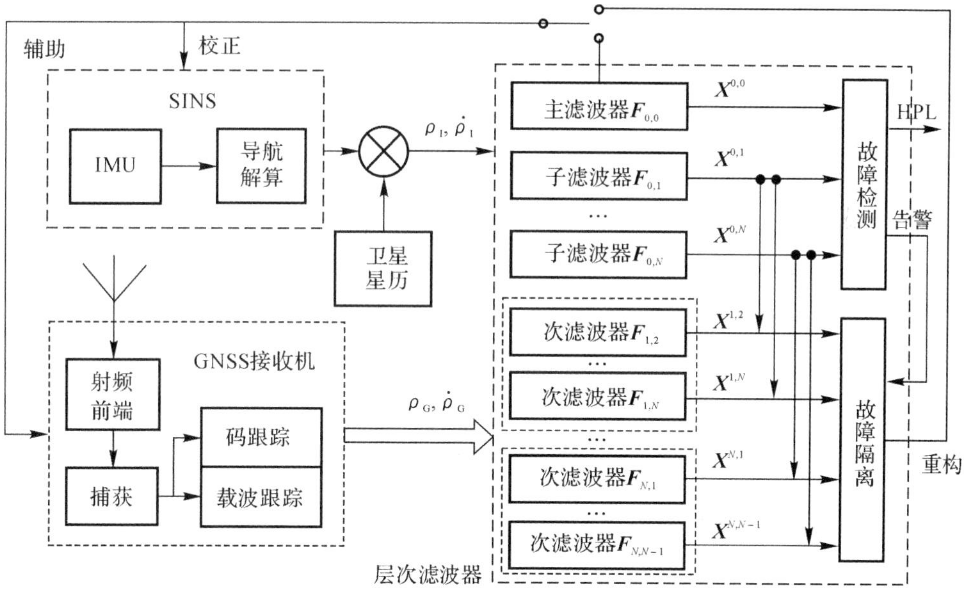

图 11.9　基于层次滤波器的 SINS/GNSS 组合导航系统结构

SINS/GNSS 组合导航系统的状态方程为

$$\boldsymbol{X}(k)=\boldsymbol{\Phi}(k,k-1)\boldsymbol{X}(k-1)+\boldsymbol{\Gamma}(k-1)\boldsymbol{W}(k-1) \tag{11.50}$$

式中，$\boldsymbol{X}=[\varphi_E,\varphi_N,\varphi_U,\delta v_E,\delta v_N,\delta v_U,\delta L,\delta\lambda,\delta h,\varepsilon_{bx},\varepsilon_{by},\varepsilon_{bz},\varepsilon_{rx},\varepsilon_{ry},\varepsilon_{rz},\nabla_x,\nabla_y,\nabla_z,\delta t_u,\delta t_{ru}]^T$。状态矢量 $\boldsymbol{X}$ 包括平台失准角 $\varphi_E,\varphi_N,\varphi_U$、速度误差 $\delta v_E,\delta v_N,\delta v_U$、位置误差 δL，$\delta\lambda,\delta h$、陀螺仪常值漂移 $\varepsilon_{bx},\varepsilon_{by},\varepsilon_{bz}$、陀螺仪相关漂移 $\varepsilon_{rx},\varepsilon_{ry},\varepsilon_{rz}$、加速度计零偏 ∇_x,∇_y，∇_z、接收机钟差等效距离误差 δt_u 和钟漂等效距离率误差 δt_{ru}，$\boldsymbol{\Phi}$ 为状态转移矩阵，$\boldsymbol{\Gamma}$ 为系

统噪声驱动矩阵，$\boldsymbol{W}$ 为系统噪声矢量，k 为时间变量。

系统的量测方程为

$$\boldsymbol{Z}(k)=\boldsymbol{H}(k)\boldsymbol{X}(k)+\boldsymbol{V}(k) \tag{11.51}$$

式中：$\boldsymbol{Z}$ 为 $2N$ 维量测矢量，由各可见星伪距、伪距率的测量值 ρ_{G}，$\dot{\rho}_{\mathrm{G}}$ 与预测值 ρ_{I}，$\dot{\rho}_{\mathrm{I}}$ 之间的差值组成，ρ_{G}，$\dot{\rho}_{\mathrm{G}}$ 由 GNSS 接收机测量得到，ρ_{I}，$\dot{\rho}_{\mathrm{I}}$ 由 SINS 位置、速度信息结合卫星星历计算得到。

量测矩阵 $\boldsymbol{H}$ 为

$$\boldsymbol{H}=\begin{bmatrix}\boldsymbol{H}_{\rho}\\ \boldsymbol{H}_{\dot{\rho}}\end{bmatrix}=\begin{bmatrix}\boldsymbol{0}_{N\times3} & \boldsymbol{0}_{N\times3} & \boldsymbol{H}_{\rho,p} & \boldsymbol{0}_{N\times9} & \boldsymbol{H}_{\rho,t} & \boldsymbol{0}_{N\times1}\\ \boldsymbol{0}_{N\times3} & \boldsymbol{H}_{\dot{\rho},v} & \boldsymbol{H}_{\dot{\rho},p} & \boldsymbol{0}_{N\times9} & \boldsymbol{0}_{N\times1} & \boldsymbol{H}_{\dot{\rho},t}\end{bmatrix} \tag{11.52}$$

式中：$\boldsymbol{H}_{\rho}$ 表示 $N\times20$ 维伪距量测矩阵；$\boldsymbol{H}_{\dot{\rho}}$ 表示 $N\times20$ 维伪距率量测矩阵；$\boldsymbol{H}_{\rho,p}$ 表示位置误差与伪距误差的转换矩阵；$\boldsymbol{H}_{\rho,t}=[1,1,\cdots,1]_{1\times N}^{\mathrm{T}}$ 对应钟差等效距离误差项 δt_{u}；$\boldsymbol{H}_{\dot{\rho},v}$ 和 $\boldsymbol{H}_{\dot{\rho},p}$ 分别表示速度误差和位置误差与伪距率误差的转换矩阵；$\boldsymbol{H}_{\dot{\rho},t}=[1,1,\cdots,1]_{1\times N}^{\mathrm{T}}$ 对应钟漂等效距离率误差项 δt_{ru}。

主滤波器 $F_{0,0}$ 使用所有可见卫星的量测量，因而其量测矢量 $\boldsymbol{Z}^{0,0}$ 为

$$\boldsymbol{Z}^{0,0}=[z_{\rho,1},z_{\rho,2},\cdots,z_{\rho,N},z_{\dot{\rho},1},z_{\dot{\rho},2},\cdots,z_{\dot{\rho},N}]^{\mathrm{T}} \tag{11.53}$$

相应的量测矩阵 $\boldsymbol{H}^{0,0}$ 为

$$\boldsymbol{H}^{0,0}=[h_{\rho,1},h_{\rho,2},\cdots,h_{\rho,N},h_{\dot{\rho},1},h_{\dot{\rho},2},\cdots,h_{\dot{\rho},N}]^{\mathrm{T}} \tag{11.54}$$

子滤波器 $F_{0,n}$ 使用 $N-1$ 个量测量，第 n 个子滤波器 $F_{0,n}$ 的量测矢量 $\boldsymbol{Z}^{0,n}$ 为

$$\boldsymbol{Z}^{0,n}=[z_{\rho,1},\cdots,z_{\rho,n-1},z_{\rho,n+1},\cdots,z_{\rho,N},z_{\dot{\rho},1},\cdots,z_{\dot{\rho},n-1},z_{\dot{\rho},n+1},\cdots,z_{\dot{\rho},N}]^{\mathrm{T}} \tag{11.55}$$

相应的量测矩阵 $\boldsymbol{H}^{0,n}$ 为

$$\boldsymbol{H}^{0,n}=[h_{\rho,1},\cdots,h_{\rho,n-1},h_{\rho,n+1},\cdots,h_{\rho,N},h_{\dot{\rho},1},\cdots,h_{\dot{\rho},n-1},h_{\dot{\rho},n+1},\cdots,h_{\dot{\rho},N}]^{\mathrm{T}} \tag{11.56}$$

同理，次滤波器 $F_{m,n}$ 使用 $N-2$ 个量测量，第 m 个子滤波器组内的第 n（$m\neq n$）个次滤波器 $F_{m,n}$ 的量测矢量 $\boldsymbol{Z}^{m,n}$ 及相应的量测矩阵 $\boldsymbol{H}^{m,n}$ 分别为

$$\begin{aligned}\boldsymbol{Z}^{m,n}=[&z_{\rho,1},\cdots,z_{\rho,m-1},z_{\rho,m+1},\cdots,z_{\rho,n-1},z_{\rho,n+1},\cdots,z_{\rho,N},z_{\dot{\rho},1},\cdots,z_{\dot{\rho},m-1},\\&z_{\dot{\rho},m+1},\cdots,z_{\dot{\rho},n-1},z_{\dot{\rho},n+1},\cdots,z_{\dot{\rho},N}]^{\mathrm{T}}\end{aligned} \tag{11.57}$$

$$\begin{aligned}\boldsymbol{H}^{m,n}=[&h_{\rho,1},\cdots,h_{\rho,m-1},h_{\rho,m+1},\cdots,h_{\rho,n-1},h_{\rho,n+1},\cdots,h_{\rho,N},h_{\dot{\rho},1},\cdots,h_{\dot{\rho},m-1},\\&h_{\dot{\rho},m+1},\cdots,h_{\dot{\rho},n-1},h_{\dot{\rho},n+1},\cdots,h_{\dot{\rho},N}]^{\mathrm{T}}\end{aligned} \tag{11.58}$$

经过卡尔曼滤波得到的主滤波器 $F_{0,0}$、子滤波器 $F_{0,n}$ 和次滤波器 $F_{m,n}$ 的状态估计量分别为 $\boldsymbol{X}^{0,0}$、$\boldsymbol{X}^{0,n}$ 和 $\boldsymbol{X}^{m,n}$，对应的状态估计协方差阵分别为 $\boldsymbol{P}^{0,0}$、$\boldsymbol{P}^{0,n}$ 和 $\boldsymbol{P}^{m,n}$，对应的滤波增益分别为 $\boldsymbol{K}^{0,0}$、$\boldsymbol{K}^{0,n}$ 和 $\boldsymbol{K}^{m,n}$。

11.4.2 故障检测与隔离算法

故障检测与隔离算法的设计主要是完成检测统计量和相应检测门限的构建。在 GNSS 故障检测过程中，计算每个历元主滤波器与各子滤波器状态估计量的解分离矢量，即

$$\mathrm{d}\boldsymbol{X}^{0,n}(k)=\boldsymbol{X}^{0,0}(k)-\boldsymbol{X}^{0,n}(k) \tag{11.59}$$

而在故障隔离过程中，则需要计算每个历元各子滤波器与其下属次滤波器状态估计量的解分离矢量，即

$$\mathrm{d}\boldsymbol{X}^{m,n}(k)=\boldsymbol{X}^{0,n}(k)-\boldsymbol{X}^{m,n}(k) \tag{11.60}$$

则故障检测统计量可以采用 $\mathrm{d}\boldsymbol{X}^{0,n}$ 的协方差矩阵来构建，即

$$\mathrm{d}\boldsymbol{P}_k^{0,n}=E[\mathrm{d}\boldsymbol{X}_k^{0,n}\cdot(\mathrm{d}\boldsymbol{X}_k^{0,n})^{\mathrm{T}}]=\boldsymbol{P}_k^{0,0}-\boldsymbol{P}_{k,\mathrm{cross}}^{0,0}-(\boldsymbol{P}_{k,\mathrm{cross}}^{0,0})^{\mathrm{T}}+\boldsymbol{P}_k^{0,n} \tag{11.61}$$

式中：$\boldsymbol{P}_{k,\mathrm{cross}}^{0,0}$ 表示状态估计量 $\boldsymbol{X}_k^{0,0}$ 与 $\boldsymbol{X}_k^{0,n}$ 的协方差矩阵，其计算过程与 $\boldsymbol{P}_k^{0,0}$ 和 $\boldsymbol{P}_k^{0,n}$ 相似，可由卡尔曼滤波过程获得。

考虑水平定位误差的保护限值（Horizontal Protection Level, HPL），即提取上述解分离矢量协方差矩阵 $\mathrm{d}\boldsymbol{P}_k^{0,n}$ 中的纬度、经度项作为故障检测统计量。式(11.61)中，水平位置解分离矢量为 $\mathrm{d}\boldsymbol{X}_{\mathrm{hori}}^{0,n}=\begin{bmatrix}\mathrm{d}\boldsymbol{X}^{0,n}(7)\\ \mathrm{d}\boldsymbol{X}^{0,n}(8)\end{bmatrix}$，对应的协方差矩阵为 $\mathrm{d}\boldsymbol{P}_{\mathrm{hori}}^{0,n}=\begin{bmatrix}\mathrm{d}\boldsymbol{P}^{0,n}(7,7) & \mathrm{d}\boldsymbol{P}^{0,n}(7,8)\\ \mathrm{d}\boldsymbol{P}^{0,n}(8,7) & \mathrm{d}\boldsymbol{P}^{0,n}(8,8)\end{bmatrix}$。由于纬度与经度的解分离是相关的，因此，将 $\mathrm{d}\boldsymbol{P}_{\mathrm{hori}}^{0,n}$ 投影到正交平面内进行相关性消除，可得

$$\mathrm{d}\boldsymbol{P}_{\mathrm{hori}}^{0,n}=\boldsymbol{P}_{\perp}\cdot\boldsymbol{\Lambda}\cdot\boldsymbol{P}_{\perp}^{\mathrm{T}} \tag{11.62}$$

式中：$\boldsymbol{\Lambda}$、$\boldsymbol{P}_{\perp}$ 分别为 $\mathrm{d}\boldsymbol{P}_{\mathrm{hori}}^{0,n}$ 的特征值矩阵和对应的特征矢量。

在无卫星故障的情况下，正交投影后的解分离矢量 $\mathrm{d}\boldsymbol{X}_{\perp}^{0,n}=\boldsymbol{P}_{\perp}^{\mathrm{T}}\cdot\mathrm{d}\boldsymbol{X}_{\mathrm{hori}}^{0,n}$ 应服从高斯分布，其协方差矩阵为 $\boldsymbol{\Lambda}$。设 $\boldsymbol{\Lambda}$ 中最大的特征值为 $\lambda_{\max}^{\mathrm{dP}}$（$\boldsymbol{\Lambda}$ 的第 i 个元素），则检测统计量选取 $\mathrm{d}\boldsymbol{X}_{\perp}^{0,n}$ 中与 $\lambda_{\max}^{\mathrm{dP}}$ 对应元素的绝对值，即

$$t_{\mathrm{d}}^{0,n}=|\mathrm{d}\boldsymbol{X}_{\perp}^{0,n}(i)| \tag{11.63}$$

在给定故障检测的虚警概率 P_{fa} 后，便可根据检测统计量的分布特性计算每个子滤波器的检测门限，即

$$T_{\mathrm{d}}^{0,n}=\sqrt{\lambda_{\max}^{\mathrm{dP}}}\ \mathrm{erf}^{-1}(1-P_{\mathrm{fa}}/N) \tag{11.64}$$

式中：$\mathrm{erf}^{-1}(\cdot)$ 表示高斯误差函数的反函数。

进而，根据 N 组检测统计量进行故障检测，对 $t_{\mathrm{d}}^{0,n}$ 作二元假设，即

无故障 H_0：所有检测统计量均满足 $t_{\mathrm{d}}^{0,n}\leqslant T_{\mathrm{d}}^{0,n}$；

存在故障 H_1：至少存在一组检测统计量满足 $t_{\mathrm{d}}^{0,n}>T_{\mathrm{d}}^{0,n}$。

对于故障隔离，则需要进一步利用子滤波器及其次滤波器的解分离矢量来实现。采用与故障检测相同的方法，计算解分离矢量 $\mathrm{d}\boldsymbol{X}^{m,n}$（$m=1,2,\cdots,N$，且 $m\neq n$）及其协方差矩阵 $\mathrm{d}\boldsymbol{P}^{m,n}$。在此基础上，计算故障隔离统计量 $t_{\mathrm{e}}^{m,n}$，并根据预设的虚警概率确定相应的隔离门限 $T_{\mathrm{e}}^{m,n}$。确定第 n 颗 GNSS 可见星为故障卫星并实施隔离的判据为：当 $t_{\mathrm{d}}^{0,n}>T_{\mathrm{d}}^{0,n}$ 时，对于所有 $m\neq n$ 均满足 $t_{\mathrm{e}}^{m,n}\leqslant T_{\mathrm{e}}^{m,n}$。需要说明的是，实际应用时通常采用 $t_{\mathrm{d}}^{0,n}/T_{\mathrm{d}}^{0,n}$ 和 $t_{\mathrm{e}}^{m,n}/T_{\mathrm{e}}^{m,n}$ 作为检测和隔离统计量。因此，若满足 $t_{\mathrm{d}}^{0,n}/T_{\mathrm{d}}^{0,n}>1$ 且所有 $t_{\mathrm{e}}^{m,n}/T_{\mathrm{e}}^{m,n}\leqslant 1$，则可确定第 n 颗可见星为故障卫星并对其实施隔离。

由上述故障检测与隔离算法可知，每个子滤波器的水平定位误差保护限值 HPL_n 包含两部分：①主滤波器 $F_{0,0}$ 与子滤波器 $F_{0,n}$ 解分离矢量的水平定位误差门限，即由虚警概率 P_{fa} 计算得到的检测门限值 $T_{\mathrm{d}}^{0,n}$；②子滤波器 $F_{0,n}$ 自身的水平定位误差 $a^{0,n}$，即

$$HPL_n = T_d^{0,n} + a^{0,n} \tag{11.65}$$

子滤波器 $F_{0,n}$ 的水平定位误差矢量为 $\boldsymbol{X}_{\text{hori}}^{0,n} = \begin{bmatrix} \boldsymbol{X}^{0,n}(7) \\ \boldsymbol{X}^{0,n}(8) \end{bmatrix}$，对应的协方差矩阵为 $\boldsymbol{P}_{\text{hori}}^{0,n} = \begin{bmatrix} \boldsymbol{P}^{0,n}(7,7) & \boldsymbol{P}^{0,n}(7,8) \\ \boldsymbol{P}^{0,n}(8,7) & \boldsymbol{P}^{0,n}(8,8) \end{bmatrix}$。

假设 $\lambda_{\max}^{P}$ 为 $\boldsymbol{P}_{\text{hori}}^{0,n}$ 的最大特征值，则给定漏检概率 P_{MD} 时，可得

$$a^{0,n} = \sqrt{\lambda_{\max}^{P}}\ \text{erf}^{-1}(1 - P_{\text{MD}}) \tag{11.66}$$

进而，可得到解分离 RAIM 的 HPL 为

$$HPL = \max(HPL_n) = \max(T_d^{0,n}) + \max(a^{0,n}) \tag{11.67}$$

因此，当 HPL 小于水平定位误差的警报门限值(Horizontal Alert Limit，HAL)时，表明当前时刻解分离 RAIM 算法可用。

这样，在按照式(11.59)～式(11.64)完成故障检测与隔离后，利用未包括故障卫星量测量的子滤波器对所有滤波器进行重组，即未使用故障卫星量测量的子滤波器作为新的主滤波器，以完成对 SINS 误差的估计与校正，以及对 GNSS 接收机捕获、跟踪环节的辅助，并提供导航输出；而原来该子滤波器下属的次滤波器作为新的子滤波器，然后构造新的次滤波器，继续对卫星完好性进行监测，并利用式(11.59)～式(11.67)对 RAIM 算法的可用性进行判断。

11.4.3 性能仿真验证

将第 2 颗可见星设为故障星，其标号为 SV2。在组合导航滤波器稳定运行 270 s 后，向 SV2 的伪距、伪距率量测数据中分别添加 750 m、75 m/s 的阶跃故障、5 m/s、0.5 m/s^2 的慢速漂移故障和 5 m/s、0.5 m/s^2 的慢速随机故障，并在 420 s 处将故障撤除。图 11.10 为 SV2 存在三种不同类型故障时，子滤波器 $F_{0,1}$ ～ $F_{0,4}$ 的检测统计量；图 11.11 为 SV2 阶跃故障条件下，子滤波器 $F_{0,1}$ 和 $F_{0,2}$ 下属次滤波器的检测统计量。

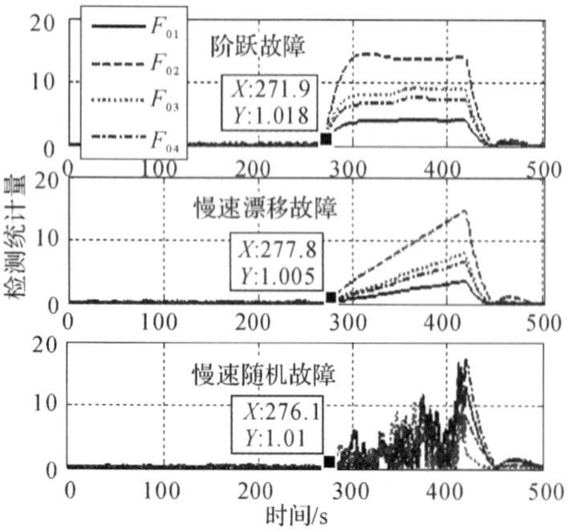

图 11.10　SV2 故障时子滤波器检测统计量

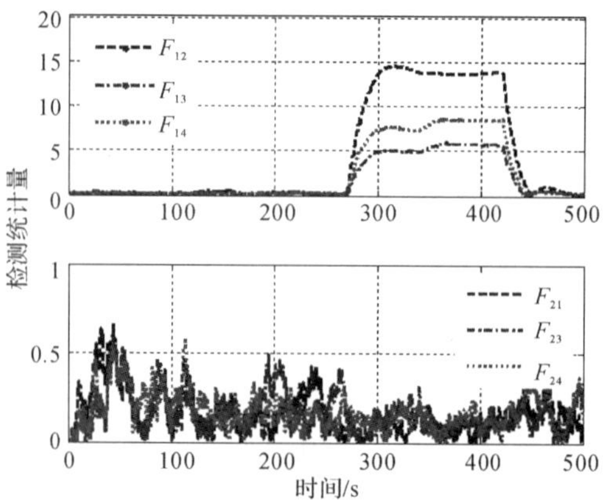

图 11.11　SV2 阶跃故障时次滤波器检测统计量

由图 11.10 可知，在 SV2 发生故障期间，子滤波器 $F_{0,1}$ ～ $F_{0,4}$ 的检测统计量均明显增大，在三种类型故障条件下，最快分别在 271.9 s、277.8 s、276.1 s 处超过门限值 1。因此，解分离故障检测算法对所设置故障的检测时间分别为 1.9 s、7.8 s 和 6.1 s。另外，由图 11.11 可知，除了子滤波器 $F_{0,2}$ 下属的次滤波器 $F_{2,1}$、$F_{2,3}$ 和 $F_{2,4}$ 未检测到故障外，其他三个子滤波器下属的次滤波器都检测出故障(图中仅给出 $F_{0,1}$ 的情况，$F_{0,3}$、$F_{0,4}$ 与 $F_{0,1}$ 类似)。因此，根据故障隔离原理，子滤波器 $F_{0,2}$ 未使用的量测数据所对应的可见星为故障星，即 SV2。

图 11.12 为三种故障条件下主滤波器 $F_{0,0}$ 与子滤波器 $F_{0,2}$ 的水平定位结果。可见，隔离 SV2 的伪距、伪距率量测值后，子滤波器 $F_{0,2}$ 对 SINS 水平位置误差(Horizontal Position Error, HPE)校正后的定位结果与真实轨迹基本重合，表明其能够有效消除故障量测值对组合导航系统定位精度的影响。

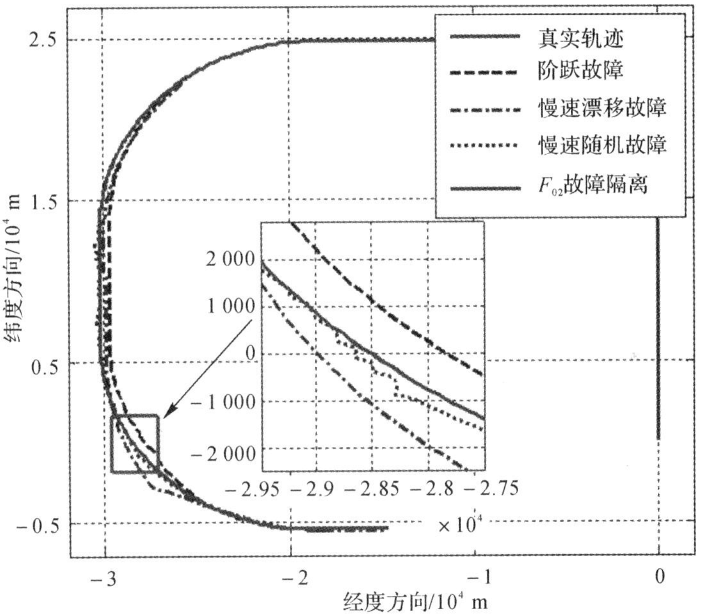

图 11.12　主滤波器 $F_{0,0}$ 与次滤波器 $F_{0,2}$ 的水平定位结果

采用解分离算法对 SV2 伪距、伪距率故障的检测与隔离结果见表 11.1。

表 11.1　SV2 故障检测与隔离结果

故障类型	检测时间/s	隔离时间/s	$F_{0,0}$ 的 HPE(max)/m	$F_{0,2}$ 的 HPE(max)/m
阶跃故障	1.9	1.9	41	4.6
慢速漂移故障	7.8	8.7	67	4.6
慢速随机故障	6.1	6.4	29	4.6

从表中数据可以看出，对慢速漂移故障的检测与隔离所需时间最长，且在故障隔离前主

滤波器 $F_{0,0}$ 的 HPE 最大值已达到 67 m。因此，在实际应用过程中，慢速漂移故障对组合系统性能的影响最为严重。在故障隔离后，采用子滤波器 $F_{0,2}$ 作为新的主滤波器，其 HPE 小于 4.6 m，可用于最终的导航输出。此外，基于子滤波器 $F_{0,2}$ 构建新的层次滤波器结构，从而继续进行完好性监测。

第12章　SINS/GNSS深组合系统设计理论与方法

在SINS/GNSS深组合导航系统中，GNSS接收机内部去除了传统的标量跟踪环路，而是采用矢量跟踪环路对多个通道内的卫星信号进行并行跟踪；组合导航滤波器不仅输出导航信息，而且同时计算各通道相应的伪码和载波跟踪参数，用来驱动本地伪码和载波数控振荡器，以维持本地信号对输入信号的同步。可见，SINS/GNSS深组合导航系统主要有两个关键环节：一个是矢量跟踪，即将多颗卫星跟踪通道联合在一起，加强数据融合，并采用卡尔曼滤波器代替传统的环路滤波器，提高跟踪精度；另一个是I/Q路信号直接参与信息融合，组合导航滤波器可根据信号、干扰、噪声、动态以及SINS误差，调整环路等效带宽。

SINS/GNSS深组合的显著特点在于：在信号衰减、无意或有意的射频干扰等导致的低信噪比环境中，这种组合能够显著地提高GNSS信号的跟踪性能，并且能够充分利用强度较高的信号来辅助对弱信号的跟踪。

基于此，本章分析GNSS接收机标量跟踪和矢量跟踪的结构特点，介绍SINS/GNSS深组合导航系统的几种实现形式，并建立相干深组合和非相干深组合的状态方程和量测方程；进一步分析SINS/GNSS深组合系统中GNSS接收机的捕获、跟踪性能。

12.1　卫星信号的矢量跟踪

传统GNSS接收机通常采用标量跟踪，各跟踪通道之间相互独立。而与标量跟踪不同，矢量跟踪环路将信号跟踪与导航定位解算相结合，利用公共的导航滤波器对各通道的鉴别结果进行融合。在估计得到载体导航参数的同时，又根据导航参数调整各通道的信号参数，从而实现对接收信号的闭环跟踪。由于在矢量跟踪环路中，导航解算模块被嵌入到信号跟踪模块中作为信息处理的中枢，因此，各通道通过导航滤波器不仅可以实现数据融合，还可以实现信息共享。

12.1.1　矢量跟踪结构

图12.1为GNSS信号标量跟踪结构，可以看出，标量跟踪环路中所有通道之间相互独

立。接收机射频前端将天线接收到的信号下变频至中频，并将其送入标量跟踪环路。标量跟踪环路首先将该中频信号与本地载波和本地伪码信号相关并累加，然后通过鉴相器计算出载波相位误差和码相位误差，并经环路滤波后输出给载波 NCO 和码 NCO，用来调节振荡器频率，以使本地信号与输入信号的频率和相位保持一致。此外，标量跟踪环路还可根据本地信号的频率和相位获得伪距、伪距率和载波相位等测量信息。将这些测量信息提供给后续导航处理部分，便可完成位置、速度和姿态解算。SINS/GNSS 松组合、紧组合和超紧组合系统中的信号跟踪环路采用的即是标量跟踪方式。

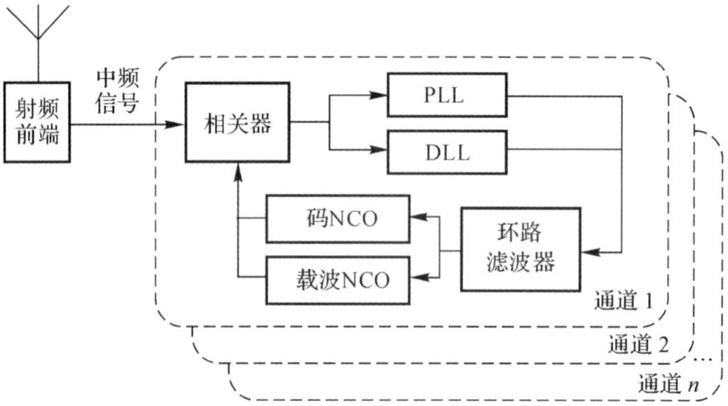

图 12.1　GNSS 信号标量跟踪结构

GNSS 信号矢量跟踪结构如图 12.2 所示，在该跟踪方式中，不同卫星的伪码跟踪和载波跟踪是在导航滤波器中共同完成的。矢量跟踪是利用导航滤波器（即卡尔曼滤波器）估计得到载体位置、速度以及接收机的钟差、钟漂等信息，同时根据这些信息并结合卫星星历数据，来估计伪码相位、载波频率等跟踪参数，用于更新本地信号发生器的伪码和载波。

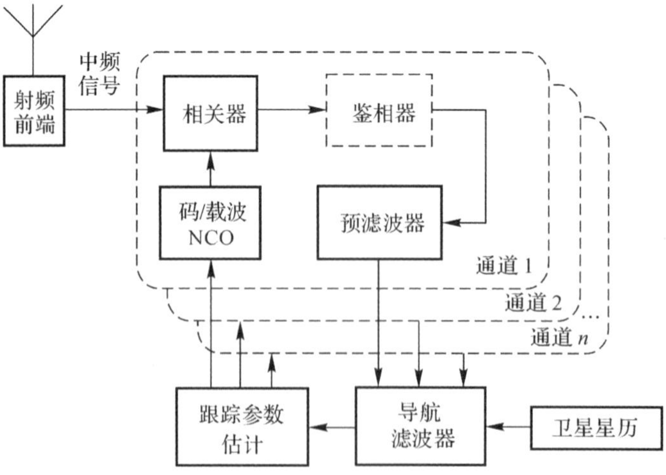

图 12.2　GNSS 信号矢量跟踪结构

根据卡尔曼滤波器状态变量选取的不同，矢量跟踪可以分为两类方法。

一类方法是以本地信号与输入信号之间的伪码相位差、载波频率差或者载波相位差等跟踪误差作为卡尔曼滤波器的状态变量。在根据相关器的累积输出进行量测更新后，将状态估计结果直接送回本地信号发生器，调节载波和伪码 NCO，以生成新的本地载波、伪码。

另一类方法则是以载体的位置、速度误差以及接收机的钟差、钟漂等作为状态变量，用同一个滤波器完成跟踪和导航解算工作。在积分清零周期的末端，利用鉴相器对相关器的同相、正交累积输出进行相应计算，得到伪码相位差、载波频率差或者载波相位差，并将其作为量测信息输入到卡尔曼滤波器中，对状态变量进行量测更新。同时，利用状态估计结果对载体的导航参数进行修正，并计算相应的伪码相位、载波频率（相位）信息，反馈回本地信号发生器，从而对本地信号进行调节。

与传统的标量跟踪相比，矢量跟踪的主要优点表现在以下几个方面。

(1)矢量跟踪可以充分利用 GNSS 信号跟踪与导航参数解算之间的内在耦合关系，实现强信号通道对弱信号通道的辅助。同时，在所跟踪的通道中，矢量跟踪能够减小环路噪声带宽，进而有效降低噪声的影响，使鉴相器（或鉴频器）不容易进入非线性区，从而提高 GNSS 接收机在低载噪比环境（信号衰减、受到偶然或故意干扰等）中的跟踪性能。

(2)矢量跟踪实现了 GNSS 信号跟踪与导航参数解算的一体化设计，因而较标量跟踪环路更易优化。

(3)在一颗或数颗卫星发生短暂信号中断的情况下，矢量跟踪环路仍能维持跟踪正常运行，并且在信号恢复后，能够根据导航滤波器的估计信息预测出伪码相位和载波频率信息，从而迅速实现信号重捕。

(4)矢量跟踪能够对不同精度的量测信息进行加权处理。在高载噪比条件下得到的量测信息可以取较大的权值，而对于低载噪比或信号中断条件下得到的量测信息，则取较小的权值，甚至可以忽略其影响。

矢量跟踪也存在着一个根本的缺陷：所有通道的跟踪都通过导航滤波器联系在一起，任何一个通道的误差都有可能反过来影响到其他跟踪通道。

12.1.2　矢量跟踪算法

矢量跟踪环路中预滤波器模型的选择直接决定了导航系统的整体性能。在矢量跟踪环路中，导航滤波器的量测量通常取为伪距误差和伪距误差变化率，二者均由各通道的预滤波器提供。因此，预滤波器选择与伪距误差和伪距误差变化率相关的码相位、载波跟踪误差等作为待估计的状态量，取状态量为

$$\boldsymbol{X}=[A\quad \delta\varphi_0\quad \delta f_0\quad \delta a_0\quad \delta\tau]^{\mathrm{T}} \tag{12.1}$$

式中：A 为归一化的信号幅值；$\delta\varphi_0$ 为各滤波周期的初始载波相位误差，rad；δf_0 为各滤波周期的初始载波频率误差，rad/s；δa_0 为各滤波周期的初始载波频率变化率误差，rad/s^2；$\delta\tau$ 为各滤波周期的码相位误差，chip。

状态方程可表示为

$$\begin{bmatrix} \dot{A} \\ \delta\dot{\varphi}_0 \\ \delta\dot{f}_0 \\ \delta\dot{a}_0 \\ \delta\dot{\tau} \end{bmatrix} = \begin{bmatrix} 0 & 0 & 0 & 0 & 0 \\ 0 & 0 & 1 & 0 & 0 \\ 0 & 0 & 0 & 1 & 0 \\ 0 & 0 & 0 & 0 & 0 \\ 0 & 0 & \lambda_{\text{carr}}/\lambda_{\text{code}} & 0 & 0 \end{bmatrix} \begin{bmatrix} A \\ \delta\varphi_0 \\ \delta f_0 \\ \delta a_0 \\ \delta\tau \end{bmatrix} \tag{12.2}$$

式中：λ_{carr} 为载波的波长；λ_{code} 为伪码的码长。

量测量取伪码相位鉴别器和载波相位鉴别器的输出结果，则量测方程为

$$\boldsymbol{Z} = \begin{bmatrix} \delta\tau \\ \delta\varphi_0 \end{bmatrix} = \begin{bmatrix} 0 & 0 & 0 & 0 & 1 \\ 0 & 1 & 0 & 0 & 0 \end{bmatrix} \begin{bmatrix} A \\ \delta\varphi_0 \\ \delta f_0 \\ \delta a_0 \\ \delta\tau \end{bmatrix} = \begin{bmatrix} \dfrac{\sqrt{I_{\text{E}}^2 + I_{\text{L}}^2} - \sqrt{Q_{\text{E}}^2 + Q_{\text{L}}^2}}{\sqrt{I_{\text{E}}^2 + I_{\text{L}}^2} + \sqrt{Q_{\text{E}}^2 + Q_{\text{L}}^2}} \\ \arctan \dfrac{Q_{\text{P}}}{I_{\text{P}}} \end{bmatrix} + \begin{bmatrix} v_1 \\ v_2 \end{bmatrix} \tag{12.3}$$

式中：v_1 和 v_2 分别为码相位和载波相位的测量噪声。

解算载体位置需要已知 4 颗或 4 颗以上的 GNSS 卫星位置以及载体到各个卫星的伪距。假设卫星编号为 $j(j=1,2,\cdots,N)$，$N \geqslant 4$ 表示可见卫星总数，i 时刻卫星 j 的位置坐标为 $\boldsymbol{R}_i^j = [x_i^j, y_i^j, z_i^j]^{\text{T}}$，载体到第 j 颗卫星的伪距为 ρ_i^j，载体位置坐标为 $\boldsymbol{R}_i = [x_i, y_i, z_i]^{\text{T}}$，则可以写出 i 时刻的伪距量测方程：

$$\begin{aligned} \rho_i^j &= |\boldsymbol{R}_i^j - \boldsymbol{R}_i| + c\delta t_i = \\ &\sqrt{(x_i^j - x_i)^2 + (y_i^j - y_i)^2 + (z_i^j - z_i)^2} + c\delta t_i \end{aligned} \tag{12.4}$$

式中：δt_i 为接收机钟差。

式(12.4)是非线性的，使用泰勒展开并迭代求解。在事先给定的位置 $\boldsymbol{R}_{i0} = [x_{i0}, y_{i0}, z_{i0}]^{\text{T}}$ 处将式(12.4)展开，可得

$$\rho_i^j = R_{i0}^j - \begin{bmatrix} l_i^j & m_i^j & n_i^j & -1 \end{bmatrix} \begin{bmatrix} \delta x_i \\ \delta y_i \\ \delta z_i \\ c\delta t_i \end{bmatrix} \tag{12.5}$$

式中

$$\begin{aligned} R_{i0}^j &= |\boldsymbol{R}_i^j - \boldsymbol{R}_{i0}| = \\ &\sqrt{(x_i^j - x_{i0})^2 + (y_i^j - y_{i0})^2 + (z_i^j - z_{i0})^2} \end{aligned} \tag{12.6}$$

联合 i 时刻全部 N 颗可见卫星的伪距量测方程，并将其写成矢量形式，整理可得

$$\boldsymbol{a}_i \delta\boldsymbol{T}_i = \boldsymbol{l}_i \tag{12.7}$$

式中

$$\boldsymbol{a}_i=\begin{bmatrix} l_i^1 & m_i^1 & n_i^1 & -1 \\ l_i^2 & m_i^2 & n_i^2 & -1 \\ \vdots & \vdots & \vdots & \vdots \\ l_i^j & m_i^j & n_i^j & -1 \\ \vdots & \vdots & \vdots & \vdots \\ l_i^N & m_i^N & n_i^N & -1 \end{bmatrix} \tag{12.8}$$

$$\left.\begin{aligned} l_i^j &= -\frac{\partial \rho_i^j}{\partial x_i}=\frac{x_i^j-x_{i0}}{R_{i0}^j} \\ m_i^j &= -\frac{\partial \rho_i^j}{\partial y_i}=\frac{y_i^j-y_{i0}}{R_{i0}^j} \\ n_i^j &= -\frac{\partial \rho_i^j}{\partial z_i}=\frac{z_i^j-z_{i0}}{R_{i0}^j} \end{aligned}\right\} \tag{12.9}$$

$$\delta \boldsymbol{T}_i=[\delta x_i \quad \delta y_i \quad \delta z_i \quad c\delta t_i]^{\mathrm{T}} \tag{12.10}$$

$$\boldsymbol{l}_i=[L_i^1 \quad L_i^2 \quad \cdots \quad L_i^j \quad \cdots \quad L_i^N]^{\mathrm{T}} \tag{12.11}$$

$$L_i^j=R_{i0}^j-\rho_i^j \tag{12.12}$$

根据式(12.7)～式(12.12)可以解出

$$\delta \boldsymbol{T}_i=(\boldsymbol{a}_i^{\mathrm{T}}\boldsymbol{a}_i)^{-1}(\boldsymbol{a}_i^{\mathrm{T}}\boldsymbol{l}_i) \tag{12.13}$$

使用 $\delta \boldsymbol{T}_i$ 对 $\boldsymbol{T}_i=[x_{i0},y_{i0},z_{i0},c\delta t_{i0}]^{\mathrm{T}}$ 进行修正，通过迭代即可计算出载体位置。

12.2　深组合数据处理方法

图 12.3 为 SINS/GNSS 深组合导航系统结构。GNSS 接收机通过射频前端将天线接收到的信号下变频至中频，然后利用相关器将输入信号与本地信号进行相关处理。相关器累积输出记为 I_s 和 Q_s，其为 GNSS 接收机到 SINS/GNSS 组合导航滤波器的输入信息。GNSS 接收机利用 NCO 来控制本地信号，使其伪码相位和载波频率与输入信号保持一致。NCO 的控制指令是根据一系列参数生成的，主要包括校正后的 SINS 导航参数(位置和速度)、卫星星历参数、卫星和接收机的钟差估计参数以及电离层、对流层延迟估计参数等。最后，SINS/GNSS 组合导航滤波器对 SINS 的导航参数进行校正，从而构成组合系统的导航解。

SINS/GNSS 深组合算法可以分为相干深组合算法和非相干深组合算法两大类。

1.相干深组合算法

相干深组合算法将接收机相关器的累积输出作为量测信息，直接输入组合导航滤波器中；而非相干深组合算法则先利用鉴相器(或鉴频器)对相关器累积输出进行处理，这类似于传统的信号跟踪方法。采用相干算法的深组合又可以进一步分为集中式滤波和分散式滤波两种处理方式。

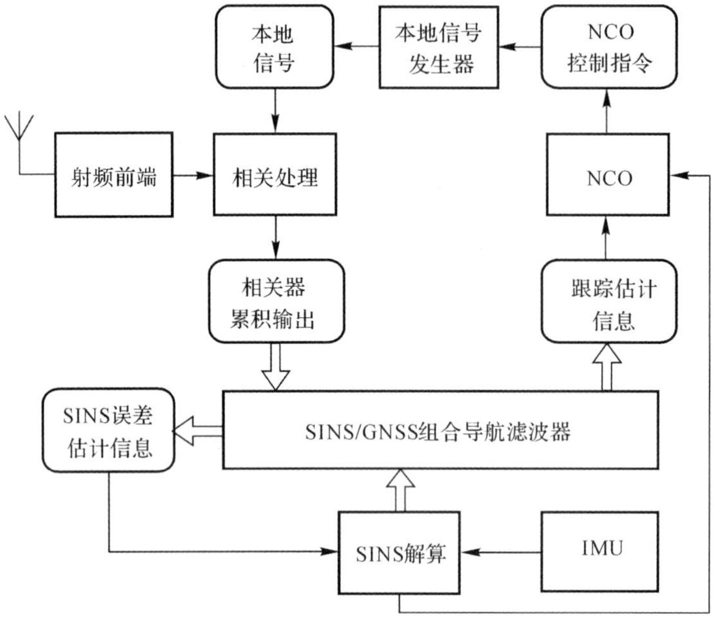

图 12.3 SINS/GNSS 深组合导航系统结构

图 12.4 为采用集中式滤波的相干深组合系统的数据流程图。这种处理方法的一个主要特点是滤波器更新率高。对于 GNSS 信号来讲，产生相关器累积值的最小频率为 50 Hz，这取决于导航电文比特流的传播速率。因此，相关器累积输出传输到组合导航滤波器的速率需要大于或等于 50 Hz。这种处理方法的另一个主要特点是量测矢量维数较大。若以每个通道内采用超前、滞后、即时三个相关器，每个相关器又产生同相、正交两路信号来计算，那么量测矢量维数为所跟踪卫星数量的 6 倍。

为了维持载波跟踪，组合导航滤波器处理完每组 I_s、Q_s 数据后，需要将校正信息反馈回跟踪环路中，以使接收机内的本地信号载波相位与输入信号保持同步。

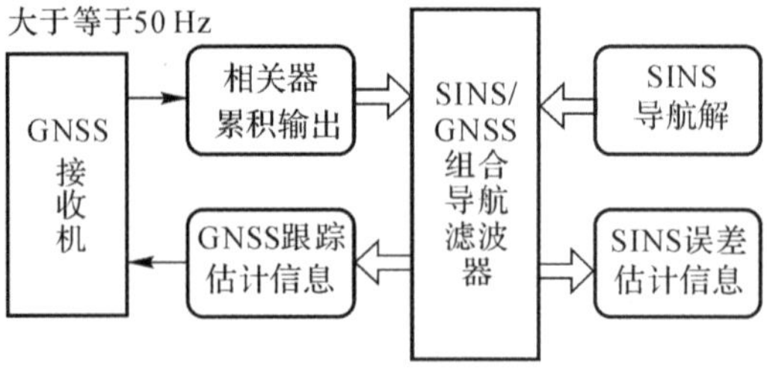

图 12.4 采用集中式滤波的相干深组合系统的数据流程图

在采用集中式滤波的相干深组合系统中，由于滤波器更新率高、状态矢量和量测矢量维数高而导致的大计算量是一个亟待解决的问题。因此，在实际应用的相干深组合系统中，大都采用分散式滤波结构，其数据流程如图 12.5 所示。在对卫星信号进行跟踪时，每个预滤波器都对应一颗可见卫星，它以 I_s、Q_s(50 Hz)为量测信息，对码相位跟踪误差、载波频率跟踪误差以及本地信号的载波相位偏移等状态量进行估计。进一步，根据码相位、载波频率与伪距、伪距率的比例关系，将每个通道预滤波器的估计结果转化为伪距和伪距率信息，并将这些信息以较低的频率(1 Hz 或 2 Hz)输入组合导航滤波器进行综合处理。相较于集中式滤波结构，分散式滤波结构中每个滤波器的状态矢量和量测矢量的维数显著降低，从而减小了计算量。

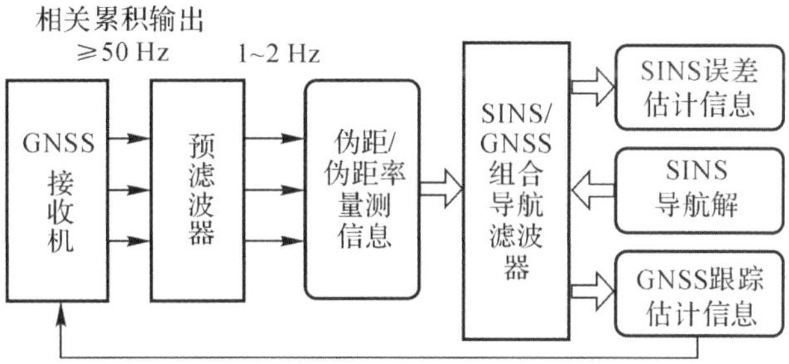

图 12.5　采用分散式滤波结构的相干深组合系统的数据流程图

为了防止预滤波器与组合导航滤波器之间发生信息分配冲突，当量测信息输入组合导航滤波器时，将预滤波器中码相位和载波频率的状态估计结果置零。这就保证了相同的信息不会同时出现在两个滤波器中。

相干深组合系统的主要优点在于取消了鉴相器，从而在输入预滤波器(或组合导航滤波器)的量测信息中消除了无法建模的非线性误差。量测噪声的协方差不再受限于鉴相器的非线性范围，这使得预滤波器(或组合导航滤波器)可以获得很高的增益。另外，相干伪码跟踪的抗噪性能也要优于非相干伪码跟踪。然而，相干深组合系统最大的缺点在于：为了从 I_s、Q_s 量测信息中提取伪码跟踪信息，必须已知本地信号的载波相位偏移，故预滤波器必须对载波相位保持跟踪，才能够维持伪码跟踪。而载波相位锁定环路对外界环境噪声更加敏感，在低载噪比环境中比伪码跟踪环路更容易失锁，因此，在低载噪比环境中，相干深组合系统不再适用。

2.非相干深组合算法

图 12.6 为非相干深组合系统的数据流程图。在未去除导航电文的情况下，利用鉴相器以不小于 50 Hz 的频率对相关器累积输出进行鉴别，得到伪码相位和载波频率。由于伪码鉴相器的输出与载波相位无关，即使载噪比水平很低而无法跟踪载波相位，伪码鉴相器也可以输出伪码相位的鉴别结果。因此，非相干深组合与相干深组合相比，能够在更低的载噪比条件下保持伪码跟踪。

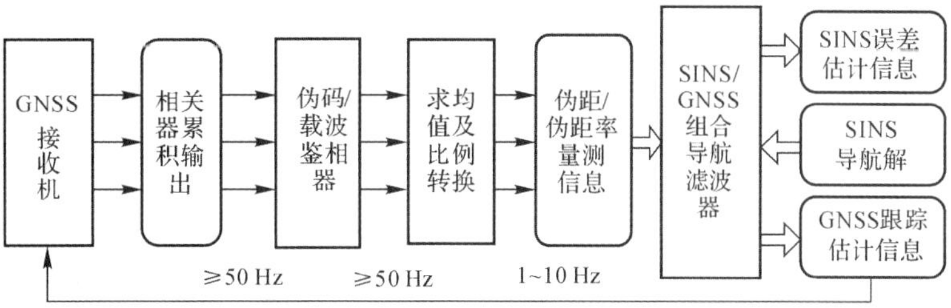

图 12.6　非相干深组合系统的数据流程图

伪码/载波鉴相器的输出分别通过比例因子转换为伪距/伪距率量测信息，该量测信息经过平均，由 50 Hz 转换到 1～10 Hz，以降低组合导航滤波器的更新频率。

相干深组合因取消鉴相器而消除了量测信息中的非线性误差，具有更高的跟踪精度；而非相干深组合由于伪码鉴相器的输出与载波相位无关，即使当载噪比水平很低而无法跟踪载波相位时，伪码鉴相器也可以输出伪码相位的鉴别结果，从而保持对伪码的跟踪。因此，在同时要求高精度和低载噪比运行的情况下，可以设置成两种模式的切换。当接收机处于低载噪比环境时，采用非相干深组合保持环路的稳定跟踪；而当接收机处于高载噪比环境时，则采用相干深组合进一步提升跟踪精度。

12.3 SINS/GNSS 相干深组合系统模型与结构

12.3.1 SINS 和 GNSS 伪距/伪距率的关系

图 12.7 所示为伪距测量示意图。

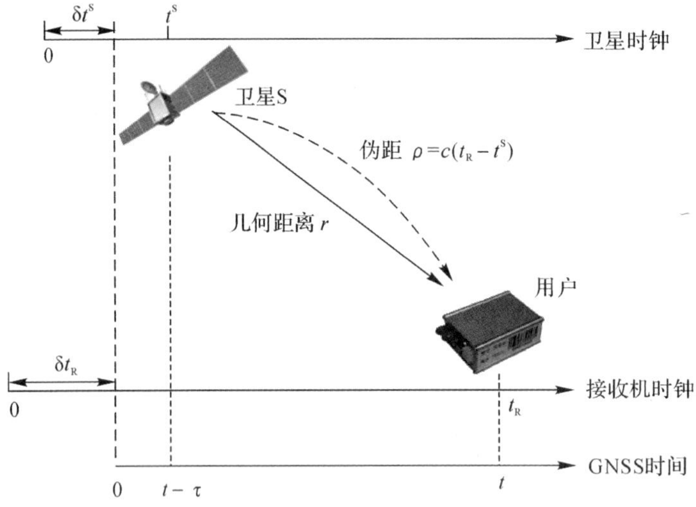

图 12.7 伪距测量示意图

某颗卫星在 t^{S} 时刻发射出卫星信号，该卫星信号经历电离层延时 δt_1 和对流层延时 δt_2 后，在 t_R 时刻被 GNSS 接收机接收到。δt^{S} 为卫星时钟相对于 GNSS 时的误差，δt_R 为接收机时钟相对于 GNSS 时的误差，r 为卫星到接收机的几何距离。因此，有

$$\rho_S = r + \delta t_R - \delta t^{S} + \delta t_1 + \delta t_2 + \varepsilon \tag{12.14}$$

式中：ε 为卫星信号传播过程中的误差总和。下面从 GNSS 接收机接收信号的流程说明计算伪距/伪距率的方法。

根据码跟踪环路和载波跟踪环路的输出结果，可计算得到伪距 ρ_S 和伪距率 $\dot{\rho}_S$ 分别为

$$\rho_S = P_{code}\lambda_{code}, \quad \lambda_{code} = c/f_{code} \tag{12.15}$$

$$\dot{\rho}_S = f_{Doppler}\lambda_{carr}, f_{Doppler} = f_{trackcarr} - f_{IF}, \lambda_{carr} = c/f_{carr} \tag{12.16}$$

式中：P_{code} 为卫星到接收机的伪码周期数；f_{code} 为伪码频率；$f_{Doppler}$ 为载波多普勒频移；$f_{trackcarr}$ 为跟踪得到的中频信号的载波频率；f_{carr} 为载波的标准频率。

将 SINS 解算的位置也转换为伪距，则有

$$\rho_I = \sqrt{(x_S - x_I)^2 + (y_S - y_I)^2 + (z_S - z_I)^2} \tag{12.17}$$

式中：$(x_I, y_I, z_I)^T$ 为 SINS 输出的载体位置；$(x_S, y_S, z_S)^T$ 为可见卫星的位置。

设载体所在真实位置的坐标为 $(x, y, z)^T$，在仅考虑一次项误差的情况下，将式(12.17)在 $(x, y, z)^T$ 处进行泰勒展开，得到

$$\rho_I \approx \sqrt{(x - x_S)^2 + (y - y_S)^2 + (z - z_S)^2} + \frac{\partial \rho_I}{\partial x}(x_I - x) + \frac{\partial \rho_I}{\partial y}(y_I - y) + \frac{\partial \rho_I}{\partial z}(z_I - z) \tag{12.18}$$

令

$$r = \sqrt{(x - x_S)^2 + (y - y_S)^2 + (z - z_S)^2} \tag{12.19}$$

$$\delta x = x_I - x,\quad \delta y = y_I - y,\quad \delta z = z_I - z \tag{12.20}$$

已知

$$\frac{\partial \rho_I}{\partial x} = \frac{x - x_S}{\sqrt{(x - x_S)^2 + (y - y_S)^2 + (z - z_S)^2}} = \frac{x - x_S}{r} = e_1 \tag{12.21}$$

$$\frac{\partial \rho_I}{\partial y} = \frac{y - y_S}{\sqrt{(x - x_S)^2 + (y - y_S)^2 + (z - z_S)^2}} = \frac{y - y_S}{r} = e_2 \tag{12.22}$$

$$\frac{\partial \rho_I}{\partial z} = \frac{z - z_S}{\sqrt{(x - x_S)^2 + (y - y_S)^2 + (z - z_S)^2}} = \frac{z - z_S}{r} = e_3 \tag{12.23}$$

因此，可得

$$\rho_I = r + e_1\delta x + e_2\delta y + e_3\delta z \tag{12.24}$$

同理，将 SINS 解算的速度也转换为伪距率，则有

$$\dot{\rho}_I = \dot{r} + e_1\delta\dot{x} + e_2\delta\dot{y} + e_3\delta\dot{z} \tag{12.25}$$

式中：$\dot{r}$ 表示载体与卫星之间真实距离的变化率；$\delta\dot{x}$，$\delta\dot{y}$，$\delta\dot{z}$ 表示 SINS 的速度误差分量。

12.3.2　相关输出与位置/速度的关系

由于 SINS/GNSS 深组合导航系统中 SINS 的位置/速度会直接反馈给 GNSS 跟踪环路，因此推导相关累积值 I/Q 与位置/速度的关系是整个相干深组合理论的基础。

将 GNSS 信号表示为

$$s(t) = AC(t - \tau)D(t - \tau)\cos[\omega(t - \tau) + \varphi_d] + n \tag{12.26}$$

式中：ω 为 GNSS 信号的载波角频率，其与载波频率 f_L 之间的关系为 $\omega = 2\pi f_L$；τ 为卫星和接收机之间的传输延迟；φ_d 为 GNSS 信号的初始载波相位；n 为高斯白噪声。

假设卫星的位置为 $\boldsymbol{X}_S(t)$，载体接收机的位置为 $\boldsymbol{X}_R(t)$，忽略大气延迟和晶振钟差的影响，则有

$$\tau = \frac{|\boldsymbol{X}_{\mathrm{S}}(t) - \boldsymbol{X}_{\mathrm{R}}(t)|}{c} \tag{12.27}$$

根据泰勒公式，对 $|\boldsymbol{X}_{\mathrm{S}}(t) - \boldsymbol{X}_{\mathrm{R}}(t)|$ 进行二阶展开，可以得到

$$|\boldsymbol{X}_{\mathrm{S}}(t) - \boldsymbol{X}_{\mathrm{R}}(t)| \approx |\boldsymbol{X}_{\mathrm{S}}(t_0) - \boldsymbol{X}_{\mathrm{R}}(t_0)| + \frac{\mathrm{d}}{\mathrm{d}t}|\boldsymbol{X}_{\mathrm{S}}(t_0) - \boldsymbol{X}_{\mathrm{R}}(t_0)|(t - t_0) + \frac{1}{2}\frac{\mathrm{d}^2}{\mathrm{d}t^2}|\boldsymbol{X}_{\mathrm{S}}(t_0) - \boldsymbol{X}_{\mathrm{R}}(t_0)|(t - t_0)^2 \tag{12.28}$$

将式(12.28)代入式(12.26)，并令

$$v_{\mathrm{r}} = \frac{\mathrm{d}}{\mathrm{d}t}|\boldsymbol{X}_{\mathrm{S}}(t_0) - \boldsymbol{X}_{\mathrm{R}}(t_0)|, \quad a_{\mathrm{r}} = \frac{1}{2}\frac{\mathrm{d}^2}{\mathrm{d}t^2}|\boldsymbol{X}_{\mathrm{S}}(t_0) - \boldsymbol{X}_{\mathrm{R}}(t_0)| \tag{12.29}$$

则有

$$\begin{aligned} s(t) = {} & AC(t-\tau)D(t-\tau)\cos\left\{\omega\left[t - \frac{\boldsymbol{X}_{\mathrm{S}}(t_0) - \boldsymbol{X}_{\mathrm{R}}(t_0)}{c} - \frac{v_{\mathrm{r}}(t-t_0)}{c} - \frac{a_{\mathrm{r}}(t-t_0)^2}{c}\right] + \varphi_{\mathrm{d}}\right\} + n = \\ & AC(t-\tau)D(t-\tau)\cos\{\omega[1 - \frac{v_{\mathrm{r}}}{c} - \frac{a_{\mathrm{r}}}{c}(t+2t_0)]t - \\ & \frac{\omega}{c}[|\boldsymbol{X}_{\mathrm{S}}(t_0) - \boldsymbol{X}_{\mathrm{R}}(t_0)| - v_{\mathrm{r}}t_0 + a_{\mathrm{r}}t_0^2] + \varphi_{\mathrm{d}}\} + n \end{aligned} \tag{12.30}$$

令

$$\omega' = \omega[1 - \frac{v_{\mathrm{r}}}{c} - \frac{a_{\mathrm{r}}}{c}(t+2t_0)], \quad \varphi' = -\frac{\omega}{c}[|\boldsymbol{X}_{\mathrm{S}}(t_0) - \boldsymbol{X}_{\mathrm{R}}(t_0)| - v_{\mathrm{r}}t_0 + a_{\mathrm{r}}t_0^2] + \varphi_{\mathrm{d}} \tag{12.31}$$

式中：ω' 和 φ' 分别为接收机接收到的载波角频率和相位。

式(12.30)可以简化为

$$s(t) = AC(t-\tau)D(t-\tau)\cos(\omega' t + \varphi') + n \tag{12.32}$$

此时，相关累积值可以表示为

$$\begin{aligned} I = {} & \int_{kT}^{(k+1)T} \sin(\hat{\omega}t + \hat{\varphi})[A\cos(\omega' t + \varphi') + n]\mathrm{d}t = \\ & \int_{kT}^{(k+1)T} \left\{\frac{A}{2}[\sin((\hat{\omega} + \omega')t + \hat{\varphi} + \varphi') + \sin((\hat{\omega} - \omega')t + \hat{\varphi} - \varphi')] + n_{\mathrm{I}}\right\}\mathrm{d}t \end{aligned} \tag{12.33}$$

$$\begin{aligned} Q = {} & \int_{kT}^{(k+1)T} \cos(\hat{\omega}t + \hat{\varphi})[A\cos(\omega' t + \varphi') + n]\mathrm{d}t = \\ & \int_{kT}^{(k+1)T} \left\{\frac{A}{2}[\cos((\hat{\omega} + \omega')t + \hat{\varphi} + \varphi') + \cos((\hat{\omega} - \omega')t + \hat{\varphi} - \varphi')] + n_{\mathrm{Q}}\right\}\mathrm{d}t \end{aligned} \tag{12.34}$$

式中：$\hat{\omega}$ 和 $\hat{\varphi}$ 分别表示本地产生的角频率和码相位；T 为积分间隔时间；n_{I} 和 n_{Q} 分别为同相支路和正交支路的噪声分量。

相关累积值经过低通滤波后，可得

$$I=\int_{kT}^{(k+1)T}\left\{\frac{A}{2}\sin[(\hat{\omega}-\omega')t+\hat{\varphi}-\varphi']+n_{\mathrm{I}}\right\}\mathrm{d}t=\int_{kT}^{(k+1)T}\left[\frac{A}{2}\sin(\omega_{\mathrm{e}}t+\varphi_{\mathrm{e}})+n_{\mathrm{I}}\right]\mathrm{d}t \tag{12.35}$$

$$Q=\int_{kT}^{(k+1)T}\left\{\frac{A}{2}\cos[(\hat{\omega}-\omega')t+\hat{\varphi}-\varphi']+n_{\mathrm{I}}\right\}\mathrm{d}t=\int_{kT}^{(k+1)T}\left[\frac{A}{2}\cos(\omega_{\mathrm{e}}t+\varphi_{\mathrm{e}})+n_{\mathrm{I}}\right]\mathrm{d}t \tag{12.36}$$

式中：$\omega_{\mathrm{e}}=\hat{\omega}-\omega'$ 为载波角频率误差；$\varphi_{\mathrm{e}}=\hat{\varphi}-\varphi'$ 为载波相位误差。进一步可以表示为

$$\omega_{\mathrm{e}}=\frac{\omega}{c}\left|\boldsymbol{v}_{\mathrm{R}}-\hat{\boldsymbol{v}}_{\mathrm{R}}\right| \tag{12.37}$$

$$\varphi_{\mathrm{e}}=\frac{-\omega}{c}(\left|\boldsymbol{x}_{\mathrm{R}}-\hat{\boldsymbol{x}}_{\mathrm{R}}\right|-\left|\boldsymbol{v}_{\mathrm{R}}-\hat{\boldsymbol{v}}_{\mathrm{R}}\right|t) \tag{12.38}$$

其中：$\boldsymbol{x}_{\mathrm{R}}$ 和 $\boldsymbol{v}_{\mathrm{R}}$ 为载体的位置和速度；$\hat{\boldsymbol{x}}_{\mathrm{R}}$ 和 $\hat{\boldsymbol{v}}_{\mathrm{R}}$ 为对应的估计值。

再对式(12.35)和式(12.36)求期望，可得相关累积值的期望为

$$\mathrm{E}[I]=\frac{-A}{2\omega_{\mathrm{e}}}[\cos(\omega_{\mathrm{e}}(k+1)T+\varphi_{\mathrm{e}})-\cos(\omega_{\mathrm{e}}kT+\varphi_{\mathrm{e}})] \tag{12.39}$$

$$\mathrm{E}[Q]=\frac{-A}{2\omega_{\mathrm{e}}}[\sin(\omega_{\mathrm{e}}(k+1)T+\varphi_{\mathrm{e}})-\sin(\omega_{\mathrm{e}}kT+\varphi_{\mathrm{e}})] \tag{12.40}$$

从式(12.37)和式(12.38)中可以看出，由于载波相位误差 φ_{e} 和载波角频率误差 ω_{e} 均为载体位置 x 和速度 $\dot{x}$ 的函数，所以相关累积值的期望 $\mathrm{E}[I]$ 和 $\mathrm{E}[Q]$ 也都是位置和速度的函数。令 $\mathrm{E}[I]$ 对位置求偏导，$\mathrm{E}[Q]$ 对速度求偏导，以 x 方向为例可得

$$\mathrm{dE}[I]=\frac{1}{2}\left(\frac{\partial\mathrm{E}[I]}{\partial\varphi_{\mathrm{e}}}\frac{\partial\varphi_{\mathrm{e}}}{\partial x}+\frac{\partial\mathrm{E}[I]}{\partial\omega_{\mathrm{e}}}\frac{\partial\omega_{\mathrm{e}}}{\partial x}\right)\mathrm{d}x \tag{12.41}$$

$$\mathrm{dE}[Q]=\frac{1}{2}\left(\frac{\partial\mathrm{E}[Q]}{\partial\varphi_{\mathrm{e}}}\frac{\partial\varphi_{\mathrm{e}}}{\partial\dot{x}}+\frac{\partial\mathrm{E}[Q]}{\partial\omega_{\mathrm{e}}}\frac{\partial\omega_{\mathrm{e}}}{\partial\dot{x}}\right)\mathrm{d}\dot{x} \tag{12.42}$$

式中

$$\frac{\partial\mathrm{E}[I]}{\partial\varphi_{\mathrm{e}}}=\frac{A}{2\omega_{\mathrm{e}}}\{\sin[\omega_{\mathrm{e}}(k+1)T+\varphi_{\mathrm{e}}]+\sin(\omega_{\mathrm{e}}kT+\varphi_{\mathrm{e}})\} \tag{12.43}$$

$$\frac{\partial\varphi_{\mathrm{e}}}{\partial x}=-\frac{\omega}{c}\frac{x_{\mathrm{e}}}{R_{\mathrm{e}}},\quad R_{\mathrm{e}}=\sqrt{x_{\mathrm{e}}^{2}+y_{\mathrm{e}}^{2}+z_{\mathrm{e}}^{2}} \tag{12.44}$$

$$\begin{aligned}\frac{\partial\mathrm{E}[I]}{\partial\omega_{\mathrm{e}}}\approx\frac{AkT}{2\omega_{\mathrm{e}}}\{&-\sin[\omega_{\mathrm{e}}(k+1)T+\varphi_{\mathrm{e}}]+\sin(\omega_{\mathrm{e}}kT+\varphi_{\mathrm{e}})-\\&\cos[\omega_{\mathrm{e}}(k+1)T+\varphi_{\mathrm{e}}]+\cos(\omega_{\mathrm{e}}kT+\varphi_{\mathrm{e}})\}\end{aligned} \tag{12.45}$$

$$\frac{\partial\omega_{\mathrm{e}}}{\partial x}=0 \tag{12.46}$$

$$\frac{\partial\mathrm{E}[Q]}{\partial\varphi_{\mathrm{e}}}=\frac{-A}{2\omega_{\mathrm{e}}}\{\cos[\omega_{\mathrm{e}}(k+1)T+\varphi_{\mathrm{e}}]-\cos(\omega_{\mathrm{e}}kT+\varphi_{\mathrm{e}})\} \tag{12.47}$$

$$\frac{\partial\varphi_{\mathrm{e}}}{\partial\dot{x}}=\frac{\omega T}{c}\frac{v_{\mathrm{e}}}{R_{\mathrm{e}}} \tag{12.48}$$

$$\frac{\partial \mathrm{E}[Q]}{\partial \omega_{\mathrm{e}}} \approx \frac{-AkT}{2\omega_{\mathrm{e}}}\{\sin[\omega_{\mathrm{e}}(k+1)T+\varphi_{\mathrm{e}}]-\sin(\omega_{\mathrm{e}}kT+\varphi_{\mathrm{e}})+$$

$$\cos[\omega_{\mathrm{e}}(k+1)T+\varphi_{\mathrm{e}}]-\cos(\omega_{\mathrm{e}}kT+\varphi_{\mathrm{e}})\} \tag{12.49}$$

$$\frac{\partial \omega_{\mathrm{e}}}{\partial \dot{x}} = \frac{\omega}{c}\frac{v_{\mathrm{e}}}{R_{\mathrm{e}}} \tag{12.50}$$

将式(12.43)～式(12.50)代入式(12.41)和式(12.42)，即可得到相关累积值与位置/速度的关系。

12.3.3 集中式相干深组合

集中式相干深组合的结构如图 12.8 所示。集中式相干深组合系统将所有可见卫星的信号跟踪和导航解算均利用一个组合导航滤波器来完成。一方面，该组合导航滤波器将 SINS 的误差参数(平台失准角、速度误差、位置误差、陀螺仪常值漂移、加速度计零偏)和 GNSS 的钟差参数(时钟误差对应的距离误差和时钟频率误差对应的距离率误差)取为状态量，并将 GNSS 跟踪通道中相关器输出的 I/Q 支路信号和由 SINS 的位置、速度信息转换所得等效 I/Q 支路信号之差作为量测量。这样，组合导航滤波器便可利用最优估计算法，对 SINS 的误差状态进行估计，再根据状态估计结果对 SINS 的导航参数进行修正，进而获得高精度的组合导航结果。另一方面，该组合导航滤波器代替了传统跟踪环路中的鉴相器和环路滤波器，并直接参与到各通道的信号跟踪中。利用修正后的 SINS 位置、速度结果，并结合卫星星历实时计算码相位和载波频率等跟踪参数。进一步，将这些跟踪参数反馈至码 NCO 和载波 NCO，以控制本地信号与接收信号同步，从而实现对所接收信号的稳定跟踪。

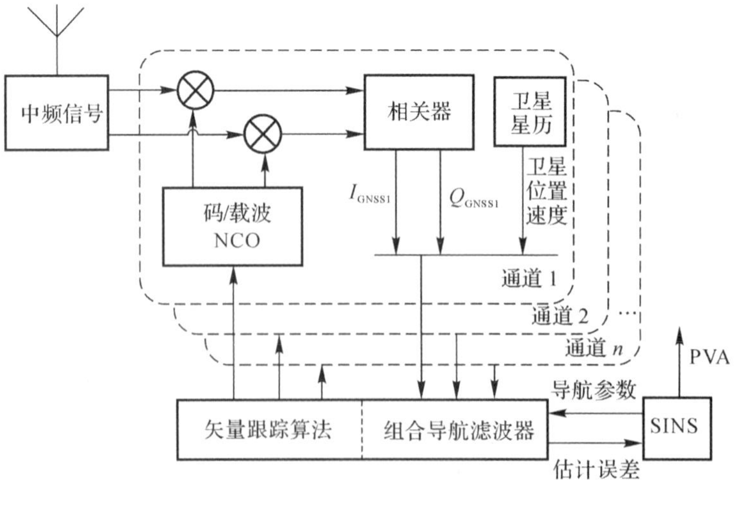

图 12.8 集中式相干深组合结构

集中式相干深组合导航滤波器的量测方程为

$$\boldsymbol{Z}=\begin{bmatrix}\delta I_1\\ \vdots\\ \delta I_n\\ \delta Q_1\\ \vdots\\ \delta Q_n\end{bmatrix}=\begin{bmatrix}I_{\mathrm{GNSS1}}-I_{\mathrm{SINS1}}\\ \vdots\\ I_{\mathrm{GNSS}n}-I_{\mathrm{SINS}n}\\ Q_{\mathrm{GNSS1}}-Q_{\mathrm{SINS1}}\\ \vdots\\ Q_{\mathrm{GNSS}n}-Q_{\mathrm{SINS}n}\end{bmatrix}=\boldsymbol{H}_{\delta x,\delta v\to I,Q}\mathbf{X}+\mathbf{V} \tag{12.51}$$

式中

$$\boldsymbol{H}_{\delta x,\delta v\to I,Q}=\begin{bmatrix}0&0&0&0&0&0&h_{x1}&h_{y1}&h_{z1}&0&\cdots&0&1&0\\ \vdots&\vdots&\vdots&\vdots&\vdots&\vdots&\vdots&\vdots&\vdots&\vdots&&\vdots&\vdots&\vdots\\ 0&0&0&0&0&0&h_{xn}&h_{yn}&h_{zn}&0&\cdots&0&1&0\\ 0&0&0&\dot{h}_{x1}&\dot{h}_{y1}&\dot{h}_{z1}&0&0&0&0&\cdots&0&0&1\\ \vdots&\vdots&\vdots&\vdots&\vdots&\vdots&\vdots&\vdots&\vdots&\vdots&&\vdots&\vdots&\vdots\\ 0&0&0&\dot{h}_{xn}&\dot{h}_{yn}&\dot{h}_{zn}&0&0&0&0&\cdots&0&0&1\end{bmatrix} \tag{12.52}$$

$$h_{x1}=\frac{1}{2}\left(\frac{\partial\mathrm{E}[I]}{\partial\omega_{\mathrm{e}}}\frac{\partial\omega_{\mathrm{e}}}{\partial x}+\frac{\partial\mathrm{E}[I]}{\partial\varphi_{\mathrm{e}}}\frac{\partial\varphi_{\mathrm{e}}}{\partial x}\right) \tag{12.53}$$

$$\dot{h}_{x1}=\frac{1}{2}\left[\frac{\partial\mathrm{E}[Q]}{\partial\omega_{\mathrm{e}}}\frac{\partial\omega_{\mathrm{e}}}{\partial\dot{x}}+\frac{\partial\mathrm{E}[Q]}{\partial\varphi_{\mathrm{e}}}\frac{\partial\varphi_{\mathrm{e}}}{\partial\dot{x}}\right] \tag{12.54}$$

$$h_{y1}=\frac{1}{2}\left(\frac{\partial\mathrm{E}[I]}{\partial\omega_{\mathrm{e}}}\frac{\partial\omega_{\mathrm{e}}}{\partial y}+\frac{\partial\mathrm{E}[I]}{\partial\varphi_{\mathrm{e}}}\frac{\partial\varphi_{\mathrm{e}}}{\partial y}\right) \tag{12.55}$$

$$\dot{h}_{y1}=\frac{1}{2}\left[\frac{\partial\mathrm{E}[Q]}{\partial\omega_{\mathrm{e}}}\frac{\partial\omega_{\mathrm{e}}}{\partial\dot{y}}+\frac{\partial\mathrm{E}[Q]}{\partial\varphi_{\mathrm{e}}}\frac{\partial\varphi_{\mathrm{e}}}{\partial\dot{y}}\right] \tag{12.56}$$

$$h_{z1}=\frac{1}{2}\left(\frac{\partial\mathrm{E}[I]}{\partial\omega_{\mathrm{e}}}\frac{\partial\omega_{\mathrm{e}}}{\partial z}+\frac{\partial\mathrm{E}[I]}{\partial\varphi_{\mathrm{e}}}\frac{\partial\varphi_{\mathrm{e}}}{\partial z}\right) \tag{12.57}$$

$$\dot{h}_{z1}=\frac{1}{2}\left[\frac{\partial\mathrm{E}[Q]}{\partial\omega_{\mathrm{e}}}\frac{\partial\omega_{\mathrm{e}}}{\partial\dot{z}}+\frac{\partial\mathrm{E}[Q]}{\partial\varphi_{\mathrm{e}}}\frac{\partial\varphi_{\mathrm{e}}}{\partial\dot{z}}\right] \tag{12.58}$$

$$\mathbf{V}_i=\begin{bmatrix}n_{\mathrm{I},i}\\ n_{\mathrm{Q},i}\end{bmatrix} \tag{12.59}$$

由式(12.51)可以看出，集中式相干深组合系统中组合导航滤波器的量测矢量维数庞大，导致运算量过大，很难满足实时性要求。

12.3.4　分布式相干深组合

SINS/GNSS 深组合导航系统的特点除矢量跟踪外，还在于原始的 I/Q 路信号直接参与信息融合。集中式相干深组合对滤波器的数据处理速度要求很高，因此实现难度较大。为了解决上述问题，衍生出一种分布滤波形式的深组合系统结构，不仅降低了系统的复杂度，而且能将跟踪频率降至 1～2 Hz。

图 12.9 为分布式相干深组合结构，其预滤波器的量测量为相关器输出的 I/Q 路信号，预滤波器的状态量一般取为载波相位误差、载波频率误差、码相位误差；经过位同步和帧同步处理后得到伪距以及伪距率信息，连同 SINS 子系统输出的伪距和伪距率信息，作为组合导航滤波器的输入，进而完成数据的融合。一方面 SINS 解算结果经过组合导航滤波器校正后作为导航输出，另一方面利用导航解算结果估计跟踪参数，并将跟踪参数反馈至跟踪通道，以保持对信号的持续跟踪。

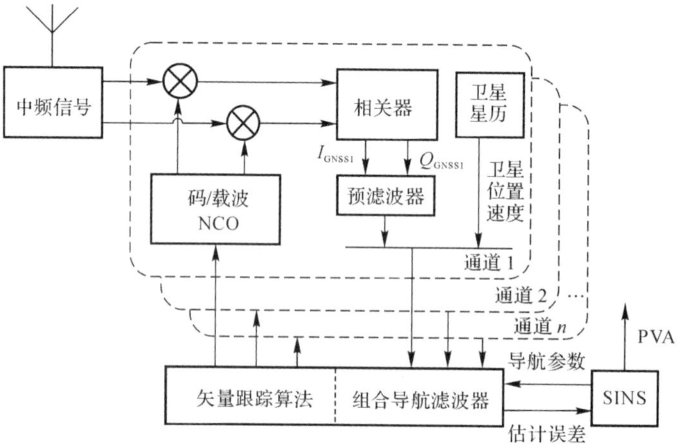

图 12.9　分布式相干深组合结构

分布式相干深组合中预滤波器的状态量取为

$$\boldsymbol{X}=\begin{bmatrix}A & \delta\rho & \delta\varphi & \delta\dot{\varphi} & \delta\ddot{\varphi}\end{bmatrix}^{\mathrm{T}} \tag{12.60}$$

式中：A 为信号的幅值；$\delta\rho$ 为伪距误差；$\delta\varphi$ ，$\delta\dot{\varphi}$ ，$\delta\ddot{\varphi}$ 分别为信号载波相位的误差、误差率和二阶误差率。

状态方程为

$$\begin{bmatrix}A_{k+1}\\ \delta\rho_{k+1}\\ \delta\varphi_{k+1}\\ \delta\dot{\varphi}_{k+1}\\ \delta\ddot{\varphi}_{k+1}\end{bmatrix}=\begin{bmatrix}1 & 0 & 0 & 0 & 0\\ 0 & 1 & 0 & \dfrac{\lambda_{\mathrm{carr}}}{2\pi}\mathrm{d}t & 0\\ 0 & 0 & 1 & \mathrm{d}t & \dfrac{\mathrm{d}t^2}{2}\\ 0 & 0 & 0 & 1 & \mathrm{d}t\\ 0 & 0 & 0 & 0 & 1\end{bmatrix}\begin{bmatrix}A_k\\ \delta\rho_k\\ \delta\varphi_k\\ \delta\dot{\varphi}_k\\ \delta\ddot{\varphi}_k\end{bmatrix}+\boldsymbol{W} \tag{12.61}$$

量测量为相关器输出的 I_{E}、I_{P}、I_{L}、Q_{E}、Q_{P} 和 Q_{L} 值，下标 E、P、L 分别表示超前码、即时码、滞后码对应的相关结果。

12.4　SINS/GNSS 非相干深组合系统模型与结构

常规接收机采用包含鉴相器和环路滤波器的标量跟踪环路来跟踪卫星信号。标量跟踪环路在信号功率较高、载体动态性较低的环境中运行良好。但是在载体动态较大、信号载噪比较低的条件下，标量跟踪环路往往无法正常运行甚至失锁，而 SINS/GNSS 深组合导航系统则具备在恶劣环境中运行的能力。深组合导航系统将信号跟踪和导航参数估计两个目标结合为一体，并且取消了以往独立、并行跟踪每颗卫星信号的标量跟踪方式，而是采用矢量跟踪方式同时跟踪所有可视卫星的信号。

深组合导航系统的主要任务之一是维持码相位和载波频率的锁定。由于相关器的输出为相位误差的三角函数，因此相干深组合系统能够估计出接收信号与本地信号之间的相位误差。相干深组合算法需要维持接收信号与本地信号的载波相位锁定，从而估计出载波相位误差；而非相干深组合算法则不需要估计载波相位误差，只需对每颗卫星的伪码相位和载波频率进行跟踪即可。与载波相位跟踪相比，伪码相位和载波频率的跟踪能够在更低的载噪比环境中运行。因此，为了提高组合导航系统在低载噪比环境中的工作性能，采用非相干深组合模式设计了一种深组合方案。

设计的 SINS/GNSS 深组合导航系统结构如图 12.10 所示。该组合导航系统主要包括矢量跟踪环节和深组合导航信息处理两部分。在矢量跟踪环节中，通道滤波器和组合导航滤波器都用于 GNSS 信号跟踪，而组合导航滤波器还担负着导航信息处理的任务。相关器输出的同相、正交信号经过鉴相器鉴别后，作为通道滤波器的量测信息，用来估计伪码相位和载波频率等跟踪误差；而通道滤波器的状态估计值经过比例转换后，作为量测信息输入到组合导航滤波器中，用于估计 SINS 的导航误差状态。经过误差校正后的 SINS 位置、速度参数与卫星星历数据等一起用于 GNSS 跟踪参数的估计，用来驱动接收机每个跟踪通道的 NCO，以生成本地信号。

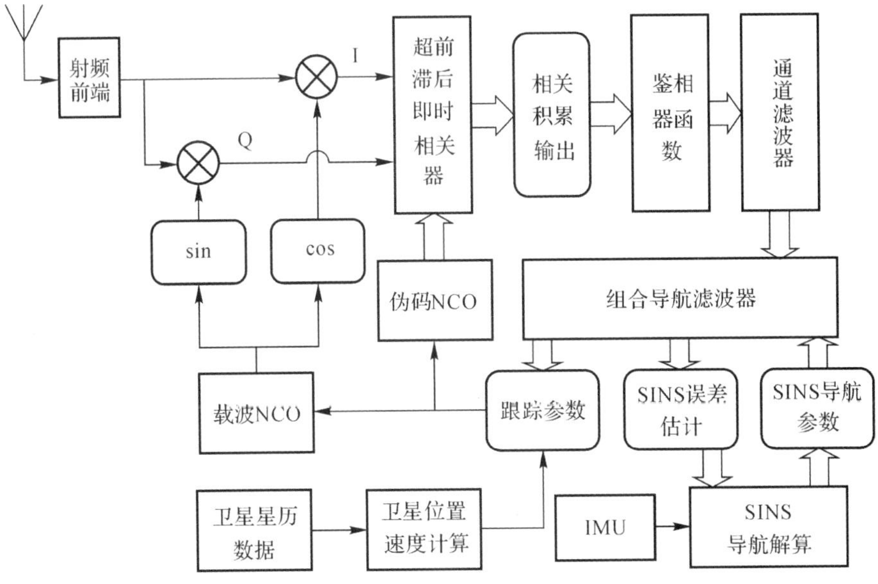

图 12.10　SINS/GNSS 深组合系统结构

12.4.1 信号矢量跟踪环节

在矢量跟踪环节中，只对卫星信号的伪码相位和载波频率进行跟踪。信号跟踪环路的闭合是通过组合导航滤波器完成的。该组合导航滤波器根据组合导航参数(即经校正的SINS位置和速度)及卫星星历数据对接收信号的伪距和伪距率进行估计，并将估计结果送入本地信号发生器的载波 NCO 与伪码 NCO。其中，估计的伪距用来调整伪码 NCO 的伪码相位，而估计的伪距率用于调整载波 NCO 与伪码 NCO 的频率。由于并未估计载波相位，所以载波 NCO 中的载波相位不加调整，仍按独立 Costas 载波相位跟踪环的方式运行。每个积分清零周期的相关器累积输出作为估计伪码相位、载波频率等跟踪误差的量测信息，对通道滤波器进行更新。而通道滤波器得到伪码相位、载波频率等跟踪误差的估计结果后，将其转化为伪距、伪距率信息输入组合导航滤波器中，用于对 SINS 误差状态进行估计与校正。

1.相关器累积输出建模

在不考虑噪声的情况下，接收机天线接收的卫星信号经射频前端下变频处理后，得到的中频信号模型为

$$S_{IF}=A\cdot D(t)\cdot C(t)\cdot\cos(\omega_{IF}t+\varphi) \tag{12.62}$$

式中：A 为中频信号的幅值；$D(t)$ 为导航数据；$C(t)$ 为伪码；ω_{IF} 为中频信号的载波角频率；φ 为初始载波相位。

本地载波 NCO 输出的同相、正交支路信号为

$$L_I=\cos(\omega_L t+\varphi_L) \tag{12.63}$$

$$L_Q=\sin(\omega_L t+\varphi_L) \tag{12.64}$$

式中：ω_L 为本地载波角频率；φ_L 为本地初始载波相位。

将输入的中频信号与同相支路和正交支路的本地载波信号分别进行相关处理，以实现载波剥离，则载波剥离后的结果为

$$\begin{aligned}S_I=&A\cdot D(t)\cdot C(t)\cdot\cos(\omega_{IF}t+\varphi)\cdot\cos(\omega_L t+\varphi_L)=\\&\frac{1}{2}A\cdot D(t)\cdot C(t)\cdot[\cos(\omega_{IF}t+\omega_L t+\varphi+\varphi_L)+\cos\varphi_e]\end{aligned} \tag{12.65}$$

$$\begin{aligned}S_Q=&A\cdot D(t)\cdot C(t)\cdot\cos(\omega_{IF}t+\varphi)\cdot\sin(\omega_L t+\varphi_L)=\\&\frac{1}{2}A\cdot D(t)\cdot C(t)\cdot[\sin(\omega_{IF}t+\omega_L t+\varphi+\varphi_L)+\sin\varphi_e]\end{aligned} \tag{12.66}$$

式中：$\varphi_e=(\omega_{IF}-\omega_L)t+(\varphi-\varphi_L)$ 为本地信号与输入信号之间的载波相位差；$\varphi_e=(\omega_{IF}-\omega_L)\cdot kt_s+(\varphi-\varphi_L)$ 为其离散化形式。

经过低通滤波器，将同相、正交支路信号中的高频成分滤除后，可得

$$S_I=\frac{1}{2}A\cdot D(t)\cdot C(t)\cdot\cos\varphi_e \tag{12.67}$$

$$S_Q=\frac{1}{2}A\cdot D(t)\cdot C(t)\cdot\sin\varphi_e \tag{12.68}$$

本地伪码发生器生成的即时码(P)、超前码(E)和滞后码(L)可表示为

$$C_{\mathrm{P}} = C(kt_s) \tag{12.69}$$

$$C_{\mathrm{E}} = C(kt_s - \delta) \tag{12.70}$$

$$C_{\mathrm{L}} = C(kt_s + \delta) \tag{12.71}$$

式中：t_s 为采样时间间隔；k 为计数点；δ 为本地伪码超前滞后的间隔，由于输入信号为离散信号，所以该间隔可以表示为离散的采样点数。

伪码的相关函数为

$$R(\tau) = \begin{cases} 1 - \dfrac{(L+1)}{Lt_c}|\tau|, & |\tau| \leqslant t_c \\ -1/L, & |\tau| > t_c \end{cases} \tag{12.72}$$

式中：L 为伪码序列长度；t_c 为码元宽度；τ 为相关间隔。

剥离载波后的同相、正交支路信号分别与本地产生的超前码、即时码、滞后码进行相关。假设在 1 ms 的积分清零间隔内，载波频率差和相位差都近似不变，则相关器累积输出为

$$\left.\begin{aligned} I_{\mathrm{PS}} &= \frac{1}{2}AD_iR(\varepsilon_i)\frac{\sin(\pi\delta fT)}{\pi\delta fT}\cos(\pi\delta fT + \delta\varphi) \\ I_{\mathrm{ES}} &= \frac{1}{2}AD_iR(\varepsilon_i - \delta)\frac{\sin(\pi\delta fT)}{\pi\delta fT}\cos(\pi\delta fT + \delta\varphi) \\ I_{\mathrm{LS}} &= \frac{1}{2}AD_iR(\varepsilon_i + \delta)\frac{\sin(\pi\delta fT)}{\pi\delta fT}\cos(\pi\delta fT + \delta\varphi) \\ Q_{\mathrm{PS}} &= \frac{1}{2}AD_iR(\varepsilon_i)\frac{\sin(\pi\delta fT)}{\pi\delta fT}\sin(\pi\delta fT + \delta\varphi) \\ Q_{\mathrm{ES}} &= \frac{1}{2}AD_iR(\varepsilon_i - \delta)\frac{\sin(\pi\delta fT)}{\pi\delta fT}\sin(\pi\delta fT + \delta\varphi) \\ Q_{\mathrm{LS}} &= \frac{1}{2}AD_iR(\varepsilon_i + \delta)\frac{\sin(\pi\delta fT)}{\pi\delta fT}\sin(\pi\delta fT + \delta\varphi) \end{aligned}\right\} \tag{12.73}$$

式中：T 为预检测积分时间；δf 和 $\delta\varphi$ 分别为载波的频率误差和相位误差；ε 为伪码相位误差。

2.鉴相器函数

在矢量跟踪环节中，选择归一化超前减滞后包络鉴相器，以消除幅度敏感性。该鉴相器的鉴别结果可以表示为

$$e = \frac{\sqrt{(I_{\mathrm{ES}}^2 + Q_{\mathrm{ES}}^2)} - \sqrt{(I_{\mathrm{LS}}^2 + Q_{\mathrm{LS}}^2)}}{\sqrt{(I_{\mathrm{ES}}^2 + Q_{\mathrm{ES}}^2)} + \sqrt{(I_{\mathrm{LS}}^2 + Q_{\mathrm{LS}}^2)}} \tag{12.74}$$

将式(12.73)代入式(12.74)，经过整理，式(12.74)可近似表示为

$$e = \frac{R(\varepsilon - \delta) - R(\varepsilon + \delta)}{R(\varepsilon - \delta) + R(\varepsilon + \delta)} \tag{12.75}$$

当 $\varepsilon \leqslant \delta$ 时，即伪码相位误差 ε 在超前滞后间隔范围内，鉴相结果与伪码相位误差成比例关系，即

$$e=\frac{L+1}{Lt_c-(L+1)\delta}\varepsilon \tag{12.76}$$

而对于载波跟踪环路，选择二象限反正切鉴相器对相关器的累积输出进行鉴相，该鉴相器的鉴别结果可表示为

$$\varphi_e=\arctan\left(\frac{Q_{PS}}{I_{PS}}\right) \tag{12.77}$$

当本地载波与输入信号之间的频率差为 0，相位差为 0 或 $\pm\pi$ 时，鉴相器的输出均为 0。可见，载波跟踪环路对相位的反转不敏感，所以当导航电文发生相位跳变时，载波跟踪环路仍然能够保持对载波信号的跟踪。

3.通道滤波器

利用鉴相器对超前、滞后、即时三路相关器的累积输出进行相应的计算后，将鉴别结果作为量测信息输入通道滤波器。由于量测信息与状态变量之间为非线性关系，所以通道滤波器采用扩展卡尔曼滤波算法。将通道内的跟踪误差作为通道滤波器的状态量，主要包括伪码相位误差、载波相位误差和载波频率误差，另外，还包括载波幅值和载波频率变化率误差等。通道滤波器的状态模型即为通道跟踪误差的动态模型，可表示为

$$\dot{\boldsymbol{X}}=\boldsymbol{F}\boldsymbol{X}+\boldsymbol{W} \tag{12.78}$$

$$\frac{\mathrm{d}}{\mathrm{d}t}\begin{bmatrix}\varepsilon\\ \delta\varphi\\ \delta f\\ \delta a\\ A\end{bmatrix}=\begin{bmatrix}0&0&f_{\text{code}}/f_{\text{carr}}\cdot k&0&0\\0&0&2\pi&0&0\\0&0&0&1&0\\0&0&0&0&0\\0&0&0&0&0\end{bmatrix}\begin{bmatrix}\varepsilon\\ \delta\varphi\\ \delta f\\ \delta a\\ A\end{bmatrix}+\begin{bmatrix}w_1\\w_2\\w_3\\w_4\\w_5\end{bmatrix} \tag{12.79}$$

式中：$\boldsymbol{X}=[\varepsilon,\delta\varphi,\delta f,\delta a,A]^{\mathrm{T}}$ 为通道滤波器的状态矢量；ε 为以采样点数为单位的伪码相位误差；$\delta\varphi$ 为载波相位误差；δf 为载波频率误差；δa 为载波频率变化率误差；A 为载波幅值；$\boldsymbol{F}$ 为状态矩阵，k 为一个伪码码元对应的采样点数，与采样频率有关；$\boldsymbol{W}=[w_1,w_2,\cdots,w_5]^{\mathrm{T}}$ 为系统噪声矢量，表征了通道跟踪误差的动态模型误差。

通道滤波器的量测量为伪码和载波跟踪环路鉴相器的鉴别结果，即

$$\left.\begin{aligned}Z_1&=\frac{L+1}{Lt_c-(L+1)\delta}\cdot\varepsilon\\ Z_2&=\arctan\left(\frac{Q_{PS}}{I_{PS}}\right)\end{aligned}\right\} \tag{12.80}$$

在积分清零间隔内，载波相位误差的平均值可近似表示为

$$\overline{\varphi}_e=\delta\varphi+2\pi\delta fT+\pi\delta aT^2 \tag{12.81}$$

因此，量测方程可以表示为

$$\begin{bmatrix}Z_1\\Z_2\end{bmatrix}=\begin{bmatrix}\dfrac{L+1}{Lt_c-(L+1)\delta}&0&0&0&0\\0&1&2\pi T&\pi T^2&0\end{bmatrix}\boldsymbol{X}+\boldsymbol{V} \tag{12.82}$$

式中：$\boldsymbol{V}$ 为量测噪声矢量，由伪码和载波跟踪环路鉴相器的鉴别误差构成。

12.4.2　组合导航滤波器

在 SINS/GNSS 深组合导航系统中，各通道滤波器估计得到跟踪误差状态的估计值后，根据伪码相位、载波频率误差等估计信息，以及载波 NCO 与伪码 NCO 中的基准信息计算相应的伪距、伪距率，并将计算的伪距、伪距率作为量测信息，输入组合导航滤波器中；同时，利用 SINS 输出的位置、速度等导航参数，并结合 GNSS 接收机提供的卫星星历数据，计算得到卫星与接收机之间的伪距、伪距率，也作为量测信息输入组合导航滤波器中；组合导航滤波器对 GNSS 跟踪通道以及 SINS 输出的伪距、伪距率信息作差，作为量测量对导航误差状态进行更新。信息融合过程完成后，一方面，组合导航滤波器将 SINS 误差状态估计值反馈回 SINS，对相应的器件误差、导航参数进行校正；另一方面，组合导航系统则根据误差校正后的 SINS 位置、速度等导航参数，结合卫星星历来计算接收机与各卫星之间的伪距、伪距率信息，并将其传送到 GNSS 接收机的伪码 NCO 与载波 NCO 中，对本地伪码相位和载波频率进行调整，而本地载波相位则根据通道滤波器估计得到的相位误差进行调整。

1.深组合导航系统误差状态模型

深组合导航系统中组合导航滤波器的系统模型与紧组合模式的组合导航滤波器相似，系统误差状态模型包括 SINS 误差状态方程和 GNSS 误差状态方程。

(1) SINS 误差状态方程。SINS 的误差状态包括位置误差 $\delta x,\delta y,\delta z$、速度误差 $\delta v_x,\delta v_y,\delta v_z$、平台失准角 $\varphi_x,\varphi_y,\varphi_z$、加速度计零偏 $\nabla_x,\nabla_y,\nabla_z$、加速度计标度因数和二阶非线性误差系数 $k_{a1x},k_{a1y},k_{a1z},k_{a2x},k_{a2y},k_{a2z}$、陀螺仪常值漂移 $\varepsilon_x,\varepsilon_y,\varepsilon_z$ 和陀螺仪标度因数 k_{g1x},k_{g1y},k_{g1z}。SINS 误差状态方程为

$$\dot{\boldsymbol{X}}_I(t)=\boldsymbol{F}_I(t)\boldsymbol{X}_I(t)+\boldsymbol{G}_I(t)\boldsymbol{W}_I(t) \tag{12.83}$$

(2) GNSS 误差状态方程。GNSS 的误差状态通常取两个与接收机时钟有关的误差：一个是与时钟误差等效的距离误差 δl_u，另一个是与时钟频率误差等效的距离率误差 δl_{ru}，其误差模型表达式为

$$\left.\begin{aligned}\delta\dot{l}_u&=\delta l_{ru}+w_u\\ \delta\dot{l}_{ru}&=-\frac{\delta l_{ru}}{T_{ru}}+w_{ru}\end{aligned}\right\} \tag{12.84}$$

式中：T_{ru} 为相关时间；w_u、w_{ru} 为白噪声。

GNSS 误差状态方程可以表示为

$$\dot{\boldsymbol{X}}_G(t)=\boldsymbol{F}_G(t)\boldsymbol{X}_G(t)+\boldsymbol{G}_G(t)\boldsymbol{W}_G(t) \tag{12.85}$$

式中：$\boldsymbol{X}_G$ 为 GNSS 误差状态矢量；$\boldsymbol{W}_G$ 为 GNSS 系统噪声矢量；$\boldsymbol{F}_G$ 为 GNSS 系统状态矩阵；$\boldsymbol{G}_G$ 为 GNSS 系统噪声驱动矩阵。具体为

$$\boldsymbol{X}_G=[\delta l_u,\delta l_{ru}]^T,\quad \boldsymbol{W}_G=[w_u,w_{ru}]^T,\quad \boldsymbol{F}_G=\begin{bmatrix}0&1\\0&-\dfrac{1}{T_{ru}}\end{bmatrix},\quad \boldsymbol{G}_G=\begin{bmatrix}1&0\\0&1\end{bmatrix}$$

将 SINS 误差状态方程式(12.83)与 GNSS 误差状态方程式(12.85)合并，得到深组合系

得更高精度的载体位置和速度信息，进而计算得到更为精确的载波频率和码相位估计值，以减少信号的二维搜索空间，进一步缩短捕获时间；最后，利用 SINS 提供的载体加速度信息，在信号捕获的相关累积过程中对载波频率变化率进行修正，从而降低载波频率变化率对相关累积增益的衰减，以提高捕获灵敏度。

1.捕获时间

根据 SINS 提供的载体位置信息，结合概略星历或历书便可确定可视卫星，使得接收机无需对可视卫星进行搜索捕获，从而将信号捕获的三维搜索过程降为对载波频率和码相位的二维搜索过程。

在捕获过程中，根据 SINS 提供的载体位置和速度信息，结合卫星星历，可以估计出由载体与卫星之间相对运动所引起的多普勒频移，即

$$\hat{f}_{\mathrm{d}}=-\frac{f_{\mathrm{carr}}}{c}(\boldsymbol{V}_{\mathrm{R}}-\boldsymbol{V}_{\mathrm{S}})\cdot\boldsymbol{E}_{\mathrm{LOS}} \tag{12.104}$$

式中：f_{carr} 为 GNSS 信号的载波频率；c 为光速；$\boldsymbol{V}_{\mathrm{R}}$ 为载体速度，可以由 SINS 提供；$\boldsymbol{V}_{\mathrm{S}}$ 为卫星速度，可以由卫星星历数据计算得到；$\boldsymbol{E}_{\mathrm{LOS}}$ 为卫星到载体的单位视线矢量，可以由 SINS 位置和卫星位置计算得到。

而对于码相位，则是利用由 SINS 预测的载体与卫星之间的视线距离估计得到。设 t_k 采样时刻 GNSS 信号的伪码序列模型为

$$C(t_k,\tau,f_{\mathrm{d}},\dot{f}_{\mathrm{d}})=C[(1+\eta)(t_k-\tau)] \tag{12.105}$$

式中：$\eta=(f_{\mathrm{d}}+\dot{f}_{\mathrm{d}}t_k/2)/f_{\mathrm{L}}$ 表示由多普勒效应引起的伪码速率缩放因子；$\dot{f}_{\mathrm{d}}$ 表示多普勒频移变化率；τ 表示码相位延迟。

根据 SINS 提供的载体位置 $\boldsymbol{P}_{\mathrm{R}}$ 和由卫星星历数据获得的卫星位置 $\boldsymbol{P}_{\mathrm{S}}$，可以计算得到 GNSS 信号的传播时间为

$$T_{\mathrm{prop}}=\frac{\|\boldsymbol{P}_{\mathrm{R}}-\boldsymbol{P}_{\mathrm{S}}\|}{c} \tag{12.106}$$

进而，可以估计得到 GNSS 信号的码相位延迟为

$$\hat{\tau}=\mathrm{rem}\left((T_{\mathrm{GNSS}}+T_{\mathrm{corr}}-T_{\mathrm{prop}})\cdot f_{\mathrm{code}},\frac{c}{f_{\mathrm{code}}(1+\eta)}\right) \tag{12.107}$$

式中：rem(•) 表示取余函数；T_{GNSS} 表示当前伪码信号的接收时刻(GNSS 时)；f_{code} 表示伪码信号的频率；T_{corr} 表示卫星时钟修正量，可利用卫星星历中的卫星时钟修正参数 a_{f0}，a_{f1}，a_{f2} 和参考时刻 T_{oc} 计算得到，即

$$T_{\mathrm{corr}}=a_{f0}+a_{f1}(T_{\mathrm{GNSS}}-T_{\mathrm{oc}})+a_{f2}(T_{\mathrm{GNSS}}-T_{\mathrm{oc}})^2 \tag{12.108}$$

式(12.104)和式(12.107)分别为多普勒频移和码相位的估计模型。可见，在 SINS/GNSS 深组合导航系统中，GNSS 接收机可以利用 SINS 提供的载体位置和速度信息，结合卫星星历，估计得到 GNSS 信号的多普勒频移和码相位，从而减小信号多普勒频移和码相位的搜索空间，以缩短信号的捕获时间。

2.捕获灵敏度

SINS/GNSS 深组合导航系统利用 SINS 提供的载体位置、速度和加速度信息，可以估

计出 GNSS 信号的多普勒频移及其变化率，从而减小多普勒频移和多普勒频移变化率对相关累积结果的衰减，最终提高捕获的灵敏度。下面重点分析相关累积时间和多普勒频移及其变化率对捕获灵敏度的影响。

(1) 相关累积时间对捕获灵敏度的影响。相关累积时间是影响捕获灵敏度的关键因素。设第 i 颗卫星信号的相关累积结果为 $I_i(n)$ 和 $Q_i(n)$，则可构建决策统计量为

$$V=\sqrt{I_i^2(n)+Q_i^2(n)} \tag{12.109}$$

式中：V 表示信号捕获过程中的决策统计量，当 V 超过检测门限 V_t 时，则认为捕获成功。

根据中心极限定理，相关累积结果 $I_i(n)$ 和 $Q_i(n)$ 近似服从高斯分布，则当 GNSS 接收机所接收的信号中含有第 i 颗卫星信号时，决策统计量 V 服从莱斯分布，其概率密度函数可以表示为

$$f_V(v)=\frac{v}{\sigma_n^2}\exp\left(-\frac{v^2+A^2}{2\sigma_n^2}\right)\cdot I_0\left(\frac{v\cdot A}{\sigma_n^2}\right) \tag{12.110}$$

式中：$I_0(\cdot)$ 为第一类零阶修正贝塞尔函数；v 为随机变量；σ_n^2 为噪声的方差；A 为信号幅值；A^2/σ_n^2 表示信号幅值与噪声方差之比，其与相关累积时间 T_{coh} 有关，满足

$$\frac{A^2}{2\sigma_n^2}=(C/N_0)\cdot T_{coh} \tag{12.111}$$

式中：C/N_0 表示信号的载噪比。

而当 GNSS 接收机所接收的信号中不含第 i 颗卫星信号，即 $A=0$ 时，决策统计量 V 服从瑞利分布，其概率密度函数可以表示为

$$f_{V0}(v)=\frac{v}{\sigma_n^2}\exp\left(-\frac{v^2}{2\sigma_n^2}\right) \tag{12.112}$$

因此，根据式(12.110)和式(12.112)，可得捕获的检测概率 P_d 和虚警概率 P_{fa} 分别为

$$\left.\begin{aligned}P_d&=\int_{V_t}^{+\infty}f_V(v)\mathrm{d}v=\int_{V_t}^{+\infty}\left[\frac{v}{\sigma_n^2}\exp\left(-\frac{v^2+A^2}{2\sigma_n^2}\right)\cdot I_0\left(\frac{vA}{\sigma_n^2}\right)\right]\mathrm{d}v\\P_{fa}&=\int_{V_t}^{+\infty}f_{V0}(v)\mathrm{d}v=\int_{V_t}^{+\infty}\frac{v}{\sigma_n^2}\exp\left(-\frac{v^2}{2\sigma_n^2}\right)\mathrm{d}v=\exp\left(-\frac{V_t^2}{2\sigma_n^2}\right)\end{aligned}\right\} \tag{12.113}$$

对于信号捕获问题而言，所要求的虚警概率 P_{fa} 通常是已知的。因此，根据虚警概率 P_{fa} 可求得检测门限 V_t，即

$$V_t=\sqrt{-2\sigma_n^2\ln P_{fa}} \tag{12.114}$$

进而，可得到信号的检测概率 P_d 为

$$\begin{aligned}P_d=&\int_{V_t}^{+\infty}\left[\frac{v}{\sigma_n^2}\exp\left(-\frac{v^2+A^2}{2\sigma_n^2}\right)\cdot I_0\left(\frac{vA}{\sigma_n^2}\right)\right]\mathrm{d}v=\\&\int_{V_t}^{+\infty}\left\{\frac{v}{\sigma_n^2}\exp\left[-\frac{v^2+2\sigma_n^2(C/N_0)T_{coh}}{2\sigma_n^2}\right]\cdot I_0\left[\frac{v\sqrt{2\sigma_n^2(C/N_0)T_{coh}}}{\sigma_n^2}\right]\right\}\mathrm{d}v\end{aligned} \tag{12.115}$$

式(12.115)反映了信号检测概率 P_d 与相关累积时间 T_{coh} 之间的关系。图 12.11 为不同相关累积时间条件下的检测概率变化曲线。可以看出，捕获的检测概率会随着相关累积时间的增加而提高。当载噪比较高时，不同相关累积时间条件下的捕获检测概率均接近 1；

而在低载噪比条件下，信号的检测概率较低，通过增加相关累积时间可改善这一情况。因此，通过延长相关累积时间可以有效地提高捕获灵敏度。

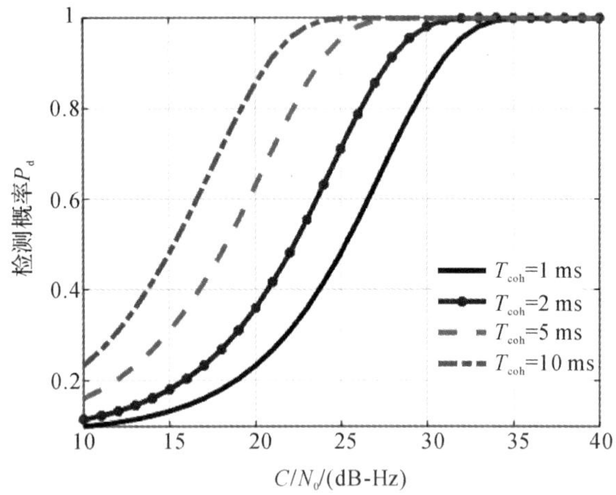

图 12.11 不同相关累积时间条件下的捕获检测概率

（2）多普勒频移及其变化率对捕获灵敏度的影响。除了相关累积时间外，GNSS 信号的多普勒频移及其变化率也会对捕获灵敏度产生影响。在 GNSS 接收机接收到某颗 GNSS 卫星的信号后，经射频前端下变频和采样处理后得到数字中频信号，其模型为

$$r(n)=A\cdot C(n-\tau)\cdot D(n-\tau)\cdot\cos[2\pi(f_{\text{IF}}+f_{\text{d}})n+\varphi_0]+\eta(n) \quad (12.116)$$

式中：n 为信号的采样点序号；A 为信号的幅值；$C(\cdot)$ 为伪随机码；$D(\cdot)$ 为数据码；τ 为码相位延迟；f_{IF} 为信号的标称中频频率；f_{d} 为信号的多普勒频移；φ_0 为初始载波相位；$\eta(n)$ 为高斯白噪声。

本地产生复信号并与数字中频信号 $r(n)$ 进行相关运算，进而将相关运算的结果进行累积运算，则可得到相关累积结果为

$$Z_{\text{coh}}=AR(\delta\tau)N_{\text{coh}}\text{sinc}(\pi\Delta f_{\text{d}}T_{\text{coh}})\exp[\text{j}\pi\Delta f_{\text{d}}(N_{\text{coh}}-1)T_{\text{s}}]\sum_{n=0}^{N_{\text{coh}}-1}\exp[\text{j}\pi\dot{f}_{\text{d}}(nT_{\text{s}})^2] \quad (12.117)$$

式中：Δf_{d} 表示本地信号与中频信号间的多普勒频移误差，$\dot{f}_{\text{d}}$ 表示多普勒频移变化率，$\delta\tau$ 表示本地信号与中频信号间的码相位误差，N_{coh} 表示参与相关累积的采样点个数，T_{s} 表示采样时间间隔。

式(12.117)表明，相关累积结果 Z_{coh} 与多普勒频移误差 Δf_{d} 和多普勒频移变化率 $\dot{f}_{\text{d}}$ 均有关。在低动态环境下，通常认为 $\dot{f}_{\text{d}}\approx 0$，此时多普勒频移变化率不会使相关累积结果发生衰减，所以可以得到较大的相关累积结果。但在高动态环境下，由于信号的多普勒频移变化率不再接近于 0，因此多普勒频移变化率会使相关累积结果发生衰减。图 12.12 所示为不同多普勒频移变化率对相关累积结果的影响。可见，当多普勒频移变化率较大时，相关累积结果随相关累积时间的增加而急剧衰减，并且多普勒频移变化率越大，衰减的幅度越大。

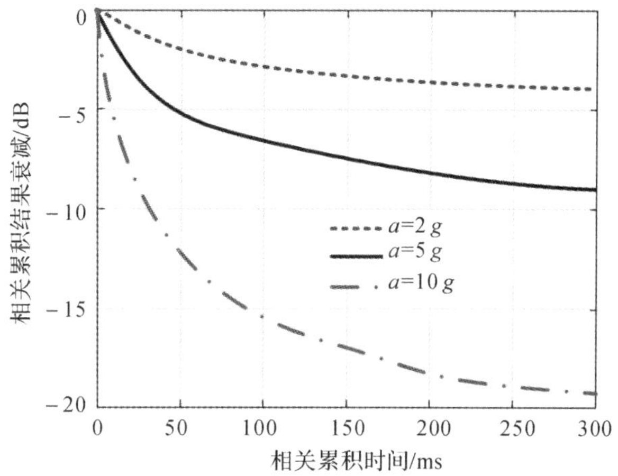

图 12.12　不同多普勒频移变化率对相关累积结果的影响

在 SINS/GNSS 深组合导航系统中，根据 SINS 提供的载体位置、速度和加速度信息，结合卫星星历，可估计出由载体与卫星之间相对运动所引起的多普勒频移及其变化率为

$$\left.\begin{aligned}\hat{f}_{\mathrm{d}}&=-\frac{f_{\mathrm{carr}}}{c}(\boldsymbol{V}_{\mathrm{R}}-\boldsymbol{V}_{\mathrm{S}})\cdot\boldsymbol{E}_{\mathrm{LOS}}\\\hat{\dot{f}}_{\mathrm{d}}&=-\frac{f_{\mathrm{carr}}}{c}(\boldsymbol{a}_{\mathrm{R}}-\boldsymbol{a}_{\mathrm{S}})\cdot\boldsymbol{E}_{\mathrm{LOS}}\end{aligned}\right\}\tag{12.118}$$

式中：f_{carr} 为 GNSS 信号的载波频率；$\boldsymbol{V}_{\mathrm{R}}$ 和 $\boldsymbol{a}_{\mathrm{R}}$ 分别为载体速度和加速度，可以由 SINS 提供；$\boldsymbol{V}_{\mathrm{S}}$ 和 $\boldsymbol{a}_{\mathrm{S}}$ 分别为卫星速度和加速度，可以由卫星星历数据计算得到；$\boldsymbol{E}_{\mathrm{LOS}}$ 为卫星到载体的单位视线矢量，可以由 SINS 位置和卫星位置计算得到。

这样，利用式(12.118)便可估计出 GNSS 信号的多普勒频移及其变化率，这有利于降低多普勒频移误差和多普勒频移变化率对相关累积结果所造成的衰减，从而可以适当地延长相关累积时间，以提高捕获的灵敏度。

12.5.2　跟踪性能

下面从跟踪精度、动态性能和抗干扰性能三个方面，对 SINS/GNSS 深组合导航系统中 GNSS 接收机跟踪环路的跟踪性能进行分析。

1.跟踪环路跟踪精度

GNSS 接收机跟踪环路的跟踪精度与环路带宽、信号载噪比等因素有关。SINS/GNSS 深组合导航系统采用矢量跟踪结构，将组合导航滤波器作为公共部分，参与到所有通道的跟踪环路中，从而实现多个跟踪通道之间的相互辅助。由于组合导航滤波器主要对载体位置误差和速度误差等一阶和二阶状态量进行估计，因此可以将各通道的跟踪环路等效为二阶环路。下面以二阶载波锁相环(PLL)为例对跟踪环路的跟踪精度进行分析。

PLL 的跟踪误差主要包括相位颤动误差和动态应力误差。为了避免导航数据位翻转的问题，PLL 通常采用对180°相位翻转不敏感的 Costas 锁相环。该锁相环跟踪门限的经验判断方法为:跟踪误差的 3σ 颤动不能超过 PLL 鉴相器相位牵引范围的 1/4。PLL 通常采用二象限反正切载波相位鉴别器,其相位牵引范围为 180°,则 3σ 经验门限值为 45°。因此,PLL 的经验跟踪门限可表示为

$$3\sigma_{\mathrm{PLL}}=3\sigma_{\mathrm{tPLL}}+\theta_{\mathrm{e}}\leqslant 45^\circ \tag{12.119}$$

式中:σ_{tPLL} 表示热噪声引起的 1σ 相位颤动误差;θ_{e} 表示 PLL 的动态应力误差。

PLL 中热噪声引起的 1σ 相位颤动误差 σ_{tPLL} 与跟踪环路的阶数无关。当采用 Costas 锁相环时,σ_{tPLL} 可以表示为

$$\sigma_{\mathrm{tPLL}}=\frac{\lambda_{\mathrm{L}}}{2\pi}\sqrt{\frac{B_{\mathrm{N}}}{C/N_0}\left(1+\frac{1}{2T_{\mathrm{coh}}C/N_0}\right)} \tag{12.120}$$

式中:B_{N} 为跟踪环路带宽;C/N_0 为信号的载噪比。

PLL 的动态应力误差主要与载体动态有关。对于二阶载波锁相环,其动态应力误差可以表示为

$$\theta_{\mathrm{e}}=\frac{1}{\omega_0^2}\frac{\mathrm{d}^2 r}{\mathrm{d}t^2} \tag{12.121}$$

式中:r 表示载体与卫星之间的距离;ω_0 为环路的固有频率。可见,二阶载波锁相环的动态应力误差主要与载体的加速度动态有关。

式(12.119)~式(12.121)可以反映出 PLL 跟踪误差与信号载噪比 C/N_0、跟踪环路带宽 B_{N}、相关累积时间 T_{coh} 及载体动态之间的关系。其中,式(12.119)和式(12.120)表明,降低信号载噪比 C/N_0 或增加跟踪环路带宽 B_{N},会导致 PLL 跟踪误差增加。而式(12.121)则表明,载体动态越高,则环路动态应力误差越大,PLL 跟踪精度越低。

SINS/GNSS 深组合导航系统可以通过改善环路的动态性能、相关累积时间、等效环路带宽等参数来提高跟踪精度。由于深组合导航系统可以实时估计出载体的速度和加速度,因此其可以降低环路内的动态应力误差。而跟踪环路的等效环路带宽主要与组合导航滤波器的参数有关,即

$$B_{\mathrm{N}}=\frac{1}{\lambda_{\mathrm{carr}}^2}\frac{\mathrm{diag}(\boldsymbol{LKK}^{\mathrm{T}}\boldsymbol{L}^{\mathrm{T}})}{4NT} \tag{12.122}$$

式中:N 表示可见星的数量;T 表示滤波周期;$\boldsymbol{L}$ 表示各可见星与载体之间的单位视线矢量所组成的矩阵;$\boldsymbol{K}$ 表示卡尔曼滤波中与位置状态量有关的增益矩阵,可表示为

$$\left.\begin{aligned}\boldsymbol{K}&=\boldsymbol{P}^-\boldsymbol{L}^{\mathrm{T}}(\boldsymbol{L}\boldsymbol{P}^-\boldsymbol{L}^{\mathrm{T}}+\boldsymbol{R})^{-1}\\ \boldsymbol{P}^-&=\boldsymbol{\Phi}\boldsymbol{P}^+\boldsymbol{\Phi}^{\mathrm{T}}+\boldsymbol{Q}\end{aligned}\right\} \tag{12.123}$$

式中:$\boldsymbol{P}^-$ 和 $\boldsymbol{P}^+$ 分别表示一步预测均方误差阵和状态估计均方误差阵;$\boldsymbol{\Phi}$ 表示状态转移矩阵;$\boldsymbol{Q}$ 表示系统噪声协方差阵;$\boldsymbol{R}$ 表示量测噪声协方差阵。

由式(12.122)和式(12.123)可知,SINS/GNSS 深组合导航系统中的组合导航滤波器能够动态调整跟踪环路的等效环路带宽,从而减小跟踪环路内的跟踪误差。当组合导航滤波器逐渐收敛时,增益矩阵 $\boldsymbol{K}$ 的幅值逐渐降低,环路带宽也随之减小,从而可提升环路的跟踪精度。另外,由于 SINS/GNSS 深组合导航系统采用矢量跟踪结构,因此可以实现强、弱信号跟踪通道之间的相互辅助,与标量跟踪结构相比,矢量跟踪结构能够更有效地减弱载噪比降低对跟踪通道的影响,这有利于跟踪精度的提高。

2.跟踪环路动态性能

GNSS 接收机跟踪环路的动态性能反映了环路对载体动态的响应能力。在独立运行的接收机中,环路带宽是影响环路动态性能的重要因素。窄的环路带宽可以抑制噪声,但环路的动态性能较差;而宽的环路带宽对载体动态的响应速度更快,但会引入更多的噪声,降低环路跟踪精度。因此,跟踪环路带宽需要根据噪声抑制和动态响应的要求进行折中设计。而在 SINS/GNSS 深组合导航系统中,由于系统引入了 SINS 的速度、加速度信息来辅助跟踪环路,而这些辅助信息能够反映载体的动态,因此跟踪环路可以设置较窄的带宽,从而增强跟踪环路的噪声抑制能力。下面仍以二阶载波锁相环(PLL)为例,分析深组合导航系统引入 SINS 辅助信息对跟踪环路动态性能的影响。

图 12.13 为深组合导航系统中跟踪环路的结构图。可以看出,在跟踪环路引入 SINS 提供的速度信息后,其传递函数可以表示为

$$[s+KF(s)]\cdot x(s)=KF(s)\cdot x_0(s)+KF(s)F_1(s)\cdot \dot{x}_{\mathrm{SINS}}/s \tag{12.124}$$

式中:$\dot{x}_{\mathrm{SINS}}$ 表示 SINS 提供的速度信息,其主要与陀螺仪和加速度计的输出误差有关,它们之间的关系为

$$\dot{x}_{\mathrm{SINS}}=(s^2-g/R)/s\cdot x_0(s)-(\varepsilon_{\mathrm{A}}+\varphi_0)/s^2-g\cdot\varepsilon_{\mathrm{G}}/s^3 \tag{12.125}$$

式中:R 为地球半径;ε_{A} 为加速度计误差;ε_{G} 为陀螺仪误差;φ_0 为初始姿态误差。

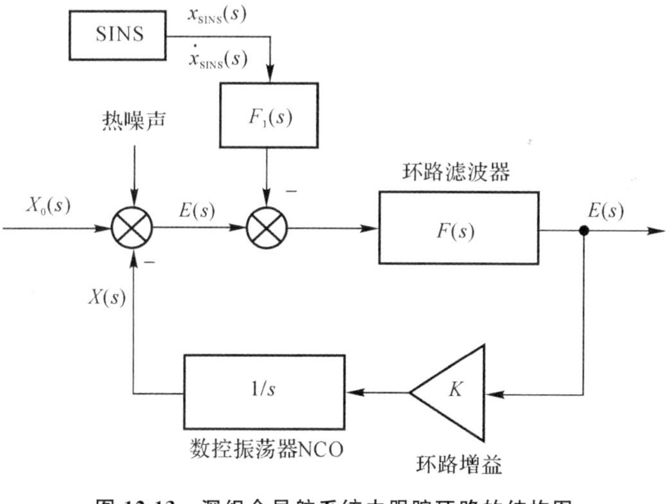

图 12.13 深组合导航系统中跟踪环路的结构图

为了分析引入 SINS 辅助信息对跟踪环路动态误差的影响,将式(12.125)代入式(12.124),可得误差传递函数为

$$E(s)=\frac{s^3[(\varepsilon_{\mathrm{A}}+\varphi_0)/s^2+g\cdot\varepsilon_{\mathrm{G}}/s^3]}{s[s+KF(s)](s^2+g/R)} \tag{12.126}$$

设初始姿态误差 $\varphi_0=0°$,通过对式(12.126)进行拉普拉斯反变换,可得二阶跟踪环路中跟踪误差的时域形式为

$$e(t)=\left(\frac{\varepsilon_{\mathrm{A}}}{\omega_0^2}\right)\cos(\sqrt{g/R}t)+\left(\frac{\varepsilon_{\mathrm{G}}}{\omega_0^2}g\right)\sin(\sqrt{g/R}t)/\sqrt{g/R} \tag{12.127}$$

由式(12.127)可知,SINS辅助跟踪环路的跟踪误差与陀螺仪和加速度计的精度有关。随着陀螺仪和加速度计精度的下降,跟踪环路的跟踪误差也会增大。在SINS/GNSS深组合导航系统中,组合导航滤波器通过对SINS导航参数误差、陀螺仪常值漂移、加速度计零偏进行估计与校正,可以提高SINS辅助信息的精度,从而降低跟踪环路的动态误差,提升跟踪环路的动态性能。

3.跟踪环路抗干扰性能

跟踪环路的抗干扰性能是指环路对干扰的容忍程度,环路对干扰的容忍程度越大,说明其抗干扰性能越强。跟踪环路的抗干扰性能可以用受干扰条件下环路未发生失锁的最低载噪比来反映,该载噪比指标又被称为跟踪阈值。

当存在干扰信号时,由式(12.119)可知,若PLL的跟踪误差受干扰影响而达到误差上限(即15°),则跟踪误差会导致环路失锁,此时环路中的信号载噪比 $(C/N_0)_{eq}$ 即为跟踪阈值。利用跟踪阈值可以进一步计算信号的干信比,并通过干信比来反映环路失锁时信号受到的干扰强度。

干信比的计算公式为

$$J/S = 10\lg\{Qf_{code}[10^{-(C/N_0)_{eq}/10} - 10^{-(C/N_0)/10}]\} \tag{12.128}$$

式中:$(C/N_0)_{eq}$ 表示跟踪阈值;C/N_0 表示无干扰时的载噪比;Q 表示扩频处理因子,窄带干扰时取1,宽带干扰时取2;f_{code} 表示伪码的码速率。

在已知跟踪阈值 $(C/N_0)_{eq}$ 的条件下,由式(12.128)便可计算出环路所能承受的最大干扰强度。而跟踪阈值主要与环路热噪声和动态应力误差有关,它们之间的关系为

$$\begin{aligned}\sigma_T &= \sigma_{tDLL} + \frac{\theta_e}{3} = \\ &\frac{\lambda_{carr}}{2\pi}\sqrt{\frac{B_N}{(C/N_0)_{eq}}\left[1+\frac{1}{2T_{coh}(C/N_0)_{eq}}\right]} + \frac{\theta_e}{3}\end{aligned} \tag{12.129}$$

式中:σ_T 表示跟踪误差的上限,其经验值为15°;σ_{tPLL} 表示热噪声引起的 1σ 相位颤动误差,θ_e 表示PLL的动态应力误差。

式(12.129)表明,跟踪阈值 $(C/N_0)_{eq}$ 的大小与相关累积时间 T_{coh}、跟踪环路带宽 B_N 和动态应力误差 θ_e 有关,而跟踪阈值与环路所能承受的最大干扰强度之间满足式(12.128)所示的关系,因此环路所能承受的最大干扰强度也与以上三种因素有关。为此,下面从相关累积时间、环路动态性能以及跟踪环路带宽三个方面,分析SINS/GNSS深组合导航系统对跟踪环路抗干扰性能的改善。

首先,分析相关累积时间对跟踪环路抗干扰性能的影响。在跟踪环路中,I、Q支路的相关累积结果可表示为

$$\left.\begin{aligned} I &= ADR(\delta\tau)\cdot \mathrm{sinc}(\pi\delta fTt)\cos(\pi\delta fT+\delta\varphi)+N_I \\ Q &= ADR(\delta\tau)\cdot \mathrm{sinc}(\pi\delta fTt)\sin(\pi\delta fT+\delta\varphi)+N_Q \end{aligned}\right\} \tag{12.130}$$

式中:N_I;N_Q 分别表示I,Q支路的噪声累积结果。

由于SINS/GNSS深组合导航系统引入了SINS的位置和速度辅助信息,可以实时补偿环路内的多普勒频移误差 δf 和码相位误差 $\delta\tau$,因此式(12.130)中的 δf 和 $\delta\tau$ 可视为0,此时I、Q支路的相关累积结果不发生衰减,进而可以通过延长相关累积时间来提高信号累积

增益，从而维持对受干扰信号的跟踪锁定，以提高环路的抗干扰能力。

进一步，分析跟踪环路动态性能和环路带宽对抗干扰性能的影响。SINS/GNSS 深组合导航系统通过引入 SINS 的位置、速度等辅助信息，能够降低跟踪环路中的动态应力误差，从而提高了跟踪环路的动态性能。而动态性能的提高有利于降低对环路带宽的要求，使环路可以在较窄的环路带宽下对信号进行跟踪。图 12.14 为不同跟踪环路带宽条件下的跟踪误差变化情况。可以看出，跟踪阈值随环路带宽的降低而得到了显著提升。因此，SINS/GNSS 深组合导航系统通过提高环路的动态性能并降低环路带宽，可有效提高环路的抗干扰性能。

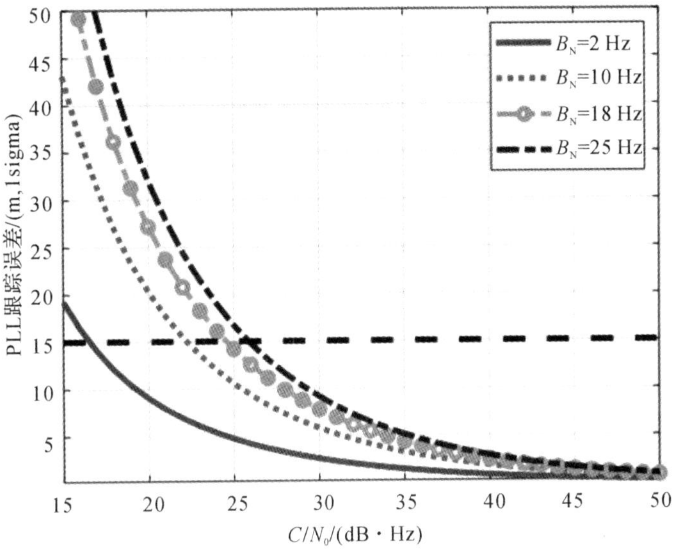

图 12.14　不同跟踪环路带宽条件下的跟踪误差

12.5.3　性能仿真验证

选择发射点惯性坐标系为导航坐标系。弹道导弹的惯性器件误差：陀螺仪常值漂移为 0.3 (°)/h，白噪声均方差为 0.02 (°)/h，一次项系数为 5×10^{-6}；加速度计零偏为 100 μg，白噪声均方差为 10 μg，一次项系数为 1×10^{-4}，二次项系数为 10 $(\mu g)^{-1}$。在弹道导弹轨迹的主动段，SINS 单独运行，自 117 s 关机点开始，导航系统切换到深组合模式下工作。GNSS 软件接收机信号处理模块中，预检积分时间为 1 ms，采样频率为 30 MHz，采样后信号中频为 7 MHz。

图 12.15 和图 12.16 分别为 SINS/GNSS 深组合系统的位置和速度误差。可以看出，深组合系统开始工作后，位置和速度误差迅速收敛，并且稳定在很小的误差范围内。在稳定状态下，三个方向的位置误差保持在 2 m 范围内，速度误差小于 0.05 m/s，表明深组合系统通过对所有通道的联合跟踪，可实现较高的定位、定速精度。

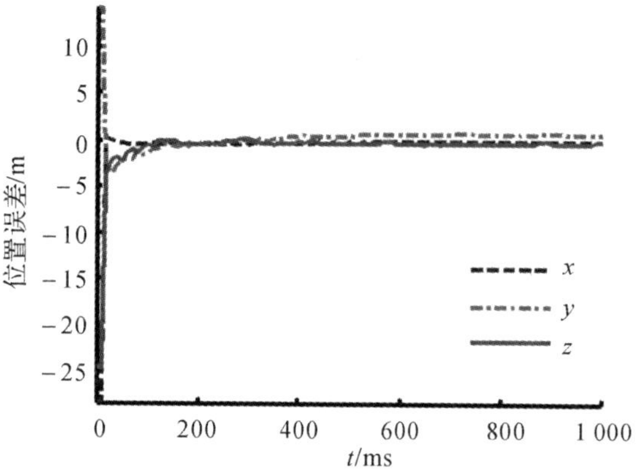

图 12.15 深组合系统位置误差

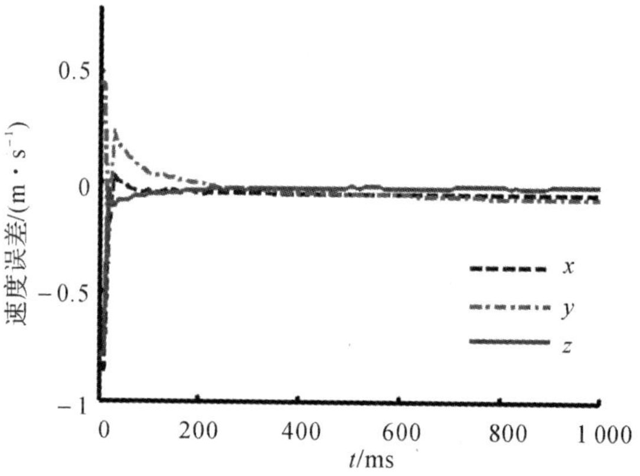

图 12.16 深组合系统速度误差

在 300～500 ms 期间，设置所有 GNSS 卫星信号同时中断，则 SINS/GNSS 深组合系统的伪距误差和位置误差曲线分别如图 12.17 和图 12.18 所示。在卫星信号中断期间，由于 GNSS 接收机无法接收卫星信号，因此伪码跟踪受到影响，此时深组合系统不再对 SINS 导航信息与 GNSS 测量信息进行数据融合，而是将 SINS 导航参数作为最终输出；同时，根据 SINS 位置、速度参数及接收机中保存的卫星星历，计算伪码相位参数，用来维持矢量跟踪环路的运行，并为信号重捕获做好准备。由图 12.17 和图 12.18 可以看出，利用 SINS 位置、速度与卫星星历计算得到的跟踪参数，能够维持矢量跟踪环路的运行，信号中断期间，伪距跟踪误差最大仅为 5 m、定位误差最大仅为 3 m，所得结果与正常情况下 GNSS 接收机的跟踪精度相差较小。

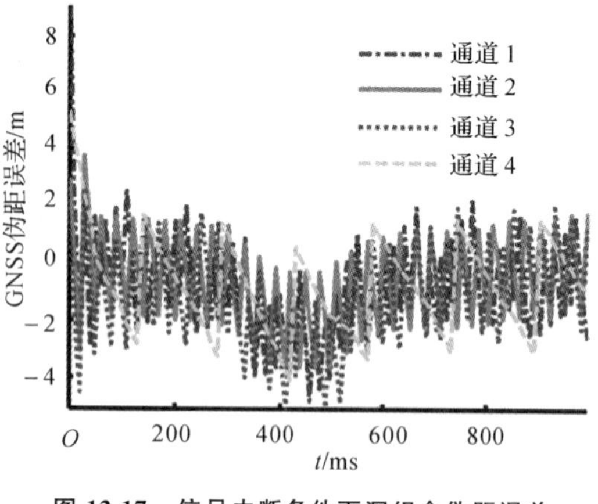

图 12.17 信号中断条件下深组合伪距误差

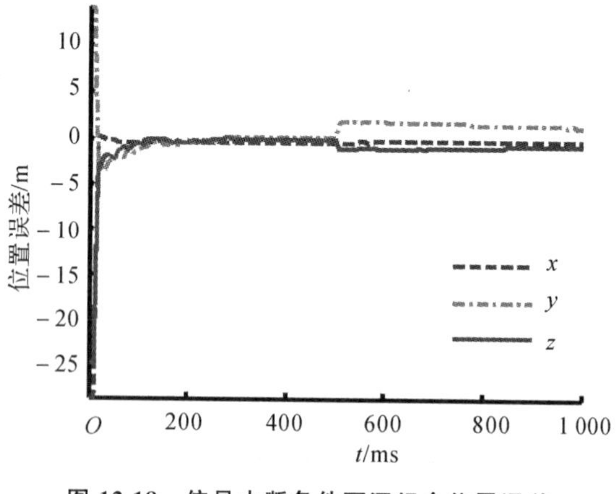

图 12.18 信号中断条件下深组合位置误差

综合来看，SINS/GNSS 深组合系统不仅能够在正常情况下实现高精度定位，而且在信号中断情况下，也能够维持较高的定位精度，具有较强的环境适应能力。

第 13 章　SINS/GNSS 自适应深组合系统与完好性监测方法

在高动态环境下，由于矢量跟踪环路中鉴相器的鉴别范围有限，而频率、相位等跟踪参数具有变化幅度大、变化速度快的特点。因此，高动态环境下容易导致跟踪参数超过鉴相器的鉴别范围，这样就会引入非线性误差，进而使鉴相器的鉴别精度降低。可见，虽然矢量跟踪环路实现了各通道之间的信息共享与相互辅助，但由于仅利用了 GNSS 的测量信息对环路进行控制，并没有从根本上解决高动态对跟踪环路的影响；而 SINS 具有短时精度高、适用于高动态的特点，因此可将 SINS 辅助信息引入矢量跟踪环路中，组成 SINS/GNSS 深组合导航系统结构，从而可减弱高动态对跟踪环路的影响，提高跟踪精度。

然而，在复杂的应用环境下，SINS/GNSS 深组合导航系统中各跟踪通道的噪声具有未知且时变的特点，无法满足卡尔曼滤波时需要噪声统计特性已知的条件，从而导致通道滤波器的估计精度下降甚至滤波发散，严重影响了深组合导航系统的性能。为此，需要一种 SINS/GNSS 自适应深组合系统，以便对各跟踪通道的噪声统计特性进行自适应估计，从而提高深组合系统在复杂应用环境下的导航性能。

完好性是指当导航系统发生故障或误差超限，无法进行导航定位时，系统向用户及时发出告警的能力。在无故障条件下，SINS/GNSS 深组合导航系统的位置、速度误差通常服从零均值正态分布，而当出现故障时，故障通道的伪距、伪距率偏差将使位置、速度误差的均值发生偏移，并且偏移量的大小与故障通道的伪距、伪距率偏差以及可见卫星的几何构型有关；另外，深组合导航系统的各跟踪通道之间相互耦合，这会导致故障通道的误差扩散到其他通道，进而引起整个组合导航系统导航精度的下降。因此，在 SINS/GNSS 深组合导航系统中，需要对系统的完好性进行监测，以便及时检测并隔离故障通道。

基于此，本章首先分析高动态环境对矢量跟踪环路的影响，进而设计一种自适应矢量跟踪环路并建立通道滤波器模型，并介绍一种自适应 SINS/GNSS 深组合系统方案；另外，给出一种 SINS/GNSS 深组合系统完好性监测方法。

13.1　高动态环境对矢量跟踪环路的影响

矢量跟踪环路主要包括基带处理模块和导航滤波器两个部分，其中，基带处理模块包括鉴相器、环路滤波器等部分。图 13.1 为矢量跟踪环路的典型结构。

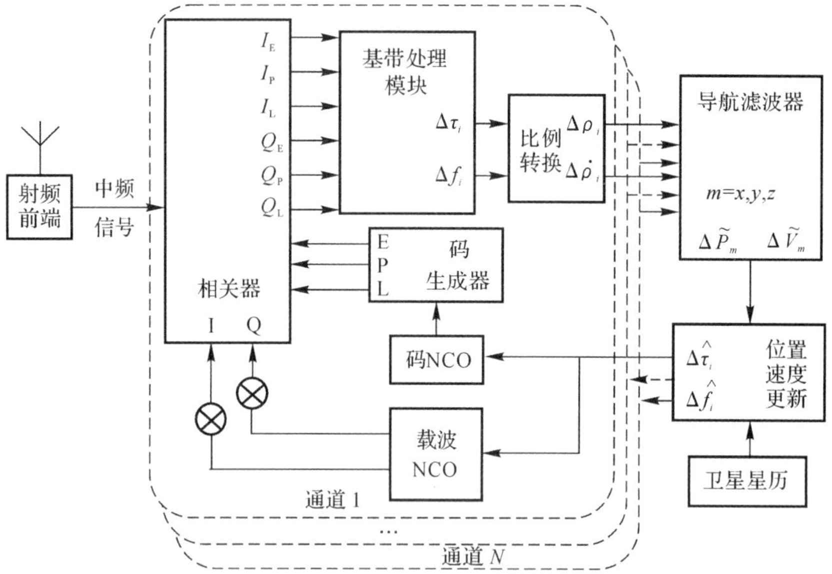

图 13.1　矢量跟踪环路典型结构

接收机的射频前端将天线接收到的 GNSS 信号下变频至中频，并将中频信号送入矢量跟踪环路。在相关器中，中频信号与本地载波相乘，对载波进行剥离。剥离载波后的同相 I 和正交 Q 两路信号分别与本地产生的超前码、即时码、滞后码相关，经相关累积后分别输出 I_E、Q_E、I_P、Q_P、I_L、Q_L。基带处理模块再利用相关器的输出 I_E、Q_E、I_P、Q_P、I_L、Q_L，对各通道的码相位误差 $\Delta\tau_i$（i 表示第 i 个通道，$i=1,2,\cdots,N$）和载波频率误差 Δf_i 进行估计。估计得到的码相位误差 $\Delta\tau_i$ 和载波频率误差 Δf_i 经比例转换后，可以获得伪距误差 $\Delta\rho_i$、伪距率误差 $\Delta\dot{\rho}_i$。各个跟踪通道的伪距误差 $\Delta\rho_i$ 和伪距率误差 $\Delta\dot{\rho}_i$ 构成一个矢量，该矢量作为导航滤波器的量测信息，经导航滤波器处理后，可以得到载体的位置误差估计值 $\Delta\tilde{P}$ 和速度误差估计值 $\Delta\tilde{V}$，从而完成对载体位置和速度的更新。再利用更新后的载体位置、速度信息，并结合卫星星历，可计算得到载体与导航卫星间的伪距、伪距率，进而估计出各通道的码相位修正值 $\Delta\hat{\tau}_i$、载波频率修正值 $\Delta\hat{f}_i$，并将其反馈至码 NCO 和载波 NCO，最终实现对信号的闭环跟踪。

在高动态环境下，载体的运动将导致接收到的卫星信号产生较大的多普勒频移，从而使跟踪环路无法对卫星信号进行精确跟踪，由此产生了跟踪环路的动态应力误差。动态应力误差叠加在热噪声上，将导致跟踪环路的测量误差进一步加大。由于矢量码跟踪环路与矢量载波跟踪环路的误差来源一致，并且相较于矢量码跟踪环路，矢量载波跟踪环路受高动态的影响更大，因此，矢量码跟踪环路中的动态应力误差，通常可以借助矢量载波跟踪环路的辅助予以消除。为了降低跟踪环路在高动态环境下的测量误差，提高跟踪环路对卫星信号的跟踪精度，下面对矢量载波跟踪环路中的动态应力误差及其影响因素作进一步分析。

图 13.2 为矢量载波跟踪环路的结构。中频信号分别与本地载波和本地即时码相关，经积分清零处理后生成 I、Q 支路数据；鉴相器利用 I、Q 支路数据对跟踪误差进行鉴别；误差

鉴别结果由环路滤波器滤除噪声后，作为量测信息送入导航滤波器；导航滤波器对载体的位置、速度误差等状态量进行估计，并利用估计结果预测载波频率修正值；预测的载波频率修正值用于反馈调节载波 NCO，进而使本地载波与接收载波精确同步。可见，鉴相器与环路滤波器的性能将决定载波跟踪的精度。

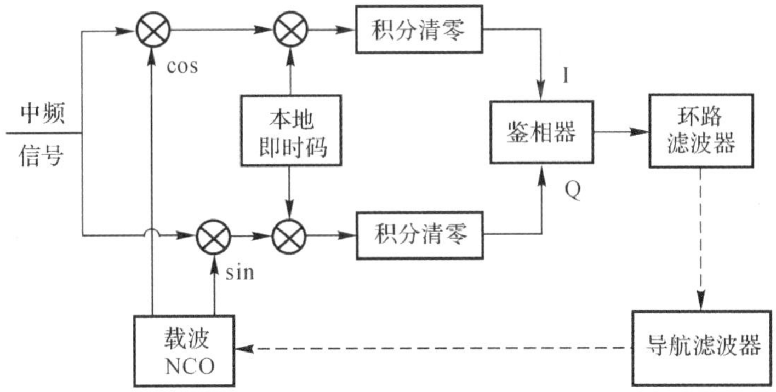

图 13.2　矢量载波跟踪环路结构

然而，鉴相器的鉴别范围和精度是有限的。鉴相器实际上只具有很小的线性区间，当信号变化幅度超过鉴相器的线性区间时，将会引入未建模误差，使得跟踪参数与实际信号不符。除此以外，环路滤波器存在带宽限制，带宽过小将无法锁定快速变化的多普勒频移，而带宽过大将会使得更多的噪声进入环路，从而降低跟踪精度。因此，高动态将导致矢量跟踪环路难以准确锁定载波频率误差 Δf_i ，进而导致各个通道输出的伪距率误差 $\Delta\dot{\rho}_i$ 与实际情况不符。同理，对于伪码跟踪，高动态则会使得各通道输出的伪距误差 $\Delta\rho_i$ 与真实值存在较大偏差。

导航滤波器的量测信息为各通道输出的伪距误差 $\Delta\rho_i$ 、伪距率误差 $\Delta\dot{\rho}_i$ 。当各个通道的跟踪参数不能被精确锁定时，导航滤波器的量测信息失真，因而无法准确估计出载体的位置误差 $\Delta\tilde{\boldsymbol{P}}$ 和速度误差 $\Delta\tilde{\boldsymbol{V}}$ 。这样，载体的位置和速度误差得不到校正，便会导致载波频率、码相位等跟踪参数的修正量出现偏差，进而造成接收信号和本地复制信号的相关输出产生信噪比损耗，最终将会导致整个矢量跟踪环路失锁。

综上，在高动态环境下，接收信号的相位、频率以及频率的各阶导数变化速度快、幅度大，系统的非线性大大提高，各项跟踪参数，特别是载波频率和码相位难以保持较高的跟踪精度，使得导航滤波器无法对载体的位置、速度误差进行准确估计，从而无法校正载体的位置和速度信息，因此载波频率、码相位等跟踪参数的修正量将出现偏差，最终导致矢量跟踪环路失锁。

13.2　自适应矢量跟踪环路设计与建模

在高动态环境下，传统矢量跟踪环路难以准确获取跟踪参数。因此，通道滤波器利用 I、Q 支路的相关结果直接作为量测量，以代替传统矢量跟踪环路中的鉴相器和环路滤波器，这样能够避免引入鉴相器的自身未建模误差并克服环路带宽的限制。由于通道滤波器的量测方程具有高度非线性的特点，所以通道滤波器需要采用无迹卡尔曼滤波器（Unscented Kalman Filter, UKF）。此外，由于 UKF 要求已知噪声的先验统计特性，否则容易出现滤波精度下降甚至发散的问题，因此需要实时估计各跟踪通道的载噪比，进而对通道滤波器中的量测噪声协方差矩阵进行自适应调整，以保证跟踪环路能够稳定工作。

13.2.1 自适应矢量跟踪环路设计

在高动态环境下，码相位误差和载波频率误差会出现大范围变化，变化幅度将超过鉴相器的线性区间，进而引入未建模误差，使得跟踪参数与实际信号不符。此外，载体较高的运动状态将会导致载波频率剧烈变化，而为了保持对载波的跟踪，不得不增大环路带宽，但带宽的增大将会引入更多的热噪声，进而降低跟踪精度。

因此，采用通道滤波器代替传统矢量跟踪环路中的鉴相器和环路滤波器，并将 I、Q 支路的相关结果直接作为通道滤波器的量测量。此外，由于 I、Q 支路的相关结果具有高度非线性的特点，所以通道滤波器需要采用 UKF。同时，为了保持通道滤波器对跟踪参数的准确估计，采用基于载噪比的量测噪声估计方法，以便对通道滤波器的量测噪声协方差矩阵 $\boldsymbol{R}$ 进行自适应调整。综合上述思想，设计得到一种基于自适应 UKF 的矢量跟踪环路，其结构如图 13.3 所示。

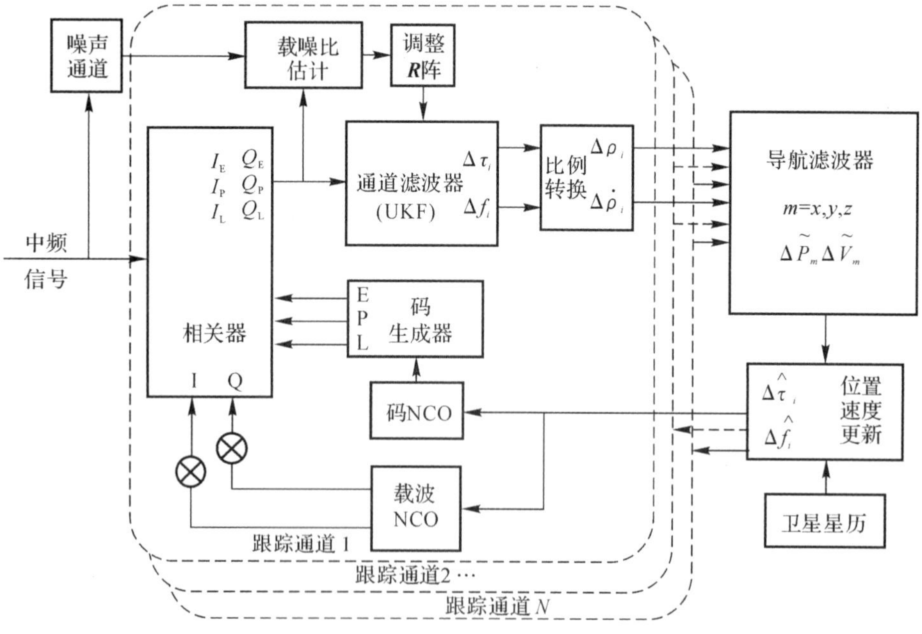

图 13.3 基于自适应 UKF 的矢量跟踪环路结构

由图 13.3 可见，中频信号进入跟踪环路后，分别送入跟踪通道和噪声通道进行相应处理。在跟踪通道中，中频信号与本地信号进行相关后得到 6 路 I、Q 信号；相关器输出的 6 路 I、Q 信号作为量测量直接送入通道滤波器，这样通道滤波器便可利用这些量测量估计出载波频率误差 Δf_i 和码相位误差 $\Delta\tau_i$ 等跟踪参数；这些跟踪参数经比例转换后，得到伪距误差 $\Delta\rho_i$ 和伪距率误差 $\Delta\dot{\rho}_i$ 。各个跟踪通道的伪距误差和伪距率误差构成一个矢量，并作为量测信息送入导航滤波器。导航滤波器通过对各个跟踪通道的信息进行融合，并对载体的位置误差和速度误差等状态量进行估计，可实现对载体位置和速度信息的更新。根据更新后的位置和速度信息，再结合卫星星历，便可得到码相位修正值 $\Delta\hat{\tau}_i$ 和载波频率修正值 Δf_i ，从而完成对码 NCO 和载波 NCO 的调整。而在噪声通道中，中频信号与一组未被使用的伪码进行相关运算，从而得到噪声功率。由于各通道的噪声来源基本一致，因此可以认为所有跟踪通道的噪声功率与该噪声通道的噪声功率相一致。跟踪通道估计得到信号和噪声的总功率，而噪声通道估计得到噪声功率，这样便可计算出信号的载噪比，进而可获得 I、Q 支路的噪声方差，最后利用该噪声方差便可对通道滤波器的量测噪声协方差矩阵 $\boldsymbol{R}$ 进行自适应调整。

13.2.2　通道滤波器模型

通道滤波器的状态矢量定义为

$$\boldsymbol{X}=\begin{bmatrix}\ddot{\varphi} & \dot{\varphi} & \varphi & \varepsilon & A\end{bmatrix}^{\mathrm{T}} \tag{13.1}$$

式中：φ 为载波相位误差；$\dot{\varphi}$ 为载波相位变化率误差；$\ddot{\varphi}$ 为载波相位二阶导数误差；ε 为码相位误差；A 为信号幅值。

通道滤波器的状态方程为

$$\frac{\mathrm{d}}{\mathrm{d}t}\begin{bmatrix}\ddot{\varphi}\\ \dot{\varphi}\\ \varphi\\ \varepsilon\\ A\end{bmatrix}=\begin{bmatrix}0&0&0&0&0\\1&0&0&0&0\\0&1&0&0&0\\0&K_0&0&0&0\\0&0&0&0&0\end{bmatrix}\begin{bmatrix}\ddot{\varphi}\\ \dot{\varphi}\\ \varphi\\ \varepsilon\\ A\end{bmatrix}+\begin{bmatrix}w_1\\w_2\\w_3\\w_4\\w_5\end{bmatrix} \tag{13.2}$$

式中：$\begin{bmatrix}w_1 & w_2 & w_3 & w_4 & w_5\end{bmatrix}^{\mathrm{T}}$ 为各状态量对应的过程噪声；K_0 为将弧度转换为码片的系数，其表达式为

$$K_0=\frac{1}{2\pi}\frac{f_{\mathrm{code}}}{f_{\mathrm{carr}}} \tag{13.3}$$

其中：f_{code} 和 f_{carr} 分别为码和载波的频率。

以 I、Q 支路的相关结果为量测矢量，则通道滤波器的量测方程为

$$\boldsymbol{Z}=\boldsymbol{h}(\boldsymbol{X})+\boldsymbol{V} \tag{13.4}$$

其具体形式为

$$
\boldsymbol{Z}=\begin{bmatrix} I_{\mathrm{E}} \\ Q_{\mathrm{E}} \\ I_{\mathrm{P}} \\ Q_{\mathrm{P}} \\ I_{\mathrm{L}} \\ Q_{\mathrm{L}} \end{bmatrix}=\begin{bmatrix} AR(\varepsilon-\delta)D\operatorname{sinc}\left(\dot{\varphi}\dfrac{T_{\mathrm{coh}}}{2}\right)\cos\left(\varphi+\dot{\varphi}\dfrac{T_{\mathrm{coh}}}{2}\right) \\ AR(\varepsilon-\delta)D\operatorname{sinc}\left(\dot{\varphi}\dfrac{T_{\mathrm{coh}}}{2}\right)\sin\left(\varphi+\dot{\varphi}\dfrac{T_{\mathrm{coh}}}{2}\right) \\ AR(\varepsilon)D\operatorname{sinc}\left(\dot{\varphi}\dfrac{T_{\mathrm{coh}}}{2}\right)\cos\left(\varphi+\dot{\varphi}\dfrac{T_{\mathrm{coh}}}{2}\right) \\ AR(\varepsilon)D\operatorname{sinc}\left(\dot{\varphi}\dfrac{T_{\mathrm{coh}}}{2}\right)\sin\left(\varphi+\dot{\varphi}\dfrac{T_{\mathrm{coh}}}{2}\right) \\ AR(\varepsilon+\delta)D\operatorname{sinc}\left(\dot{\varphi}\dfrac{T_{\mathrm{coh}}}{2}\right)\cos\left(\varphi+\dot{\varphi}\dfrac{T_{\mathrm{coh}}}{2}\right) \\ AR(\varepsilon+\delta)D\operatorname{sinc}\left(\dot{\varphi}\dfrac{T_{\mathrm{coh}}}{2}\right)\sin\left(\varphi+\dot{\varphi}\dfrac{T_{\mathrm{coh}}}{2}\right) \end{bmatrix}+\begin{bmatrix} v_1 \\ v_2 \\ v_3 \\ v_4 \\ v_5 \\ v_6 \end{bmatrix} \tag{13.5}
$$

式中：D 为导航数据；T_{coh} 为相关累积时间；δ 为超前滞后间隔；$\boldsymbol{V}=[v_1 \quad v_2 \quad v_3 \quad v_4 \quad v_5 \quad v_6]^{\mathrm{T}}$ 为各支路的噪声；$R(\cdot)$ 为码的自相关函数。

量测噪声的协方差矩阵为

$$
\boldsymbol{R}=E(\boldsymbol{V}\boldsymbol{V}^{\mathrm{T}})=\sigma_{\mathrm{n}}^{2}\begin{bmatrix} 1 & 0 & 1-\delta & 0 & 1-2\delta & 0 \\ 0 & 1 & 0 & 1-\delta & 0 & 1-2\delta \\ 1-\delta & 0 & 1 & 0 & 1-\delta & 0 \\ 0 & 1-\delta & 0 & 1 & 0 & 1-\delta \\ 1-2\delta & 0 & 1-\delta & 0 & 1 & 0 \\ 0 & 1-2\delta & 0 & 1-\delta & 0 & 1 \end{bmatrix} \tag{13.6}
$$

式中：I、Q 支路的噪声方差 σ_{n}^{2} 可进一步利用各通道的载噪比估计结果计算得到。

13.2.3 基于载噪比的量测噪声估计方法

载噪比是信号功率与噪声功率谱密度的比值，跟踪结果的准确性与输入信号的载噪比息息相关。在自适应矢量跟踪环路中，要求能够实时估计变化的载噪比。常用的载噪比估计方法有方差求和法、窄带宽带功率比值法和附加噪声通道法等。

附加噪声通道法对载噪比的估计是利用同相支路和正交支路的相关结果来实现的。跟踪通道中的相关器通过将本地信号和输入信号进行相关累积，以完成解扩过程，从而输出同相支路和正交支路的相关结果。以即时码为例，其同相支路和正交支路的相关输出结果可分别表示为

$$
I_{\mathrm{P}}=I_{\mathrm{s}}+I_{\mathrm{n}} \tag{13.7}
$$

$$
Q_{\mathrm{P}}=Q_{\mathrm{s}}+Q_{\mathrm{n}} \tag{13.8}
$$

式中：I_{s}、Q_{s} 为信号成分；I_{n}、Q_{n} 为白噪声。

对于信号成分 I_{s} 和 Q_{s}，由式(13.5)可得

$$\left.\begin{aligned} I_s &= AR(\varepsilon)D\,\mathrm{sinc}\left(\dot{\varphi}\,\frac{T_{coh}}{2}\right)\cos\left(\varphi+\dot{\varphi}\,\frac{T_{coh}}{2}\right) \\ Q_s &= AR(\varepsilon)D\,\mathrm{sinc}\left(\dot{\varphi}\,\frac{T_{coh}}{2}\right)\sin\left(\varphi+\dot{\varphi}\,\frac{T_{coh}}{2}\right) \end{aligned}\right\} \tag{13.9}$$

信号功率 C 与信号幅值 A 之间满足

$$C = A^2/2 \tag{13.10}$$

而对于白噪声 I_n、Q_n，其方差为

$$\sigma_n^2 = \frac{N_0}{T_{coh}} \tag{13.11}$$

式中：N_0 表示噪声功率谱密度。

联合式(13.10)和式(13.11)，载噪比 C/N_0 可表示为

$$C/N_0 = \frac{C}{N_0} = \frac{A^2}{2T_{coh}\sigma_n^2} \tag{13.12}$$

根据式(13.12)，可将信号幅值 A 表示为载噪比 C/N_0 与噪声方差 σ_n^2 的函数，即

$$A = \sigma_n\sqrt{2\frac{C}{N_0}T_{coh}} \tag{13.13}$$

再将式(13.13)代入式(13.9)，可得

$$I_s = \sigma_n\sqrt{2\frac{C}{N_0}T_{coh}}\,R(\varepsilon)D\,\mathrm{sinc}\left(\dot{\varphi}\,\frac{T_{coh}}{2}\right)\cos\left(\varphi+\dot{\varphi}\,\frac{T_{coh}}{2}\right) \tag{13.14}$$

$$Q_s = \sigma_n\sqrt{2\frac{C}{N_0}T_{coh}}\,R(\varepsilon)D\,\mathrm{sinc}\left(\dot{\varphi}\,\frac{T_{coh}}{2}\right)\sin\left(\varphi+\dot{\varphi}\,\frac{T_{coh}}{2}\right) \tag{13.15}$$

进一步，将式(13.14)和式(13.15)分别代入式(13.7)和式(13.8)，可得

$$I_P = \sigma_n\sqrt{2\frac{C}{N_0}T_{coh}}\,R(\varepsilon)D\,\mathrm{sinc}\left(\dot{\varphi}\,\frac{T_{coh}}{2}\right)\cos\left(\varphi+\dot{\varphi}\,\frac{T_{coh}}{2}\right)+I_n \tag{13.16}$$

$$Q_P = \sigma_n\sqrt{2\frac{C}{N_0}T_{coh}}\,R(\varepsilon)D\,\mathrm{sinc}\left(\dot{\varphi}\,\frac{T_{coh}}{2}\right)\sin\left(\varphi+\dot{\varphi}\,\frac{T_{coh}}{2}\right)+Q_n \tag{13.17}$$

对跟踪通道的相关输出结果进行 M 次非相干累积，并将非相干累积结果记为 X，则有

$$X = \sum_{i=1}^{M}(I_{P,i}^2 + Q_{P,i}^2) \tag{13.18}$$

结合式(13.16)～式(13.17)，可知 X 的数学期望为

$$E(X) = E\left[\sum_{i=1}^{M}(I_{P,i}^2 + Q_{P,i}^2)\right] = M[E(I_{P,i}^2) + E(Q_{P,i}^2)] = 2M\sigma_n^2\left(\frac{C}{N_0}T_{coh}+1\right) \tag{13.19}$$

附加噪声通道法需要接收机额外分配一个噪声通道，从而实现对噪声功率的估计。由于噪声通道内的本地复制伪码与所有 GNSS 卫星播发的伪码都正交，所以噪声通道内的本地复制伪码与接收信号进行相关运算后，相关输出结果中的伪码自相关函数 $R(\cdot)$ 近似为零。因此，噪声通道的同相支路和正交支路的相关输出结果可分别表示为

$$I_{P_0}=\sigma_n\sqrt{2\frac{C}{N_0}T_{coh}}R(\varepsilon)D\operatorname{sinc}\left(\dot{\varphi}\frac{T_{coh}}{2}\right)\cos\left(\varphi+\dot{\varphi}\frac{T_{coh}}{2}\right)+I_n\approx I_n \tag{13.20}$$

$$Q_{P_0}=\sigma_n\sqrt{2\frac{C}{N_0}T_{coh}}R(\varepsilon)D\operatorname{sinc}\left(\dot{\varphi}\frac{T_{coh}}{2}\right)\sin\left(\varphi+\dot{\varphi}\frac{T_{coh}}{2}\right)+Q_n\approx Q_n \tag{13.21}$$

式中：I_{P_0} 和 Q_{P_0} 分别表示噪声通道的同相支路和正交支路的相关输出结果。

类似地，对噪声通道的相关输出结果进行 M 次非相干累积，并将非相干累积结果记为 Y，则有

$$Y=\sum_{i=1}^{M}(I_{P_0,i}^2+Q_{P_0,i}^2) \tag{13.22}$$

结合式(13.20)～式(13.21)，可知 Y 的数学期望和方差分别为

$$E(Y)=E\left[\sum_{i=1}^{M}(I_{P_0,i}^2+Q_{P_0,i}^2)\right]=$$
$$M[E(I_{P_0,i}^2)+E(Q_{P_0,i}^2)]=2M\sigma_n^2 \tag{13.23}$$

$$\operatorname{var}(Y)=\operatorname{var}\left[\sum_{i=1}^{M}(I_{P_0,i}^2+Q_{P_0,i}^2)\right]=$$
$$M[\operatorname{var}(I_{P_0,i}^2)+\operatorname{var}(Q_{P_0,i}^2)]=4M\sigma_n^4 \tag{13.24}$$

为了利用随机变量 X 和 Y 对载噪比 C/N_0 进行估计，定义 X 和 Y 的比值为 Z，即

$$Z=\frac{X}{Y}=\frac{\sum_{i=1}^{M}(I_{P,i}^2+Q_{P,i}^2)}{\sum_{i=1}^{M}(I_{P_0,i}^2+Q_{P_0,i}^2)} \tag{13.25}$$

由于随机变量 X 和 Y 是互不相关的，即它们的协方差 $\operatorname{cov}[X,Y]=0$，所以根据两个随机变量比值的数学期望公式，可得

$$E(Z)=\frac{E(X)}{E(Y)}-\frac{\operatorname{cov}[X,Y]}{E^2(Y)}+\frac{E(X)}{E^3(Y)}\operatorname{var}(Y)=$$
$$\left(\frac{C}{N_0}T_{coh}+1\right)+\frac{1}{M}\left(\frac{C}{N_0}T_{coh}+1\right)=$$
$$\frac{M+1}{M}\left(\frac{C}{N_0}T_{coh}+1\right) \tag{13.26}$$

根据式(13.26)，可得载噪比 C/N_0 的估计公式为

$$C/N_0=\frac{1}{T_{coh}}\left[\frac{M}{M+1}E(Z)-1\right] \tag{13.27}$$

这样，利用附加噪声通道法对载噪比进行估计的过程如图 13.4 所示。

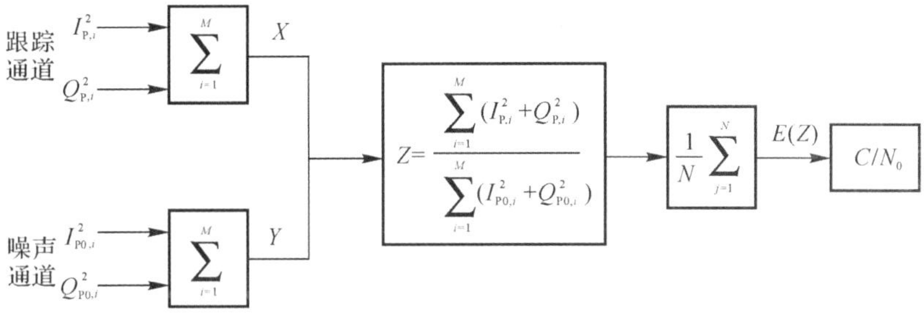

图 13.4　载噪比估计过程

首先,对跟踪通道的同相支路和正交支路相关结果 I_P 和 Q_P 进行 M 次非相干累积,得到随机变量 X ;同时,对噪声通道的同相支路和正交支路相关结果 I_{P_0} 和 Q_{P_0} 进行 M 次非相干累积,得到随机变量 Y ;然后,求得随机变量 X 和 Y 的比值 Z ,进而对 N 个不同时刻的 Z 求均值,并将求得的均值作为 Z 的数学期望;最后,将 Z 的数学期望 $E(Z)$ 代入式(13.27),便可得到载噪比 C/N_0 的估计结果。

在利用附加噪声通道法得到载噪比的估计结果后,便可获得各跟踪通道中 I、Q 支路的噪声方差,进而用于调整通道滤波器的量测噪声协方差矩阵,以保持通道滤波器对各项跟踪参数的准确估计。

13.3　自适应 SINS/GNSS 深组合系统方案

虽然矢量跟踪环路实现了各通道之间的信息共享与相互辅助,但其只利用了 GNSS 测量信息对环路进行控制,没有从根本上解决高动态环境对跟踪环路的影响。由于 SINS 具有短时精度高、适用于高动态的特点,因此可在矢量跟踪环路的基础上引入 SINS 信息并组成 SINS/GNSS 深组合导航系统,从而减弱高动态环境对跟踪环路的影响,提高跟踪精度。

SINS/GNSS 深组合导航系统实现了 SINS 与 GNSS 之间的相互辅助:一方面,组合导航滤波器以 SINS 的位置误差、速度误差和平台失准角等导航参数误差为状态量,并将 SINS 与 GNSS 的伪距差值和伪距率差值作为量测信息,进而利用最优估计算法对 SINS 的误差状态进行估计与校正;另一方面,利用校正后的 SINS 位置、速度参数,并结合卫星星历,对载波频率和码相位等跟踪参数进行预测与修正,使得组合导航信息深入到跟踪环路内部,参与对跟踪参数的调整,从而大大减弱了高动态环境对跟踪环路的影响。

在高动态环境下,载体与导航卫星之间的相对运动更为剧烈,造成接收信号频率偏移大、变化速度快,进而使得各项跟踪参数剧烈变化,跟踪环路容易失锁。针对上述问题,设计了一种自适应 SINS/GNSS 深组合导航系统,将 SINS 信息引入跟踪环路,利用 SINS 短时精度高、适用于高动态环境的特点,减弱高动态对跟踪环路的影响;同时采用基于自适应 UKF 的矢量跟踪环路,对各个通道进行自适应滤波,以实现对各项跟踪参数的最优估计,提高跟踪性能。

自适应 SINS/GNSS 深组合导航系统结构如图 13.5 所示,该深组合导航系统主要包括矢量跟踪和组合导航信息处理两部分。

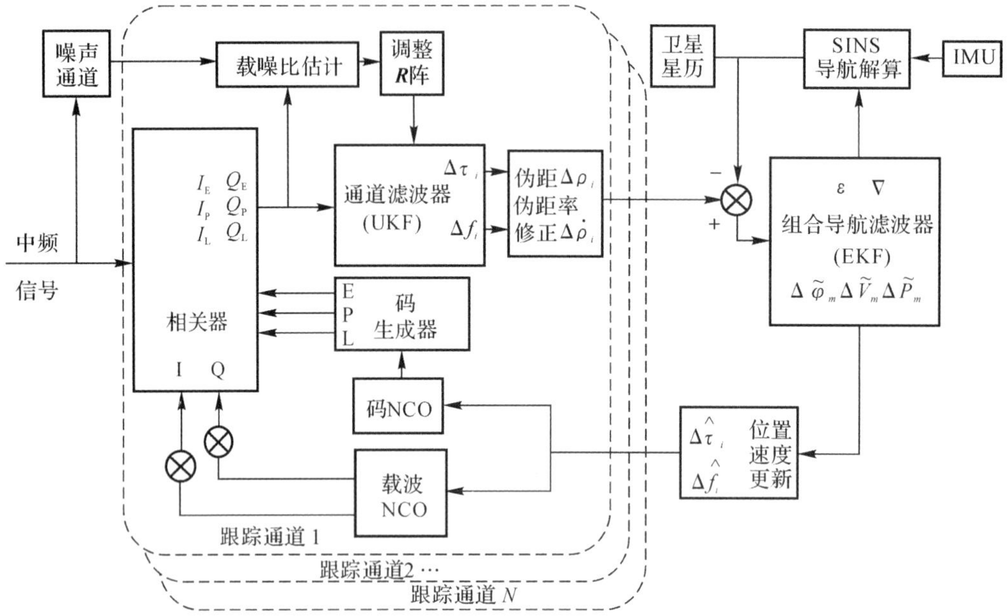

图 13.5 自适应 SINS/GNSS 深组合导航系统结构

(1) 在矢量跟踪部分，中频信号进入跟踪环路后，分别送入跟踪通道和噪声通道。在跟踪通道中，中频信号首先与本地生成信号进行相关；然后，将相关器输出的 I、Q 信号直接送入通道滤波器，以便估计得到载波频率误差 Δf_i 和码相位误差 $\Delta\tau_i$ 等跟踪残差；这样，利用这些跟踪残差对载波频率和码相位等跟踪参数进行修正，便可获得更为精确的伪距 ρ_i 和伪距率 $\dot{\rho}_i$ 。而在噪声通道中，中频信号与一组未被使用的伪码进行相关运算，以便获得噪声功率。跟踪通道估计出信号和噪声的总功率，噪声通道估计出噪声功率，这样便可计算出信号的载噪比并获得 I、Q 支路的噪声方差，用以实现对通道滤波器量测噪声协方差矩阵 $\boldsymbol{R}$ 的自适应调整。

(2) 组合导航信息处理部分的数据融合是由组合导航滤波器完成的。组合导航滤波器将 GNSS 与 SINS 的伪距差值和伪距率差值作为量测信息，以便对 SINS 的位置误差、速度误差和平台失准角等误差状态进行估计；进一步，将估计得到的误差状态量反馈回 SINS，以便对 SINS 的位置、速度等导航参数进行校正；同时，深组合导航系统根据校正后的 SINS 位置、速度结果，再结合卫星星历，计算出码相位和载波频率等跟踪参数，进而得到码相位修正值 $\Delta\hat{\tau}_i$ 和载波频率修正值 $\Delta\hat{f}_i$ ，并将其反馈至码 NCO 与载波 NCO，以保持对输入信号的跟踪。

13.4 SINS/GNSS 深组合系统完好性监测方法

目前，应用最广泛的接收机自主完好性监测（Receiver Autonomous Integrity Monitoring, RAIM)算法主要包括奇偶矢量法、伪距比较法和最小二乘残差检测法等。其中，奇偶矢量法具有算法简便、运算量小等优点，因而得到了广泛应用。因此，下面将重点介绍基于奇偶矢量法的完好性监测算法在深组合导航系统中的应用方法。

13.4.1　基于奇偶矢量法的完好性监测算法

图 13.6 为基于奇偶矢量法进行完好性监测的算法流程。可以看出，在完好性监测算法中，首先需要判断可见卫星数量和 RAIM 算法可用性是否满足要求，若可见卫星数量和 RAIM 算法可用性均满足要求，则利用奇偶矢量法进行故障卫星判别，并采取对用户告警或隔离故障卫星的方式来避免导航系统精度下降；而当可见卫星数量不足或 RAIM 算法不可用时，该算法会被中止。

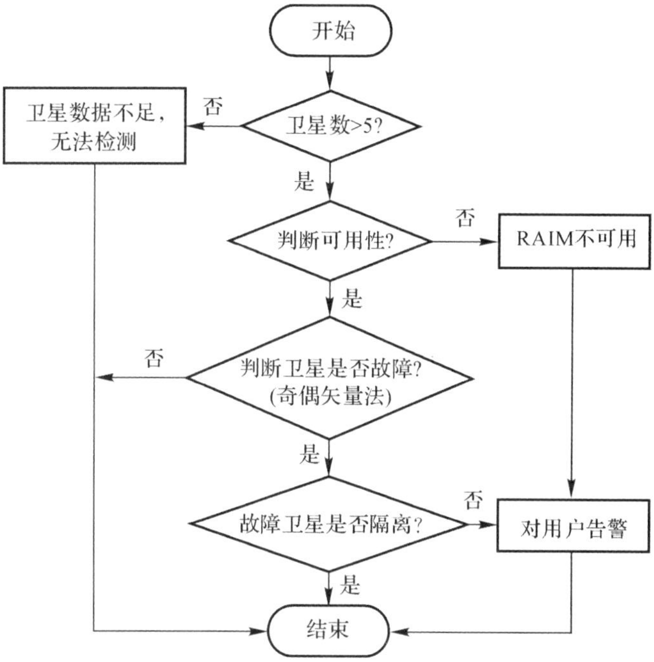

图 13.6　基于奇偶矢量法的 RAIM 算法流程图

下面对基于奇偶矢量法的卫星故障识别方法进行建模，并对 RAIM 算法的可用性进行分析。

1.基于奇偶矢量法的卫星故障识别方法

奇偶矢量法的基本原理为：对卫星的量测矩阵进行 QR 分解，并将其表示成奇偶矢量的形式，然后利用奇偶矢量实现对量测粗差的识别，从而检测出故障通道并对其隔离。奇偶矢量法的具体原理如下。

在无故障条件下，GNSS 接收机的线性化量测方程可以表示为

$$\boldsymbol{Z}=\boldsymbol{H}\boldsymbol{X}+\boldsymbol{\varepsilon} \tag{13.28}$$

式中：$\boldsymbol{Z}$、$\boldsymbol{H}$ 和 $\boldsymbol{\varepsilon}$ 分别表示量测矢量、量测矩阵和量测噪声矢量。

对量测矩阵 $\boldsymbol{H}$ 进行 QR 分解，有

$$\boldsymbol{H}=\boldsymbol{Q}\boldsymbol{R} \tag{13.29}$$

式中：$\boldsymbol{Q}$ 为 $n\times n$ 的正交矩阵；$\boldsymbol{R}$ 为 $n\times 4$ 的上三角矩阵。

将式(13.29)代入式(13.28)，并在等号两边同时左乘 $\boldsymbol{Q}^{\mathrm{T}}$，可得

$$\boldsymbol{Q}^{\mathrm{T}}\boldsymbol{Z}=\boldsymbol{Q}^{\mathrm{T}}\boldsymbol{Q}\boldsymbol{R}\boldsymbol{X}+\boldsymbol{Q}^{\mathrm{T}}\boldsymbol{\varepsilon}=\boldsymbol{R}\boldsymbol{X}+\boldsymbol{Q}^{\mathrm{T}}\boldsymbol{\varepsilon} \tag{13.30}$$

根据矩阵 $\boldsymbol{Q}$ 和 $\boldsymbol{R}$ 的性质，可以将式(13.30)中的 $\boldsymbol{Q}^{\mathrm{T}}$ 和 $\boldsymbol{R}$ 表示为如下形式：

$$\boldsymbol{Q}^{\mathrm{T}}=\begin{bmatrix}\boldsymbol{Q}_{\mathrm{X}}\\ \boldsymbol{Q}_{\mathrm{P}}\end{bmatrix},\quad \boldsymbol{R}=\begin{bmatrix}\boldsymbol{R}_{\mathrm{X}}\\ \boldsymbol{0}\end{bmatrix} \tag{13.31}$$

式中：$\boldsymbol{Q}_{\mathrm{X}}$ 为 $\boldsymbol{Q}^{\mathrm{T}}$ 的前 4 行；$\boldsymbol{Q}_{\mathrm{P}}$ 为 $\boldsymbol{Q}^{\mathrm{T}}$ 余下的 $n-4$ 行；$\boldsymbol{R}_{\mathrm{X}}$ 为上三角矩阵 $\boldsymbol{R}$ 的前 4 行。

将式(13.31)代入式(13.30)，可得

$$\begin{bmatrix}\boldsymbol{Q}_{\mathrm{X}}\\ \boldsymbol{Q}_{\mathrm{P}}\end{bmatrix}\boldsymbol{Z}=\begin{bmatrix}\boldsymbol{R}_{\mathrm{X}}\\ \boldsymbol{0}\end{bmatrix}\boldsymbol{X}+\begin{bmatrix}\boldsymbol{Q}_{\mathrm{X}}\\ \boldsymbol{Q}_{\mathrm{P}}\end{bmatrix}\boldsymbol{\varepsilon} \tag{13.32}$$

由式(13.32)，可以求得 $\boldsymbol{X}$ 的估计值为

$$\hat{\boldsymbol{X}}=\boldsymbol{R}_{\mathrm{X}}^{-1}\boldsymbol{Q}_{\mathrm{X}}\boldsymbol{Z} \tag{13.33}$$

并且考虑量测噪声矢量 $\boldsymbol{\varepsilon}$ 的影响，则有

$$\boldsymbol{p}=\boldsymbol{Q}_{\mathrm{P}}\boldsymbol{Z}=\boldsymbol{Q}_{\mathrm{P}}\boldsymbol{\varepsilon} \tag{13.34}$$

式中：$\boldsymbol{p}$ 是奇偶空间矢量；$\boldsymbol{Q}_{\mathrm{P}}$ 是奇偶空间矩阵。$\boldsymbol{Q}_{\mathrm{P}}$ 具有以下性质：$\boldsymbol{Q}_{\mathrm{P}}$ 的行与 $\boldsymbol{H}$ 的列正交，并且 $\boldsymbol{Q}_{\mathrm{P}}$ 的行相互正交。由于 $\boldsymbol{Q}_{\mathrm{P}}$ 的行都进行了标准化，故 $\boldsymbol{Q}_{\mathrm{P}}$ 的每一行都是单位矢量。

由式(13.34)可知，奇偶空间矢量 $\boldsymbol{p}$ 能够直接反映量测噪声的影响，因此，可构造基于奇偶矢量的检测统计量，进行故障检测与识别，具体过程如下。

将奇偶空间矢量 $\boldsymbol{p}$ 投影到奇偶空间矩阵 $\boldsymbol{Q}_{\mathrm{P}}$ 的每一列并归一化，则检测统计量可表示为

$$r_i=\frac{|\boldsymbol{p}^{\mathrm{T}}\boldsymbol{Q}_{\mathrm{P},i}|}{|\boldsymbol{Q}_{\mathrm{P},i}|} \tag{13.35}$$

式中：$\boldsymbol{Q}_{\mathrm{P},i}$ 表示奇偶空间矩阵 $\boldsymbol{Q}_{\mathrm{P}}$ 的第 i 列，与第 i 颗卫星对应，$i=1,2,\cdots,n$ 。

若量测矢量中不含偏差，则检测统计量 r_i 服从均值为 0，方差为 σ^2 的正态分布。给定系统的虚警概率 P_{fa}，则对 n 个统计量有

$$P(r_i>T_{\mathrm{r}})=\frac{2}{\sigma\sqrt{2\pi}}\int_{T_{\mathrm{r}}}^{+\infty}\exp\left(-\frac{r_i^2}{2\sigma^2}\right)\mathrm{d}r_i=\frac{P_{\mathrm{fa}}}{n} \tag{13.36}$$

式中：T_{r} 表示检测门限值。

令

$$\Phi(T_{\mathrm{r}})=1-\frac{P_{\mathrm{fa}}}{2n} \tag{13.37}$$

则可得到检测门限值的表达式为

$$T_{\mathrm{r}}=\sigma\Phi^{-1}\left(1-\frac{P_{\mathrm{fa}}}{2n}\right) \tag{13.38}$$

式中

$$\Phi(x)=\frac{1}{\sqrt{2\pi}}\int_{-\infty}^{x}\exp\left(-\frac{t^2}{2}\right)\mathrm{d}t \tag{13.39}$$

可见，在已知虚警概率 P_{fa} 的情况下，可根据式(13.38)求得故障检测门限值 T_{r} 。进

而，将检测统计量 r_i 与 T_r 进行比较，若 $r_i > T_r$，则该卫星出现故障；反之，该卫星工作正常。

2.RAIM 算法的可用性分析

设第 i 个量测量存在偏差 b_i，则检测统计量 r_i 的均值为

$$\mu_i = |\boldsymbol{Q}_{\mathrm{P},i}| b_i \tag{13.40}$$

已知漏警概率 P_{MD}，则有

$$P(r_i < T_r) = \frac{1}{\sqrt{2\pi}} \int_0^{T_r} \exp\left[\frac{(r_i - \mu_i)^2}{2}\right] \mathrm{d}r_i = P_{\mathrm{MD}} \tag{13.41}$$

由式(13.41)可知，漏警概率 P_{MD} 可以表示为

$$P_{\mathrm{MD}} = \Phi\left(\frac{\mu_i - T_r}{\sigma}\right) \tag{13.42}$$

则 P_{MD} 的均值为

$$\mu = T_r + \sigma \Phi^{-1}(P_{\mathrm{MD}}) \tag{13.43}$$

由式(13.40)可知，满足漏警概率 P_{MD} 条件下的最小检测偏差为

$$b_i = \frac{\mu_i}{|\boldsymbol{Q}_{\mathrm{P},i}|} \tag{13.44}$$

将式(13.44)代入式(13.33)，可得偏差 b_i 产生的水平定位误差为

$$E(\hat{x}) = \begin{bmatrix} \delta x_i \\ \delta y_i \end{bmatrix} = \boldsymbol{R}_{\mathrm{X}}^{-1} \boldsymbol{Q}_{\mathrm{X}} b_i \tag{13.45}$$

则偏差 b_i 产生的最大水平定位误差为

$$R_{\mathrm{b}} = \max_i \left(\sqrt{\delta x_i^2 + \delta y_i^2}\right) \tag{13.46}$$

除偏差 b_i 引起的水平定位误差外，噪声 ε_i 引起的水平定位误差可表示为

$$R_{\mathrm{n}} = \sqrt{2} \Phi^{-1}(1 - P_{\mathrm{T}}) \cdot \mathrm{HDOP} \tag{13.47}$$

式中：P_{T} 表示误差大于 R_{n} 的概率；HDOP 为可见卫星的水平位置精度因子。

综合考虑偏差 b_i 和噪声 ε_i 的影响，则水平定位误差的保护限值(Horizontal Protection Level，HPL)可定义为

$$\mathrm{HPL} = R_{\mathrm{b}} + R_{\mathrm{n}} \tag{13.48}$$

这样，若 HPL 的值小于水平定位误差的警报门限值(Horizontal Alert Limit，HAL)，则认为该 RAIM 算法可用；反之，该 RAIM 算法不能使用。

13.4.2　深组合系统完好性监测算法

基于奇偶矢量的 RAIM 算法通过对单历元卫星量测矩阵进行 QR 分解，以获得奇偶矢量，进而利用该奇偶矢量实现对量测粗差的识别，有效检测出故障通道并对其隔离。但由于该方法仅利用单个历元的量测信息，无法有效地检测出微小的伪距偏差。因此，为了进一步提高 SINS/GNSS 深组合导航系统的完好性监测能力，下面设计了一种基于多历元累积奇偶矢量的 RAIM 算法，并通过引入深组合导航系统中的 SINS 辅助信息，提高算法对微小伪

距偏差的监测能力。另外,还给出了估计并修正故障卫星伪距偏差的方法,从而进一步提高定位精度。

1.基于多历元累积奇偶矢量的完好性监测算法

基于多历元累积奇偶矢量的完好性监测算法通过对多个历元的奇偶矢量进行非相干累积,以增大非中心化参数,从而有效提高故障检测率。在检测门限不变的情况下,当误警率恒定时,故障检测率只和非中心化参数有关,非中心化参数越大,故障检测率越高。因此,可以利用多历元奇偶矢量进行非相干累积来扩大非中心化参数,进而提高故障检测率。

在对故障通道进行检测时,该方法将连续 N 个历元的奇偶矢量进行累加,以构造累积奇偶矢量 $\boldsymbol{P}$,进而根据累积奇偶矢量计算得到累积检测量 F,从而利用该检测量实现对故障通道的检测与隔离。累积奇偶矢量 $\boldsymbol{P}$ 和累积检测量 F 可分别表示为

$$\boldsymbol{P}=\sum_{j=1}^{N}\boldsymbol{p}_j \tag{13.49}$$

$$F=|\boldsymbol{P}|^2 \tag{13.50}$$

式中:$\boldsymbol{p}_j$ 为第 j 个历元的奇偶矢量;N 为累加历元的个数,并且 N 个历元中可见卫星星座不变。若接收机的可见卫星星座发生变化,即出现星进星出的情况,则接收机的自主完好性监测模块结束对奇偶矢量的时间积累,并给出本次故障检测的判断结果。随后,重新启动下一次故障检测流程。

根据奇偶矢量法的原理可知,在无故障或有故障时,累积奇偶矢量 $\boldsymbol{P}$ 的表达式分别为

无故障 H_0:

$$\boldsymbol{P}=\sum_{j=1}^{N}\boldsymbol{Q}_j\boldsymbol{\varepsilon}_j=\boldsymbol{v}' \tag{13.51}$$

有故障 H_1:

$$\boldsymbol{P}=\sum_{j=1}^{N}(b\boldsymbol{Q}_{j,i}+\boldsymbol{Q}_j\boldsymbol{\varepsilon}_j)=b\sum_{j=1}^{N}\boldsymbol{Q}_{j,i}+\boldsymbol{v}' \tag{13.52}$$

式中:$\boldsymbol{Q}_j$ 为第 j 个历元的奇偶空间矩阵,其行向量互相正交;$\boldsymbol{Q}_{j,i}$ 为 $\boldsymbol{Q}_j$ 的第 i 列;b 为第 i 颗卫星的故障偏差;$\boldsymbol{\varepsilon}_j$ 为第 j 个历元的量测噪声矢量,其各分量相互独立且服从均值为零、方差为 σ^2 的正态分布;$\boldsymbol{v}'$ 为累积奇偶矢量 $\boldsymbol{P}$ 的量测噪声矢量。

由于卫星运动周期较长,在短时间内奇偶空间矩阵 $\boldsymbol{Q}$ 的变化较为缓慢,故可近似认为 $\boldsymbol{Q}$ 的列向量在短时间内不随时间变化,即

$$\sum_{j=1}^{N}\boldsymbol{Q}_{j,i}\approx N\boldsymbol{Q}_{N/2,i} \tag{13.53}$$

因此,有故障 H_1 时的累积奇偶矢量 $\boldsymbol{P}$ 可改写为

$$\boldsymbol{P}=b\sum_{j=1}^{N}\boldsymbol{Q}_{j,i}+v'=b'\boldsymbol{Q}_{N/2,i}+\boldsymbol{v}' \tag{13.54}$$

式中:$b'=Nb$ 表示累积奇偶矢量 $\boldsymbol{P}$ 的归一化等效伪距偏差。

由此可知,b' 与基于奇偶矢量的 RAIM 算法中奇偶矢量 $\boldsymbol{p}$ 的归一化伪距偏差 b 存在以下关系:

$$\frac{b'}{\sigma_0}=\sqrt{N}\,\frac{b}{\sigma} \tag{13.55}$$

式中：σ_0^2 为累积奇偶矢量法的等效量测噪声方差。

利用量测噪声方差对累积检测量 F 进行归一化，可得到 $F/\sigma^2 \sim \chi^2(N(n-4))$，即 $F/\sigma_0^2 \sim \chi^2(n-4)$。由此可知，在无故障条件下，归一化的检测量 F 服从自由度为 $n-4$ 的中心 χ^2 分布；而在故障条件下，归一化的检测量 F 服从自由度为 $n-4$ 的非中心 χ^2 分布，且非中心化参数 λ' 满足

$$\lambda' = \frac{b'^2 \ |\boldsymbol{Q}_{N/2,i}|^2}{\sigma_0^2} \tag{13.56}$$

而奇偶矢量法的非中心化参数 λ 为

$$\lambda = \frac{b^2 \ |\boldsymbol{Q}_{j,i}|^2}{\sigma^2} \tag{13.57}$$

由式(13.55)～式(13.57)可知，奇偶矢量法与多历元累积奇偶矢量法的非中心化参数之比为

$$\frac{\lambda'}{\lambda} = N \tag{13.58}$$

由于这两种方法的检测统计量均服从 $\chi^2(n-4)$，因此在给定相同误警率 P_{fa} 的情况下，这两种方法具有相同的检测门限 T_{r}；而相较于奇偶矢量法，多历元累积奇偶矢量法的非中心化参数扩大了 N 倍，所以其故障检测概率相应地提高了 N 倍。

因此，根据式(13.35)、式(13.49)和式(13.50)，可以得到多历元累积奇偶矢量法中第 i 个通道的检测统计量为

$$R_i = \frac{1}{\sqrt{N}} \sum_{j=1}^{N} \frac{|\boldsymbol{p}_j^{\mathrm{T}} \boldsymbol{Q}_{P,N/2}|}{|\boldsymbol{Q}_{P,N/2}|} \tag{13.59}$$

式中：当 $N=1$ 时，检测统计量 R_i 服从正态分布 $\mathrm{Norm}(0,\sigma^2)$，其方差与量测噪声方差相同，均为 σ^2。由于各个历元的检测统计量可认为是互不相关的，因此累积后的检测统计量仍然服从正态分布 $\mathrm{Norm}(0,\sigma^2)$，其检测门限与原检测统计量的检测门限相同，但故障检测概率提高了 N 倍。

2.SINS/GNSS 深组合系统完好性监测算法设计

在 SINS/GNSS 深组合导航系统中，除卫星导航信息外，SINS 信息也可用于辅助故障检测。SINS 信息的引入可以为 RAIM 算法提供一个虚拟量测量，这相当于增加了量测量的数量，一方面可以降低故障检测算法对可见星数量的要求，另一方面有利于提高量测量的质量，从而提高系统整体的可观测性。

引入 SINS 信息辅助完好性监测的思路为：将 SINS 信息作为虚拟量测信息建立伪距量测方程，即构造辅助伪距。具体方法为：在星历中选取一颗非可见卫星作为辅助卫星，进而根据所选卫星信息与 SINS 信息计算辅助伪距 ρ_{SINS}。采用辅助伪距后，伪距量测矢量 ρ 由 n 维扩展成 $n+1$ 维，即

$$\boldsymbol{\rho} = [\rho_1 \quad \rho_2 \quad \cdots \quad \rho_n \quad \rho_{\mathrm{SINS}}]^{\mathrm{T}} \tag{13.60}$$

由于辅助伪距由 SINS 信息构造得到，其中不存在钟差，因此量测矩阵 $\boldsymbol{H}$ 中钟差对应项应为零，即

$$
\boldsymbol{H}=\begin{bmatrix} e_{11} & e_{12} & e_{13} & -1 \\ e_{21} & e_{23} & e_{23} & -1 \\ \vdots & \vdots & \vdots & \vdots \\ e_{n1} & e_{n2} & e_{n3} & -1 \\ e_{(n+1)1} & e_{(n+1)2} & e_{(n+1)3} & 0 \end{bmatrix} \tag{13.61}
$$

式中：$e_{i1}=(x-x_i)/\rho_i$、$e_{i2}=(y-y_i)/\rho_i$、$e_{i3}=(z-z_i)/\rho_i(i=1,2,\cdots,n+1)$ 分别为可见卫星或辅助卫星到接收机的方向余弦。

基于多历元累积奇偶矢量的 RAIM 算法的原理如图 13.7 所示，各个跟踪通道测量输出的伪距与由星历和 SINS 信息计算得到的辅助伪距共同组成量测矢量。量测矩阵 $\boldsymbol{H}$ 经 QR 分解后，得到奇偶空间矩阵 $\boldsymbol{Q}_{\mathrm{P}}$，然后利用式(13.35)即可获取 j 时刻各通道的检测统计量 r_{ij}，进而将 N 个时刻对应的 r_{ij} 累加，以得到新的检测统计量 R_i。最后将 R_i 与检测门限 T_{r} 进行比较，若 $R_i > T_{\mathrm{r}}$，则表明第 i 个通道出现故障，进行报警。

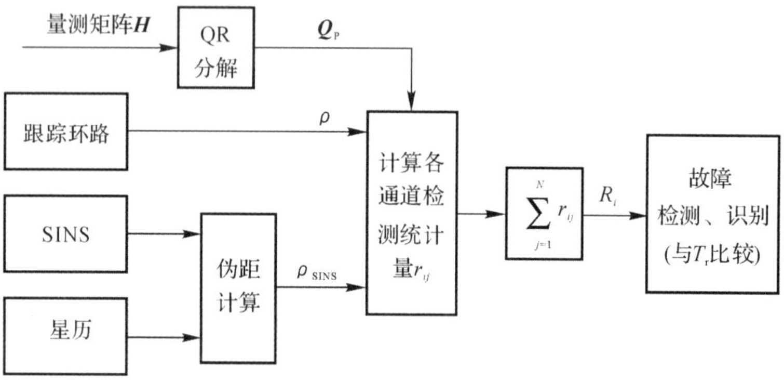

图 13.7 基于多历元累积奇偶矢量的 RAIM 算法原理

但是，在可见卫星数量较少的情况下，如果只是简单地将出现微小伪距偏差的故障卫星隔离，可能会导致深组合导航系统的定位精度下降，因此有必要对故障卫星的伪距偏差进行估计和修正。在检测和识别出故障卫星后，可利用累积奇偶矢量来估计伪距偏差的大小，并对该卫星的伪距进行修正，进而重新进行定位解算，以提高定位精度。利用累积奇偶矢量 $\boldsymbol{P}$ 对故障卫星 i 的伪距偏差进行估计，则偏差估计值 $\hat{b}$ 为

$$
\hat{b}=\frac{\boldsymbol{P}\boldsymbol{Q}_{j,i}}{N\ |\boldsymbol{Q}_{j,i}|^2} \tag{13.62}
$$

此外，在奇偶矢量的累积过程中，若伪距偏差的符号发生变化，即伪距偏差数值从正变为负或从负变为正，则多历元正负伪距偏差的积累会导致累积奇偶矢量的模减小，从而导致检测性能降低。因此，当 RAIM 算法检测并识别到卫星故障时，需要在后续每个历元中进行故障卫星的伪距偏差过零点检测，以检测故障卫星在后续处理时间内是否发生符号翻转。伪距偏差符号 $s_j(i)$ 的估计公式为

$$
s_j(i)=\mathrm{sign}[\boldsymbol{p}(i\cdot \boldsymbol{Q}_j(i))],\quad j=1,2,\cdots,N \tag{13.63}
$$

式中，sign(·)表示符号判别函数。如果检测到故障卫星发生了伪距偏差符号翻转，则需要

重新开始下一周期的积累与处理，这样才能保证多历元累积对故障检测性能具有提升效果。

13.4.3　性能仿真验证

下面分别采用传统奇偶矢量法和多历元累积奇偶矢量法对 SINS/GNSS 深组合系统进行完好性监测，其中 GNSS 接收机共有 8 个跟踪通道。仿真时间为 1 000 s，在 500 s 时，通道 3 出现阶跃或斜坡故障。阶跃故障的伪距偏差幅度为 15 m，斜坡故障的伪距偏差变化率为0.5 m/s。虚警概率 P_{fa} 为 1×10^{-6}，累积历元数为 5。

图 13.8 为阶跃故障时 SINS/GNSS 深组合系统的完好性检测结果。可以看出，在传统奇偶矢量法的检测结果中，阶跃故障并未引起检测统计量超过检测门限，所以该方法没有报警。而多历元累积奇偶矢量法通过对原有检测统计量进行累加，放大了阶跃故障对检测统计量的影响，从而使得检测统计量在 500 s 处迅速增大并达到检测门限，所以该方法能够及时报警。可见，多历元累积奇偶矢量法对阶跃故障的检测灵敏度更高。

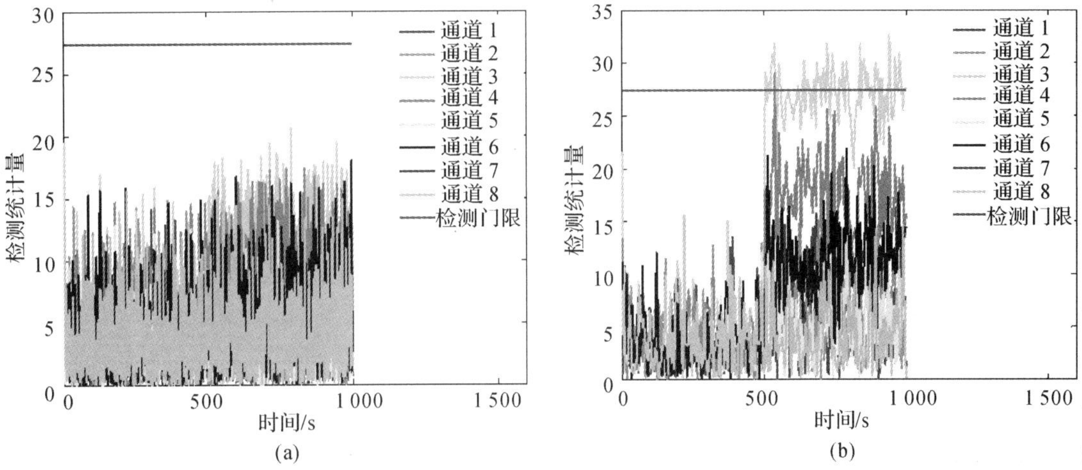

图 13.8　阶跃故障时深组合系统完好性检测结果

(a)传统奇偶矢量法；(b)多历元累积奇偶矢量法

图 13.9 为斜坡故障时 SINS/GNSS 深组合系统的完好性检测结果。通过对比两种方法的检测结果发现，随着时间的推移，两种方法均检测到了通道 3 的故障，但是多历元累积奇偶矢量法用时更短，其检测统计量在 525 s 时即达到检测门限；而传统奇偶矢量法的检测统计量在 570 s 时才超过检测门限并发出警报。可见，多历元累积奇偶矢量法对斜坡故障的检测速度更快。

图 13.10 为 SINS/GNSS 深组合系统对故障卫星伪距偏差的估计结果。

可以看出，传统奇偶矢量法和多历元累积奇偶矢量法均可实现对伪距偏差的估计，但是从估计精度来看，多历元累积奇偶矢量法对伪距偏差的估计精度更高，其波动幅度更小，更有利于 SINS/GNSS 深组合系统对故障卫星的伪距偏差进行修正，进而提高组合导航精度。

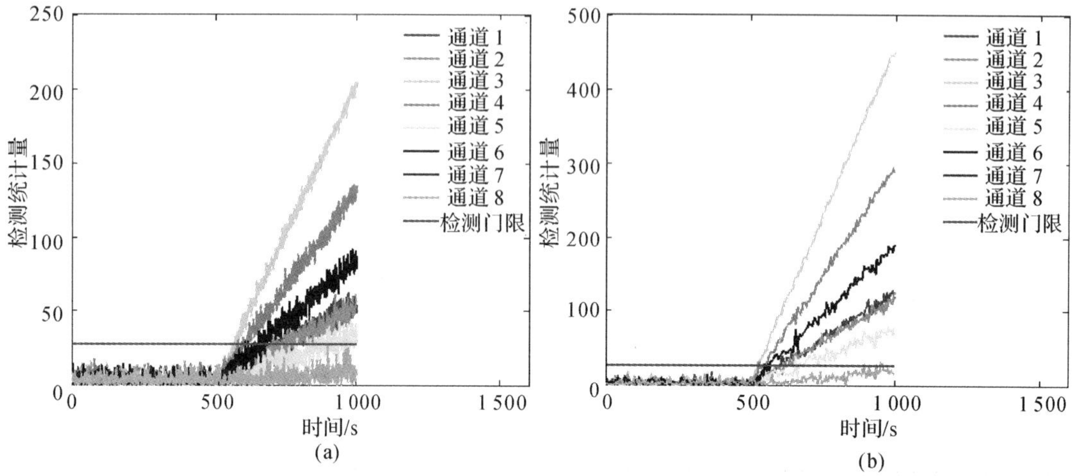

图 13.9 斜坡故障时深组合系统完好性检测结果

(a)传统奇偶矢量法； (b)多历元累积奇偶矢量法

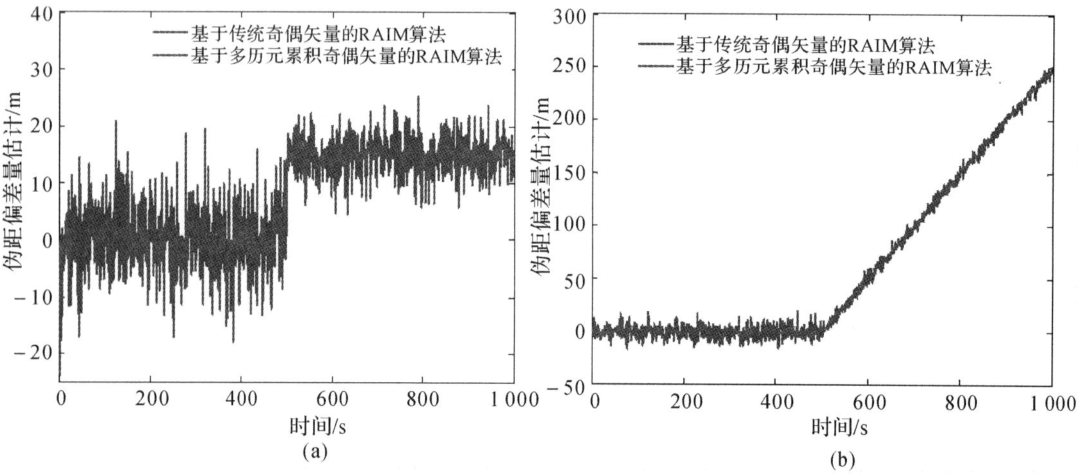

图 13.10 故障卫星伪距偏差的估计结果

(a)阶跃故障； (b)斜坡故障

第 14 章　高轨航天器 GNSS 信号可用性分析

随着航天技术的飞速发展，高轨航天器在远距离通信、气象探测、灾害预警等军事和民用领域发挥着越来越重要的作用。目前，高轨航天器的轨道确定主要借助地面测控网来完成，这种方式存在设备复杂、维护成本高、战时生存能力差等问题，无法满足未来高轨航天器对高精度自主导航的需求。GNSS 作为一种重要的空间基础设施和战略资源，具有实时性好、自主性强、精度高、成本低等特点，可同时满足定位、测速、授时及姿态确定等多种导航任务需求。因此，利用 GNSS 为高轨航天器提供自主导航服务，可以降低高轨航天器对地面测控网的依赖，简化导航设备，提高导航精度。

然而，不同于地面及中、低轨运载体，高轨航天器的轨道高度要高于 GNSS 星座的轨道高度。在地球遮挡、信号传播距离增加等多种因素的共同影响下，GNSS 主瓣信号在高轨空间的分布区域较为狭小，且信号强度进一步降低，造成了高轨航天器 GNSS 信号可见性恶化。此外，相较于地面低动态运载体，高轨航天器的动态更高(特别是在机动变轨阶段)，这会给 GNSS 信号的捕获、跟踪等带来更大困难。因此，高轨航天器 GNSS 信号可用性面临较大挑战，从而制约了 GNSS 在高轨航天器自主导航中的发展与应用。

为此，本章针对高轨航天器 GNSS 信号可用性的诸多未知问题，从 GNSS 信号的覆盖特性和强度分布特性，GNSS 可见星的几何构型和几何精度因子(Geometric Dilution of Precision, GDOP)，以及 GNSS 信号的多普勒频移范围等方面进行全面系统的分析。

14.1　GNSS 信号可用性影响因素

GNSS 卫星可见需要同时满足两个条件：① GNSS 信号不受遮挡影响，直接到达高轨航天器所在位置；② 信号强度高于 GNSS 接收机的灵敏度。只有当 GNSS 卫星可见时，GNSS 接收机才能对 GNSS 信号进行捕获、跟踪等处理，从而得到码相位、载波多普勒频移和载波相位等量测信息。进一步，当 GNSS 可见星数不少于 4 颗时，GNSS 接收机才可以完成定位、测速和定姿等导航任务。

鉴于此，可归纳得到 GNSS 信号可用性的影响因素及其相互关系，如图 14.1 所示。可以看出，GNSS 信号可见性受到信号覆盖特性和强度特性的共同影响；信号强度特性和高轨航天器动态性能又会影响信号的捕获和跟踪性能，进而影响码相位、载波多普勒频移和载波相位等量测信息的测量精度；而量测信息的测量精度与可见星的几何构型，共同影响导航解算精度。因此，GNSS 信号的覆盖特性、强度特性以及高轨航天器动态性能等因素直接影响

GNSS 信号可用性。

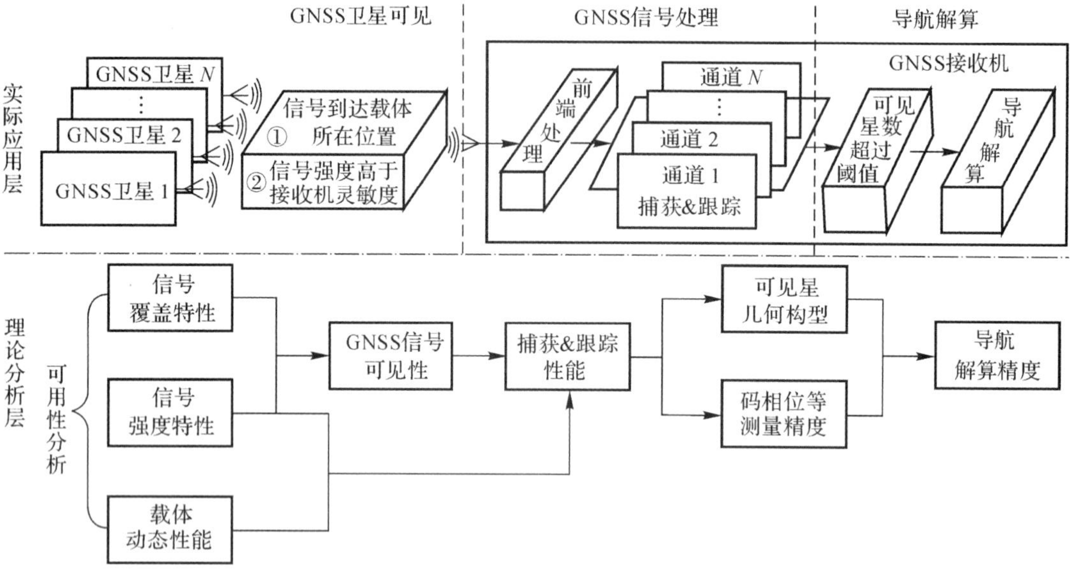

图 14.1 GNSS 信号可用性的影响因素及相互关系

由于 GNSS 发射天线指向地心方向，且主瓣波束大都被地球所遮挡，因此 GNSS 信号在 GNSS 星座上方的覆盖特性和强度特性将会严重恶化。另外，相较于地面低动态运载体，高轨航天器具有更强的动态性能，这便会给 GNSS 信号的捕获和跟踪带来更大的困难。因此，高轨航天器面临的 GNSS 信号可用性问题更加严重。

为此，下面从 GNSS 信号的覆盖特性和强度分布特性、GNSS 可见星的几何构型和 GDOP 以及 GNSS 信号的多普勒频移范围等方面，系统分析高轨航天器 GNSS 信号的可用性。

14.2 高轨航天器 GNSS 信号可见性

由于 GNSS 信号的覆盖特性和强度特性共同影响 GNSS 信号的可见性，所以下面结合高轨航天器特点，分别对 GNSS 信号的覆盖特性和强度特性进行分析。

14.2.1 GNSS 信号覆盖特性

GNSS 信号的覆盖特性与发射天线指向和信号波束特性有关。图 14.2 为发射天线示意图。图中，$O_s x_s y_s z_s$ 为 GNSS 卫星的载体坐标系，发射天线视轴沿 z_s 轴正向，信号传播方向(即 GNSS 卫星指向高轨航天器的方向)与视轴的夹角为发射角 α（$\alpha \in [-90°, 90°]$），信号传播方向绕视轴的转角为方位角 φ（$\varphi \in [0°, 360°)$）。

发射天线通常沿视轴方向的辐射强度较高，而随着发射角绝对值的增大，辐射强度会逐渐降低。因此，在视轴附近、辐射强度衰减在 3 dB 以内的波束被称为主瓣波束，而其余的辐射强度衰减超过 3 dB 的波束则被称为旁瓣波束。由于不同 GNSS 信号的主瓣和旁瓣波束范围存在一定差异，因此，下面以北斗的中圆地球轨道(Medium Earth Orbit, MEO)卫星播发的 B1I 信号为例进行分析。

在经过发射天线视轴的某一轴截面内，GNSS 主瓣信号和旁瓣信号的覆盖区域如图 14.3 所示。由于 GNSS 发射天线的视轴指向地心方向，因此受地球遮挡影响，到达高轨航天器的 GNSS 信号的发射角绝对值最小为

$$\alpha_{\min}=\arcsin\left(\frac{R_e}{R_{\mathrm{GNSS}}}\right)=13.2^\circ \tag{14.1}$$

式中：R_e 为地球半径，$R_e=6\ 378$ km；R_{GNSS} 表示 GNSS 卫星到地心的距离，以北斗 MEO 卫星为例，$R_{\mathrm{GNSS}}=27\ 906$ km。

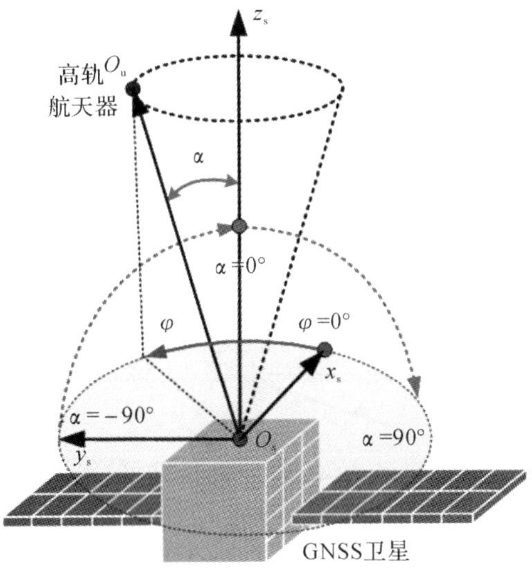

图 14.2　发射天线示意图

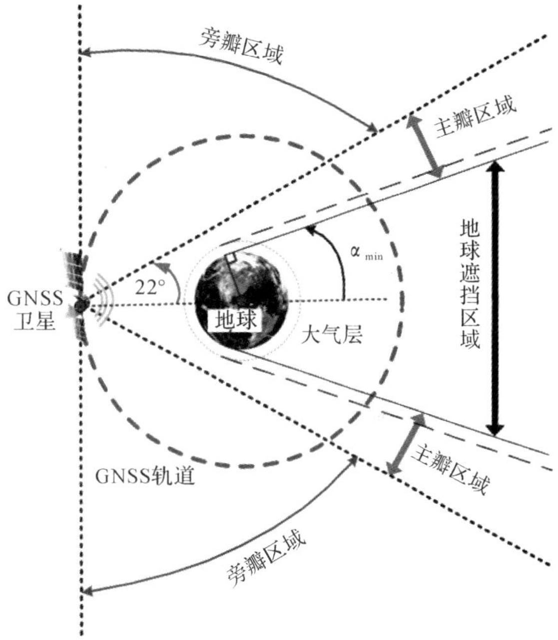

图 14.3　GNSS 信号覆盖区域示意图

由于北斗 MEO 卫星发射天线的主瓣波束范围为 $|\alpha|<22^\circ$，因此到达高轨航天器的 GNSS 主瓣信号的发射角范围为

$$\alpha_{\min}<|\alpha|<22^\circ \tag{14.2}$$

这样，到达高轨航天器的 GNSS 主瓣信号占全部主瓣信号的比例仅为

$$\eta_{\mathrm{main}}=\left(1-\frac{13.2^\circ}{22^\circ}\right)\times 100\%=40.0\% \tag{14.3}$$

而剩余 60.0%的主瓣信号被地球遮挡而无法到达高轨航天器，进而造成 GNSS 主瓣信号在高轨空间的覆盖区域狭小。由于到达高轨航天器所在位置是 GNSS 信号可见的条件之一，所以 GNSS 主瓣信号在高轨空间覆盖区域狭小的特性，将会对 GNSS 信号可见性造成不利影响。

GNSS 发射天线的旁瓣波束范围为 $22° < |\alpha| < 90°$，占 GNSS 信号全部波束范围的比例达到

$$\eta_{\text{side}} = \left(1 - \frac{22°}{90°}\right) \times 100\% = 75.6\% \tag{14.4}$$

从图 14.3 可以看出，与主瓣信号不同，GNSS 旁瓣信号不会受到地球遮挡。因此，在主瓣信号稀缺的条件下，充分利用旁瓣信号是改善高轨航天器 GNSS 信号可见性的重要途径。

14.2.2 GNSS 信号强度分布特性

GNSS 信号发射源产生的 GNSS 信号经发射天线朝向地球传播。当信号传播路径未被地球遮挡时，GNSS 信号才能到达高轨航天器所在位置，进而经接收天线接收后，便可进入 GNSS 接收机。因此，GNSS 信号强度分布特性受到信号发射端、信号传播路径和信号接收端三方面共同影响。图 14.4 为高轨空间 GNSS 信号传播链路示意图。

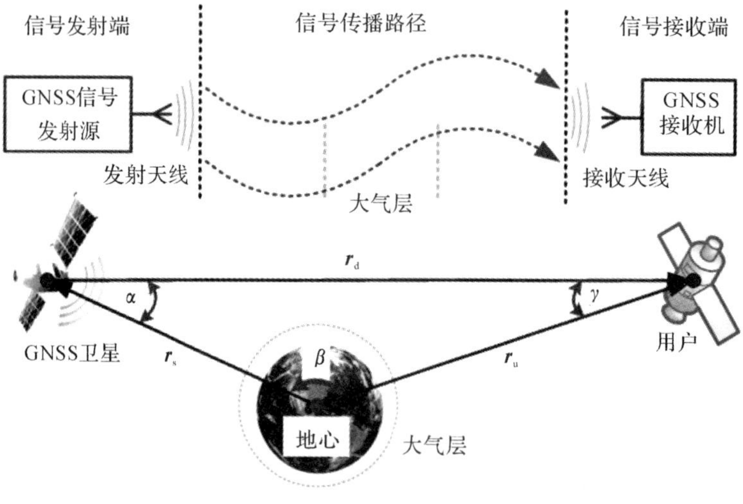

图 14.4　高轨空间 GNSS 信号传播链路示意图

下面重点分析发射天线增益和信号传播损耗对 GNSS 信号强度的影响，并在此基础上，对高轨航天器 GNSS 信号接收功率的分布特性进行定量研究。

1.发射天线增益

图 14.5 为北斗 MEO 卫星的发射天线增益测试结果。可以看出，在主瓣波束范围（$|\alpha| < 22°$）内，发射天线增益在 6.5 dB 以上，且在地球覆盖区域（$|\alpha| < 13.2°$）内，发射天线增益在 13.5 dB 以上；而在旁瓣波束范围（$|\alpha| > 22°$）内，发射天线增益随着发射角绝对值的增加而迅速衰减，大部分在 0 dB 以下，最差甚至达到 −25 dB。由此可见，旁瓣波束范围内的发射天线增益显著低于主瓣波束，这将对高轨航天器利用旁瓣信号造成不利影响。

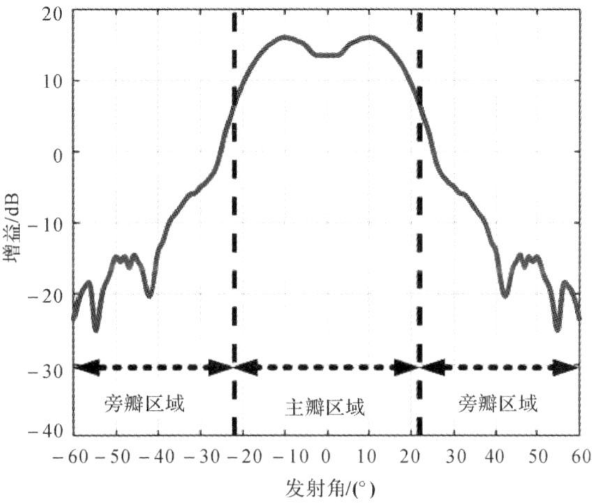

图 14.5　发射天线增益测试结果

2.信号传播损耗

GNSS 信号在传播过程中会受到自由空间传播损耗 L_d 的影响，其计算公式为

$$L_d = 20\lg\left(\frac{\lambda}{4\pi d}\right) \tag{14.5}$$

式中：λ 为发射信号载波波长，对于北斗 B1I 信号，其载波波长为 0.192 m；d 为信号传播距离。式(14.5)表明，对于特定波长的载波信号，自由空间传播损耗 L_d 只与信号传播距离 d 有关。

下面分析信号传播距离 d 与发射角 α 和高轨航天器地心距 R_{USER} 之间的关系。在经过发射天线视轴的某一轴截面内，高轨航天器和 GNSS 卫星相对于地球的平面几何关系如图 14.6 所示。图中，以地心 O_e 为原点，以 GNSS 卫星指向地心方向为 $O_e x_e$ 轴，建立地心平面坐标系（$O_e x_e y_e$ 系，简记为 e 系）；$\boldsymbol{r}_s$ 和 $\boldsymbol{r}_u$ 分别表示地心指向 GNSS 卫星和高轨航天器的矢量；$\boldsymbol{r}_d$ 表示 GNSS 卫星指向高轨航天器的矢量；矢量 $\boldsymbol{r}_s$、$\boldsymbol{r}_u$ 和 $\boldsymbol{r}_d$ 的模长分别为 GNSS 卫星地心距 R_{GNSS}、高轨航天器地心距 R_{USER} 和信号传播距离 d；β 表示 $\boldsymbol{r}_s$ 和 $\boldsymbol{r}_u$ 之间的夹角；γ 表示 $\boldsymbol{r}_u$ 与 $\boldsymbol{r}_d$ 之间的夹角。

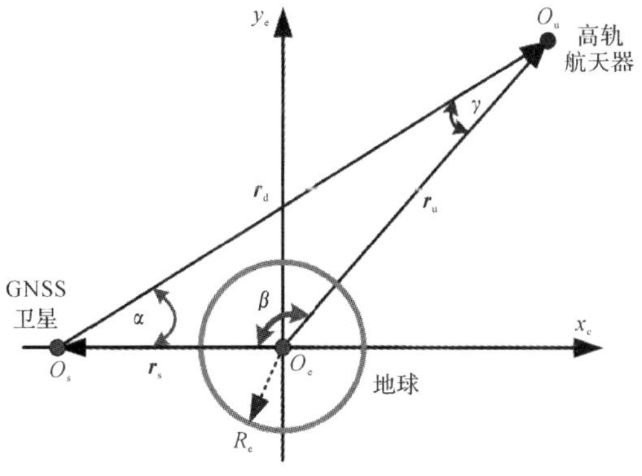

图 14.6　高轨航天器和 GNSS 卫星相对于地球的平面几何关系示意图

在高轨航天器质心 O_u 、GNSS 卫星质心 O_s 和地心 O_e 构成的三角形内，根据正、余弦定理可得

$$\frac{\sin\alpha}{R_{\mathrm{USER}}}=\frac{\sin\gamma}{R_{\mathrm{GNSS}}}=\frac{\sin\beta}{d} \tag{14.6}$$

$$\gamma=\arccos\left(\frac{R_{\mathrm{USER}}^2+d^2-R_{\mathrm{GNSS}}^2}{2R_{\mathrm{USER}}d}\right) \tag{14.7}$$

$$\begin{aligned}d&=\sqrt{R_{\mathrm{GNSS}}^2+R_{\mathrm{USER}}^2-2R_{\mathrm{GNSS}}R_{\mathrm{USER}}\cos\beta}=\\&\sqrt{R_{\mathrm{GNSS}}^2+R_{\mathrm{USER}}^2-2R_{\mathrm{GNSS}}R_{\mathrm{USER}}\cos[\pi-(\alpha+\gamma)]}=\\&\sqrt{R_{\mathrm{GNSS}}^2+R_{\mathrm{USER}}^2+2R_{\mathrm{GNSS}}R_{\mathrm{USER}}\cos(\alpha+\gamma)}\end{aligned} \tag{14.8}$$

由式(14.6)可得，γ 的主值可利用发射角 α 进行表示，即

$$\gamma_{主}=\arcsin\left(\frac{R_{\mathrm{GNSS}}}{R_{\mathrm{USER}}}\sin\alpha\right) \tag{14.9}$$

当高轨航天器位于 GNSS 星座上方时，$R_{\mathrm{USER}}>R_{\mathrm{GNSS}}$ ，由式(14.7)可知 $\gamma\in[0°,90°)$ 。可见，γ 的定义域与反正弦函数的主值域是一致的，因而 γ 的主值就是其真值。

将式(14.9)代入式(14.8)，可得信号传播距离 d 与发射角 α 之间的关系为

$$d=\sqrt{R_{\mathrm{GNSS}}^2+R_{\mathrm{USER}}^2+2R_{\mathrm{GNSS}}R_{\mathrm{USER}}\cos\left[\alpha+\arcsin\left(\frac{R_{\mathrm{GNSS}}}{R_{\mathrm{USER}}}\sin\alpha\right)\right]} \tag{14.10}$$

由式(14.10)可知，当高轨航天器地心距 R_{USER} 一定时，信号传播距离 d 随发射角 α 增大而减小。由于旁瓣信号的发射角大于主瓣信号，所以高轨航天器所接收到的旁瓣信号的传播距离要小于主瓣信号。

进一步分析 GNSS 信号传播损耗的空间分布情况。将 e 系所在平面划分为 10 km×10 km 的格网，受发射天线增益的测试数据所限(见图 14.5)，仅对发射角绝对值小于 60°的格网点进行遍历计算，这样便可得到 GNSS 信号传播损耗的空间分布情况，如图 14.7 所示。可以看出，信号传播损耗 L_d 随传播距离 d 的增大而增大。与地面及中、低轨运载体相比，GNSS 信号到达高轨航天器所在位置时，需要经过更长的传播距离。因此，受信号传播距离增加的影响，到达高轨航天器的 GNSS 信号的传播损耗也进一步增大。此外，在同一轨道高度处，信号传播距离 d 随发射角 α 增大而减小，故信号传播损耗 L_d 也会随着发射角增大而减小。因此，高轨航天器所接收到的旁瓣信号的传播损耗要小于主瓣信号。

3.信号接收功率

下面进一步分析高轨航天器 GNSS 信号接收功率的分布特性。综合信号发射端、信号传播路径和信号接收端三方面共同影响，GNSS 信号接收功率 P_R 可表示为

$$P_R=P_T+G_T+L_d+G_R \tag{14.11}$$

式中：P_T 为信号发射功率，北斗信号的发射功率为 14.35 dBW；G_T 为发射天线增益；G_R 为接收天线增益。

实际应用中，接收天线增益通常根据不同的任务需求进行设计。这里重点分析高轨空间 GNSS 信号的强度分布特性。不失一般性，假定接收天线为 0 dB 全向增益天线，仍在 e 系平面内分析 GNSS 信号接收功率的空间分布情况。根据图 14.5 所示发射天线增益测试结果，便可得到不同发射角所对应的发射天线增益 G_T ；同时，将信号传播距离 d 代入式

(14.5)，便可计算得到信号传播损耗 L_d；最后，将求得的发射天线增益 G_T、信号传播损耗 L_d、信号发射功率 $P_T=14.35$ dBW 以及接收天线增益 $G_R=0$ dB 代入式(14.11)，便可求得信号接收功率 P_R。图 14.8 所示为 GNSS 信号接收功率的空间分布情况。

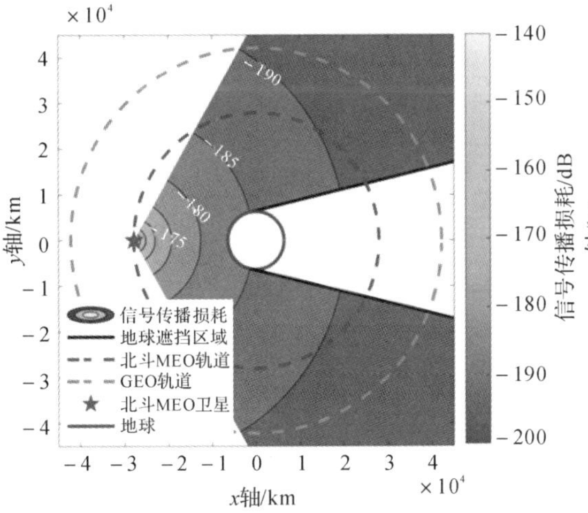

图 14.7　GNSS 信号传播损耗的空间分布情况

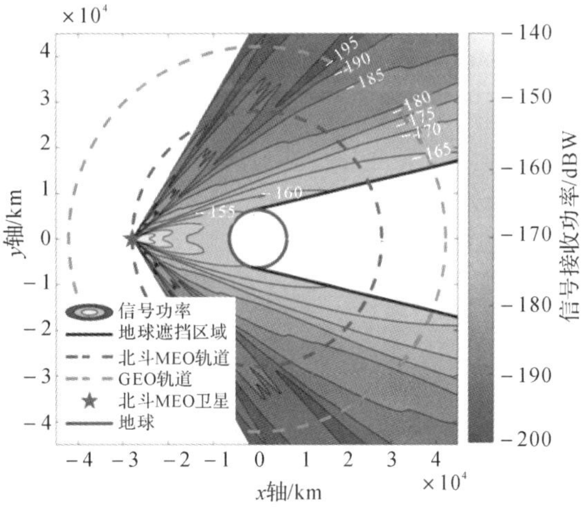

图 14.8　GNSS 信号接收功率的空间分布情况

从图 14.8 可以看出，GNSS 信号接收功率主要随发射角 α 和信号传播距离 d 变化而变化。当高轨航天器位于 GNSS 星座上方时(即高轨航天器的轨道高度高于北斗 MEO 轨道高度)，GNSS 信号接收功率均低于−160 dBW，并且随轨道高度升高而呈下降趋势。在同一轨道高度处，虽然信号传播损耗 L_d 随发射角的增大而减小，但是信号接收功率 P_R 仍然随着发射角 α 的增大而迅速衰减。这也反映出同一轨道高度处的信号接收功率 P_R 主要受发射角 α 的影响，即同一轨道高度处主瓣信号接收功率要明显高于旁瓣信号接收功率。

综合上述分析可知，受地球遮挡影响，GNSS 主瓣信号在高轨空间的覆盖区域狭小；虽然旁瓣信号在高轨空间的覆盖区域较大，但旁瓣信号接收功率却显著低于主瓣信号。此外，与地面及中、低轨运载体相比，GNSS 信号到达高轨航天器所在位置时，需要经过更长的传播距离。因此，受信号传播距离增加的影响，到达高轨航天器的 GNSS 信号的传播损耗也进一步增大。在这些因素的共同影响下，高轨航天器接收到的 GNSS 信号普遍较弱。由于信号强度高于接收机灵敏度是 GNSS 信号可见的条件之一，因此有必要研制高灵敏度 GNSS 接收机，以提高 GNSS 信号在高轨空间中的可见性。

14.3　高轨航天器 GNSS 可见星几何构型和 GDOP

下面分析高轨航天器 GNSS 可见星的几何构型，并在此基础上对 GNSS 可见星的 GDOP 进行评估。

14.3.1 几何构型

GNSS可见星的几何构型与各可见星相对高轨航天器的几何关系有关。当各可见星相对高轨航天器的分布越均匀时,GNSS可见星的几何构型就越好。图14.9为高轨航天器GNSS可见星的几何构型示意图。

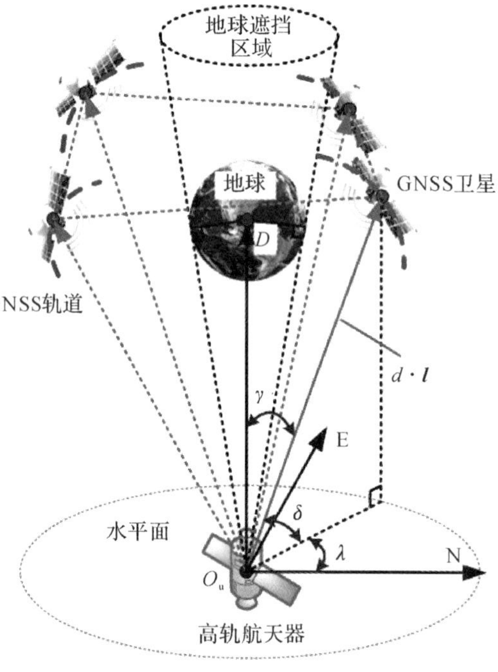

图14.9 高轨航天器GNSS可见星几何构型示意图

以高轨航天器质心O_u为原点,建立北-东-地坐标系。将高轨航天器指向某颗GNSS卫星的单位视线矢量记作$\boldsymbol{l}$,$\boldsymbol{l}$与水平面的夹角记为仰角δ($\delta \in [0°,90°]$),$\boldsymbol{l}$在水平面内的投影与北向的夹角记为方位角λ($\lambda \in [0°,360°)$)。利用可见星分布的仰角范围和方位角范围,能够对GNSS可见星的几何构型进行评价。可见星分布的仰角范围和方位角范围越大,则可见星的分布越均匀,即可见星的几何构型越好。

下面重点分析高轨航天器GNSS可见星分布的仰角范围。根据图14.9所示几何关系可知$\delta = \pi/2 - \gamma$,进一步结合式(14.6),可得仰角δ与信号发射角α之间的关系为

$$\frac{\cos\delta}{R_{\mathrm{GNSS}}} = \frac{\sin\gamma}{R_{\mathrm{GNSS}}} = \frac{\sin\alpha}{R_{\mathrm{USER}}} \tag{14.12}$$

则可得到

$$\delta = \arccos\left(\frac{R_{\mathrm{GNSS}}}{R_{\mathrm{USER}}}\sin\alpha\right) \tag{14.13}$$

可见,GNSS可见星分布的仰角范围与所接收GNSS信号的发射角范围有关。

当高轨航天器所能接收到的GNSS信号的最大发射角为$\alpha_{\max}$时,根据式(14.13),可求

得 GNSS 可见星的最低仰角为

$$\delta_{\min}=\arccos\left(\frac{R_{\text{GNSS}}}{R_{\text{USER}}}\sin\alpha_{\max}\right) \tag{14.14}$$

而另一方面，由图 14.9 所示几何关系可知，受地球遮挡影响，高轨航天器 GNSS 可见星的最高仰角为

$$\delta_{\max}=\arccos\left(\frac{R_{\text{e}}}{R_{\text{USER}}}\right) \tag{14.15}$$

这样，联合式(14.14)和式(14.15)，便可得到高轨航天器 GNSS 可见星分布的仰角范围为

$$\arccos\left(\frac{R_{\text{GNSS}}}{R_{\text{USER}}}\sin\alpha_{\max}\right)\leqslant\delta\leqslant\arccos\left(\frac{R_{\text{e}}}{R_{\text{USER}}}\right) \tag{14.16}$$

由式(14.16)可知，高轨航天器 GNSS 可见星分布的仰角范围主要与高轨航天器地心距 R_{USER}、所能接收到的 GNSS 信号的最大发射角 $\alpha_{\max}$ 以及 GNSS 卫星的地心距 R_{GNSS} 有关。以北斗 MEO 卫星为例($R_{\text{GNSS}}=27\ 906$ km)，根据式(14.16)可计算得到可见星分布的仰角范围，如图 14.10 所示。

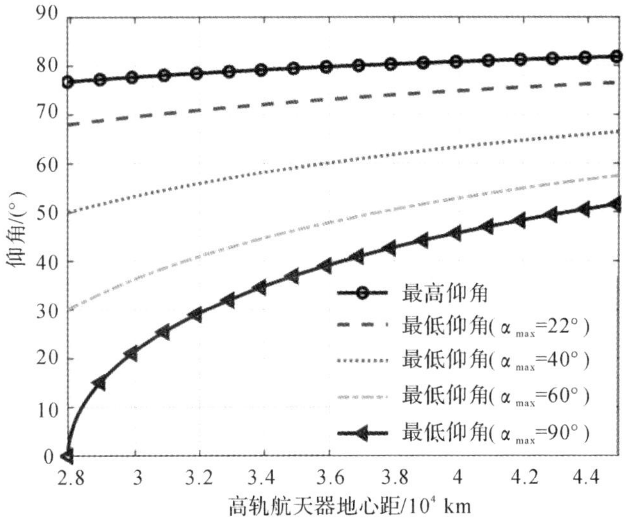

图 14.10　高轨航天器 GNSS 可见星分布的仰角范围

从图 14.10 可以看出，高轨航天器 GNSS 可见星的最低仰角和最高仰角均随高轨航天器地心距的增大而增大，但可见星分布的仰角范围随高轨航天器地心距的增大而减小。此外，当高轨航天器地心距一定时，随着接收到的 GNSS 信号的最大发射角 $\alpha_{\max}$ 不断减小，GNSS 可见星的最低仰角也逐渐增大，进而使得仰角范围随之减小。对于地球静止轨道(Geostationary Orbit，GEO)航天器(其地心距为 42 164.1 km)而言，假设其 GNSS 接收机灵敏度足够高，能够接收到发射角为90°的旁瓣信号(即 $\alpha_{\max}=90°$)，则 GNSS 可见星的仰角分布范围为48.6°～81.3°。而在实际应用中，受 GNSS 接收机灵敏度的限制，GNSS 可见星分布的仰角范围将会进一步减小。当 GEO 航天器只能利用 GNSS 主瓣信号时，其 GNSS 可见星分布的仰角范围减小至 75.6°～81.3°。上述结果表明，由于 GNSS 可见星分布的仰

角范围较小，所以高轨航天器 GNSS 可见星的几何构型较差，并且这一现象将随高轨航天器地心距的增加而变得更加突出。

14.3.2 几何精度因子

当高轨航天器同时观测到 4 颗以上 GNSS 卫星时，便可利用这些可见星的伪距测量值进行定位解算，且定位误差与可见星的伪距测量误差之间满足：

$$\begin{bmatrix} \Delta\rho^{(1)} \\ \Delta\rho^{(2)} \\ \vdots \\ \Delta\rho^{(N)} \end{bmatrix} = \begin{bmatrix} l_x^{(1)} & l_y^{(1)} & l_z^{(1)} & -1 \\ l_x^{(2)} & l_y^{(2)} & l_z^{(2)} & -1 \\ \vdots & \vdots & \vdots & \vdots \\ l_x^{(N)} & l_y^{(N)} & l_z^{(N)} & -1 \end{bmatrix} \begin{bmatrix} \Delta x \\ \Delta y \\ \Delta z \\ \Delta\delta t_{\mathrm{u}} \end{bmatrix} \tag{14.17}$$

式中：$[\Delta x, \Delta y, \Delta z]^{\mathrm{T}}$ 为高轨航天器的位置解算误差；$\Delta\delta t_{\mathrm{u}}$ 为接收机钟差的解算误差；$\Delta\rho^{(j)}$ 为第 j 颗可见星的伪距测量误差，$j=1,2,\cdots,N$ 且 $N \geqslant 4$；$l_x^{(j)}$，$l_y^{(j)}$ 和 $l_z^{(j)}$ 分别为单位视线矢量 $\boldsymbol{l}^{(j)}$ 在北-东-地坐标系的 3 个分量，用仰角和方位角可分别表示为 $l_x^{(j)} = \cos[\delta^{(j)}]\cos[\lambda^{(j)}]$，$l_y^{(j)} = \cos[\delta^{(j)}]\sin[\lambda^{(j)}]$ 和 $l_z^{(j)} = \sin[\delta^{(j)}]$。

记 $\Delta\boldsymbol{X} = [\Delta x, \Delta y, \Delta z, \Delta\delta t_{\mathrm{u}}]^{\mathrm{T}}$，$\Delta\boldsymbol{Z} = [\Delta\rho^{(1)}, \Delta\rho^{(2)}, \cdots, \Delta\rho^{(N)}]^{\mathrm{T}}$，则式(14.17)可写为

$$\Delta\boldsymbol{Z} = \boldsymbol{H}\Delta\boldsymbol{X} \tag{14.18}$$

式中

$$\boldsymbol{H} = \begin{bmatrix} l_x^{(1)} & l_y^{(1)} & l_z^{(1)} & -1 \\ l_x^{(2)} & l_y^{(2)} & l_z^{(2)} & -1 \\ \vdots & \vdots & \vdots & \vdots \\ l_x^{(N)} & l_y^{(N)} & l_z^{(N)} & -1 \end{bmatrix} \tag{14.19}$$

由于矩阵 $\boldsymbol{H}$ 只与各可见星相对高轨航天器的几何关系有关，因此被称为几何矩阵。

利用加权最小二乘算法，可得到 $\Delta\boldsymbol{X}$ 的估计结果为

$$\Delta\hat{\boldsymbol{X}} = (\boldsymbol{H}^{\mathrm{T}}\boldsymbol{R}^{-1}\boldsymbol{H})^{-1}\boldsymbol{H}^{\mathrm{T}}\boldsymbol{R}^{-1}\Delta\boldsymbol{Z} \tag{14.20}$$

相应的估计误差协方差矩阵为

$$\boldsymbol{P} = (\boldsymbol{H}^{\mathrm{T}}\boldsymbol{R}^{-1}\boldsymbol{H})^{-1} \tag{14.21}$$

式中：$\boldsymbol{R} = \mathrm{E}[\Delta\boldsymbol{Z}\Delta\boldsymbol{Z}^{\mathrm{T}}]$ 表示伪距测量误差的协方差矩阵。

当各可见星的伪距测量误差互不相关，且都服从均值为 0、方差为 σ_{URE}^2 的正态分布时，$\boldsymbol{R} = \sigma_{\mathrm{URE}}^2\boldsymbol{I}_{N\times N}$，则式(14.21)可表示为

$$\boldsymbol{P} = \sigma_{\mathrm{URE}}^2(\boldsymbol{H}^{\mathrm{T}}\boldsymbol{H})^{-1} \tag{14.22}$$

另外，根据定义，估计误差协方差矩阵 $\boldsymbol{P}$ 还可表示为

$$\boldsymbol{P} = \mathrm{E}[\Delta\hat{\boldsymbol{X}}\Delta\hat{\boldsymbol{X}}^{\mathrm{T}}] = \mathrm{diag}[\sigma_x^2 \quad \sigma_y^2 \quad \sigma_z^2 \quad \sigma_{\delta t_{\mathrm{u}}}^2] \tag{14.23}$$

这样，联立式(14.22)和式(14.23)，便可得到定位定时总误差的标准差 σ_{G} 为

$$\sigma_{\mathrm{G}} = \sqrt{\sigma_x^2 + \sigma_y^2 + \sigma_z^2 + \sigma_{\delta t_{\mathrm{u}}}^2} = \sqrt{\mathrm{tr}(\boldsymbol{P})} = \sqrt{\mathrm{tr}[(\boldsymbol{H}^{\mathrm{T}}\boldsymbol{H})^{-1}]}\sigma_{\mathrm{URE}} \tag{14.24}$$

可见，$\sqrt{\mathrm{tr}[(\boldsymbol{H}^{\mathrm{T}}\boldsymbol{H})^{-1}]}$ 反映了定位定时总误差的标准差 σ_{G} 对伪距测量误差的标准差 σ_{URE} 的放大倍数。因此，可将其定义为几何精度因子 K_{GDOP}，即

$$K_{\mathrm{GDOP}}=\sqrt{\mathrm{tr}[(\boldsymbol{H}^{\mathrm{T}}\boldsymbol{H})^{-1}]} \tag{14.25}$$

下面对影响几何精度因子的因素进行分析。令 $\boldsymbol{G}=(\boldsymbol{H}^{\mathrm{T}}\boldsymbol{H})^{-1}$，则将 $\boldsymbol{G}$ 展开可得

$$\boldsymbol{G}=(\boldsymbol{H}^{\mathrm{T}}\boldsymbol{H})^{-1}=\begin{bmatrix}\boldsymbol{\Gamma} & \boldsymbol{\Gamma}\bar{\boldsymbol{l}} \\ \bar{\boldsymbol{l}}^{\mathrm{T}}\boldsymbol{\Gamma} & \dfrac{1}{N}(1+\bar{\boldsymbol{l}}^{\mathrm{T}}\boldsymbol{\Gamma}\bar{\boldsymbol{l}})\end{bmatrix} \tag{14.26}$$

式中：$\bar{\boldsymbol{l}}$ 和 $\boldsymbol{\Gamma}^{-1}$ 分别表示单位视线矢量的均值和协方差，具体形式分别为 $\bar{\boldsymbol{l}}=\dfrac{1}{N}\sum_{j=1}^{N}\boldsymbol{l}^{(j)}$ 和 $\boldsymbol{\Gamma}^{-1}=\sum_{j=1}^{N}[\boldsymbol{l}^{(j)}-\bar{\boldsymbol{l}}][\boldsymbol{l}^{(j)}-\bar{\boldsymbol{l}}]^{\mathrm{T}}$。

将式(14.26)代入式(14.25)，可得

$$K_{\mathrm{GDOP}}=\sqrt{\mathrm{tr}(\boldsymbol{G})}=\sqrt{\mathrm{tr}(\boldsymbol{\Gamma})+\frac{1}{N}(1+\bar{\boldsymbol{l}}^{\mathrm{T}}\boldsymbol{\Gamma}\bar{\boldsymbol{l}})} \tag{14.27}$$

可以看出，可见星数目 N、单位视线矢量的均值 $\bar{\boldsymbol{l}}$ 和协方差 $\boldsymbol{\Gamma}^{-1}$ 均会影响几何精度因子。一方面，几何精度因子 K_{GDOP} 会随可见星数 N 的增大而减小；另一方面，协方差 $\boldsymbol{\Gamma}^{-1}$ 与 GNSS 可见星的分布均匀性有关。当 GNSS 可见星分布越均匀时，协方差 $\boldsymbol{\Gamma}^{-1}$ 的对角线元素越大，$\mathrm{tr}(\boldsymbol{\Gamma})$ 越小。因此，当可见星数越多，且 GNSS 可见星分布越均匀时，几何精度因子数值就越小。

下面以定点于(105.6°E，0°N)的 GEO 航天器为例，结合不同的接收机灵敏度条件，对该航天器在一个轨道运行周期(即 23 h 56 min)内，所接收的北斗可见星数及其 GDOP 的均值进行统计，统计结果如图 14.11 和图 14.12 所示。

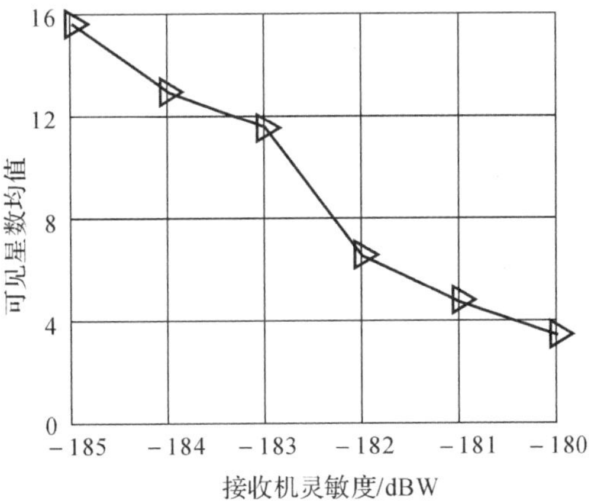

图 14.11　可见星数均值随接收机灵敏度的变化情况

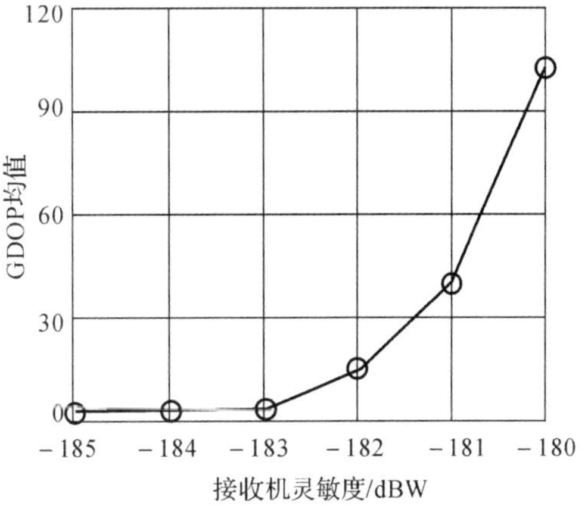

图 14.12　GDOP 均值随接收机灵敏度的变化情况

从图 14.11 和图 14.12 可以看出，随着接收机灵敏度的提高(即灵敏度数值减小)，北斗可见星数的均值不断增大，而 GDOP 的均值逐渐降低。因此，提高 GNSS 接收机的灵敏度，能够使高轨航天器的可见星数增大，并改善可见星的几何构型，从而降低可见星的 GDOP。

14.4 高轨航天器动态性与多普勒频移范围

GNSS 接收机通常需要在一定的多普勒频移范围内进行搜索，才能捕获到 GNSS 信号。因此，多普勒频移范围是影响 GNSS 信号捕获性能的关键因素之一。下面对高轨航天器所接收 GNSS 信号的多普勒频移范围进行分析。图 14.13 为高轨航天器和 GNSS 卫星的相对运动关系示意图。

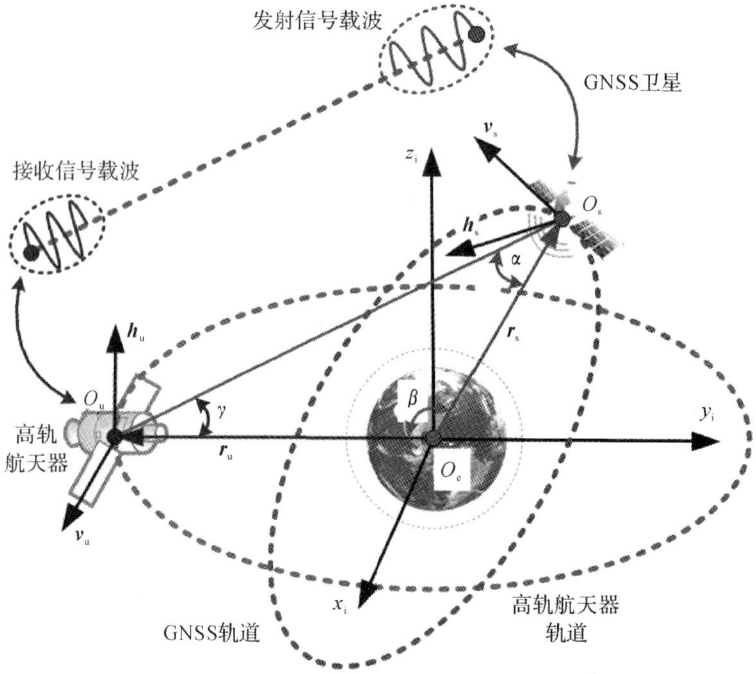

图 14.13 高轨航天器和 GNSS 卫星的相对运动关系示意图

如图 14.13 所示，当高轨航天器和 GNSS 可见星在它们的连线方向上发生相对运动时，高轨航天器所接收到的 GNSS 信号便会产生多普勒频移。多普勒频移 f_D 的计算公式为

$$f_D = -\frac{f_s}{c}\frac{(\boldsymbol{v}_u - \boldsymbol{v}_s)^T(\boldsymbol{r}_u - \boldsymbol{r}_s)}{|\boldsymbol{r}_u - \boldsymbol{r}_s|} \tag{14.28}$$

式中：$\boldsymbol{r}_u$ 和 $\boldsymbol{r}_s$ 分别表示高轨航天器和 GNSS 卫星的位置；$\boldsymbol{v}_u$ 和 $\boldsymbol{v}_s$ 分别表示高轨航天器和 GNSS 卫星的速度；f_s 表示信号发射频率，以北斗 B1I 信号为例，其载波发射频率为 1 561.098 MHz；c 表示光速。

由于 GNSS 卫星所在轨道为圆轨道（或近圆轨道），故根据轨道动力学理论可知

$$\boldsymbol{v}_s = \frac{\boldsymbol{h}_s \times \boldsymbol{r}_s}{R_{GNSS}^2} \tag{14.29}$$

式中：$\boldsymbol{h}_s$ 为 GNSS 卫星的角动量，其在地心赤道惯性系（简记为 i 系）下可表示为

$$\boldsymbol{h}_{s}^{i}=\sqrt{\mu R_{GNSS}}\left[\sin i_{s}\cos\Omega_{s} \quad -\sin i_{s}\sin\Omega_{s} \quad \cos i_{s}\right]^{T} \tag{14.30}$$

其中：i_s 和 Ω_s 分别为 GNSS 卫星的轨道倾角和升交点赤经；μ 为地球引力常数，$\mu = 3.896\times10^{14}$ 。

当高轨航天器所在轨道也为圆轨道时，同理可得

$$\boldsymbol{v}_{u}=\frac{\boldsymbol{h}_{u}\times\boldsymbol{r}_{u}}{R_{USER}^{2}} \tag{14.31}$$

式中：$\boldsymbol{h}_u$ 为高轨航天器的角动量，其在 i 系下可表示为

$$\boldsymbol{h}_{u}^{i}=\sqrt{\mu R_{USER}}\left[\sin i_{u}\cos\Omega_{u} \quad -\sin i_{u}\sin\Omega_{u} \quad \cos i_{u}\right]^{T} \tag{14.32}$$

其中：i_u 和 Ω_u 分别为高轨航天器的轨道倾角和升交点赤经。

将式(14.29)和式(14.31)代入式(14.28)，可得

$$\begin{aligned} f_{D}=&-\frac{f_{s}}{c}\left(\frac{\boldsymbol{h}_{u}\times\boldsymbol{r}_{u}}{R_{USER}^{2}}-\frac{\boldsymbol{h}_{s}\times\boldsymbol{r}_{s}}{R_{GNSS}^{2}}\right)^{T}\frac{(\boldsymbol{r}_{u}-\boldsymbol{r}_{s})}{|\boldsymbol{r}_{u}-\boldsymbol{r}_{s}|}= \\ &\frac{f_{s}}{c|\boldsymbol{r}_{u}-\boldsymbol{r}_{s}|}\left[\frac{(\boldsymbol{h}_{u}\times\boldsymbol{r}_{u})^{T}\boldsymbol{r}_{s}}{R_{USER}^{2}}+\frac{(\boldsymbol{h}_{s}\times\boldsymbol{r}_{s})^{T}\boldsymbol{r}_{u}}{R_{GNSS}^{2}}\right]= \\ &\frac{f_{s}}{c|\boldsymbol{r}_{u}-\boldsymbol{r}_{s}|}\left[\frac{\boldsymbol{h}_{u}^{T}(\boldsymbol{r}_{u}\times\boldsymbol{r}_{s})}{R_{USER}^{2}}+\frac{\boldsymbol{h}_{s}^{T}(\boldsymbol{r}_{s}\times\boldsymbol{r}_{u})}{R_{GNSS}^{2}}\right]= \\ &\frac{f_{s}}{c}\left(\frac{\boldsymbol{h}_{u}}{R_{USER}^{2}}-\frac{\boldsymbol{h}_{s}}{R_{GNSS}^{2}}\right)^{T}\frac{(\boldsymbol{r}_{u}\times\boldsymbol{r}_{s})}{|\boldsymbol{r}_{u}-\boldsymbol{r}_{s}|} \end{aligned} \tag{14.33}$$

将 $\dfrac{\boldsymbol{h}_{u}}{R_{USER}^{2}}-\dfrac{\boldsymbol{h}_{s}}{R_{GNSS}^{2}}$ 和 $\dfrac{\boldsymbol{r}_{u}\times\boldsymbol{r}_{s}}{|\boldsymbol{r}_{u}-\boldsymbol{r}_{s}|}$ 分别记作 $\boldsymbol{H}_{s,u}$ 和 $\boldsymbol{R}_{s,u}$，则有

$$f_{D}=\frac{f_{s}}{c}\boldsymbol{H}_{s,u}^{T}\boldsymbol{R}_{s,u}=\frac{f_{s}}{c}|H_{s,u}||R_{s,u}|\cos\theta=\frac{f_{s}}{c}h_{s,u}r_{s,u}\cos\theta \tag{14.34}$$

式中：θ 为 $\boldsymbol{H}_{s,u}$ 和 $\boldsymbol{R}_{s,u}$ 之间的夹角；$h_{s,u}$ 和 $r_{s,u}$ 分别为 $\boldsymbol{H}_{s,u}$ 和 $\boldsymbol{R}_{s,u}$ 的模长。

由式(14.34)可知，多普勒频移 f_D 与 $h_{s,u}$、$r_{s,u}$ 和 θ 有关。

首先，分析 $h_{s,u}$ 对多普勒频移 f_D 的影响。$h_{s,u}$ 可表示为

$$h_{s,u}=|\boldsymbol{H}_{s,u}|=\sqrt{\frac{|\boldsymbol{h}_{u}|^{2}}{R_{USER}^{4}}+\frac{|\boldsymbol{h}_{s}|^{2}}{R_{GNSS}^{4}}-2\frac{\boldsymbol{h}_{u}^{T}\boldsymbol{h}_{s}}{R_{USER}^{2}R_{GNSS}^{2}}} \tag{14.35}$$

将式(14.30)和式(14.32)代入式(14.35)，可得

$$h_{s,u}=\sqrt{\frac{\mu}{R_{USER}^{3}}+\frac{\mu}{R_{GNSS}^{3}}-2\mu\frac{f(i_{s},\Omega_{s},i_{u},\Omega_{u})}{\sqrt{R_{USER}^{3}R_{GNSS}^{3}}}} \tag{14.36}$$

式中

$$\begin{aligned} f(i_{s},\Omega_{s},i_{u},\Omega_{u})-&\sin i_{s}\cos\Omega_{s}\sin i_{u}\cos\Omega_{u}+ \\ &\sin i_{s}\sin\Omega_{s}\sin i_{u}\sin\Omega_{u}+\cos i_{s}\cos i_{u} \end{aligned} \tag{14.37}$$

可见，由于 $h_{s,u}$ 只与高轨航天器和 GNSS 卫星的地心距、轨道倾角和升交点赤经等轨道参数有关，而这些轨道参数均为常数，所以 $h_{s,u}$ 也为常数。

其次，分析 $r_{s,u}$ 对多普勒频移 f_D 的影响。$r_{s,u}$ 可表示为

$$r_{s,u}=|\boldsymbol{R}_{s,u}|=\frac{|\boldsymbol{r}_{u}\times\boldsymbol{r}_{s}|}{|\boldsymbol{r}_{u}-\boldsymbol{r}_{s}|}=R_{USER}R_{GNSS}\frac{\sin\beta}{d} \tag{14.38}$$

联立式(14.6)、式(14.12)和式(14.38),可得

$$r_{s,u} = R_{USER} R_{GNSS} \frac{\sin\gamma}{R_{GNSS}} = R_{USER} \sin\gamma = R_{USER} \cos\delta \tag{14.39}$$

可见,随着 GNSS 卫星相对高轨航天器的仰角 δ 不断增大,$r_{s,u}$ 将逐渐减小。

进一步,分析 $\boldsymbol{H}_{s,u}$ 和 $\boldsymbol{R}_{s,u}$ 之间的夹角 θ 对多普勒频移 f_D 的影响。由于高轨航天器和 GNSS 卫星的角动量 $\boldsymbol{h}_u$ 和 $\boldsymbol{h}_s$ 均为定常矢量,所以 $\boldsymbol{H}_{s,u} = \boldsymbol{h}_u / R_{USER}^2 - \boldsymbol{h}_s / R_{GNSS}^2$ 同样为定常矢量。而 $\boldsymbol{R}_{s,u} = (\boldsymbol{r}_u \times \boldsymbol{r}_s) / |\boldsymbol{r}_u - \boldsymbol{r}_s|$ 的方向会随高轨航天器和 GNSS 卫星的位置变化而变化。

因此,当 $\boldsymbol{R}_{s,u}$ 和 $\boldsymbol{H}_{s,u}$ 同向时,多普勒频移 f_D 达到对应仰角 δ 方向的最大值,即

$$f_{D,\max}(\delta) = \frac{f_s}{c} |H_{s,u}| \, |R_{s,u}| = \frac{f_s}{c} h_{s,u} r_{s,u} = \frac{f_s}{c} h_{s,u} R_{USER} \cos\delta \tag{14.40}$$

相对应地,当 $\boldsymbol{R}_{s,u}$ 和 $\boldsymbol{H}_{s,u}$ 反向时,多普勒频移 f_D 达到对应仰角 δ 方向的最小值,即

$$f_{D,\min}(\delta) = -\frac{f_s}{c} h_{s,u} R_{USER} \cos\delta \tag{14.41}$$

下面仍以定点于(105.6°E,0°N)的 GEO 航天器为例进行仿真分析。在一个轨道周期内,该 GEO 航天器所接收到的 B1I 载波信号(由北斗 MEO 卫星发射)的多普勒频移如图 14.14 所示。

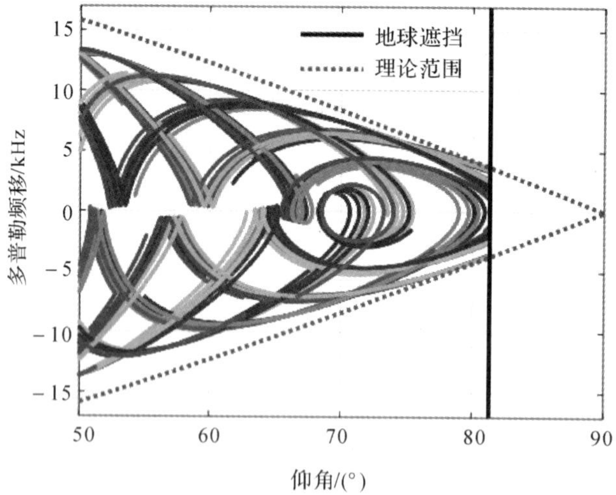

图 14.14 不同仰角方向的多普勒频移

从图 14.14 可以看出,该 GEO 航天器所接收到的 GNSS 载波信号的多普勒频移范围随 GNSS 卫星的仰角增大而减小,并且所接收信号的多普勒频移均在式(14.40)和式(14.41)得到的理论范围内,从而验证了式(14.40)和式(14.41)所得结果的正确性。因此,当高轨航天器所在轨道为圆轨道时,可利用多普勒频移范围与仰角的函数关系式(14.40)和式(14.41),来确定 GNSS 信号捕获算法中的多普勒频移搜索范围。

14.5　高轨航天器 GNSS 信号可用性仿真评估

北斗星座的轨道类型除了包含 MEO 外，还有 GEO 和倾斜地球同步轨道(Inclined Geosynchronous Orbit，IGSO)，这是北斗系统区别于其他 GNSS 的一个主要特点。因此，以北斗系统为例搭建 GNSS 星座仿真平台，从而对高轨航天器 GNSS 信号可用性进行仿真评估。北斗星座中包含 3 颗 GEO 卫星、3 颗 IGSO 卫星和 24 颗 MEO 卫星，轨道参数依据官方提供的接口控制文件进行设置。

以中国在 2015 年发射的高分辨率光学遥感卫星高分 4 号(GF-4)作为高轨应用对象。GF-4 是一颗 GEO 卫星，定点于(105.6°E，0°N)。设置仿真总时长为 GF-4 卫星的一个轨道运行周期(23 h 56 min)。下面从信号接收功率、多普勒频移、可见星数和 GDOP 等方面进行仿真评估。

14.5.1　信号接收功率

首先，不考虑接收机灵敏度的限制，将所有到达 GF-4 卫星所在位置的 GNSS 信号均视为可见。图 14.15 为 GF-4 卫星所接收的北斗信号功率随时间的变化情况，而图 14.16 为 GF-4 卫星所接收的其中一颗北斗卫星的信号功率随时间的变化情况。

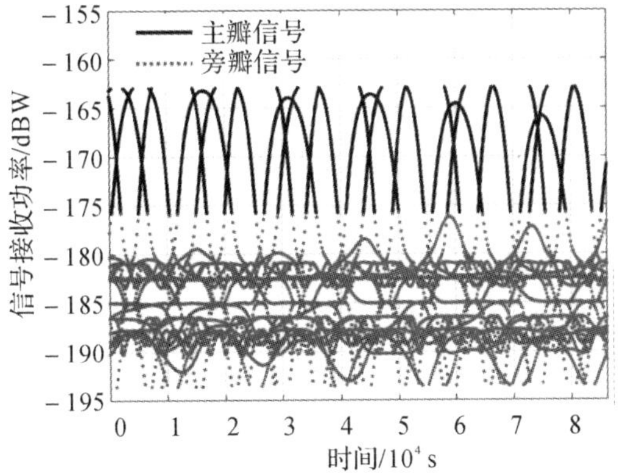

图 14.15　北斗信号接收功率随时间的变化情况

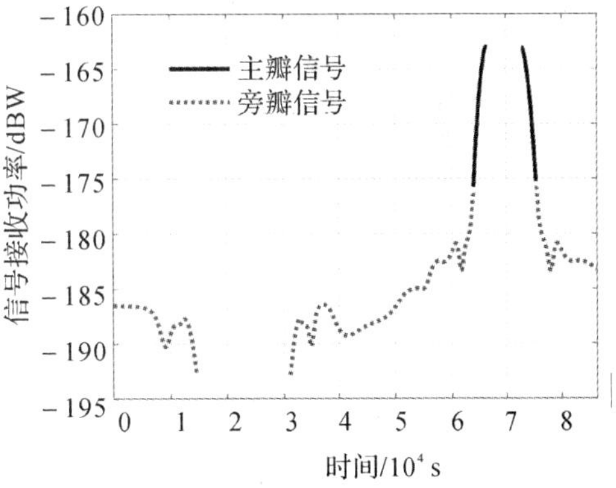

图 14.16　单颗北斗卫星的信号接收功率随时间的变化情况

从图 14.15 可以看出，虽然 GF-4 卫星在任一时刻只能接收到数量较少的主瓣信号，但却能接收到较多的旁瓣信号。因此，GF-4 卫星仅利用主瓣信号无法满足导航要求，而需要将主瓣信号和旁瓣信号相结合，才可以满足 GF-4 卫星定位、测速和定姿等导航任务的需求。从图 14.16 可以看出，旁瓣信号接收功率显著低于主瓣信号。因此，相较于主瓣信号，GNSS 接收机在对旁瓣信号进行捕获、跟踪时，将会面临捕获概率下降、跟踪精度较低等问题。另外，由于旁瓣信号接收功率较低，还会进一步造成码相位、载波多普勒频移和载波相位等量测信息的测量精度下降，进而影响导航定位精度。

由于高轨航天器需要同时利用接收功率差异较大的主、旁瓣信号进行导航定位，因此，GNSS 接收机就需要对捕获、跟踪和导航解算等环节进行特殊方案设计，以提升高轨航天器 GNSS 信号可用性：

(1)不同伪码信号之间存在互相关性。当信号强弱差异较大时，GNSS 接收机对弱信号的捕获便会受到强信号的互相关干扰，从而影响弱信号自相关峰的判断，并导致误捕获或捕获失败。由于高轨航天器所接收的主、旁瓣信号的接收功率差异较大，所以其 GNSS 接收机应当对捕获算法进行特殊设计，以抑制互相关干扰的影响，从而提高旁瓣信号的捕获性能。

(2)旁瓣信号接收功率较低，会使信号跟踪精度下降，甚至导致跟踪环路失锁。鉴于高轨航天器仍然能够接收到少量主瓣信号，所以其 GNSS 接收机可采用矢量跟踪环路结构，这样便可通过各通道之间的数据耦合和信息共享，实现强信号对弱信号的辅助跟踪。

(3)由于强、弱信号对应的伪距测量误差存在较大差异，所以 GNSS 接收机需要根据信号接收功率估计各可见星伪距测量误差的方差，进而通过加权最小二乘算法进行定位解算，以进一步提高导航定位的精度。此外，当高轨航天器利用多普勒频移和载波相位进行测速和定姿时，也需要进行类似的加权处理。

进一步，分析信号接收功率随仰角的变化情况。在一个轨道运行周期内，GF－4 卫星从不同仰角方向接收到北斗信号的接收功率如图 14.17 所示。

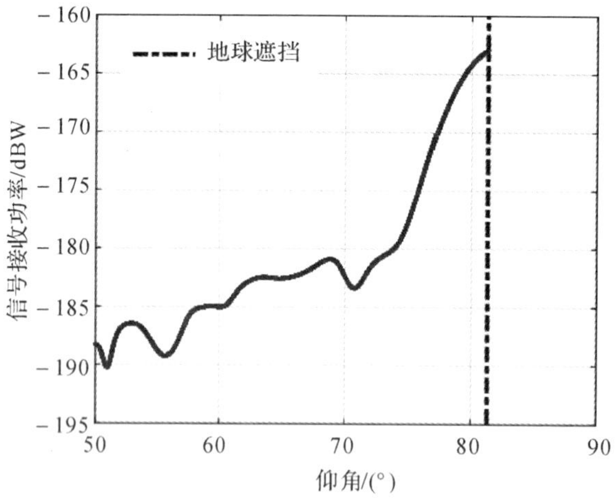

图 14.17　信号接收功率随仰角的变化情况

从图 14.17 可以看出，GF－4 卫星接收到的北斗信号集中分布在50°～80°的高仰角区间，且信号接收功率随仰角降低而减小。因此，在设计北斗接收天线时，只需考虑50°～80°仰角范围内的增益即可，并且可适当增加50°～75°仰角范围内的增益，以提高旁瓣信号的接收功率。此外，由于 GNSS 可见星集中分布在高仰角区间，所以高轨航天器可采用多天线非共面安装方式来实现姿态确定。采用这种安装方式，不仅可以避免天线间的相互遮挡，还能使主/从天线构成更丰富的基线组合，从而提高定姿精度。

14.5.2　多普勒频移

GF－4 卫星所接收的北斗 B1I 信号的载波多普勒频移随时间的变化情况如图 14.18 所示。普通 GNSS 接收机的多普勒搜索范围通常为±5 kHz，而由图 14.18 所得结果可以看出，GF－4 卫星需要搜索的多普勒频移范围为±15 kHz。较大的多普勒频移范围会使 GNSS 信号的捕获和跟踪更加困难。因此，当高轨航天器稳定在轨时，可利用自身的轨道参数信息，按照式(14.40)和式(14.41)来预测 GNSS 信号的多普勒频移范围；而当高轨航天器机动变轨时，由于加速度计可以感应非重力加速度，因此可利用加速度计测量信息来缩小多普勒频移的不确定范围。

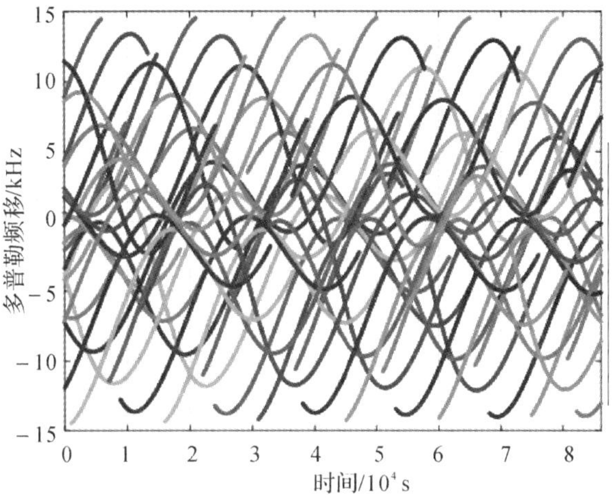

图 14.18　多普勒频移随时间变化情况

14.5.3　可见星数和 GDOP

进一步，考虑接收机灵敏度的限制，对不同北斗星座组合条件下的可见星数和 GDOP 进行分析。在不同的接收机灵敏度条件下，可见星数超过 4 颗的时间占比如图 14.19 所示，而可见星的 GDOP 均值如图 14.20 所示。

从图 14.19 和图 14.20 可以看出，当北斗星座组成固定时，接收机灵敏度越高，可见星数越多且几何构型更优，所以 GDOP 均值更小。此外，与仅利用北斗 MEO 卫星相比，同时利用北斗 MEO/GEO/IGSO 卫星，能够增加可见星数并改善可见星的几何构型，从而获得更小的 GDOP 均值。这也体现出北斗混合星座在改善高轨航天器 GNSS 信号可用性方面的优势。

综合来看，受地球遮挡影响，GNSS 主瓣信号在高轨空间的覆盖区域狭小。虽然旁瓣信号在高轨空间的覆盖区域较大，但旁瓣信号接收功率却显著低于主瓣信号。受信号传播距离增加的影响，到达高轨航天器的 GNSS 信号的自由空间传播损耗也进一步增大。因此，高轨航天器接收到的 GNSS 信号普遍较弱，这也是 GNSS 高轨应用中所面临的主要难题。

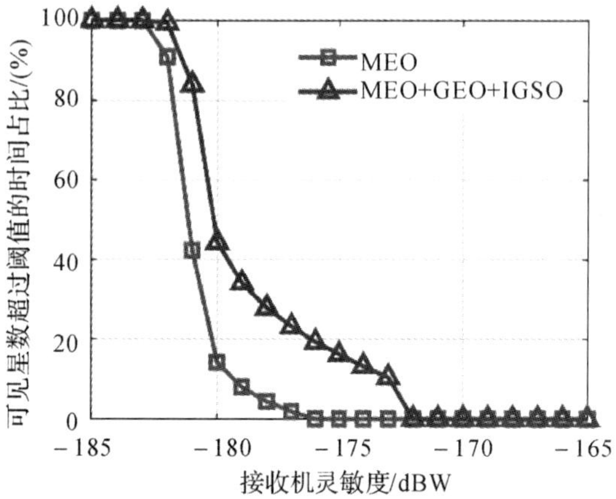

图 14.19　可见星数超过 4 颗的时间占比

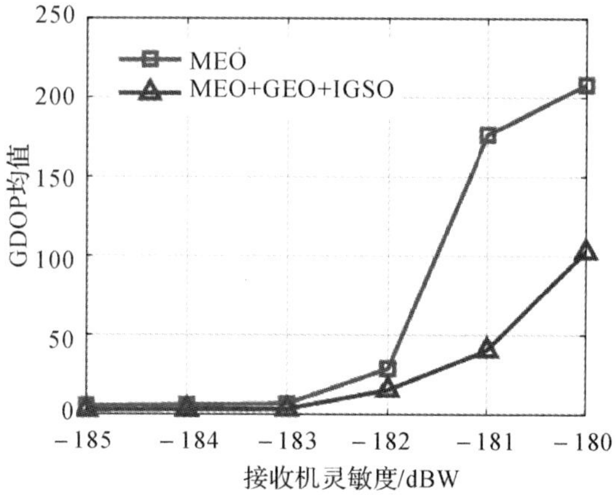

图 14.20　GDOP 均值

而随着北斗、GPS、GLONASS 和 Galileo 四大 GNSS 系统的不断完善，具有互操作性的 GNSS 卫星数量将会达到 100 颗以上。因此，采用高灵敏度多模 GNSS 接收机，能够增加 GNSS 可见星数并改善可见星的几何构型，从而提升高轨航天器 GNSS 信号的可用性。

第 15 章 高轨航天器 GNSS 基带信号处理与定轨、定姿方法

高轨空间中，由于受地球遮挡影响，接收机只能接收到来自地球另一侧的 GNSS 卫星所发射的信号，因此接收机与 GNSS 卫星间的距离非常遥远，是地面环境的 2～4 倍，此时信号自由空间传播损耗的增加，使得接收机接收到的信号强度较弱，这对接收机的灵敏度提出了更高要求；同时，由于主瓣信号大部分被地球遮挡，因此高轨航天器需要利用旁瓣信号进行导航，但主、旁瓣信号较大的功率差会造成严重的互相关干扰，从而导致对旁瓣信号的捕获出错。可见，信号强度较弱以及互相关干扰较强，这两方面因素导致接收机难以对高轨航天器上所接收到的 GNSS 信号进行捕获。

另外，高轨航天器所处的高动态、弱信号、强干扰环境，会导致传统标量跟踪环路的跟踪误差显著增大，使得环路稳定性降低，严重时甚至会发生失锁。而矢量跟踪环路由于充分挖掘了各卫星通道间的共享信息，可以在不增加任何外部辅助设备的情况下，提高环路在高动态、弱信号、强干扰环境下的跟踪性能。因此，相比于标量跟踪环路，矢量跟踪环路更适用于高轨航天器的应用环境。然而，矢量跟踪在实现通道耦合与数据共享的同时，也会造成通道间的误差传播，尤其在高轨空间这种电磁辐射干扰较强的环境中，难以准确建模的电磁干扰将会严重影响信号跟踪的准确性，从而限制了矢量跟踪环路在高轨航天器 GNSS 信号跟踪中的应用。

GNSS 接收机在完成捕获、跟踪和导航电文解析等基带信号处理过程后，便可进行导航解算，从而实现对高轨航天器的定轨与定姿。然而，在高轨航天器的应用环境中，GNSS 卫星的时空分布特性较差，导致几何精度因子激增；同时，高轨航天器上接收机换星频繁，导致整周模糊度无法实时准确求解。因此，目前绝大多数 GNSS 定轨与定姿方法均难以满足高轨航天器连续、高精度自主定轨与定姿的需求。

鉴于此，本章首先介绍适用于高轨航天器的 GNSS 基带信号处理方法，包括高轨航天器 GNSS 信号捕获和跟踪方法；在此基础上，介绍高轨航天器 GNSS/Orbit/SINS 自主定轨方法和高轨航天器 GNSS 高精度定姿方法。

15.1 高轨航天器 GNSS 信号捕获方法

高轨空间中，由于受地球遮挡影响，GNSS 主瓣信号的可见性较差，因此，旁瓣信号对导航必不可少，这对 GNSS 接收机的灵敏度提出了更高要求；另外，主、旁瓣信号较大的功率

差会造成严重的互相关干扰，进而导致对旁瓣信号的捕获过程出错。为此，本节介绍一种适用于高轨航天器的GNSS信号捕获方法，以便消除高轨空间中主瓣信号对旁瓣信号的互相关干扰，从而提高捕获灵敏度。

15.1.1 高轨航天器GNSS信号特性分析

1.信号接收功率特性

GNSS信号的接收功率 P_R 由信号发射功率、发射天线增益、自由空间传播损耗以及接收天线增益共同决定，即

$$P_R = P_T + G_T + 20\lg\left(\frac{\lambda}{4\pi d}\right) + G_R \tag{15.1}$$

式中：P_T 为信号发射功率；G_T 为发射天线增益；G_R 为接收天线增益；$20\lg(\lambda/4\pi d)$ 为自由空间传播损耗，它与信号载波波长 λ 和信号传输距离 d 有关。

根据北斗系统接口数据文件，北斗的中圆地球轨道（Medium Earth Orbit，MEO）卫星对B1I信号的发射功率约为27.2 W。北斗卫星发射天线增益大小如图15.1所示。可以看出：主瓣信号（发射角绝对值为0°～22°）的发射天线增益均在6 dB以上；而旁瓣信号（发射角绝对值大于22°）的发射天线增益随发射角绝对值的增加而迅速衰减，大部分在0 dB以下。

以定点于（105.6 °E，0 °N）的地球静止轨道光学遥感卫星高分4号（GF－4）为高轨应用对象，其所接收的北斗信号的接收功率如图15.2所示。可以看出，信号接收功率与发射角有关。当发射角绝对值为0°～13.2°时，北斗信号受到地球遮挡而无法到达GF－4卫星；当发射角绝对值为13.2°～22°时，接收的信号为主瓣信号，接收功率为－171～－163 dBW；而当发射角绝对值大于22°时，接收的信号为旁瓣信号，接收功率为－201～－171 dBW。

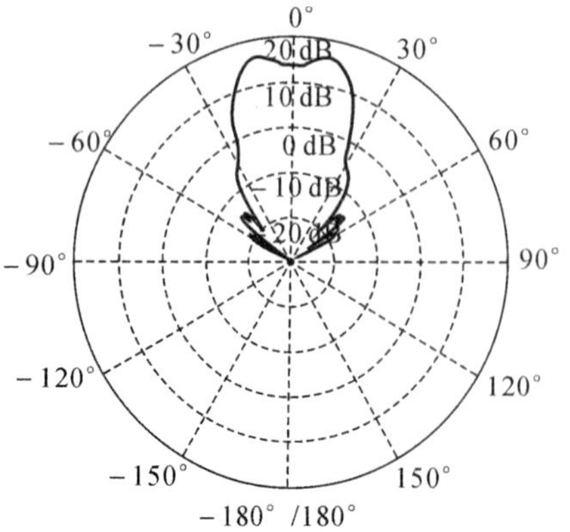

图15.1 北斗卫星发射天线增益

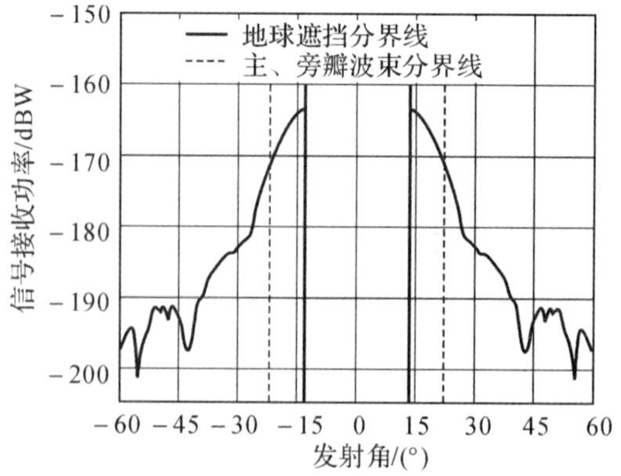

图15.2 GF－4卫星上北斗信号的接收功率

对于地面运载体而言，室外GNSS信号的接收功率范围通常为－165～－150 dBW。可

见，高轨卫星所接收的 GNSS 信号的接收功率比地面运载体低 13 dBW 以上，这是由于高轨空间中 GNSS 信号的传输距离较远，信号自由空间传播损耗较大造成的。因此，高轨航天器所接收的 GNSS 信号强度较弱。

2.互相关干扰特性

同时利用主、旁瓣信号可改善高轨航天器 GNSS 信号的可见性，但主、旁瓣信号较大的功率差会造成互相关干扰，进而对旁瓣信号的捕获产生影响。图 15.3 为主、旁瓣信号的互相关干扰示意图。GNSS 接收机接收到信号后，经射频前端下变频和采样处理得到的中频信号为

$$x(t)=\sum_{i=1}^{N}x^{i}(t)=\sum_{i=1}^{N}A_{\mathrm{IF}}^{i}c^{i}(t-\tau^{i})D^{i}(t-\tau^{i})\cos[2\pi(f_{\mathrm{IF}}+f_{\mathrm{d}}^{i})t+\theta_{\mathrm{IF}}^{i}]+w(t) \tag{15.2}$$

式中：A_{IF}^{i}、c^{i}、D^{i}、τ^{i}、f_{IF}、f_{d}^{i} 和 θ_{IF}^{i} 分别为信号 i 的幅值、伪码、导航数据、数据延迟、中频频率、多普勒频移和初始载波相位；N 为可见星数；$w(t)$ 为高斯白噪声。

由于互相关干扰仅会对旁瓣信号的捕获产生较大影响，因此，假定期望捕获的信号 i 为旁瓣信号。在对其捕获的通道上，$x(t)$ 与本地复制信号相关，并进行相干累积，所得结果为

$$\begin{aligned}Y&=\frac{1}{T_{\mathrm{coh}}}\int_{t_0}^{t_0+T_{\mathrm{coh}}}x(t)c^{i}(t-\hat{\tau}^{i})\exp\{-\mathrm{j}[2\pi(f_{\mathrm{IF}}+\hat{f}_{\mathrm{d}}^{i})t+\hat{\theta}_{\mathrm{IF}}^{i}]\}\mathrm{d}t+\omega_{\mathrm{I}}+\mathrm{j}\omega_{\mathrm{Q}}=\\&Y_{ii}+Y_{ij}+Y_{ik}+\omega_{\mathrm{I}}+\mathrm{j}\omega_{\mathrm{Q}}\end{aligned} \tag{15.3}$$

式中：T_{coh} 为相干累积时间；$\hat{\tau}^{i}$ 为信号码相位的估计值；$\hat{f}_{\mathrm{d}}^{i}$ 为信号多普勒频移的估计值；$\hat{\theta}_{\mathrm{IF}}^{i}$ 为信号初始载波相位的估计值；ω_{I} 和 ω_{Q} 分别为 I 和 Q 支路的噪声相干累积量，其功率均为 σ^2。Y_{ii}、Y_{ij}、Y_{ik} 分别为旁瓣信号 i 的自相关累积结果、旁瓣信号 i 与其他主瓣信号 j 互相关累积结果的总和、以及旁瓣信号 i 与其他旁瓣信号 k 互相关累积结果的总和，其中 Y_{ij} 和 Y_{ik} 统称为互相关干扰，即

$$\left.\begin{aligned}Y_{ii}&=\frac{A_{\mathrm{IF}}^{i}D^{i}(t-\tau^{i})R_{ii}(\delta\tau)}{2}\cdot\mathrm{sinc}(f_{\mathrm{e}}\cdot T_{\mathrm{coh}})\exp\left\{-\mathrm{j}\left[2\pi f_{\mathrm{e}}\left(t_0+\frac{T_{\mathrm{coh}}}{2}\right)\right]\right\}\exp\{-\mathrm{j}\Delta\theta_{\mathrm{IF}}^{i}\}\\Y_{ij}&=\sum_{j=1,j\neq k\neq i}^{N}\frac{A_{\mathrm{IF}}^{i}D^{j}(t-\tau^{j})R_{ji}(\delta\tau+\tau_{ji})}{2}\cdot\mathrm{sinc}[(f_{\mathrm{e}}+f_{\mathrm{d}}^{ji})T_{\mathrm{coh}}]\cdot\\&\quad\exp\left\{-\mathrm{j}\left[2\pi(f_{\mathrm{e}}+f_{\mathrm{d}}^{ji})\left(t_0+\frac{T_{\mathrm{coh}}}{2}\right)+\Delta\theta_{\mathrm{IF}}^{i}+\Delta\theta_{\mathrm{IF}}^{ji}\right]\right\}\\Y_{ik}&=\sum_{k=1,k\neq j\neq i}^{N}\frac{A_{\mathrm{IF}}^{k}D^{k}(t-\tau^{k})R_{ki}(\delta\tau+\tau_{ki})}{2}\cdot\mathrm{sinc}[(f_{\mathrm{e}}+f_{\mathrm{d}}^{ki})T_{\mathrm{coh}}]\cdot\\&\quad\exp\left\{-\mathrm{j}\left[2\pi(f_{\mathrm{e}}+f_{\mathrm{d}}^{ki})\left(t_0+\frac{T_{\mathrm{coh}}}{2}\right)+\Delta\theta_{\mathrm{IF}}^{i}+\Delta\theta_{\mathrm{IF}}^{ki}\right]\right\}\end{aligned}\right\} \tag{15.4}$$

式中：$R_{ii}(\cdot)$ 为伪码的自相关值；$R_{ji}(\cdot)$ 和 $R_{ki}(\cdot)$ 均为伪码的互相关值；f_e 为多普勒频移估计误差；$\delta\tau$ 为码相位估计误差；$\Delta\theta_{IF}^{i}$ 为初始载波相位估计误差；τ_{ji} 和 τ_{ki} 分别为主瓣信号 j 和旁瓣信号 k 与旁瓣信号 i 之间码相位的差值；f_d^{ji} 和 f_d^{ki} 分别为主瓣信号 j 和旁瓣信号 k 与旁瓣信号 i 之间多普勒频移的差值；$\Delta\theta_{IF}^{ji}$ 和 $\Delta\theta_{IF}^{ki}$ 分别为主瓣信号 j 和旁瓣信号 k 与旁瓣信号 i 之间初始载波相位的差值。

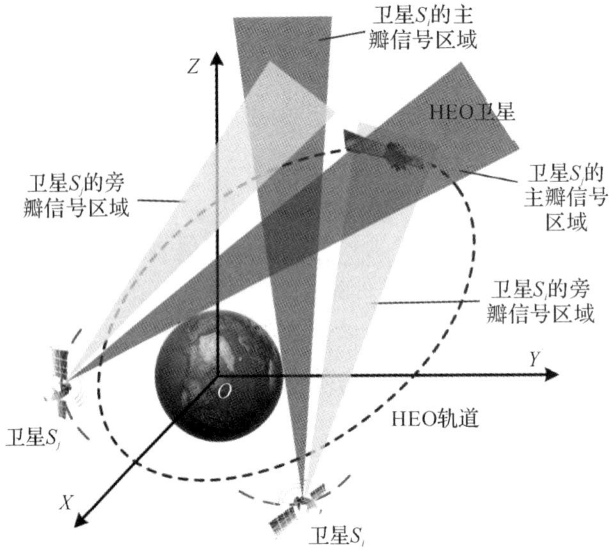

图 15.3　主、旁瓣信号互相关干扰示意图

由式(15.4)可知，互相关干扰 Y_{ij} 和 Y_{ik} 的大小与卫星 j 和 k 的信号幅值和伪码互相关值的乘积成正比。对于 GNSS 伪码信号，其互相关峰值通常比自相关峰值低约 24 dB(即伪码的互相关动态范围)以上，因此，只有当其他信号的功率比期望捕获信号 i 的功率高出 24 dB以上时，该信号与期望捕获信号 i 的互相关干扰才可能对信号 i 的捕获产生影响。但由于其他旁瓣信号 k 与期望捕获信号 i 的功率相当，故其他旁瓣信号的互相关干扰 Y_{ik} 对期望捕获信号 i 的影响较弱。因此，下面主要分析其他主瓣信号的互相关干扰 Y_{ij} 对期望捕获信号 i 的影响。

对于地面及中、低轨运载体，所接收到的 GNSS 信号之间的功率差通常不会超过伪码的互相关动态范围，因此，对弱信号的捕获过程不会受互相关干扰的影响。而在高轨航天器上，GNSS 信号的接收功率范围变大，信号之间的功率差也会显著增加。图 15.4 为 GF－4 卫星所接收的北斗 B1I 信号的接收功率在各区间的占比统计结果。可以看出，信号的接收功率范围较大，主、旁瓣信号的功率差最高可达到 35 dBW。因此，在高轨航天器上对旁瓣信号进行捕获时，主、旁瓣信号之间的互相关峰值可能会大于旁瓣信号的自相关峰值，即发生误捕现象，进而导致无法正确跟踪信号。

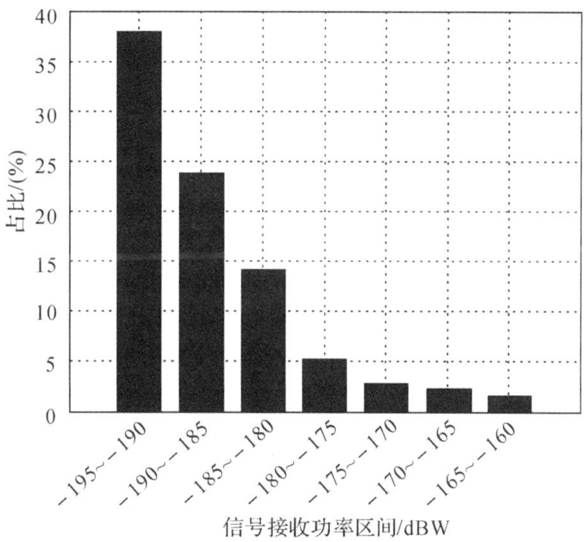

图 15.4 北斗 B1I 信号接收功率在各区间的占比统计结果

3.互相关干扰对旁瓣信号捕获性能的影响

(1)旁瓣信号信噪比分析。通过分析互相关干扰影响下旁瓣信号的信噪比,探究互相关干扰对旁瓣信号捕获性能的影响。接收机接收到的中频信号可表示为

$$\text{Signal}=m+s+n \tag{15.5}$$

式中:m、s、n 分别为主瓣信号分量、旁瓣信号分量和噪声分量。

假设主、旁瓣信号分量和噪声分量的功率分别为 P_m、P_s、N_n,则主、旁瓣信号的信噪比分别为

$$\left.\begin{aligned}\text{SNR}_m&=10\lg\left(\frac{P_m}{N_n}\right)\\ \text{SNR}_s&=10\lg\left(\frac{P_s}{N_n}\right)\end{aligned}\right\} \tag{15.6}$$

GNSS 信号捕获过程中,本地复制的伪码需要与中频信号进行相关运算。对旁瓣信号而言,由主瓣信号伪码不完全正交带来的互相关干扰可视作噪声,则对应的噪声功率为

$$N_c=P_mR_{ms} \tag{15.7}$$

式中:N_c 为互相关噪声功率;R_{ms} 为伪码互相关的结果,可由伪码互相关函数获得。

在互相关干扰的影响下,旁瓣信号的等效信噪比可表示为

$$\text{SNR}_s'=10\lg\left(\frac{P_s}{N_n/G+N_c}\right)=\text{SNR}_s-10\lg\left(\frac{1}{G}+R_{ms}\times10^{\frac{\text{SNRm}}{10}}\right) \tag{15.8}$$

式中:G 表示信号捕获过程中的总信噪比增益。

因此,由互相关干扰造成的旁瓣信号信噪比衰减可表示为

$$\Delta\text{SNR}_s=10\lg\left(\frac{P_s}{N_n/G}\right)-\text{SNR}_s'=10\lg(1+GR_{ms}\times10^{\frac{\text{SNRm}}{10}}) \tag{15.9}$$

式(15.9)表明,旁瓣信号信噪比衰减 ΔSNR_s 的大小与主瓣信号信噪比 SNR_m 有关。图

15.5 为互相关干扰影响下旁瓣信号信噪比衰减曲线。可见，当主瓣信号的信噪比提高时，旁瓣信号的信噪比衰减增大。此外，旁瓣信号信噪比衰减还会随相干累积时间的增加而增大。由于旁瓣信号功率较低，所以对旁瓣信号进行捕获时需要较长的相干累积时间，以获得足够的增益，但这又会导致旁瓣信号信噪比衰减较大，进而对旁瓣信号的捕获产生影响。

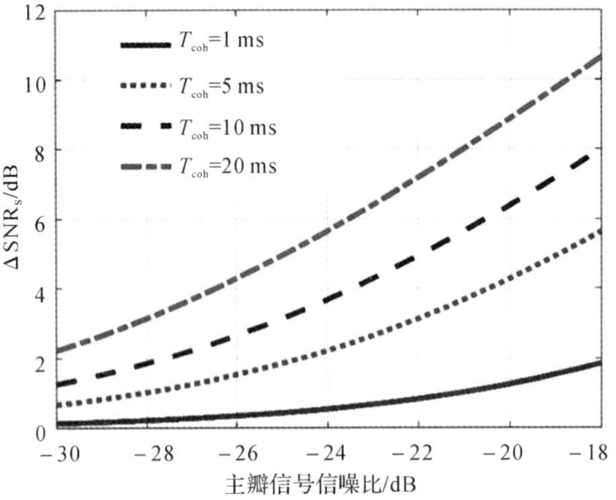

图 15.5　互相关干扰影响下旁瓣信号信噪比衰减曲线

(2)检测概率与虚警概率分析。捕获过程中采用非相干累积可消除多普勒频移失配和导航数据位翻转的影响。经过 N_I 次累加后，非相干累积决策统计量 D 可表示为

$$D=\sum_{i=1}^{N_I}R_i=\sum_{i=1}^{N_I}\sqrt{I_i^2+Q_i^2} \tag{15.10}$$

式中：I、Q 分别为同相和正交两路的相干累积结果；R 为单次非相干累积结果。

为了分析旁瓣信号 i 的检测概率，定义 H_0 假设：期望接收的旁瓣信号 i 不存在；H_1 假设：期望接收的旁瓣信号 i 存在。在这两种情况下，R 均服从 Rice 分布，则其概率密度函数 $f_R(r)$ 为

$$f_R(r)=\frac{r}{\sigma^2}\exp\left(-\frac{r^2+a^2}{2\sigma^2}\right)I_0\left(\frac{ra}{\sigma^2}\right) \tag{15.11}$$

式中：$I_n(\cdot)$ 为第一类 n 阶修正贝塞尔函数；σ^2 为噪声相干累积量的功率。

当 H_1 假设成立时，参数 a^2 的取值为待捕获旁瓣信号 i 自相关的二次方，记为 a_1^2，其大小为

$$a_1^2=\left[\frac{A_{\mathrm{IF}}^iR_{ii}(\delta\tau)}{2}\mathrm{sinc}(f_eT_{\mathrm{coh}})\right]^2 \tag{15.12}$$

而当 H_0 假设成立时，参数 a^2 的取值为其他信号与待捕获旁瓣信号 i 互相关的二次方和，记为 a_0^2，其大小为

$$a_0^2=\sum_{j=1,j\neq i}^{N}\left\{\frac{A_{\mathrm{IF}}^jR_{ji}(\delta\tau+\tau_{ji})}{2}\mathrm{sinc}[(f_e+f_d^{ji})T_{\mathrm{coh}}]\right\}^2 \tag{15.13}$$

根据中心极限定理，决策统计量 D 近似服从高斯分布，其数学期望和方差分别为

$$\left.\begin{aligned} E(D) &= N_I E(R) \\ \mathrm{var}(D) &= N_I\{E(R^2) - [E(R)]^2\} \end{aligned}\right\} \tag{15.14}$$

若令 $\gamma = a^2/2\sigma^2$，则 $E(R)$ 和 $E(R^2)$ 分别为

$$\left.\begin{aligned} E(R) &= \sqrt{\frac{\pi}{2}}\sigma\exp\left\{-\frac{\gamma}{2}\right\}\left[(1+\gamma)I_0\left(\frac{\gamma}{2}\right)+\gamma I_1\left(\frac{\gamma}{2}\right)\right] \\ E(R^2) &= 2\sigma^2 + a^2 \end{aligned}\right\} \tag{15.15}$$

式中：$E(\cdot)$ 表示数学期望；$\mathrm{var}(\cdot)$表示方差。

将决策统计量 D 进行归一化，可得服从标准正态分布的统计量 $\overline{D}$，即

$$\overline{D} = \frac{D - E(D)}{\sqrt{\mathrm{var}(D)}} \tag{15.16}$$

检测概率的定义是当期望接收的旁瓣信号 i 存在时，决策统计量 $\overline{D}$ 超过检测阈值的概率；而虚警概率的定义是当期望接收的旁瓣信号 i 不存在时，决策统计量 $\overline{D}$ 超过检测阈值的概率。因此，虚警概率 P_{fa} 和检测概率 P_{d} 分别为

$$\left.\begin{aligned} P_{\mathrm{fa}} &= \int_{\lambda_0}^{+\infty} f(\overline{D} \mid H_0)\mathrm{d}\overline{D} = 1 - \Phi(\lambda_0) \\ P_{\mathrm{d}} &= \int_{\lambda_1}^{+\infty} f(\overline{D} \mid H_1)\mathrm{d}\overline{D} = 1 - \Phi(\lambda_1) \end{aligned}\right\} \tag{15.17}$$

式中：λ_0、λ_1 分别为 H_0、H_1 假设的归一化检测门限；$\Phi(\cdot)$ 表示标准正态分布的分布函数。

通常对捕获问题而言，所要求的虚警概率是已知的，则根据虚警概率 P_{fa} 可求得检测门限 V，即

$$V = \lambda_0\sqrt{\mathrm{var}(D)} + E(D) = \sqrt{2}\ \mathrm{erfc}^{-1}(2P_{\mathrm{fa}})\sqrt{\mathrm{var}(D)} + E(D) \tag{15.18}$$

式中：$\mathrm{erfc}^{-1}(\cdot)$ 表示互补误差函数。

进一步，根据检测门限 V 可获得在满足所要求的虚警概率时，旁瓣信号的检测概率 P_{d} 为

$$P_{\mathrm{d}} = 1 - \Phi\left[\frac{V - E(D)}{\sqrt{\mathrm{var}(D)}}\right] \tag{15.19}$$

式中：检测门限 V 可根据所要求的虚警概率 P_{fa} 由式(15.18)计算得到。

设相干累积时间为 1 ms，非相干累积次数为 10，主、旁瓣信号信噪比之差 ΔSNR 取不同值时，可得检测概率 P_{d} 与虚警概率 P_{fa} 的关系曲线如图 15.6 所示。可以看出，当主、旁瓣信号信噪比差不同时，所有曲线均为增函数，这表明检测概率 P_{d} 会随着虚警概率 P_{fa} 的增大而增大。同时，所有曲线均经过(1,1)，该点对应捕获门限取无穷小的极端情况。此外，随着主、旁瓣信号信噪比差的增加，曲线的斜率变大，即在虚警概率相同的情况下，对应的检测概率变小，这是由于互相关干扰影响的增强使得捕获的可靠性降低造成的。

总体来看，高轨航天器上所接收到的 GNSS 信号具有接收功率较小和互相关干扰较强的特点。因此，在对高轨航天器上的 GNSS 信号进行捕获时，需要提高捕获灵敏度并抑制互相关干扰。

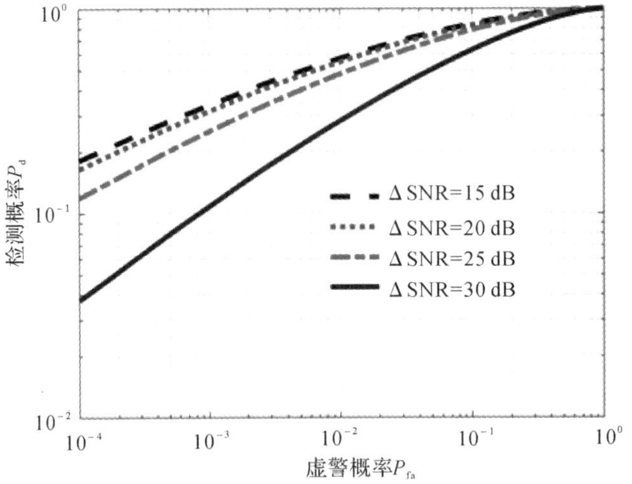

图 15.6　检测概率与虚警概率的关系

15.1.2　高轨航天器 GNSS 信号捕获方案设计

1.捕获方案

高轨航天器 GNSS 信号捕获方案的结构如图 15.7 所示。首先,中频信号与本地载波信号相关,相关结果经傅里叶变换后,再与经傅里叶变换、复共轭处理后的本地伪码信号相乘,所得结果经傅里叶逆变换转换为时域相关结果,并对时域相关结果进行相干和非相干累积,以提高处理增益。进一步,进行门限判决,若不超过门限值,则继续搜索;若超过门限值,则将相关累积结果送入互相关干扰检测模块中,以检测期望捕获的信号是否受到互相关干扰的影响。对受互相关干扰影响的信号,在经过互相关干扰消除模块处理后,可消除主瓣信号对旁瓣信号的互相关干扰影响,从而得到正确的捕获结果;而对不受互相关干扰影响的信号,可直接得到捕获结果。

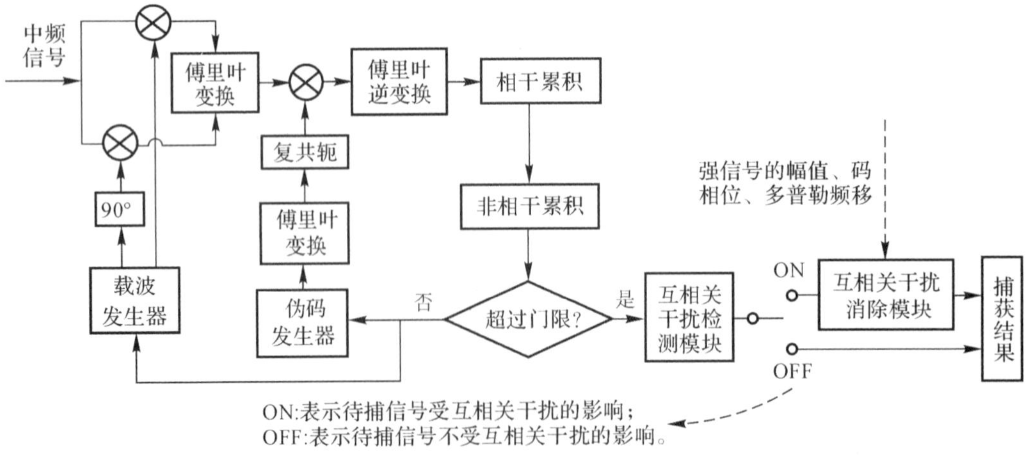

图 15.7　高轨航天器 GNSS 信号捕获方案结构图

针对高轨航天器接收的 GNSS 信号强度较弱的特性，该方案采用基于 FFT/IFFT 的并行码相位捕获方法，并利用相干和非相干结合的累积方式，从而在保证捕获快速性的同时，有效提高捕获灵敏度。进一步，针对互相关干扰的问题，采用互相关干扰检测模块和互相关干扰消除模块来检测，以消除主瓣信号对旁瓣信号的互相关干扰，实现对旁瓣信号的正确捕获。下面对捕获方案中互相关干扰检测模块和互相关干扰消除模块的实现方法进行具体介绍。

(1)互相关干扰检测模块。对于第 i 个信号接收通道，将非相干累积结果组成的矩阵 $\boldsymbol{X}_i(m,n)$ 记为

$$\boldsymbol{X}_i(m,n)=\boldsymbol{X}_i(\tau_m,f_{dn})=\begin{bmatrix} x_{11} & x_{12} & \cdots & x_{1N} \\ x_{21} & x_{22} & \cdots & x_{2N} \\ \vdots & \vdots & & \vdots \\ x_{M1} & x_{M2} & \cdots & x_{MN} \end{bmatrix} \tag{15.20}$$

式中：m 为码相位搜索点编号；n 为多普勒频移搜索点编号；τ_m 为码相位；f_{dn} 为多普勒频移；M 为码相位搜索点总数；N 为多普勒频移搜索点总数。

图 15.8 和图 15.9 分别为不受互相关干扰和受互相关干扰影响的相关累积结果。可以看出，在不受互相关干扰和受互相关干扰影响时，伪码的自/互相关峰具有不同的分布特性。当不受互相关干扰影响时，伪码的自相关峰远大于互相关峰；而当受互相关干扰影响时，伪码自相关峰与互相关峰的大小相当。因此，可以根据伪码自/互相关峰的这种分布特性来检测互相关干扰。

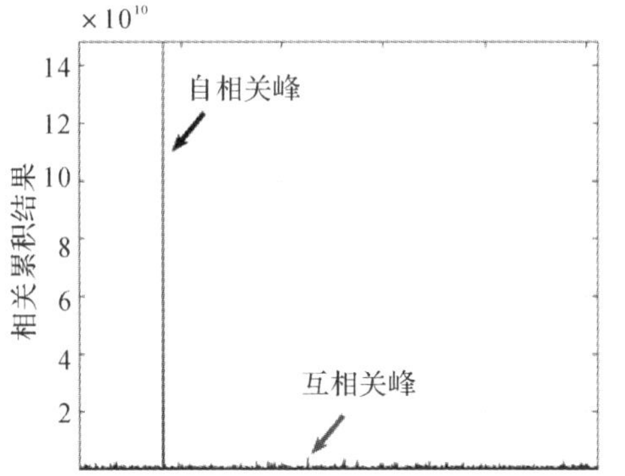

图 15.8　不受互相关干扰影响的相关累积结果

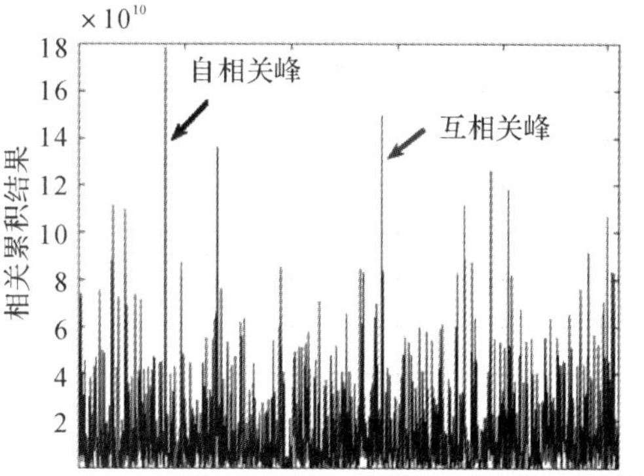

图 15.9　受互相关干扰影响的相关累积结果

设矩阵 $\boldsymbol{X}_i(m,n)$ 中峰值对应的多普勒频移搜索点编号为 n_0，将矩阵 $\boldsymbol{X}_i(m,n)$ 中第 n_0 列的所有非相干累积结果记为 $\boldsymbol{X}_i(m,n_0)$，$m=1,2,\cdots,M$ 。对 $\boldsymbol{X}_i(m,n_0)$ 进行峰值检测，设 m_0 为其峰值所对应的码相位搜索点编号，则有

$$m_0=\operatorname{argmax}[\boldsymbol{X}_i(m,n_0)] \tag{15.21}$$

式中：argmax(•) 表示函数值取最大时的自变量取值。

由伪码的自/互相关性可知，当码相位误差在一个码片以内时，自/互相关函数均呈线性衰减。因此，需要将 $\boldsymbol{X}_i(m,n_0)$ 中距离非相干累积峰值 $X_i(m_0,n_0)$ 一个码片以内的采样点

去除后，再检测第二相关峰。去除采样点后，定义非相干累积结果中的最大值为第二峰值，记为 $\tilde{X}_i(\tilde{m}_0,n_0)$，并设第二峰值对应的码相位为 $\tilde{m}_0$，则有

$$\tilde{X}_i(\tilde{m}_0,n_0)=\max[\tilde{\boldsymbol{X}}_i(m,n_0)] \tag{15.22}$$

式中：$\tilde{X}_i(m,n_0)$ 表示去除采样点后的非相干累积结果。

因此，判断待捕获信号是否受互相关干扰的影响，可通过以下不等式实现：

$$\left.\begin{aligned}\frac{X_i(m_0,n_0)-\tilde{X}_i(\tilde{m}_0,n_0)}{\tilde{\sigma}_{n_0}}>T_{\mathrm{NF}},\quad &\text{受互相关干扰影响}\\ \frac{X_i(m_0,n_0)-\tilde{X}_i(\tilde{m}_0,n_0)}{\tilde{\sigma}_{n_0}}<T_{\mathrm{NF}},\quad &\text{不受互相关干扰影响}\end{aligned}\right\} \tag{15.23}$$

式中：T_{NF} 是判断门限值；$\tilde{\sigma}_{n_0}$ 是在无互相关干扰的假设下，$\tilde{\boldsymbol{X}}_i(m,n_0)$ 中样本标准差的估计值。

在无互相关干扰的假设下，$\tilde{\boldsymbol{X}}_i(m,n_0)$ 中的样本满足自由度为 $2N_{\mathrm{I}}$ 的 χ^2 分布，其平均值为 μ，标准差为 $\sigma=\mu/\sqrt{N_{\mathrm{I}}}$。

因此，$\tilde{\sigma}_{n_0}$ 的计算公式为

$$\tilde{\sigma}_{n_0}=\frac{\tilde{\mu}_{n_0}}{\sqrt{N_{\mathrm{I}}}}=\frac{\sum\limits_{m}\tilde{\boldsymbol{X}}_i(m,n_0)}{(N-2[T\cdot f_{\mathrm{s}}])\sqrt{N_{\mathrm{I}}}} \tag{15.24}$$

式中

$$\tilde{\mu}_{n_0}=\frac{\sum\limits_{m}\tilde{\boldsymbol{X}}_i(m,n_0)}{N-2\cdot[T\cdot f_{\mathrm{s}}]} \tag{15.25}$$

其中：T 表示伪码周期；f_{s} 表示采样频率；N_{I} 为非相干累积次数。

(2)互相关干扰消除模块。由跟踪模块可以得到主瓣信号的幅值、码相位和载波频率等信息。由此，可重构所有主瓣信号，并计算出主、旁瓣信号间的互相关干扰。

将重构的一个主瓣信号记为 $q(t)$，其表达式为

$$q(t)=A_q c(t-\tau_q)\cos[2\pi(f_{\mathrm{IF}}+f_{\mathrm{d}}^{q})t+\theta_q]+w(t) \tag{15.26}$$

式中：A_q、τ_q、f_{d}^{q}、θ_q 分别为该主瓣信号的幅值、码相位、多普勒频移和初始载波相位；$w(t)$ 为高斯白噪声。

因此，该主瓣信号与本地复制信号在一个伪码周期内的相干累积结果为

$$\begin{aligned}I=&\int_{t_0}^{t_0+T}q(t)c(t-\tau_k)\exp[-\mathrm{j}2\pi(f_{\mathrm{IF}}+f_{\mathrm{d}}^{k})t]\mathrm{d}t=\\ &\frac{1}{2}A_q\int_{t_0}^{t_0+T}c(t-\tau_q)c(t-\tau_k)\exp[\mathrm{j}2\pi\delta f_{\mathrm{e}}t+\mathrm{j}\theta_q]\mathrm{d}t\end{aligned} \tag{15.27}$$

式中：τ_k、f_{d}^{k} 分别为本地复制信号的码相位和多普勒频移；t_0 为初始时刻；δf_{e} 为多普勒频移差。

进一步，可得到长度为 T_{coh} 的相干累积结果为

$$
\begin{aligned}
Y=&\sum_{u=0}^{T_{\mathrm{coh}}-1} I_{\mathrm{u}}= \\
&\sum_{u=0}^{T_{\mathrm{coh}}-1}\frac{1}{2}A_q\int_{t_0}^{t_0+T} c(t-\tau_q)c(t-\tau_k)\exp[\mathrm{j}2\pi\delta f_{\mathrm{e}}(t+uT)+\mathrm{j}\theta_q]\mathrm{d}t= \\
&\sum_{u=0}^{T_{\mathrm{coh}}-1}\exp(\mathrm{j}2\pi\delta f_{\mathrm{e}}uT)\,\frac{1}{2}A_q\int_{t_0}^{t_0+T} c(t-\tau_q)c(t-\tau_k)\exp[\mathrm{j}2\pi\delta f_{\mathrm{e}}t+\mathrm{j}\theta_q]\mathrm{d}t= \\
&\frac{1-\exp(\mathrm{j}2\pi\delta f_{\mathrm{e}}T_{\mathrm{coh}}T)}{1-\exp(\mathrm{j}2\pi\delta f_{\mathrm{e}}T)}\,\frac{1}{2}A_q\int_{t_0}^{t_0+T} c(t-\tau_q)c(t-\tau_k)\exp[\mathrm{j}2\pi\delta f_{\mathrm{e}}t+\mathrm{j}\theta_q]\mathrm{d}t
\end{aligned}
\tag{15.28}
$$

定义互相关频差因子 H 为

$$
H=\frac{1-\exp(\mathrm{j}2\pi\delta f_{\mathrm{e}}T_{\mathrm{coh}}T)}{1-\exp(\mathrm{j}2\pi\delta f_{\mathrm{e}}T)} \tag{15.29}
$$

则长度为 T_{coh} 的相干累积结果表达式(15.28)可简化为

$$
Y=H\cdot\frac{1}{2}A_q\int_{t_0}^{t_0+T} c(t-\tau_q)c(t-\tau_k)\exp[\mathrm{j}2\pi\delta f_{\mathrm{e}}t+\mathrm{j}\theta_q]\mathrm{d}t=H\cdot I \tag{15.30}
$$

进而,对互相关干扰的相干累积结果进行非相干累积,可得到互相关干扰的非相干累积结果为

$$
\begin{aligned}
D=&\sum_{k=0}^{N_{\mathrm{I}}-1}|Y_k|^2= \\
&\sum_{k=0}^{N_{\mathrm{I}}-1}\left|H\cdot\frac{1}{2}A_q\int_{t_0}^{t_0+T} c(t-\tau_q)c(t-\tau_k)\exp[\mathrm{j}2\pi\delta f_{\mathrm{e}}(t+kT)+\mathrm{j}\theta_q]\mathrm{d}t\right|^2= \\
&\sum_{k=0}^{N_{\mathrm{I}}-1}\left|\exp(\mathrm{j}2\pi\delta f_{\mathrm{e}}kFT)\cdot H\cdot\frac{1}{2}A_q\int_{t_0}^{t_0+T} c(t-\tau_q)c(t-\tau_k)\exp[\mathrm{j}2\pi\delta f_{\mathrm{e}}t+\mathrm{j}\theta_q]\mathrm{d}t\right|^2= \\
&\sum_{k=0}^{N_{\mathrm{I}}-1}\left|\exp(\mathrm{j}2\pi\delta f_{\mathrm{e}}kFT)\cdot H\cdot I\right|^2
\end{aligned}
\tag{15.31}
$$

由式(15.30)和式(15.31)可知,当利用互相关频差因子 H 计算互相关干扰的非相干累积结果时,只须计算出一个伪码周期内的相干累积结果 I,再乘上互相关频差因子 H,即可得到长度为 T_{coh} 的相干累积结果 Y,进而可求得非相干累积结果 D。可见,利用互相关频差因子计算互相关干扰的非相干累积结果,可显著减少运算量,提高了捕获快速性。

2.性能仿真验证

高分 4 号(GF-4)是由中国于 2015 年发射的高分辨率光学遥感卫星,它是一颗 GEO 卫星,定点于(105.6°E,0°N)。以 GF-4 卫星为高轨应用对象,对高轨航天器 GNSS 信号捕获方案的性能进行验证。GNSS 星座参数可根据官方提供的接口控制文件进行设置。GNSS 信号的采样频率为 38.192 MHz,中频频率为 20 MHz,噪声功率谱密度取为 −205 dBW/Hz。捕获过程中的频率搜索范围为[−7 kHz,7 kHz],搜索步长为 500 Hz,相

干累积时间为 10 ms，虚警概率为 1×10^{-7}，仿真间隔为 1 s。

通过蒙特卡罗仿真实验来验证互相关干扰检测模块的性能。由于互相关干扰对旁瓣信号捕获的影响程度与主、旁瓣信号间的功率差有关，因此，在不同的功率差条件下，分别进行 200 次蒙特卡罗仿真实验，可得到互相关干扰的检测情况，见表 15.1。可见，互相关干扰的检测概率随主、旁瓣信号间功率差的增大而显著提高。当主、旁瓣信号间的功率差为 21 dBW以上时，互相关干扰的检测概率可保持在 90%以上，检测成功率较高；当主、旁瓣信号间的功率差为29 dBW以上时，检测概率可达到 100%。统计结果表明，互相关干扰检测模块可有效检测出互相关干扰，以便后续利用互相关干扰消除模块进行消除。

表 15.1 互相关干扰的检测情况

功率差/dBW	20	21	22	23	24	25	26	27	28	29	30
成功检测次数	175	181	186	188	192	194	195	198	199	200	200
检测概率/(%)	87.5	90.5	93	94	96	97	97.5	99	99.5	100	100

图 15.10 和图 15.11 分别为传统频域并行码相位捕获方法和高轨航天器 GNSS 信号捕获方法的捕获结果。

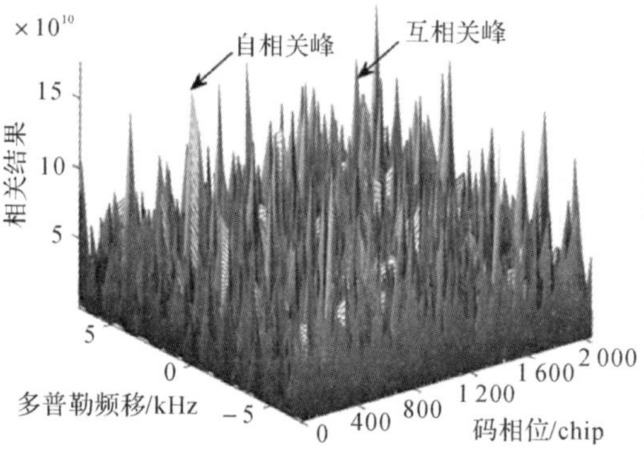

图 15.10 传统频域并行码相位捕获方法的捕获结果

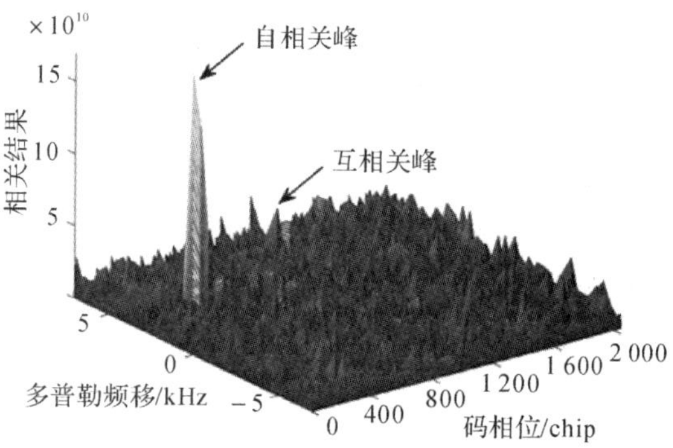

图 15.11 高轨航天器 GNSS 信号捕获方法的捕获结果

可以看出，当采用传统频域并行码相位捕获方法对旁瓣信号进行捕获时，由主、旁瓣信号间较大的功率差引起的互相关干扰较为严重，造成旁瓣信号的自相关峰被互相关干扰所淹没，从而导致捕获失败；而在高轨航天器 GNSS 信号捕获方法中，旁瓣信号的相关累积结果在经过互相关干扰消除后，其中的互相关峰值受到明显的削弱，因而可以获得明显的旁瓣信号自相关峰，进而得到了旁瓣信号的多普勒频移和码相位，从而实现了对旁瓣信号的正确捕获。

15.2 高轨航天器 GNSS 信号跟踪方法

矢量跟踪在实现通道耦合与数据共享的同时，也会造成通道之间的误差传播，尤其在高轨空间这种电磁辐射干扰较强的环境中，复杂而难以准确建模的电磁干扰将会严重影响信号跟踪的准确性。因此，为了抑制跟踪误差在矢量跟踪环路内的扩散，提升高轨空间中矢量跟踪的跟踪性能，本节介绍一种受干扰信号通道自检测与隔离的自适应矢量跟踪方法。通过矢量跟踪的通道误差在线检测算法，有效抑制矢量跟踪各通道之间跟踪误差的传播，从而实现矢量跟踪环路在高轨环境中高精度、连续的信号跟踪。

15.2.1　标准矢量跟踪结构

GNSS 矢量跟踪方法充分利用接收信号在时间和空间上的相关性，将各跟踪通道的信息进行深度融合，形成具有完整信号跟踪与导航定位功能的闭合环路，其结构如图 15.12 所示。

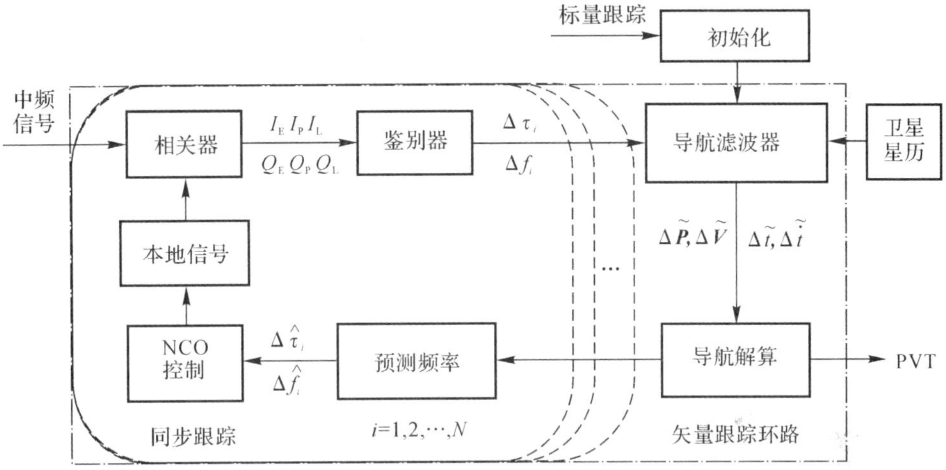

图 15.12　GNSS 矢量跟踪结构

矢量跟踪环路启动前，首先利用标量跟踪环路获取的跟踪参数完成初始化；进而，通过导航滤波器融合当前历元所有信号跟踪通道的跟踪残差，实现通道之间的信息共享，同时结合卫星星历，估计高轨航天器的位置、速度以及时钟误差；最后，根据航天器的位置、速度信息预测信号跟踪参数，完成矢量跟踪的反馈控制，实现信号的联合跟踪。可见，矢量跟踪环路是一种具有信号跟踪以及完整导航定位功能的闭合环路。

然而，当某通道的接收信号受到强噪声干扰时，该信号的跟踪性能将大幅下降；同时，由于跟踪误差的传播效应，还会影响其他信号的跟踪精度，严重时会导致整个矢量跟踪环路失锁。因此，如何检测通道内的跟踪误差，并有效抑制误差在通道间的扩散传播，是提高矢量跟踪环路抗干扰性能的关键。

15.2.2　自适应 GNSS 矢量跟踪方法

1. 自适应 GNSS 矢量跟踪环路结构

由于矢量跟踪环路中通道间跟踪误差是相互传播的，当某跟踪通道受到较强的噪声干扰时，其跟踪误差就会影响其他通道的跟踪精度，甚至导致环路失锁。因此，可以通过对受噪声干扰的通道进行检测并隔离，从而实现矢量跟踪在高轨环境中对信号的精确、可靠锁定。图 15.13 为受干扰信号通道自检测与隔离的自适应矢量跟踪环路结构。其具体工作过程如下：

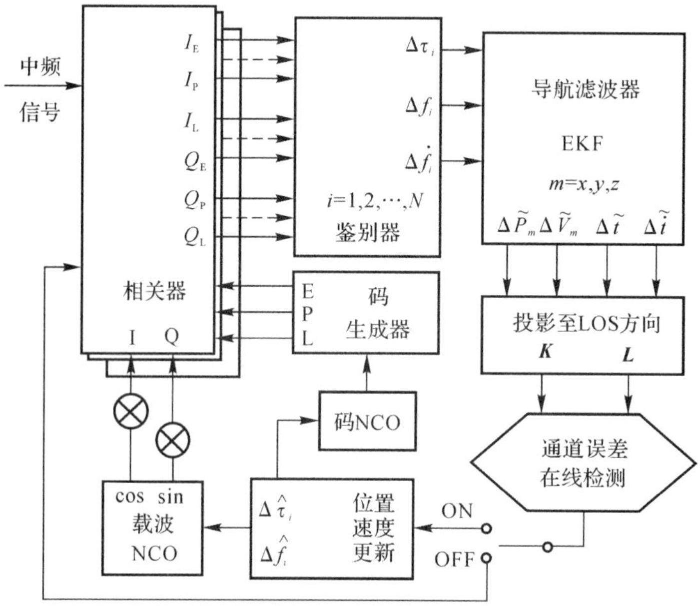

图 15.13　自适应矢量跟踪环路结构

(1)信号相关运算。矢量跟踪通道内的相关器接收 GNSS 数字中频信号，并与该通道对应的本地复制信号进行相关运算，获得同相/正交支路信号，作为鉴别器的输入。

(2)跟踪残差鉴别。鉴别器根据同相/正交支路信号信息，通过鉴相和鉴频算法获得码相位和载波频率的跟踪残差，并将其作为导航滤波器的量测输入。

(3)导航滤波及状态估计。导航滤波器采用卡尔曼滤波算法融合所有通道的跟踪残差信息，状态量选取为当前历元高轨航天器位置、速度、钟差、钟漂等信息的残差，量测量则为所有通道的跟踪残差；状态估计结果作为当前历元导航解的更新信息。

(4)通道误差在线检测与受干扰信号通道隔离。根据导航滤波器的输出获取高轨航天器位置信息，从而更新视线(Line of Sight, LOS)方向矢量，并存储当前历元的卡尔曼滤波增益，以完成对各信号通道噪声带宽的计算；通过对所有通道噪声带宽特性的统计分析与评估，利用通道误差在线检测算法，辨识并隔离跟踪误差超出可控范围的受噪声干扰通道。

(5)跟踪参数预测及环路控制。利用导航滤波器得到高轨航天器的位置、速度信息，并结合预存的卫星星历，完成对所有未隔离跟踪通道下一历元码频率和载波频率修正量的同步预测。进而，将该预测结果作为环路的频率控制量，从而实现矢量跟踪在复杂高轨环境中对信号的精确、可靠锁定。

2.导航滤波器模型

在矢量跟踪环路中，导航滤波器将所有接收信号的跟踪残差进行融合，估计出高轨航天器的导航参数(位置、速度)残差及接收机时钟参数(钟偏、钟漂)残差,从而对航天器的导航参数及接收机钟差进行实时更新。因此,导航滤波器的状态量可取为

$$\Delta \boldsymbol{X}=[\Delta x \quad \Delta \dot{x} \quad \Delta \ddot{x} \quad \Delta y \quad \Delta \dot{y} \quad \Delta \ddot{y} \quad \Delta z \quad \Delta \dot{z} \quad \Delta \ddot{z} \quad \Delta t \quad \Delta \dot{t}]^{\mathrm{T}}$$

则状态更新方程 $\Delta \boldsymbol{X}_{k+1}=\boldsymbol{F}\Delta \boldsymbol{X}_k$ 可表示为

$$\begin{bmatrix}\Delta \boldsymbol{x}_{k+1}\\ \Delta \boldsymbol{y}_{k+1}\\ \Delta \boldsymbol{z}_{k+1}\\ \Delta \boldsymbol{t}_{k+1}\end{bmatrix}=\begin{bmatrix}\boldsymbol{T}_1 & \boldsymbol{0} & \boldsymbol{0} & \boldsymbol{0}\\ \boldsymbol{0} & \boldsymbol{T}_1 & \boldsymbol{0} & \boldsymbol{0}\\ \boldsymbol{0} & \boldsymbol{0} & \boldsymbol{T}_1 & \boldsymbol{0}\\ \boldsymbol{0} & \boldsymbol{0} & \boldsymbol{0} & \boldsymbol{T}_2\end{bmatrix}\begin{bmatrix}\Delta \boldsymbol{x}_k\\ \Delta \boldsymbol{y}_k\\ \Delta \boldsymbol{z}_k\\ \Delta \boldsymbol{t}_k\end{bmatrix} \tag{15.32}$$

$$\boldsymbol{T}_1=\begin{bmatrix}1 & T & T^2/2\\ 0 & 1 & T\\ 0 & 0 & 1\end{bmatrix},\boldsymbol{T}_2=\begin{bmatrix}1 & T\\ 0 & 1\end{bmatrix},\Delta \boldsymbol{m}_k=[\Delta m_k,\Delta \dot{m}_k,\Delta \ddot{m}_k]^{\mathrm{T}},m=x,y,z,\Delta t_k=[\Delta t_k,\Delta \dot{t}_k]^{\mathrm{T}}$$

式中:k 表示时间历元;T 表示滤波更新时间间隔;$\boldsymbol{X}_k$ 表示 k 历元航天器位置、速度和接收机钟差、钟漂信息,则 $\Delta \boldsymbol{X}_k$ 表示 k 历元航天器位置、速度残差和接收机钟偏、钟漂残差,且有 $\Delta \boldsymbol{X}_k=\boldsymbol{X}_k-\hat{\boldsymbol{X}}_k$ 。

导航滤波器的量测量为所有信号通道的跟踪残差,包括码相位残差 $\Delta\tau$ 、载波频率残差 Δf 以及载波频率变化率残差 $\Delta\dot{f}$ 。这些量测量与伪距残差 $\Delta\rho$ 、伪距率残差 $\Delta\dot{\rho}$ 以及伪距二阶变化率残差 $\Delta\ddot{\rho}$ 之间的关系为

$$\Delta\rho_{i,k+1}=\frac{c}{f_{\text{code}}}(\Delta\tau_{i,k+1}-\zeta_{i,k+1}) \tag{15.33}$$

$$\Delta\dot{\rho}_{i,k+1}=\frac{c}{f_{\text{carr}}}(\Delta f_{i,k+1}-\xi_{i,k+1}) \tag{15.34}$$

$$\Delta\ddot{\rho}_{i,k+1}=\frac{c}{f_{\text{carr}}}(\Delta\dot{f}_{i,k+1}-\kappa_{i,k+1}) \tag{15.35}$$

式中:c 为光速;i 表示跟踪通道索引号;f_{code} 和 f_{carr} 分别为伪码频率和载波频率;ζ、ξ 和κ 分别为码相位鉴别器、载波频率鉴别器以及载波频率差分器的量测噪声。

另外,伪距残差 $\Delta\rho$ 、伪距率残差 $\Delta\dot{\rho}$ 以及伪距二阶变化率残差 $\Delta\ddot{\rho}$ 与航天器位置、速度残差和接收机钟差、钟漂残差之间的关系式为

$$\Delta\rho_{i,k+1}=[u_{xi,k+1} \quad u_{yi,k+1} \quad u_{zi,k+1} \quad -1]\begin{bmatrix}\Delta x_{k+1}\\ \Delta y_{k+1}\\ \Delta z_{k+1}\\ \Delta t_{h+1}\end{bmatrix} \tag{15.36}$$

$$\Delta\dot{\rho}_{i,k+1}=[\dot{u}_{xi,k+1} \quad u_{xi,k+1} \quad \dot{u}_{yi,k+1} \quad u_{yi,k+1} \quad \dot{u}_{zi,k+1} \quad u_{zi,k+1} \quad 0 \quad -1]\Delta \boldsymbol{X}'_{k+1} \tag{15.37}$$

$$\Delta\ddot{\rho}_{i,k+1}=\boldsymbol{U}_{i,k+1}\Delta \boldsymbol{X}_{k+1} \tag{15.38}$$

式中:$u_{mi,k+1}=\dfrac{m_{i,k+1}-m_{k+1}}{R_{i,k+1}}$,$m=x,y,z$ 表示 $k+1$ 历元第 i 颗 GNSS 卫星到高轨航天器 LOS 方向矢量的 m 向分量,$R_{i,k+1}$ 表示 $k+1$ 历元第 i 颗 GNSS 卫星到高轨航天器的几何

距离；$\dot{u}_{mi,k+1}$ 和 $\ddot{u}_{mi,k+1}$ 分别表示 $u_{mi,k+1}$ 的一阶和二阶变化率，$\Delta\boldsymbol{X}'_{k+1}$ 和 $\boldsymbol{U}_{i,k+1}$ 具体为

$$\Delta\boldsymbol{X}'_{k+1}=[\Delta x_{k+1}\quad \Delta\dot{x}_{k+1}\quad \Delta y_{k+1}\quad \Delta\dot{y}_{k+1}\quad \Delta z_{k+1}\quad \Delta\dot{z}_{k+1}\quad \Delta t_{k+1}\quad \Delta\dot{t}_{k+1}]^{\mathrm{T}}$$

$$\boldsymbol{U}_{i,k+1}=[\ddot{u}_{xi,k+1}\quad \dot{u}_{xi,k+1}\quad u_{xi,k+1}\quad \ddot{u}_{yi,k+1}\quad \dot{u}_{yi,k+1}\quad u_{yi,k+1}\quad \ddot{u}_{zi,k+1}\quad \dot{u}_{zi,k+1}\quad u_{zi,k+1}\quad 0\quad 0]$$

因此，根据式(15.33)～式(15.38)，可得到导航滤波器的量测更新方程为

$$\boldsymbol{Z}_{k+1}=\boldsymbol{H}_{k+1}\Delta\boldsymbol{X}_{k+1}+\boldsymbol{V}_{k+1} \tag{15.39}$$

式中

$$\boldsymbol{Z}_{k+1}=[\Delta\tau_{1,k+1}\quad \cdots\quad \Delta\tau_{N,k+1}\quad \Delta f_{1,k+1}\quad \cdots\quad \Delta f_{N,k+1}\quad \Delta\dot{f}_{1,k+1}\quad \cdots\quad \Delta\dot{f}_{N,k+1}]^{\mathrm{T}}$$

$$\boldsymbol{V}_{k+1}=[\zeta_{1,k+1}\quad \cdots\quad \zeta_{N,k+1}\quad \xi_{1,k+1}\quad \cdots\quad \xi_{N,k+1}\quad \kappa_{1,k+1}\quad \cdots\quad \kappa_{N,k+1}]^{\mathrm{T}}$$

$$\boldsymbol{H}_{k+1}=[\boldsymbol{H}_{x,k+1}\quad \boldsymbol{H}_{y,k+1}\quad \boldsymbol{H}_{z,k+1}\quad \boldsymbol{H}_{\mathrm{clk}}]$$

$$\boldsymbol{H}_{m,k+1}=\begin{bmatrix} u_{m1,k+1}(f_{\mathrm{code}}/c) & 0 & 0 \\ \vdots & \vdots & \vdots \\ u_{mN,k+1}(f_{\mathrm{code}}/c) & 0 & 0 \\ \dot{u}_{m1,k+1}(f_{\mathrm{carr}}/c) & u_{m1,k+1}(f_{\mathrm{carr}}/c) & 0 \\ \vdots & \vdots & \vdots \\ \dot{u}_{mN,k+1}(f_{\mathrm{carr}}/c) & u_{mN,k+1}(f_{\mathrm{carr}}/c) & 0 \\ \ddot{u}_{m1,k+1}(f_{\mathrm{carr}}/c) & 2\dot{u}_{m1,k+1}(f_{\mathrm{carr}}/c) & u_{m1,k+1}(f_{\mathrm{carr}}/c) \\ \vdots & \vdots & \vdots \\ \ddot{u}_{mN,k+1}(f_{\mathrm{carr}}/c) & 2\dot{u}_{mN,k+1}(f_{\mathrm{carr}}/c) & u_{mN,k+1}(f_{\mathrm{carr}}/c) \end{bmatrix}_{3N\times 3}$$

$$\boldsymbol{H}_{\mathrm{clk}}=\begin{bmatrix} -f_{\mathrm{code}}/c & 0 \\ \vdots & \vdots \\ -f_{\mathrm{code}}/c & 0 \\ 0 & -f_{\mathrm{carr}}/c \\ \vdots & \vdots \\ 0 & -f_{\mathrm{carr}}/c \\ 0 & 0 \\ \vdots & \vdots \\ 0 & 0 \end{bmatrix}_{3N\times 3}$$

式中：N 表示可见星的数量。

3.矢量跟踪环路的传递函数模型和噪声带宽

在矢量跟踪环路中，由于导航滤波器的滤波增益会随着环路内的系统噪声与量测噪声的变化而进行调整，一旦矢量跟踪环路中某一信号通道受到较强的噪声干扰，该通道内的量测噪声将会显著增大，则该通道对应的滤波增益就会减小，从而导致该通道的噪声带宽也随之变窄。可见，噪声带宽能够准确量化矢量跟踪环路中各通道所受干扰的强度。因此，通过对所有通道的噪声带宽进行统计分析与评估，便可对受干扰通道进行检测与隔离，从而实现矢量跟踪在高轨环境中对信号的精确、可靠锁定。

为此，下面推导并建立矢量频率锁定环路（Vector Frequency Lock Loop，VFLL）和矢量延迟锁定环路（Vector Delay Lock Loop，VDLL）的传递函数模型，进而得到矢量跟踪环路噪声带宽的计算方程。

在矢量频率锁定环路中，假设可见星数为 N，将所有跟踪通道 $k+1$ 历元的载波频率预测量写成矢量形式 $\hat{\boldsymbol{f}}_{\text{carr},k+1}=[\hat{f}_{\text{carr},1}^{k+1}\quad \hat{f}_{\text{carr},2}^{k+1}\quad \cdots\quad \hat{f}_{\text{carr},N}^{k+1}]^{\mathrm{T}}$，则可建立其更新模型为

$$\hat{\boldsymbol{f}}_{\text{carr},k+1}=\hat{\boldsymbol{f}}_{\text{carr},k}+\Delta\hat{\boldsymbol{f}}_{\text{carr},k} \tag{15.40}$$

式中，Δf 为载波频率更新修正项，其表达式为

$$\Delta\hat{\boldsymbol{f}}_{\text{carr},k}=\frac{f_{\text{carr}}}{c}\boldsymbol{L}_k\cdot\Delta\boldsymbol{V}_k=\frac{f_{\text{carr}}}{c}\boldsymbol{L}_k(\Delta\hat{\boldsymbol{V}}_k^{\text{r}}-\Delta\boldsymbol{V}_k^{\text{s}}) \tag{15.41}$$

其中：$\boldsymbol{L}_k$ 表示 GNSS 卫星到高轨航天器的 LOS 方向矢量；$\Delta\boldsymbol{V}_k$ 表示 GNSS 卫星与高轨航天器之间相对速度以及卫星/接收机钟漂的更新量；$\Delta\boldsymbol{V}_k^{\text{s}}$ 为卫星速度及钟漂的更新量，可由卫星星历获得；$\Delta\hat{\boldsymbol{V}}_k^{\text{r}}$ 为导航滤波器输出的航天器速度及接收机钟漂的更新量。

根据卡尔曼滤波理论，$\Delta\hat{\boldsymbol{V}}_k^{\text{r}}$ 的递推模型为

$$\begin{aligned}\Delta\hat{\boldsymbol{V}}_k^{\text{r}}&=\Delta\hat{\boldsymbol{V}}_{k|k-1}^{\text{r}}+\boldsymbol{K}_{\text{v},k}(\Delta f_k-\boldsymbol{L}_k\Delta\hat{\boldsymbol{V}}_{k|k-1}^{\text{r}})=\\&(\boldsymbol{I}-\boldsymbol{K}_{\text{v},k}\boldsymbol{L}_k)\Delta\hat{\boldsymbol{V}}_{k|k-1}^{\text{r}}+\boldsymbol{K}_{\text{v},k}\Delta f_k\end{aligned} \tag{15.42}$$

式中：$\Delta\hat{\boldsymbol{V}}_{k|k-1}^{\text{r}}$ 表示 $\Delta\hat{\boldsymbol{V}}_k^{\text{r}}$ 的一步预测值；$\boldsymbol{K}_{\text{v},k}$ 表示航天器速度及接收机钟漂对应的卡尔曼滤波增益；Δf_k 为载波频率残差量测量，即载波频率鉴别器的输出。

将式（15.41）和式（15.42）代入式（15.40），可得

$$\begin{aligned}\hat{\boldsymbol{f}}_{\text{carr},k+1}&=\hat{\boldsymbol{f}}_{\text{carr},k}+\frac{f_{\text{carr}}}{c}\boldsymbol{L}_k[(\boldsymbol{I}-\boldsymbol{K}_{\text{v},k}\boldsymbol{L}_k)\Delta\hat{\boldsymbol{V}}_{k|k-1}^{\text{r}}+\boldsymbol{K}_{\text{v},k}\Delta f_k-\Delta\boldsymbol{V}_k^{\text{s}}]=\\&\hat{\boldsymbol{f}}_{\text{carr},k}+\frac{f_{\text{carr}}}{c}\boldsymbol{L}_k[(\boldsymbol{K}_{\text{v},k}\boldsymbol{K}_{\text{v},k}^{-1}-\boldsymbol{K}_{\text{v},k}\boldsymbol{L}_k)\Delta\hat{\boldsymbol{V}}_{k|k-1}^{\text{r}}+\boldsymbol{K}_{\text{v},k}\Delta f_k-\Delta\boldsymbol{V}_k^{\text{s}}]=\\&\hat{\boldsymbol{f}}_{\text{carr},k}+\frac{f_{\text{carr}}}{c}\boldsymbol{L}_k[\boldsymbol{K}_{\text{v},k}(\boldsymbol{K}_{\text{v},k}^{-1}-\boldsymbol{L}_k)\Delta\hat{\boldsymbol{V}}_{k|k-1}^{\text{r}}+\boldsymbol{K}_{\text{v},k}\Delta f_k-\Delta\boldsymbol{V}_k^{\text{s}}]\end{aligned} \tag{15.43}$$

另外，根据卡尔曼滤波增益的计算公式，可得

$$\boldsymbol{K}_{\text{v},k}=\boldsymbol{P}_{\text{v},k|k-1}\boldsymbol{L}_k^{\mathrm{T}}(\boldsymbol{L}_k\boldsymbol{P}_{\text{v},k|k-1}\boldsymbol{L}_k^{\mathrm{T}}+\boldsymbol{R}_{\text{f},k})^{-1} \tag{15.44}$$

$$\boldsymbol{K}_{\text{v},k}^{-1}=(\boldsymbol{L}_k\boldsymbol{P}_{\text{v},k|k-1}\boldsymbol{L}_k^{\mathrm{T}}+\boldsymbol{R}_{\text{f},k})\boldsymbol{L}_k^{-\mathrm{T}}\boldsymbol{P}_{\text{v},k|k-1}^{-1}=\boldsymbol{L}_k+\boldsymbol{R}_{\text{f},k}\boldsymbol{L}_k^{-\mathrm{T}}\boldsymbol{P}_{\text{v},k|k-1}^{-1} \tag{15.45}$$

$$\boldsymbol{K}_{\text{v},k}=\boldsymbol{P}_{\text{v},k}\boldsymbol{L}_k^{\mathrm{T}}\boldsymbol{R}_{\text{f},k}^{-1} \tag{15.46}$$

式中：$\boldsymbol{P}_{\text{v},k|k-1}$ 为航天器速度及接收机钟漂一步递推误差的协方差矩阵；$\boldsymbol{P}_{\text{v},k}$ 为航天器速度及接收机钟漂估计误差的协方差矩阵；$\boldsymbol{R}_{\text{f},k}$ 为载波频率鉴别器输出误差的协方差矩阵。

将式（15.45）和式（15.46）代入式（15.43），即可得到 VFLL 的时域传递函数模型为

$$\begin{aligned}\hat{\boldsymbol{f}}_{\text{carr},k+1}&=\hat{\boldsymbol{f}}_{\text{carr},k}+\frac{f_{\text{carr}}}{c}\boldsymbol{L}_k(\boldsymbol{P}_{\text{v},k}\boldsymbol{P}_{\text{v},k|k-1}^{-1}\Delta\hat{\boldsymbol{V}}_{k|k-1}^{\text{r}}+\boldsymbol{K}_{\text{v},k}\Delta f_k-\Delta\boldsymbol{V}_k^{\text{s}})=\\&\hat{\boldsymbol{f}}_{\text{carr},k}+\frac{f_{\text{carr}}}{c}\boldsymbol{L}_k\boldsymbol{K}_{\text{v},k}\Delta f_k+\frac{f_{\text{carr}}}{c}\boldsymbol{L}_k(\boldsymbol{P}_{\text{v},k}\boldsymbol{P}_{\text{v},k|k-1}^{-1}\Delta\hat{\boldsymbol{V}}_{k|k-1}^{\text{r}}-\Delta\boldsymbol{V}_k^{\text{s}})\end{aligned} \tag{15.47}$$

可见，若1号信号通道受到较强的噪声干扰（记为 I_1），则载波频率鉴别器输出的载波频率残差量测量 $\Delta \boldsymbol{f}_k$ 便包含了该噪声干扰，将其左乘 $\boldsymbol{L}_k \boldsymbol{K}_{v,k}$ 后，噪声干扰 I_1 就被投影至 $\boldsymbol{L}_k \boldsymbol{K}_{v,k}$ 的 N 维方向上，分别为 $I_1(i)$，$i=1,2,\cdots,N$，从而将1号通道中的噪声干扰 I_1 就扩散至其他通道，其扩散原理如图15.14所示。

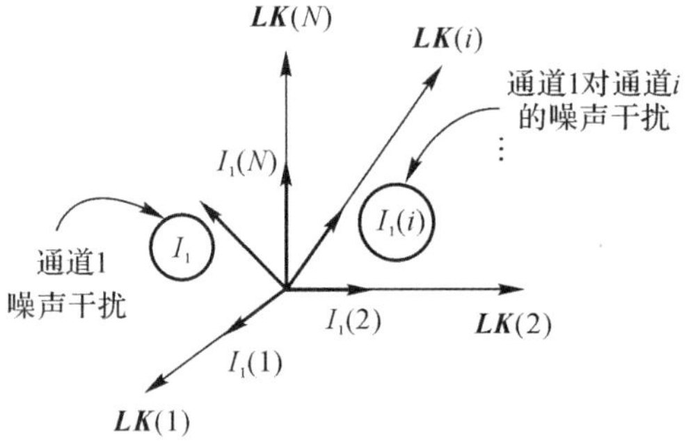

图15.14　1号通道噪声干扰扩散原理示意图

进而，根据VFLL的时域传递函数模型式(15.47)，可推导出噪声带宽的计算方程。由于 $\Delta \hat{\boldsymbol{V}}^{\mathrm{r}}_{k|k-1}$ 与 $\Delta \boldsymbol{V}^{\mathrm{s}}_k$ 在任意时刻的取值均为固定量，且与环路参数无关，因此，在推导跟踪环路噪声带宽时可以将其省略。这样，式(15.47)可简化为

$$\hat{\boldsymbol{f}}_{\mathrm{carr},k+1} = \hat{\boldsymbol{f}}_{\mathrm{carr},k} + \frac{\boldsymbol{L}_k \boldsymbol{K}_{v,k}}{\lambda_{\mathrm{carr}}} \Delta \boldsymbol{f}_k \tag{15.48}$$

又根据载波频率残差量测量 $\Delta \boldsymbol{f}_k$ 的定义式

$$\Delta \boldsymbol{f}_k = \boldsymbol{f}_{\mathrm{carr},k} - \hat{\boldsymbol{f}}_{\mathrm{carr},k}$$

可将式(15.48)进一步改写为

$$\begin{aligned}\hat{\boldsymbol{f}}_{\mathrm{carr},k+1} &= \hat{\boldsymbol{f}}_{\mathrm{carr},k} + \frac{\boldsymbol{L}_k \boldsymbol{K}_{v,k}}{\lambda_{\mathrm{carr}}}(\boldsymbol{f}_{\mathrm{carr},k} - \hat{\boldsymbol{f}}_{\mathrm{carr},k}) = \\ &\left(\boldsymbol{I} - \frac{\boldsymbol{L}_k \boldsymbol{K}_{v,k}}{\lambda_{\mathrm{carr}}}\right)\hat{\boldsymbol{f}}_{\mathrm{carr},k} + \frac{\boldsymbol{L}_k \boldsymbol{K}_{v,k}}{\lambda_{\mathrm{carr}}}\boldsymbol{f}_{\mathrm{carr},k}\end{aligned} \tag{15.49}$$

式中：λ_{carr} 为信号载波波长。

对简化后的VFLL时域传递函数模型式(15.49)进行拉普拉斯变换，可得VFLL的复频域传递函数模型为

$$\hat{\boldsymbol{f}}_{\mathrm{carr},k}(s) = \boldsymbol{G}_{\mathrm{VFLL}}(s)\boldsymbol{f}_{\mathrm{carr},k}(s) \tag{15.50}$$

$$\boldsymbol{G}_{\mathrm{VFLL}}(s) = \left(s\boldsymbol{I} + \frac{\boldsymbol{L}_k \boldsymbol{K}_{v,k}}{\lambda_{\mathrm{carr}} T}\right)^{-1} \frac{\boldsymbol{L}_k \boldsymbol{K}_{v,k}}{\lambda_{\mathrm{carr}} T} = (\boldsymbol{I} + \boldsymbol{\beta} s)^{-1} \tag{15.51}$$

$$\boldsymbol{\beta} = \lambda_{\mathrm{carr}} T\ (\boldsymbol{L}_k \boldsymbol{K}_{v,k})^{-1} \tag{15.52}$$

式中：$s=\mathrm{j}\omega$，$\omega=2\pi f$ 为角频率；T 为环路更新周期。

又根据噪声带宽定义式

$$\boldsymbol{B}_{\mathrm{L}} = \int_0^{+\infty} \boldsymbol{G}(f)\boldsymbol{G}^{\mathrm{T}}(-f)\mathrm{d}f$$

可得VFLL的噪声带宽计算方程为

$$\boldsymbol{B}_{\mathrm{VFLL}} = \frac{\mathrm{diag}(\boldsymbol{L}_k \boldsymbol{K}_{v,k})}{4\lambda_{\mathrm{carr}} T} \tag{15.53}$$

同理，可得 VDLL 的复频域传递函数模型为

$$\boldsymbol{G}_{\mathrm{VDLL}}(s)=\left(s\boldsymbol{I}+\frac{\boldsymbol{L}_k\boldsymbol{K}_{\mathrm{p},k}}{\lambda_{\mathrm{code}}T}\right)^{-1}\frac{\boldsymbol{L}_k\boldsymbol{K}_{\mathrm{p},k}}{\lambda_{\mathrm{code}}T}=(\boldsymbol{I}+\boldsymbol{\gamma}s)^{-1} \tag{15.54}$$

$$\boldsymbol{\gamma}=\lambda_{\mathrm{code}}T\ (\boldsymbol{L}_k\boldsymbol{K}_{\mathrm{p},k})^{-1} \tag{15.55}$$

VDLL 的噪声带宽计算方程为

$$\boldsymbol{B}_{\mathrm{VDLL}}=\frac{\mathrm{diag}(\boldsymbol{L}_k\boldsymbol{K}_{\mathrm{p},k})}{4\lambda_{\mathrm{code}}T} \tag{15.56}$$

式中：$\boldsymbol{K}_{\mathrm{p},k}$ 表示航天器位置及接收机钟偏对应的卡尔曼滤波增益；$\lambda_{\mathrm{code}}=T_{\mathrm{code}}c_{\mathrm{code}}/f_{\mathrm{code}}$ 为伪码码长。

根据式(15.53)和式(15.56)可知，矢量跟踪环路中单一信号通道的噪声带宽主要取决于 $\boldsymbol{L}_k\boldsymbol{K}_k$，其中 $\boldsymbol{L}_k$ 表示 LOS 方向矢量；$\boldsymbol{K}_k$ 则表示导航滤波器中的滤波增益，它随着环路内的系统噪声与量测噪声的变化而进行调整。一旦矢量跟踪环路中某一信号通道受到较强的噪声干扰，该通道内的量测噪声将会增大，则该通道对应的滤波增益 $\boldsymbol{K}_k$ 就会减小，从而导致该通道的噪声带宽也随之变窄。可见，噪声带宽具有准确量化矢量跟踪环路中各通道所受干扰强度的能力。

因此，通过对所有通道噪声带宽特性的统计分析与评估，进而利用通道误差在线检测算法，便可检测并隔离跟踪误差超出可控范围的受噪声干扰通道。

4.性能仿真验证

仍然以 GF－4 卫星为高轨应用对象，对高轨航天器 GNSS 信号跟踪方法的性能进行验证。GNSS 星座参数可根据官方提供的接口控制文件进行设置。GNSS 中频信号的采样频率为 38.192 MHz。基带 I/Q 支路的信号相干累积时间为 10 ms，矢量跟踪环路的 NCO 反馈控制频率为 100 Hz，导航结果输出频率为 100 Hz。

假设跟踪 6 颗 GNSS 可见星，所有通道的输入载噪比均为 38 dB-Hz，其中 1 号通道在 200～400 s 内受到较强的噪声干扰，导致其输入载噪比下降为 20 dB-Hz。图 15.15 和图 15.16分别为采用标准矢量跟踪方法和自适应矢量跟踪方法时，2 号通道码相位/载波频率跟踪误差的变化情况。

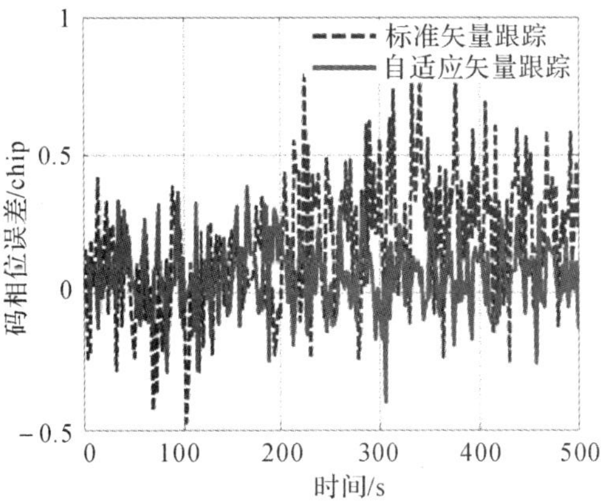

图 15.15　2 号通道码相位误差变化情况

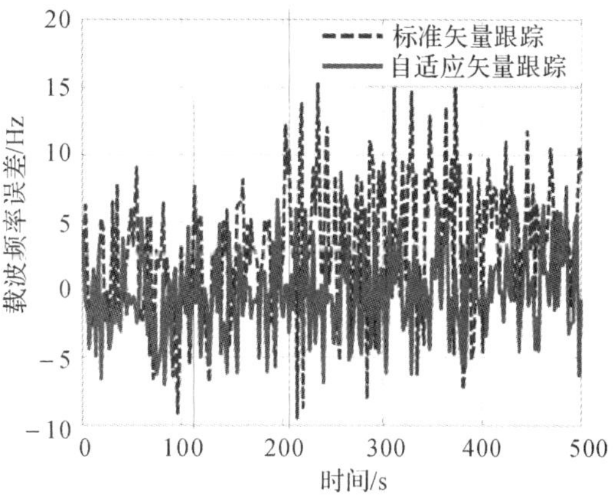

图 15.16　2 号通道载波频率误差变化情况

可以看出，当1号通道的输入载噪比降至20 dB-Hz时，采用标准矢量跟踪方法所得到的2号通道跟踪误差立即增大，这表明1号通道受到的噪声干扰影响了2号通道的信号跟踪，从而导致其跟踪精度下降；相比之下，由于自适应矢量跟踪方法采用误差检测及隔离算法有效剔除了受噪声干扰的1号通道，因此，2号通道始终保持着较高的跟踪精度，这表明在采用自适应矢量跟踪方法后，受噪声干扰的信号通道不会对其他通道产生影响。

15.3 高轨航天器GNSS自主定轨、定姿方法

高轨航天器运行环境中，GNSS卫星的时空分布特性较差，导致几何精度因子（GDOP）激增；同时，高轨航天器上GNSS接收机换星频繁，导致整周模糊度无法实时准确求解。因此，传统的GNSS定轨与定姿方法就难以满足高轨航天器连续、高精度自主定轨与定姿的需求。鉴于此，本节分别介绍高轨航天器GNSS/Orbit/SINS自主定轨方案和高轨航天器GNSS高精度定姿方案，以实现高轨航天器连续、高精度的自主定轨与定姿。

15.3.1 高轨航天器GNSS/Orbit/SINS自主定轨方案

1.定轨方案

当高轨航天器稳定在轨运行时，可以建立较为精确的轨道动力学模型，进而结合GNSS接收机的输出信息，能够满足高轨航天器自主定轨对精度和连续性的要求。但是，当高轨航天器处于机动变轨状态时，轨道动力学模型不再准确，并且高轨航天器的姿态机动会导致GNSS信号短时中断。而由于SINS/GNSS深组合导航模式具有快速桥接中断信号的能力，并且在动态性和抗干扰性等方面均具有显著优势，因此，采用SINS/GNSS深组合导航模式进行高轨航天器的自主定轨。

图15.17为高轨航天器GNSS/Orbit/SINS自主定轨方案结构。当高轨航天器稳定在轨运行时，采用GNSS/Orbit组合定轨算法进行定轨，此时可根据可见星数，选择GNSS独立定轨模式或Orbit递推模式。若可见星数不少于4颗，则采用GNSS独立定轨模式。GNSS矢量接收机将鉴别器输出的多通道信号码相位、载波频率残差转换为伪距、伪距率残差，并根据GNSS伪距/伪距率残差与高轨航天器导航参数残差之间的关系建立滤波模型，估计当前历元高轨航天器的导航参数残差。进一步，根据估计得到的导航参数残差预测下一历元高轨航天器的导航参数，用以生成载波NCO和码NCO的控制指令。若可见星数不足4颗，则采用Orbit递推模式进行定轨。根据高轨航天器的轨道动力学模型，实时递推航天器的位置和速度，为高轨航天器提供连续可靠的轨道信息。

当高轨航天器机动变轨时，采用SINS/GNSS深组合导航算法进行定轨。GNSS接收机同步跟踪多路信号，得到各路信号的伪距/伪距率残差。组合导航滤波器将GNSS接收机测量得到的伪距、伪距率与SINS推算的伪距、伪距率进行融合，实时估计当前历元高轨

航天器的导航参数残差,用以校正航天器的导航参数。另外,根据当前历元航天器校正后的导航参数,预测下一历元的信号跟踪参数,同时实现信号跟踪环路的反馈控制与高轨航天器的实时轨道信息解算。

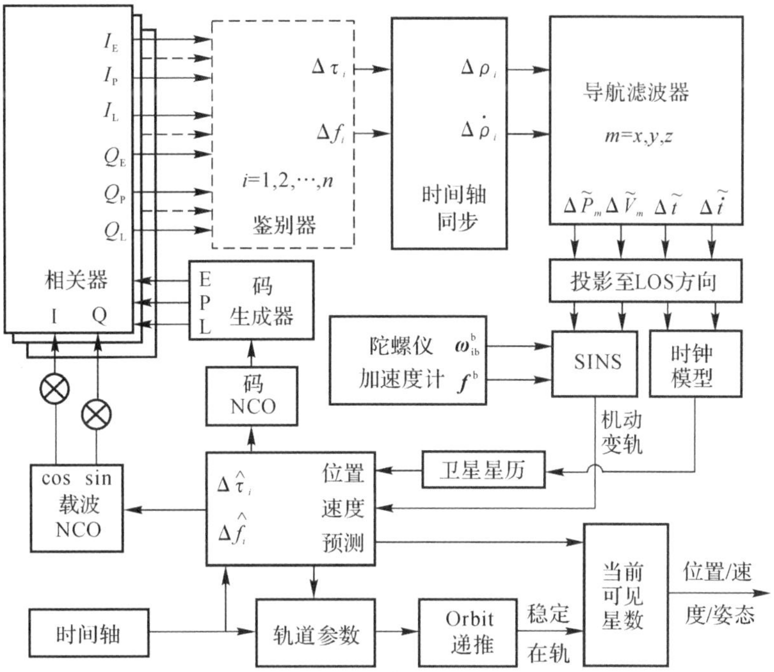

图 15.17　高轨航天器 GNSS/Orbit/SINS 自主定轨方案结构

2.稳定在轨运行时的定轨算法

由于高轨航天器稳定在轨运行时,SINS 无法输出有效的测量信息,因此,采用多模 GNSS 接收机作为主要导航设备(多模接收机以北斗时为时间基准)。当 GNSS 可见星数不少于 4 颗时,多模 GNSS 接收机采用矢量跟踪方法,对各通道信号进行联合跟踪,同时获得高轨航天器的位置和速度等导航参数。而当 GNSS 可见星数不足 4 颗时,利用轨道动力学模型对高轨航天器的位置和速度进行递推,以辅助 GNSS 实现高轨航天器的全轨道无缝定轨。

GNSS 矢量跟踪原理不再赘述,下面建立高轨航天器的轨道动力学模型。由于高轨航天器的运行轨道高度一般超过地球半径的 3 倍,因此,与地球相关的摄动力(地球潮汐力、大气阻力等)可不予考虑,则主要考虑的摄动力应包括太阳光压和太/月引力。高轨航天器在地心惯性(Earth-Centered Inertial, ECI)坐标系下的运动方程可表示为

$$\ddot{\boldsymbol{r}} = -\frac{GM_e}{\|\boldsymbol{r}\|^3}\boldsymbol{r} + \boldsymbol{a}_{sp} + \boldsymbol{a}_s + \boldsymbol{a}_m \tag{15.57}$$

式中: $\boldsymbol{r}$ 为地心至高轨航天器的位置矢量;G 为引力常数; M_e 为地球质量; $\boldsymbol{a}_{sp}$、$\boldsymbol{a}_s$、$\boldsymbol{a}_m$ 分别表示由太阳光压和太/月引力引起的摄动加速度, $\boldsymbol{a}_s$ 和 $\boldsymbol{a}_m$ 的具体模型为

$$\left.\begin{aligned} a_{s/m}^{x} &= GM_{s/m}\left(\frac{x_{s/m}-x}{|\boldsymbol{r}_{s/m}-\boldsymbol{r}|^{3}}-\frac{x_{s/m}}{|\boldsymbol{r}_{s/m}|^{3}}\right) \\ a_{s/m}^{y} &= GM_{s/m}\left(\frac{y_{s/m}-y}{|\boldsymbol{r}_{s/m}-\boldsymbol{r}|^{3}}-\frac{y_{s/m}}{|\boldsymbol{r}_{s/m}|^{3}}\right) \\ a_{s/m}^{z} &= GM_{s/m}\left(\frac{z_{s/m}-z}{|\boldsymbol{r}_{s/m}-\boldsymbol{r}|^{3}}-\frac{z_{s/m}}{|\boldsymbol{r}_{s/m}|^{3}}\right) \end{aligned}\right\} \tag{15.58}$$

式中：$a_{s/m}^{i}$，$i=x,y,z$ 表示由太/月引力引起的摄动加速度在 ECI 坐标系三个方向的分量；$\boldsymbol{r}_{s/m}$表示地心至太阳/月亮的位置矢量；$x_{s/m}$、$y_{s/m}$、$z_{s/m}$分别表示 $\boldsymbol{r}_{s/m}$在 ECI 坐标系三个方向的分量；$M_{s/m}$ 表示太阳/月亮的质量；x、y、z 分别表示高轨航天器位置矢量$\boldsymbol{r}$ 在 ECI 坐标系三个方向的分量，且有

$$|\boldsymbol{r}_{s/m}|=\sqrt{x_{s/m}^{2}+y_{s/m}^{2}+z_{s/m}^{2}}$$

$$|\boldsymbol{r}_{s/m}-\boldsymbol{r}|=\sqrt{(x_{s/m}-x)^{2}+(y_{s/m}-y)^{2}+(z_{s/m}-z)^{2}}$$

由太阳光压引起的摄动加速度可表示为

$$\boldsymbol{a}_{sp}=-P(1+\eta)\frac{A}{m^{2}}\upsilon\frac{\boldsymbol{r}}{\|\boldsymbol{r}\|} \tag{15.59}$$

式中：P 为太阳常数，$P=4.560\,4\times10^{-6}\ \mathrm{N/m^2}$；$\eta$ 为高轨航天器表面反射系数；A 表示高轨航天器相对太阳光的截面面积；m 为高轨航天器的质量；υ 表示蚀因子（$0\leqslant\upsilon\leqslant1$）。

根据轨道动力学模型式(15.57)，便可对高轨航天器的位置和速度进行递推运算。

3.机动变轨时的定轨算法

在高轨航天器 SINS/GNSS 深组合导航算法中，组合导航滤波器的待估计状态包括高轨航天器的导航参数误差、惯性器件误差以及接收机钟偏和钟漂，即

$$\boldsymbol{X}_k=[\delta\boldsymbol{P}_{1\times3,k}\quad \delta\boldsymbol{V}_{1\times3,k}\quad \delta\boldsymbol{\varphi}_{1\times3,k}\quad \nabla_{1\times3,k}\quad \boldsymbol{\varepsilon}_{1\times3,k}\quad t_k\quad \dot{t}_k]_{1\times17}^{\mathrm{T}}$$

式中：k 表示时间历元；$\delta\boldsymbol{P}$、$\delta\boldsymbol{V}$、$\delta\boldsymbol{\varphi}$ 分别表示导航坐标系(东-北-天坐标系)下的高轨航天器位置、速度、姿态误差；∇和 $\boldsymbol{\varepsilon}$ 分别为加速度计零偏和陀螺仪常值漂移；t 和 $\dot{t}$ 分别表示接收机钟偏和钟漂。

状态方程由 SINS 误差方程和 GNSS 误差方程联立求得，即

$$\boldsymbol{X}_{k+1}=\boldsymbol{F}_{k,k+1}\boldsymbol{X}_k+\boldsymbol{W}_k \tag{15.60}$$

$$\boldsymbol{F}_{k,k+1}=\begin{bmatrix} T\boldsymbol{F}_{15\times15}^{\mathrm{SINS}} & \boldsymbol{0}_{15\times1} & \boldsymbol{0}_{15\times1} \\ \boldsymbol{0}_{1\times15} & 1 & T \\ \boldsymbol{0}_{1\times15} & 0 & 0 \end{bmatrix}_{17\times17} \tag{15.61}$$

$$\boldsymbol{F}^{\mathrm{SINS}}=\begin{bmatrix} \boldsymbol{0}_{3\times3} & \boldsymbol{C}_{b}^{n} & \boldsymbol{0}_{3\times3} & \boldsymbol{0}_{3\times3} & \boldsymbol{0}_{3\times3} \\ \boldsymbol{F}_{vp} & \boldsymbol{F}_{vv} & \boldsymbol{F}_{va} & \boldsymbol{C}_{b}^{n} & \boldsymbol{0}_{3\times3} \\ \boldsymbol{0}_{3\times3} & \boldsymbol{0}_{3\times3} & \boldsymbol{F}_{aa} & \boldsymbol{0}_{3\times3} & \boldsymbol{C}_{b}^{n} \\ \boldsymbol{0}_{3\times3} & \boldsymbol{0}_{3\times3} & \boldsymbol{0}_{3\times3} & \boldsymbol{0}_{3\times3} & \boldsymbol{0}_{3\times3} \\ \boldsymbol{0}_{3\times3} & \boldsymbol{0}_{3\times3} & \boldsymbol{0}_{3\times3} & \boldsymbol{0}_{3\times3} & \boldsymbol{0}_{3\times3} \end{bmatrix} \tag{15.62}$$

$$\boldsymbol{F}_{\mathrm{vp}}=\begin{bmatrix} 0 & -V_{\mathrm{E}}\left(2\omega_{\mathrm{ie}}\cos L+\dfrac{V_{\mathrm{E}}}{(R+H)\cos L}\right) & \dfrac{(V_{\mathrm{E}}^2\tan L+V_{\mathrm{N}}V_{\mathrm{U}})}{(R+H)^2} \\ 0 & 2\omega_{\mathrm{ie}}(V_{\mathrm{N}}\cos L+V_{\mathrm{U}}\sin L)+\dfrac{V_{\mathrm{E}}V_{\mathrm{N}}}{(R+H)\cos^2 L} & \dfrac{-V_{\mathrm{E}}(V_{\mathrm{N}}\tan L-V_{\mathrm{U}})}{(R+H)^2} \\ 0 & -2\omega_{\mathrm{ie}}V_{\mathrm{E}}\sin L & \dfrac{(V_{\mathrm{N}}^2+V_{\mathrm{E}}^2)}{R+H} \end{bmatrix} \tag{15.63}$$

$$\boldsymbol{F}_{\mathrm{vv}}=\begin{bmatrix} \dfrac{V_{\mathrm{N}}\tan L-V_{\mathrm{U}}}{R+H} & 2\omega_{\mathrm{ie}}\sin L+\dfrac{V_{\mathrm{E}}\tan L}{R+H} & -\left(2\omega_{\mathrm{ie}}\cos L+\dfrac{V_{\mathrm{E}}}{R+H}\right) \\ -\left(2\omega_{\mathrm{ie}}\sin L+\dfrac{V_{\mathrm{E}}\tan L}{R+H}\right) & \dfrac{-V_{\mathrm{U}}}{R+H} & \dfrac{-V_{\mathrm{N}}}{R+H} \\ 2\omega_{\mathrm{ie}}\cos L+\dfrac{V_{\mathrm{E}}}{R+H} & \dfrac{2V_{\mathrm{N}}}{R+H} & 0 \end{bmatrix} \tag{15.64}$$

$$\boldsymbol{F}_{\mathrm{va}}=\begin{bmatrix} 0 & f_{\mathrm{U}} & -f_{\mathrm{N}} \\ -f_{\mathrm{U}} & 0 & f_{\mathrm{E}} \\ f_{\mathrm{N}} & -f_{\mathrm{E}} & 0 \end{bmatrix} \tag{15.65}$$

$$\boldsymbol{F}_{\mathrm{aa}}=\begin{bmatrix} 0 & \omega_{\mathrm{ie}}\sin L+\dfrac{V_{\mathrm{E}}\tan L}{R+H} & -\left(\omega_{\mathrm{ie}}\cos L+\dfrac{V_{\mathrm{E}}}{R+H}\right) \\ -\left(\omega_{\mathrm{ie}}\sin L+\dfrac{V_{\mathrm{E}}\tan L}{R+H}\right) & 0 & \dfrac{-V_{\mathrm{N}}}{R+H} \\ \omega_{\mathrm{ie}}\cos L+\dfrac{V_{\mathrm{E}}}{R+H} & \dfrac{V_{\mathrm{N}}}{R+H} & 0 \end{bmatrix} \tag{15.66}$$

式中：T 表示滤波周期；$\boldsymbol{C}_{\mathrm{b}}^{\mathrm{n}}$ 为载体坐标系至导航坐标系的姿态矩阵；ω_{ie} 表示地球自转角速率；R 表示地球半径；L 和 H 分别表示纬度和高度；V_{E}、V_{N}、V_{U} 分别表示高轨航天器在东、北、天方向上的速度。

将 GNSS 接收机测量得到的伪距、伪距率与 SINS 推算的伪距、伪距率作差，并将该差值作为组合导航滤波器的量测量，则量测方程为

$$\begin{aligned}\boldsymbol{Z}_k&=[\delta\rho_{1,k}\quad \delta\dot{\rho}_{1,k}\quad \cdots\quad \delta\rho_{N,k}\quad \delta\dot{\rho}_{N,k}]_{1\times 2N}^{\mathrm{T}}=\\ &\boldsymbol{H}_k\boldsymbol{X}_k+\boldsymbol{v}_k\end{aligned} \tag{15.67}$$

式中：N 表示可见卫星数。

由于量测量与状态量之间存在如下关系：

$$\delta\rho_{i,k}=\delta\boldsymbol{X}_k\boldsymbol{h}_{i,k}+t_k+\zeta_{i,k} \tag{15.68}$$

$$\delta\dot{\rho}_{i,k}=\delta\boldsymbol{V}_k\boldsymbol{h}_{i,k}+\dot{t}_k+\xi_{i,k} \tag{15.69}$$

式中：$\boldsymbol{h}_{i,k}$ 表示高轨航天器至第 i 颗 GNSS 卫星在导航坐标系下的 LOS 方向矢量；$\zeta_{i,k}$ 和 $\xi_{i,k}$ 分别表示伪距和伪距率的测量噪声。

因此，推导得到量测矩阵 $\boldsymbol{H}_k$ 为

$$\boldsymbol{H}_k=\begin{bmatrix}\boldsymbol{h}_{1,k}^{\mathrm{T}} & \boldsymbol{0}_{1\times 3} & \boldsymbol{0}_{1\times 9} & 1 & 0\\ \boldsymbol{0}_{1\times 3} & \boldsymbol{h}_{1,k}^{\mathrm{T}} & \boldsymbol{0}_{1\times 9} & 0 & 1\\ \vdots & \vdots & \vdots & \vdots & \vdots\\ \boldsymbol{h}_{N,k}^{\mathrm{T}} & \boldsymbol{0}_{1\times 3} & \boldsymbol{0}_{1\times 9} & 1 & 0\\ \boldsymbol{0}_{1\times 3} & \boldsymbol{h}_{N,k}^{\mathrm{T}} & \boldsymbol{0}_{1\times 9} & 0 & 1\end{bmatrix}_{2N\times 17} \tag{15.70}$$

组合导航滤波器输出的状态量估计值一方面用来修正 SINS 导航参数误差与惯性器件误差，并输出经误差修正后的 SINS 导航参数；另一方面，用以预测下一历元高轨航天器的位置、速度和姿态，并转换成码 NCO 和载波 NCO 的控制量，从而闭合信号跟踪环路，以同时完成信号跟踪与高轨航天器的自主定轨。

码 NCO 和载波 NCO 控制量的更新模型为

$$\Delta f_{\mathrm{code}i,k+1}=\frac{1}{\lambda_{\mathrm{c}}}[(\boldsymbol{V}_{\mathrm{u},k+1}^{\mathrm{s}})^{\mathrm{T}}\boldsymbol{h}_{i,k+1}+(\boldsymbol{P}_{\mathrm{u},k+1}^{\mathrm{s}})^{\mathrm{T}}\dot{\boldsymbol{h}}_{i,k+1}+\dot{t}_k] \tag{15.71}$$

$$\Delta f_{\mathrm{carr}i,k+1}=\frac{1}{\lambda_{\mathrm{carr}}}[(\boldsymbol{V}_{\mathrm{u},k+1}^{\mathrm{s}})^{\mathrm{T}}\boldsymbol{h}_{i,k+1}+(\boldsymbol{P}_{\mathrm{u},k+1}^{\mathrm{s}})^{\mathrm{T}}\dot{\boldsymbol{h}}_{i,k+1}+\dot{t}_k] \tag{15.72}$$

式中：λ_{c} 表示伪码波长，λ_{carr} 表示载波波长；$\boldsymbol{V}_{\mathrm{u},k+1}^{\mathrm{s}}$ 和 $\boldsymbol{P}_{\mathrm{u},k+1}^{\mathrm{s}}$ 分别表示 $k+1$ 历元高轨航天器和 GNSS 卫星在 LOS 方向上的相对速度和相对位置；$\dot{\boldsymbol{h}}_{i,k+1}$ 表示 LOS 方向矢量变化率，可通过差分求得；$\dot{t}_k$ 表示 k 历元组合导航滤波器输出的钟漂估计值。

15.3.2 高轨航天器 GNSS 高精度定姿方案

1.定姿方案

图 15.18 为高轨航天器 GNSS 高精度定姿方案结构。在该方案中，主/从天线同时接收、捕获多模 GNSS 信号，并进行码相位和载波相位跟踪。对于主天线的单点定位，当可见星数大于等于 4 颗时，利用主天线的历元间单差载波相位观测量，对其伪距观测量进行平滑，并将平滑后的伪距作为量测信息，进而利用最小二乘法获得主天线的绝对位置信息；而当可见星数不足 4 颗时，利用高轨航天器的轨道动力学模型，对主天线的位置进行实时递推更新。在此基础上，对主/从天线获得的历元间单差载波相位观测量进行天线间差分，得到天线/历元双差载波相位观测量，并将其输入至姿态更新滤波器。姿态更新滤波器对姿态角增量和姿态角速度等状态量进行估计更新，进一步结合上一历元的姿态信息，实现对高轨航天器姿态的实时解算。

2.主天线单点绝对定位算法

高轨航天器 GNSS 高精度定姿时，首先需要完成主天线的单点绝对定位，以便能够为姿态更新滤波器提供天线-卫星方向矢量，因此，天线-卫星方向矢量的精确性将直接影响高轨航天器的定姿精度。由于高轨空间中 GNSS 信号品质恶化，且高轨航天器在部分轨道弧段中可观测的卫星数不足，导致主天线单点绝对定位精度低且间断问题突出，因此无法为姿态更新滤波器提供精确、连续的天线-卫星方向矢量。为此，采用一种适用于高轨航天器的主天线单点绝对定位算法：利用主天线测得的载波相位时间差分观测量对伪距观测量进行平滑，从而降低伪距观测误差，以提高定位精度；同时，引入高轨航天器的轨道动力学模型，在可见星数不足的情况下对主天线的位置进行实时递推，以提高主天线单点绝对定位的连续性。

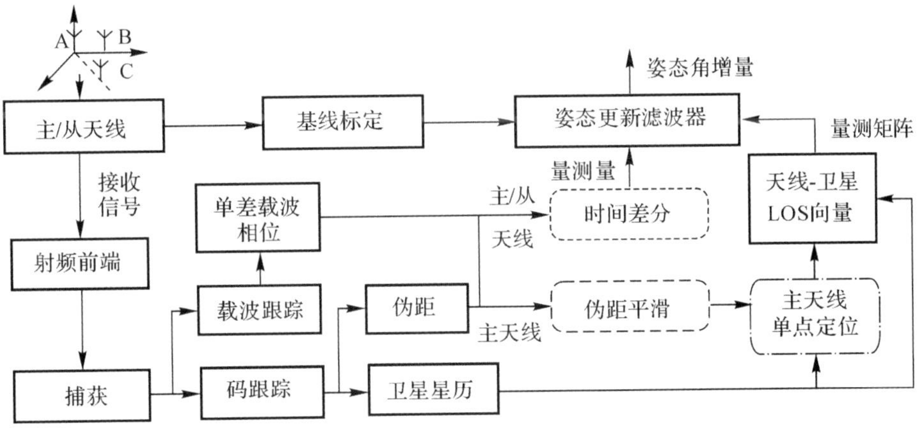

图 15.18　高轨航天器 GNSS 高精度定姿方案结构

根据高轨空间中 GNSS 信号的传播链路可知，高轨航天器上 GNSS 天线所接收到的信号基本不受地球大气延迟的影响，因此，可以忽略 GNSS 伪距和载波相位观测量中的大气延迟误差。若主天线 R 接收到第 j 颗 GNSS 卫星发射的信号，则对于任意观测历元，主天线 R 对第 j 颗卫星的伪距和载波相位观测方程可分别表示为

$$\rho_{\mathrm{R}}^{j}=R_{\mathrm{R}}^{j}+c(\mathrm{d}t^{j}-\mathrm{d}t_{\mathrm{r}})+\varepsilon_{\rho}^{j} \tag{15.73}$$

$$\Phi_{\mathrm{R}}^{j}=\frac{1}{\lambda_{\mathrm{carr}}}[R_{\mathrm{R}}^{j}+c(\mathrm{d}t^{j}-\mathrm{d}t_{\mathrm{r}})+\lambda_{\mathrm{carr}}N_{\mathrm{R}}^{j}+\varepsilon_{\Phi}^{j}] \tag{15.74}$$

式中：ρ_{R}^{j} 和 Φ_{R}^{j} 分别为主天线 R 对卫星 j 的伪距和载波相位观测值；R_{R}^{j} 为主天线 R 至第 j 颗卫星的几何距离；c 表示光速；$\mathrm{d}t^{j}$ 和 $\mathrm{d}t_{\mathrm{r}}$ 分别为卫星和接收机的钟差；λ_{carr} 为载波波长；ε_{ρ}^{j} 和 ε_{Φ}^{j} 分别为伪距和载波相位测量的随机误差。

根据式(15.73)和式(15.74)，分别对相邻历元 i 和 $i-1$ 的伪距和载波相位观测方程进行差分，可得到伪距和载波相位的时间差分观测量分别为

$$\Delta\rho_{\mathrm{R}}^{j}(i)=\rho_{\mathrm{R}}^{j}(i)-\rho_{\mathrm{R}}^{j}(i-1)=\Delta R_{\mathrm{R}}^{j}+c(\Delta\mathrm{d}t^{j}-\Delta\mathrm{d}t_{\mathrm{r}})+\Delta\varepsilon_{\rho}^{j} \tag{15.75}$$

$$\Delta\Phi_{\mathrm{R}}^{j}(i)=\Phi_{\mathrm{R}}^{j}(i)-\Phi_{\mathrm{R}}^{j}(i-1)=\frac{1}{\lambda_{\mathrm{carr}}}[\Delta R_{\mathrm{R}}^{j}+c(\Delta\mathrm{d}t^{j}-\Delta\mathrm{d}t_{\mathrm{r}})+\Delta\varepsilon_{\Phi}^{j}] \tag{15.76}$$

式中

$$\Delta R_{\mathrm{R}}^{j}=R_{\mathrm{R}}^{j}(i)-R_{\mathrm{R}}^{j}(i-1),\quad \Delta\varepsilon_{\rho}^{j}=\varepsilon_{\rho}^{j}(i)-\varepsilon_{\rho}^{j}(i-1)$$

$$\Delta\mathrm{d}t^{j}=\mathrm{d}t^{j}(i)-\mathrm{d}t^{j}(i-1),\quad \Delta\mathrm{d}t_{\mathrm{r}}=\mathrm{d}t_{\mathrm{r}}(i)-\mathrm{d}t_{\mathrm{r}}(i-1)$$

相较于伪距观测量，载波相位观测量具有更高的测量精度；且由式(15.76)可知，载波相位时间差分观测量中不存在整周模糊度。因此，可以利用主天线的载波相位时间差分观测量对其伪距观测量进行平滑，以提高伪距观测量的测量精度。

采用 i 历元的伪距观测量 $\rho_{\mathrm{R}}^{j}(i)$，以及 $i-1$ 历元至 i 历元的载波相位变化量 $\Delta\Phi_{\mathrm{R}}^{j}(i)$，可获得 i 历元的平滑伪距 $\rho_{\mathrm{s,R}}^{j}(i)$，即

$$\rho_{s,R}^{j}(i)=\frac{1}{W}\rho_{R}^{j}(i)+\frac{W-1}{W}[\rho_{s,R}^{j}(i-1)+\lambda_{carr}\Delta\Phi_{R}^{j}(i)] \tag{15.77}$$

式中：W 表示平滑时间常数，通常取 20～100 个历元。

根据式(15.77)获得所有 GNSS 可见星的平滑伪距后，则可得到用于 GNSS 多模定位的伪距观测方程为

$$\Delta\boldsymbol{\rho}_{s,R}^{GNSS}(i)=\boldsymbol{H}(i)\Delta\boldsymbol{p}_{R}(i)+\boldsymbol{\varepsilon}_{GNSS} \tag{15.78}$$

其展开式为

$$\begin{bmatrix}\Delta\boldsymbol{\rho}_{s,R}^{BD}(i)\\ \Delta\boldsymbol{\rho}_{s,R}^{GPS}(i)\\ \Delta\boldsymbol{\rho}_{s,R}^{GLO}(i)\\ \Delta\boldsymbol{\rho}_{s,R}^{Gal}(i)\end{bmatrix}=\begin{bmatrix}-\boldsymbol{e}_{x}^{BD}(i) & -\boldsymbol{e}_{y}^{BD}(i) & -\boldsymbol{e}_{z}^{BD}(i) & \boldsymbol{A}\\ -\boldsymbol{e}_{x}^{GPS}(i) & -\boldsymbol{e}_{y}^{GPS}(i) & -\boldsymbol{e}_{z}^{GPS}(i) & \boldsymbol{B}+\Delta\boldsymbol{t}_{GPST}^{BDT}\\ -\boldsymbol{e}_{x}^{GLO}(i) & -\boldsymbol{e}_{y}^{GLO}(i) & -\boldsymbol{e}_{z}^{GLO}(i) & \boldsymbol{C}+\Delta\boldsymbol{t}_{GLOT}^{BDT}\\ -\boldsymbol{e}_{x}^{Gal}(i) & -\boldsymbol{e}_{y}^{Gal}(i) & -\boldsymbol{e}_{z}^{Gal}(i) & \boldsymbol{D}+\Delta\boldsymbol{t}_{GST}^{BDT}\end{bmatrix}\begin{bmatrix}\Delta x_{R}(i)\\ \Delta y_{R}(i)\\ \Delta z_{R}(i)\\ \Delta t_{R}^{BD}(i)\end{bmatrix}+\begin{bmatrix}\boldsymbol{\varepsilon}_{BD}\\ \boldsymbol{\varepsilon}_{GPS}\\ \boldsymbol{\varepsilon}_{GLO}\\ \boldsymbol{\varepsilon}_{Gal}\end{bmatrix} \tag{15.79}$$

$$\boldsymbol{A}=[1,1,\cdots,1]_{a\times1}^{T},\quad \boldsymbol{B}=[1,1,\cdots,1]_{b\times1}^{T},\quad \boldsymbol{C}=[1,1,\cdots,1]_{c\times1}^{T},\quad \boldsymbol{D}=[1,1,\cdots,1]_{d\times1}^{T} \tag{15.80}$$

$$\Delta\boldsymbol{t}_{GPST}^{BDT}=[\Delta t_{GPST}^{BDT},\cdots,\Delta t_{GPST}^{BDT}]_{b\times1}^{T},\Delta\boldsymbol{t}_{GLOT}^{BDT}=[\Delta t_{GLOT}^{BDT},\cdots,\Delta t_{GLOT}^{BDT}]_{c\times1}^{T},\Delta\boldsymbol{t}_{GST}^{BDT}=[\Delta t_{GST}^{BDT},\cdots,\Delta t_{GST}^{BDT}]_{d\times1}^{T} \tag{15.81}$$

式中：$\Delta\boldsymbol{\rho}_{s,R}^{GNSS}(i)$，GNSS＝BD，GPS，GLO，Gal 分别表示 i 历元各 GNSS 系统的平滑伪距误差矢量，其对应的维数分别为 a、b、c、d，且有 $a+b+c+d=N$，N 表示 GNSS 可见卫星数；$\boldsymbol{e}_{s}^{GNSS}(i)$，$s=x,y,z$ 分别表示 i 历元各 GNSS 卫星与主天线之间的 LOS 方向矢量在轨道坐标系 x、y、z 轴上的分量；Δt_{GPST}^{BDT}、Δt_{GLOT}^{BDT}、Δt_{GST}^{BDT} 分别表示 GPS 时(GPST)、GLONASS 时(GLOT)、Galileo 时(GST)与北斗时(BDT)之间的时间偏差所等效的距离误差；$\Delta x_{R}(i)$、$\Delta y_{R}(i)$、$\Delta z_{R}(i)$ 表示待解算的 i 历元主天线的位置误差，$\Delta t_{R}^{BDT}(i)$ 表示待解算的 i 历元钟偏误差，$\boldsymbol{\varepsilon}_{GNSS}$ 表示平滑伪距测量随机误差矢量，其维数与 $\Delta\boldsymbol{\rho}_{s,R}^{GNSS}(i)$ 的维数相同。

根据多模 GNSS 伪距观测方程式(15.79)，采用最小二乘法对主天线进行单点绝对定位解算，则有

$$\Delta\boldsymbol{p}_{R}(i)=[\boldsymbol{H}^{T}(i)\boldsymbol{H}(i)]^{-1}\boldsymbol{H}^{T}(i)\Delta\boldsymbol{\rho}_{s,R}^{GNSS}(i) \tag{15.82}$$

而当可见星不足 4 颗时，根据高轨航天器的轨道动力学模型对主天线的位置进行实时递推。高轨航天器的轨道动力学模型为

$$\left.\begin{aligned}\dot{\boldsymbol{r}}&=\boldsymbol{v}\\ \dot{\boldsymbol{v}}&=-\frac{\mu\boldsymbol{r}}{|\boldsymbol{r}|}+\boldsymbol{R}\end{aligned}\right\} \tag{15.83}$$

式中：$\boldsymbol{r}$、$\boldsymbol{v}$ 分别为 ECI 坐标系下高轨航天器的位置、速度矢量；μ 为地球引力常数；$\boldsymbol{R}$ 表示高轨航天器受到的各种摄动力引起的摄动加速度矢量和，高轨空间中的摄动力主要表现为太阳光压和太/月引力。

根据 $i-1$ 历元得到的主天线在轨道坐标系中的位置坐标，转换至 ECI 坐标系后，可递推得到 i 历元主天线在 ECI 坐标系中的位置为

$$\boldsymbol{r}(i)=\boldsymbol{r}(i-1)+\int_{t_{i-1}}^{t_i}\left\{\int_{t_{i-1}}^{t_i}\left[-\frac{\mu\boldsymbol{r}(i-1)}{|\boldsymbol{r}(i-1)|}+\boldsymbol{R}\right]\mathrm{d}t\right\}\mathrm{d}t \tag{15.84}$$

这样，利用式(15.84)便可以在可见星数不足的情况下，实时更新主天线在 ECI 坐标系中的位置坐标，再转换至轨道坐标系后，即可为姿态更新滤波器提供连续的天线-卫星方向矢量，直至重新捕获 4 颗及以上的 GNSS 卫星信号。

3.基于载波相位时间差分的高轨航天器定姿算法

在获得主天线在轨道坐标系中的实时位置后，即可计算得到天线-卫星的方向矢量。进而，姿态更新滤波器便可利用天线/历元双差载波相位观测量，实现高轨航天器精确、连续的姿态确定，姿态更新滤波器中滤波模型的建模过程如下。

在高轨航天器上安装主天线 A 和从天线 B、C，主/从天线的安装方式如图 15.19 所示。其中，主天线 A 安装于高轨航天器载体坐标系(b 系)的原点处，从天线 B 位于 b 系的 Y 轴上，从天线 C 位于 XOY 平面内，与 Y 轴的夹角为 θ 。精确标定基线矢量 AB 和 AC 在 b 系中的坐标，并预存于姿态更新滤波器中。

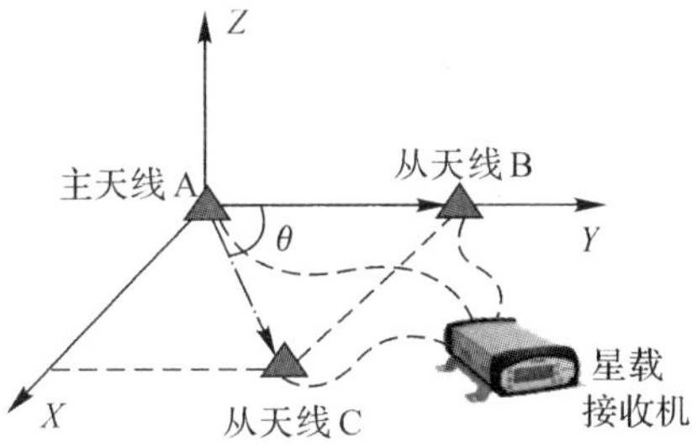

图 15.19　载体坐标系下天线安装方式

图 15.20 为天线/历元双差载波相位示意图。可以看出，在观测历元 i 时刻，天线 A 和天线 B 同时接收第 j 颗 GNSS 卫星的信号，并且采用同一接收机对天线 A 和天线 B 所接收信号进行处理，则天线间的单差载波相位观测量中不存在接收机钟差；同时，由于该信号从第 j 颗卫星到天线 A 和天线 B 的传播路径大致相同，因此，经过天线间差分运算后，星历误差、星钟误差等公共误差均可消除。这样，根据载波相位观测方程式(15.74)，可得到天线 A 和天线 B 对第 j 颗卫星的载波相位天线间差分观测量为

$$\Delta\Phi_{\mathrm{AB}}^{j}=\frac{1}{\lambda_{\mathrm{carr}}}[(R_{\mathrm{B}}^{j}-R_{\mathrm{A}}^{j})+\lambda_{\mathrm{carr}}(N_{\mathrm{B}}^{j}-N_{\mathrm{A}}^{j})+\Delta\varepsilon_{\mathrm{AB}}^{j}] \tag{15.85}$$

对于同一天线获得的载波相位观测量，其整周模糊度为固定值，因此将式(15.85)中历元 $i+1$ 和 i 的载波相位天线间差分观测量进一步进行时间差分，得到的天线/历元双差载波相位观测量中就不含整周模糊度。天线/历元双差载波相位观测量为

$$\begin{aligned}\nabla\Delta\Phi_{\mathrm{AB}}^{j}\big|_{i}^{i+1}&=\Delta\Phi_{\mathrm{AB}}^{j}(i+1)-\Delta\Phi_{\mathrm{AB}}^{j}(i)=\\&\frac{1}{\lambda_{\mathrm{carr}}}\{[R_{\mathrm{B}}^{j}(i+1)-R_{\mathrm{A}}^{j}(i+1)]-[R_{\mathrm{B}}^{j}(i)-R_{\mathrm{A}}^{j}(i)]+\nabla\Delta\varepsilon_{\mathrm{AB}}^{j}\}\end{aligned} \tag{15.86}$$

式中：$\nabla\Delta\varepsilon_{\mathrm{AB}}^{j}=\Delta\varepsilon_{\mathrm{AB}}^{j}(i+1)-\Delta\varepsilon_{\mathrm{AB}}^{j}(i)$ 。

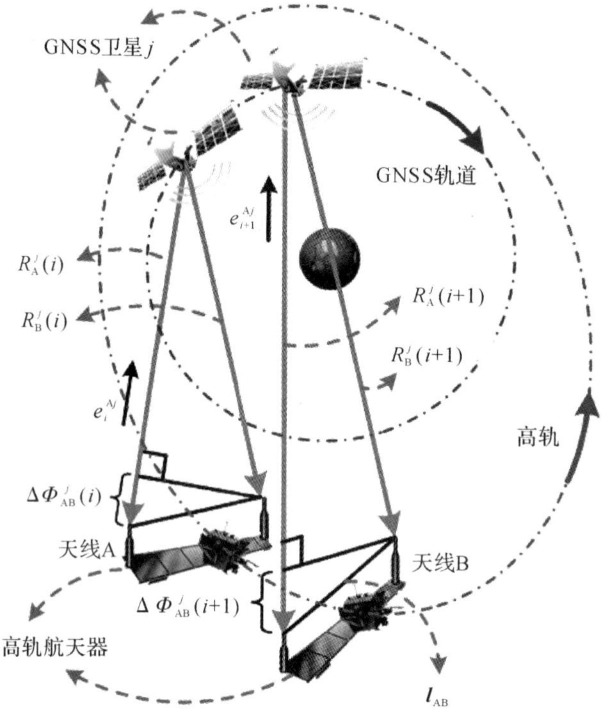

图 15.20　天线/历元双差载波相位示意图

由图 15.20 可知，在 i 历元，第 j 颗卫星到天线 A 和天线 B 的几何距离之差可表示为

$$R_B^j(i) - R_A^j(i) = \boldsymbol{e}_i^{Aj} \cdot \boldsymbol{l}_{AB}^o(i) \tag{15.87}$$

式中：$\boldsymbol{e}_i^{Aj}$ 表示 i 历元天线 A 与第 j 颗卫星之间的 LOS 方向矢量；$\boldsymbol{l}_{AB}^o(i)$ 表示 i 历元由天线 A、B 组成的基线矢量在轨道坐标系（o 系）中的分量。

进而，将第 j 颗卫星到天线 A 和天线 B 的几何距离之差，在 $i+1$ 历元和 i 历元之间再次进行差分运算，可得

$$\begin{aligned}[R_B^j(i+1) - R_A^j(i+1)] - [R_B^j(i) - R_A^j(i)] &= \boldsymbol{e}_{i+1}^{Aj}\, \boldsymbol{l}_{AB}^o(i+1) - \boldsymbol{e}_i^{Aj}\, \boldsymbol{l}_{AB}^o(i) = \\ &\boldsymbol{e}_{i+1}^{Aj}\, \boldsymbol{C}_b^o(i+1)\, \boldsymbol{l}_{AB}^b - \boldsymbol{e}_i^{Aj}\, \boldsymbol{C}_b^o(i)\, \boldsymbol{l}_{AB}^b\end{aligned} \tag{15.88}$$

式中：$\boldsymbol{C}_b^o(i)$ 为 i 历元载体坐标系至轨道坐标系的姿态转换矩阵。

为了实时求解高轨航天器的姿态，建立式(15.88)中姿态转换矩阵 $\boldsymbol{C}_b^o(i)$ 的更新模型。由于高轨航天器所受的摄动力矩（主要为太阳光压力矩）较小，因此，相邻历元间航天器的姿态角增量 $\Delta\boldsymbol{\varphi}$ 为小量，则有

$$\boldsymbol{C}_b^o(i+1) = \boldsymbol{C}_b^o(i) + [\Delta\boldsymbol{\varphi}\times] \tag{15.89}$$

将式(15.89)代入式(15.88)，可得

$$\begin{aligned}&[R_B^j(i+1) - R_A^j(i+1)] - [R_B^j(i) - R_A^j(i)] = \\ &\boldsymbol{e}_{i+1}^{Aj}\{\boldsymbol{C}_b^o(i) + [\Delta\boldsymbol{\varphi}\times]\}\, \boldsymbol{l}_{AB}^b - \boldsymbol{e}_i^{Aj}\, \boldsymbol{C}_b^o(i)\, \boldsymbol{l}_{AB}^b = \\ &\boldsymbol{e}_{i+1}^{Aj}[\Delta\boldsymbol{\varphi}\times]\, \boldsymbol{l}_{AB}^b + (\boldsymbol{e}_{i+1}^{Aj} - \boldsymbol{e}_i^{Aj})\, \boldsymbol{C}_b^o(i)\, \boldsymbol{l}_{AB}^b\end{aligned} \tag{15.90}$$

式中：$[\boldsymbol{x}\ \times]$ 表示矢量 $\boldsymbol{x}$ 对应的反对称矩阵，且有 $[\boldsymbol{x}\ \times]\boldsymbol{y}=-[\boldsymbol{y}\ \times]\boldsymbol{x}$；$\Delta\boldsymbol{\varphi}=[\Delta\alpha,\Delta\beta,\Delta\gamma]^{\mathrm{T}}$ 分别表示相邻历元间姿态角（航向角、俯仰角、滚转角）的增量。

进而，将式(15.90)代入式(15.86)，则可得到天线/历元双差载波相位观测量 $\nabla\Delta\Phi_{\mathrm{AB}}^{j}\big|_{i}^{i+1}$ 与相邻历元姿态角增量 $\Delta\boldsymbol{\varphi}$ 之间的关系为

$$\lambda_{\mathrm{carr}}\nabla\Delta\Phi_{\mathrm{AB}}^{j}\big|_{i}^{i+1}-(\boldsymbol{e}_{i+1}^{\mathrm{A}j}-\boldsymbol{e}_{i}^{\mathrm{A}j})\boldsymbol{C}_{\mathrm{b}}^{\mathrm{o}}(i)\boldsymbol{l}_{\mathrm{AB}}^{\mathrm{b}}=-\boldsymbol{e}_{i+1}^{\mathrm{A}j}[\boldsymbol{l}_{\mathrm{AB}}^{\mathrm{b}}\times]\Delta\boldsymbol{\varphi}+\nabla\Delta\varepsilon_{\mathrm{AB}}^{j} \tag{15.91}$$

这样，以 $\boldsymbol{X}_{6\times1}=[\Delta\boldsymbol{\varphi},\boldsymbol{\omega}]^{\mathrm{T}}$ 为姿态更新滤波器的状态量，其中 $\boldsymbol{\omega}$ 表示高轨航天器的姿态角速度，则根据式(15.91)可得到姿态更新滤波器的量测方程为

$$\boldsymbol{Z}_{2N\times1}=\boldsymbol{H}_{2N\times6}\boldsymbol{X}_{6\times1}+\boldsymbol{V}_{2N\times1} \tag{15.92}$$

$$\boldsymbol{Z}_{2N\times1}=\left[\lambda_{\mathrm{carr}}\nabla\Delta\Phi_{\mathrm{AB}}^{1}\big|_{i}^{i+1}\ \cdots\ \lambda_{\mathrm{carr}}\nabla\Delta\Phi_{\mathrm{AB}}^{N}\big|_{i}^{i+1}\ \ \lambda_{\mathrm{carr}}\nabla\Delta\Phi_{\mathrm{AC}}^{1}\big|_{i}^{i+1}\ \cdots\ \lambda_{\mathrm{carr}}\nabla\Delta\Phi_{\mathrm{AC}}^{N}\big|_{i}^{i+1}\right]^{\mathrm{T}} \tag{15.93}$$

$$\boldsymbol{H}_{2N\times6}=\begin{bmatrix}-\boldsymbol{e}_{i}^{\mathrm{A}1}[\boldsymbol{l}_{\mathrm{AB}}^{\mathrm{b}}\times] & \boldsymbol{0}_{1\times3}\\ \vdots & \vdots\\ -\boldsymbol{e}_{i}^{\mathrm{A}N}[\boldsymbol{l}_{\mathrm{AB}}^{\mathrm{b}}\times] & \boldsymbol{0}_{1\times3}\\ -\boldsymbol{e}_{i}^{\mathrm{A}1}[\boldsymbol{l}_{\mathrm{AC}}^{\mathrm{b}}\times] & \boldsymbol{0}_{1\times3}\\ \vdots & \vdots\\ -\boldsymbol{e}_{i}^{\mathrm{A}N}[\boldsymbol{l}_{\mathrm{AC}}^{\mathrm{b}}\times] & \boldsymbol{0}_{1\times3}\end{bmatrix} \tag{15.94}$$

$$\boldsymbol{V}_{2N\times1}=[\nabla\Delta\varepsilon_{\mathrm{AB}}^{1},\cdots,\nabla\Delta\varepsilon_{\mathrm{AB}}^{N},\nabla\Delta\varepsilon_{\mathrm{AC}}^{1},\cdots,\nabla\Delta\varepsilon_{\mathrm{AC}}^{N}]^{\mathrm{T}} \tag{15.95}$$

同时，根据姿态角与姿态角速度之间的微分关系，可得姿态更新滤波器的状态方程为

$$\dot{\boldsymbol{X}}=\boldsymbol{F}\boldsymbol{X}+\boldsymbol{W} \tag{15.96}$$

$$\boldsymbol{F}=\begin{bmatrix}\boldsymbol{0}_{3\times3} & \Delta t\,\boldsymbol{I}_{3\times3}\\ \boldsymbol{0}_{3\times3} & \boldsymbol{0}_{3\times3}\end{bmatrix} \tag{15.97}$$

$$\boldsymbol{W}=[\zeta_{\alpha}\quad\zeta_{\beta}\quad\zeta_{\gamma}\quad0\quad0\quad0]^{\mathrm{T}} \tag{15.98}$$

式中：Δt 表示采样时间间隔；ζ_{α}、ζ_{β}、ζ_{γ} 表示航向角、俯仰角、滚转角速率误差。

式(15.92)和式(15.96)共同组成高轨航天器姿态更新滤波器的滤波模型，采用该模型即可估计出相邻历元间高轨航天器的姿态角增量 $\Delta\boldsymbol{\varphi}$ 。进而，便可利用姿态角增量的估计结果 $\Delta\hat{\boldsymbol{\varphi}}$ ，对高轨航天器的姿态角进行实时更新，即

$$\boldsymbol{\varphi}(i+1)=\boldsymbol{\varphi}(i)+\Delta\hat{\boldsymbol{\varphi}} \tag{15.99}$$

综合以上分析可知，高轨航天器 GNSS 高精度定姿方法采用天线/历元双差载波相位作为量测量，通过对载波相位观测量进行差分，不仅消除了星历误差、星钟误差等公共误差，而且避免了复杂的整周模糊度求解，有效提高了定姿的精确性和快速性；另外，姿态更新滤波器的量测矩阵维数可以根据可见星数进行调整，因此，当可见星数少于四颗时仍能实现高轨航天器的姿态更新，提高了定姿的连续性和稳定性。

15.3.3　性能仿真验证

1.高轨航天器定轨性能

模拟产生 GEO 卫星的轨道数据，数据采样频率为 1 Hz。其中，GEO 卫星在整个轨道

运行周期内存在 10 min 的机动变轨，机动变轨时的切向加速度为 50 g。利用 GNSS 信号模拟器生成 GNSS 中频信号，中频信号的采样频率为 38.192 MHz。加速度计零偏为 100 μg，陀螺仪常值漂移为 0.01°/h，惯性器件的采样频率为 100 Hz。

(1)航天器稳定在轨运行。当 GEO 卫星稳定在轨运行时，采用 GNSS/Orbit 组合定轨算法进行定轨，得到的速度和位置误差分别如图 15.21 和图 15.22 所示。

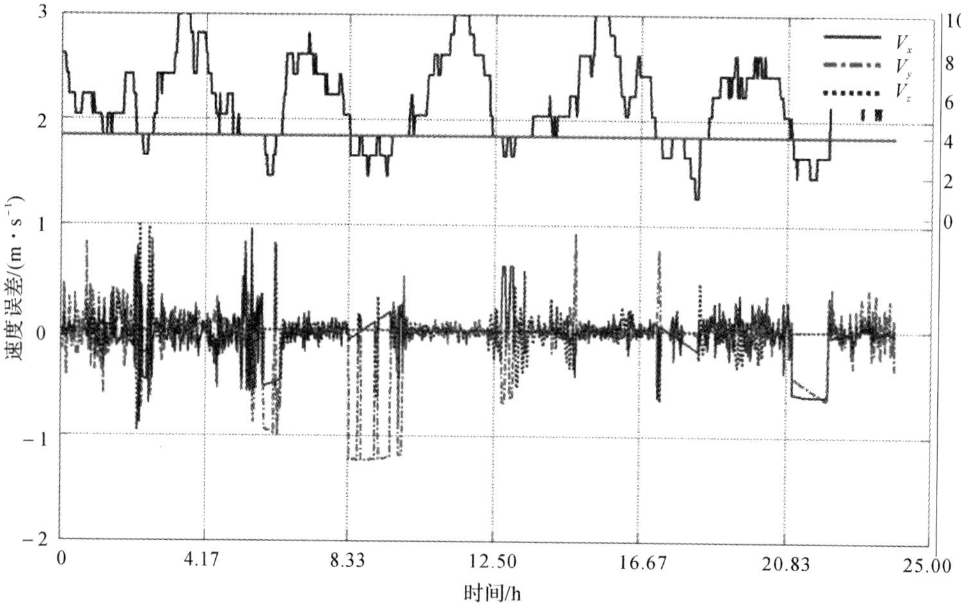

图 15.21 稳定在轨时 GEO 卫星的速度误差

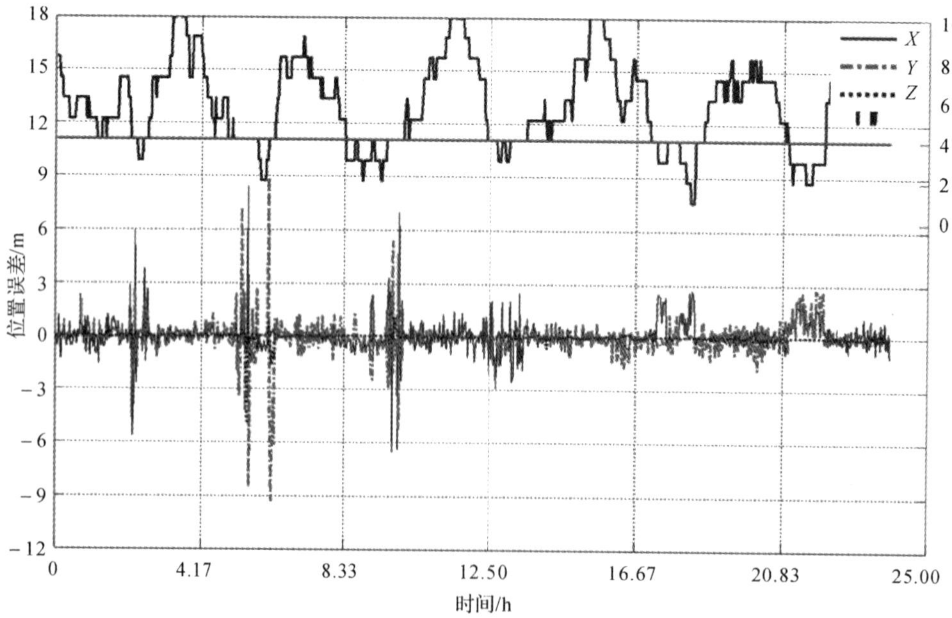

图 15.22 稳定在轨运行时 GEO 卫星的位置误差

可以看出，当可见星数不少于 4 颗时，GEO 卫星能够利用 GNSS 实现自主定轨，且可见星数越多，定轨精度就越高；而当可见星数不足 4 颗时，GEO 卫星的位置和速度信息由轨道动力学模型递推得到，此时，由于轨道动力学模型的不准确，导致 GEO 卫星的位置和速度误差呈累积发散的趋势。因此，Orbit 递推不宜长时间使用，当 GNSS 短期失效后再次恢复为可用状态时，需要立即修正当前轨道参数。

（2）机动变轨时。当 GEO 卫星机动变轨时，采用 SINS/GNSS 深组合定轨算法进行定轨。图 15.23 和图 15.24 为 GEO 卫星机动变轨时的速度和位置误差。可以看出，在滤波稳定后，SINS/GNSS 深组合定轨算法所得到的速度误差小于 0.5 m/s，位置误差小于 3 m，能够满足 GEO 卫星机动变轨时对自主定轨的精度要求。

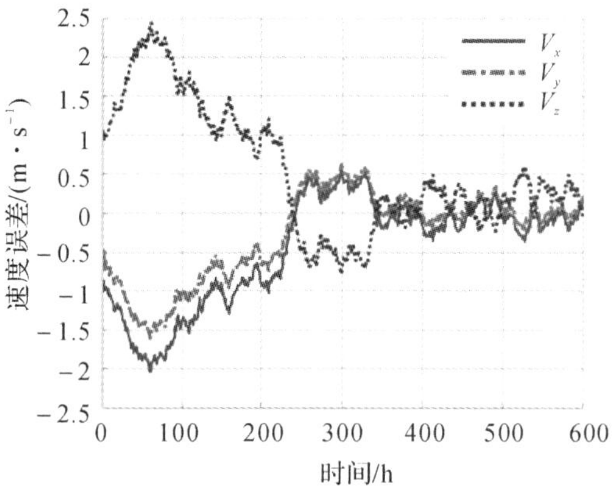

图 15.23　机动变轨时 GEO 卫星的速度误差

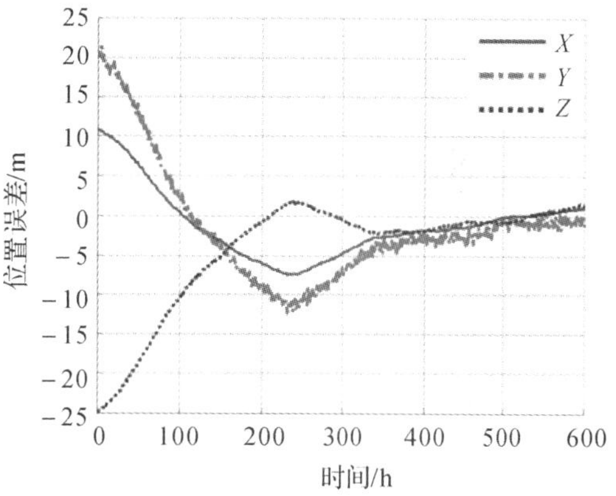

图 15.24　机动变轨时 GEO 卫星的位置误差

2.高轨航天器定姿性能

模拟产生 GEO 卫星的轨道数据，数据采样频率为 1 Hz。GEO 卫星上搭载一个主天线 A、两个从天线 B 和 C。在 GEO 卫星的载体坐标系中，主天线 A 的坐标为(0,0,0)，从天线 B 和 C 的坐标分别为(0,1,0)和(1,1,0)。GNSS 载波相位观测量的输出频率为1 000 Hz，高轨航天器的姿态解算频率为 1 Hz。

分别采用传统 TRIAD 定姿方法和高轨航天器 GNSS 高精度定姿方法对 GEO 卫星的姿态进行实时解算，这两种方法的姿态角误差分别如图 15.25 和图 15.26 所示。

可以看出，传统 TRIAD 定姿方法虽然可以解算出高轨航天器的姿态，但其姿态解算精度较低，其航向角、俯仰角和滚转角误差的均方根(Root Mean Square, RMS)约为 2.75°，无法满足高轨航天器对高精度定姿的要求；另外，当可见星数少于 4 颗时，传统 TRIAD 定姿方法无法解算出高轨航天器的姿态，这表明该方法难以实现高轨航天器姿态的连续有效测量；相较于传统 TRIAD 定姿方法，高轨航天器 GNSS 高精度定姿方法得到的航向角、俯仰角和滚转角误差的 RMS 仅为 0.001 7°，其姿态解算精度提高了三个数量级。另外，当可见星数少于 4 颗时，高轨航天器 GNSS 高精度定姿方法还可以通过调节姿态更新滤波器的量测矩阵维数，以充分利用所有可见星的载波相位观测信息进行姿态解算，从而保证了定姿的连续性和稳定性。

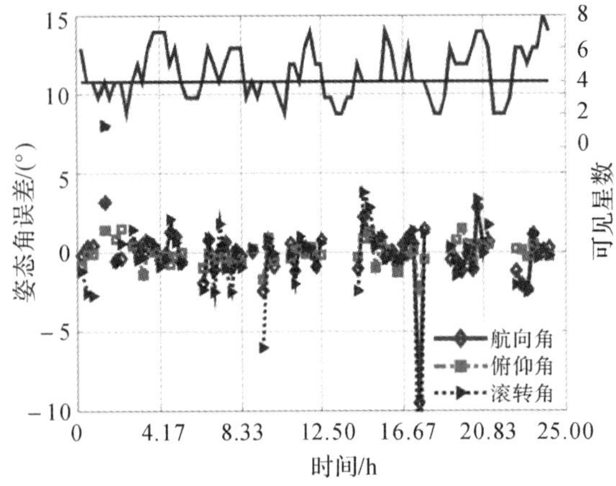

图 15.25　传统 TRIAD 定姿方法的姿态角误差

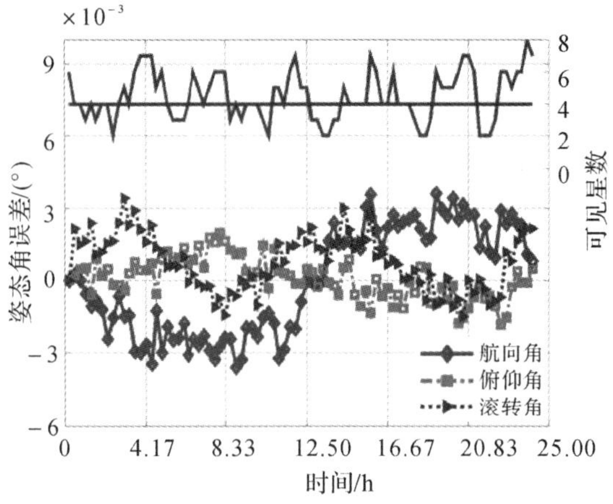

图 15.26　高轨航天器 GNSS 高精度定姿方法的姿态角误差

参考文献

[1] 卢鋆,张弓,高为广,等. 北斗导航[M]. 北京:国防工业出版社,2022.

[2] 赵剡,吴发林,刘杨,等. 高精度卫星导航技术[M]. 北京:北京航空航天大学出版社,2016.

[3] 谢军,王海红,李鹏,等. 卫星导航技术[M]. 北京:北京理工大学出版社,2018.

[4] 曹冲. 北斗与 GNSS 系统概论[M]. 北京:电子工业出版社,2016.

[5] 秦永元,张洪钺,汪叔华. 卡尔曼滤波与组合导航原理[M]. 3 版. 西安:西北工业大学出版社,2015.

[6] 谢钢. GPS 原理与接收机设计[M]. 北京:电子工业出版社,2017.

[7] BORRE K,AKOS D M,BERTELSEN N,et al. A software-defined GPS and Galileo receiver[M]. Birkhauser Boston:Springer,2006.

[8] 王惠南. GPS 导航原理与应用[M]. 北京:科学出版社,2006.

[9] 范录宏,皮亦鸣,李晋. 北斗卫星导航原理与系统[M]. 北京:电子工业出版社,2020.

[10] 杨俊. 卫星导航信号模拟源理论与技术[M]. 北京:国防工业出版社,2015.

[11] BORIO D, O'DRISOLL C, LACHAPELLE G. Coherent, non-coherent and differentially coherent combining techniques for acquisition of new composite GNSS signals[J]. IEEE Transactions on Aerospace and Electronic Systems,2009,45(3):1227-1240.

[12] KUMM M,KLINGBEIL H,ZIPF P. An FPGA-based linear all-digital phase-locked loop[J]. IEEE Transactions on Circuits and Systems,2010,57(9):2487-2497.

[13] LEDVINA B M,PSIAKI M L,POWELL S P,et al. Bit-wise parallel algorithms for efficient software correlation applied to a GPS software receiver[J]. IEEE Transactions on Wireless Communications,2004,3(5):1469-1473.

[14] MA Y K,ZHANG Y,ZHANG Z Z,et al. Modified method of high dynamic and high sensitivity GPS signal acquisition[J]. Journal of Systems Engineering and Electronics,2009,31:265-269.

[15] MISRA P, ENGE P. Global positioning system signal, measurements, and performance[M]. 2nd ed. Lincoln:Ganga-Jamuna Press,2006.

[16] MOHAMED E A,王永芳,谈展中. 用于 GPS 接收机的自适应算法抗干扰性能比较[J]. 北京航空航天大学学报,2006,32(5):561-565.

[17] SHARAWI M S,AKOS D M,ALOL D N. GPS C/N_0 estimation in the presence of

interference and limited quantization levels[J]. IEEE Transactions on Aerospace and Electronic Systems,2007,43(1):227－238.

[18] ZIEDAN N. GNSS receivers for weak signals[M]. Boston:Artech House,2006.

[19] YU W,ZHENG B,WATSON R,et al. Differential combining for acquiring weak GPS signals[J]. Signal Processing,2007,87(5):824－840.

[20] KIM K H,JEE G I,IM S H. Adaptive vector-tracking loop for low-quality GPS signals[J]. International Journal of Control,Automation and Systems,2011,9(4):709－715.

[21] 黄讯,高启孝,李安,等. INS/GPS超紧耦合技术研究现状及展望[J]. 飞航导弹,2009(4):42－47.

[22] 王新龙. 惯性导航基础[M]. 3版. 西安:西北工业大学出版社,2023.

[23] 王新龙,杨洁,卢克文. 捷联惯性/卫星组合导航系统实验教程[M]. 北京:电子工业出版社,2022.

[24] 王新龙,李亚峰,纪新春. SINS/GPS组合导航技术[M]. 北京:北京航空航天大学出版社,2015.

[25] 王新龙.捷联式惯导系统动、静基座初始对准[M]. 西安:西北工业大学出版社,2013.

[26] 于洁. 捷联惯性/GPS紧耦合技术研究[D]. 北京:北京航空航天大学,2009.

[27] 纪新春. SINS/GPS超紧耦合导航系统技术研究[D]. 北京:北京航空航天大学,2012.

[28] 聂光皓. 里程计/SINS/北斗深组合导航关键技术研究[D]. 北京:北京航空航天大学,2020.

[29] 李亚峰. SINS/GPS超紧组合导航系统技术研究[D]. 北京:北京航空航天大学,2011.

[30] 宋帅. 高动态抗干扰GPS接收机跟踪环路技术研究[D]. 北京:北京航空航天大学,2011.

[31] 孙兆妍. 高轨环境GNSS基带信号处理与自主定位定姿方法研究[D]. 北京:北京航空航天大学,2017.

[32] WANG X L. Fast alignment and calibration algorithms for inertial navigation system[J]. Aerospace Science and Technology,2009,13:204－209.

[33] YANG J,WANG X L,SHEN L L,et al. Availability analysis of GNSS signals above GNSS constellation[J]. Journal of Navigation,2021,74(2):446－466.

[34] LU K W,WANG X L,SHEN L L,et al. A GPS signal acquisition algorithm for the high orbit space[J]. GPS Solutions,2021,25(3):92.

[35] YANG J,WANG X L,DING X K,et al. A fast and accurate transfer alignment method without relying on the empirical model of angular deformation[J]. Journal of Navigation,2022,75(4):878－900.

[36] LU K W,WANG X L,WANG B,et al. A high-precision online compensation method for random errors of optical gyroscope[J]. Measurement,2023,222:113616.

[37] YANG J,WANG X L,JI X C,et al. A new high-accuracy transfer alignment method for distributed INS on moving base[J]. Measurement,2024,227:114302.

[38] YANG J,WANG X L,WANG B,et al. A high-accuracy system model and accuracy

evaluation method for transfer alignment [J]. Measurement Science and Technology,2024,35(7):076306.

[39] YANG J,WANG X L,WANG B,et al. An autonomous and high-accuracy gravity disturbance compensation scheme for rotary inertial navigation system [J]. Measurement Science and Technology,2024,35(8):086302.

[40] YU J,WANG X L,JI J X. Design and analysis for an innovative scheme of SINS/GPS ultra-tight integration[J]. Aircraft Engineering and Aerospace Technology, 2010,82(1):4 - 14.

[41] WANG X L,JI X C,FENG S J. A scheme for weak GPS signal acquisition aided by SINS information[J]. GPS Solutions,2014,18(2):243 - 252.

[42] WANG X L, JI X C, FENG S J, et al. A high-sensitivity GPS receiver carrier-tracking loop design for high-dynamic applications[J]. GPS Solutions,2015,19(2):225 - 236.

[43] WANG X L,LI Y F. An innovative scheme for SINS/GPS ultra-tight integration system with low-grade IMU[J]. Aerospace Science and Technology ,2012,23:452 - 460.

[44] NIE G H,WANG X L,SHEN L L,et al. A fast method for the acquisition of weak long-code signal[J]. GPS Solutions,2020,24(4):104.

[45] WANG X L,SONG S. Design and realization of adaptive tracking loops for GPS receiver [J]. Aircraft Engineering and Aerospace Technology ,2015,87(4):368 - 375.

[46] JIAO C Y,WANG X L,WANG D,et al. An adaptive vector tracking scheme for high-orbit degraded GNSS signal[J]. Journal of Navigation,2021,74(1):105 - 124.

[47] SUN Z Y,WANG X L,FENG S J,et al. Design of an adaptive GPS vector tracking loop with the detection and isolation of contaminated channels[J]. GPS Solutions, 2017,21(2):701 - 713.

[48] WANG X L,GUO L H. An intelligentized and fast calibration method of SINS on moving base for planed missiles[J]. Aerospace Science and Technology,2009,13:216 - 223.

[49] WANG X L,SHEN L L. Solution of transfer alignment problem of SINS on moving bases via neural networks[J]. Engineering Computations,2011,28(4):372 - 388.

[50] 杨洁,王新龙,陈鼎,等.GNSS定姿技术发展综述[J]. 航空兵器,2018(6):16 - 25.

[51] 杨洁,王新龙,陈鼎. 一种适用于高轨空间的GNSS矢量跟踪方案设计[J]. 北京航空航天大学学报,2021,47(9):1799 - 1806.

[52] 杨洁,申亮亮,王新龙,等. RSINS/里程计容错组合导航方案设计与性能验证[J]. 航空兵器,2021,28(2):93 - 99.

[53] 卢克文,王新龙,申亮亮,等.高轨GNSS信号可用性分析[J]. 航空兵器,2021,28(1):77 - 86.

[54] 卢克文,王新龙,李群生,等. 基于陀螺仪/BDS的多飞行器编队相对定姿方法[J]. 航空兵器,2022,29(2):80 - 86.

[55] 卢克文，王新龙，王彬，等. 一种高精度加速度计标定方法[J]. 航空兵器，2022，29(5)：88－93.

[56] 王新龙，于洁. GPS软件接收机结构与特性分析[J]. 航空兵器，2014(4)：18－22.

[57] 王新龙，于洁. 一种SINS/GPS深组合导航系统技术问题分析[J]. 全球定位系统，2012，37(5)：1－6.

[58] 王新龙，于洁. 基于矢量跟踪的SINS/GPS深组合导航方法研究[J]. 中国惯性技术学报，2009，17(6)：710－717.

[59] 于洁，王新龙. SINS/GPS紧密组合导航系统仿真研究[J]. 航空兵器，2008(6)：8－13.

[60] 于洁，王新龙. SINS/GPS超紧致组合导航系统设计及分析[J]. 航空兵器，2010(3)：3－8.

[61] 纪新春，王新龙，李亚峰. SINS辅助GPS跟踪环误差分析与最优带宽设计[J]. 北京航空航天大学学报，2013，39(7)：932－936.

[62] 聂光皓，申亮亮，王新龙，等. 北斗卫星信号结构及其特性分析[J]. 航空兵器，2020，27(5)：73－80.

[63] 王新龙，宋帅，纪新春. 一种GPS接收机自适应跟踪环路设计[J]. 航空兵器，2013(2)：3－8.

[64] 王新龙，谢佳，王君帅. SINS/GPS不同组合模式适应性分析与验证[J]. 航空兵器，2013(3)：3－8.

[65] 王君帅，王新龙. GPS/INS超紧组合系统综述[J]. 航空兵器，2013(4)：25－30.

[66] 孙兆妍，王新龙，车欢. GPS/SINS深组合导航技术综述[J]. 航空兵器，2014(6)：14－19.

[67] 孙兆妍，王新龙. SINS/GPS松组合与紧组合导航系统抗干扰性能比较与验证[J]. 航空兵器，2014(4)：31－35.

[68] 葛俊，王新龙，车欢. 一种SINS辅助GPS跟踪环路的新型松组合导航系统方案设计[J]. 航空兵器，2015(1)：10－15.

[69] 葛俊，王新龙，车欢，等. 差分GPS/SINS超紧组合在线标定与误差补偿方案设计[J]. 航空兵器，2016(5)：18－24.

[70] 宋帅，王新龙. GPS接收机跟踪环的抗干扰性能研究与分析[J]. 航空兵器，2011(6)：29－35.

[71] 孙兆妍，王新龙，车欢，等.GPS矢量跟踪建模与抗干扰性能分析[J]. 航空兵器，2016(5)：12－17.

[72] 孙兆妍，王新龙. 高轨环境中GNSS可见性及几何精度因子分析[J]. 航空兵器，2017(1)：18－27.

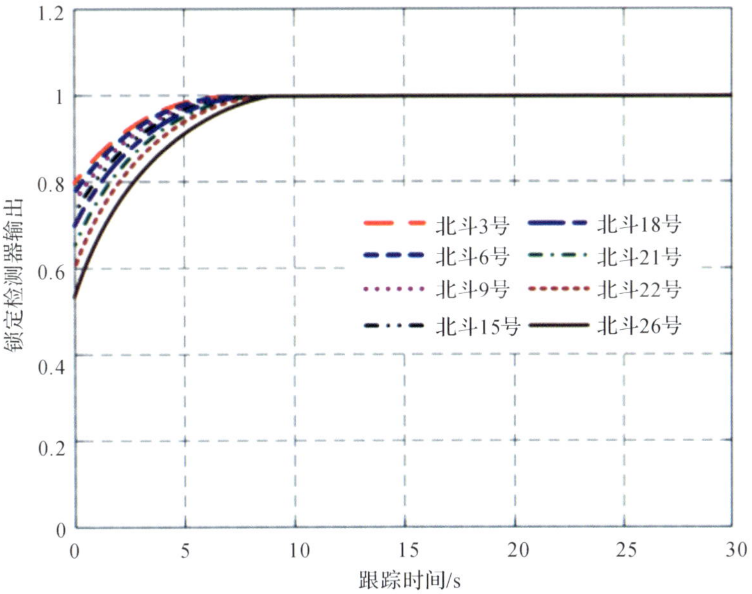

图 6.16　锁定检测器输出结果

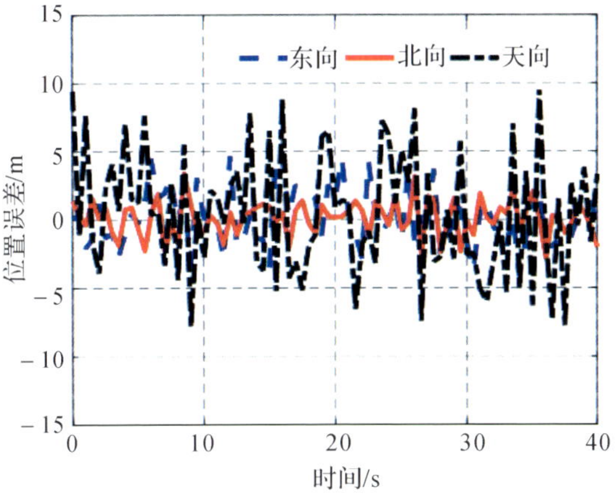

图 6.20　导航定位误差

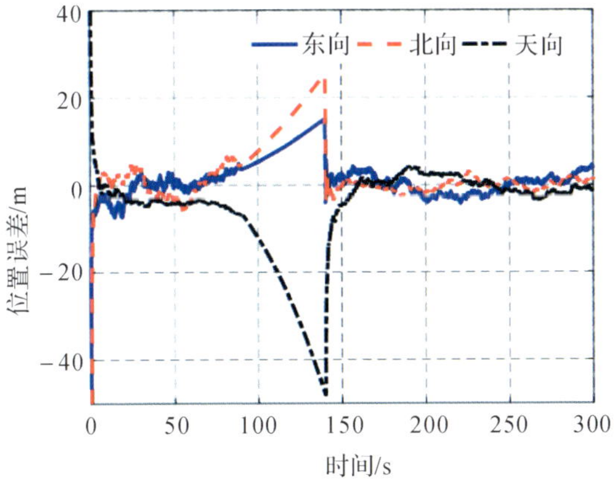

图 9.5　松组合位置误差

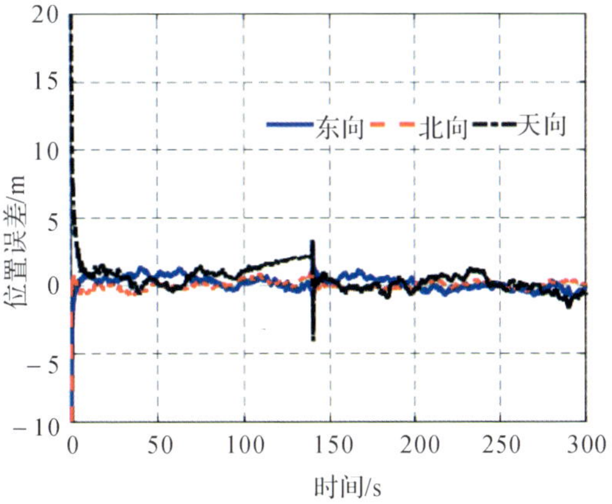

图 9.6　紧组合位置误差

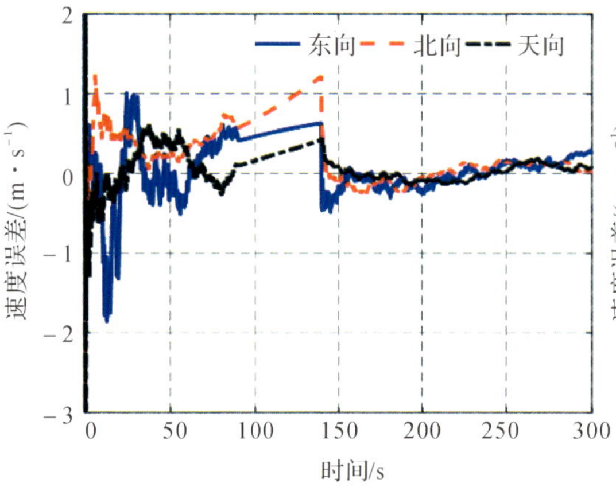

图 9.7　松组合速度误差

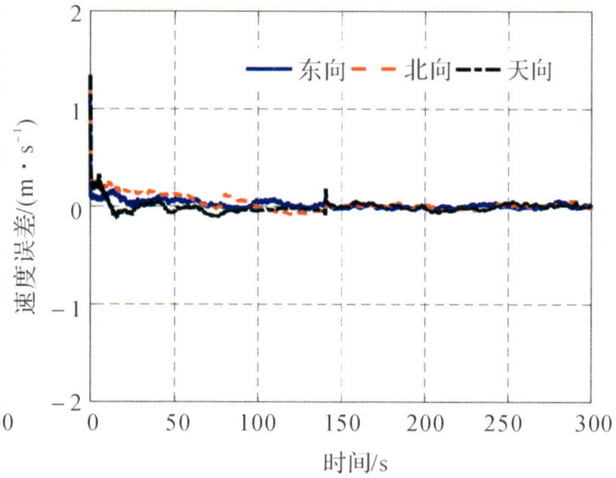

图 9.8　紧组合速度误差

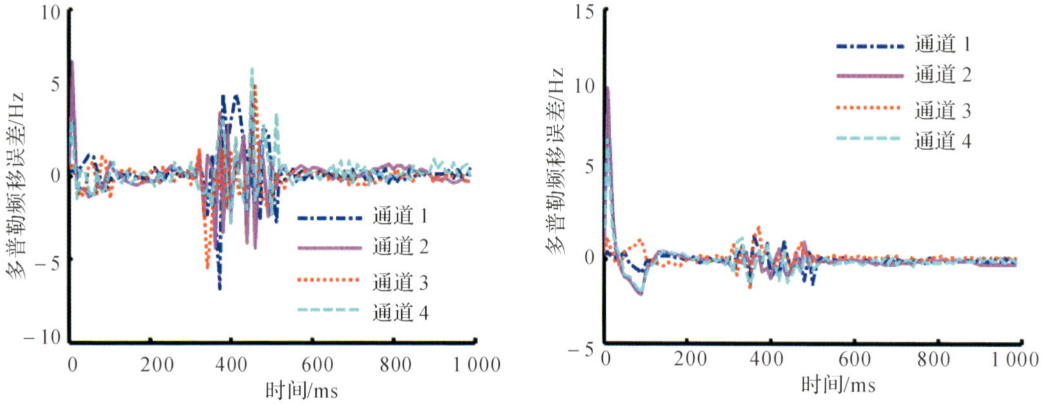

(a)　　(b)

图 10.22　组合导航系统多普勒频移误差

(a)紧组合多普勒频移误差；（b)超紧组合多普勒频移误差

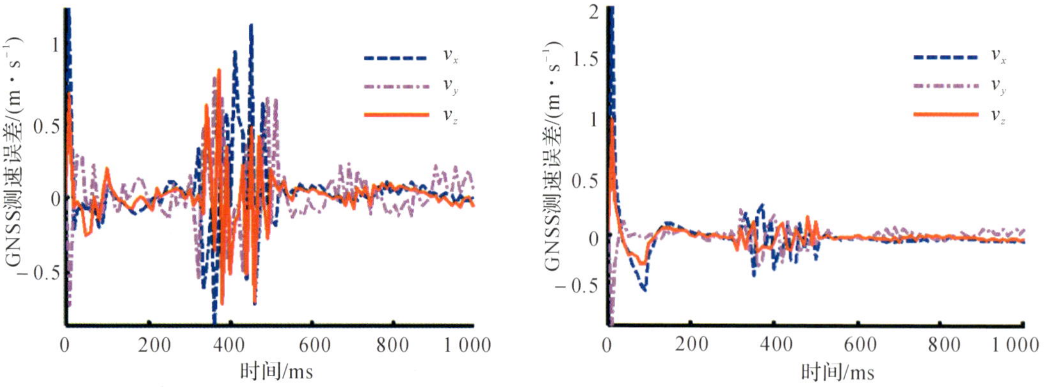

(a)　　(b)

图 10.23　组合导航系统的 GNSS 测速误差

(a)紧组合导航系统 GNSS 测速误差；（b)超紧组合导航系统 GNSS 测速误差

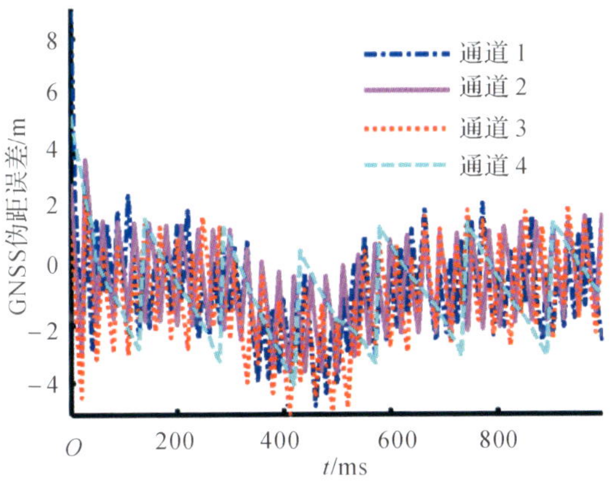

图 12.17　信号中断条件下深组合伪距误差

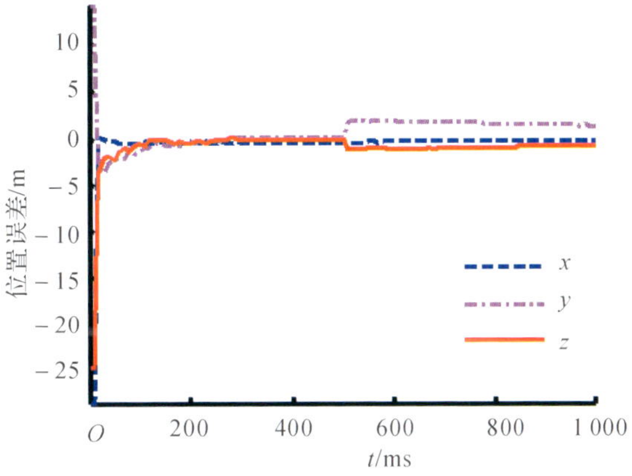

图 12.18　信号中断条件下深组合位置误差

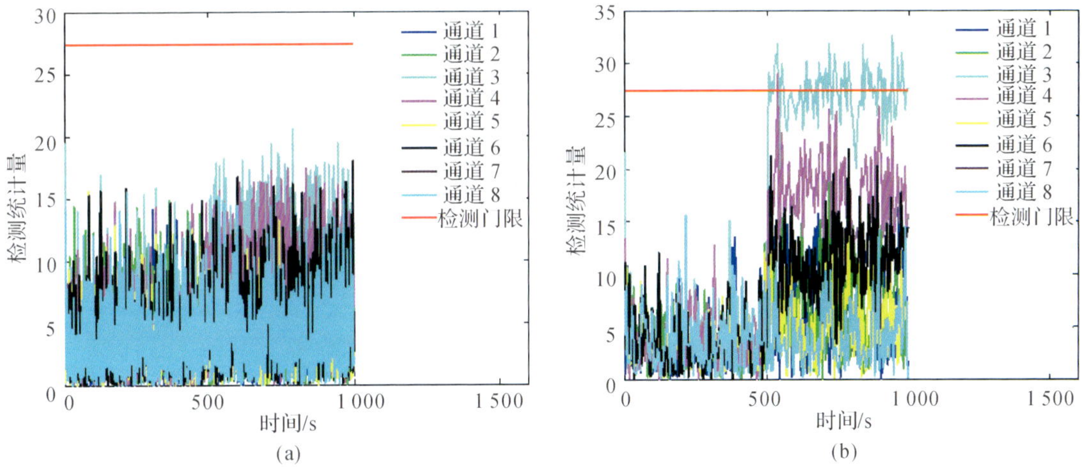

图 13.8　阶跃故障时深组合系统完好性检测结果

(a)传统奇偶矢量法；(b)多历元累积奇偶矢量法

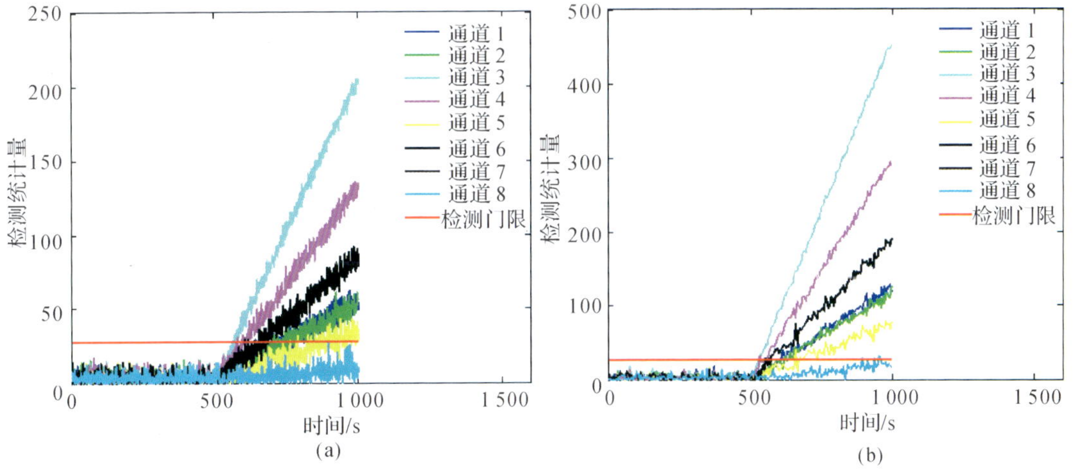

图 13.9　斜坡故障时深组合系统完好性检测结果

(a)传统奇偶矢量法；(b)多历元累积奇偶矢量法

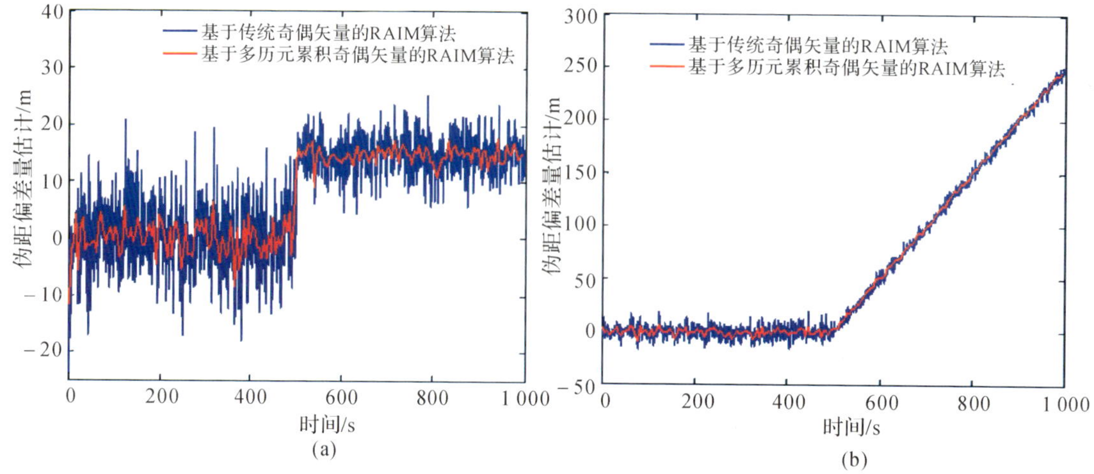

图 13.10　故障卫星伪距偏差的估计结果

(a)阶跃故障；(b)斜坡故障

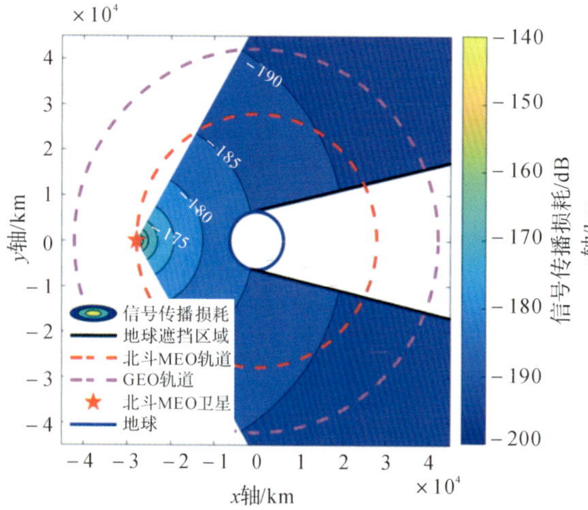

图 14.7　GNSS 信号传播损耗的空间分布情况

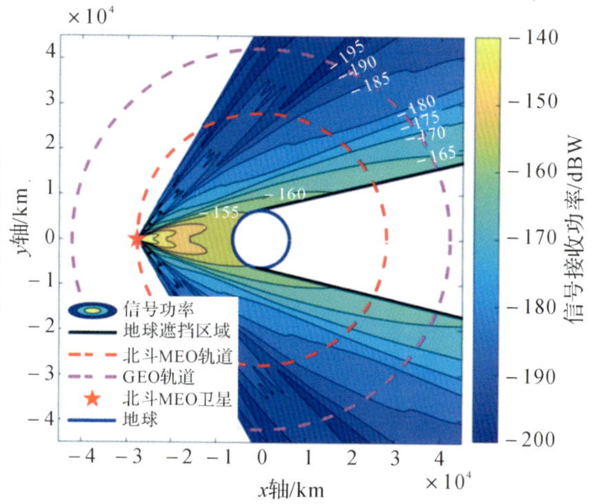

图 14.8　GNSS 信号接收功率的空间分布情况

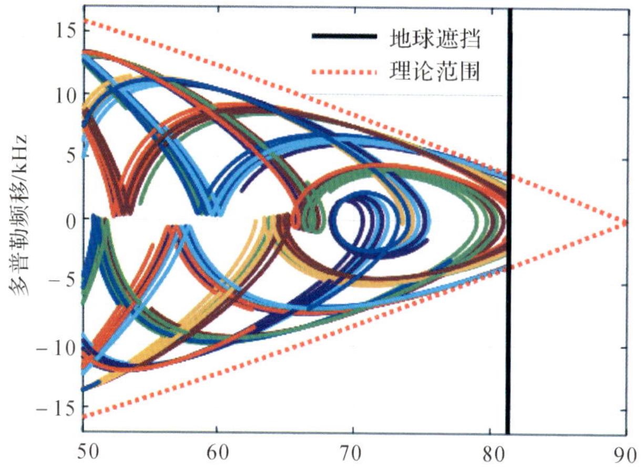

图 14.14　不同仰角方向的多普勒频移